LES

CARBURES D'HYDROGÈNE

1851-1901.

AUTRES OUVRAGES DE M. BERTHELOT.

OUVRAGES GÉNÉRAUX.

La Synthèse chimique, 7ᵉ édition; 1897, chez F. Alcan.

Essai de Mécanique chimique, 2 vol. in-8°; 1879, chez Dunod.

Sur la force des matières explosives d'après la Thermochimie, 3ᵉ édition, 2 vol. in-8°; 1883, chez Gauthier-Villars.

Traité élémentaire de Chimie organique, avec la collaboration de M. JUNG-FLEISCH, 4ᵉ édition, 1898, chez Dunod.

Traité pratique de Calorimétrie chimique, in-18; 1893, chez Gauthier-Villars et Masson.

Thermochimie : Lois et données numériques; 2 vol. in-8°; 1897, chez Gauthier-Villars.

Chimie animale : Principes chimiques de la production de la chaleur chez les êtres vivants, 2 vol. in-18; 1899, chez Gauthier-Villars et Masson.

Chimie végétale et agricole, 4 vol. in-8°; 1899, chez Gauthier-Villars et Masson.

Les Origines de l'Alchimie, in-8°; 1885, chez Steinheil.

Collection des Alchimistes grecs, texte et traduction, avec la collaboration de M. CH.-EM. RUELLE, 3 vol. in-4°; 1887-1888, chez Steinheil.

Introduction à l'étude de la Chimie des anciens et du moyen âge, in-4°; 1889, chez Steinheil.

Histoire des Sciences. — La Chimie au moyen âge, 3 vol. in-4°; 1893, chez Leroux.

> Tome I. *Essai sur la transmission de la Science antique.*
>
> Tome II. *L'Alchimie syriaque*, texte et traduction, avec la collaboration de M. RUBENS DUVAL.
>
> Tome III. *L'Alchimie arabe*, texte et traduction, avec la collaboration de M. HOUDAS.

La Révolution chimique : Lavoisier, in-8°; 1890, chez Alcan.

Science et Philosophie, in-8°; 1886, chez Calmann-Lévy.

Science et Morale, in-8°; 1897, chez Calmann-Lévy.

Renan et Berthelot : Correspondance, in-8°; 1898, chez Calmann-Lévy.

LEÇONS PROFESSÉES AU COLLÈGE DE FRANCE.

Leçons sur les Méthodes générales de synthèse en Chimie organique, in-8°; 1864, chez Gauthier-Villars.

Leçons sur la Thermochimie, professées en 1865, publiées dans la *Revue des Cours publics*, chez Germer-Baillière.

Même sujet, en 1880. — *Revue scientifique*, chez Germer-Baillière.

Leçons sur la Synthèse organique et la Thermochimie, professées en 1881-1882, publiées dans la *Revue scientifique*, chez Germer-Baillière.

OUVRAGES ÉPUISÉS.

Chimie organique fondée sur la Synthèse, 2 vol. in-8°; 1860, chez Mallet-Bachelier.

Leçons sur les principes sucrés, professées devant la Société chimique de Paris en 1862, in-8°, chez Hachette.

Leçons sur l'Isomérie, professées devant la Société chimique de Paris en 1863, in-8°, chez Hachette.

LES CARBURES D'HYDROGÈNE

1851-1901.

RECHERCHES EXPÉRIMENTALES

Par M. BERTHELOT,

SÉNATEUR,
SECRÉTAIRE PERPÉTUEL DE L'ACADÉMIE DES SCIENCES,
PROFESSEUR AU COLLÈGE DE FRANCE.

TOME II

LES CARBURES PYROGÉNÉS. — SÉRIES DIVERSES.

PARIS,

GAUTHIER-VILLARS, IMPRIMEUR-LIBRAIRE

DU BUREAU DES LONGITUDES, DE L'ÉCOLE POLYTECHNIQUE,

Quai des Grands-Augustins, 55.

1901

LIVRE III.

CARBURES PYROGÉNÉS.

INTRODUCTION.

La plupart des carbures d'hydrogène peuvent être formés au moyen de l'acétylène et, plus généralement, engendrés lorsqu'on soumet les autres carbures et matières organiques à l'action de la chaleur. Mais le nom de *carbures pyrogénés* est appliqué de préférence aux carbures formés depuis la température du rouge naissant, c'est-à-dire vers 450° à 500°, jusqu'à celle du rouge blanc, limite au delà de laquelle les carbures les plus stables n'ont plus qu'une existence pour ainsi dire instantanée, se réduisant au bout d'un temps très court en leurs éléments, par un mécanisme de condensations successives, qui se termine par l'état final de carbone amorphe et d'hydrogène.

J'ai soumis à une étude approfondie les formations pyrogénées des carbures d'hydrogène : j'y joindrai des études connexes, telles que l'exposé de mes expériences relatives à l'action de l'effluve électrique sur ces mêmes carbures, ainsi que mes recherches concernant l'action de la chaleur et l'action de l'effluve sur l'oxyde de carbone. L'ensemble de ces expériences sera présenté dans les Sections suivantes, savoir :

Première section : *Action de la chaleur sur les carbures d'hydrogène isolés.* — Cette Section fait suite à la formation synthétique des polymères de l'acétylène au moyen de ce carbure fondamental, question traitée dans le Livre II, tome Ier (p. 81). Je dresserai d'abord le tableau des chaleurs de formation par les éléments des carbures d'hydrogène, données qui en dominent toutes les métamorphoses ; puis je décrirai mes expériences relatives à l'action de la chaleur sur les carbures principaux : formène, éthylène, benzine, et homologues de ces trois carbures fondamentaux. Le tout forme sept Chapitres.

Seconde section : *Action de la chaleur sur les carbures d'hydrogène mélangés.* — Elle comprend l'action de l'acétylène sur la benzine et sur le styrolène, son action sur l'éthylène et sur le propylène ; la synthèse pyrogénée du toluène, et celle des homologues de la benzine en général; la découverte et la synthèse de l'acénaphtène, ainsi que l'étude de divers carbures contenus dans le goudron de houille, enfin l'étude de la série styrolénique.

Je présente à la suite des études précédentes mes premières recherches, faites en 1851, sur les produits pyrogénés de l'alcool et de l'acide acétique, première ébauche sur des faits qui ont trouvé leur interprétation dans les expériences exécutées quinze années plus tard; puis je donne le récit des résultats que j'ai obtenus en 1858 sur la formation de carbures plus condensés que leurs générateurs, dans la distillation sèche des sels des acides gras : ces dernières expériences font suite à la formation synthétique des carbures par la distillation des formiates, dérivés directement de l'oxyde de carbone.

Enfin, je termine en faisant l'application de cet ensemble d'expériences à une hypothèse sur l'origine des carbures d'hydrogène existant dans le règne minéral, tels que les pétroles; hypothèse reprise postérieurement et adoptée par nombre de chimistes d'aujourd'hui.

Les lois théoriques qui président à l'action de la chaleur sur les carbures d'hydrogène, purs ou mélangés, seront ensuite résumées et déduites de conditions thermochimiques. Le tout est embrassé dans dix-sept Chapitres.

TROISIÈME SECTION : *Études sur le gaz d'éclairage.* — Ces études sont la suite des recherches précédentes, dont elles ont vérifié certaines conséquences. Elles comprennent trois Chapitres.

QUATRIÈME SECTION : *Procédés analytiques.* — Il s'agit des procédés mis en œuvre dans la recherche comparative et la reconnaissance des carbures pyrogénés. Six Chapitres.

CINQUIÈME SECTION : *Action de la chaleur sur l'oxyde de carbone.* — Un Chapitre.

SIXIÈME SECTION : *Action de l'effluve sur l'oxyde de carbone pur, ou mélangé, et sur les carbures d'hydrogène.* — Deux Chapitres.

PREMIÈRE SECTION.

ACTION DE LÃ CHALEUR SUR LES CARBURES D'HYDROGÈNE.

CHAPITRE I.

CHALEUR DE FORMATION PAR LES ÉLÉMENTS
DES CARBURES D'HYDROGÈNE.

J'ai déterminé la chaleur de formation de la plupart des carbures d'hydrogène, laquelle mesure l'énergie consommée (formation exothermique), ou emmagasinée (formation endothermique), dans la combinaison de leurs deux éléments. C'est là une donnée fondamentale pour l'étude de leur synthèse et de leurs transformations, spécialement pour les changements qu'ils éprouvent sous l'influence de la chaleur, c'est-à-dire d'une élévation de la température. Une partie considérable de mon Ouvrage intitulé : *Thermochimie : Données et lois numériques*, a été consacrée à exposer ces mesures. Je me bornerai à reproduire ici, pour la clarté de mes expositions, le Tableau de ces quantités de chaleur.

Tableau des chaleurs de formation par les éléments des carbures d'hydrogène [1].

			Cal
Méthane ou formène..............	CH^4		+ 18,9
Éthane ou hydrure d'éthylène......	C^2H^6		+ 23,3
Éthylène ou gaz oléfiant.............	C^2H^4		— 14,6
Acétylène.........................	C^2H^2		— 58,1
Propane ou hydrure de propylène...	C^3H^8		+ 30,5
Propylène........................	C^3H^6		— 9,4
Triméthylène......................	C^3H^6		— 17,1
Allylène	C^3H^4		— 52,6
*Butane (triméthylméthane)........	C^4H^6		+ 35,0
*Butylène (iso)...................	C^4H^8		+ 2,6
*Amylène (de l'alcool amylique)....	C^5H^{10}	liq.	+ 12,5
		gaz.	+ 7,3
Dipropyle........................	C^6H^{14}	liq.	+ 57,6
Diallyle.........................	C^6H^{10}	gaz.	+ 6,5
Dipropargyle.....................	C^6H^6	gaz.	— 80,8
Diméthyldiacétylène..............	»	sol.	— 75,5
Benzine.........................	»	liq.	— 4,1
		sol.	— 1,8
		gaz.	— 11,3
*Dihydrobenzol...................	C^6H^8	liq.	— 6,2
*Tétrahydrobenzol................	C^6H^{16}	liq.	+ 18,8
*Hexahydrobenzol.................	C^6H^{12}	liq.	+ 46,6
*Heptane (pétrole)...............	C^7H^{14}	liq.	+ 59,8
*Toluène........................	C^7H^8	liq.	+ 2,3
		gaz.	— 5,4
*Hexahydrure...................	C^7H^{16}	liq.	+ 48,1
*Dibutylène	C^8H^{16}	liq.	+ 53,9
*Xylène (diméthylbenzine) ortho...	C^8H^{10}	liq.	+ 15,2
* » (») méta...	»	liq.	+ 15,1
		gaz.	+ 6,8
* » (») para...	»	liq.	+ 15,1

---

[1] *Thermochimie: Données et lois numériques.* t. II.
Les calculs sont établis depuis le carbone diamant et l'hydrogène gazeux.
Avec le carbone amorphe, il faut ajouter par atome de carbone $C = 12 : + 3^{Cal},34$.
Les astérisques indiquent les déterminations qui ont été faites par d'autres auteurs que celui du présent Ouvrage.

			Cal
*Styrolène	C^8H^8	liq.	— 16,1
*Nonaphtène	C^9H^{18}	liq.	+ 86,5
*Isononaphtène	»	liq.	+ 85,5
*Mésitylène	C^9H^{12}	liq.	+ 11,1
		gaz.	+ 2,5
*Propylbenzine	»	liq.	+ 14,1
		gaz.	+ 5,5
*Isopropylbenzine (pseudocumol)	»	liq.	+ 17,2
Diamylène	$C^{10}H^{20}$	liq.	+ 36,8
		gaz.	— 29,9
*Menthène	$C^{10}H^{18}$	liq.	+ 40,9
Camphène inactif	$C^{10}H^{16}$	crist.	+ 25,8
* » actif	»	crist.	+ 28,3
*Bornéocamphène	»	crist.	+ 24,7
Térébenthène	»	liq.	+ 4,2
		gaz.	+ 5,2
Terpilène (citrène)	»	liq.	+ 21,7
		gaz.	+ 12,2
*Tétraméthylbenzine (durol)	$C^{10}H^{14}$	crist.	+ 32,1
*Cymol	»	liq.	+ 13,5
		gaz.	+ 4,6
*Propyltoluène normal	»	liq.	+ 19,9
*Iso (1 — 3)	»	liq.	+ 15,9
Naphtaline	$C^{10}H^8$	crist.	— 22,8
		liq.	— 27,4
*Pentaméthylbenzine	$C^{11}H^{16}$	liq.	+ 35,2
*Tributylène	$C^{12}H^{24}$		+ 100,7
*Hexaméthylbenzine	$C^{12}H^{18}$	liq.	+ 40,4
Diphényle	$C^{12}H^{10}$	crist.	— 33,5
Acénaphtène	»	crist.	— 44,6
*Diphénylméthane	$C^{13}H^{12}$	crist.	— 15,8
Dibenzyle	$C^{14}H^{14}$	crist.	— 27,0
Stilbène	$C^{14}H^{12}$	crist.	— 43,1
*Tolane	$C^{14}H^{10}$	crist.	— 73,7
Anthracène	»	crist.	— 42,4
Phénanthrène	»	crist.	— 35,2
*Hexadecane	$C^{16}H^{34}$	sol.	+ 123,2
Rétène	$C^{18}H^{18}$	crist.	— 6,8
*Chrysène	$C^{18}H^{12}$	crist.	— 28,9

$$*\text{Triphénylméthane} \ldots\ldots\ldots\ldots\ldots\quad C^{19}H^{10} \quad \text{sol.} \quad -\; 36,\!7 \;^{\text{Cal}}$$

$$*\text{Eikosane} \ldots\ldots\ldots\ldots\ldots\ldots\quad C^{20}H^{42} \quad \text{sol.} \quad -132,\!5$$

$$*\text{Triphénylbenzine} \ldots\ldots\ldots\ldots\quad C^{24}H^{18} \quad \text{crist.} \quad -\; 54,\!1$$

Les relations thermochimiques générales qui existent soit entre les carbures de même composition, soit entre les carbures qui dérivent les uns des autres, ont une grande importance dans les questions de synthèse. J'en ai fait une étude approfondie, dont on trouvera les résultats dans mon Ouvrage intitulé *Thermochimie : Données et lois numériques,* t. I, Chapitres suivants.

PREMIÈRE PARTIE, Chapitre VIII (p. 270-283). — ISOMÉRIE EN GÉNÉRAL.
Elle peut être envisagée comme POLYMÉRIE, c'est-à-dire réunion de plusieurs molécules identiques;

ISOMÉRIE PAR COMPOSITION ÉQUIVALENTE, avec fonction dissemblable;

MÉTAMÉRIE PROPREMENT DITE, c'est-à-dire par compensation entre des générateurs différents, doués de fonction semblable dans les deux métamères;

ISOMÉRIE DE POSITION, résultant de l'ordre différent suivant lequel les mêmes générateurs sont assemblés;

KÉNOMÉRIE, les générateurs étant les mêmes, avec formation de composés pour lesquels le changement dans la capacité de saturation est différente : ce cas comprend les isomères *cycliques,* les corps *incomplets* opposés aux corps *saturés,* etc.;

ISOMÉRIE DYNAMIQUE, les réserves d'énergie étant inégales, avec même fonction et même capacité de saturation.

DEUXIÈME PARTIE, Chapitre I (p. 471-528). — CARBURES D'HYDROGÈNE,
envisagés aux points de vue suivants :

Formation par les éléments;

Combinaison avec l'hydrogène;

Combinaison entre eux et polymérisation;

Substitutions avec l'hydrogène (méthylée, phénylée, etc.);
Isomérie;

Combinaisons avec les corps simples et composés;
Substitutions diverses.

Les lois, établies dans ces différents Chapitres de ma *Thermo-chimie,* résultent précisément de l'étude de faits rassemblés dans le présent Ouvrage, ainsi qu'il sera montré à l'occasion. Mais il suffit de les rappeler en ce moment, sans en reproduire ici l'exposition méthodique.

CHAPITRE II.

ACTION DE LA CHALEUR SUR QUELQUES CARBURES D'HYDROGÈNE
PURS OU MÉLANGÉS (¹).

Ayant été conduit par la suite de mes expériences à observer l'action de la chaleur sur l'acétylène, j'ai reconnu, non sans étonnement, que ce carbure se détruit avec une extrême facilité sous l'influence prolongée d'une très haute température : résultat en apparence contradictoire avec la stabilité extraordinaire qui est attestée par les conditions de la synthèse de l'acétylène, et par sa formation pour ainsi dire universelle sous cette même influence de la chaleur. L'explication d'un tel paradoxe peut être trouvée, en examinant de plus près l'action de la chaleur sur l'acétylène et sur divers autres carbures d'hydrogène, soit purs, soit mélangés entre eux, soit enfin mis en présence de certains corps étrangers. Les expériences que je vais décrire conduisent d'ailleurs à des idées nouvelles, tant sur la Thermochimie en général, que sur les actions réciproques des carbures d'hydrogène.

I. — Action de la chaleur sur l'acétylène (²).

1. Je rappellerai d'abord mes expériences sur la polymérisation de ce carbure, exposées en détail dans le Livre Iᵉʳ (t. I, p. 80). Au point de vue de la destruction de l'acétylène, que j'examine surtout dans le Chapitre actuel, il suffira de dire qu'en chauffant l'acétylène pur, dans une cloche courbe, sur le mercure, avec modération, c'est-à-dire à la température de ramollissement du verre vert, on voit ce gaz diminuer peu à peu de volume. En même temps, les carbures liquides et goudronneux apparaissent. Cependant, si

---

(¹) *Annales de Chimie et de Physique,* 4ᵉ série, t. IX, p. 445; 1866.
(²) *Voir* Tome I, p. 66 et 80.

l'on ne porte pas la chaleur à un point plus élevé, et si l'on ne prolonge pas son action au delà de quelques minutes, la transformation de l'acétylène est à peine sensible. Mais en chauffant plus fort et plus longtemps, elle devient à peu près totale.

Dans une expérience, au bout d'une demi-heure, 97 centièmes de l'acétylène primitif avaient ainsi disparu, 3 centièmes seulement subsistant.

La presque totalité des éléments de l'acétylène se retrouve alors dans les produits liquides et fixes de la réaction. Ces derniers consistent surtout en divers carbures polymères de l'acétylène, tels que la benzine, produit principal,

$$3\,C^2H^2 = C^6H^6,$$

le styrolène

$$4\,C^2H^2 = C^8H^8, \quad \text{etc.}$$

Ces polymères ont été étudiés ailleurs [1].

Le résidu gazeux est principalement formé d'hydrogène, renfermant 2 centièmes d'éthylène et un peu d'hydrure d'éthyle.

2. J'ai également étudié l'action d'une température plus haute et moins prolongée sur l'acétylène. Ce gaz, dirigé à travers un tube de porcelaine chauffé au rouge vif, se décompose presque complètement en charbon, qui se dépose, et hydrogène, qui se dégage. Une trace d'acétylène résiste. Cependant une faible partie donne naissance, d'une part, à des carbures condensés et goudronneux, parmi lesquels il est facile de reconnaître l'un des plus stables, la naphtaline cristallisée,

$$5\,C^2H^2 = C^{10}H^8 + H^2,$$

et, d'autre part, à des carbures gazeux tels que l'éthylène et à du gaz des marais, qui passent, mêlés avec l'hydrogène ; ces carbures constituaient, dans mon expérience, environ la dixième partie du gaz dégagé.

Il résulte de cette observation que l'acétylène n'est point stable au rouge vif ; il ne subsiste pendant un certain temps que s'il est mélangé avec une énorme proportion de gaz étranger. Lorsque cette condition est remplie, il résiste d'ailleurs, sinon absolument, du moins plus longtemps qu'aucun autre gaz hydrocarboné.

3. La transformation de l'acétylène chauffé dans une cloche

---

[1] *Voir* le Tome I, p. 81 et suivantes.

courbe s'opère d'une manière toute différente, selon qu'elle a lieu isolément — ce qui vient d'être décrit —, ou bien en présence de divers autres corps.

En présence du charbon, par exemple (coke éteint sous le mercure), j'ai trouvé que la disparition de l'acétylène était à peu près aussi rapide que lorsque ce gaz est isolé. Mais les produits sont différents : le volume gazeux a changé à peine dans mon expérience, et le résidu gazeux était constitué par de l'hydrogène presque pur. En d'autres termes, en présence du charbon, le gaz hydrocarburé se résout principalement en ses éléments.

Une semblable influence du charbon mérite d'autant plus d'être remarquée, que la présence de ce corps est inévitable dans la plupart des réactions pyrogénées où l'acétylène prend naissance. Aussi la destruction presque complète, que l'acétylène éprouve au rouge vif, paraît-elle être déterminée principalement par la présence du charbon déposé dans les tubes.

Pour expliquer cette première formation de charbon, on peut admettre que la décomposition de l'acétylène, au rouge vif, commence à s'opérer suivant le même mécanisme qu'au rouge naissant, c'est-à-dire par une condensation polymérique progressive, accompagnée avec une perte graduelle d'hydrogène : double phénomène, qui aboutit à la résolution des derniers polymères en leurs éléments.

4. Parmi les métaux proprement dits que j'ai étudiés, le fer exerce l'influence la plus intéressante. En effet, il détermine la destruction complète de l'acétylène, à une température bien plus basse et à une vitesse plus grande que lorsque ce gaz est seul. De là résultent finalement, d'une part, du charbon et de l'hydrogène, dont le volume a été trouvé voisin de la moitié de celui de l'acétylène détruit, et, d'autre part, des carbures empyreumatiques en faible quantité : carbures différents de ceux qui se forment par l'action de la chaleur seule sur le même gaz.

5. L'acétylène, mélangé avec son volume d'azote, ou d'oxyde de carbone, ou de gaz des marais, ou d'hydrure d'éthyle, se transforme un peu plus lentement que s'il était seul, et sans paraître donner lieu à des phénomènes spéciaux.

Dans tous les cas, la quantité transformée approche d'être proportionnelle à la durée de la chauffe.

L'acétylène, mêlé avec son volume d'hydrogène, se transforme

de même, toujours un peu plus lentement que s'il était libre. Mais
en outre, il donne lieu à une proportion beaucoup plus grande
d'éthylène, l'hydrogène entrant en combinaison directe avec l'acétylène à cette température,

$$C^2H^2 + H^2 = C^2H^4.$$

Ces résultats seront développés dans une autre partie de l'Ouvrage actuel.

6. Je rappellerai, en terminant, mes observations relatives à la
condensation que l'acétylène libre éprouve soit à froid sous l'influence prolongée de l'acide sulfurique concentré, soit à 250 degrés
sous l'influence du chlorure de zinc ([1]).

Je rappellerai également les condensations de l'acétylène naissant, tel qu'il est produit aux dépens du formène tribromé, $CHBr^3$.
En effet, j'ai expliqué par ces dernières condensations la formation
de la benzine, C^6H^6, qui dérive réellement de ce composé ([2]). La
formation directe et en grande quantité de la benzine, au moyen
de l'acétylène libre, peut être regardée comme la démonstration
rigoureuse de cette interprétation (*voir* t. I, p. 81).

Les faits que je viens d'exposer permettent d'expliquer la transformation de l'acétylène par la chaleur. Cette transformation n'est
pas comparable aux phénomènes de dissociation, car elle ne résulte
pas d'une disparition immédiate de l'affinité qui tenait réunis le
carbone et l'hydrogène. Mais elle s'effectue suivant un mécanisme
bien différent, et qui n'est nullement incompatible avec la grande
stabilité de l'acétylène. Ce que la chaleur détermine d'abord ici,
au rouge naissant, ce n'est pas une décomposition, c'est au contraire une combinaison d'un ordre plus élevé, développée par
l'union réciproque de plusieurs molécules d'acétylène,

$$3C^2H^2 = C^6H^6.$$

Le même mécanisme semble présider à un grand nombre de
réactions pyrogénées ([3]), quoiqu'il soit rarement aussi net que
dans le cas de l'acétylène.

([1]) *Leçons sur les Méthodes générales de synthèse.*, p. 307; Gauthier-Villars,
1864. — Le présent Ouvrage, t. I, p. 332.

([2]) *Cf.* le présent Ouvrage, t. I, p. 58 : *Formation de l'acétylène par l'élimination du chlore dans le chloroforme*, $CHCl^3$, *et formation de la benzine
aux dépens du bromoforme*, $CHBr^3$, p. 82.

([3]) *Essai de Mécanique chimique*, t. II, p. 132.

La tendance de l'acétylène à engendrer des carbures polymères est une conséquence naturelle de sa composition ([1]). Au même titre que ce carbure fondamental peut fixer soit 4, soit 8 volumes d'hydrogène, ou d'hydracide,

$$H^2 \text{ et } 2H^2, \quad HI \text{ et } 2HI,$$

ce même carbure peut se combiner avec les carbures d'hydrogène en général, comme je le montrerai plus loin, et spécialement avec un carbure identique à lui-même : de là résulte un polymère, tel que la benzine ou le styrolène. Ce résultat est une application particulière de la théorie générale des corps polymères que j'ai déjà développée à plusieurs reprises ([2]).

Lorsque l'on soumet les corps ainsi condensés à l'influence d'une température beaucoup plus élevée, le rouge vif par exemple, tantôt ils reprennent leur état primitif; tantôt ils éprouvent pour leur propre compte de nouvelles condensations, transformations et décompositions, sans repasser par l'état initial; le genre des travaux qui devraient être accomplis pour reproduire cet état ne s'effectuant pas d'une manière nécessaire. On verra tout à l'heure des exemples de ces divers modes de décomposition, en examinant l'action de la chaleur sur les polymères de l'acétylène, tels que la benzine et le styrolène.

Ainsi prennent naissance d'abord l'hydrogène et des carbures plus condensés, de plus en plus riches en carbone, comme le prouve la formation de la naphtaline aux dépens de l'acétylène, et comme on le montrera bientôt plus nettement encore, en parlant de la décomposition pyrogénée de la benzine; puis vient un charbon encore hydrogéné, représentant extrême de cette condensation progressive.

Le charbon et l'hydrogène apparaissent donc comme les résultats ultimes de la destruction, non de l'acétylène directement, mais des carbures condensés qui en dérivent. Le charbon, d'ailleurs, une fois produit, semble exercer une action propre pour déterminer, par son contact, la résolution immédiate de l'acétylène en éléments; ce que j'explique de la manière suivante. Au même titre que les carbures très condensés ont la propriété de se combiner à l'acétylène avec séparation d'hydrogène (*voir* plus loin), le charbon hydro-

---

([1]) Tome I, p. 92.

([2]) *Leçon sur l'isomérie,* professée devant la Société chimique de Paris en 1863, p. 19. Chez Hachette, 1886. — *Voir* le présent Ouvrage, t. I, p. 92.

géné réagirait sur ce carbure et s'unirait encore à son carbone, en donnant lieu à une séparation d'hydrogène.

Quoi qu'il en soit, la décomposition de l'acétylène a lieu selon deux phases successives, savoir : la condensation polymérique, puis la résolution graduélle des polymères en éléments. Entre ces deux phases du phénomène, la première, condensation polymérique, est surtout manifeste et prédomine au rouge naissant; tandis qu'au rouge vif on n'observe guère que le résultat final de la deuxième phase, résolution des polymères en éléments.

Tels sont les faits et les théories qui permettent de comprendre la décomposition de l'acétylène par la chaleur.

II. — Action de la chaleur sur le formène, la benzine, le styrolène, le diphényle, etc.

J'ai fait diverses expériences relatives à l'action que la chaleur exerce sur les carbures d'hydrogène les plus simples et les plus répandus. Signalons les résultats de ces observations.

1. *Formène.*

Le *formène*, CH^4, chauffé dans une cloche courbe pendant un quart d'heure, résiste presque complètement, sauf la production d'une trace d'acétylène. J'ai dit ailleurs ([1]) comment ce même formène, chauffé au rouge vif dans un tube de porcelaine, produit de l'acétylène, de la naphtaline et des carbures goudronneux. Il éprouve donc, comme l'acétylène, une suite de condensations moléculaires.

Mais ces condensations ne représentent pas des transformations polymériques du carbone initial. En effet, le formène, carbure saturé, ne saurait donner naissance à des polymères ([2]). Sous l'influence de la chaleur, il perd de l'hydrogène, au moment même où il se transforme en carbures plus condensés.

On peut admettre que cette condensation produit d'abord de l'acétylène

$$2\,CH^4 = C^2H^2 + 2\,H^2;$$

puis une partie de ce dernier, éprouvant à son tour une suite de

---

([1]) *Leçons sur les Méthodes générales de synthèse*, p. 284 et 312.

([2]) *Leçon sur l'isomérie*, professée en 1863 devant la Société Chimique de Paris, p. 22; chez Hachette, 1866.

condensations, aboutit à engendrer la naphtaline

$$5\,C^2H^2 = C^{10}H^8 + H^2,$$

et les produits goudronneux, par un mécanisme analogue et conformément aux résultats généraux développés ailleurs (t. I, p. 81).

2. *Éthylène.*

L'action de la chaleur sur l'*éthylène* et sur l'*hydrure d'éthylène* sera développée dans un Chapitre spécial, qui suit celui-ci. Je montrerai qu'il s'établit au rouge sombre, entre l'hydrogène et l'éthylène, $C^2H^4 + H^2$, d'une part, et l'hydrure d'éthylène, C^2H^6, d'autre part, un équilibre, comparable aux phénomènes de dissociation.

Toutefois, si l'on prolonge trop longtemps l'action de la chaleur, cet équilibre est troublé par l'intervention d'un phénomène secondaire, celui des condensations moléculaires. Peu à peu l'éthylène et son hydrure se changent ainsi en produits condensés, liquides et goudronneux, qui sortent du cercle primitif des réactions de dissociation et en troublent l'accomplissement régulier.

Au rouge naissant et avec les gaz précédents, le développement de ces condensations moléculaires est beaucoup plus lent que celui des réactions de dissociation ; circonstance qui permet de mettre celles-ci en évidence. Au rouge vif, au contraire, les résultats se compliquent, parce que les produits condensés prennent naissance et se détruisent presque instantanément.

On peut admettre encore ici l'intervention de l'acétylène, comme intermédiaire nécessaire des condensations. En effet, ce carbure se forme par une réaction simple, lors de la décomposition de l'éthylène au rouge vif,

$$C^2H^4 = C^2H^2 + H^2.$$

Jusqu'à présent j'ai parlé seulement des carbures d'hydrogène les plus simples : or les carbures plus compliqués, tels que les *homologues de l'éthylène, de l'acétylène et de l'hydrure d'éthylène*, donnent lieu à des réactions plus complexes. En effet :

1° La chaleur tend à les résoudre dans les carbures plus simples, qui peuvent être regardés comme leurs générateurs. C'est ce qui résulte des faits déjà connus et des observations citées dans un Chapitre ultérieur relativement à la destruction de l'amylène et de l'hydrure d'amylène ;

2° En même temps la chaleur décompose une partie des carbures, tant primitifs que dérivés, en hydrogène et carbures moins hydrogénés ;

3° Enfin, la chaleur provoque sur les divers carbures, tant primitifs que dérivés, des phénomènes de condensation moléculaire et de combinaison réciproque.

La résolution en éléments représente le résultat final de ces condensations et de ces déshydrogénations.

J'ai reconnu que ces divers phénomènes peuvent être observés sur la benzine et le styrolène, tous deux polymères de l'acétylène.

3. Benzine.

La *benzine,* C^6H^6, chauffée fortement dans une cloche courbe, donne déjà des indices de décomposition lente, avec dégagement gazeux. Mais elle ne se détruit d'une manière nette que sous l'influence d'une température plus élevée.

Dirigée à travers un tube de porcelaine, chauffé au rouge vif sur une longueur de 35 centimètres, et que la vapeur de ce carbone traverse avec une vitesse correspondant à la vaporisation d'un gramme de matière par minute environ, la benzine résiste en partie, et se détruit en partie, avec formation d'hydrogène et de divers carbures définis, rattachés à la benzine par des relations très simples.

1. *Diphényle.* — Le principal produit de cette réaction est un beau carbure cristallisé, identique avec le phényle, autrement appelé *diphényle,* $C^{12}H^{10}$ ou $(C^6H^5)^2$, et dérivé de la réunion de deux molécules de benzine avec perte d'hydrogène :

$$2\,C^6H^6 = C^{12}H^{10} + H^2.$$

On sait que le diphényle a été obtenu par M. Fittig, au moyen du sodium et de la benzine bromée.

Voici comment on l'isole, dans le cas qui nous occupe :

On rectifie les liquides condensés, produits par l'action de la chaleur sur la benzine, et l'on recueille séparément la matière qui passe entre 250 et 300 degrés, laquelle se concrète en une masse cristalline. On la comprime entre des feuilles de papier buvard, puis on la rectifie de nouveau, cette fois à la température de 250 degrés. Enfin on fait recristalliser ce dernier corps dans l'alcool.

Je me suis assuré de l'identité du diphényle pyrogéné avec le diphényle obtenu au moyen du sodium, par un examen comparatif très attentif, fondé sur des caractères multipliés, parmi lesquels je citerai les suivants :

1° Point d'ébullition, 250 degrés.

2° Point de fusion, 70 degrés.

3° Cristallisation du carbure, tant par la fusion que par le refroidissement d'une solution alcoolique faite à chaud, en magnifiques lamelles, brillantes et analogues au blanc de baleine.

4° Cristallisation du carbure, au moyen de l'évaporation spontanée du liquide brut obtenu, d'une part, par l'action de la chaleur sur la benzine, ou par la réaction du sodium sur la benzine bromée, d'autre part. Une seule goutte de ce liquide, projetée à la surface d'un morceau de bois (ou de tout autre corps poreux), ne tarde pas à donner naissance à une foule de paillettes irisées et micacées, qui se dressent avec un éclat singulier, et qui ne ressemblent à aucun autre corps.

5° La solution alcoolique de diphényle, faite à chaud, puis refroidie, demeure pendant quelque temps à l'état de sursaturation : on détermine immédiatement la cristallisation au moyen d'une baguette, portant à son extrémité quelques cristaux déjà formés dans une solution analogue. Ce caractère appartient au diphényle pyrogéné, comme au diphényle obtenu par le sodium.

6° On peut tirer de là une preuve singulièrement précise de l'identité des deux corps. On sait, en effet, que la propriété de faire cristalliser une liqueur sursaturée est spécifique des cristaux de la substance dissoute. Or, le diphényle pyrogéné fait cristalliser les solutions sursaturées du diphényle préparé avec le sodium, et réciproquement. J'insiste sur cette propriété : c'est une application d'une méthode délicate et sûre pour discuter l'identité des corps, toutes les fois que ceux-ci sont susceptibles de sursaturation (¹).

Venons aux caractères chimiques proprements dits, tels que :

7° Formation du composé nitré, cristallisé et très caractéristique, découvert par M. Fittig, dans les conditions décrites par ce savant (²) et que j'ai reproduites sur mon carbure et sur le diphényle dérivé de la benzine bromée:

8° Réaction du potassium, avec formation d'un composé bru-

(¹) Il est entendu que le contact d'une baguette bien propre ne doit produire aucun effet. La méthode n'est en défaut que pour des cas très spéciaux, tels que celui de certains corps isomorphes.

(²) *Annalen der Chemie und Pharmacie,* t. CXXIV, p. 276; 1862.

nâtre, analogue à l'acétylure de potassium. Cette réaction appartient également à la naphtaline, au rétène, au cumolène et à divers autres carbures pyrogénés.

9° Absence d'action d'une solution alcoolique d'acide picrique, *saturée à froid,* sur une solution alcoolique de diphényle, également *saturée à froid.* Cette absence de réaction, dans les conditions ci-dessus définies, distingue immédiatement le diphényle de la naphtaline, avec laquelle il présente une certaine analogie de propriétés. En effet, la solution alcoolique de naphtaline, saturée à froid, et mêlée avec la solution alcoolique d'acide picrique, saturée de même à froid, donne lieu immédiatement à un précipité caractéristique, cristallisé en belles aiguilles jaunes.

10° On peut également *dissoudre le diphényle à chaud dans une solution alcoolique d'acide picrique saturée à froid,* sans que la liqueur refroidie laisse déposer aucune combinaison spéciale : les belles lamelles du diphényle reparaissent seules dans cette circonstance. Ce nouveau caractère négatif distingue le diphényle, non seulement de la naphtaline, mais aussi de l'anthracène et de divers autres carbures, qui forment des combinaisons picriques définies, dans les dernières conditions précisées ci-dessus.

D'après ces faits, la benzine, sous l'influence de la chaleur rouge, donne naissance au diphényle, c'est-à-dire au même carbure qui a été obtenu d'abord en décomposant la benzine bromée par le sodium :

$$2\,C^6H^5Br + 2\,Na = C^{12}H^{10} + 2\,NaBr,$$
$$2\,C^6H^6 \qquad\qquad = C^{12}H^{10} + H^2.$$

Je représente ce carbure comme engendré par la substitution d'une molécule de benzine, C^6H^6, à un volume gazeux égal d'hydrogène, H^2, dans une autre molécule de benzine :

$$C^6H^4(H^2),$$

la benzine engendrant ainsi le diphényle

$$C^6H^4(C^6H^6).$$

La formation du diphényle par l'action de la chaleur constitue un résultat auquel j'attache quelque importance théorique, comme établissant une étroite analogie entre les réactions pyrogénées et celles que l'on détermine à une température plus basse, au moyen des corps chlorés ou bromés et des métaux alcalins.

Cette formation pyrogénée du diphényle est si nette et si abondante, qu'elle me paraît constituer, pour ce carbure remarquable, une méthode de préparation plus rapide et plus économique que celle qui repose sur l'emploi du sodium et de la benzine bromée.

2. *Carbures tricondensés*. — Mais poursuivons l'examen des produits obtenus par l'action de la chaleur sur la benzine. Entre la benzine inaltérée et le diphényle qui en dérive, il n'existe absolument aucun corps de volatilité intermédiaire, comme je m'en suis assuré par une suite méthodique de distillations, opérées sur de grandes quantités de matière. Mais après le diphényle et au-dessus de 360 degrés, distille un autre carbure jaunâtre, beaucoup moins volatil, analogue à une cire. Ce corps, par des compressions et des dissolutions alcooliques réitérées, se décolore et devient fusible vers 200 degrés. Il est très peu soluble dans l'alcool et même dans l'éther froid ; il se dépose de ses solutions bouillantes avec une apparence floconneuse. Cependant, si l'on examine le dépôt au microscope, on le trouve constitué par une foule de petites lamelles en forme de fers de lance, c'est-à-dire de losanges aigus, à arêtes courbes.

J'ai examiné la réaction de ce carbure sur l'acide picrique. En mélangeant les solutions alcooliques des deux corps saturées à froid, on n'obtient aucun précipité. Mais si l'on dissout le carbure à chaud dans une solution alcoolique d'acide picrique saturée à froid, il se produit par refroidissement un précipité d'un aspect spécial. Ce précipité, examiné sous le microscope, a été trouvé formé par deux espèces de cristaux : les uns sont le carbure inaltéré, les autres de très petites aiguilles jaunes, assemblées en forme de houppes, et qui n'ont rien de commun, ni avec les grandes et belles aiguilles jaunes constellées de la combinaison naphtalique, ni avec les belles et grandes aiguilles rouges qui forment la combinaison picrique de l'anthracène.

Par l'ensemble de ses propriétés, le corps que j'ai obtenu au moyen de la benzine paraît renfermer des carbures tricondensés, dans lequels les rapport du carbone à l'hydrogène est celui de 18 à 1 en poids. Leur point d'ébullition est voisin de celui du mercure.

*D'après les recherches ultérieures de M. Schulz, ce corps est un mélange d'un carbure $C^{18}H^{14}$, *diphénylbenzine* (*ou hydrure de triphénylène*), lequel ne précipite pas l'acide picrique, avec un autre carbure moins hydrogéné. Ce dernier possède, suivant mes propres essais, la propriété de former un composé défini avec l'acide picrique et, d'après son analyse, il me paraît dériver de la benzine par une relation analogue à celle du diphényle, mais un peu plus compliquée :

$$C^{18}H^{12} = 3.C^6H^6 + 3 H^2.$$

Ce serait donc un *triphénylène,* polymère $(C^6H^4)^3$ du carbure non condensé et inconnu qui répondrait à la formule C^6H^4 (phénylène).

3. *Benzérythrène.* — Après le chrysène, et à une température encore plus haute, vers le rouge sombre, distille, sous forme de vapeurs jaunes, un carbure orangé, solide et résineux, semblable à la colophane, et que je désignerai sous le nom de *benzéry-thrène.*

Ce corps est presque insoluble dans l'alcool, même bouillant; cependant il s'en dissout une trace qui rend le liquide fluorescent. Cette dissolution, saturée à froid, ne précipite pas la solution alcoolique d'acide picrique saturée à froid. Mais si l'on fait bouillir le benzérythrène avec cette dernière solution, il se forme par le refroidissement de la liqueur un composé, qui se sépare en flocons d'un jaune brunâtre. Ces flocons, examinés au microscope, apparaissent comme constitués par des amas de granulations moléculaires, d'une extrême ténuité.

4. *Bitumène.* — Enfin la petite cornue qui contient les derniers résidus peut être portée au rouge naissant, à l'aide de la flamme d'un bec de Bunsen : elle retient encore un carbure noirâtre, goudronneux et liquide, lequel ne distille pas sensiblement à cette température. Par le refroidissement, il devient solide, à la façon d'un bitume brillant et fragile. Je désignerai ce corps sous le nom de *bitumène.*

Le bitumène est presque insoluble dans l'éther et dans divers dissolvants. Cependant, traité par l'éther bouillant, il le colore en jaune, en produisant une solution extrêmement fluorescente, dont l'évaporation laisse une mince pellicule, à reflet cuivreux et métallique. Ce caractère contraste avec l'opacité de la substance prise en masse. On voit d'ailleurs que la décomposition de la lumière par le bitumène est analogue à celle que produisent les matières colorantes et les métaux eux-mêmes.

Les divers carbures accessoires que je viens de signaler sont difficiles à définir complètement, dans l'état actuel de la science. Tout ce que l'on peut affirmer, c'est qu'ils sont engendrés par la réunion d'un nombre croissant de molécules de benzine, condensés avec perte d'hydrogène. La netteté de leur origine et leur tendance systématique vers l'état de charbon hydrogéné en font le principal intérêt.

Au contraire, le styrolène, la naphtaline et l'anthracène ne se rencontrent pas, même en petite quantité, parmi les produits pyrogénés de la benzine pure, lorsqu'on les prépare dans les *conditions bien ménagées* où je me suis placé. C'est seulement en élevant notablement plus haut la température que l'on voit apparaître la naphtaline, en tant que dérivée secondaire, résultant de l'acétylène, régénéré effectivement dans ces conditions par la vapeur de benzine. C'est là une circonstance fort importante, que j'ai vérifiée avec soin, par l'étude de grandes quantités de matières [1], et sur laquelle je reviendrai en parlant de l'action de la chaleur sur les homologues de la benzine.

On ne rencontre pas davantage, parmi les produits pyrogénés de la benzine, obtenue dans des conditions ménagées, ni les homologues de cette substance, ni les carbures des autres séries, du moins en proportion sensible.

Il me reste à parler maintenant des gaz formés en même temps que le diphényle et les autres carbures signalés tout à l'heure. Les gaz dégagés aux dépens de la benzine sont constitués par de l'hydrogène à peu près pur, conformément aux équations ci-dessus. Une certaine quantité de charbon et une trace d'acétylène prennent naissance simultanément.

Analyse des gaz.

Dans l'analyse des gaz fournis au rouge par la benzine, j'ai rencontré une complication assez inattendue; je veux parler de la présence d'une trace d'hydrogène sulfuré. Cet hydrogène sulfuré donne lieu à un précipité noir avec le chlorure cuivreux ammoniacal, et masque ainsi la réaction ordinaire de l'acétylène. Aussi avais-je méconnu d'abord la présence d'une trace d'acétylène dans cette circonstance.

J'ai constamment rencontré l'hydrogène sulfuré parmi les produits de la destruction au rouge des divers échantillons de benzine sur lesquels j'ai opéré [2]; il dérive d'une trace de produit sulfuré volatil, contenu dans cette substance, et qui provient sans doute du soufre contenu dans la houille elle-même.

---

[1] L'emploi des réactions de l'acide picrique est très précieux pour les vérifications de cette nature.

[2] C'est le thiophène C^4H^4S, découvert depuis.

Quelques indications sur l'analyse des gaz dégagés dans cette réaction me paraissent utiles à présenter, d'autant plus que ces gaz renferment une grande quantité de vapeur de benzine, laquelle apporte une difficulté spéciale aux analyses. Cette difficulté mérite d'autant plus d'être signalée qu'elle existe également pour les gaz d'éclairage en général; et elle rend inexacts, à mon avis, tous les calculs eudiométriques qui ont été employés jusqu'ici pour en établir la composition rigoureuse.

Voici le motif de cette incertitude. La benzine possède une tension de vapeur considérable à la température ordinaire ($0^m,076$ à 20°, d'après M. Regnault). Sa présence dans un gaz, si l'on n'y prenait garde, pourrait faire supposer à la fois la présence des carbures absorbables par le brome, tels que les carbures éthyléniques et celle des carbures forméniques.

En effet, si l'on traite un gaz chargé de vapeur de benzine par le brome, comme il conviendrait de le faire pour absorber l'éthylène et ses analogues, le brome absorbe lentement la vapeur de benzine. Au bout de quelques minutes, l'action n'est pas encore complète : le gaz a diminué de volume, sans avoir été dépouillé de la totalité de la vapeur hydrocarbonée. Pour éliminer celle-ci, il faut traiter le gaz une seconde fois par le brome, traitement qui suffit le plus souvent. Mais si on le négligeait, on serait porté à attribuer la première absorption produite par le brome à l'éthylène, ou à un carbure analogue; tandis que le carbure qui demeure mêlé au résidu gazeux serait identifié avec un carbure forménique, dans les calculs eudiométriques.

L'action de l'acide sulfurique concentré sur le gaz primitif serait de peu de secours pour lever la difficulté, parce que cet acide n'agit que lentement à froid sur la vapeur de benzine.

Enfin les calculs fondés sur la comparaison des analyses eudiométriques, deviendront en général incertains dans cette circonstance, attendu que la vapeur de benzine ne se trouve pas contenue dans les gaz d'éclairage en proportion suffisante pour révéler nettement sa composition par le calcul, à travers les erreurs inévitables d'expérience, et surtout lorsque les gaz renferment en outre des corps hydrocarbonés, autres que la benzine.

Pour lever ces difficultés, éliminer la benzine et rendre possible l'analyse des gaz proprement dits auxquels elle est mélangée, je ne connais que deux procédés, assez incommodes d'ailleurs. L'un de ces procédés consiste à agiter le gaz avec le quart de son volume d'huile grasse ordinaire : la vapeur de benzine est absorbée à peu

près complètement. Malheureusement les gaz facilement condensables sont en même temps dissous en partie.

L'autre procédé donne lieu à une élimination plus complète de
la benzine. Il consiste à faire agir sur le gaz, pendant une
minute, l'acide azotique fumant, lequel sépare et dissout entièrement la benzine, en la changeant en nitrobenzine, dont la tension
de vapeur est négligeable. La formation de la nitrobenzine offre
encore cet avantage de caractériser nettement la benzine; surtout
si l'on transforme ultérieurement la nitrobenzine en aniline et matière colorante bleue, ce qui peut se faire sur de très petites quantités de matière.

Voici comment on opère la séparation de la vapeur de benzine au moyen de l'acide azotique. On remplit sur le mercure un
flacon de 300^{cc} à 500^{cc}, bouché à l'émeri, avec le gaz que l'on se
propose d'analyser. On a soin de ne laisser dans le flacon aucune
portion de mercure, autant que faire se peut. On retourne le
flacon, on le débouche et l'on y verse aussitôt 2^{cc} ou 3^{cc} d'acide
azotique fumant, exempt d'acide azoteux autant que possible.
On bouche rapidement et l'on abandonne le tout pendant quelques minutes. Cela fait, la benzine étant changée en nitrobenzine, on ouvre le flacon sur l'eau, on transvase le gaz dans une
éprouvette, on l'agite avec un alcali, et l'on procède ensuite à son
analyse comme à l'ordinaire, en se tenant en garde seulement
contre les petites quantités des oxydes de l'azote ([1]) qu'il peut alors
contenir.

En procédant ainsi, on peut reconnaître et caractériser avec
certitude la présence des gaz hydrocarbonés proprement dits, dans
un mélange qui renferme de la vapeur de benzine; circonstance
qui se présente très souvent pour les gaz pyrogénés, et notamment
pour les gaz de l'éclairage (*voir* plus loin).

Revenons à la décomposition que la benzine elle-même éprouve
à la température rouge. Cette décomposition fournit, comme produits principaux, des carbures condensés avec perte d'hydrogène,
ce qui répond à deux des modes généraux d'action de la chaleur
sur les carbures d'hydrogène.

([1]) On reconnaît aisément la présence de ces oxydes, et surtout du bioxyde
d'azote, lorsqu'il s'en est formé aux dépens de l'acide azoteux. On y réussit au
moyen du sulfate ferreux, ce réactif absorbant, comme on sait, le bioxyde d'azote
en se colorant en brun. Je n'ai pas observé qu'il y eût formation de protoxyde
d'azote, dont l'élimination serait plus difficile.

Au contraire, le troisième mode ne s'applique que sur une très petite échelle; car le générateur primitif de la benzine, l'acétylène, dont elle est un polymère,

$$C^6 H^6 = 3 C^2 H^2,$$

ne reparaît qu'en proportion pour ainsi dire inappréciable. Cette proportion est si faible, lorsqu'on opère dans des conditions ménagées, que je l'avais d'abord méconnue.

4. *Styrolène.*

A ce point de vue, le *styrolène*, autre polymère de l'acétylène,

$$C^8 H^8 = 4 C^2 H^2,$$

donne des résultats plus nets.

1. Le styrolène, en effet, dirigé à travers un tube de porcelaine chauffé au rouge vif, se décompose en benzine et acétylène:

$$C^8 H^8 = C^6 H^6 + C^2 H^2.$$

La benzine constitue la partie principale des produits volatils de cette réaction, mélangée avec du styrolène inaltéré et quelques carbures plus condensés. L'acétylène se retrouve en partie à l'état libre, et en partie sous la forme des produits qui dérivent de sa condensation.

2. *Styrolène et hydrogène.* — On obtient également de la benzine en chauffant pendant une heure, au rouge naissant, un tube de verre scellé, rempli d'hydrogène et renfermant quelques gouttes de styrolène.

La benzine obtenue peut être caractérisée très nettement par ses transformations successives en nitrobenzine, aniline et matière colorante bleue, même en opérant sur les petites quantités obtenues dans les conditions ci-dessus.

Dans ces mêmes conditions, au contraire, l'acétylène ne reparaît pas aux dépens du styrolène, une portion étant changée en éthylène à l'état naissant par l'hydrogène, et une autre portion en benzine, son polymère, à cause de la longue durée de l'expérience.

En définitive, deux réactions simultanées se développent ici : l'une est la réaction de l'hydrogène sur le styrolène; elle régénère de la benzine et de l'éthylène,

$$C^8H^8 + H^2 = C^6H^6 + C^2H^4,$$

elle ne porte que sur une portion de l'hydrogène mis en expérience, la majeure partie demeurant libre.

L'autre réaction consiste dans le dédoublement du styrolène en benzine et acétylène, lequel se change lui-même en une nouvelle proportion de benzine. Le résultat total de cette dernière suite de réactions est représenté par l'équation suivante :

$$3C^8H^8 = 4C^6H^6,$$

obtenue par la superposition de

$$C^8H^8 = C^6H^6 + C^2H^2 \quad \text{et} \quad 3C^2H^2 = C^6H^6.$$

On remarquera ici la différence qui existe entre les réactions opérées dans des tubes de verre scellés et les réactions opérées dans des tubes de porcelaine, traversés par un courant de vapeur. Dans les premières, on agit sur un poids de matière peu considérable, maintenu pendant très longtemps à une même température. Tandis que dans les secondes on opère sur un poids de matière beaucoup plus considérable, mais soumis à l'action de la chaleur pendant un temps très court. Aussi, pour produire les mêmes réactions, dans un tube de porcelaine, est-il nécessaire de recourir à une température beaucoup plus élevée que dans un tube de verre scellé. En sens inverse cette surélévation de température produit certaines destructions qu'une température plus basse ne suffirait pas pour déterminer.

5. *Diphényle.*

Le diphényle fournit un exemple de dédoublement, avec condensation polymérique de l'un des produits de la réaction. En effet, ce corps, chauffé pendant une heure dans un tube de verre scellé et rempli d'hydrogène, se décompose en benzine et carbures tricondensés, diphénylbenzine $C^{18}H^{14}$, et triphénylène $C^{18}H^{12}$,

$$3C^{12}H^{10} + H^2 = 3C^6H^6 + C^{18}H^{14};$$

ce qui répond à un dédoublement simple du diphényle, $C^6H^4(C^6H^6)$. Une partie du diphényle demeure d'ailleurs inaltérée.

Quand la réaction est accomplie, on constate la benzine par ses réactions ordinaires; la diphénylbenzine peut être isolée par les dissolvants.

6. *Naphtaline.*

La naphtaline seule, chauffée dans une cloche courbe, résiste complètement. Au rouge vif, elle perd de l'hydrogène et fournit des carbures condensés (¹). Si l'on dirige la vapeur de la naphtaline, mélangée d'hydrogène, à travers un tube de porcelaine rouge, elle éprouve une destruction partielle, en formant, d'une part, des carbures goudronneux et, d'autre part, de l'hydrogène, du charbon, un peu de benzine, et une trace presque insensible d'acétylène.

Les régénérations de la benzine et de l'acétylène par la naphtataline, observées dans ces dernières conditions, peuvent être regardées comme des phénomènes réciproques avec la formation de la naphtaline dans la réaction de la chaleur rouge sur l'acétylène, la benzine elle-même étant d'ailleurs un poiymère de ce dernier carbure.

III. — Action de la chaleur sur les carbures mélangés.

La théorie que j'ai exposée sur les causes générales de la condensation de l'acétylène en carbures polymériques, par suite de la combinaison de ce carbure avec lui-même (*voir* t. I, p. 93), conduit à essayer la réaction de l'acétylène sur les autres carbures d'hydrogène, et spécialement sur les carbures incomplets, c'est-à-dire susceptibles de fixer également l'hydrogène libre, ou naissant, pour leur propre compte.

1° *Acétylène et éthylène.*

En chauffant volumes égaux d'acétylène et d'éthylène, dans une cloche courbe, à la température de ramollissement du verre, j'ai constaté, en effet, que les deux gaz disparaissent à la fois. Au bout d'une demi-heure, 66 centièmes du volume de l'acétylène avaient disparu, et simultanément 66 centièmes, c'est-à-dire un volume égal, d'éthylène.

Par suite de cette réaction, divers carbures prennent naissance. Le principal est un liquide très volatil, dont la vapeur, analysée par la méthode eudiométrique, répond sensiblement à la formule C^4H^6, laquelle représente le produit de l'union de l'acétylène et de

---

(¹) Entre autres du dinaphtyl, $C^{20}H^{14}$, découvert ultérieurement.

l'éthylène à volumes égaux, avec condensation de moitié :

$$C^2H^4 + C^2H^2 = C^4H^6,$$

comparable à

$$C^2H^4 + H^2 = C^2H^6.$$

Cette vapeur, que je désignerai sous le nom d'*acétyléthylène*, est identique avec l'un des isomères du crotonylène. Le brome et l'acide sulfurique monohydraté absorbent l'acétyléthylène immédiatement, lorsqu'il est mélangé avec d'autres gaz; sa vapeur est peu soluble dans le chlorure cuivreux ammoniacal ([1]).

L'acétylène se combine de là même manière avec le propylène en fournissant un carbure très volatil, C^5H^8; mais la réaction en est un peu moins nette.

2° *Acétylène et benzine.*

L'acétylène chauffé avec la benzine, dans les mêmes conditions que ci-dessus, disparaît plus rapidement que s'il était seul. Le résidu gazeux représente à peine le cinquième du gaz primitif; il est formé surtout d'hydrogène. La portion principale des éléments de l'acétylène demeure combinée avec la benzine.

Deux composés prennent ainsi naissance : le styrolène et un carbure cristallisé moins volatil.

Le styrolène peut être isolé par une distillation fractionnée, qui élimine la benzine. Il résulte de l'addition directe des éléments de la benzine et de ceux de l'acétylène, à volumes gazeux égaux :

$$C^6H^6 + C^2H^2 = C^8H^8.$$

La formation du styrolène dans cette circonstance mérite d'être remarquée. En effet, elle est réciproque avec la décomposition du styrolène en benzine et acétylène. Entre ces trois carbures, il existe donc un véritable équilibre de dissociation, comparable à celui qui se manifeste entre l'hydrure d'éthyle, l'éthylène et l'hydrogène, mais qui se complique davantage, par l'effet simultané des condensations moléculaires.

D'autre part, l'évaporation spontanée du mélange brut de benzine et du styrolène laisse un carbure cristallisé en fines aiguilles,

---

([1]) L'étude détaillée de ce carbure a été reprise par M. Prunier, *Annales de Chimie et de Physique*, 5° série, t. XVII, p. 17; 1879. Il en a vérifié complètement l'identité avec l'un des crotonylènes.

complètement fixe à la température ordinaire, et qui m'a paru distinct de tous les principes connus. Ce carbure est mêlé avec des produits goudronneux et avec une dose notable de styrolène.

3° Acétylène et naphtaline.

1. La naphtaline réagit sur l'acétylène, plus rapidement encore que la benzine. En moins de dix minutes, l'acétylène a disparu presque entièrement, avec dégagement d'hydrogène. Je reviendrai sur cette réaction qui donne naissance à un carbure parfaitement défini, l'acénaphtène $C^{12}H^{10}$,

$$C^{10}H^8 + C^2H^2 = C^{12}H^{10}.$$

Les faits que je viens d'exposer démontrent que l'acétylène possède la propriété de réagir directement, à la température du rouge naissant, sur un grand nombre de carbures d'hydrogène. Cette propriété, qu'il partage avec l'hydrogène, et sans doute avec bien d'autres corps, éclaire d'une lumière inattendue l'étude de la distillation sèche et celle des réactions pyrogénées. Elle ouvre une voie toute nouvelle à la synthèse, en montrant que les principes hydrogénés peuvent réagir par affinité directe les uns sur les autres, dès 500° et plus généralement à une température que j'estime voisine de 600 à 700 degrés. La condition principale qui préside à ces réactions est le concours du temps, sur lequel j'ai déjà si souvent appelé l'attention. Les carbures les plus simples, et spécialement l'acétylène, semblent ne pouvoir coexister que pendant un temps peu considérable, à une haute température. S'ils demeurent en contact dans ces conditions, ils réagissent peu à peu et donnent naissance à des combinaisons et à des produits plus condensés; à moins qu'ils ne soient ramenés par un refroidissement rapide à une température assez basse pour que leurs affinités réciproques cessent de s'exercer.

Les produits condensés eux-mêmes, une fois existants, réagissent à leur tour sur l'acétylène, comme le prouvent les expériences relatives à la benzine et à la naphtaline, et ils forment de nouveaux produits, encore plus condensés. Ces derniers sont tantôt engendrés par simple addition (styrolène dérivé de la benzine et de l'acétylène), tantôt par élimination d'hydrogène (diphényle dérivé de la benzine). On obtient ainsi graduellement des carbures polymérisés, de plus en plus riches en carbone et pauvres en hydrogène, jusqu'à ce qu'on arrive au carbone lui-même, ou plus exactement au charbon, lequel retient toujours quelques traces d'hydrogène.

La plupart des carbures d'hydrogène pourront être engendrés ainsi par des synthèses directes, au même titre que les carbures homologues, $C^n H^{2n}$ ont été engendrés par des synthèses indirectes, c'est-à-dire dans des conditions de l'état naissant, et à partir du formène, CH^4, dérivé lui-même régulièrement de l'acide formique, d'après mes expériences (¹).

(¹) Tome I, p. 236.

CHAPITRE III.

ACTION DE LA CHALEUR ROUGE SUR L'ÉTHYLÈNE ET SUR LE FORMÈNE [1].

Les carbures pyrogénés sont engendrés par l'action réciproque et directe des carbures plus simples, tels que l'éthylène, l'acétylène, la benzine, etc. J'ai établi ce résultat général par des expériences très nettes, exécutées sur les carbures libres, pris deux à deux et mis en réaction. J'ai reconnu, par exemple [2], que l'acétylène chauffé au rouge sombre se change peu à peu en benzine, par la réunion de trois molécules :

$$3\,C^2H^2 = C^6H^6.$$

La benzine réagit à son tour [3] sur l'acétylène pour donner naissance au styrolène :

$$C^2H^2 = C^6H^6 = C^8H^8.$$

Le styrolène s'unit à l'acétylène [4] pour former d'abord l'hydrure de naphtaline, dont l'existence est transitoire :

$$C^2H^2 + C^8H^8 = C^{10}H^{10};$$

et consécutivement la naphtaline elle-même, corps beaucoup plus stable :

$$C^{10}H^{10} = C^{10}H^8 + H^2.$$

La naphtaline agit encore sur l'acétylène libre [5] pour constituer l'acénaphtène, le plus beau peut-être des carbures contenus

<hr>

[1] *Annales de Chimie et de Physique*, 4e série, t. XVI, p. 143; 1869.
[2] *Annales de Chimie et de Physique*, 4e série, t. XII, p. 52; 1867. — Le présent Ouvrage, t. I, p. 81.
[3] *Annales de Chimie et de Physique*, 4e série, t. XII, p. 7.
[4] *Annales de Chimie et de Physique*, 4e série, t. XII, p. 20.
[5] *Annales de Chimie et de Physique*, 4e série, t. XII, p. 228.

dans le goudron de houille :

$$C^2H^2 + C^{10}H^8 = C^{12}H^{10}.$$

Et ainsi de suite indéfiniment.

Chacune de ces réactions a été vérifiée individuellement. Toutes ont lieu, je le répète, directement sur les carbures d'hydrogène libres.

Mais, s'il en est ainsi, si les actions réciproques et directes des carbures pyrogénés se manifestent avec le même caractère de nécessité que les réactions ordinaires de la chimie minérale, il en résulte que partout où l'acétylène prend naissance à la température rouge, on doit obtenir la même suite de réactions, et observer la formation méthodique de la série de carbures d'hydrogène que je viens d'énumérer.

J'ai cru utile de vérifier cette conclusion par des expériences directes, exécutées sur les carbures qui fournissent l'acétylène en vertu des réactions les plus régulières; je veux parler du gaz oléfiant ou éthylène, lequel produit l'acétylène ([1]) par une simple perte d'hydrogène :

$$\underbrace{C^2H^4}_{\text{Éthylène.}} = \underbrace{C^2H^2}_{\text{Acétylène.}} + H^2,$$

et du formène, ou gaz des marais, lequel produit l'acétylène ([2]) par une condensation régulière :

$$\underbrace{CH^4}_{\text{Formène.}} = \underbrace{C^2H^2}_{\text{Acétylène.}} + 3H^2.$$

I. — Éthylène.

J'ai donc fait passer le gaz oléfiant pur et sec à travers un tube de porcelaine rouge de feu, en évitant d'élever trop haut la température. On dirige ensuite les gaz dans l'acide nitrique fumant, de façon à absorber la vapeur de benzine. Il suffit de décomposer quelques litres de gaz oléfiant pour pouvoir manifester la benzine avec pleine évidence.

([1]) *Annales de Chimie et de Physique*, 3ᵉ série, t. LXVII, p. 53 et 57; 1863. — Le présent Ouvrage, t. I, p. 32.

([2]) *Annales de Chimie et de Physique*, 3ᵉ série, t. LXVII, p. 59. — Le présent Ouvrage, t. I, p. 40.

A cet effet, on précipite par l'eau la nitrobenzine, on la récolte, en agitant le liquide avec un peu d'éther; on décante la couche éthérée qui surnage; on la filtre; on la distille dans une petite cornue, pour chasser l'éther; puis on ajoute de la limaille de fer et de l'acide acétique étendu. On distille doucement; on neutralise la liqueur distillée avec un peu de chaux éteinte, et il est facile de produire alors à l'aide du chlorure de chaux la magnifique coloration bleue qui caractérise l'aniline. Elle se produit avec une telle intensité, au moyen des produits pyrogénés du gaz oléfiant, qu'il suffirait de détruire une centaine de centimètres cubes de ce gaz, et peut-être moins encore, pour obtenir les réactions de la benzine.

Cependant, j'ai cru devoir répéter l'expérience sur une plus grande échelle, afin d'isoler en nature la benzine elle-même et, s'il se pouvait, les autres carbures pyrogénés, prévus par la théorie. J'ai fait passer les gaz de la réaction à travers un tube en U, refroidi avec un mélange de glace et de sel, et communiquant avec un petit récipient par une tubulure verticale, placée à la partie médiane et inférieure du tube en U. J'ai condensé ainsi une certaine proportion d'un liquide goudronneux, que j'ai soumis ensuite à des rectifications méthodiques. J'en ai extrait les corps suivants :

1° La benzine liquide et pure, C^6H^6, dont il a été facile de vérifier les caractères;

2° Le styrolène pur, C^8H^8. J'ai caractérisé ce carbure [1] par son état physique, son odeur, son point d'ébullition (vers 145°), ses promptes transformations en polymères au contact de l'iode et de l'acide sulfurique; enfin et surtout par la formation de l'iodure cristallisé que le styrolène forme, lorsqu'on l'agite avec une solution aqueuse et concentrée d'iodure de potassium ioduré, et que l'on étend presque aussitôt la liqueur avec de l'eau. La forme cristalline de cet iodure, étudiée au microscope, et son changement spontané en iode et polystyrolène, dans l'espace de quelques heures, sont extrêmement caractéristiques. En effet, toutes ces propriétés ne se manifestent qu'avec le styrolène, et même seulement avec le styrolène très pur.

J'ai donc ainsi vérifié l'existence du styrolène formé aux dépens du gaz oléfiant. Dans cette décomposition, la proportion en est moindre que celle de la benzine.

La benzine et le styrolène sont les seuls carbures volatils au-

---

[1] *Annales de Chimie et de Physique,* 4ᵉ série, t. XII, p. 169. — Le présent Ouvrage, t. **I**, p. 112.

dessous de 200 degrés qui prennent naissance aux dépens de l'éthylène, en proportion notable; ce qui confirme la régularité des relations existant entre le corps décomposé et les produits de sa métamorphose.

3° Vers 200 degrés et au-dessus distillent divers liquides, qui ne tardent pas à se prendre en une masse cristalline.

Je pense que les plus volatils de ces liquides sont formés par l'hydrure de naphtaline, dont ils possèdent l'odeur et le degré de volatilité; mais je ne connais point jusqu'ici de réaction propre à caractériser de petites quantités de ce carbure.

Au contraire, il est facile de constater que les cristaux condensés dans la partie la plus volatile sont constitués par la naphtaline. Ce même carbure se manifeste d'ailleurs avec son aspect et ses formes ordinaires, au sein d'une allonge traversée par le courant gazeux pendant la décomposition.

II. — Formène.

Je vais maintenant exposer la décomposition par la chaleur rouge du formène, ou gaz des marais. Cette décomposition fournit d'abord de l'acétylène, comme je l'ai constaté il y a sept ans ([1]), mais en moindre quantité que celle du gaz oléfiant.

La benzine prend aussi naissance : il est facile de s'en assurer; en dirigeant quelques litres de gaz des marais à travers un tube rouge, puis au sein de l'acide nitrique fumant. J'ai ainsi obtenu successivement : la nitrobenzine, l'aniline et la belle coloration bleue qui caractérise cette substance.

Le styrolène existe probablement aussi. Je n'ai pas réussi à l'isoler avec pleine certitude, en opérant avec le formène seul. Mais en opérant avec un mélange de formène et de benzine, dirigés lentement à travers un tube rouge, j'ai pu isoler le styrolène. La distillation fractionnée des produits, répétée à trois reprises, a fourni ce carbure avec tous ses caractères. Aucune proportion sensible de toluène, ou d'un autre homologue de la benzine, n'a pris naissance dans cette expérience, résultat négatif auquel j'étais déjà arrivé précédemment ([2]).

Enfin, la naphtaline se condense dans les allonges, avec ses caractères ordinaires et conformément aux observations que j'ai publiées,

---

([1]) *Annales de Chimie et de Physique*, 3° série, t. LXVII, p. 59; 1863. — Le présent Ouvrage, t. 1, p. 76 et 216.

([2]) *Annales de Chimie et de Physique*, 4° série, t. XII, p. 85; 1867.

il y a plusieurs années, sur la décomposition du gaz des marais (¹).

En résumé, la formation de l'acétylène, C^2H^2, qui représente le produit ultime des décompositions pyrogénées, a pour conséquence la formation nécessaire d'une certaine quantité de benzine, C^6H^6, par condensation polymérique. Mais, la benzine et l'acétylène se trouvant en présence à la température rouge, la formation du styrolène, C^8H^8, est une nouvelle conséquence de leur action réciproque. La formation de la naphtaline résulte à son tour de l'action réciproque entre l'acétylène et le styrolène, ou, d'une manière plus éloignée, entre la benzine et l'acétylène.

Cette formation presque universelle de la naphtaline, reconnue depuis longtemps par tant d'observateurs, a été aperçue tout d'abord, parce que le carbure est cristallisé et doué de propriétés très caractéristiques ; mais elle était demeurée jusqu'ici sans explication, faute d'avoir reconnu la présence non moins universelle de la benzine, et surtout la présence et les actions directes de l'acétylène, générateur fondamental des carbures pyrogénés.

(¹) *Annales de Chimie et de Physique*, 3ᵉ série, t. LXVII, p. 62; 1863.

CHAPITRE IV.

TRANSFORMATION DIRECTE DU FORMÈNE EN CARBURES PLUS CONDENSÉS ET ACTION INVERSE [1].

I. Toutes les fois que le formène (gaz des marais) prend naissance à une haute température, soit par synthèse, soit par analyse, sa formation est accompagnée par celle de l'éthylène et des carbures condensés $C^n H^{2n}$. Pour interpréter ces résultats, j'avais admis jusqu'à présent [2] qu'une portion du formène se condense à l'état naissant, ou, pour mieux dire, se combine à une autre portion du même carbure, avec perte d'hydrogène. Ainsi se forme d'abord l'éthylène

$$CH^4 + CH^4 - 2H^2 = C^2 H^4 = CH^2(CH^2) ;$$

lequel agit à son tour sur le gaz des marais pour engendrer le propylène

$$C^2 H^4 + CH^4 - H^2 = C^3 H^6 = CH^2(C^2 H^4) ;$$

puis le butylène

$$C^4 H^8 \quad \text{ou} \quad C^2 H^2(C^2 H^6), \text{ etc.}$$

Je vais établir par des expériences directes que le formène libre possède les propriétés que j'avais attribuées à ce carbure naissant.

C'est ce que l'on démontre en le soumettant à l'action de la chaleur, à une température suffisamment haute, quoique plus ménagée que celle qui produit les effets étudiés dans le Chapitre précédent.

Pour s'en assurer, il suffit de faire passer très lentement le gaz des marais, soigneusement purifié [3], à travers un tube de porce-

---

[1] *Annales de Chimie et de Physique*, 4ᵉ série, t. XVI, p. 148; 1869.

[2] *Leçons sur les Méthodes générales de synthèse*, p. 342. — *Annales de Chimie et de Physique*, 3ᵉ série, t. LXVII, p. 63.

[3] Par les réactions successives de l'eau, du brome, de la potasse et de l'acide sulfurique concentré.

Quand le mélange d'acétate de soude et de chaux sodée est chauffé très lentement, le gaz des marais est pour ainsi dire exempt des carbures $C^n H^{2n}$, ce qui en rend plus facile la purification.

laine chauffé à une température rouge modérée : une quantité notable d'éthylène et de carbures homologues plus condensés, tels que le propylène, prennent alors naissance.

Ces carbures ont été recueillis sous forme de bromures [1]; chaque bromure a été isolé par des distillations fractionnées; puis j'ai régénéré chaque carbure en nature, par la réaction de l'iodure de potassium, de l'eau et du cuivre; le tout conformément à la méthode que j'ai donnée il y a douze ans [2]. L'éthylène est le plus abondant des carbures $C^n H^{2n}$ formés par la condensation du formène.

J'ai cru utile de reproduire cette expérience avec un formène préparé à basse température et dont la pureté fût plus assurée que celle du gaz des acétates.

J'ai donc préparé ce gaz au moyen de l'éther méthyliodhydrique, $CH^3 I$, et conformément à la « Méthode universelle pour réduire et saturer d'hydrogène les composés organiques » que j'ai publiée il y a deux ans [3].

La réaction de l'acide iodhydrique sur l'éther méthyliodhydrique commence entre 150 et 200 degrés. Vers 200 degrés, elle peut être rendue complète, mais seulement au bout de cinquante à soixante heures. Vers 270 degrés, elle s'effectue en quelques heures :

$$CH^3 I + HI = CH^4 + I^2.$$

J'ai préparé ainsi plusieurs litres de gaz des marais très pur, et j'ai répété avec ce gaz la formation des carbures $C^n H^{2n}$. La proportion de l'éthylène, régénéré effectivement et en nature de son bromure, s'est élevée à plus de 10 centimètres cubes par litre de formène employé, et cela malgré les pertes considérables entraînées par la purification dudit bromure.

Ainsi le formène libre, CH^4, donne naissance aux divers carbures polyméthyléniques............................... $(CH^2)^n$; j'ai établi précédemment qu'en le décomposant à une température plus élevée, il donne aussi naissance aux divers carbures polyacétyléniques..................... $(C^2 H^2)^n$

---

[1] Après avoir au préalable purgé les gaz d'acétylène.

[2] *Annales de Chimie et de Physique,* 3ᵉ série, t. LI, p. 54 (1857). — Avec l'iodure de potassium et l'eau *seulement,* sans aucun métal, je rappellerai qu'on obtient l'hydrure d'éthylène; cette réaction pour préparer les hydrures est aussi générale que celle qui reproduit l'éthylène et ses homologues par l'addition du cuivre. — Ces Mémoires seront reproduits dans le Tome III du présent Ouvrage.

[3] *Comptes rendus des séances de l'Académie des Sciences,* t. LXIV, p. 710. — *Voir* le Tome III du présent Ouvrage.

et aux carbures qui en dérivent par perte d'hydrogène : les deux genres de formation ne sont pas séparés d'ailleurs par des limites de température très tranchées.

Ces carbures, de plus en plus condensés, de moins en moins hydrogénés, se produisent dans la destruction de la plupart des composés organiques ; ils sont les termes successifs de cette *décomposition par condensation moléculaire,* caractéristique des substances organiques, et dont les corps humoïdes et charbonneux représentent les résultats extrêmes ([1]).

Ce sont là des phénomènes typiques, d'autant plus intéressants qu'ils se développent ici suivant une loi régulière et aux dépens du formène, c'est-à-dire du plus simple de tous les carbures d'hydrogène.

II. On vient de rappeler la formation de l'acétylène aux dépens du formène :

$$2\,CH^4 = C^2H^2 + 3H^2.$$

Elle est en relation avec celle de l'éthylène. En effet, l'éthylène se décompose partiellement au rouge en acétylène et hydrogène :

$$C^2H^4 = C^2H^2 + H^2.$$

Réciproquement l'acétylène et l'hydrogène naissants, et même ces corps libres, par leur réaction directe, reproduisent de l'éthylène. Entre les trois derniers gaz, il se produit au rouge une sorte d'équilibre ([2]), analogue à celui des réactions éthérées, et qui subsiste tant qu'il n'est pas troublé par le progrès plus lent des condensations moléculaires.

Ces notions conduisent encore à admettre l'existence de l'hydrure d'éthyle C^2H^6, dans les mêmes milieux. En effet, j'ai trouvé que l'hydrure d'éthyle se forme par la réaction directe de l'éthylène et de l'hydrogène libre :

$$C^2H^4 + H^2 = C^2H^6 ;$$

réciproquement l'hydrure d'éthyle libre se décompose en partie en hydrogène et éthylène. Entre ces trois derniers gaz, il se produit au

---

([1]) *Annales de Chimie et de Physique,* 4ᵉ série, t. IX, p. 475; 1866. — *Voir* plus loin dans le présent Volume.

([2]) *Annales de Chimie et de Physique,* 4ᵉ série, t. IX, p. 431, 436, 471. — Même observation.

rouge un équilibre, comparable à celui des réactions éthérées [1]. J'ai été ainsi conduit à examiner si le formène libre engendrerait par sa transformation l'hydrure d'éthyle, C^2H^6. Quoique la recherche d'une petite quantité de ce dernier carbure soit beaucoup plus difficile que celle de l'éthylène ou de l'acétylène, je crois cependant avoir réussi à en démontrer l'existence, en tirant parti de la solubilité de l'hydrure d'éthyle dans l'alcool, solubilité triple de celle du formène.

\ A cet effet, j'ai dirigé à travers un tube rouge, comme précédemment, le formène purifié; puis, après avoir débarrassé le gaz formé dans la réaction, d'acétylène par le chlorure cuivreux ammoniacal, et des carbures C^nH^{2n}, par le brome (suivi d'un flacon de potasse), j'ai saturé plusieurs litres d'alcool avec les gaz de la réaction.

J'ai dégagé ensuite les gaz dissous, par l'ébullition de l'alcool. J'ai traité de nouveau ces gaz par une quantité d'alcool insuffisante pour tout dissoudre. J'ai fait bouillir encore ce second alcool, et j'ai répété jusqu'à cinq fois cette série d'opérations, jusqu'à ce que le dernier gaz obtenu fût réduit à quelques centimètres cubes.

D'après l'analyse eudiométrique, ce dernier gaz était formé, sur 100 volumes, de :

$$\text{Hydrure d'éthyle} \dots \dots \quad 7,5$$
$$\text{Formène} \dots \dots \quad 92,5$$

Au contraire, le formène qui n'avait pas traversé le tube rouge, soumis à la même série d'épreuves méthodiques, n'a pas fourni de trace appréciable d'hydrure d'éthyle; ce qui était un contrôle nécessaire de l'expérience principale.

Ainsi il est prouvé que la transformation du formène libre et pur fournit de l'hydrure d'éthyle :

$$CH^4 + CH^4 - H^2 = C^2H^6 = CH^2(CH^4).$$

Elle donne donc naissance aux trois carbures qui renferment 2 atomes de carbone :

$$\text{Acétylène} \dots \dots \quad (CH)^2 \quad \text{ou} \quad C^2H^2$$
$$\text{Éthylène} \dots \dots \quad (CH^2)^2 \quad \text{ou} \quad C^2H^4$$
$$\text{Hydrure d'éthyle} \dots \dots \quad (CH^3)^2 \quad \text{ou} \quad C^2H^6$$

et ces carbures sont liés entre eux et à l'hydrogène par des relations

---

[1] *Annales de Chimie et de Physique,* 4° série, t. IX, p. 431; 1866.

d'équilibre telles, que la formation de l'un quelconque des trois gaz carbonés, à une température rouge modérée, a pour conséquence la formation des deux autres.

III. Les mêmes considérations d'équilibre, fondées sur la réciprocité des réactions, expliquent pourquoi le formène, dirigé à travers un tube rouge, ne se décompose que partiellement, en fournissant des carbures condensés. Il ne s'agit point ici d'une réciprocité immédiate, telle que celle de l'hydrure d'éthyle avec l'éthylène et l'hydrogène, mais d'une chaîne fermée de réactions. dont j'ai observé par expérience tous les anneaux séparément (¹). Voici quelle est cette chaîne remarquable :

1° Le formène se transforme en hydrure d'éthyle et hydrogène; la réaction inverse directe n'existe pas, mais

2° L'hydrure d'éthyle pur se décompose en partie en formène, acétylène et hydrogène :

$$2\,C^2H^6 = 2\,CH^4 + C^2H^2 + H^2.$$

J'ai établi ailleurs (¹) que cette réaction est le type de la transformation pyrogénée des carbures d'hydrogène dans leurs homologues inférieurs. Dans le cas présent, elle reproduit le gaz des marais et l'acétylène.

3° Or cet acétylène tend à reformer, avec l'hydrogène, de l'éthylène d'abord,

$$C^2H^2 + H^2 = C^2H^4,$$

puis de l'hydrure d'éthyle,

$$C^2H^4 + H^2 = C^2H^6;$$

d'où résultent deux nouvelles réactions et leurs réciproques.

Cela fait en somme un système de six équations entre cinq corps, savoir : le formène, l'hydrure d'éthyle, l'éthylène, l'acétylène et l'hydrogène. En vertu de ces réactions, l'existence simultanée de l'hydrogène et de l'un quelconque des quatre carbures a pour conséquence nécessaire l'existence de tous les autres.

(¹) *Voir* les chaînes analogues relatives à la formation du diphényle, de la naphtaline, de l'anthracène, etc., *Annales de Chimie et de Physique,* 4ᵉ série, t. XII, p. 41; 1867. — Le présent Volume, plus loin.

(²) *Annales de Chimie et de Physique,* 4ᵉ série, t. XII, p. 147; 1867. — Le présent Volume, Chapitre suivant.

J'ai cru devoir développer cette chaîne de réactions, toutes constatées séparément par des expériences directes, afin de montrer comment on peut expliquer, par des jeux directs d'affinité, les équilibres complexes qui se manifestent dans les gaz et vapeurs organiques, sous l'influence d'une haute température.

CHAPITRE V.

ACTION DE LA CHALEUR SUR LES HOMOLOGUES DE LA BENZINE ([1]).

Ayant entrepris l'étude de la formation des carbures d'hydrogène, sous l'influence de la chaleur, par condensations et par actions réciproques, j'ai dû me préoccuper d'abord de l'action que cette même chaleur exerce sur chaque carbure envisagé isolément. En effet, il est évident que, pour tenter la formation d'un composé, il faut connaître les circonstances capables de le détruire. Une telle connaissance est d'autant plus nécessaire que la formation du composé peut souvent être effectuée dans ces circonstances elles-mêmes, par réversibilité directe ou indirecte, en modifiant les proportions relatives des corps et la durée des réactions, ainsi que je l'ai montré pour l'acétylène et pour diverses autres substances.

Les conditions de la formation d'un corps composé sont presque toujours très voisines des conditions de sa décomposition commençante : relation générale sur laquelle j'ai souvent appelé l'attention ([2]).

En vertu de la même relation, le moment où les corps commencent à se décomposer est parfois celui où ils réagissent le plus facilement sur les autres corps mis en leur présence, et contractent de nouvelles combinaisons. De là l'intérêt qui s'attache à l'étude des conditions de la décomposition des corps.

Par suite de ces idées et de ces recherches expérimentales, j'ai été conduit à examiner l'action de la chaleur rouge sur un grand nombre de carbures d'hydrogène.

([1]) *Annales de Chimie et de Physique*, 4ᵉ série, t. XII, p. 122; 1867.

([2]) *Annales de Chimie et de Physique*, 3ᵉ série, t. XXXVIII, p. 73; 1853 : Formation des alcalis éthyliques au moyen de l'alcool et du chlorhydrate d'ammoniaque. *Voir* aussi les *Annales*, 3ᵉ série, t. XLIII, p. 394,; 1855 : Synthèse de l'alcool au moyen de l'acide sulfurique et du gaz oléfiant, etc., etc.

J'ai déjà exposé mes travaux relatifs :

1° A la décomposition du formène ([1]) et de ses homologues ([2]), $C^n H^{2n+2}$;

2° A celle de l'éthylène ([3]) et de ses homologues ([4]), $C^n H^{2n}$;

3° J'ai également publié dans ce Volume mes recherches sur la décomposition de la benzine ([5]), $C^6 H^6$.

Je me propose aujourd'hui de parler des homologues de ce dernier carbure, c'est-à-dire du toluène ou méthylbenzine, $C^7 H^8$, des xylènes ou diméthylbenzines, $C^8 H^{10}$, et des triméthylbenzines, telles que le cumolène, $C^9 H^{12}$.

I. — Toluène $C^7 H^8$.

Le toluène est le plus simple des homologues de la benzine : il est fourni aujourd'hui (1867) au commerce par M. Coupier, en grande quantité et dans un état de pureté presque absolue. Ce fabricant distingué a bien voulu faire préparer une dizaine de litres de toluène à mon intention, avec des soins tout particuliers. J'ai vérifié la pureté singulière de la substance, non seulement par la fixité de son point d'ébullition, mais aussi par l'absence absolue de benzine mélangée, absence que j'ai constatée en isolant la partie la plus volatile (un centième environ), à l'aide de deux séries de distillations fractionnées, puis en transformant cette partie en composé nitré d'abord, en alcali ensuite. Cet alcali, traité par le chlorure de chaux, n'a pas fourni le plus léger indice de la coloration violette, caractéristique de l'aniline. Le toluène employé était donc exempt de benzine, circonstance importante pour le succès des expériences que je vais décrire.

J'ai fait passer à travers un tube de porcelaine, chauffé au rouge vif *au moyen d'un feu de charbon*, la vapeur de 500 à 600 grammes de toluène. Le tube était long de 35 centimètres et la vapeur se dégageait avec une vitesse correspondant à

([1]) *Annales de Chimie et de Physique,* 4° série, t. IX, p. 451; 1866. — *Voir* le présent Volume, Chapitre précédent.

([2]) *Annales de Chimie et de Physique,* 4° série, t. IX, p. 435, 443, 444 et 453. — Le présent Volume, plus loin.

([3]) *Annales de Chimie et de Physique,* 4° série, t. IX, p. 412, 431 et 452. — Le présent Volume, Chapitre précédent.

([4]) *Annales de Chimie et de Physique,* 4° série, t. IX, p. 443, 444 et 452. — Le présent Volume, plus loin.

([5]) *Annales de Chimie et de Physique,* 4° série, t. IX, p. 453; 1866. — Le présent Volume, p. 42.

la vaporisation d'un gramme de matière environ par minute.

On condensait les produits dans une allonge, suivie d'un récipient refroidi, et l'on recueillait de temps en temps les gaz dégagés.

Le liquide condensé, d'aspect goudronneux, a été introduit dans une cornue tubulée, munie d'un thermomètre, et j'ai procédé aux distillations. Je crois devoir décrire ces dernières avec détails, pour indiquer la marche spéciale que j'ai coutume de suivre dans ce genre d'opérations, en réglant la répartition des matières de façon à concentrer des produits de plus en plus purs, avec la plus petite déperdition possible.

1. — *Première série de rectifications.*

Dans une première rectification, j'ai séparé, par ébullition :

1° Un liquide volatil jusque vers 105 degrés ;

2° Un liquide volatil de 105 à 120 degrés ;

3° Un liquide volatil de 120 à 160 degrés ;

4° Un liquide volatil de 160 à 210 degrés ;

5° Un liquide volatil de 210 à 260 degrés ;

6° Un produit volatil de 260 à 310 degrés, mélange de cristaux et de liquide : ce dernier était très prédominant ;

7° 310 à 360 degrés, mélange de cristaux et de liquide ;

8° Une matière demi-molle, au-dessus de 360 degrés ;

9° Ensuite des carbures cireux, analogues au benzérythrène ([1]), d'un rouge plus foncé, jusque vers le rouge sombre.

10° Il reste dans la cornue une masse boursouflée, demi-fondue et demi-charbonneuse, qui n'offre pas la liquidité régulière et la fusion franche du bitumène ([2]), dérivé final de la benzine.

Tels sont les produits fournis par une première rectification. Je les ai soumis à une seconde série de distillations fractionnées. C'est seulement dans cette seconde série que les produits définis commencent à manifester leurs caractères véritables, leur point d'ébullition, etc. En effet, dans la première série de distillations, la complexité du mélange dissimulait presque complètement les propriétés individuelles de chacun des composants. Cette circonstance est d'ailleurs commune à toutes les rectifications de ce genre : il

---

([1]) *Annales de Chimie et de Physique*, 4ᵉ série, t. IX, p. 458 ; 1866. — Le présent Volume, p. 21.

([2]) *Annales de Chimie et de Physique*, 4ᵉ série, t. IX, p. 459. — Le présent Volume, p. 21.

faut deux séries, souvent même trois séries de distillations fractionnées, pour faire apparaître les propriétés véritables des principes définis.

Voici les résultats de la seconde série des rectifications, appliquées aux produits pyrogénés du toluène.

2. — *Seconde série de rectifications.*

1° *Benzine.* — Le premier produit de la première série (recueilli jusqu'à 105 degrés) a distillé cette fois, en majeure partie, entre 80 et 87 degrés. Il est resté dans la cornue un peu de liquide, que l'on a réuni au deuxième produit de la première série. Le produit volatil entre 80 et 89 degrés, soumis à une troisième rectification, distille presque entièrement vers 80 degrés.

C'est de la *benzine,* comme je l'ai vérifié par l'étude de ses divers caractères ([1]) et spécialement en examinant l'action du chlore, du brome, de l'iode, de l'acide sulfurique; enfin celle de l'acide nitrique suivie de la transformation de la nitrobenzine en aniline, etc.

La proportion de la benzine, parmi les produits pyrogénés du toluène, pouvait être évaluée à 12 pour 100 environ dans mon expérience.

2°-3°-4° *Toluène.* — Le second produit de la première série (105°-120°) commence à bouillir vers 87 degrés. Il fournit d'abord un peu de benzine; puis le point d'ébullition monte, et le produit principal passe de 105 à 110 degrés, sans que le point d'ébullition s'élève au delà.

C'est du *toluène,* comme on peut le constater d'après son point d'ébullition, son odeur, l'action négative de l'acide sulfurique concentré, l'action du chlore ([2]), celle de l'iode (négative), celle de l'acide nitrique, et surtout d'après l'action oxydante exercée par un mélange de bichromate de potasse et d'acide sulfurique. Cette action, en effet, donne naissance à l'acide benzoïque, caractéristique. La présence du toluène, dans le cas qui nous occupe, aurait à peine besoin d'être démontrée, puisqu'elle répond à une portion du carbure primitif, échappée à la décomposition.

Le troisième produit de la première série (120-160 degrés), distillé séparément, passe entièrement de 105 à 110 degrés. C'est

---

([1]) *Voir* Tome I, p. 106.
([2]) A froid, le chlore gazeux en excès donne naissance avec le toluène à un hexachlorure cristallisé, analogue à l'hexachlorure de benzine de Mitscherlich.

aussi du *toluène* presque pur, dont le point d'ébullition avait été surélevé d'abord par la présence des produits moins volatils.

Le quatrième produit de la première série (160-210 degrés) consiste encore presque entièrement en *toluène;* il se volatilise la seconde fois au-dessous de 114 degrés, à l'exception d'un très léger résidu, formé surtout par de la naphtaline.

Le toluène total, isolé dans la suite des rectifications, forme près de la moitié du produit pyrogéné brut obtenu tout d'abord.

Aucun carbure, de volatilité intermédiaire entre le toluène et la naphtaline, ne se manifeste dans ces distillations, en proportion appréciable ([1]) : circonstance fort importante, sur laquelle j'appelle l'attention et sur laquelle je reviendrai tout à l'heure.

Mais poursuivons la description de la seconde série de rectifications.

5°-6° *Naphtaline.* — Le cinquième produit de la première série (210-260 degrés), redistillé séparément, fournit d'abord un peu de toluène (dont une troisième rectification a démontré les vrais caractères), puis de la *naphtaline,* qui passe entre 200 et 230 degrés; ensuite vient un produit liquide, de 232 à 260 degrés. Le résidu final est insignifiant.

La naphtaline a été purifiée par compression, puis par cristallisation dans l'alcool. On a vérifié sa forme cristalline, son odeur, son point d'ébullition (218 degrés), son point de fusion (79 degrés), enfin la formation du composé caractéristique qu'elle produit avec l'acide picrique ([2]).

Le poids total de la naphtaline obtenue aux dépens du toluène, dans la distillation du produit ci-dessus et de ceux qui vont suivre, est plus faible que celui de la benzine ; il en représente près de la moitié, dans le cas actuel et autant que l'on peut en juger dans des séparations de cette nature.

Le sixième produit de la première série (260-310 degrés) a été séparé par décantation et par filtration en une partie liquide, principale, et en corps cristallisé, accessoire. Ces derniers cristaux sont formés de *naphtaline* à peu près pure.

6° *bis. Benzyle et isomère.* — Quant au liquide, il a été réuni avec le liquide analogue, extrait du cinquième produit de la première série et volatil entre 230 et 260 degrés. J'ai rectifié le tout :

([1]) Sauf peut-être un peu d'hydrure de naphtaline, liquide et volatil vers 205 degrés.

([2]) *Voir* ce Volume, plus loin.

ces liquides ont commencé à bouillir vers 230 degrés. Entre 230 et 260 degrés, passe une matière cristalline, imprégnée d'un peu de liquide : c'est encore de la naphtaline, que l'on a purifiée et réunie avec la naphtaline extraite des matières plus volatiles.

Entre 260 et 310 degrés, il passe ensuite un liquide, qui se prend par refroidissement en une masse cristalline, imprégnée de liquide. Les cristaux, d'apparence grenue, ont été égouttés, puis pressés et soumis à une troisième distillation fractionnée. Il a passé d'abord un peu de naphtaline. Mais le produit principal a distillé entre 270 et 280 degrés.

C'est un carbure cristallisé, analogue au diphényle, et qui ne forme pas non plus de composé spécifique, lorsqu'on le dissout dans une solution alcoolique d'acide picrique. Il est plus fusible que la naphtaline et même que le diphényle. D'après les caractères de ce carbure, son origine, et l'analogie du toluène avec la benzine, laquelle fournit du diphényle sous l'influence de la chaleur,

$$2\,C^6H^6 = C^{12}H^{10} + H^2,$$

je regarde le carbure cristallisé volatil vers 280 degrés, que je viens de signaler, comme du *benzyle,* ou plutôt du *dibenzyle,* $C^{14}H^{14}$: il dérive par déshydrogénation du toluène,

$$2\,C^7H^8 = C^{14}H^{14} + H^2.$$

Le dibenzyle peut être également obtenu, comme on sait, par l'action du sodium sur le toluène bromé ou chloré [1]. La proportion de ce carbure, formé par voie pyrogénée, est peu considérable.

Quant au liquide qui l'accompagne, lequel est plus abondant que le carbure cristallisé et possède à peu près la même volatilité, c'est peut-être le carbure liquide, isomère du benzyle et signalé dans ces derniers temps par M. Fittig, sous le nom de *tolyle,* ou plutôt *ditolyle* [2].

7° et 8° *Anthracène.* — Les septième et huitième produits volatils de la première série (310-360 degrés ; et après 360 degrés) ont été séparés par filtration en deux parties, l'une liquide et l'autre cris-

---

[1] CANNIZZARO et ROSSI, *Annalen der Chemie und Pharmacie*, t. CXXI, p. 250; 1862. — FITTIG et STELLING, même recueil, t. CXXXVII, p. 257; 1866.

[2] *Annalen der Chemie und Pharmacie*, t. CXXXIX, p. 178; 1866. — LIMPRICHT, même recueil, t. CXXXIX, p. 312; 1866.

talline. Cette dernière, après avoir été exprimée et purifiée par des cristallisations alcooliques, a été trouvée identique avec l'*anthracène*, $C^{14}H^{10}$, tel qu'il peut être extrait du goudron de houille. J'ai vérifié l'aspect de l'anthracène, sa sublimation, son odeur, sa cristallisation, sa presque insolubilité dans l'alcool froid, son point de fusion situé vers 210 degrés. Enfin j'ai formé, avec l'anthracène et l'acide picrique, le beau composé rubis qui caractérise ce carbure d'hydrogène (¹).

9° *Triphénylène, benzérythrène, etc.* — Les derniers produits volatils ont fourni, avec l'acide picrique, les composés caractéristiques du triphénylène et du benzérythrène (²). Mais ces carbures étaient probablement mélangés avec des corps analogues, que l'on ne peut guère isoler ou caractériser tout à fait, dans l'état présent de nos connaissances.

*On doit obtenir aussi de la diphénylbenzine, $C^{18}H^{14}$.

Tels sont les résultats de l'analyse par distillation du liquide pyrogéné que fournit le toluène.

Étude des gaz.

J'ai également examiné les gaz. Je les ai traités d'abord par l'acide nitrique fumant, afin d'éliminer la vapeur de benzine et conformément à une méthode qui sera exposée plus loin dans ce Volume; puis j'ai procédé à l'analyse. Sauf une trace d'acétylène, les gaz ne renfermaient aucun carbure absorbable par le brome; ce qui exclut à peu près tous les carbures, à l'exception des carbures forméniques, C^nH^{2n+2}. En réalité, ces gaz consistaient surtout en hydrogène, mêlé avec une petite quantité de formène et une trace d'acétylène.

Enfin le tube de porcelaine, qui avait servi à l'expérience, renfermait une quantité notable de charbon, comme il arrive dans toutes les réactions de ce genre.

En résumé, voici la liste des carbures pyrogénés, dérivés du toluène, et qui constituent la totalité ou la presque totalité de ces carbures, au moins pour la portion volatile jusque vers 360 degrés :

1. *Benzine*, C^6H^6;
2. *Toluène* inaltéré, C^7H^8;

(¹) *Voir* ce Volume, plus loin.
(²) *Voir* ce Volume, p. 20.

3. *Naphtaline*, $C^{10}H^8$;
4. *Dibenzyle* et isomère (?), $C^{14}H^{14}$;
5. *Anthracène*, $C^{14}H^{10}$;
6. *Triphénylène*, *Benzérythrène*, etc.

Tels sont les faits. Cherchons maintenant quelles relations existent entre ces divers carbures et le toluène qui les a engendrés.

1° *Dibenzyle*. — Le carbure qui se rattache au toluène par la relation la plus directe est sans contredit le dibenzyle, $C^{14}H^{14}$, attendu que le benzyle dérive du toluène par simple élimination d'hydrogène,

$$2\,C^7H^8 = C^{14}H^{14} + H^2.$$
$$\underbrace{\qquad}_{\text{Toluène.}}\ \underbrace{\qquad}_{\text{Dibenzyle.}}$$

C'est la même relation qui existe entre le diphényle et la benzine, relation à la fois de formule et de fait.

Le dibenzyle peut être représenté soit par la formule $(C^7H^7)^2$, soit par la formule $C^7H^6(C^7H^8)$.

Je préfère cette dernière, qui indique la substitution du toluène, C^7H^8, à son volume d'hydrogène, H^2, dans une autre molécule de ce même toluène,

$$\text{Toluène}\dots\dots\dots\dots\dots\ C^7H^6(H^2),$$
$$\text{Dibenzyle}\dots\dots\dots\dots\ C^7H^6(C^7H^8).$$

2° *Anthracène*. — L'anthracène, $C^{14}H^{10}$, présente une relation non moins directe à l'égard du toluène. En effet, l'anthracène dérive également du toluène par condensation et perte d'hydrogène,

$$2\,C^7H^8 = C^{14}H^{10} + 3\,H^2.$$

Si l'on remarque que le toluène dérive de la benzine par substitution forménique,

$$\text{Benzine}\dots\dots\dots\dots\dots\ C^6H^4(H^2),$$
$$\text{Toluène}\dots\dots\dots\dots\dots\ C^6H^4(CH^4),$$

il sera facile de reconnaître que l'anthracène résulte de l'association du résidu benzénique, C^6H^4, avec le résidu forménique, CH ; il répond donc à la formule rationnelle

$$[C^6H^4(CH)]^2,$$

c'est-à-dire

$$C^6H^4[C^6H^4(C^2H^2)].$$

La nécessité d'un résidu forménique pour constituer l'anthracène explique pourquoi ce carbure ne prend pas naissance dans la décomposition de la benzine pure, à une température ménagée ; circonstance sur laquelle j'ai déjà appelé l'attention [1].

3° *Benzine.* — La formation de la benzine aux dépens du toluène est conforme aux analogies ordinaires, en vertu desquelles un corps, détruit par la chaleur ou par l'oxydation, fournit ses homologues inférieurs. Mais, en général, cette formation n'a pas été représentée jusqu'ici par des équations régulières. C'est ainsi que, dans le cas du toluène, il reste à expliquer ce que devient le résidu forménique, éliminé dans l'acte de ladite régénération de benzine. Or je vais montrer que, dans mes expériences, ce résidu est représenté par la naphtaline.

4° *Naphtaline.* — En effet, la formation de la naphtaline aux dépens du toluène est corrélative de celle de la benzine, comme le montre l'équation suivante :

$$4\,C^7H^8 = 3\,C^6H^6 + C^{10}H^8 + 3\,H^2.$$

Les poids relatifs de benzine et de naphtaline, isolés dans mon expérience, autant qu'on peut réussir à le faire, s'accordent avec cette équation.

La formation de la naphtaline aux dépens du toluène est susceptible d'une interprétation très simple, si l'on admet que la décomposition du toluène s'opère par duplication successive des molécules et formation d'un carbure complexe, lequel se dédoublerait aussitôt en carbures plus simples et plus stables :

$$2\,C^7H^8 = C^{14}H^{14} + H^2$$

Toluène.   Dibenzyle.

$$2\,C^{14}H^{14} = C^{28}H^{26} + H^2$$

Dibenzyle.

$$C^{18}H^{26} = C^{10}H^8 + 3\,C^6H^6$$

Naphtaline.   Benzine.

Cette suite de métamorphoses éprouvées par le toluène est parallèle à celles que subit la benzine, sous l'influence de la chaleur,

---

[1] *Annales de Chimie et de Physique,* 4° série, t. IX, p. 46o ; 1866. — Ce Volume, p. 22.

comme le montre le Tableau suivant qui répond, terme pour terme,
au précédent :

$$2\,C^6H^6 = C^{12}H^{10} + H^2$$

Benzine. Diphényle.

$$2\,C^{12}H^{10} = C^{24}H^{18} + H^2$$

Diphényle.

$$C^{18}H^{18} = C^6H^6 + (C^6H^4)^3$$

Benzine. Triphénylène.

Sans insister plus qu'il ne convient sur ce parallélisme, attachons-
nous surtout à expliquer la formation de la naphtaline aux dépens
du toluène. Pour comprendre ce qui se passe dans cette circonstance, il est essentiel de rappeler que la benzine, chauffée à une
température rouge modérée, ne m'a fourni aucune trace de naphtaline (ce Volume, p. 22), tandis que tous les homologues de la benzine produisent de la naphtaline en quantité considérable. Cette
circonstance est capitale, car elle signale la nécessité d'un résidu
forménique pour constituer la naphtaline. Ce n'est que lorsqu'on
porte la température au rouge vif, ou au delà, que la naphtaline
apparaît, lorsqu'on opère avec la benzine, comme produit secondaire dérivé de l'acétylène.

Or, un tel résidu est clairement indiqué par les équations
précédentes, dès que l'on met en évidence le formène qui concourt
à constituer le toluène :

$$4\,C^6H^4(CH^4) = 3\,C^6H^6 + C^6H^4[(CH)^2]^2 + 3\,H^2.$$

Toluène. Benzine. Naphtaline.

C'est donc le résidu CH, dont l'association avec le résidu de la
benzine, C^6H^4, concourt à former la naphtaline ; or ce sont précisément les mêmes résidus qui concourent à former l'anthracène,
comme je l'ai montré tout à l'heure.

Il importe de remarquer que le résidu forménique, CH, qui
intervient ici, est encore le même qui, à l'état libre, se double pour
constituer l'acétylène,

$$(CH)^2 = C^2H^2.$$

J'ai déjà établi cette relation en 1862 et 1864 (t. I, p. 77, 40), par
mes expériences sur la formation de l'acétylène, soit au moyen du
formène décomposé par la chaleur,

$$2\,CH^4 = C^2H^2 + 3\,H^2,$$

soit au moyen du chloroforme décomposé par le cuivre (t. I, p. 77, 58)

$$2\,CHCl^3 - 3\,Cl^2 = C^2H^2.$$

La formule de la naphtaline peut donc être rattachée à l'acétylène, comme le montre l'équation ci-dessous :

$$C^{10}H^8 = C^6H^4[(CH)^2]^2 = C^6H^4(C^2H^2[C^2H^2]).$$

Cette dernière relation est fort importante. En effet, l'acétylène dérive également de l'éthylène par élimination d'hydrogène,

$$C^2H^4 = C^2H^2 + H^2,$$

mais sans changement dans la condensation des carbures. On est donc conduit par les formules précédentes à essayer la synthèse de la naphtaline, en faisant agir directement l'éthylène sur la benzine. Or, j'ai reconnu que cette synthèse réussit parfaitement; je l'établirai avec détails dans un autre Chapitre du présent Volume.

Si l'on remarque encore la transformation directe de l'acétylène en benzine, et sa transformation en éthylène sous l'influence de l'hydrogène libre, il sera facile d'apercevoir le lien génétique qui existe entre la formation pour ainsi dire universelle de ces divers carbures pyrogénés : acétylène, éthylène, benzine, naphtaline. Cependant, dans les conditions ordinaires, ces divers carbures ne se produisent en général qu'en très petite quantité, et comme corps secondaires, ou même tertiaires, dérivés des produits principaux des réactions pyrogénées; tandis que dans les expériences que je développe en ce moment, la benzine et la naphtaline représentent les produits principaux eux-mêmes. Aussi ces expériences fournissent-elles la véritable interprétation de l'origine desdits carbures, obtenus dans tant de circonstances, sans que l'on ait pu démêler jusqu'ici le mécanisme de leur formation.

On remarquera que les explications qui viennent d'être données ne font pas intervenir le carbone précipité dans le tube de porcelaine, aux dépens du toluène. Il résulte, en effet, de l'ensemble de mes expériences que le carbone n'intervient point, en général, en vertu d'un phénomène d'addition ou de séparation directe, dans la formation des carbures pyrogénés.

La benzine, par exemple, C^6H^6, fournit du diphényle, $C^{12}H^{10}$, de la diphénylbeninze, $C^{18}H^{14}$, et du triphénylène, $C^{18}H^{12}$, dérivés de 2 et de 3 molécules de benzine, dont les corps retiennent la totalité du carbone, et sans aucune séparation de cet élément.

On vient de voir que j'ai pu également développer la formation des produits pyrogénés du toluène, sans faire intervenir la séparation du carbone en nature.

L'acétylène fournit une preuve plus décisive encore. En effet, sa condensation par la chaleur (t. I, p. 84) donne naissance à la benzine, C^6H^6, au styrolène, C^8H^8; à la naph'taline, $C^{10}H^8$, à l'anthracène, $C^{14}H^{10}$, etc. Mais dans tous ces composés le carbone demeure multiple de 2, c'est-à-dire du nombre d'atomes contenus dans l'acétylène régénérateur.

On sait que le carbone n'intervient point en général, en vertu d'une addition ou d'une séparation directe, dans les réactions opérées par distillation sèche ou par voie humide.

Ce sont là des faits très singuliers, surtout si on les oppose à la séparation des autres éléments en nature, séparation si fréquente dans l'histoire des composés de l'hydrogène, de l'oxygène, du chlore, du soufre, et surtout dans celle des métaux.

J'explique ce contraste en regardant le carbone libre comme un élément polymère, représentant le terme extrême des condensations moléculaires successives que les composés organiques peuvent éprouver, sous l'influence de la chaleur et des réactifs. Ce résultat est tout à fait en harmonie avec la formation préalable des goudrons et des matières ulmiques, lesquelles précèdent immédiatement la mise à nu du carbone ([1]).

Mais revenons à l'étude de l'action que la chaleur exerce sur les homologues de la benzine. Je me suis étendu avec un soin tout particulier sur la décomposition du toluène, afin de décrire en détail et avec précision les procédés que j'ai suivis pour isoler et caractériser les carbures formés dans cette décomposition. Je serai plus bref pour le xylène et le cumolène.

II. — Xylène ou diméthylbenzine, C^8H^{10}.

Le xylène employé dans mes expériences a été extrait des huiles du goudron de houille et purifié à l'aide d'une suite méthodique de distillations et de traitements par l'acide sulfurique concentré et par les alcalis. Il a fallu sept séries de distillations méthodiques pour parvenir à un produit bouillant vers 139° d'une manière à peu près fixe, c'est-à dire à 2° ou 3° près. Ce produit se dissolvait sans résidu dans l'acide nitrique fumant et dans l'acide sulfurique de Nordhausen.

([1]) *Voir* aussi *Ann. de Chim. et de Phys.*, 4ᵉ série, t. IX, p. 475; 1866.

Je l'ai fait passer à travers un tube rouge, chauffé avec modération, en observant les précautions signalées à l'occasion du toluène. J'ai ensuite soumis la matière obtenue à des distillations systématiques. Sans entrer dans le détail des opérations, il suffira de dire que j'ai isolé et caractérisé les composés suivants :

1° La *benzine*, C^6H^6, en quantité notable.

2° Le *toluène*, C^7H^8, produit principal.

3° Le *xylène*, C^8H^{10}, inaltéré, moins abondant.

4° Il était mêlé avec une petite quantité d'un carbure altérable par l'acide sulfurique et par l'iode, et transformable en polymère sous l'influence d'une température de 200° : c'est probablement du *styrolène*, C^8H^8. Mais la proportion de ce carbure était trop petite pour en permettre une étude approfondie.

5° La *naphtaline*, $C^{10}H^8$, en quantité considérable.

Entre le xylène et la naphtaline, on ne rencontre aucun produit en proportion notable.

6° Des carbures liquides, volatils entre 250° et 320°.

7° L'*anthracène*, $C^{14}H^{10}$, en abondance, et probablement certains de ses homologues supérieurs, moins volatils et plus fusibles.

8° Des carbures orangés, résineux et bitumeux, analogues au *triphénylène*, au *benzérythrène* et aux dérivés ultimes de la benzine.

La formation de ces divers carbures peut être interprétée d'une manière analogue à celle des dérivés du toluène, c'est-à-dire par un double phénomène : déshydrogénation d'une part, et d'autre part formation des homologues. Au cours de la destruction du toluène, ces deux ordres de dérivés se manifestent au même degré ; tandis que, dans la décomposition du xylène, la formation des homologues et de leurs dérivés devient prépondérante sur la formation des corps produits par simple déshydrogénation. Celle-ci est probablement représentée par les liquides volatils vers 300 degrés, dont la proportion est tout à fait secondaire.

Le styrolène répondrait également en apparence à une déshydrogénation simple :

$$C^8H^{10} = C^8H^8 + H^2.$$

Xylène.   Styrolène.

Mais en réalité le phénomène est plus compliqué, parce que le xylène dérive de l'union du résidu de la benzine avec deux résidus forméniques,

$$C^8H^{10} = C^6H^4[CH^2(CH^4)],$$

tandis que le styrolène dérive de l'union du résidu de la benzine avec l'éthylène,

$$C^8 H^8 = C^6 H^4 (C^2 H^4),$$

comme je l'ai démontré, par synthèse directe (ce Volume, p. 28). Il faut donc admettre que, sous l'influence de la chaleur, les deux résidus forméniques du xylène se sont soudés, de façon à constituer l'éthylène nécessaire à la formation du styrolène. Cette réaction d'ailleurs est d'autant plus facile à concevoir qu'elle se produit aux dépens du formène naissant, dans un grand nombre de métamorphoses pyrogénées ([1]).

Le toluène et la naphtaline apparaissent en abondance, obtenus aux dépens du xylène. Leur formation me paraît être corrélative et représentée par l'équation suivante,

$$3 C^8 H^{10} = 2 C^7 H^8 + C^{10} H^8 + 3 H^2,$$

$$\underbrace{\qquad}_{\text{Xylène.}} \quad \underbrace{\qquad}_{\text{Toluène.}} \quad \underbrace{\qquad}_{\substack{\text{Naphta-}\\\text{line.}}}$$

équation analogue à celle qui représente la décomposition du toluène.

On comprend par cette équation pourquoi la naphtaline est plus abondante dans la décomposition du xylène que dans celle du toluène. En effet, 4 molécules de toluène concourent à former une seule molécule de naphtaline, tandis que 3 molécules de xylène suffisent à la même production.

La naphtaline dérive ici, comme précédemment, de l'union d'un résidu $C^6 H^4$ de benzine avec quatre résidus forméniques CH :

$$3 C^6 H^4 [CH^2 (CH^2)] = 2 C^6 H^4 (CH^4) + C^6 H^4 [(CH)^2]^2 + 3 H^2.$$

$$\underbrace{\qquad}_{\text{Xylène.}} \quad \underbrace{\qquad}_{\text{Toluène.}} \quad \underbrace{\qquad}_{\text{Naphtaline}}$$

Cependant le toluène formé aux dépens du xylène n'est pas absolument stable, dans les conditions de l'expérience, parce que le toluène, pris à l'état de pureté et dans ces mêmes conditions, éprouve une décomposition partielle, ainsi qu'il a été dit précédemment. Les produits de cette décomposition secondaire sont : la benzine, que l'on retrouve en effet dans la destruction du xylène ; la naphtaline, laquelle vient s'ajouter à celle qui dérive directement du xylène ; enfin l'anthracène, formé par la déshydrogé-

---

([1]) *Leçons sur les Méthodes générales de synthèse,* p. 290; 1864.

nation du toluène et que l'on observe aussi réellement dans la destruction du xylène.

Peut-être d'ailleurs l'anthracène obtenu dans cette circonstance est-il mélangé avec des carbures homologues plus élevés, tels que $C^{15}H^{14}$, correspondant au xylène,

$$2\,C^8H^{10} = C^{16}H^{14} + 3\,H^2,$$

et $C^{16}H^{12}$ (paranaphtaline?), correspondant au xylène et au toluène simultanément,

$$C^8H^{10} + C^7H^8 = C^{15}H^{12} + 3\,H^2.$$

En effet, l'anthracène qui dérive du xylène n'est pas pur ; mais il offre les caractères d'un mélange de plusieurs carbures cristallisables, analogues au mélange qui existe dans le goudron de houille.

III. — Cumolène ou triméthylbenzine, C^9H^{12}.

Le cumolène employé a été extrait des huiles de goudron de houille et purifié par des traitements sulfuriques et par une suite méthodique de sept distillations fractionnées. Il bouillait entre 160 et 165 degrés ; il se dissolvait sans résidu dans l'acide sulfurique fumant, et il formait avec le potassium un cumolénure caractéristique [1].

Dirigé à travers un tube rouge, le cumolène se détruit plus complètement encore que le xylène. Il a fourni :

1° De la benzine, C^6H^6, en petite quantité ;

2° Du toluène, C^7H^8, fort abondant ;

3° Du xylène, C^8H^{10}, en proportion à peu près égale au toluène ;

4° Du cumolène inaltéré, C^9H^{12}, peu abondant ;

5° De la naphtaline en grande quantité [2] ;

6° Des carbures liquides, volatils de 250 à 320 degrés ;

7° De l'anthracène, $C^{14}H^{10}$, et ses analogues ;

8° Du triphénylène et son hydrure, du benzérythrène et des carbures analogues aux derniers dérivés de la benzine et du toluène.

En somme, le produit brut, obtenu par la décomposition du cumolène, offre une très grande analogie avec le goudron de houille, et renferme à peu près les mêmes carbures d'hydrogène. Cette décomposition représente en quelque sorte la formation du goudron de houille, au moyen d'un seul principe défini.

---

[1] Ce Livre, plus loin, Chapitre XXXIII.

[2] Cette naphtaline est mêlée avec un peu d'hydrure de naphtaline, liquide et volatil vers 205 degrés.

La production des homologues inférieurs du cumolène et celle de la naphtaline doivent être regardées comme corrélatives,

$$2\,C^9H^{12} = C^{10}H^8 + C^8H^{10} + 3\,H^2,$$

Cumolène. Naphta- Xylène.
          line.

c'est-à-dire

$$2\,C^6H^4\{CH^2[CH^2(CH^4)]\} = C^6H^4[CH^2(CH^4)] + C^{10}H^4[(CH)^2]^2 + 3\,H^2.$$

Cumolène. Xylène. Naphtaline.

On voit que 2 molécules de cumolène fournissent 1 molécule de naphtaline; la proportion de celle-ci est d'ailleurs accrue par les décompositions successives du xylène d'abord, du toluène ensuite. Aussi la naphtaline représente-t-elle l'un des produits les plus abondants dans là destruction du cumolène.

La formation du xylène et sa décomposition partielle expliquent la formation du toluène. De même la destruction partielle de ce dernier explique, d'une part, la formation de la benzine, et, d'autre part, celle de l'anthracène. Je crois superflu d'insister davantage.

J'ai également étudié les gaz fournis par le cumolène, après les avoir purifiés des vapeurs de la benzine et de ses homologues, en les agitant avec l'acide nitrique fumant.

Ces gaz renferment de l'hydrogène, dix centièmes d'éthylène, une trace d'acétylène et une proportion considérable de formène. On retrouve donc, dans leur composition comparée avec celle des gaz de la houille, cette même analogie que j'ai signalée plus haut entre les produits pyrogénés du cumolène et le goudron de la houille lui-même.

La formation de l'éthylène aux dépens du cumolène semble indiquer, dans la production des homologues inférieurs du cumolène, l'existence simultanée d'une réaction différente de celle qui engendre la naphtaline :

$$C^9H^{12} = C^7H^8 + C^2H^4.$$

Cumolène. Toluène. Éthylène.

Une telle réaction repose nécessairement sur la métamorphose de deux résidus forméniques en éthylène, puisque le cumolène représente une triméthylbenzine. Nous retrouvons ici la même métamorphose que j'ai signalée plus haut, en parlant de la formation du styrolène ou éthylphénylène aux dépens du xylène ou diméthylbenzine.

CHAPITRE VI.

ACTION DE LA CHALEUR SUR LE RÉTÈNE [1].

Le rétène est un beau carbure cristallisé, qui se sépare dans les huiles lourdes du goudron de sapin. Il répond à la formule $C^{18}H^{18}$, établie par MM. Fritzsche et Anderson. L'aspect de ce corps est semblable à celui de la naphtaline; mais il s'en distingue aisément, parce qu'il est inodore, bien moins soluble dans l'alcool et fusible à 90 degrés. Son point d'ébullition est très supérieur à celui du mercure; le rétène distille sans décomposition à 394°. Enfin il forme avec l'acide picrique un composé défini et cristallisé, de teinte orangée, analogue aux picrates de naphtaline et d'anthracène.

Ce qui m'a fait attacher quelque importance à l'étude du rétène, c'est la relation qui existe entre sa formule et celle de l'anthracène.

Le rétène, en effet, représente l'un des isomères du quatrième homologue supérieur de l'anthracène :

$$\text{Anthracène}\ldots\ldots\ldots\ldots C^{14}H^{10}$$
$$\text{Rétène}\ldots\ldots\ldots\ldots\ldots C^{18}H^{18} = C^{14}H^{10} + 4CH^2,$$

c'est-à-dire

$$C^{14}H^8\{CH^2\{CH^2[CH^2(CH^4)]\}\}.$$

Diverses analogies concourent à rendre cette constitution probable [2].

---

[1] *Ann. de Chim. et de Phys.*, 4ᵉ série, t. XII, p. 141; 1867.

[2] Le rétène pourrait être encore dérivé de 2 molécules éthyliques, soudées à l'anthracène :

$$C^{14}H^8[C^2H^4(C^2H^6)],$$

ou bien d'une molécule propylique et d'une molécule forménique,

$$C^{14}H^8[C^3H^6(CH^4)],$$

La relation précédente m'a engagé à étudier l'action de la chaleur sur le rétène, homologue de l'anthracène, au même titre que j'avais étudié l'action de la chaleur sur les homologues de la benzine.

J'ai dirigé la vapeur du rétène, mélangé d'hydrogène, à travers un tube rouge.

Dans ces conditions, le rétène se comporte comme un corps moins stable que les carbures pyrogénés ordinaires : il se détruit, avec formation d'une grande quantité d'une matière floconneuse, analogue à l'anthracène, de charbon, et d'une trace d'acetylène, mélangés avec divers carbures gazeux, dont l'un est absorbable par l'acide sulfurique, à la façon du propylène ou du butylène.

La matière floconneuse, traitée par les dissolvants, se comporte comme un mélange de divers corps cristallisables. Le plus volatil paraît identique avec le fluorène, substance contenue dans le goudron de houille, et qui distille aux environs de 305 degrés (*voir* ce Volume et ce Livre, Chap. XII). C'est un corps solide, blanc, lamelleux, peu soluble dans l'alcool froid, mais assez soluble dans l'alcool bouillant, fusible à 113°. Chauffé au bain-marie, dans une fiole, il se sublime très lentement, sous la forme de grains lamelleux. Il donne naissance à un picrate rouge, fort soluble, et qu'un excès d'alcool dédouble (*voir* Livre III, Chap. XXXI). L'une des propriétés saillantes du fluorène est de former une combinaison cristallisée, offrant l'aspect de lamelles rhomboïdales jaune marron, lorsqu'on le met en contact avec le réactif anthracénonitré.

L'anthracène m'a paru exister en forte proportion parmi les produits obtenus dans la destruction du rétène. En effet, les carbures qui distillent vers 360 degrés, après avoir été séparés des parties les plus volatiles, par une sublimation opérée à 100 degrés et par des cristallisations alcooliques, prennent l'aspect de l'anthracène et son point de fusion très élevé. Mis en ébullition avec une solution alcoolique d'acide picrique, ils fournissent par refroidissement un précipité constitué par de belles aiguilles rouges. Enfin ce dernier précipité, décomposé par le réactif anthracéno-nitré, a fourni des lamelles violacées caractéristiques.

---

ou bien d'une molécule butylique,

$$C^{14}H^8(C^4H^{10}),$$

etc., etc. Mais je supprime, pour simplifier, la discussion de ces hypothèses, qui répondent à des métamères.

La formation de l'anthracène au moyen du rétène s'explique aisément, si l'on compare les formules des deux carbures, lesquelles, comme je viens de le dire, diffèrent par $4\,CH^2$:

$$\underbrace{C^{18}H^{18}}_{\text{Rétène.}} = \underbrace{C^{14}H^{10}}_{\text{Anthracène.}} + 4(CH^2)$$

Dans la destruction du rétène par la chaleur, l'anthracène apparaît libre, tandis que les quatre résidus forméniques se soudent en partie entre eux et avec une portion de l'anthracène, pour constituer des carbures plus ou moins compliqués.

La formation de l'anthracène, dans cette circonstance, prouve tout d'abord que le rétène ne dérive pas uniquement de la benzine, comme sa formule aurait pu le faire supposer. En effet, cette formule est triple de celle de la benzine,

$$C^{18}H^{18} = 3\,C^6H^6.$$

Au contraire, le rétène doit dériver à la fois de la benzine et d'un carbure, tel que l'éthylène, ou le formène, ou quelqu'un de leurs homologues, capable de fournir comme résidu l'acétylène nécessaire à la constitution de l'anthracène, puisque ce dernier répond à la formule rationnelle suivante (t. I, p. 91, et t. II, Livre III, Chap. VIII, § 3) :

$$C^6H^4[C^6H^4(CH^2)].$$

Bref, les résultats que je viens d'exposer confirment l'opinion qui regarde le rétène comme un dérivé de l'anthracène. Je pense que le rétène pourra être obtenu, soit par la fixation méthodique des résidus de 4 molécules forméniques sur l'anthracène et conformément aux procédés employés par M. Fittig à l'égard de la benzine ([1]), soit par l'élimination de 3 équivalents d'hydrogène aux dépens du cumolène,

$$2(C^9H^{12} - H^3) = C^{18}H^{18} = C^8H^8[C^8H^8(C^2H^2)].$$

Dans ce dernier cas, le rétène dériverait du cumolène, de la même manière que l'anthracène dérive du toluène,

$$2(C^7H^8 - H^3) = C^{14}H^{10},$$

([1]) Ou bien par la fixation sur l'anthracène du résidu de 1 molécule d'hydrure de butyle, C^4H^{10}, ou de celui du 1 molécule d'hydrure de propyle, C^3H^8, et de 1 molécule de formène, CH^4, ou bien encore du résidu de 2 molécules d'hydrure d'éthyle, C^2H^6, etc.

et l'acétylène lui-même du formène,

$$2\,(CH^4 - H^3) = C^2 H^2.$$

Cependant les essais que j'ai faits pour obtenir le rétène au moyen du cumolène n'ont pas fourni de résultat, au moins jusqu'à présent.

Quoi qu'il en soit, l'anthracène paraît être, au même titre que la benzine, le générateur d'une série de carbures homologues. Les premiers termes de cette série, c'est-à-dire les méthylanthracènes homologues, semblent exister réellement parmi les carbures solides qui cristallisent après la naphtaline dans les dernières parties distillées du goudron de houille ([1]).

([1]) *Bulletin de la Société chimique*, 2ᵉ série, t. VII, p. 46; 1867. — *Cette prévision a été vérifiée depuis.

CHAPITRE VII.

SUR LA FORMATION SIMULTANÉE DES CORPS HOMOLOGUES
DANS LES RÉACTIONS PYROGÉNÉES ;
CARBURES FORMÉNIQUES ET CARBURES ÉTHYLÉNIQUES [1].

Il arrive fréquemment que les termes multiples d'une série homologue prennent à la fois naissance dans une même réaction. Ainsi l'oxydation des corps gras engendre à la fois plusieurs termes de la série des acides monobasiques, $C^n H^{2n} O^2$, et de la série des acides bibasiques, $C^n H^{2n-2} O^4$. La distillation sèche des corps gras produit à la fois divers carbures de la série éthylénique, $C^n H^{2n}$, et de la série forménique, $C^n H^{2n+2}$. La distillation sèche des corps pauvres en hydrogène engendre divers termes de la série benzénique, $C^n H^{2n-6}$. Les mêmes séries de carbures prennent aussi naissance par le fait de l'action de la chaleur rouge sur la plupart des composés organiques, etc.

Tous ces faits sont bien connus, et la formation simultanée des corps homologues constitue pour ainsi dire une loi générale des réactions organiques. Cependant les mécanismes qui président à de telles formations simultanées sont jusqu'ici fort obscurs. Dans la plupart des cas, il semble que tous les termes d'une même série dérivent de la transformation du premier d'entre eux; mais les relations exactes qui président à la métamorphose sont presque toujours demeurées inconnues.

Ce sont ces relations que j'ai réussi à mettre en lumière dans les cas les plus simples, et par des expériences dont la plupart ont été exécutées dans ces derniers temps. Je demande la permission d'entrer dans quelques détails à ce sujet.

Je ferai observer d'abord que l'on peut partager les formations simultanées des corps homologues en deux groupes distincts,

---

[1] *Annales de Chimie et de Physique,* 4ᵉ série, t. XII, p. 145; 1867.

savoir : les formations analytiques et les formations synthétiques.

Les *formations synthétiques* résultent de la réaction successive du formène naissant sur un premier homologue, dont la formule est moins élevée que celle des corps qui en dérivent. Telle est la formation du toluène par la réaction de la benzine naissante sur le formène naissant; telles sont les formations du propylène, du butylène, de l'amylène, etc., par la réaction de l'éthylène naissant sur le formène naissant. Ces formations ont été développées avec détail dans l'un des Livres précédents, et j'ai expliqué le mécanisme véritable qui préside à leur accomplissement, en justifiant mes interprétations par des expériences (t. I, p. 80, 92, 216, etc.). Toutes les formations simultanées et synthétiques de corps homologues dans la *distillation sèche* rentrent, je crois, dans la même interprétation; ce qui me dispense d'insister.

Soient maintenant les *formations analytiques* :

J'appelle ainsi toute formation dans laquelle les corps obtenus renferment une proportion de carbone inférieure, ou tout au plus égale à celle du corps décomposé. J'admettrai d'ailleurs la formation préalable du terme le plus élevé de la série, produit en vertu de quelque réaction régulière et conformément à ce qui a été dit plus haut.

Deux ordres généraux de phénomènes peuvent être cités ici, savoir : la formation des corps homologues par oxydation et la formation des corps homologues par analyse pyrogénée, spécialement par l'action de la chaleur rouge. J'examinerai dans un autre Chapitre les phénomènes d'*oxydation* ([1]). Ainsi je me bornerai à étudier ici l'*analyse pyrogénée*.

Développons quelques exemples.

L'hydrure d'amyle, C^5H^{12}, chauffé au rouge sombre dans une cloche courbe, se décompose en donnant naissance à la double série des carbures éthyléniques, C^nH^{2n}, et forméniques, C^nH^{2n+2}, moins condensés que lui ([2]). Tels sont les phénomènes qu'il s'agit d'expliquer.

1° *Formation simultanée des carbures forméniques.* — Soit d'abord la série des carbures forméniques, C^nH^{2n+2}, en commençant par l'hydrure de butyle, C^4H^{10}. La production de ce carbure, au moyen de l'hydrure d'amyle, s'explique en raison de la formation

---

([1]) *Comptes rendus*, t. LXIV, p. 37; 1867. — Tome III du présent Ouvrage.

([2]) *Annales de Chimie et de Physique*, 4ᵉ série, t. IX, p. 443; 1856.

simultanée de l'acétylène, carbure dont j'ai réellement reconnu la présence dans cette réaction :

$$2\,C^5H^{12} \;=\; 2\,C^4H^{10} \;+\; C^2H^2 \;+ H^2.$$

Hydrure   Hydrure   Acétylène.

d'amyle.   de butyle.

2 molécules d'hydrure d'amyle interviennent dans l'équation précédente, parce que deux résidus forméniques sont nécessaires pour constituer l'acétylène :

$$2\,C^4H^8(CH^4) = 2\,C^4H^{10} \;+\; (CH)^2 \;+ H^2.$$

Hydrure   Hydrure   Acétylène.

d'amyle.   de butyle.

Il semble que cette réaction devrait entraîner la destruction totale de l'hydrure d'amyle, attendu que les produits ne sont pas susceptibles de donner lieu à la réaction inverse. Cependant il n'en est pas ainsi, au moins dans les conditions ordinaires; ce qui s'explique parce que la réaction exige un temps assez considérable pour être effectuée et qu'elle n'est pas suffisamment prolongée pour décomposer tout l'hydrure d'amyle. Ainsi, au cours d'expériences analogues, j'ai reconnu que la température du rouge sombre, soutenue pendant deux heures sur l'éthylène, ne transforme qu'une portion de ce carbure.

En tout cas nous voici descendus, par une décomposition régulière, de l'hydrure d'amyle, C^5H^{12}, à son homologue le plus prochain, l'hydrure de butyle, C^4H^{10}.

Nous passerons de même de l'hydrure de butyle à l'hydrure de propyle, comme le montre l'équation suivante :

$$2\,C^4H^{10} \;=\; 2\,C^3H^8 \;+\; C^2H^2 \;+ H^2.$$

Hydrure   Hydrure   Acétylène.

de butyle.   de propyle.

On passe encore de même à l'hydrure d'éthyle :

$$2\,C^3H^8 \;=\; 2\,C^2H^6 \;+\; C^2H^2 \;+ H^2.$$

Hydrure   Hydrure   Acétylène.

de propyle.   d'éthyle.

La production finale du formène, le plus simple des carbures, a lieu toujours en vertu du même mécanisme, l'hydrure d'éthyle donnant naissance à une certaine quantité de formène et d'acéty-lène, comme je l'ai vérifié directement :

$$2\,C^2H^6 \;=\; 2\,CH^4 \;+\; C^2H^2 \;+ H^2.$$

Hydrure   Formène.   Acétylène.
d'éthyle.

La génération simultanée de toute la série des carbures formé-niques, au moyen de l'hydrure d'amyle chauffé au rouge, se trouve donc expliquée.

2° *Formation simultanée des carbures éthyléniques.* — Venons à la formation simultanée des carbures éthyléniques, dans cette même réaction. Ladite formation se rattache à une première produc-tion d'amylène. En effet, l'hydrure d'amyle se décompose d'abord en amylène et en hydrogène, conformément à la réaction semblable que j'ai démontrée sur l'hydrure d'éthyle [1].

$$C^5H^{12} = C^5H^{10} + H^2.$$

Hydrure   Amylène.
d'amyle.

Cette réaction ne s'opère d'ailleurs que sur une partie de l'hy-drure d'amyle, parce que l'amylène libre et l'hydrogène possèdent une tendance inverse à se recombiner, conformément à ce que j'ai démontré pour l'éthylène et l'hydrogène [2]. C'est là une circon-stance fondamentale, qui se retrouve dans plusieurs des réactions suivantes, et qui explique pourquoi les décompositions auxquelles elle s'applique ne transforment pas la totalité des corps mis en réaction.

Nous obtenons donc ainsi, en vertu d'une première réaction, le premier terme de la série C^nH^{2n}, à côté du premier terme de la série C^nH^{2n+2}.

Cependant une portion de l'amylène se change à son tour en un homologue inférieur, le butylène, en vertu d'une équation sem-blable à celle qui préside au changement de l'hydrure d'amyle en hydrure de butyle :

$$2\,C^4H^8(C^2H^2) = 2\,C^4H^8 \;+\; (CH)^2 \;+ H^2.$$

Amylène.   Butylène.   Acétylène.

---

[1] *Annales*, 4ᵉ série, t. IX, p. 431 et 435; 1866. — Le présent Ouvrage, t. III.
[2] *Annales*, 4ᵉ série, t. IX, p. 435; 1866. — Le présent Ouvrage, t. III.

À son tour, le butylène engendre le propylène :

$$2\,C^4H^8 \;=\; 2\,C^3H^6 \;+\; C^2H^2 \;+\;H^2;$$

Butylène.   Propylène.   Acétylène.

et le propylène engendre l'éthylène :

$$2\,C^3H^6 \;=\; 2\,C^2H^4 \;+\; C^2H^2 \;+\;H^2.$$

Propylène.   Éthylène.   Acétylène.

La réaction s'arrête là, ou plutôt elle change de nature, parce que le carbure CH^2 n'existe pas dans les conditions des expériences.

En effet, l'éthylène se change lentement, au rouge sombre, en acétylène et hydrure d'éthyle, comme je l'ai observé [1] :

$$2\,C^2H^4 \;=\; C^2H^6 \;+\; C^2H^2.$$

Éthylène.   Hydrure   Acétylène.
d'éthyle.

C'est l'hydrure d'éthyle qui donne enfin naissance au formène, signalé par les auteurs dans la décomposition de l'éthylène, conformément à une équation donnée tout à l'heure et que je vais reproduire :

$$2\,C^2H^6 \;=\; 2\,CH^4 \;+\; C^2H^2 \;+\;H^2.$$

Hydrure   Formène.   Acétylène.
d'éthyle.

On voit par là que la transformation de l'éthylène en formène n'a pas lieu par une simple séparation de carbone et d'après l'équation suivante :

$$C^2H^4 \;=\; CH^4 \;+\;C^2,$$

Éthylène.   Formène.

équation qui a figuré jusqu'ici dans tous les Traités de Chimie, mais qui est inexacte, car elle n'explique ni la formation constatée de l'hydrure d'éthyle, ni celle de l'acétylène.

Quoi qu'il en soit de ce dernier point, la formation simultanée des homologues C^nH^{2n}, au moyen d'un premier terme, tel que l'amylène, C^5H^{10}, soumis à l'action de la chaleur rouge, demeure expliquée.

3° *Formation simultanée des carbures forméniques et éthylé-*

---

[1] *Annales*, 4ᵉ série, t. IX, p. 442; 1866.

niques. — J'ai expliqué tout à l'heure comment un carbure forménique, $C^n H^{2n+2}$, tel que l'hydrure d'amyle, $C^5 H^{12}$, engendre d'abord, par perte d'hydrogène, le carbure éthylénique correspondant, $C^n H^{2n}$, c'est-à-dire l'amylène, $C^5 H^{10}$, et son homologue inférieur, le butylène, $C^4 H^8$. On comprend dès lors, en se reportant aux explications précédentes, comment un carbure forménique engendre à la fois la série des carbures forméniques, $C^n H^{2n+2}$, et la série des carbures éthyléniques, $C^n H^{2n}$.

Mais il reste encore à rendre compte de la formation des carbures forméniques, $C^n H^{2n+2}$, dans la décomposition d'un premier carbure éthylénique, $C^n H^{2n}$, formation simultanée que j'ai constatée en effet en opérant sur l'amylène.

Or cette formation est une conséquence de la réaction directe que l'hydrogène exerce sur les carbures éthyléniques à la température rouge, réaction démontrée par mes expériences [1]. En effet, la décomposition de l'amylène en butylène, acétylène et hydrogène engendre une certaine quantité d'hydrogène, qui réagit, d'une part, sur l'amylène non décomposé, pour le changer partiellement en hydrure d'amyle,

$$C^5 H^{10} + H^2 = C^5 H^{12},$$

Amylène.   Hydrure d'amyle.

et d'autre part sur le butylène, pour constituer l'hydrure de butyle,

$$C^4 H^8 + H^2 = C^4 H^{16}.$$

Butylène.   Hydrure de butyle.

De même le propylène, formé par la destruction consécutive d'une portion de butylène, avec dégagement d'hydrogène, passe en partie à l'état d'hydrure de propyle, sous l'influence dudit hydrogène :

$$C^3 H^6 + H^2 = C^3 H^8.$$

Propy-lène.   Hydrure de propyle.

L'éthylène, dérivé consécutif engendré par la même chaîne de réactions, passe en partie à l'état d'hydrure d'éthyle, sous une

---

[1] *Annales de Chimie et de Physique,* 4ᵉ série, t. IX, p. 431; 1866. — Le Tome III du présent Ouvrage.

influence analogue, ainsi que je l'ai démontré par des expériences directes :

$$C^2H^4 + H^2 = C^2H^6.$$
$$\underbrace{}_{\text{Éthylène.}} \qquad \underbrace{}_{\substack{\text{Hydrure}\\\text{d'éthyle.}}}$$

Mais aucune de ces réactions n'est complète, comme l'observation le prouve; ce qui s'explique par les raisons exposées tout à l'heure en parlant de l'hydrure d'amyle; c'est-à-dire à cause de l'existence d'une décomposition inverse et limitée.

En définitive, les carbures éthyléniques et les carbures forméniques devront fournir les mêmes produits sous l'influence de la température rouge : soit parce que l'hydrogène engendré dans une première réaction transforme partiellement les carbures éthyléniques en carbures forméniques; soit parce que les carbures forméniques se décomposent partiellement en hydrogène et carbures éthyléniques, réactions inverses et réversibles, entre lesquelles s'établit un certain équilibre.

Attachons-nous maintenant plus spécialement à la formation simultanée des homologues. D'après les développements qui précèdent, la formation de l'acétylène est le nœud du problème. C'est sous cette forme que reparaît le résidu forménique, qui doit être éliminé, lorsqu'un homologue se change dans son homologue inférieur. L'acétylène, en effet, se manifeste dans toutes les métamorphoses pyrogénées, accomplies sous l'influence prolongée de la chaleur rouge.

4° *Dérivés pyrogénés par réactions secondaires.* — Une remarque essentielle trouve ici sa place : la production de l'acétylène devient l'origine de toute une série de complications spéciales, et qui sont dues aux réactions propres dudit acétylène. En effet, au fur et à mesure que ce carbure prend naissance, et surtout si l'influence de la température rouge est prolongée pendant un temps considérable, une portion de l'acétylène se change en benzine, laquelle réagit à son tour sur l'éthylène et ses homologues, pour donner naissance à une certaine quantité de naphtaline, d'anthracène, etc.

L'acétylène réagit aussi directement sur l'éthylène, sur ses homologues, et plus généralement sur la plupart des carbures en présence desquels il se trouve, comme je l'ai reconnu dans mes expériences (¹). Toute une suite de réactions et de composés secon-

---

(¹) *Annales de Chimie et de Physique*, 4° série, t. IX, p. 466. — Ce Volume, p. 27.

daires, conformes aux faits exposés dans les Chapitres précédents, se manifestent ainsi.

J'ai développé avec quelque détail la transformation de l'hydrure d'amyle et celle de l'amylène dans leurs homologues, parce que les mêmes explications s'appliquent à une infinité de métamorphoses semblables, opérées sous l'influence de la température rouge.

Il suffira de rappeler la production des carbures benzéniques. En effet, le changement des carbures benzéniques, $C^n H^{2n-6}$, en leurs homologues inférieurs, sous l'influence de la température rouge, a été développé dans l'un des Chapitres précédents (p. 5o, 55, 57). On a vu que ce changement repose également sur la transformation du résidu forménique en acétylène. Seulement, dans le cas des carbures benzéniques, l'acétylène, au lieu d'apparaître à l'état de liberté, comme dans le cas des carbures forméniques et éthyléniques, l'acétylène, dis-je, demeure combiné à peu près en totalité avec le résidu benzénique formé simultanément ; le tout constitue soit la naphtaline, soit l'anthracène :

$$2\,C^6 H^4 (CH^4) = [C^6 H^4 (CH)]^2 + 3\,H^2,$$

Toluène.   Anthracène.

$$4\,C^6 H^4 (CH^4) = C^6 H^4 [(CH)^2]^2 + 3\,C^6 H^6 + 3\,H^2.$$

Toluène.   Naphtaline.   Benzine.

J'ai développé plus haut ces transformations (p. 49, 5o, etc.). Elles expliquent pourquoi l'acétylène n'apparaît qu'à l'état de traces, souvent presque insensibles, dans la destruction des carbures benzéniques, $C^n H^{2n-6}$; tandis qu'il se manifeste en proportion parfois considérable dans la destruction des carbures forméniques et éthyléniques.

On voit par là l'enchaînement nécessaire des réactions pyrogénées et leur complication indéfinie. Mais en même temps on voit comment il est facile de ramener toute cette complication à quelques relations simples, générales, établies par expérience.

CHAPITRE VIII.

ACTION RÉCIPROQUE DES CARBURES D'HYDROGÈNE.
SYNTHÈSE DU STYROLÈNE, DE LA NAPHTALINE, DE L'ANTHRACÈNE
ET ACTIONS INVERSES.
STATIQUE DES CARBURES PYROGÉNÉS ([1]).

La formation synthétique des carbures d'hydrogène peut être effectuée suivant deux modes généraux, savoir : la condensation de plusieurs molécules d'un carbure unique réunies en une seule, ou la combinaison réciproque de plusieurs carbures différents. Chacune de ces deux réactions générales peut d'ailleurs s'accomplir, soit par l'addition pure et simple de la totalité des éléments, carbone et hydrogène, des corps mis en expérience; soit par l'addition de leur carbone, avec élimination partielle de l'hydrogène. Voici des exemples de ces diverses réactions.

1° La benzine se forme directement par la condensation de 3 molécules d'acétylène réunies en une seule, par addition pure et simple de la totalité des éléments ([2]),

$$3\,C^2H^2 = C^6H^6.$$

2° Le diphényle prend naissance par la condensation de 2 molécules de benzine réunies en une seule, c'est-à-dire par l'addition de leur carbone, avec élimination partielle de l'hydrogène ([3]),

$$2\,C^6H^6 = C^{12}H^{10} + H^2.$$

3° Le styrolène peut être obtenu par la combinaison réciproque

---

([1]) *Annales de Chimie et de Physique*, 4ᵉ série, t. XII, p. 5; 1867.
([2]) *Voir* le Chapitre sur les polymères de l'acétylène, t. I, p. 81.
([3]) *Ann. de Chim. et de Phys.*, 4ᵉ série, t. IX, p. 454; 1866. — Le présent Volume, p. 17.

de la benzine et de l'acétylène, réunis en un seul composé, c'est-à-dire par l'addition pure et simple de la totalité des éléments de deux carbures différents (¹),

$$C^6H^6 + C^2H^2 = C^8H^8.$$

4° Le styrolène peut encore être produit par la combinaison réciproque de la benzine et de l'éthylène, c'est-à-dire par la réunion du carbone de deux carbures différents, avec élimination partielle de l'hydrogène,

$$C^6H^6 + C^2H^4 = C^8H^8 + H^2;$$

enfin j'établirai tout à l'heure que la naphtaline est engendrée par la combinaison de deux carbures différents, le styrolène et l'acétylène

$$C^8H^8 + C^2H^2 = C^{10}H^8 + H^2$$

ou l'éthylène

$$C^8H^8 + C^2H^4 = C^{10}H^8 + 2H^2,$$

lesquels réunissent leur carbone, avec élimination partielle de l'hydrogène.

Ce qui donne un caractère particulier aux synthèses que je viens d'énumérer, c'est qu'elles sont réalisées par la réunion directe des corps qui y figurent, et par le seul jeu des affinités réciproques des carbures d'hydrogène; ces derniers étant mis en contact à l'état de liberté. Il n'est point nécessaire de faire intervenir dans ces synthèses des réactions indirectes, ou fondées sur les doubles décompositions.

J'ai déjà exposé dans le présent Volume, ainsi que dans le Volume précédent, une partie des résultats qui viennent d'être cités; je me propose aujourd'hui de développer un ordre général de réactions d'une grande importance : je veux parler des *actions réciproques entre les carbures d'hydrogène*. Le présent Chapitre comprend les divisions suivantes :

I. *Action de l'éthylène sur la benzine. — Synthèse du styrolène.*

II. *Action de l'éthylène et de l'acétylène sur le styrolène. — Synthèse de la naphtaline.*

(¹) *Ann. de Chim. et de Phys.*, 4ᵉ série, t. IX, p. 467. — Le présent Volume, p. 28.

III. *Action de la benzine sur le styrolène.* — *Synthèse de l'anthracène.*

IV. *Action du formène sur la benzine.*

V. *Déplacements réciproques entre l'hydrogène, l'acétylène, l'éthylène et la benzine.*

VI. *Statique des carbures pyrogénés.*

Afin de faciliter l'intelligence des faits qui vont être exposés, je donnerai dès à présent un Tableau qui résume les relations établies par mes expériences entre un certain nombre de carbures d'hydrogène.

$$
\begin{aligned}
&\text{Hydrogène}: H^2 \dots\dots\dots\dots\dots\dots\dots\dots\dots\dots\dots\dots\dots\dots\dots\; H^2 \\
&\text{Acétylène}: C^2H^2 \dots\dots\dots\dots\dots\dots\dots\dots\dots\dots\dots\; C^2H^2(-)(-) \\
&\text{Éthylène}: C^2H^4 \dots\dots\dots\dots\dots\dots\dots\dots\dots\dots\dots\; C^2H^2(H^2)(-) \\
&\text{Hydrure d'éthylène}: C^2H^6 \dots\dots\dots\dots\dots\dots\dots\; C^2H^2(H^2)(H^2) \\
&\text{Benzine}: C^6H^6 \dots\dots\dots\dots\dots\dots\dots\dots\dots\; C^2H^2(C^2H^2)(C^2H^2)
\end{aligned}
$$

$$
\begin{aligned}
&\text{Benzine (hydrure de phénylène)}\dots & C^6H^6 &= C^6H^4(H^2) \\
&\text{Diphényle (hydrure de diphénylène)}\dots & C^{12}H^{10} &= C^{12}H^8(H^2) &= C^6H^4(C^6H^4[H^2]) \\
&\text{Triphénylène}\dots & C^{18}H^{12} &= C^{12}H^8(C^6H^4) &= C^6H^4(C^6H^4[C^6H^4]) \\
&\text{Styrolène (hydrure d'acétylophénylène)}\dots & C^8H^8 &= C^8H^6(H^2) &= C^6H^4(C^2H^2[H^2]) \\
&\text{Naphtaline (diacétylophénylène)}\dots & C^{10}H^3 &= C^8H^6(C^2H^2) &= C^6H^4(C^2H^2[C^2H^2]) \\
&\text{Anthracène (acétylodiphénylène)}\dots & C^{14}H^{10} &= C^8H^6(C^6H^4) &= C^6H^4(C^2H^2[C^6H^4])
\end{aligned}
$$

I. — Action de l'éthylène sur la benzine. — Synthèse du styrolène.

L'action de l'éthylène sur la benzine est facile à réaliser, pourvu que l'on se place dans des conditions telles que la benzine et l'éthylène éprouvent un commencement de décomposition, ce qui est une des conditions favorables au développement des réactions pyrogénées.

Le produit essentiel de l'union des deux carbures est le styrolène

$$C^6H^6 + C^2H^4 = C^8H^8 + H^2.$$

Or ce dernier carbure est susceptible d'agir pour son propre compte sur l'éthylène d'une part, sur la benzine de l'autre; d'où résultent divers autres carbures, formés consécutivement et dont il sera également question tout à l'heure.

Exposons d'abord les détails de l'expérience.

J'ai fait passer un mélange de vapeur de benzine et d'éthylène purs, à travers un tube de porcelaine chauffé au rouge vif. Les deux corps étaient maintenus, autant que possible, à volumes gazeux égaux; ils traversaient ce tube avec une vitesse correspondant au passage d'un gramme de matière environ par minute. J'ai poursuivi l'expérience jusqu'à ce que j'eusse réalisé la formation de quelques centaines de grammes de produits; puis j'ai soumis les liquides condensés à une suite de rectifications systématiques. .

La première rectification, opérée sur le liquide total, a fourni :

1° Un liquide volatil de 85 à 100 degrés;

2° Un liquide volatil de 100 à 150 degrés;

3° Un liquide volatil de 150 à 200 degrés;

4° Un liquide volatil de 200 à 250 degrés, lequel n'a pas tardé à laisser déposer des cristaux;

5° Une matière cristalline, de 250 à 300 degrés;

6° Une matière cristalline, de 300 à 360 degrés;

7° Divers produits solides et cireux, d'abord jaunes, puis orangés, volatils depuis 360 degrés jusqu'au rouge.

Il est resté dans la cornue un charbon noir et boursouflé, encore mélangé avec un carbure bitumineux.

J'ai repris ces divers produits et je les ai soumis à une seconde série de distillations.

1° et 2° *Benzine.* — Le premier liquide de la première série (85-100) a passé cette fois en totalité, ou sensiblement, au-dessous de 85 degrés : c'est la *benzine,* échappée à la réaction. Elle renferme une quantité sensible de styrolène, entraîné par la vapeur de benzine, comme on peut s'en assurer au moyen de l'acide sulfurique.

Le deuxième liquide de la première série (100-150) distille en majeure partie au-dessous de 87 degrés, en fournissant de la benzine. Cependant il restait une quantité notable de liquide, qui ne passait pas encore à 100 degrés et qui a été réunie au liquide suivant.

3° *Styrolène.* — Le troisième liquide de la première série (150-200) commence à bouillir vers 100 degrés. Il fournit d'abord un peu de benzine; mais le point d'ébullition s'élève bientôt à 140 degrés, et il passe alors du *styrolène* sensiblement pur.

J'ai constaté tous les caractères de ce carbure intéressant (¹), tels : que le point d'ébullition (145 degrés), l'odeur, l'action de l'acide sulfurique concentré (transformation en polymères); l'action de l'iode (transformation en polymères avec vif dégagement de chaleur); l'action du brome (formation d'un bromure cristallisé); enfin l'action si caractéristique de l'iodure de potassium ioduré,

---

(¹) *Voir* Tome I, p. 112, les caractères du styrolène.

lequel forme un iodure de styrolène, bien cristallisé, mais spontanément transformable en polymères et en iode au bout d'une heure ou deux.

Je rappellerai que, pour observer cette dernière réaction spécifique, il faut prendre une solution aqueuse et concentrée d'iode dans l'iodure de potassium; elle doit être à un degré tel qu'elle puisse être étendue d'eau sans rien déposer. Pour faire l'essai, on introduit une goutte de styrolène dans un petit flacon fermé, puis 2 ou 3 centimètres cubes d'iodure de potassium ioduré : on agite vivement pendant une minute, puis on verse dans le flacon 10 à 15 centimètres cubes d'eau et l'on agite de nouveau. Au bout de quelques instants les cristaux d'iodure de styrolène apparaissent, et la totalité du carbure se concrète en cristaux.

La réaction ne réussit qu'avec le carbure pur, ou sensiblement pur, parce que l'iodure de styrolène est très soluble dans les carbures d'hydrogène. Elle exige le concours d'un excès d'iodure de potassium ioduré, pour la même raison; car le styrolène en excès maintiendrait son iodure en dissolution. Enfin j'indique l'emploi d'un flacon fermé pour opérer la réaction, afin d'éviter toute illusion, telle que celle qui pourrait être produite par la présence d'un carbure cristallisé, la naphtaline par exemple, dissous dans un liquide plus volatil et se séparant à la suite de l'évaporation spontanée de ce liquide au contact de l'atmosphère.

L'iodure de styrolène peut être isolé, en décantant la liqueur aqueuse, et purifié, en le lavant avec une solution étendue d'acide sulfureux, laquelle enlève l'excès d'iode adhérent. Mais l'iodure de styrolène ne se conserve pas, et c'est là un nouveau caractère du styrolène. Cet iodure, maintenu en contact avec l'eau pure, et même avec la solution dans laquelle il s'est formé, ne tarde pas à se décomposer en iode, qui se redissout, et en polystyrolène, qui se sépare sous forme résineuse. Cette transformation ultime est, je le répète, très caractéristique du styrolène.

Dans les opérations bien dirigées, le styrolène est le plus abondant des carbures formés par l'action réciproque de l'éthylène et de la benzine.

4° Le liquide recueilli d'abord entre 200 et 250 degrés doit être décanté, pour le séparer des cristaux qui s'y sont déposés, et soumis à une seconde distillation : il fournit d'abord du styrolène à peu près pur, qui en forme environ la moitié; ensuite distille une certaine quantité de *naphtaline*. On la met à part, et on la réunit au dépôt formé spontanément dans le liquide primitif.

5° *Naphtaline*. — La matière cristalline qui a passé d'abord entre 250 et 300 degrés (première série) est exprimée et redistillée. Elle fournit cette fois entre 210 et 250 degrés une grande quantité de *naphtaline*.

On réunit cette naphtaline avec celle du n° 4; on exprime le tout et l'on purifie le carbure par des cristallisations alcooliques.

On a vérifié les principales propriétés de la naphtaline : odeur, forme cristalline, point de fusion (79 degrés), point d'ébullition (218 degrés), formation de nitronaphtaline cristallisée, formation du picrate de naphtaline ([1]), etc.

La proportion totale de la napthaline ainsi isolée est moins considérable que celle du styrolène.

5° *bis. Diphényle*. — Une matière cristalline passe après la naphtaline, vers 250 degrés, dans la distillation du cinquième produit de la première série : c'est du *diphényle*, fort abondant. Dès cette deuxième rectification, il peut être obtenu assez pur pour ne pas précipiter l'acide picrique : ce qui le différencie très nettement de la naphtaline, qui le précède, et de l'acénaphtène, carbure qui le suit. Je ferai observer que le diphényle ne dérive pas de l'action réciproque entre la benzine et l'éthylène, mais uniquement de la benzine décomposée séparément.

5° *ter* et 6° *Acénaphtène*. — Au-dessus de 260 degrés, et au voisinage de ce degré (toujours dans la redistillation du cinquième produit de la première série), il passe un mélange de diphényle et d'un nouveau carbure cristallisé, volatil vers 280 degrés; c'est le corps que j'ai désigné sous le nom d'*acénaphtène*. Ce mélange peut être reconnu facilement, parce qu'il précipite la solution alcoolique d'acide picrique, lorsqu'on le dissout à chaud dans cette solution. Le précipité ne se forme pas toujours par simple refroidissement; mais il apparaît dans tous les cas, lorsqu'on évapore la liqueur.

On obtient d'autre part un mélange de carbures analogues, en distillant de nouveau le sixième produit de la première série (300-360 degrés), et en recueillant ce qui passe cette fois jusqu'à 300 degrés.

On réunit les deux matières, on les exprime et on les distille une troisième fois, en rejetant les parties qui distillent avant 255 degrés (lesquelles contiennent du diphényle et même de la naphtaline) et celles qui passent au-dessus de 290 degrés (les-

---

([1]) *Voir* ce Volume, plus loin.

quelles contiennent de l'anthracène). Le produit intermédiaire est de l'acénaphtène, mêlé avec beaucoup de diphényle.

L'acénaphtène est très analogue au diphényle par ses propriétés générales; mais il s'en distingue parce qu'il forme avec la solution alcoolique d'acide picrique un composé orangé, très peu soluble, analogue au picrate de naphtaline, quoique d'une teinte plus foncée, tandis que le diphényle ne donne pas de composé picrique peu soluble. J'ai reconnu qu'il se combine également avec le réactif de M. Fritzsche [dérivé nitré de l'anthracène ([1])], avec formation de belles aiguilles rouges, très solubles dans le réactif : caractères qui n'appartiennent ni au diphényle, ni à la naphtaline, ni à l'anthracène.

On profite de la formation du picrate d'acénaphtène pour séparer complètement ce carbure du diphényle. A cette fin, on dissout à chaud le mélange obtenu en dernier lieu, dans vingt fois son poids d'alcool, en présence de 2 parties d'acide picrique. Pendant le refroidissement, le picrate d'acénaphtène se dépose. On l'isole, on l'exprime, on le décompose par une solution aqueuse et tiède d'ammoniaque; on fait cristalliser le carbure obtenu dans l'alcool; enfin, on le soumet à une sublimation ultime, en le plaçant dans une fiole dont le fond est chauffé à 100 degrés. Je n'ai pas besoin de dire qu'après toutes ces purifications la proportion du carbure originel avait extrêmement diminué. Il sera étudié plus loin d'une façon spéciale.

L'acénaphtène formé, comme il vient d'être dit, aux dépens de la benzine et de l'éthylène est très peu abondant au rouge vif; au rouge blanc, on en obtient un peu davantage.

6° *bis. Anthracène.* — Le sixième produit de la première série (300-360), étant redistillé, fournit vers la fin un carbure qui présente les propriétés de l'anthracène ([2]). Les premiers produits volatils au-dessus de 360 degrés (première série), soumis à une nouvelle rectification, en fournissent également. J'ai purifié l'anthracène par des cristallisations alcooliques, et j'ai vérifié alors son point de fusion (vers 210 degrés), son odeur, sa cristallisation, enfin la formation spécifique du picrate rouge d'anthracène.

6° *ter* et 7° Quant aux autres produits volatils au-dessus de

---

([1]) *Bulletin de l'Académie des Sciences de Saint-Pétersbourg,* t. VII; 12 mars 1867.

([2]) *Voir* le présent Volume, plus loin.

36o degrés, ils sont analogues au triphénylène et au benzérythrène; mais je ne les ai pas soumis à une étude approfondie.

8° Les gaz dégagés dans la réaction de l'éthylène sur la benzine
renferment de l'éthylène, de l'acétylène, de l'hydrogène, etc.

Tels sont les produits fournis par la réaction de l'éthylène sur la
benzine. Au contraire, je n'ai pas obtenu trace des homologues de
la benzine dans cette réaction. Il ne s'y forme pas non plus en proportion notable des carbures de volatilité intermédiaire entre
la benzine et le styrolène, ou bien entre le styrolène et la naphtaline, etc.

Je vais maintenant énumérer les divers carbures obtenus ci-
dessus, en indiquant leur proportion relative et les relations qu'ils
présentent avec les carbures primitifs mis en réaction. En effet,
non seulement tous les carbures précédents sont obtenus en vertu
d'une même loi génératrice, savoir la combinaison de l'éthylène et
de la benzine avec perte d'hydrogène; mais ils dérivent tous
régulièrement, et par une suite méthodique de réactions susceptibles d'être reproduites une à une et séparément, d'un premier
carbure fondamental, le styrolène : c'est ce carbure d'hydrogène
dont la formation représente la réaction essentielle.

Développons le détail de ces réactions.

1° Le *styrolène*, C^8H^8, est formé en vertu d'une réaction simple
et régulière, à savoir, l'union de l'éthylène et de la benzine, à
volumes gazeux égaux, avec élimination d'un égal volume d'hydrogène :

$$C^6H^6 \ + \ C^2H^4 \ = \ C^8H^8 \ + \ H^2.$$

Benzine. Éthylène. Styrolène. Hydrogène.

En d'autres termes, le styrolène peut être regardé comme dérivé
de la benzine par substitution de l'éthylène à l'hydrogène :

$$C^6H^4(H^2)\ldots C^6H^4(C^2H^4).$$

Benzine. Styrolène.

Si l'on envisage la benzine comme jouant dans la plupart de ses
réactions le rôle d'un carbure relativement complet et saturé, tandis
que l'éthylène est un carbure incomplet du premier ordre (c'est-
à-dire capable de fixer aisément un volume d'hydrogène, de
chlore, etc., égal au sien), ce que j'exprime par la formule suivante :

$$C^2H^4(-),$$

on est conduit à envisager également le styrolène comme un carbure incomplet du premier ordre :

$$C^6 H^4 (C^2 H^4 [-]).$$

Une telle constitution, déduite du mode de formation synthétique du styrolène, s'accorde avec les propriétés de ce carbure ; car il fixe par union directe un volume gazeux égal au sien de chlore, Cl^2, de brome, Br^2, d'acide chlorhydrique, HCl. Il y a plus, le styrolène, comme je le montrerai bientôt, fixe un volume gazeux égal au sien d'hydrogène, H^2. La formule précédente s'accorde aussi avec la propriété en vertu de laquelle le styrolène se change en polymères dans une multitude de circonstances : en effet, les corps incomplets possèdent seuls cette propriété ([1]).

Le styrolène produit au moyen de l'acétylène et de la benzine représente la formation la plus abondante ([2]), dans les expériences bien dirigées, soit au rouge vif, soit au rouge blanc. On conçoit d'ailleurs que la proportion de ce carbure doive varier, attendu qu'il est susceptible d'exercer des actions secondaires sur l'éthylène et sur la benzine, comme il sera dit tout à l'heure.

Observons encore que la formation du styrolène, au moyen de l'éthylène, est en conformité parfaite avec la formation de ce même styrolène dans les diverses circonstances où je l'ai reconnue, telles que la réaction de la benzine sur l'acétylène ([3]), et la condensation polymérique de l'acétylène ([4]).

Elle s'accorde également avec le dédoublement du styrolène en benzine et acétylène ([5]). J'insiste particulièrement sur la reproduction de l'éthylène et de la benzine ([6]) au moyen du styrolène mêlé d'hydrogène, parce que cette réaction est réciproque avec celle qui engendre le styrolène au moyen de l'éthylène et de la benzine. C'est là une circonstance fondamentale : elle explique en grande partie pourquoi la totalité de l'éthylène et de la benzine,

---

([1]) *Voir* ma *Leçon sur l'isomérie*, professée devant la Société Chimique de Paris, en 1863, p. 21.

([2]) En faisant abstraction de la benzine non décomposée et du diphényle, produit par la benzine seule, indépendamment de l'éthylène.

([3]) *Annales de Chimie et de Physique*, 4° série, t. IX, p. 466; 1866.

([4]) *Voir* Tome I, p. 81.

([5]) *Annales de Chimie et de Physique*, 4° série, t. IX, p. 463; 1866.

([6]) *Annales de Chimie et de Physique*, 4° série, t. IX, p. 464.

mise en contact dans mes expériences, ne se change pas en styrolène et hydrogène : les deux réactions inverses se limitent l'une l'autre. Entre les quatre corps que je viens de nommer il s'établit un véritable équilibre, comparable à celui des réactions éthérées, et qui joue un rôle essentiel dans la formation des carbures pyrogénés.

La relation entre l'éthylène et la benzine d'une part, le styrolène d'autre part, présente un tel caractère de nécessité, que le styrolène prend naissance toutes les fois qu'une vapeur capable de fournir de l'éthylène se trouve au rouge mise en présence de la benzine, ou d'un corps capable de donner naissance à la benzine. Ainsi un mélange de benzine et d'hydrure d'amyle, dirigé à travers un tube rouge, fournit précisément les mêmes carbures que l'éthylène et la benzine. La formule de l'hydrure d'amyle est cependant plus compliquée que celle de l'éthylène; mais sous l'influence de la température rouge l'hydrure d'amyle donne naissance à une certaine quantité d'éthylène ([1]).

Réciproquement le toluène et l'éthylène, dirigés à travers un tube rouge, fournissent du styrolène : ce qui s'explique parce que le toluène pur reproduit de la benzine dans cette circonstance ([2]).

Mais s'il en est ainsi, le styrolène doit exister dans presque tous les liquides formés aux dépens des matières organiques chauffées au rouge. J'ai vérifié cette conséquence de mes expériences par l'étude de plusieurs liquides pyrogénées et notamment par celle du goudron de houille : cette matière renferme une certaine quantité de styrolène ([3]). Si le styrolène n'a pas été signalé plus souvent jusqu'ici parmi les produits pyrogénés, c'est parce qu'il est détruit dans le cours des traitements que l'industrie fait subir à tous ces produits, principalement à cause de l'emploi de l'acide sulfurique comme agent purificateur desdits liquides pyrogénés.

Les carbures qui accompagnent le styrolène, et que j'ai signalés plus haut parmi les produits dérivés de la benzine et de l'éthylène, sont engendrés par ce même styrolène, en vertu de réactions consécutives, et comme il va être dit.

2° Soit d'abord la *naphtaline*. Elle est formée par la réaction de

---

([1]) *Annales de Chimie et de Physique,* 4° série, t. IX, p. 443. — Le présent Volume, p. 65, 66.

([2]) *Voir* le présent Volume, p. 50.

([3]) *Voir* ce Volume, plus loin.

2 volumes d'éthylène sur 1 volume de benzine,

$$C^6H^6 + 2\,C^2H^4 = C^{10}H^8 + 3\,H^2.$$

Mais cette réaction n'est pas immédiate. En fait, l'union de là benzine avec les 2 molécules d'éthylène s'opère successivement : une première molécule d'éthylène se combine à la benzine et engendre le styrolène; puis ce dernier carbure, agissant pour son propre compte sur une seconde molécule d'éthylène, engendre à son tour la naphtaline,

$$C^8H^8 + C^2H^4 = C^{10}H^8 + 2\,H^2.$$

Cette filiation des phénomènes sera démontrée tout à l'heure par des expériences plus directes.

La naphtaline prend également naissance en grande quantité, lorsque l'on fait passer à travers un tube rouge un mélange de benzine et d'acétylène,

$$C^6H^6 + 2\,C^2H^2 = C^{10}H^8 + H^2,$$

réaction qui s'explique de même par une première formation de styrolène, suivie d'une seconde réaction du styrolène sur l'acétylène :

$$C^8H^8 + C^2H^2 = C^{10}H^8 + H^2;$$

on démontrera plus loin, et par des expériences directes, qu'il en est ainsi.

3° Le *diphényle* dérive de la benzine décomposée isolément [1]; il est donc inutile d'y insister.

4° D'après les expériences que j'ai faites dans ces derniers temps et qui seront exposées plus loin, l'*acénaphtène* est représenté par la formule $C^{12}H^{10}$ [2]. Il résulte de la réaction successive de 3 molécules d'éthylène sur 1 molécule de benzine,

$$C^6H^6 + 3\,C^2H^4 = C^{12}H^{10} + 4\,H^2.$$

Mais cette réaction n'est pas immédiate : en réalité l'acénaphtène

---

[1] *Annales de Chimie et de Physique,* 4ᵉ série, t. IX, p. 454. — Ce Volume, p. 17.

[2] L'acénaphtène est un isomère du diphényle, mais avec une constitution bien différente :

Diphényle................... $C^6H^4(C^6H^6)$,
Acénaphtène............... $C^{10}H^6(C^2H^4)$.

est formé plus exactement par la réaction de 1 molécule de naphtaline sur 1 molécule d'éthylène,

$$C^{10}H^8 + C^2H^4 = C^{12}H^{10} + H^2.$$

C'est donc un produit tertiaire par rapport à la benzine. Il dérive en définitive du styrolène, attendu que ce dernier carbure est le générateur le plus prochain de la naphtaline.

5° Enfin l'*anthracène* est formé par l'union de 2 volumes de benzine et de 1 volume d'éthylène,

$$2 C^6H^6 + C^2H^4 = C^{14}H^{10} + 3\dot{H}^2.$$

Cette dernière formation, pas plus que celle de la naphtaline, n'est opérée immédiatement aux dépens des deux carbures générateurs. En réalité, la benzine et l'éthylène produisent d'abord du styrolène, et c'est ce dernier qui, réagissant à son tour sur une autre molécule de benzine, engendre l'anthracène, comme il sera établi plus loin (p. 89),

$$C^8H^8 + C^6H^6 = C^{14}H^{10} + 2 H^2.$$

On voit que toutes les formations secondaires, telles que celle de la naphtaline, de l'acénaphtène et de l'anthracène, peuvent être ramenées à celle du styrolène, soit par les formules, soit par les expériences directes que j'ai citées et qui vont être développées.

Mais, auparavant, je crois utile d'insister sur les relations générales qui existent entre les divers carbures que je viens de signaler et les corps générateurs. En effet, la formation de ces carbures a lieu par l'addition du carbone de 1, 2, 3, etc., équivalents d'éthylène, avec 1, 2, 3, etc., équivalents de benzine,

Styrolène	$C^2H^4 + C^6H^6 = C^8H^8 + H^2$
Naphtaline	$2 C^2H^4 + C^6H^6 = C^{10}H^8 + 3 H^2$
Acénaphtène	$3 C^2H^4 + C^6H^6 = C^{12}H^{10} + 4 H^2$
. . . .
Anthracène	$C^2H^4 + 2 C^6H^6 = C^{14}H^{10} + 3 H^2$
. . . .

Tous ces carbures prennent naissance sans qu'il soit nécessaire, pour expliquer la formation de quelques-uns d'entre eux, d'invoquer la séparation d'une certaine quantité de carbone libre. Le carbone libre qui se produit dans les réactions pyrogénées n'intervient donc pas dans la formation des composés les plus simples, pas plus qu'il n'intervient dans les réactions opérées par voie humide. C'est là une circonstance essentielle : elle caractérise également la condensation de l'acétylène ([1]), ainsi que la décomposition par la chaleur de la benzine ([2]) et de ses homologues ([3]). Ces faits méritent d'autant plus de fixer l'attention qu'ils sont tout à fait opposés aux opinions reçues relativement à l'action de la température rouge sur les principes organiques.

En réalité, les réactions opérées à cette température sont aussi simples et aussi régulières que les réactions opérées par voie humide, telles que les oxydations, par exemple, pourvu que l'on sache remonter jusqu'à leur loi génératrice et jusqu'à leur mécanisme véritable. Cette simplicité des relations qui caractérisent les réactions opérées à la température rouge est liée étroitement avec un fait capital et sur lequel j'ai déjà appelé l'attention, à savoir, que le charbon ne représente pas un corps simple comparable à l'hydrogène : mais au contraire c'est un élément extrêmement condensé, assimilable par ses propriétés et son origine à un carbure d'hydrogène très compliqué. Quand le charbon prend naissance, il représente le résultat ultime de la combinaison successive d'un grand nombre de molécules de carbures d'hydrogène, unies avec une élimination toujours croissante d'hydrogène. Bref, le charbon est en quelque sorte un polymère très élevé du véritable élément carbone, tel que cet élément peut être conçu existant dans les composés simples : acide carbonique, oxyde de carbone, formène, etc.

II. — Action de l'éthylène et de l'acétylène sur le styrolène. Synthèse de la naphtaline.

En faisant passer la vapeur de styrolène mélangé d'éthylène à travers un tube rouge, et en procédant comme il a été dit pour la réaction de la benzine sur l'éthylène, j'ai obtenu deux produits principaux et très prédominants, savoir : la *naphtaline* et la *benzine* ([4]).

([1]) *Voir* le Tome I, p. 81.

([2]) *Annales de Chimie et de Physique*, 4ᵉ série, t. IX, p. 454 et 475. — Ce Volume, p. 17 et suivantes.

([3]) *Voir* ce Volume p. 52.

([4]) Il se forme en outre un peu d'anthracène, produit par une réaction secondaire, celle de la benzine sur le styrolène; cette réaction est développée plus loin (p. 88).

La *benzine* résulte de la décomposition isolée du styrolène, carbure moins stable que la benzine et la plupart des autres carbures pyrogénés,

$$C^8H^8 = C^6H^6 + C^2H^2\,;$$

j'ai déjà exposé ailleurs cette décomposition ([1]).

La *naphtaline,* au contraire, dérive de la réaction directe de l'éthylène sur le styrolène, à volume gazeux égaux :

$$C^8H^8 \quad + \quad C^2H^4 \quad = \quad C^{10}H^8 \quad + 2\,H^2.$$

Styrolène.   Éthylène.   Naphtaline.

On peut figurer cette réaction d'une manière plus intelligible, en décomposant la formule de la naphtaline, de façon à mettre en évidence les résidus de la molécule benzénique et des deux molécules éthyléniques, qui ont concouru à constituer la naphtaline. Il suffit d'écrire la formule de la naphtaline de la manière suivante :

$$C^6H^4[C^2H^2(C^2H^2)],$$

laquelle indique deux substitutions successives, l'une de H^2 par C^2H^4 dans la benzine (formation du styrolène),

$$C^6H^4(H^2)\ldots C^6H^4(C^2H^4),$$

Benzine.   Styrolène.

l'autre de H^2 par C^2H^2 dans le styrolène lui-même,

$$C^8H^6(H^2)\ldots C^8H^6(C^2H^2),$$

Styrolène.   Naphtaline.

c'est-à-dire

$$C^6H^4[C^2H^2(H^2)]\ldots C^6H^4[C^2H^2(C^2H^2)].$$

Styrolène.   Naphtaline.

La formation de la naphtaline au moyen du styrolène et de l'éthylène peut donc être représentée par l'équation que voici :

$$C^6H^4[C^2H^2(H^2)] + C^2H^2(H^2) = C^6H^4[C^2H^2(C^2H^2)] + 2\,H^2.$$

Styrolène.   Éthylène.   Naphtaline.   Hydrogène.

([1]) *Annales de Chimie et de Physique,* 4ᵉ série, t. IX, p. 463. — Ce Volume, p. 25.

J'ai également obtenu la naphtaline en faisant passer à travers un tube rouge un mélange de styrolène et d'acétylène,

$$C^6H^4[C^3H^2(H^2)] + \quad C^2H^2 \quad = C^6H^4[C^2H^2(C^2H^2)] + H^2,$$

$$\underbrace{\qquad\qquad}_{\text{Styrolène.}} \quad \underbrace{\quad}_{\text{Acétylène.}} \quad \underbrace{\qquad\qquad}_{\text{Naphtaline.}}$$

réaction qui est une conséquence immédiate des formules que je viens d'exposer.

Mais cette dernière expérience est beaucoup plus délicate que la précédente, parce qu'il n'est guère possible d'opérer sur un poids d'acétylène un peu considérable, attendu les difficultés que présente la préparation de ce carbure ; tandis que l'éthylène peut être obtenu aisément en quantités illimitées.

La formule $C^6H^5[C^2H^2(C^2H^2)]$, attribuée ici à la naphtaline, est en conformité avec la formation de ce carbure dans toutes les circonstances où il se manifeste. Ceci mérite quelques développements.

Je ferai observer d'abord que cette constitution explique fort bien la production de la naphtaline, telle que je l'ai reconnue aux dépens de l'acétylène soumis à l'action de la chaleur du rouge vif. En effet, la benzine est un polymère de l'acétylène et se forme abondamment par l'action ménagée de la chaleur sur ledit acétylène : on comprend dès lors aisément comment la naphtaline prend naissance par l'action directe de la chaleur rouge sur l'acétylène, attendu que, dans ces conditions, l'acétylène non transformé et la benzine, qui résulte de la transformation progressive d'une autre portion d'acétylène, ne tardent pas à se trouver en présence.

L'analogie de cette formation avec les expériences développées dans la page précédente devient plus étroite encore, si l'on observe que la naphtaline prend également naissance à une température beaucoup plus basse et dès le rouge sombre, au cours des expériences exécutées en chauffant l'acétylène au sein d'une cloche courbe. En effet, dans cette dernière circonstance, la benzine est formée d'abord en grande quantité (¹) et comme produit principal : .

$$3\,C^2H^2 = C^6H^6 ;$$

c'est cette benzine qui réagit ensuite sur l'excès d'acétylène non transformé. Elle engendre par une première synthèse le styrolène,

$$C^6H^6 + C^2H^2 = C^8H^8,$$

____

(¹) *Voir* Tome I, p. 81.

lequel se retrouve, en effet, en quantité notable dans les produits condensés.

A son tour le syrolène, agissant sur l'excès d'acétylène, engendre la naphtaline, par une nouvelle réaction :

$$C^3H^8 + C^2H^2 = C^{10}H^8 + H^2.$$

En réalité, la naphtaline produite aux dépens de l'acétylène, soit au rouge vif, soit au rouge sombre, prend toujours naissance en vertu des mêmes actions. Mais le développement de ces action au rouge sombre est beaucoup plus lent et laisse subsister les composés intermédiaires; tandis qu'au rouge vif ces derniers carbures disparaissent presque entièrement et au fur et à mesure de leur formation même, par le progrès rapide des condensations succcessives.

Les expériences exposées plus haut rendent compte également de la formation pour ainsi dire universelle de la naphtaline aux dépens des corps soumis à l'influence prolongée de la température rouge, parce qu'elles ramènent cette formation à l'action de la benzine sur l'éthylène, deux carbures qui se rencontrent partout, et plus généralement aux métamorphoses successives de l'acétylène.

Montrons, par exemple, comment la naphtaline se produit aux dépens du formène, production qu'il est facile de réaliser en faisant passer lentement ce carbure dans un tube de porcelaine chauffé au rouge vif. Le formène se change d'abord en acétylène, comme je l'ai observé :

$$2\,CH^4 = C^2H^2 + 3\,H^2,$$

puis une partie de l'acétylène devient de la benzine,

$$3\,C^2H^2 = C^6H^6 ;$$

laquelle réagit à son tour sur le reste de l'acétylène, pour engendrer la naphtaline,

$$C^6H^6 + 2\,C^2H^2 = C^{10}H^8 + H^2.$$

De même, l'éthylène est capable de fournir de la naphtaline, parce qu'à la température rouge l'éthylène se change d'abord en acétylène,

$$C^2H^4 = C^2H^2 + H^2,$$

ce qui nous fait rentrer dans le même cycle de réactions.

En général, tout composé capable de donner naissance au formène, à l'éthylène, à l'acétylène, c'est-à-dire aux trois carbures les plus simples et les plus répandus, devra fournir de la naphtaline. On explique dès lors sans difficulté pourquoi la naphtaline se forme aux dépens de presque tous les composés organiques.

La formule rationnelle de la naphtaline que j'ai établie plus haut permet encore d'expliquer pourquoi ce carbure est produit en grande quantité dans la décomposition du toluène et des autres homologues de la benzine par la chaleur ([1]); tandis que la naphtaline n'apparaît pas dans la décomposition de la benzine pure, du moins lorsque cette décomposition a lieu aux plus basses températures possibles ([2]). En effet, le toluène et autres homologues résultent de l'association d'une molécule benzénique et d'une ou de plusieurs molécules forméniques,

$$C^6H^6 \;+\; CH^4 \;=\; C^6H^4(CH^4) + H^2.$$
Benzine. Formène.   Toluène.

C'est cette molécule forménique, dont la métamorphose donne lieu à l'acétylène qui entre dans la constitution de la naphtaline ; attendu que la destruction du toluène (ou de ses homologues) par la chaleur produit le résidu forménique, CH. Or, ce résidu se double, soit en devenant libre, soit à l'état naissant. En devenant libre, il se double pour constituer l'acétylène,

$$(CH)^2 = C^2H^2,$$

comme je l'ai établi en 1862 et 1864 ([3]), et comme je viens de le rappeler tout à l'heure. A l'état naissant, ce même résidu se double également, mais en demeurant uni à un résidu correspondant de benzine pour constituer la naphtaline.

Nous retrouvons donc les deux générateurs de la naphtaline : benzine et acétylène, dans la décomposition du toluène et de ses homologues par la chaleur. Au contraire, la décomposition de la benzine pure ne forme pas une quantité appréciable de naphtaline, parce qu'elle ne donne naissance qu'à des traces d'acétylène.

Les diverses réactions de la naphtaline peuvent aussi être expli-

---

([1]) *Voir* ce Volume, p. 46, 55, 57.
([2]) *Voir* ce Volume, p. 22.
([3]) *Leçons sur les méthodes générales de synthèse,* p. 285 ; 1864. — Le présent Ouvrage, t. I, p. 24, 30, 77, 82, 280, etc.

quées à l'aide de notre formule rationnelle. Elle permet, par exemple, de comprendre pourquoi la naphtaline, étant oxydée, perd du premier coup 2 atomes de carbone, sous forme d'acide oxalique, pour former l'acide phtalique, $C^8H^6O^4$, ce dernier acide étant capable de se séparer ensuite en benzine et acide carbonique :

$$C^6H^4[C^2H^2(C^2H^2)] + 8O = C^6H^4(C^2H^2O^4) + C^2H^2O^4.$$

Naphtaline.   Acide phtalique.   Acide oxalique.

$$C^6H^4(C^2H^2O^8) = C^6H^6 + 2CO^2 \;(^1).$$

Acide phtalique.   Benzine.   Acide carbonique.

Je suis parvenu à dédoubler successivement la naphtaline par hydrogénation (^{2}), de façon à la changer en éthylbenzine et hydrure d'éthyle,

$$C^6H^4[C^2H^2(C^2H^2)] + 4H^2 = C^8H^4(C^2H^6) + C^2H^6,$$

Naphtaline.   Éthylbenzine.   Hydrure d'éthyle.

et même en benzine et hydrure d'éthyle,

$$C^6H^4[C^2H^2(C^2H^2)] + 5H^2 = C^6H^6 + 2C^2H^6.$$

Naphtaline.   Benzine.   Hydrure d'éthyle.

Or ces dédoublements successifs sont en parfait accord avec notre formule rationnelle, comme le montrent les équations précédentes.

Enfin la capacité de saturation de la naphtaline, c'est-à-dire son aptitude à s'unir par voie d'addition au chlore, au brome, etc., est également une conséquence de sa formule rationnelle; j'ai développé ce point dans le Chapitre relatif à la *théorie des corps polymères* (^{3}).

Terminons par une dernière remarque : on sait que Laurent a observé de nombreuses isoméries dans l'étude des dérivés chlorés

---

(^{1}) On sait par les recherches de MM. Depouilly que l'élimination d'acide carbonique aux dépens de l'acide phtalique peut être opérée en deux phases, la première engendrant l'acide benzoïque, par suite de l'union d'une partie de l'acide carbonique naissant avec la benzine (*Bulletin de la Société Chimique*, t. III, p. 163 et 469; 1865.)

(^{2}) *Voir* le Tome III du présent Ouvrage.

(^{3}) Tome I, p. 102.

et nitrés de la naphtaline. Or ces isoméries et beaucoup d'autres analogues peuvent être expliquées et prévues par la théorie que je viens de développer.

En effet, étant donnée la formule de la napthaline

$$C^6 H^4 [C^2 H^2 (C^2 H^2)],$$

il pourra arriver que l'action du réactif, celle du chlore par exemple, opérant soit par addition, soit par substitution, se porte de préférence sur l'un des trois résidus hydrocarbonés écrits dans cette formule, ou bien sur deux résidus à la fois, ou même sur les trois simultanément. De là résulteront de nombreuses isoméries, dont la théorie permet de tracer le tableau. Je ferai observer en passant que l'isomérie de l'alizarine avec l'acide oxynaphtalique représente probablement l'une des applications de la même théorie.

Quoi qu'il en soit, la constitution de la naphtaline paraît établie d'une manière décisive par les expériences synthétiques qui viennent d'être développées.

III. — Action de la benzine sur le styrolène. — Synthèse de l'anthracène.

La réaction de la benzine et du styrolène, dirigés à travers un tube rouge, m'a fourni comme produit principal et abondant de l'anthracène, et comme produits accessoires de la naphtaline ([1]), un carbure analogue au diphényle et quelques carbures moins volatils. On n'observe pas la formation des homologues de la benzine.

L'anthracène résulte de la réaction directe du styrolène sur la benzine :

$$C^8 H^8 \; + \; C^6 H^6 \; = \; C^{14} H^{10} \; + 2 H^2.$$

Styrolène.   Benzine.   Anthracène.

Il offre les propriétés du carbure extrait par M. Anderson du goudron de houille : aspect, cristallisation avec formes spéciales (par dissolution et par sublimation); odeur fétide et spécifique; solubilité très faible dans l'alcool froid, un peu plus grande dans

---

([1]) Cette dernière formation se rattache à la réaction du styrolène sur l'hydrogène produit dans la réaction principale, laquelle donne lieu à de l'éthylène et à de la benzine : l'éthylène réagit à son tour sur le styrolène pour former de la naphtaline.

l'alcool chaud et surtout prononcée dans le toluène; point de fusion vers 210 degrés; degré de volatilité, c'est-à-dire sublimation facile au-dessus de 200 degrés, et point d'ébullition situé vers celui du mercure; enfin formation d'un picrate rouge cristallisé en belles aiguilles caractéristiques. Ce dernier picrate est facilement dédoublé par le contact d'un excès d'alcool; il est également décomposé par le réactif anthracéno-nitré, lequel le transforme en un composé cristallisé en lamelles violacées, etc.

D'après ces faits, l'anthracène doit être représenté par la formule rationnelle

$$C^6 H^4 [C^6 H^4 (C^2 H^2)],$$

laquelle, introduite dans l'équation précédente, conduit à la relation que voici :

$$C^6 H^4 [C^2 H^2 (H^2)] + C^6 H^4 (H^2) = C^6 H^4 [C^6 H^4 (C^2 H^2)] + 2 H^2.$$

| Styrolène. | Benzine. | Anthracène. |

On voit que la formation de l'anthracène est semblable à celle de la naphtaline. Un résidu de benzine, $C^6 H^6 - H^3$, à la place d'un résidu d'éthylène, $C^2 H^4 - H^2$, fait toute la différence entre ces deux carbures :

Naphtaline. . . . . $C^6 H^4 [C^2 H^2 (C^2 H^2)]$
Anthracène. . . . . $C^6 H^4 [C^6 H^4 (C^2 H^2)]$

La formation de l'anthracène dans la réaction de l'éthylène sur la benzine se trouve donc expliquée, puisque cette réaction fournit d'abord du styrolène : dans un cas, comme dans l'autre, l'anthracène dérive de la réaction successive de 2 molécules de benzine sur 1 molécule d'éthylène, avec séparation d'hydrogène.

La formation de l'anthracène, aux dépens du toluène décomposé par la chaleur (¹), rentre dans une interprétation analogue, attendu que l'anthracène dérive alors de 2 molécules de toluène, produites chacune par l'association du formène et de la benzine, $C^6 H^4 (CH^4)$:

$$2 C^6 H^4 (CH^4) = [C^6 H^4 (CH)]^2 + 3 H^2.$$

| Toluène. | Anthracène. |

On voit intervenir ici 2 molécules de benzine et deux résidus forméniques $(CH)^2$, équivalant à un résidu éthylénique $C^2 H^2$ (*voir* p. 86); or ce sont là les composants prochains de l'anthracène.

(¹) *Voir* ce Volume, p. 47 et 49.

Même explication pour la formation de l'anthracène aux dépens des homologues supérieurs du toluène.

Au contraire, la benzine pure ne fournit pas d'anthracène; du moins lorsqu'on la décompose à la température la plus basse possible (p. 22); ce qui est une nouvelle confirmation et en quelque sorte une contre-épreuve des relations précédentes.

Voici une autre vérification. D'après ces relations, l'acétylène pur doit pouvoir engendrer l'anthracène, puisque sa condensation fournit d'abord de la benzine et du styrolène. Or cette prévision est confirmée par l'expérience. En effet, j'ai réussi à mettre en évidence l'anthracène qui se forme en petite quantité, lors de la condensation polymérique de l'acétylène chauffé dans une cloche courbe. L'anthracène résulte, dans cette circonstance, comme je viens de le dire, de la réaction de la benzine sur l'acétylène,

$$3\,C^2H^2 = C^6H^6,$$
$$C^6H^6 + C^2H^2 = C^8H^8,$$

laquelle engendre d'abord du styrolène; puis la benzine, agissant de nouveau sur le styrolène, en transforme une certaine partie en anthracène,

$$C^6H^6 + C^8H^8 = C^{14}H^{10} + 2\,H^2.$$

L'anthracène représente donc ici un produit tertiaire, en tant que dérivé de l'acétylène.

D'après ces faits, on aperçoit clairement l'enchaînement des réactions pyrogénées qui donnent naissance à l'anthracène, dans presque tous les produits engendrés sous l'influence prolongée de la température rouge. La formation pour ainsi dire universelle de ce carbure, aussi bien que celle de la naphtaline, demeure expliquée par les expériences synthétiques.

IV. — Action du formène sur la benzine.

Après avoir fait agir l'éthylène sur la benzine, j'ai essayé la même réaction entre la benzine et le formène. *A priori,* cette réaction semblerait devoir conduire à la synthèse directe des homologues de la benzine, et d'abord à celle du toluène :

$$C^6H^4 \;+\; CH^4 \;=\; C^6H^4(CH^4) \;+\; H^2.$$

| Benzine. | Formène. | Toluène. | Hydrogène. |

Mais le formène se comporte autrement que l'éthylène. Ni au

rouge vif, ni au rouge blanc, soit dans un tube de porcelaine, soit dans un tube rempli de tournure de fer, on n'observe une action réciproque sensible. Dans ces diverses circonstances, on obtient toujours les produits de la décomposition de la benzine isolée, auxquels viennent s'ajouter un à deux dix-millièmes de naphtaline. Cette dernière résulte évidemment de la formation préalable de l'acétylène aux dépens du formène, formation que j'ai constatée il y a longtemps (t. I, p. 28, 40, 58, 77).

C'est seulement en portant la température jusqu'au blanc éblouissant (ramollissement de la porcelaine) que j'ai pu modifier, légèrement d'ailleurs, la réaction de la chaleur sur un mélange de benzine et de formène, de façon à obtenir, à côté des carbures dérivés de la benzine pure, quelques centièmes d'anthracène :

$$2\,C^6H^6 + 2\,CH^4 = C^6H^4[C^6H^4(C^2H^2)] + 5\,H^2.$$

Benzine. Formène. Anthracène.

Cette dernière formation est comparable à celle de l'anthracène aux dépens du toluène libre ([1]).

Elle s'explique si l'on observe que le formène, CH^4, à une haute température, fournit de l'acétylène,

$$(CH)^2 = C^2H^2,$$

dont l'association avec la benzine constitue l'anthracène,

$$C^2H^3 + 2\,C^6H^6 = C^6H^4[C^6H^4(C^2H^2)] + 2\,H^2.$$

Ici, comme en tant d'autres circonstances, l'acétylène établit le passage entre les dérivés de l'éthylène et ceux du formène. Ce passage s'opère toutes les fois que la molécule formènique se double, par suite de l'élimination d'un nombre impair d'équivalents d'hydrogène.

La différence qui se manifeste entre les réactions de l'éthylène et celles du formène sur la benzine me paraît liée avec la constitution thermochimique de ces deux carbures, le premier étant formé avec absorption de chaleur et le second, au contraire, avec dégagement de chaleur. Je développerai plus loin ce point de vue et je montrerai comment, à défaut de la réunion directe des carbures libres, l'union du formène naissant et de la benzine naissante

---

([1]) *Voir* ce Volume, p. 47 et 49.

peut être réalisée par voie pyrogénée, de façon à engendrer précisément les homologues de la benzine.

V. — Déplacements réciproques entre l'hydrogène, l'acétylène, l'éthylène et la benzine.

Je me propose de développer maintenant la théorie des déplacements réciproques, susceptible d'être opérés à la température rouge, entre l'hydrogène, l'éthylène (ou l'acétylène) et la benzine, dans les carbures tels que :

La benzine..............	$C^6H^4(H^2)$,		
Le styrolène..............	$C^6H^4[C^2H^2(H^2)]$,	ou	$C^8H^6(H^2)$,
La naphtaline............	$C^6H^4[C^2H^2(C^2H^2)]$,	ou	$C^8H^6(C^2H^2)$,
Le diphényle.............	$C^6H^4[C^6H^4(H^2)]$,	ou	$C^{12}H^8(H^2)$,
Le triphénylène ([1]).......	$C^6H^4[C^6H^4(C^6H^4)]$,	ou	$C^{12}H^8(C^6H^4)$,
Et enfin l'anthracène......	$C^6H^4[C^6H^4(C^2H^2)]$,	ou	$C^8H^6(C^6H^4)$,

carbures dont j'ai établi précédemment la constitution par la méthode des synthèses pyrogénées. Cette constitution trouve une nouvelle confirmation dans les expériences qui suivent.

J'ai démontré, par des expériences spéciales à chaque réaction, le déplacement direct de l'hydrogène libre dans la benzine, avec formation du styrolène,

$$C^6H^4(H^2) + C^2H^4 = C^6H^4(C^2H^4) + H^2.$$
$$\underbrace{}_{\text{Benzine.}} \qquad \underbrace{}_{\text{Styrolène.}}$$

Ce déplacement, opéré par l'acétylène, dans le styrolène, a donné lieu à la formation de la naphtaline,

$$C^6H^4[C^2H^2(H^2)] + C^2H^2 = C^6H^4C^2H^2[(C^4H^2)] + H^2.$$
$$\underbrace{}_{\text{Styrolène.}} \quad \underbrace{}_{\text{Acétylène.}} \quad \underbrace{}_{\text{Naphtaline.}}$$

Le déplacement de l'hydrogène par la benzine libre, dans la benzine elle-même, a produit le diphényle,

$$C^6H^4(H^2) + C^6H^6 = C^6H^4(C^6H^6).$$
$$\underbrace{}_{\text{Benzine.}} \quad \underbrace{}_{\text{Benzine.}} \quad \underbrace{}_{\text{Diphényle.}}$$

Ce même déplacement, opéré par le résidu C^6H^4 de la benzine, dans

---

([1]) Et son hydrure, autrement dit diéthylbenzine, $C^6H^4[C^6H^4(C^6H^6)]$ ou $C^{12}H^{10}(C^6H^4)$.

le diphényle, a donné naissance au triphénylène (¹)

$$C^6H^4[C^6H^4(H^2)] + C^6H^4(H^2) = C^6H^4[C^6H^4(C^6H^4)] + 2H^2.$$

Diphényle. Benzine. Triphénylène.

Le déplacement de l'hydrogène, par ce même résidu, C^6H^4, dans le styrolène,

$$C^6H^4[C^2H^2(H^2)] + C^6H^4(H^2) = C^6H^4[C^2H^2(C^6H^4)] + 2H^2,$$

Styrolène. Benzine. Anthracène.

explique l'observation relative à la formation correspondante de l'anthracène.

Enfin le déplacement de l'éthylène par l'hydrogène dans le styrolène a reproduit la benzine,

$$C^6H^4(C^2H^4) + H^2 = C^6H^6 + C^2H^4.$$

Styrolène. Benzine. Éthylène.

Tous ces déplacements, je le répète, ont été opérés directement, par des expériences exécutées sur chacun des systèmes des corps libres écrits dans les formules qui précèdent, et sous la seule influence de la chaleur.

Pour compléter le tableau des transformations, il reste à examiner l'action expérimentale de l'éthylène sur le diphényle, sur le triphénylène (et son hydrure) et sur l'anthracène ;

L'action de la benzine sur la naphtaline ;

Enfin l'action de l'hydrogène libre sur le triphénylène, sur la naphtaline et sur l'anthracène.

1° *Réactions de l'éthylène.* — Les réactions de l'éthylène sont des plus remarquables, car elles donnent lieu à des déplacements directs de benzine.

1. *Éthylène et diphényle :*

$$C^2H^4 + C^6H^4[C^6H^4(H^2)].$$

Le mélange de ces deux carbures, dirigé à travers un tube rouge, produit d'une part de la benzine et du styrolène (déplacement de la benzine par l'éthylène) :

$$C^6H^4(C^6H^6) + C^2H^4 = C^6H^4(C^2H^4) + C^6H^6;$$

Diphényle. Éthylène. Styrolène. Benzine.

(¹) *Et à son hydrure, la diphénylbenzine, $C^{18}H^{14}$.

et d'autre part, en proportion également considérable, de l'anthracène et de l'hydrogène (déplacement de l'hydrogène par l'acétylène) :

$$C^6H^4[C^6H^4(H^2)] + C^2H^2(H^2) = C^6H^4[C^6H^4(C^2H^2)] + 2H^2.$$

Diphényle.   Éthylène.   Anthracène.

Une portion du diphényle demeure inattaquée, remarque qui s'applique à toutes les réactions qui vont suivre.

L'existence de ces divers carbures a été établie par le système d'épreuves développé dans les premières parties de ce Chapitre, épreuves sur lesquelles je crois superflu de revenir.

2. *Éthylène et triphénylène* [1] :

$$C^2H^4 + C^6H^4[C^6H^4(C^6H^4)].$$

L'expérience a montré un déplacement de benzine, avec formation d'anthracène, produit principal,

$$C^6H^4[C^6H^4(C^6H^4)] + C^2H^2(H^2)$$

Triphénylène.   Éthylène.

$$= C^6H^4[C^6H^4(C^2H^2)] + C^6H^4(H^2),$$

Anthracène.   Benzine.

et d'un peu de naphtaline, produit secondaire,

$$C^6H^4[C^6H^4(C^6H^4)] + 2C^2H^2(H^2) = C^6H^4[C^2H^2(C^2H^2)] + 2C^6H^6.$$

Triphénylène.   Éthylène.   Naphtaline.   Benzine.

Cette dernière formation doit être regardée comme une conséquence de la première, ainsi qu'il va être dit.

3. *Éthylène et anthracène :*

$$C^2H^4 + C^6H^4[C^6H^4(C^2H^2)].$$

L'expérience a montré un déplacement de benzine, avec formation d'une grande quantité de naphtaline :

$$C^6H^4[C^6H^4(C^2H^2)] + C^2H^2(H^2) = C^6H^4[C^2H^2(C^2H^2)] + C^6H^6.$$

Anthracène.   Éthylène.   Naphtaline.   Benzine.

---

[1] * Mêlé de diphénylbenzine, $C^{18}H^{14}$, qui en est l'hydrure.

2° *Réactions de la benzine.* — La plupart de ces réactions ont été déjà exposées. Je me bornerai à citer ici l'action de la benzine sur la naphtaline.

Benzine et naphtaline :

$$C^6 H^6 + C^{10} H^8.$$

Au rouge vif, pas d'action réciproque sensible, la benzine se décomposant séparément.

Au rouge blanc, j'ai observé une formation abondante d'anthracène,

$$C^6 H^4 [C^2 H^2 (C^2 H^2)] + 3 C^6 H^4 (H^2) = 2 C^6 H^4 [C^6 H^4 (C^2 H^2)] + 3 H^2.$$

| Naphtaline. | Benzine. | Anthracène. |

Cette formation peut être regardée comme la résultante de deux actions successives simultanées.

En vertu de la première réaction, la benzine déplace l'éthylène dans la naphtaline et forme une molécule d'anthracène,

$$C^6 H^4 (H^2) + C^6 H^4 [C^2 H^2 (C^2 H^2)] = C^6 H^4 [C^6 H^4 (C^2 H^2)] + C^2 H^2 (H^2).$$

| Benzine. | Naphtaline. | Anthracène. | Éthylène. |

En vertu de la deuxième réaction, 2 molécules de benzine réagissent sur l'éthylène formé par la première et engendrent d'abord du styrolène, puis de l'anthracène,

$$2 C^6 H^4 (H^2) + C^2 H^2 (H^2) = C^6 H^4 [C^6 H^4 (C^2 H^2)],$$

| Benzine. | Éthylène. | Anthracène. |

conformément à des réactions que j'ai développées précédemment.

3° *Réactions de l'hydrogène.* — Les réactions de l'hydrogène sur les carbures mis en expérience sont moins caractérisées, pour la plupart, que celles de l'éthylène. J'ai montré, par exemple, que le diphényle, en présence de l'hydrogène, se décompose en benzine et triphénylène, sans que l'hydrogène intervienne ([1]). Mais il en est autrement, comme je l'ai déjà établi ([2]), avec le styro-

---

([1]) *Annales*, 4ᵉ série, t. IX, p. 465.
([2]) *Annales*, 4ᵉ série, t. IX, p. 464.

lène, lequel régénère de la benzine et de l'éthylène,

$$C^6 H^4 (C^4 H^4) + H^2 = C^6 H^6 + C^2 H^4,$$

$$\underbrace{}_{\text{Styrolène.}} \qquad \underbrace{}_{\text{Benzine.}} \; \underbrace{}_{\text{Éthylène.}}$$

et il en est encore autrement, comme on va le voir, avec les divers carbures que je vais énumérer.

   1. *Hydrogène et triphénylène* ([1]) :

$$H^2 + C^6 H^4 [C^6 H^4 (C^6 H^4)].$$

Il se produit une grande quantité de benzine et une proportion notable de diphényle. Le diphényle résulte d'une substitution de l'hydrogène à la benzine (ou plutôt au résidu $C^6 H^4$) :

$$\underbrace{C^6 H^4 [C^6 H^4 (C^6 H^4)]}_{\text{Triphénylène.}} + 2 H^2 = \underbrace{C^6 H^4 [C^6 H^4 (H^2)]}_{\text{Diphényle.}} + \underbrace{C^6 H^6}_{\text{Benzine.}} ;$$

la benzine dérive en partie de cette même réaction, en partie de la décomposition secondaire du diphényle en benzine et triphénylène ([2]).

Il est facile de concevoir que le résultat définitif de cet ensemble tende à être le même que celui de l'action inverse exercée par la chaleur rouge sur la benzine, laquelle action développe des carbures identiques. Dans un cas comme dans l'autre, un équilibre se produit entre la benzine, le diphényle, le triphénylène (et son hydrure) et l'hydrogène, équilibre en vertu duquel la benzine domine dans la substance distillée, le diphényle venant ensuite et le triphénylène ([3]) étant le produit le moins abondant.

   2. *Hydrogène et naphtaline :*

$$H^2 + C^6 H^4 [C^2 H^2 (C^2 H^2)].$$

L'hydrogène ne réagit guère sur la naphtaline, ce carbure demeurant presque inaltéré, même à de très hautes températures. Cependant on obtient au rouge vif un peu de benzine et

---

([1]) * Mélangé avec son hydrure, la diphénylbenzine, $C^{18} H^{14}$.
([2]) * Et en hydrure de ce carbure.
([3]) * Et son hydrure.

d'acétylène :

$$C^6 H^4 [C^2 H^2 (C^2 H^2)] + H^2 = C^6 H^6 + 2 C^2 H^2.$$

Naphtaline.   Benzine. Acétylène.

Pour constater cette formation de benzine, on dirige les gaz obtenus dans la réaction à travers l'acide nitrique fumant; puis on change la nitrobenzine en aniline, etc.

3. *Hydrogène et anthracène :*

$$H^2 + C^6 H^4 [C^6 H^4 (C^2 H^2)].$$

La réaction est plus difficile à réaliser que la précédente ; toutefois on obtient encore des traces de benzine et d'acétylène :

$$C^6 H^4 [C^6 H^4 (C^2 H^2)] + 2 H^2 = 2 C^6 H^6 + C^2 H^2.$$

Anthracène.   Benzine. Acétylène.

D'après les faits qui viennent d'être exposés, les actions entre les carbures pyrogénés que j'étudie en ce moment, et qui sont les plus stables des carbures connus, se réduisent à une loi très simple, laquelle permet de prévoir tous les phénomènes, à savoir : l'échange réciproque entre l'hydrogène, la benzine et l'éthylène, échange réglé par les masses relatives de ces trois corps. A l'éthylène on peut d'ailleurs substituer l'acétylène libre dans la plupart des cas ; toute réaction opérée par l'éthylène libre avec séparation d'hydrogène pouvant être également, en principe, effectuée par l'acétylène ; mais l'éthylène est d'un emploi plus commode dans les expériences.

Les carbures qui interviennent dans ces échanges se partagent en trois groupes, savoir :

Premier groupe.

La *benzine*.................... $C^6 H^4 (H^2)$

Et l'*éthylène*................ $C^2 H^2 (H^2)$,

dans lesquels l'hydrogène peut être échangé contre un volume gazeux égal de benzine : de là résultent les carbures du second groupe, dérivés de 2 molécules des carbures primitifs.

Deuxième groupe.

$$\text{Le } \textit{styrolène} \ldots\ldots\ldots\ldots \quad C^6H^4[C^2H^2(H^2)]$$
$$\text{Et le } \textit{diphényle} \ldots\ldots\ldots \quad C^6H^4[C^6H^4(H^2)],$$

dans lesquels 2 volumes d'hydrogène peuvent être échangés contre 1 volume d'éthylène ou de benzine, c'est-à-dire 1 volume d'hydrogène contre 1 volume d'acétylène, ou du résidu benzénique $C^{12}H^4$ (phénylène) correspondant : de là résultent les carbures du troisième groupe.

Troisième groupe.
Il comprend :

$$\text{Le } \textit{triphénylène} \ldots\ldots\ldots \quad C^6H^4[C^6H^4(C^6H^4)],$$
$$\text{La } \textit{diéthylbenzine} \ldots\ldots \quad C^6H^4[C^6H^4(C^6H^6)],$$
$$\text{L'} \textit{anthracène} \ldots\ldots\ldots \quad C^6H^4[C^6H^4(C^2H^2)]$$
$$\text{Et la } \textit{naphtaline} \ldots\ldots\ldots \quad C^6H^4[C^2H^2(C^2H^2)],$$

dérivés de 3 molécules des carbures primitifs.

Tels sont les carbures que j'ai principalement étudiés. Mais, en réalité, les réactions ne s'arrêtent pas là.

Au même titre que la benzine, dérivée de 3 molécules d'acétylène, fonctionne à son tour comme une molécule unique dans les échanges signalés ci-dessus; au même titre, dis-je, chacun des carbures secondaires et tertiaires, que je viens d'énumérer, peut être envisagé comme une molécule unique et donner lieu à de nouveaux carbures plus complexes, mais toujours formés suivant une loi analogue à la précédente. A cette catégorie appartiennent, en effet, les derniers carbures obtenus par l'action de la chaleur sur la benzine, tels que le benzérythrène et le bitumène (¹), lesquels dérivent évidemment de plus de 3 molécules de benzine. Il en est de même de plusieurs des carbures qui se forment dans l'action de l'éthylène sur la benzine, tels que l'acénaphtène et probablement aussi certains carbures volatils au-dessus de 360 degrés.

La naphtaline et l'anthracène spécialement, en raison de leur grande stabilité, paraissent propres à fournir de nouveaux points de départ, ou plutôt de nouveaux relais, à la condensation progressive des molécules hydrocarbonées. En effet, l'éthylène réagit au rouge sur la naphtaline d'une façon très nette et l'acénaphtène est

---

(¹) Ce Volume, p 21.

le premier produit de cette réaction. L'anthracène semble de même le point de départ d'une série de carbures homologues, tels que la paranaphtaline, le rétène, etc. ([1]). On prévoit ainsi tout un nouvel ordre de transformations, comparables à celles décrites dans le présent Chapitre, et dont la progression se développe indéfiniment, en engendrant des carbures d'hydrogène toujours plus compliqués, mais toujours produits en vertu des mêmes lois générales.

VI. — Statique des carbures pyrogénés.

1. Les réactions que j'expose en ce moment offrent un caractère extrêmement remarquable, celui de se limiter les unes avec les autres, en vertu d'une théorie analogue à la statique des réactions éthérées ([2]) et à celle des dissociations. En effet, la décomposition des carbures primitifs n'est jamais complète dans mes expériences, et ce résultat s'explique par la possibilité de régénérer lesdits carbures, par réversibilité, au moyen des produits directs ou médiats de leur décomposition.

Plusieurs cas se présentent ici.

2. Tantôt les deux réactions inverses sont également possibles, à la même température, sous la seule condition de modifier les proportions relatives des corps réagissants.

Ainsi la réaction de l'éthylène libre sur la benzine forme de l'hydrogène et du styrolène,

$$C^6 H^6 \;+\; C^2 H^4 \;=\; C^8 H^8 \;+\; H^2\;;$$

Benzine.   Éthylène.   Styrolène.   Hydrogène.

tandis que l'hydrogène et le styrolène reproduisent de l'éthylène et de la benzine,

$$C^8 H^8 \;+\; H^2 \;=\; C^6 H^6 \;+\; C^2 H^4.$$

Styrolène.   Hydrogène.   Benzine.   Éthylène.

De même la benzine, se substituant à l'hydrogène dans le diphé-

---

([1]) *Bulletin de la Société Chimique*, nouvelle série, t. VII, p. 46 ; 1867.

([2]) Voir *Annales de Chimie et de Physique*, 3ᵉ série. t. LXVIII, p. 225 et 235 ; 1863. — *Essai de Mécanique chimique*, t. II.

nyle, engendre le triphénylène (¹),

$$C^{12}H^{10} \;+\; C^6H^6 \;=\; C^{18}H^{12} \;+\; 2H^2;$$

Diphényle.   Benzine.   Triphénylène.   Hydrogène.

tandis que le triphénylène, traité par l'hydrogène, reproduit le diphényle et la benzine,

$$C^{18}H^{12} \;+\; 2H^2 \;=\; C^{12}H^{10} + C^6H^6.$$

Triphénylène.   Hydrogène.   Diphényle.   Benzine.

De même encore, l'anthracéne et l'hydrogène fournissent de la benzine et de l'acétylène,

$$C^{14}H^{10} \;+\; 2H^2 \;=\; 2C^6H^6 \;+\; C^2H^2,$$

Anthracène.   Hydrogène.   Benzine.   Acétylène.

carbures dont la réaction inverse reproduit l'anthracène,

$$2C^6H^6 + C^2H^2 \;=\; C^{14}H^{10} \;+\; 2H^2.$$

Benzine.   Acétylène.   Anthracène.   Hydrogène.

Dans ces trois couples de réactions, il y a réciprocité exacte : par conséquent aucune d'elles ne pourra s'accomplir jusqu'au bout, se trouvant arrêtée à un certain terme par la réaction inverse des produits auxquels elle donne naissance.

Un tel équilibre peut se développer entre trois corps seulement : par exemple, entre la benzine, l'acétylène et le styrolène, les deux premiers corps formant par simple addition le styrolène,

$$C^6H^6 \;+\; C^2H^2 \;=\; C^3H^8:$$

Benzine.   Acétylène.   Styrolène.

lequel se décompose d'autre part en benzine et acétylène,

$$C^8H^8 \;=\; C^6H^6 \;+\; C^2H^2;$$

Styrolène.   Benzine.   Acétylène.

(¹) * Et son hydrure $C^{18}H^{14}$,

$$C^{12}H^{10} + C^6H^6 = C^{18}H^{14} + H^2,$$

avec réaction inverse.

c'est là un phénomène analogue à la dissociation d'un composé binaire.

Mais le plus souvent l'équilibre s'établit entre quatre corps distincts, comme il arrive dans les réactions opposées de l'hydrogène sur le triphénylène [1], et du diphényle sur la benzine :

$$C^6H^4[C^6H^4(C^6H^4)] + 2H^2 = C^6H^4[C^6H^4(H^2)] + C^6H^4(H^2).$$

Triphénylène.   Hydrogène.   Diphényle.   Benzine.

$$C^6H^4[C^6H^4(H^2)] + C^6H^4(H^2) = C^6H^4[C^6H^4(C^6H^4)] + 2H^2.$$

Diphényle.   Benzine.   Triphénylène.   Hydrogène.

Le dernier phénomène est tout à fait comparable à l'équilibre des réactions éthérées.

3. Tels sont les cas les plus simples qui puissent se présenter Mais l'équilibre des réactions pyrogénées est d'ordinaire plus compliqué. Au lieu de se développer entre les substances primitives et les corps qu'elles engendrent directement, l'équilibre et la réversibilité exigent souvent le concours des produits de la décomposition de ces derniers corps. Ceci mérite quelque attention, comme étant plus général. En effet, sur les neuf couples de réactions que l'on peut imaginer *a priori* et que j'ai réalisés par expérience entre les carbures pyrogénés étudiés dans ce Chapitre, il en est six qui ne sont pas susceptibles de réciprocité directe et qui cependant sont limités par des conditions statiques nettement définies. Quelques exemples vont mettre ces conditions en lumière.

4. La benzine engendre du diphényle et de l'hydrogène,

$$2C^6H^6 = C^{12}H^{10} + H^2,$$

Benzine.   Diphényle.   Hydrogène.

lesquels, étant mis en présence, n'ont pas donné lieu à une réaction inverse. Mais le diphényle, d'un côté, s'est décomposé en partie en benzine et triphénylène [2],

$$3C^{12}H^{10} = 3C^6H^6 + C^{18}H^{12},$$

Diphényle.   Benzine.   Triphénylène.

---

[1] Et son hydrure $C^{18}H^{14}$ la diphénylbenzine.

[2] *On a encore la transformation du diphényle en diphénylbenzine

$$2C^{12}H^{10} = C^6H^6 + C^{18}H^{14},$$

et l'action inverse.

et le triphénylène, d'autre part, traité par l'hydrogène, a reproduit le diphényle et la benzine,

$$C^{18}H^{12} \; + \; 2\,H^2 \; = \; C^{12}H^{10} \; + \; C^6H^6.$$

Triphénylène.   Hydrogène.   Diphényle.   Benzine.

Or, c'est l'ensemble de ces quatre et cinq réactions qui limite la transformation de la benzine en diphényle et hydrogène. L'équilibre existe ici entre quatre corps, savoir : la benzine, le diphényle, le triphénylène (son hydrure) et l'hydrogène, liés par un système de trois et cinq réactions.

5. Autre exemple. La benzine, en réagissant sur le styrolène, engendre de l'anthracène et de l'hydrogène,

$$C^8H^8 \; + \; C^6H^6 \; = \; C^{14}H^{10} \; + \; 2\,H^2;$$

Styrolène.   Benzine.   Anthracène.   Hydrogène.

tandis que l'anthracène, traité par l'hydrogène, ne reproduit guère que de la benzine et de l'acétylène,

$$C^{14}H^{10} \; + \; 2\,H^2 \; = \; 2\,C^6H^6 \; + \; C^2H^2$$

Anthracène.   Hydrogène.   Benzine.   Acétylène.

Cependant la première réaction est limitée, parce que la benzine et l'acétylène ont la propriété de s'unir en formant un peu de styrolène,

$$C^6H^6 \; + \; C^2H^2 \; = \; C^8H^8,$$

Benzine.   Acétylène.   Styrolène.

L'équilibre existe ici entre cinq corps, savoir : la benzine, le styrolène, l'anthracène, l'hydrogène et l'acétylène, liés par un système de trois réactions.

6. Citons un dernier résultat. La benzine réagit sur la naphtaline avec formation d'anthracène et d'hydrogène,

$$3\,C^6H^6 + \; C^{10}H^8 \; = \; 2\,C^{14}H^{10} \; + \; 3\,H^2;$$

Benzine.   Naphtaline.   Anthracène.   Hydrogène.

tandis que l'anthracène, traité par l'hydrogène, reproduit surtout de la benzine et de l'acétylène,

$$C^{14}H^{10} \; + \; 2\,H^2 \; = 2\,C^6H^6 + \; C^2H^2.$$

Anthracène.   Hydrogène.   Benzine.   Acétylène.

Il n'y a pas réciprocité entre les deux réactions. Mais la nécessité d'une limite apparaît, si l'on remarque que, d'après les faits observés dans la condensation de l'acétylène, la benzine et l'acétylène peuvent reproduire une certaine proportion de naphtaline,

$$C^6H^6 + 2\,C^2H^2 = C^{10}H^8 + H^2.$$

Benzine. Acétylène. Naphtaline. Hydrogène.

On peut encore faire intervenir l'éthylène, ce gaz se formant dans la réaction de l'acétylène sur l'hydrogène,

$$C^2H^2 + H^2 = C^2H^4,$$

Acétylène. Hydrogène. Éthylène.

et ayant la propriété constatée d'engendrer la naphtaline par sa réaction sur la benzine,

$$C^6H^6 + 2\,C^2H^4 = C^{10}H^8 + 3\,H^2.$$

Benzine. Éthylène. Naphtaline. Hydrogène.

On envisage ici un équilibre développé entre six corps, savoir : la benzine, la naphtaline, l'anthracène, l'hydrogène, l'acétylène et l'éthylène, liés par un système de quatre réactions.

Ainsi donc, dans toutes les combinaisons et décompositions de carbures pyrogénés que j'étudie en ce moment, il existe un cycle fermé de réactions observables, lesquelles établissent entre les phénomènes une réciprocité directe ou médiate, et par conséquent une réversibilité et une limitation réciproque.

Pour mieux définir cette limitation, entrons dans quelques détails.

7. Dans les conditions où les réactions se développent, on observe constamment une circonstance caractéristique, à savoir que chacun des carbures réagissants éprouverait, s'il était isolé, un commencement de décomposition. Il y a plus : mes observations relatives à la décomposition de l'hydrure d'éthyle ([1]), à celle du styrolène ([2]), etc., tendent à établir que les produits résultant de la décomposition d'un carbure, mis en présence à l'état isolé, possèdent une certaine tendance à se recombiner. Or, étant réalisée cette circonstance d'une décomposition commençante et limitée par la

---

([1]) *Annales*, 4ᵉ série, t. IX, p. 435; 1866. — Tome III du présent Ouvrage.
([2]) *Annales*, 4ᵉ série, t. IX, p. 463 et 467. — Le présent Livre III, Chap. XVI.

tendance inverse des produits à se recombiner, il est facile de comprendre comment l'introduction d'un nouveau corps, hydrogène ou carbure, dans le système, change les conditions d'équilibre et détermine au sein du carbure primitif la substitution partielle du nouveau corps à quelqu'un des produits qui résulteraient de la décomposition spontanée de ce carbure primitif.

8. La liaison qui existe entre la décomposition spontanée d'un carbure et les substitutions qu'il peut éprouver, lorsqu'il est soumis à l'action directe de l'hydrogène ou des autres carbures, est surtout mise en évidence par la diversité des températures nécessaires pour provoquer les réactions.

Par exemple, les réactions de l'éthylène sur la benzine, sur le styrolène, sur le diphényle, ont lieu au rouge vif : ce qui s'explique parce que ces divers carbures, pris à l'état isolé, sont décomposés en partie à ladite température.

Au contraire, la réaction de la benzine sur la naphtaline, carbure plus stable que les précédents, ne s'est exercée qu'au rouge blanc, dans mes expériences.

Le formène, plus stable encore, n'a commencé à être attaqué par la benzine d'une manière sensible que vers la température du ramollissement de la porcelaine.

La naphtaline et l'anthracène sont plus stables que les autres carbures envisagés dans ce Chapitre ; car la naphtaline et l'anthracéne peuvent être chauffés au rouge, dans des tubes de verre scellés, sans éprouver d'altération sensible ; tandis que le diphényle, l'éthylène, le styrolène, et même la benzine, commencent à se décomposer dans cette condition. Aussi les déplacements qui donnent naissance à la naphtaline et à l'anthracène, c'est-à-dire les déplacements de la benzine et de l'hydrogène par l'éthylène, ou par l'acétylène, sont-ils infiniment plus faciles à réaliser que les déplacements inverses : circonstance qui me paraît expliquer la faible proportion relative du styrolène dans les huiles du goudron de houille, aussi bien que les résultats négatifs auxquels je suis arrivé jusqu'ici, relativement à la présence du diphényle dans ce même goudron.

Les carbures les plus stables sont donc les types complets et mixtes, dérivés à la fois de la benzine et de l'éthylène.

9. Cependant, le diphényle et le styrolène, bien qu'ils commencent à se décomposer dès la température rouge, peuvent subsister

et même prendre naissance, soit au rouge blanc, soit au point du ramollissement de la porcelaine, comme je l'ai reconnu, et sans doute à des températures encore plus élevées. Par exemple, l'action de la chaleur sur la benzine fournit également du diphényle, du triphénylène (et de la diphénylbenzine), depuis le rouge naissant jusqu'au blanc éblouissant.

Mais ces carbures ne peuvent être obtenus que sous la double condition de se trouver en présence d'un excès des produits qui résultent de leur décomposition et d'être entraînés à mesure dans une région plus froide.

J'ai même observé dans mes expériences que les proportions relatives des divers produits volatils ne sont guère modifiées par une variation aussi énorme de température, constance qui semble comparable à celle qui caractérise les réactions éthérées.

Elle semble se vérifier également lorsqu'on fait varier la durée des réactions, à une même température, et spécialement la vitesse avec laquelle les gaz ou vapeurs traversent les tubes de porcelaine dans lesquels s'opèrent les transformations. Il y a plus : les produits volatils fournis par la benzine, sous l'influence de la température rouge, ne paraissent que peu modifiés dans leurs proportions relatives par la présence de la limaille de fer, de la vapeur d'eau (¹), du formène, de l'oxyde de carbone, de l'acide carbonique.

Au contraire, la quantité absolue des carbures volatils change beaucoup, lorsqu'on fait varier soit la température, soit la durée des réactions, soit la nature des corps en présence desquels on opère. Mais ces variations résultent surtout de la décomposition totale en charbon et hydrogène d'une portion des carbures, portion qui est modifiée par la présence des corps étrangers, et qui va croissant, soit avec la température, soit avec le temps pendant lequel les corps sont soumis à l'influence des températures très élevées.

J'ai déjà insisté sur cette séparation du charbon, envisagée comme le produit ultime des condensations successives (²); c'est à ce titre que la séparation du charbon n'intervient pas pour troubler les réactions les plus simples.

(¹) Cependant la vapeur d'eau et, jusqu'à un certain point, l'acide carbonique tendent à faire disparaître les produits noirs et fixes.

(²) *Annales de Chimie et de Physique*, 4ᵉ série, t. IX, p. 475; 1836. — *Voir* aussi le présent Volume, *passim*.

Tous ces faits s'accordent pour fournir une preuve catégorique du caractère déterminé des relations qui existent entre les carbures pyrogénés et leurs générateurs.

10. Jusqu'ici, et pour plus de simplicité, j'ai envisagé les réactions pyrogénées, en les distribuant par couples réciproques. Cependant, en réalité, ces réactions sont presque toujours plus compliquées, tout en demeurant soumises aux mêmes règles générales, parce qu'elles résultent de la superposition de plusieurs réactions simples.

En effet, dès que ces trois corps, hydrogène, acétylène et benzine, sont en présence, toutes leurs combinaisons tendent à prendre naissance : l'équilibre réel se produit donc entre ces trois corps et l'ensemble des carbures dérivés, éthylène, diphényle, styrolène, triphénylène, diphénylbenzine, naphtaline, anthracène, etc., intervenant chacun avec un coefficient relatif à sa masse et qui dépend en outre de la température et de la durée des réactions.

11. Il y a plus : on peut concevoir toute cette statique d'une façon plus générale encore, et comme rapportée au seul acétylène, générateur commun de tous les autres carbures d'hydrogène. J'ai montré, en effet, que la simple et directe condensation de l'acétylène (t. I, p. 81) engendre la benzine, le styrolène, la naphtaline, l'anthracène : ce qui s'explique par le développement successif ou simultané des réactions exposées dans ce Chapitre. En effet, l'acétylène condensé engendre la benzine; uni à la benzine, il produit le styrolène; uni au styrolène, il produit la naphtaline et son hydrure; uni à la naphtaline, il produit l'acénaphtène; enfin le styrolène et la benzine engendrent l'anthracène, etc.

Toutes les fois que l'acétylène prend naissance à une haute température, et l'on sait combien sa production est générale, tous les carbures précédents tendent donc à apparaître. S'il est plus clair d'envisager séparément la formation graduelle de chacun des carbures pyrogénés et leurs actions réciproques, cependant il est utile de rappeler en terminant que l'acétylène est leur générateur universel, et qu'il reparaît dans toutes leurs décompositions par la chaleur, conformément aux principes généraux de la réciprocité qui existe entre les méthodes d'analyse et les méthodes de synthèse.

Ainsi s'explique la formation de la benzine, de la naphtaline, de l'anthracène, etc., dans tant de réactions pyrogénées. Mais, bien que ces carbures se produisent d'une manière nécessaire, leur proportion sera très faible dans la plupart des réactions, parce que leurs générateurs, acétylène ou benzine, ne prennent naissance d'ordinaire qu'en petite proportion et comme produits secondaires ou tertiaires, dérivés des réactions principales qui se développent d'abord et régulièrement, aux dépens des principes définis soumis aux actions décomposantes.

Cherchons, par exemple, pourquoi ces mêmes carbures apparaissent dans la décomposition de l'alcool et de l'acide acétique, à une haute température.

1° L'alcool donne naissance à une quantité notable d'eau et d'éthylène,

$$C^2H^6O = C^2H^4 + H^2O\,;$$

mais cet éthylène ne représente qu'une fraction du carbone de l'alcool primitif, une autre portion s'étant séparée en formène et en acide carbonique,

$$2\,C^2H^6O = 3\,CH^4 + CO^2\,;$$

une troisième portion s'étant changée en formène, hydrogène et oxyde de carbone,

$$C^2H^6O = CH^4 + H^2 + CO,$$

etc., etc.

Ce sont là les réactions simples, régulières, primitives.

2° Cependant l'éthylène, sous l'influence de la température même à laquelle il se produit, se décompose en partie en acétylène et hydrogène,

$$C^2H^4 = C^2H^2 + H^2.$$

Or l'acétylène a la propriété de s'unir directement à l'hydrogène libre pour constituer l'éthylène [1]. Il devra se produire un certain équilibre entre ces trois corps : éthylène, acétylène et hydrogène, équilibre qui limite à chaque instant la production de l'acétylène et l'empêche de dépasser une fraction déterminée de l'éthylène. Mais celui-ci ne représente déjà qu'une fraction du carbone de l'alcool primitif. On conçoit dès lors que l'acétylène, produit du second degré par rapport à l'alcool, ne pourra représenter qu'une faible proportion de son carbone.

3° Maintenant c'est cet acétylène qui doit concourir à la formation de la benzine et des carbures condensés ; une portion se chan-

---

[1] *Annales de Chimie et de Physique*, 4ᵉ série, t. IX, p. 438; 1866. — Tome III du présent Ouvrage.

geant peu à peu en benzine, benzine que j'ai réellement observée dans la décomposition de l'alcool. La réaction, si elle était prolongée pendant un temps assez long, déterminerait la métamorphose d'une portion considérable de l'acétylène, mais jamais celle de la totalité. La dose de benzine qui prend naissance, rapportée au carbone de l'alcool primitif, représentera donc une fraction encore plus petite que la proportion d'acétylène.

4° Enfin cette benzine, à son tour, doit réagir sur une portion de l'acétylène pour engendrer la naphtaline, avec séparation d'hydrogène.

Or le dernier carbure ne répond plus qu'à la métamorphose d'une portion de la benzine et de l'acétylène primitifs, parce que l'hydrogène agit en sens inverse sur la naphtaline et régénère en partie la benzine et l'acétylène.

Ici interviennent encore les phénomènes de statique chimique développés dans le présent Chapitre : ce sont eux qui limitent la production de la naphtaline à une fraction du poids de la benzine, laquelle n'était elle-même qu'un produit secondaire par rapport à l'éthylène, et qu'un produit tertiaire par rapport à l'alcool.

La naphtaline représente donc seulement un produit du quatrième ordre par rapport à l'alcool primitif.

Il en est de même de la naphtaline formée aux dépens de l'acide acétique à la température rouge. En effet :

1° L'acide acétique produit une certaine quantité de formène et d'acide carbonique,

$$C^2H^4O^2 = CO^2 + CH^4,$$

en même temps qu'il éprouve diverses autres décompositions.

2° Une portion du formène se change en acétylène et hydrogène,

$$2\,CH^4 = C^2H^2 + 3\,H^2.$$

3° Une partie de cet acétylène se transforme en benzine,

$$3\,C^2H^2 = C^6H^6$$

carbure que j'ai réellement obtenu au moyen de l'acide acétique.

4° Une partie de cette benzine, réagissant sur l'acétylène, produit le styrolène

$$C^6H^6 + C^2H^2 = C^8H^8$$

et consécutivement la naphtaline :

$$C^8H^8 + C^2H^2 = C^{10}H^8 + H^2.$$

La naphtaline représente donc un produit de quatrième ordre par rapport à l'acide acétique.

On comprend dès lors pourquoi la production de la naphtaline, soit aux dépens de l'alcool, soit aux dépens de i'acide acétique, ou de tout autre composé organique, a lieu en si faible proportion. Mais on voit cependant que la naphtaline se développe en vertu d'une chaîne nécessaire de réactions, déduites expérimentalement les unes des autres.

La nécessité de ces réactions est la conséquence la plus importante du présent travail. Elle explique les formations pyrogénées, demeurées jusqu'ici si obscures; car elle les rapporte à leur loi génératrice, je veux dire l'action réciproque des carbures d'hydrogène.

En effet, j'ai montré par expériences comment cette action, étant exercée sur les générateurs primitifs eux-mêmes, c'est-à-dire sur l'acétylène, sur la benzine, sur l'éthylène et sur l'hydrogène, donne lieu aux carbures pyrogénés, tels que le styrolène, la naphtaline et l'anthracène, non plus à l'état de traces et en quantités pour ainsi dire inappréciables, comme on l'avait observé jusqu'à ce jour; mais en quantités considérables et avec une régularité comparable à celle qui préside aux oxydations et à la plupart des réactions organiques, opérées dans les conditions communes de température.

Retraçons, en terminant, le tableau des synthèses que l'on peut effectuer expérimentalement par l'union directe de l'hydrogène et du carbone libre, et par la combinaison successive et directe des carbures formés tout d'abord.

Tableau de la méthode synthétique directe, appliquée à la formation des carbures d'hydrogène.

Acétylène	$C^2 + H^2 = C^2H^2$
Éthylène	$C^2H^2 + H^2 = C^2H^4$
Hydrure d'éthyle	$C^2H^4 + H^2 = C^2H^6$
Benzine	$3C^2H^2 = C^6H^6$
Diphényle	$2C^6H^6 = C^{12}H^{10} + H^2$
Styrolène	$C^6H^6 + C^2H^2 = C^8H^8$ $C^6H^6 + C^2H^4 = C^8H^8 + H^2$
Naphtaline	$C^8H^8 + C^2H^2 = C^{10}H^8 + H^2$ $C^8H^8 + C^2H^4 = C^{10}H^8 + 2H^2$
Anthracène	$C^8H^8 + C^6H^6 = C^{14}H^{10} + 2H^2$

Je montrerai dans le Tome III comment chacun des carbures

précédents peut être saturé d'hydrogène, par atomes successifs, et changé finalement dans le carbure forménique correspondant, au moyen de l'acide iodhydrique.

Les condensations successives de l'acétylène peuvent donc engendrer, par des synthèses directes, tous les carbures fondamentaux, et, par suite, tous les composés de la Chimie organique.

DEUXIÈME SECTION.

ACTION DE LA CHALEUR SUR LES CARBURES D'HYDROGÈNE MÉLANGÉS.

CHAPITRE IX.

SYNTHÈSE DU CROTONYLÈNE.
ACTION RÉCIPROQUE DE L'ACÉTYLÈNE ET DES CARBURES ÉTHYLÉNIQUES.

L'acétylène, chauffé au rouge sombre avec les carbures éthyléniques, s'y combine à volumes égaux,

$$C^2 H^2 + C^n H^{2n} = C^{n+2} H^{2n-2}.$$

En fait j'ai réalisé cette expérience avec l'éthylène, ce qui a fourni l'acétyléthylène ou crotonylène

$$C^2 H^2 + C^2 H^4 = C^4 H^6.$$

Or ce carbure peut être également formé avec l'un des butylènes isomères, par perte d'hydrogène ou, plus exactement, avec le bromure de ce butylène

$$C^4 H^8 Br^2 - 2 H Br = C^4 H^6.$$

J'ai rapporté plus haut, dans le Chapitre II, cette synthèse directe du crotonylène ([1]).

---

[1] *Annales de Chimie et de Physique,* 4ᵉ série, t. IX, p. 466; 1866.

J'ai également combiné l'acétylène avec le propylène, à volumes égaux, en opérant avec ménagement au rouge naissant, ce qui a fourni un carbure très volatil, l'acétylpropylène [1] :

$$C^2H^2 + C^3H^6 = C^5H^8.$$

Or ce même carbure peut être aussi dérivé de l'un des amylènes isomères, C^5H^{10}, et sa condensation polymérique a fourni le terpilène, $C^{10}H^{16}$,

$$2\,C^5H^8 = C^{10}H^{16},$$

c'est-à-dire l'un des carbures fondamentaux dérivés de la série térébenthénique.

---

[1] *Annales de Chimie et de Physique*, 5ᵉ série, t. X, p. 186; 1877. — Le présent Volume, Livre IV, Chap. VIII.

CHAPITRE X.

SUR LA SYNTHÈSE PYROGÉNÉE DU TOLUÈNE ET SUR LA FORMATION
DES DIVERS PRINCIPES CONTENUS DANS LE GOUDRON DE HOUILLE [1].

Le goudron de houille renferme une multitude de principes divers, tels que la benzine, le toluène, le xylène, le styrolène [2], le cumolène, la naphtaline, l'acénaphtène [3], l'anthracène, le phénol, l'aniline, etc., etc. Les mêmes carbures se retrouvent dans presque tous les produits organiques qui ont subi l'action prolongée d'une température rouge, circonstance qui fait supposer l'existence de quelque lien général entre la constitution de ces corps et les conditions de leur formation.

Rappelons d'abord ces dernières, avant d'exposer la suite de mes expériences synthétiques, destinées à rechercher le lien dont nous venons de signaler l'existence.

Deux conditions générales président au développement du goudron de houille, savoir :

La *distillation sèche* de la houille, c'est-à-dire la décomposition d'une matière organique complexe, sous l'influence d'une température graduellement croissante jusqu'au rouge vif, et

L'*action prolongée de la température rouge* sur les produits formés d'abord pendant la distillation sèche.

Suivant que l'une ou l'autre de ces conditions prédomine les produits obtenus changent de nature et de proportion relative.

Dans la distillation industrielle de la houille, la seconde condition, c'est-à-dire l'influence de la température rouge, est d'ordinaire rendue prépondérante, parce qu'elle est plus favorable à la production d'une grande quantité de gaz d'éclairage. Les principes du goudron de houille énumérés plus haut prennent donc surtout

---

[1] *Annales de Chimie et de Physique,* 4ᵉ série, t. XII, p. 81; 1867.
[2] *Voir* ce Volume, Livre III, Chap. XII.
[3] *Voir* ce Volume, Livre III, Chap. XII.

naissance dans cette condition. Or, une semblable condition rend l'interprétation des phénomènes plus facile, en les ramenant aux circonstances les plus simples. En effet, la houille est une matière trop compliquée, au point de vue chimique, pour que l'on puisse établir aujourd'hui une relation directe entre sa composition immédiate et les corps qui prennent naissance tout d'abord, par la distillation sèche de cette matière. Au contraire, les corps développés sous l'influence prolongée de la température rouge sont formés non seulement aux dépens de la houille, mais aussi aux dépens d'une multitude d'autres substances organiques : c'est pourquoi ils doivent être engendrés par la transformation et par les actions réciproques d'un petit nombre de principes, produits ultimes de toute décomposition.

C'est ce que j'ai réussi à établir pour tout un groupe des composés contenus dans le goudron de houille, à l'aide d'expériences synthétiques, qui fixent en même temps la constitution véritable de ces divers composés. J'ai ainsi démontré que le styrolène, la naphtaline, l'acénaphtène, l'anthracène, et quelques autres principes encore, résultent des actions réciproques exercées directement entre la benzine et l'éthylène, et que ces deux carbures fondamentaux eux-mêmes dérivent l'un et l'autre, par des réactions directes, de l'acétylène.

La benzine peut être formée par la condensation polymérique de l'acétylène ([1]), opérée sous la seule influence de la chaleur :

$$3\,C^2H^2 \;=\; C^6H^6;$$

Acétylène.   Benzine.

et l'éthylène peut être formé par l'union de l'hydrogène avec l'acétylène ([2]) :

$$C^2H^2 \;+\; H^2 =\; C^2H^4.$$

Acétylène.   Éthylène.

D'autre part, la benzine et l'éthylène, par leur action directe et réciproque, engendrent le styrolène ([3]) :

$$C^6H^4(H^2) + C^2H^4 \;=\; C^6H^4(C^2H^4) + H^2.$$

Benzine.   Éthylène.   Styrolène.

([1]) *Voir* le Tome I, p. 81.

([2]) Tome I, p. 71.

([3]) *Voir* le Tome I, p. 85. — Le présent Volume, p. 72.

Le styrolène, à son tour, réagissant sur l'éthylène, produit la naphtaline [1] :

$$C^6H^4(C^2H^4) + C^2H^4 = C^6H^4(C^2H^2[C^2H^2]) + 2H^2;$$

Styrolène.   Éthylène.   Naphtaline.

et ce même styrolène, réagissant sur la benzine, produit l'anthracène [2] :

$$C^6H^4(C^2H^4) + C^6H^6 = C^6H^4(C^2H^2[C^6H^4]) + 2H^2.$$

Styrolène.   Benzine.   Anthracène.

Ainsi les expériences que je viens de rappeler ramènent la formation d'un certain nombre de carbures composés, renfermés dans le goudron de houille, à un principe général d'une extrême simplicité, celui des actions réciproques et directes entre les carbures plus simples.

J'ai voulu pousser plus loin les applications de ce principe. En effet, le problème de la formation des composés contenus dans le goudron de houille n'est résolu par les expériences précédentes que pour un groupe de ces carbures. A côté de la benzine, du styrolène, de la naphtaline, de l'acénaphtène, de l'anthracène, etc., le goudron de houille et une multitude de produits pyrogénés renferment des carbures de plusieurs autres familles. Parmi les carbures les mieux connus jusqu'à présent on compte les homologues de la benzine, tels que le toluène C^7H^8, le xylène, C^8H^{10}, le cumolène, C^9H^{12}, etc. J'ai pensé que cette coexistence des termes successifs d'une famille entière de carbures ne saurait être fortuite ; elle doit être également la conséquence du principe général énoncé ci-dessus, c'est-à-dire de la réaction réciproque des carbures les plus simples, soit à l'état libre, soit à l'état naissant. C'est ainsi que la suite de mes recherches sur la formation des carbures d'hydrogène m'a conduit à examiner les conditions théoriques de la production simultanée des carbures homologues de la benzine, sous l'influence de la chaleur.

La première hypothèse qui se présente à l'esprit, c'est que ces divers carbures sont engendrés par les réactions successives du gaz des marais (formène) sur la benzine et sur les premiers produits

---

[1] *Voir* le présent Volume, p. 82.
[2] *Voir* le présent Volume, p. 88.

qui en dérivent :

$$C^6H^4(H^2) + \quad CH^4 \quad = C^6H^4(CH^4) + H^2.$$
Benzine.   Formène.   Toluène.

$$C^7H^8(H^2) + \quad CH^4 \quad = C^7H^6(CH^4) + H^2.$$
Toluène.   Formène.   Xylène.

$$C^8H^8(H^2) + \quad CH^4 \quad = C^8H^8(CH^4) + H^2.$$
Xylène.   Formène.   Cumolène.

A première vue, cette hypothèse paraît d'autant plus vraisemblable que M. Fittig, comme on sait, a réalisé la formation du toluène en faisant agir le sodium sur un mélange de benzine bromée et d'éther méthyliodhydrique (formène iodé); la formation du xylène et celle du cumolène ont été obtenues d'une manière analogue.

Il s'agit donc d'effectuer la même réaction, dans les conditions des formations pyrogénées. Deux méthodes peuvent être tentées : l'une est fondée sur l'action directe des corps libres, l'autre sur l'action des corps naissants. Je vais indiquer successivement les expériences que j'ai faites dans ces deux directions.

En effet, guidé par les analogies précédemment signalées, j'ai d'abord essayé de faire réagir à la température rouge le formène libre sur la benzine libre. Mais mon attente a été trompée en partie. La réaction ne s'est développée qu'à une température voisine de la fusion de la porcelaine, c'est-à-dire excessive et incompatible avec l'existence du toluène. Aussi ai-je obtenu, au lieu du toluène, un carbure plus condensé, l'anthracène :

$$2\,C^6H^6 + \quad 2\,CH^4 \quad = \quad C^{14}H^{10} \quad + 5\,H^2.$$
Benzine.   Formène.   Anthracène.

J'ai exposé plus haut ladite expérience et les essais divers qui s'y rattachent (p. 90).

Cette réaction n'a donc pas fourni le résultat cherché. Elle est cependant conforme au sens général de mes prévisions; car l'anthracène peut être produit directement par l'action de la chaleur sur ce même toluène [1] :

$$2\,C^7H^8 = C^{14}H^{10} + 3\,H^2.$$

---

[1] *Voir* le présent Volume, p. 47 et 49.

A défaut du toluène, qui n'existe plus à la température de l'expérience relatée plus haut, on obtient les produits de sa décomposition. On pourrait encore concevoir la réaction comme dérivant de l'union de la benzine avec l'acétylène, lequel résulte d'une décomposition préalable du formène.

Dans tous les cas, l'anthracène n'est pas engendré ici par une substitution simple et régulière : c'est un produit secondaire, et il ne prend pas naissance en proportion considérable.

Il résulte de ces faits que le formène libre se comporte à l'égard de la benzine tout autrement que l'éthylène libre. En effet, j'ai montré (p. 72) que ce dernier carbure se combine avec la benzine aisément et en vertu d'une substitution régulière, pour former d'abord du styrolène.

L'insuccès de mes premières tentatives m'a conduit à tenter la formation pyrogénée des homologues de la benzine par la réaction du formène naissant sur la benzine naissante : je me suis placé dans des conditions théoriques analogues à celles que l'on peut supposer réalisées lors de la formation de ces homologues dans le goudron de houille, c'est-à-dire que j'ai produit la benzine et le formène en même temps et par distillation sèche.

Pour obtenir ce résultat, la condition la plus simple que l'on puisse imaginer consiste à faire agir la chaleur sur un mélange d'acétate et de benzoate, le dernier sel fournissant de la benzine et le premier du formène.

En fait, en distillant un mélange intime de 2 parties d'acétate de soude sec et de 1 partie de benzoate de soude, j'ai obtenu une proportion assez notable de toluène et une petite quantité de carbures moins volatils, que je regarde comme les homologues supérieurs du toluène.

Pour constater l'existence du toluène, on rectifie le produit brut de la réaction, après l'avoir agité avec 8 ou 10 fois son volume d'une eau légèrement alcaline (1) : on recueille séparément ce qui passe entre 80 et 200 degrés. On rectifie de nouveau, à l'aide de deux séries de distillations fractionnées, et en opérant de façon à isoler deux substances, savoir le liquide définitivement volatil entre 100 et 120 degrés et le liquide qui bout de 120 à 150 degrés.

On agite alors chacun de ces liquides avec son volume d'acide sulfurique monohydraté, et l'on abandonne le tout pendant deux

---

(1) Avant 80 degrés, distille l'acétone; vers 80 degrés, la benzine; après 200 degrés, l'acétobenzone et divers autres corps.

jours, en secouant de temps en temps le flacon qui renferme le mélange. On décante ensuite les carbures inattaqués ([1]), on les rectifie une dernière fois et l'on obtient, d'une part, une proportion très notable de toluène (vers 110 degrés), et d'autre part une proportion plus faible des carbures benzéniques, moins volatils, tels que le xylène.

Après avoir constaté les principales propriétés physiques et chimiques du toluène ainsi obtenu, et pour lever tout doute relativement à la nature de ce carbure, je l'ai oxydé au moyen d'un mélange de bichromate de potasse et d'acide sulfurique, conformément à une méthode bien connue ([2]). J'ai obtenu, en effet, une proportion correspondante d'acide benzoïque,

$$C^7H^8 + 3O = C^7H^6O^2 + H^2O,$$

Toluène.   Acide benzoïque.

et j'ai caractérisé complètement cet acide, par l'examen de ses propriétés physiques et chimiques.

Le carbure benzénique, volatil à un degré plus élevé que le toluène, et dont les propriétés se confondent avec celles du xylène, a été également traité par un mélange de bichromate de potasse et d'acide sulfurique : il a fourni un acide qui m'a paru identique avec l'acide téréphtalique, c'est-à-dire avec le produit normal de l'oxydation du paraxylène,

$$C^8H^{16} + 6O = C^8H^6O^4 + 2H^2O.$$

Paraxylène.   Acide téréphtalique.

Toutefois, la proportion de ce dernier carbure était trop faible pour permettre une étude complète.

Les résultats relatifs au toluène sont d'autant plus décisifs que la benzine pure, traitée par un mélange de bichromate de potasse et d'acide sulfurique, dans les mêmes conditions, résiste à peu près complètement et ne fournit point d'acide analogue à l'acide benzoïque, ou à l'acide téréphtalique.

([1]) L'acide sulfurique dissout à la vérité une partie du toluène dans ces conditions. Mais la majeure partie subsiste.

([2]) On emploie 1 partie de carbure en poïds, 4 parties de bichromate et 5,5 parties d'acide sulfurique monohydraté et étendu avec 6 parties d'eau. On prolonge l'action, à l'ébullition, pendant trois jours entiers.

Ainsi la benzine et le formène naissant, dans les conditions de la distillation sèche, peuvent se combiner, avec élimination d'hydrogène, et donner naissance aux carbures homologues de la benzine,

$$C^6H^6 \; + \; C^6H^4 \; = \; C^7H^8 \; + H^2,$$

Benzine.   Formène.   Toluène.

c'est-à-dire à l'une des séries les plus importantes parmi les corps contenus dans le goudron de houille.

Au contraire, le toluène et les homologues supérieurs de la benzine ne prennent point naissance, même en petite quantité, dans la réaction de l'éthylène sur la benzine, du moins à une température ménagée. Ils ne se forment pas davantage dans la réaction de la benzine sur les carbures plus condensés de la série éthylénique et de la série forménique, tels que l'hydrure d'amyle, C^5H^{12}, par exemple. J'ai été conduit à tenter cette dernière réaction, ayant observé que l'hydrure d'amyle se détruit au rouge pour son propre compte [1], avec formation des homologues forméniques, C^nH^{2n+2}, et éthyléniques, C^nH^{2n}, moins condensés que lui. En fait, il y a réaction entre l'hydrure d'amyle et la benzine, au rouge. Mais cette réaction développe seulement du styrolène, de la naphtaline et, en somme, à peu près les mêmes produits qui dérivent de l'action réciproque entre la benzine et l'éthylène.

Ainsi donc, jusqu'à présent, je n'ai point réussi à former le toluène et ses homologues par des réactions directes, effectuées à une température rouge modérée, entre des carbures plus simples et pris à l'état de liberté. Cette circonstance me paraît bien propre à mettre en évidence le caractère déterminé des synthèses du styrolène et de la naphtaline que je rappelle en ce moment. Au contraire, c'est seulement dans les conditions de l'état naissant, comme je viens de le dire, qu'a pu être réalisée la synthèse pyrogénée du toluène, par la réunion des éléments de la benzine et du formène.

Quelque condition analogue concourt sans doute à la formation du toluène et de ses homologues dans la distillation de la houille : autrement dit, il existe dans la houille des principes immédiats capables de donner naissance à la benzine, s'ils se décomposaient isolément, tandis que la décomposition d'autres principes immédiats donnerait naissance au formène. Mais les deux réactions, s'effec-

---

[1] *Ann. de Chim. et de Phys.*, 4ᵉ série, t. IX, p. 443; 1866.

tuant simultanément, pendant la distillation même, engendrent les carbures qui dérivent de l'union réciproque du formène et de la benzine; précisément comme il arrive dans la distillation d'un mélange d'acétate et de benzoate.

Pour compléter le tableau de ces synthèses, il suffira de rappeler encore une fois que la réaction directe de l'éthylène libre sur la benzine libre, à la température rouge, engendre le styrolène, la naphtaline, l'anthracène, etc.; c'est-à-dire la plupart des autres carbures définis contenus dans le goudron de houille. Tout se réduit donc, en définitive, à trois carbures : l'éthylène, la benzine, le formène, libres ou naissants, et à leurs actions réciproques.

Tel est le principe général que j'ai annoncé en commençant, et qui permet de prévoir et de réaliser la formation des principales familles de carbures d'hydrogène contenues dans le goudron de houille.

Je viens d'exposer dans toute leur netteté les *réactions synthétiques,* à l'aide desquelles on peut interpréter la formation des nombreux carbures contenus dans le goudron de houille, et j'ai fait intervenir des réactions dont la plupart se produisent sans aucun doute dans les circonstances industrielles. Mais, pour ne rien omettre de ce qui se passe dans la réalité, il est également nécessaire de parler de certaines *réactions analytiques,* qui concourent pour leur propre compte à donner naissance aux mêmes composés.

Pour concevoir le caractère de ces dernières actions, il suffit d'admettre la destruction par la chaleur de quelque principe immédiat contenu dans la houille, et capable de donner naissance à l'un des carbures les plus élevés de la série benzénique, tel que la tétraméthylbenzine, $C^{10}H^{14}$, ou la triméthylbenzine, C^9H^{12}. La décomposition partielle d'un semblable carbure, sous l'influence de la température rouge, engendre en effet ses homologues inférieurs, comme je m'en suis assuré (¹). Elle engendre également la naphtaline, l'anthracène, etc., par une suite de réactions et de condensations dont j'ai signalé le principe, en parlant de la destruction du toluène (²). J'ai spécialement étudié les produits de la destruction du cumolène, l'un des isomères de la triméthylbenzine, au rouge : ils offrent la plus frappante analogie de composition avec le goudron de houille, et renferment précisément les mêmes séries de carbures d'hydrogène (*voir* p. 56).

(¹) *Voir* le présent Volume, **p.** 55, 48.
(²) *Voir* le présent Volume, **p.** 47, 49.

Tels sont les phénomènes généraux, les uns d'ordre analytique, les autres d'ordre synthétique, qui concourent à former les carbures renfermés dans la matière complexe désignée sous le nom de *goudron de houille*. On voit que ces phénomènes généraux se réduisent à trois chefs, savoir :

1° La *synthèse pyrogénée directe,* par réaction des carbures libres, engendre le styrolène, la naphtaline, l'anthracène et les dérivés condensés des carbures benzéniques ;

2° La *synthèse pyrogénée indirecte,* par réaction des carbures naissants, engendre le toluène et ses homologues ;

3° Enfin l'*analyse pyrogénée* engendre à la fois les carbures des deux séries, par la destruction de quelque carbure benzénique à équivalent élevé.

Pour compléter cet ensemble de faits et de considérations, il resterait à expliquer expérimentalement la formation du phénol et des autres produits oxygénés d'une part, et, d'autre part, celle de l'aniline, des alcalis et des autres corps azotés.

En ce qui touche la *formation du phénol,* C^6H^6O ou $C^6H^4(H^2O)$, je me bornerai à indiquer que cette formation est manifeste, quoique très peu abondante, lorsqu'on fait agir vers la température rouge à la fois la vapeur d'eau et la benzine sur un alcali fixe. Au contraire, je n'ai pas observé que la formation du phénol eût lieu en proportion appréciable par la réaction de l'eau, ou de l'acide carbonique, ou de l'oxyde de carbone, ou de l'acide formique, ou de l'acide acétique sur la benzine.

Je vais décrire dès à présent une expérience relative à la *formation pyrogénée de l'aniline,* C^6H^7Az. D'après la formule de cet alcali, il est facile de voir que l'aniline doit pouvoir être engendrée par la réaction de la benzine sur l'ammoniaque :

$$C^6H^4(H^2) + AzH^3 = C^6H^4(AzH^3) + H^2.$$

Benzine.   Aniline.

En conséquence, j'ai fait passer un mélange de benzine et de gaz ammoniac, à travers un tube chauffé au rouge. Au rouge sombre, comme au rouge vif, il s'est produit en effet de l'aniline, mais en très petite quantité ; la benzine se décomposant dans cette circonstance, à peu près comme lorsqu'elle est soumise isolément à l'action de la chaleur.

Pour isoler l'aniline formée dans ladite expérience, on agite les liquides condensés avec une solution étendue d'acide sulfurique.

On filtre celle-ci; on y ajoute un excès de potasse et l'on agite le tout avec de l'éther. On filtre l'éther ét on l'évapore rapidement au bain-marie. Le résidu fournit les réactions et les colorations de l'aniline.

Quoique la proportion d'aniline formée dans la réaction de l'ammoniaque sur la benzine soit très faible, elle n'en est pas moins caractéristique, et elle suffit pour expliquer la présence de cet alcali dans le goudron de houille. En effet, l'aniline ne s'y rencontre qu'en très petite quantité relative.

Je demande la permission de revenir, en finissant, sur la synthèse pyrogénée du toluène que je viens d'exposer. Elle présente, ce me semble, un double intérêt, soit par ses applications, soit par son analogie avec d'autres synthèses pyrogénées, plus anciennement publiées.

Au point de vue des applications, la formation du toluène, au moyen du formène et de la benzine, équivaut à la formation du toluène au moyen des éléments, carbone et hydrogène, qui le constituent. Car, d'une part, j'ai démontré cette formation pour le formène et pour la benzine eux-mêmes, et, d'autre part, les acétates et les benzoates, mis en présence dans l'expérience que j'ai décrite plus haut (p. 117), peuvent être formés synthétiquement. Or, la synthèse du toluène comprend celle des corps qui en dérivent, et spécialement celle de la toluidine, de la rosaniline et des nombreuses matières colorantes découvertes dans ces derniers temps. Je crois superflu d'insister davantage.

Je rappellerai au contraire avec détail l'analogie que la formation des homologues de la benzine par distillation sèche présente avec la formation synthétique des homologues de l'éthylène, tels que l'éthylène, C^2H^4; le propylène, C^3H^6, le butylène, C^4H^8, l'amylène, C^5H^{10}, etc., carbures que j'ai observés en 1857 dans la distillation sèche des acétates ([1]). En effet, ces divers carbures homologues doivent être envisagés comme produits par la condensation polymérique du méthylène, CH^2, carbure dérivé du formène par élimination d'hydrogène :

$$CH^4 - H^2 = CH^2.$$

Les carbures condensés $(CH^2)^n$ sont donc, en définitive, produits par la réaction successive de plusieurs molécules de formène

---

[1] *Voir* le présent Volume, Livre III, 3ᵉ Section, Chap. XXI.

sur une première molécule de ce même formène :

$$\underbrace{CH^2\,(H^2)}_{\text{Formène.}} + \underbrace{CH^4}_{\text{Formène.}} = \underbrace{CH^2\,(CH^2)}_{\text{Éthylène.}} + 2\,H^2$$

$$\underbrace{C^2H^2\,(H^2)}_{\text{Éthylène.}} + \underbrace{CH^4}_{\text{Formène.}} = \underbrace{C^2H^2\,(CH^4)}_{\text{Propylène.}} + H^2,$$

$$\underbrace{C^3H^4\,(H^2)}_{\text{Propylène.}} + \underbrace{CH^4}_{\text{Formène.}} = \underbrace{C^3H^4\,(CH^4)}_{\text{Butylène.}} + H^2,$$

$$\underbrace{C^4H^6\,(H^2)}_{\text{Butylène.}} + \underbrace{CH^4}_{\text{Formène.}} = \underbrace{C^4H^6\,(CH^4)}_{\text{Amylène.}} + H^2.$$

A partir de l'éthylène, la génération théorique des homologues supérieurs, au moyen de l'éthylène et du formène, est tout à fait comparable à la génération du toluène et de ses homologues, au moyen de la benzine et du formène.

Or, il est facile de voir que la génération effective, par voie pyrogénée, des deux séries de carbures, est également la même, si l'on rapproche mes anciennes et mes nouvelles expériences.

Dans les nouvelles expériences, la benzine naissante, dérivée d'un benzoate, réagit successivement sur plusieurs molécules du formène naissant, dérivé d'un acétate, et engendre le toluène et ses homologues.

Dans les anciennes expériences, le formène naissant, dérivé d'un acétate, réagit successivement sur plusieurs molécules de formène naissant, dérivé également d'un acétate : il engendre ainsi l'éthylène d'abord, puis ses homologues.

Mais le mécanisme de la réaction apparaît plus clairement dans les nouvelles expériences que dans les anciennes, parce que dans celles-ci les deux carbures réagissants étaient identiques et empruntés à une seule et même source, savoir, un acétate ; tandis que dans celles-là les deux carbures sont distincts et empruntés à deux sources distinctes, savoir, un acétate et un benzoate. Aussi la théorie des synthèses pyrogénées tire-t-elle une lumière plus grande des nouvelles expériences.

CHAPITRE XI.

FORMATION DES HOMOLOGUES DE LA BENZINE PAR L'ACTION RÉCIPROQUE DE CARBURES PLUS SIMPLES PRIS A L'ÉTAT DE PURETÉ ([1]).

J'ai établi la synthèse directe de l'acétylène par les éléments et sa transformation également directe en carbures polymères et carbures tels que la benzine, le styrolène ([2]), la naphtaline et son hydrure, l'acénaphtène, l'anthracène. J'ai aussi reconnu la réaction directe de l'hydrogène libre sur divers carbures ([3]), et spécialement sur l'acétylène, réaction qui engendre l'éthylène et l'hydrure d'éthyle, et qui est le type des relations réciproques existant entre les carbures $C^n H^{2n+2}$, $C^n H^{2n}$ et $C^n H^{2n-2}$. Cette même réaction est connexe avec la condensation pyrogénée du formène libre en acétylène, éthylène et hydrure d'éthyle et plus généralement en carbures homologues de ces trois premiers termes ([4]).

Par suite de ces observations, la synthèse totale et directe, à partir des éléments, des carbures forméniques, $C^n H^{2n+2}$; éthyléniques, $C^n H^{2n}$; acétyléniques, $C^n H^{2n-2}$; et polyacétyléniques, $C^n H^{2n}$ et $C^n H^{2(n-\alpha)}$, se trouve démontrée. Pour embrasser l'ensemble des carbures fondamentaux, il reste encore à rechercher les conditions de la formation directe des homologues de la benzine, $C^{6+n} H^{6+2n}$.

Précisons d'abord le problème qu'il s'agit de résoudre.

On sait que les homologues de la benzine résultent de l'association de la benzine avec une ou plusieurs molécules du formène :

$$C^6 H^6 \; + \; C^2 H^4 \; - H^2 = \; C^7 H^4 (CH^4).$$

Benzine.   Formène.   Toluène.
                              ou méthylbenzine.

([1]) *Annales de Chimie et de Physique*, 4ᵉ série, t. XVI, p. 77; 1869.

([2]) *Annales de Chimie et de Physique*, 4ᵉ série, t. XII, p. 7 et 57. — Tome I du présent Ouvrage, p. 81.

([3]) Le présent Ouvrage, t. III.

([4]) *Voir* le présent Volume, p. 36.

Cette association peut être réalisée, dans diverses circonstances, en faisant réagir l'un sur l'autre les carbures naissants. Par exemple, M. Fittig a exécuté la synthèse du toluène au moyen du sodium, de la benzine bromée et de l'éther méthyliodhydrique. J'ai moi-même formé ledit carbure par la méthode pyrogénée, en distillant ensemble un mélange de benzoate, source de benzine naissante, et d'acétate, source de formène naissant ([1]).

Mais ces réactions sont toutes fondées sur les conditions de l'état naissant. Quel qu'en puisse être l'intérêt, elles n'expliquent pas comment le toluène et les homologues de la benzine peuvent être engendrés à la température rouge et par la seule réaction des carbures plus simples, pris à l'état de liberté, c'est-à-dire dans les conditions essentielles où j'ai reconnu précédemment la formation des carbures éthyléniques et acétyléniques.

Jusqu'à ces derniers temps, je n'avais réussi à découvrir aucune réaction directe des carbures plus simples, pris à l'état de liberté, qui fût capable d'engendrer le toluène et ses homologues. C'est en vain que j'avais essayé de faire agir l'un sur l'autre le formène et la benzine, c'est-à-dire les carbures dont la réunion devrait être susceptible de produire le toluène. Cependant la formation du toluène s'est enfin présentée à moi dans des circonstances assez curieuses, et capables de jeter un grand jour sur la formation pyrogénée des carbures homologues de la benzine, et plus généralement des carbures homologues de toutes les séries. Chaque série de carbures homologues, de même que la série benzénique, dérive, en effet, d'un certain carbure fondamental, associé avec un ou plusieurs résidus méthyliques, c'est-à-dire avec les résidus d'une ou plusieurs molécules de formène :

$$(CH^4 - H^2)^n.$$

Les conditions qui président à l'association de ces résidus forméniques avec la benzine doivent donc se retrouver dans l'association des mêmes résidus avec tout autre carbure fondamental.

Voici quelle a été la suite de mes recherches :

Dans des expériences récemment publiées ([2]), j'ai établi que l'éthylbenzine,

$$C^6H^4(C^2H^6),$$

([1]) *Annales de Chimie et de Physique,* 4ᵉ série, t. XII, p. 86; 1886. — *Voir* le Chapitre précédent.

([2]) *Voir* le présent Volume, Livre III, Chap. XIV.

représente l'hydrure du styrolène,

$$C^6H^4(C^2H^4).$$

Cette relation, reconnue par la synthèse, a été vérifiée par l'analyse pyrogénée; car l'éthylbenzine se change à la température rouge en styrolène et hydrogène. Or j'ai observé que la formation du styrolène, produit principal, est accompagnée par celle d'une certaine quantité de toluène ou méthylbenzine,

$$C^6H^4(C^2H^4),$$

engendré par une décomposition secondaire qui attaque le résidu éthylique :

$$2\,C^6H^4(C^2H^6) = 2\,C^6H^4(C^2H^4) + \quad C^2H^2 \quad + H^2.$$

Éthylbenzine.   Méthylbenzine.   Acétylène.

Les relations de réciprocité qui président à la plupart des réactions pyrogénées m'ont conduit à penser que le styrolène et l'hydrogène, mis en contact à la température rouge, doivent fournir les mêmes produits que l'éthylbenzine.

A la vérité, j'avais déjà étudié, il y a deux ans ([1]), la réaction de l'hydrogène sur le styrolène, mais en opérant sur de petites quantités. J'avais obtenu, comme produits principaux et indépendamment du styrolène inaltéré, la benzine et l'éthylène, c'est-à-dire les générateurs prochains du styrolène : ces divers carbures, styrolène, benzine, éthylène, se retrouvent également dans la décomposition de l'éthylbenzine.

J'ai repris l'expérience, en opérant cette fois sur des quantités de styrolène beaucoup plus considérables, et j'ai réussi à isoler une certaine proportion de *toluène* ou *méthylbenzine*.

La formation de ce carbure répond à l'équation suivante :

$$2\,C^6H^4(C^2H^4) + H^2 = 2\,C^6H^4(C^2H^4) + C^4H^2.$$

Styrolène.   Méthybenzine.

Elle est parallèle à la transformation de l'éthylène en formène par la chaleur, laquelle répond, d'après mes recherches ([2]), à l'équation suivante :

$$2\,C^2H^4 + H^2 = 2\,CH^4 + C^2H^2.$$

([1]) *Annales de Chimie et de Physique*, 4ᵉ série, t. IX, p. 464; 1866.

([2]) *Annales de Chimie et de Physique*, 4ᵉ série, t. XII, p. 148 et 150; 1868. — Le présent Volume, p. 66.

Voici comment on peut séparer le toluène formé dans cette réaction.

Après avoir fait passer lentement l'hydrogène et la vapeur de styrolène à travers un tube de porcelaine, chauffé à une température rouge modérée, on soumet le liquide goudronneux, qui s'est condensé dans les récipients, à une suite de distillations systématiques.

Première série. — Dans une première distillation, on met à part :

1° Le liquide qui passe au-dessous de 120 degrés ;

2° Le liquide qui passe entre 120 et 150 degrés ;

3° Le liquide qui passe entre 150 et 200 degrés.

Ces divers liquides renferment tous une certaine quantité de toluène et de xylène ([1]), mélangés avec la benzine et le styrolène, mais en quantités inégales.

Deuxième série. — On redistille le premier liquide de la première série, en rejetant tout ce qui passe avant 100 degrés, portion riche surtout en benzine, et l'on met à part le résidu de la cornue.

On redistille le deuxième liquide de la première série (120-150 degrés), lequel commence à bouillir cette fois dès 85 degrés ; on rejette ce qui passe entre 85 et 100 degrés (benzine impure) ; puis on ajoute dans la cornue le résidu du premier liquide de la première série.

On distille le tout et l'on sépare :

1° Le liquide qui passe entre 100 et 120 degrés (toluène, mêlé de benzine et de styrolène) ;

2° Le liquide qui passe entre 120 et 140 degrés (xylène et styrolène, mêlés de toluène) ;

3° Le liquide qui passe entre 140 et 150 degrés (styrolène, mêlé de xylène).

On rejette le résidu volatil au-dessus de 150 degrés.

On opère exactement de même sur le troisième liquide de la première série (150-200 degrés), et l'on obtient divers produits distillés. On met à part seulement ceux qui passent entre 120 et 140 degrés, et entre 140 et 150 degrés. On réunit chacun de ces deux produits au produit similaire, extrait par la même méthode du deuxième liquide de la première série.

([1]) Et probablement d'éthylbenzine.

On obtient en définitive, par cette seconde série de distillations fractionnées, appliquées au deuxième et au troisième liquide de la première série :

1° Du toluène prédominant, mais mêlé de benzine et de styrolène (100-120 degrés);

2° Du xylène et du styrolène prédominants, mais mêlés de toluène (120-140 degrés);

3° Du styrolène prédominant, mais mêlé de xylène (140-150 degrés).

Traitement sulfurique. — Pour aller plus loin, il faut d'abord se débarrasser du styrolène. A cette fin, on mêle peu à peu chacun des liquides avec son volume d'acide sulfurique monohydraté, puis on agite vivement. Cette opération détruit le styrolène, ou, plus exactement, le transforme en polymères, dont le point d'ébullition surpasse 300 degrés. Au contraire, la benzine, le toluène, le xylène et l'éthylbenzine ne sont que faiblement attaqués.

On laisse en contact pendant vingt-quatre heures, en agitant de temps à autre ; puis on décante la couche hydrocarbonée qui surnage, et on la distille dans une cornue munie d'un thermomètre. Il faut encore deux séries de distillations fractionnées, pour chacun des trois liquides mis en traitement, si l'on veut obtenir le toluène et le xylène dans un état de pureté suffisante.

Troisième série. — A cet effet, le premier liquide de la deuxième série (100-120 degrés), après avoir été purifié par l'acide sulfurique, est redistillé et fractionné en quatre portions :

1° Produit volatil au-dessous de 100 degrés (benzine impure);

2° Produit volatil entre 100 et 120 degrés (toluène impur);

3° Produit volatil entre 120 et 150 degrés (xylène impur);

4° Résidu.

On fractionne de même le deuxième liquide de la deuxième série (120-140 degrés), et le troisième liquide de la deuxième série (140-150 degrés), après les avoir purifiés par l'acide sulfurique ; on réunit entre eux les produits correspondants, fournis par chacun de ces liquides. On obtient ainsi de la benzine impure, du toluène impur, et du xylène impur. On rejette la première pour s'attacher aux deux autres carbures.

Quatrième série. — Le toluène impur est rectifié de nouveau, de façon à isoler la partie qui bout au voisinage de 110 degrés.

Le xylène impur est rectifié de même, de façon à isoler la partie qui bout entre 130 et 140 degrés.

Toluène, C^7H^8.

La matière obtenue par les traitements ci-dessus ne constitue pas encore le toluène absolument pur; mais elle est assez voisine d'un tel état de pureté pour offrir la composition, ainsi que les propriétés physiques et chimiques les plus essentielles de ce carbure.

J'ai vérifié notamment les caractères suivants :

1° Point d'ébullition ;

2° Composition ;

3° Résistance très notable à l'acide sulfurique monohydraté ;

4° Solubilité dans l'acide sulfurique fumant et tiède, avec formation d'un acide conjugué, entièrement soluble dans l'eau ;

5° Solubilité dans l'acide nitrique fumant, sans dégagement de vapeur nitreuse et avec production d'un composé nitré liquide. Ce composé est précipitable par l'eau de sa solution nitrique et doué d'une odeur d'amandes amères ;

6° Attaque immédiate par le brome, avec dégagement d'acide bromhydrique et formation d'un dérivé bromé liquide ;

7° Inaltérabilité par les métaux alcalins ;

8° Le caractère suivant est des plus décisifs : le toluène, C^7H^8, peut être oxydé et fournir de l'acide benzoïque, $C^7H^6O^2$, en grande quantité.

Pour réaliser cette oxydation, j'ai pris une partie de carbure, 4 parties de bichromate de potasse, 5,5 parties d'acide sulfurique monohydraté et 6 parties d'eau ; j'ai maintenu le tout en ébullition lente dans une petite cornue, en cohobant de temps en temps les produits distillés. Au bout de deux jours, le toluène a été changé presque entièrement en acide benzoïque, qui apparaît sous forme cristalline à la surface de la liqueur. On ajoute alors à celle-ci de l'eau, et l'on agite le tout avec de l'éther, pour s'emparer de l'acide benzoïque ; l'éther, à son tour, est agité avec une solution de carbonate de soude, qui lui enlève l'acide benzoïque, en le changeant en benzoate. On décante la solution alcaline et l'on précipite l'acide benzoïque à l'aide de l'acide chlorhydrique, puis on le fait recristalliser dans l'eau bouillante. J'en ai vérifié les caractères essentiels : cristallisation, point de fusion, solubilité, volatilité, solubilité de divers sels, valeur pondérale de l'équivalent, etc.

C'est ainsi que j'ai constaté la production du toluène dans la réaction de la chaleur sur un mélange de styrolène et d'hydrogène. Le toluène ne se manifeste d'ailleurs qu'en petite quantité; ce qui explique pourquoi je n'avais point réussi à l'isoler jusqu'à présent dans les diverses réactions pyrogénées où le styrolène prend naissance.

Xylène et éthylbenzine, C^8H^{10}.

En même temps que le toluène, j'ai observé un carbure analogue et qui bout au voisinage de 130 à 140 degrés.

Ce carbure offre les réactions générales des carbures benzéniques : résistance à l'action de l'acide sulfurique monohydraté ; solubilité totale dans l'acide sulfurique fumant, avec production d'un acide conjugué soluble dans l'eau ; solubilité totale, et sans dégagement de vapeur nitreuse, dans l'acide nitrique fumant et froid, avec production d'un liquide nitré précipitable par l'eau et doué d'une odeur d'amandes amères, etc., etc.

Il est probable que ce carbure renferme une certaine quantité d'éthylbenzine, formée par l'action directe de l'hydrogène sur le styrolène :

$$C^6H^4(C^2H^4) + H^2 = C^6H^4(C^2H^6).$$

Styrolène.   Éthylbenzine.

Mais je ne connais pas de caractère positif, propre à vérifier avec certitude l'existence de l'éthylbenzine.

Par contre, je me suis assuré que le liquide ci-dessus contient en outre, et sans conteste, un *xylène* ou diméthylbenzine,

$$C^8H^{10} \quad \text{ou} \quad C^6H^4[CH^2(CH^4)],$$

carbure isomère de l'éthylbenzine

$$C^8H^{10} \quad \text{ou} \quad C^6H^4(C^2H^6),$$

dont il se distingue parce que son oxydation fournit de l'acide téréphtalique.

En effet, ledit carbure, mis en ébullition avec un mélange de bichromate de potasse et d'acide sulfurique, a donné naissance, au bout de quelques heures, à l'acide téréphtalique, parfaitement caractérisé. J'ai constaté son insolubilité dans les dissolvants neutres (eau, alcool, éther); son état de poudre blanche, amorphe, non volatile, sa solubilité dans les solutions alcalines, dont l'acide chlorhydrique le reprécipite, etc. En agitant cette dernière liqueur avec de l'éther, l'acide téréphtalique vient se rassembler, sous forme de poudre amorphe, légère et insoluble, à la surface de séparation des deux liquides.

Ainsi, le styrolène et l'hydrogène engendrent une certaine proportion de xylène ou diméthylbenzine. Ce xylène, comme le toluène, me paraît dériver ici de l'éthylbenzine.

En effet, j'ai constaté directement que le xylène se produit aussi dans la réaction de la chaleur sur l'éthylbenzine [1], par une sorte de transposition moléculaire qui change le résidu éthylique en résidus méthyliques :

$$C^6H^4(C^2H^6) = C^6H^4[CH^2(CH^4)].$$

$$\underbrace{\qquad\qquad}_{\text{Éthylbenzine.}} \quad \underbrace{\qquad\qquad\qquad}_{\text{Diméthylbenzine.}}$$

On voit que la réaction de l'hydrogène sur le styrolène engendre précisément les mêmes carbures, sauf un certain changement dans les proportions, que la décomposition de l'éthylbenzine. Entre ces deux réactions, il existe la même réciprocité que j'ai déjà signalée à tant de reprises dans les actions directes des carbures d'hydrogène [2], réciprocité qui explique à la fois et leur formation successive et l'équilibre relatif qui permet et limite l'existence simultanée des réactions contraires.

Comment le toluène peut-il intervenir dans un tel équilibre? C'est ce que je vais tâcher de faire comprendre. En effet, s'il est facile de concevoir comment le toluène prend naissance aux dépens du styrolène, on n'aperçoit pas tout d'abord comment la réaction inverse pourrait se produire. C'est que cette réaction n'a pas lieu directement et par une simple réciprocité. Cependant elle peut se produire et se produit même nécessairement sur une certaine proportion de matière, de la manière suivante. Le toluène éprouve une décomposition partielle, qui le résout en benzine et acétylène, corps dont la formation est facile à constater [3] :

$$2C^6H^4(C^2H^4) = 2C^6H^6 + C^2H^2 + H^2.$$

---

[1] *Voir* le présent Volume, plus loin.

[2] *Théorie sur des corps pyrogénés* (*Annales de Chimie et de Physique*, 4ᵉ série, t. IX, p. 471). — *Statique des carbures pyrogénés* (Même Recueil, 4ᵉ série, t. XII, p. 39). — *Voir* le présent Volume, *passim.*

[3] Je rappellerai que la majeure partie de cet acétylène s'unit avec une portion de la benzine pour former de la naphtaline, $C^6H^4(C^4H^2[C^4H^2])$ (*Ann. de Chim. et de Phys.*, 4ᵉ série, t. XII, p. 133). — *Voir* aussi le présent Volume.

Or, l'acétylène et la benzine réagissent à leur tour, en sens inverse, pour reproduire une certaine quantité de styrolène :

$$C^6H^6 + C^2H^2 = C^6H^4(C^2H^4),$$

ainsi que je l'ai établi par des expériences directes [1] :

Entre le toluène, la benzine, l'acétylène, l'hydrogène et le styrolène, il existe donc un cercle fermé de réactions nécessaires, capables de reproduire ces divers carbures au moyen de l'un quelconque d'entre eux. Mais la proportion relative des carbures varie suivant les circonstances. En général, la quantité de toluène qui tend à se former est beaucoup plus faible que celle des autres principes, et spécialement que celle de la benzine.

Les mêmes considérations s'appliquent à la formation du xylène ; car ce carbure se produit dans la réaction de l'hydrogène sur le styrolène, comme on vient de le voir. D'autre part, il se décompose en fournissant de la benzine et de l'acétylène, capables de reproduire à leur tour un peu du styrolène : j'ai, en effet, observé la formation du styrolène dans la destruction pyrogénée du xylène [2].

Un tel mode de formation du toluène et du xylène donne lieu à une remarque essentielle et sur laquelle je dois insister, pour éviter toute surprise. Il s'agit de l'origine véritable de ces carbures dans le goudron de houille et dans les produits analogues.

Or les expériences et les explications que je viens de développer se rapportent uniquement aux réactions opérées entre les carbures les plus simples, maintenus en contact à la température rouge. Une certaine portion du toluène et du xylène, contenus dans le goudron de houille et dans les substances pyrogénées analogues, doit en effet tirer son origine de telles réactions.

Mais il ne faudrait pas croire que ce fût là la source unique, ni même principale, du toluène et du xylène contenus dans le goudron de houille. En effet, le goudron de houille prend naissance dans des conditions plus compliquées que les précédentes, conditions que j'ai simplifiées à dessein en vue des démonstrations expérimentales, dans les réactions que je vient d'exposer. Or, ce goudron résulte d'abord de la distillation de la houille, c'est-à-dire d'une matière organique renfermant des principes immédiats

---

[1] *Annales de Chimie et de Physique,* 4ᵉ série, t. IX, p. 467, et t. XII, p. 14. — Ce Volume, p. 72.

[2] *Ann. de Chim. et de Phys.,* 4ᵉ série, t. XII, p. 136. — Le présent Volume, p. 55.

nombreux et mal connus. Sous l'influence de la chaleur, ces principes se détruisent et leur destruction engendre directement, ou indirectement, de nouveaux composés, lesquels éprouvent à leur tour l'influence prolongée de la température rouge, en se décomposant en partie et en réagissant les uns sur les autres. Les divers principes contenus dans le goudron de houille peuvent donc résulter de quatre réactions distinctes et qu'il importe de spécifier, savoir:

1° La *distillation sèche*, c'est-à-dire la décomposition des matières préexistantes dans le goudron de houille. C'est en vertu d'une réaction de ce genre que le toluène se forme, par exemple, dans l'action de la chaleur sur l'acide toluique, $C^8H^8O^2$, ou bien encore sur le baume de tolu; de même, le styrolène dérive de l'acide cinnamique, $C^9H^8O^2$, ou bien encore du benjoin.

2° Les *actions réciproques entre les carbures naissants*. Telle est la formation du toluène dans la distillation sèche d'un mélange de benzoate et d'acétate ([1]).

3° La *décomposition par la chaleur rouge* des carbures, ou autres substances formées d'abord par la distillation sèche. C'est ainsi que le toluène prend naissance dans la décomposition du xylène et du cumolène ([2]). De même, le styrolène peut dériver de l'éthyl-benzine.

4° Les *actions réciproques entre les carbures libres déjà formés*. Telle est la formation du styrolène par la réaction directe de la benzine sur l'éthylène ou sur l'acétylène ([3]); celle de la naphtaline, par la réaction des mêmes gaz sur le styrolène, ou sur la benzine; telle est encore la formation du toluène, par la réaction de l'hydrogène sur le styrolène, dérivé lui-même de la benzine et de l'acétylène.

Entre ces quatre groupes de réactions, le plus simple et le plus important, au point de vue de la synthèse chimique, est évidemment le quatrième: c'est le seul que j'aie voulu envisager dans le présent Chapitre.

J'attache d'autant plus d'intérêt à la formation du toluène et du

---

([1]) *Ann. de Chim. et de Phys.*, 4ᵉ série, t. XII, p. 81 et 86. — Le présent Volume, p. 113, 117.

([2]) *Ann. de Chim. et de Phys.*, 4ᵉ série, t. XII, p. 137 et 139. — Le présent Volume, p. 54 et 57.

([3]) *Ann. de Chim. et de Phys.*, 4ᵉ série, t. XII, p. 5 et suivantes. — Le présent Volume, p. 72.

xylène aux dépens du styrolène et de l'éthylbenzine, que les relations signalées plus haut entre ces divers carbures ne me paraissent pas être des relations accidentelles. Elles sont, au contraire, les types généraux des réactions qui président à la synthèse pyrogénée des dérivés méthyliques. Ceci mérite quelque attention.

En général, l'acétylène, l'éthylène et les carbures qui en dérivent sont seuls susceptibles d'exercer, à l'état libre, des réactions simples et directes, à la température rouge, comme le prouvent la synthèse de la benzine, celle du styrolène, de la naphtaline, de l'acénaphtène, etc. Chacun des carbures ainsi formés réagit à son tour sur l'éthylène ou sur l'acétylène, pour engendrer un nouveau carbure plus complexe, lequel devient à son tour le générateur d'un troisième carbure, plus complexe encore ([1]); et ainsi de suite indéfiniment. Tel est le système progressif des actions qui donnent naissance à toute la série des carbures polyacétyléniques, $C^n H^n$, et à celles de leurs dérivés.

Au contraire, le formène libre n'exerce point de réaction simple sur les autres carbures; et il en est, en général, de même des carbures méthyliques qui dérivent du formène, tels que les homologues dudit formène, $C^n H^{2n+2}$, et ceux de la benzine, $C^n H^{n-6}$. J'ai déjà insisté sur cette opposition entre les réactions du formène et celles de l'éthylène, et j'ai montré comment elle pouvait être expliquée, en considérant les conditions thermochimiques qui président à la formation de ces carbures ([2]). Sans revenir sur ces considérations, je répète que les carbures méthyliques ne prennent point naissance à la température rouge, par des réactions immédiates.

Ils se forment cependant, et ils se forment sans qu'il soit besoin de faire intervenir autre chose que des carbures plus simples; mais c'est aux dépens des carbures qui dérivent directement de l'éthylène ou de l'acétylène. Deux procédés fondamentaux concourent à ces formations.

Premier procédé. — Tantôt le carbure méthylique est engendré par la destruction partielle d'un carbure éthylique, c'est-à-dire d'un carbure complexe, formé par l'association d'un certain carbure fondamental avec un résidu éthylique. Le résidu éthylique, inclus dans le carbure primitif, perd la moitié de son carbone; il la perd,

---

([1]) *Ann. de Chim. et de Phys.*, 4ᵉ série, t. XII, p. 17 et 19. — Le présent Volume, *passim.*

([2]) *Ann. de Chim. et de Phys.*, 4ᵉ série, t. XII, p. 94. — Le présent Volume, Livre III, Chapitre XXIX.

en général, sous forme d'acétylène, ou d'un dérivé acétylénique; tandis que l'autre moitié demeure réunie au générateur fondamental du carbure primitif. Ainsi, par exemple, la benzine, associée par une réunion directe avec l'éthylène, constitue le styrolène :

$$C^6H^6 \;+\; C^2H^4 \;-\; H^2 = C^6H^4(C^2H^4);$$

Benzine.　Éthylène.　　　Styrolène.

le styrolène, à son tour, décomposé par la chaleur en présence de l'hydrogène, engendre le toluène ou méthylbenzine :

$$2C^6H^4(C^2H^4) + H^2 = 2C^6H^4(CH^4) + C^2H^2.$$

Styrolène.　　　　Toluène.　　Acétylène.

C'est en vertu du même mécanisme que le formène apparaît dans les réactions pyrogénées entre carbures d'hydrogène. Le formène n'est point engendré par une synthèse immédiate, mais il résulte de la décomposition de l'hydrure d'éthyle, dérivé lui-même de l'éthylène ou de l'acétylène :

$$2C^2H^6 = 2CH^4 + C^2H^2 + H^2.$$

Tels sont les types du premier procédé générateur des carbures méthyliques. Comme la série des carbures éthyliques se développe indéfiniment, d'après une même loi génératrice fondée sur des synthèses directes, on conçoit, sans qu'il soit besoin d'insister, que toute la série des carbures méthyliques homologues puisse aussi prendre naissance, par la transformation immédiate de la série éthylique correspondante.

Second procédé. — Mais la moitié des termes de la série méthylique peuvent aussi se produire d'une autre manière. En effet, la formation du xylène, aux dépens du styrolène et de l'hydrogène, est le type d'une seconde réaction générale. Dans l'acte de cette formation, un résidu éthylique simple se trouve changé, par transposition moléculaire, en un double résidu méthylique équivalent; c'est ce que montre l'équation suivante :

$$C^6H^4(C^2H^4) + H^2 = C^6H^4(C^2H^6).$$

Styrolène.　　　　Éthylbenzine.

$$C^6H^4(C^2H^6) = C^6H^4[CH^2(CH^4)].$$

Éthylbenzine.　　Diméthylbenzine.

Tels sont les deux types qui président à la formation pyrogénée

des séries homologues au moyen des carbures plus simples, c'est-
à-dire par voie de synthèse directe. Ce n'est pas d'ailleurs leur seule
origine : en effet, j'ai développé précédemment la formation pyrogénée de ces mêmes séries, soit au moyen des carbures plus compliqués, libres ou naissants, c'est-à-dire par voie d'analyse ([1]) ; soit
au moyen des carbures plus simples, pris à l'état naissant, c'est-à-
dire par voie de synthèse indirecte. L'ensemble de ces expériences
embrasse la théorie générale des réactions pyrogénées.

([1]) *Ann. de Chim. et de Phys.*, 4ᵉ série, t. XII, p. 122 et 145. — Ce Volume,
p. 62.

CHAPITRE XII.

SUR DIVERS CARBURES CONTENUS DANS LE GOUDRON DE HOUILLE.
ACÉNAPHTÈNE ([1]).

Dans le cours de mes études sur les actions réciproques des carbures d'hydrogène, j'ai été conduit à exécuter de nombreuses expériences sur les produits contenus dans le goudron de houille. Je me suis spécialement attaché à rechercher parmi ces produits les carbures qui résultent des actions réciproques entre la benzine, l'éthylène, le formène, ainsi que les dérivés pyrogénés formés par la condensation de ces premiers composés : je voulais contrôler par là mes premiers travaux et soumettre à une vérification indépendante les faits et les théories qui en résultent. Ces recherches m'ont conduit en effet, d'une part, à reconnaître certains carbures prévus par la théorie, mais qui n'avaient pas été observés jusqu'à ce jour dans le goudron de houille, tels que le styrolène et l'hydrure de naphtaline; d'autre part, j'ai dû faire une étude nouvelle de la préparation de certains carbures contestés, tels que le cymène, ou mal connus, tels que l'anthracène. Enfin les mêmes recherches m'ont amené à découvrir des carbures inconnus jusqu'ici, tels que le fluorène et surtout l'acénaphtène, lequel présente une grande importance au point de vue de la théorie générale, en raison de sa reproduction synthétique par l'union directe de la naphtaline et de l'éthylène libres.

En résumé, les résultats que je vais exposer sont relatifs aux carbures suivants, que j'ai extraits du goudron de houille :

1° Styrolène;
2° Cymène;
3° Hydrure de naphtaline;
4° Anthracène;

([1]) *Annales de Chimie et de Physique,* 4ᵉ série, t. XII, p. 195; 1867.

5° Fluorène;

6° Acénaphtène.

Je dois adresser ici mes remercîments à M. Audouin, ingénieur chef des travaux chimiques de la Compagnie parisienne du gaz de l'éclairage, qui a eu l'obligeance de mettre les produits extraits du goudron de houille à ma disposition, et qui a bien voulu à diverses reprises faire exécuter des préparations spéciales à mon intention. C'est donc au goudron de houille obtenu dans la fabrication du gaz à Paris que se rapportent les détails qui suivent.

I. — Styrolène.

Ayant observé la transformation polymérique de l'acétylène en benzine, en styrolène et autres polymères, étant conduit d'ailleurs à attribuer, dans la plupart des cas, la formation pyrogénée de la benzine à une origine analogue, j'ai pensé que la formation des autres polymères de l'acétylène devait être en général simultanée avec celle de la benzine, dans les conditions de la distillation sèche. Comme contrôle de cette opinion, j'ai recherché d'abord dans les huiles de goudron de houille la présence du styrolène, celui de ces polymères pour lequel je possède les caractéristiques les mieux définies.

A cette fin, j'ai dû me procurer les huiles de goudron de houille avant qu'elles eussent subi le traitement ordinaire par l'acide sulfurique concentré, ce traitement ayant pour résultat de faire disparaître le styrolène en le changeant en polymères. Pour isoler le styrolène contenu dans ces huiles, je l'ai changé en métastyrolène, puis régénéré par l'action de la chaleur. Voici comment j'ai opéré :

1° Les huiles légères brutes ont été agitées d'abord avec de la soude concentrée, pour éliminer les phénols et les acides; puis avec de l'acide sulfurique *étendu de 20 parties d'eau*, pour éliminer les alcalis.

2° J'ai procédé ensuite à des rectifications fractionnées. Sans entrer dans de longs détails à cet égard, il suffira de dire que j'ai isolé finalement les carbures volatils de 144 à 160 degrés, mélange encore fort complexe et duquel le styrolène ne pouvait pas être séparé à l'état de pureté.

3° J'ai introduit ces carbures dans des tubes de verre scellés, et je les ai chauffés au bain d'huile vers 200 degrés, pendant quelques heures, afin de changer le styrolène en métastyrolène, carbure beaucoup moins volatil, et dès lors séparable par distillation des carbures de même volatilité que le styrolène primitif.

4° J'ai donc ouvert les tubes, j'ai réuni les liquides qu'ils renfermaient et je les ai rectifiés, jusqu'à ce que le thermomètre plongé dans le liquide marquât la température de 300 degrés : à ce moment la cornue renfermait encore un résidu assez abondant. Ce résidu contenait du métastyrolène et divers autres polymères, derivés de quelques-uns des carbures primitifs.

5° Poussé à une température plus élevée et jusqu'au point d'ébullition du mercure, ledit résidu a fourni un liquide renfermant du styrolène régénéré, mêlé avec divers autres corps, polymères pour la plupart des carbures primitifs. Mais ces derniers polymères sont volatils sans décomposition et ils ne distillent qu'à une très haute température : le premier caractère les distingue du métastyrolène, et le second caractère permet d'isoler le styrolène régénéré, lequel est beaucoup plus volatil.

6° C'est pourquoi j'ai repris ce liquide complexe et je l'ai rectifié une dernière fois : entre 145 et 500 degrés, il a passé un carbure qui possédait l'odeur et les propriétés chimiques du styrolène, telles qu'elles ont été définies ci-dessus (t. I, p. 112).

J'ai vérifié notamment la transformation polymérique par l'acide sulfurique, la formation du bromure cristallisé, enfin et surtout la formation de l'iodure cristallisé spécifique, au contact de l'iodure de potassium ioduré, etc.

La proportion du styrolène ainsi régénéré, après toute une suite régulière de métamorphoses, est très faible. Dans mon expérience elle représentait environ 2 centièmes du carbure primitivement volatil entre 144 et 150 degrés. La proportion du styrolène préexistant dans ce carbure est évidemment beaucoup plus notable, sans cependant qu'il soit permis de la supposer bien considérable.

Quoi qu'il en soit, la présence du styrolène dans le goudron de houille me paraît être une confirmation des vues énoncées au début de cet article ; il est probable que ce goudron contient également tous les autres polymères de l'acétylène.

En effet, je signalerai tout à l'heure l'existence de l'hydrure de naphtaline, autre polymère de l'acétylène. Celle de la naphtaline, qui en dérive par déshydrogénation, n'a pas besoin d'être rappelée, et celle de l'anthracène se rattache à la même théorie.

Pour prévoir l'existence de ces divers carbures dans le goudron de houille, il n'est même pas nécessaire de remonter jusqu'à l'acétylène, générateur commun de la plupart des carbures pyrogénés. Mais il suffit d'envisager les actions réciproques de la benzine et de l'éthylène, c'est-à-dire de deux carbures qui se trouvent en présence dans la préparation du goudron de houille. J'ai prouvé plus haut que la réaction de ces deux carbures s'opère d'une manière nécessaire à la température rouge. A côté de la naphtaline et de l'anthracène, composés qui résultent de cette réaction et dont la présence dans le goudron de houille est bien connue, on doit donc rencontrer dans ce même goudron les autres composés dérivés de la benzine et de l'éthylène. Or, je viens de signaler l'existence du styrolène et j'établirai tout à l'heure celle de l'acénaphtène.

II. — Cymène, $C^{10} H^{14}$.

La formation d'un cymène ou tétraméthylbenzine se rattache à une théorie analogue, celle de l'action du formène naissant sur la benzine naissante. Conformément à cette théorie, le goudron de houille doit renfermer et renferme en effet un mélange des divers carbures homologues de la benzine, tels que : le toluène ou méthylbenzine, $C^7 H^8$; un xylène, ou diméthylbenzine, $C^8 H^{10}$; un cumolène, ou triméthylbenzine, $C^9 H^{12}$: la théorie indique encore un cymène, $C^{10} H^{14}$.

Jusqu'à ces derniers temps, la présence de ce dernier carbure dans le goudron de la houille ne paraissait pas douteuse et l'on avait même assigné au corps que l'on désignait sous le nom de *cymène,* un point d'ébullition voisin de 170°. Cependant les opinions des chimistes sur cette question ont été modifiées tout récemment, par suite des travaux de MM. Beilstein et Kœgler ([1]), exécutés avec une précision remarquable. Ces travaux, dis-je, ont établi que le carbure volatil vers 166° et contenu dans le goudron de houille, était identique avec le cumolène, $C^9 H^{12}$. Les auteurs n'ont pas réussi à isoler un autre carbure de la même série, à équivalent plus élevé.

Ayant eu occasion de distiller des quantités considérables d'huile de goudron de houille, il m'a paru cependant qu'il existait dans ces huiles un carbure dont le point d'ébullition était voisin de 180°, carbure que la présence de la naphtaline rendait fort difficile à purifier. Pour l'isoler, j'ai opéré sur 6 litres d'un mélange, formé

([1]) *Annalen der Chemie und Pharmacie,* t. CXXXVII, p. 317 et 327; 1866.

principalement de cumolène, de naphtaline et de quelques carbures analogues.

1° J'ai commencé par soumettre ce mélange à des distillations fractionnées, de façon à éliminer peu à peu tout carbure volatil au-dessous de 172° et tout corps volatil au-dessus de 190°.

Le résidu des distillations, qui demeure chaque fois dans la cornue lorsque le thermomètre marque 190°, se prend en une masse cristalline, formée de naphtaline. Mais cette masse cristalline est imprégnée d'un carbure liquide, que j'ai pris soin d'égoutter et de réunir aux parties distillées. Bref, après six séries de distillations fractionnées, il me restait 700^{gr} à 800^{gr} d'un carbure liquide, volatil entre 175° et 190°.

Trois nouvelles séries de distillations fractionnées ont rapproché ces points entre 178° et 185°; une certaine quantité de naphtaline cristallisait chaque fois dans les résidus. Le produit avait beaucoup diminué pendant ces nouveaux traitements.

2° C'est alors que j'ai eu recours à l'acide picrique. J'ai mélangé le liquide hydrocarboné avec une solution tiède et saturée de cet acide dans l'alcool; le mélange a déposé aussitôt une grande quantité de picrate de naphtaline. La liqueur, filtrée et traitée de nouveau par l'acide picrique, a fourni une seconde cristallisation. Il restait une eau mère alcoolique, renfermant un carbure liquide.et un peu de picrate de naphtaline dissous; cette eau mère ne précipitait plus par une nouvelle addition d'acide picrique.

Le précipité obtenu dans les opérations ci-dessus a été exprimé, puis décomposé; il n'a fourni autre chose que de la naphtaline à peu près pure.

3° J'ai mélangé alors les eaux mères alcooliques avec de l'eau ammoniacale, afin de dissoudre l'acide picrique, et j'ai fait digérer le tout à une douce chaleur. Il s'est séparé un carbure liquide, qui a surnagé et que j'ai rectifié de nouveau.

4° Ce carbure a commencé à bouillir à 179°; les trois quarts ont passé jusqu'à 182°, un quart au delà de ce terme. Le dernier quart contenait encore un peu de naphtaline; mais la partie volatile vers 180° ne précipitait pas la solution alcoolique d'acide picrique.

Une dernière rectification de ce produit a fourni un carbure liquide, qui distillait presque entièrement entre 179° et 180°. La proportion de ce carbure définitif était d'ailleurs peu considérable; ce qui explique comment il a pu échapper jusqu'ici aux observations.

La composition de ce carbure répond à la formule $C^{10}H^{14}$.

L'odeur et les apparences de ce corps sont semblables à celles du cumolène. Il offre les propriétés ordinaires des carbures benzéniques : il se dissout tranquillement et sans résidu dans l'acide nitrique fumant (refroidi) et dans l'acide sulfurique fumant (légèrement chauffé). L'acide sulfurique ordinaire ne l'attaque que difficilement, etc. Il se combine au potassium, comme le cumolène, en formant un composé d'un noir bleuâtre ; en un mot, je regarde ce corps comme représentant le *cymène*, $C^{10}H^{14}$, ou un isomère.

A la vérité, son point d'ébullition, situé vers 180°, est notablement plus rapproché de celui du cumolène, situé vers 166°, que ne le sont les points d'ébullition des homologues inférieurs :

Xylène.. 139°,
Toluène... 111",
Benzine.. 80".

Mais un tel rapprochement n'est pas sans exemple dans les séries homologues. Je citerai :

L'acide butyrique, $C^4H^8O^2$, qui bout à............. 163°,
Et l'acide valérique, $C^5H^{10}O^2$, qui bout à.......... 175°.

Je viens d'assimiler le carbure précédent au cymène ; cependant ce point mérite une étude spéciale, destinée à fixer la constitution du carbure dont il s'agit. En effet, il existe plusieurs carbures métamères représentés par la formule $C^{10}H^{14}$, et comparables aux carbures benzéniques. Tels sont, par exemple :

Le méthylcumolène ou cymène véritable............................... $C^9H^{10}(CH^4)$,
L'éthylxylène....................... $C^8H^8(C^2H^6)$,
Le propyltoluène.................. ..... $C^7H^6(C^3H^8)$.
La butylbenzine....................... $C^6H^4(C^4H^{10})$,
La diéthylbenzine.................. $C^6H^4[C^2H^4(C^2H^6)]$.
La méthylpropylbenzine.......... $C^6H^4[C^3H^6(CH^4)]$.

C'est seulement par l'étude des dédoublements et des décompositions que la constitution réelle du carbure décrit plus haut peut être fixée sans retour.

A cet effet, j'ai eu recours à la méthode universelle de réduction que j'ai découverte ([1]). J'ai donc chauffé le cymène du goudron de houille avec 80 fois son poids d'une solution aqueuse saturée

---

([1]) Tome III du présent Ouvrage.

à froid d'acide iodhydrique; j'ai opéré à la température de 280°, dans des tubes de verre excessivement résistants et remplis à l'avance d'acide carbonique. Après refroidissement, j'ai ouvert les tubes, dans lesquels s'était développé un volume énorme de gaz. J'ai recueilli les gaz et isolé le liquide hydrocarboné.

Le gaz était constitué par de l'hydrogène sensiblement pur. Le liquide était formé presque en totalité par de l'hydrure de décyle, $C^{10}H^{22}$, qui bouillait entre 155° et 160°, et possédait tous les caractères du carbure des pétroles ([1]). Il n'était attaqué, soit à la température ordinaire, soit à une douce chaleur, ni par l'acide nitrique fumant, ni par l'acide sulfurique fumant, ni par leur mélange. Le brome était également sans action à froid. La formation de ce carbure répond à l'équation suivante :

$$C^{10}H^{14} + 4H^2 = C^{10}H^{22}.$$

J'ai confirmé cette équation, en dosant l'iode mis à nu dans la réaction, au moyen d'une solution étendue d'acide sulfureux. Le poids de cet iode indique en effet la quantité d'acide iodhydrique décomposée pour fournir de l'hydrogène, dont une partie se fixe sur le cymène, tandis que le reste devient libre. Or, la dernière proportion a été mesurée directement; en déduisant l'iode correspondant à l'hydrogène libre de celui qui a été dosé par l'acide sulfureux, on trouve le poids de l'iode correspondant à l'hydrogène fixé sur le cymène, poids conforme à l'équation précédente.

Or la transformation à peu près intégrale du carbure extrait du goudron de houille en hydrure de décyle, sous l'influence de l'acide iodhydrique, prouve que ce carbure est constitué surtout par la tétraméthylbenzine. En effet, dans ces conditions, la diéthylbenzine et les autres métamères ne se changent que partiellement en hydrure de décyle, une portion toujours notable des carbures complexes se dédoublant sous l'influence de l'acide iodhydrique, en formant les hydrures saturés répondant aux deux générateurs ([2]).

La théorie générale que j'ai proposée plus haut pour expliquer l'existence des homologues de la benzine dans le goudron de

---

([1]) * Quoique la composition de ce carbure, obtenu dans les conditions que je viens de préciser, répondît sensiblement à la formule $C^{10}H^{22}$, il me paraît probable aujourd'hui qu'il devait contenir une certaine dose d'un hexahydrure de cymène $C^{10}H^{20}$. Je reviendrai sur ce point dans le Tome III.

([2]) Tome III du présent Ouvrage.

houille trouve une nouvelle vérification dans la présence du cymène.

J'ajouterai que la même théorie conduit à regarder comme probable la présence des divers métamères du cymène dans le goudron de houille. Or l'expérience n'est point contraire à cette conséquence ; car elle indique, en même temps que l'existence prédominante de la tétraméthylbenzine, la présence d'une petite quantité des carbures métamères.

En effet, la masse principale du carbure décrit précédemment, soumise à l'action d'un excès d'acide iodhydrique, se change en hydrure de décyle : mais il apparaît dans sa décomposition une très petite quantité d'un carbure forménique très volatil (hydrure d'hexyle?). Cette circonstance me porte à admettre dans le cymène du goudron de houille la présence de quelqu'un de ses métamères mélangé en faible proportion. Je suis même porté à regarder ce métamère comme n'étant autre que la diéthylbenzine, à cause de la parenté étroite qui existe entre la diéthylbenzine et la naphtaline, carbure contenu en si grande quantité dans le goudron de houille. L'un et l'autre de ces carbures dérivent, en effet, de l'union de 2 molécules éthyliques et de 1 molécule benzénique :

$$\text{Naphtaline} \dots\dots\dots\dots\dots \quad C^6H^4[C^2H^2(C^2H^2)]$$
$$\text{Diéthylbenzine} \dots\dots\dots\dots \quad C^6H^4[C^2H^4(C^2H^6)]$$

Or, il suffit de concevoir l'hydrogénation de la naphtaline pour passer de ce carbure à la diéthylbenzine. J'ai observé en fait que cette hydrogénation s'effectue sous l'influence de l'acide iodhydrique, c'est-à-dire en définitive par la réaction de l'hydrogène naissant sur la naphtaline (t. III). On conçoit, dès lors, que la même hydrogénation puisse avoir lieu dans le cours des réactions pyrogénées.

Si ces vues sont exactes, il est probable que les huiles de goudron de houille contiennent également l'éthylbenzine

$$C^6H^4(C^2H^6),$$

c'est-à-dire le produit normal de l'hydrogénation du styrolène,

$$C^6H^4(C^2H^4)(-),$$

puisque le styrolène existe réellement dans le goudron de houille.

Ainsi se trouveraient expliquées les grandes difficultés que l'on a rencontrées jusqu'ici dans la préparation du xylène pur ou diméthylbenzine, ce carbure étant isomérique avec l'éthylbenzine, quoiqu'un peu moins volatil.

Beaucoup d'autres cas de métamérie, analogues aux précédents et produits par les mêmes réactions générales, doivent encore exister parmi les carbures du goudron de houille.

III. — Hydrures de naphtaline, $C^{10}H^{10}$ et $C^{10}H^{12}$.

Voici d'autres corps, prévus par la théorie des actions réciproques des carbures d'hydrogène soit entre eux, soit avec l'hydrogène, et qui se rencontrent en effet dans le goudron de houille : je veux parler des hydrures dérivés des carbures incomplets, tels que la naphtaline, l'acénaphtène, l'anthracène, etc. Je vais m'attacher spécialement aux hydrures de naphtaline.

Lorsque la naphtaline est soumise à l'influence ménagée des agents hydrogénants, et particulièrement à celle de l'acide iodhydrique, elle se change en un hydrure, $C^{10}H^{10}$:

$$C^{10}H^8 + H^2 = C^{10}H^{10}.$$

La formation d'un second hydrure, $C^{10}H^{12}$, est probable (*voir* la théorie des corps aromatiques, Tome I, p. 102), quoique je n'aie pas encore réussi à isoler cet hydrure à l'état de pureté (¹).

L'existence des mêmes hydrures de naphtaline dans le goudron de houille peut donc être prévue. Elle est encore prévue, en tant que le premier hydrure, $C^{10}H^{10}$, représente un polymère de l'acétylène (t. I, p. 81).

J'ai réussi à confirmer ces prévisions et à extraire du goudron de houille un carbure nouveau, qui offre la composition et les propriétés de l'hydrure de naphtaline, $C^{10}H^{10}$.

Ce carbure peut être isolé en suivant exactement la même marche que pour le cymène, mais en dirigeant l'attention sur les carbures volatils entre 200 et 210 degrés. Ce sont surtout les huiles lourdes qui fournissent l'hydrure de naphtaline en proportion notable.

Après avoir rectifié ces huiles à plusieurs reprises et isolé la partie qui bout entre 200 et 220 degrés, on l'agite avec des solutions alcalines, puis avec de l'acide sulfurique étendu de son volume d'eau. On rectifie alors de nouveau, et l'on précipite la naphtaline, à l'aide de traitements réitérés par une solution alcoolique d'acide

---

(¹) Je l'ai obtenu depuis en réglant l'action de l'acide iodhydrique.

picrique, jusqu'à ce qu'on ait obtenu un carbure liquide privé d'action sur ce réactif.

Ce carbure, qui bout vers 205 degrés, répond à la composition $C^{10}H^{10}$: il est identique avec celui qui résulte de la réaction ménagée de la naphtaline sur l'acide iodhydrique. C'est un liquide doué d'une odeur forte et désagréable, tout à fait distincte de celle du cumolène. Il se dissout à froid dans l'acide nitrique fumant, avec dégagement de chaleur, mais sans production de vapeur nitreuse; pourvu que l'on ait soin de faire le mélange peu à peu et en refroidissant le tout. Le produit nitré résultant est liquide.

L'acide sulfurique fumant et même l'acide ordinaire dissolvent l'hydrure de naphtaline, surtout avec le concours d'une légère chaleur. Le brome l'attaque immédiatement, avec dégagement d'acide bromhydrique. Ce carbure ne précipite pas, lorsqu'on le mélange avec une solution alcoolique d'acide picrique. Il ne forme pas non plus, avec l'iodure de potassium ioduré, d'iodure cristallisé.

La propriété la plus frappante de l'hydrure de naphtaline est la suivante : ce carbure, chauffé au rouge sombre dans un tube de verre scellé, régénère la naphtaline :

$$C^{10}H^{10} \;=\; C^{10}H^8 \;+ H^2.$$

Hydrure   Naphtaline.
de naphtaline.

D'après les essais auxquels je me suis livré, il semble exister aussi dans le goudron de houille un autre hydrure liquide, $C^{10}H^{12}$, correspondant au perchlorure de naphtaline, $C^{10}H^8Cl^4$. Le point d'ébullition de cet hydrure est compris entre celui du cymène, $C^{10}H^{14}$, et celui du premier hydrure de naphtaline, $C^{10}H^{10}$. Mais le nouveau corps est tellement analogue avec ces deux autres carbures, que sa séparation exacte, au sein d'un pareil mélange, ne peut guère être réalisée avec certitude dans l'état présent de nos connaissances.

Quoi qu'il en soit, il demeure établi que les hydrures de naphtaline, ou tout au moins le premier d'entre eux, accompagnent la naphtaline dans le goudron de houille. J'ajouterai, pour n'y plus revenir, que la présence dans le goudron de houille d'un *hydrure d'acénaphtène,* $C^{12}H^{12}$ [1], liquide et bouillant vers 250 à 260 degrés, et celle d'un *hydrure d'anthracène,* $C^{14}H^{14}$ [2], liquide

---

[1] La théorie indique encore l'existence de deux autres hydrures d'acénaphtène, $C^{24}H^{14}$ et $C^{24}H^{16}$ (*voir* plus loin).

[2] Probablement identique ou isomère avec le ditolyle de M. Fittig.

et bouillant vers 285 degrés, me paraissent également probables. J'admets l'existence de ces corps, d'après l'examen que j'ai fait des huiles lourdes volatiles entre 250 et 300 degrés, et leur comparaison avec les hydrures qui résultent de l'action ménagée de l'acide iodhydrique sur l'acénaphtène et sur l'anthracène.

IV. — Anthracène, $C^{14}H^{10}$.

Dans la distillation du goudron de houille on obtient, après la naphtaline, divers carbures solides et lamelleux, que l'on débarrasse par pression ou par essorage des liquides dont ils sont imprégnés. La masse ainsi préparée constitue ce que l'on appelle l'*anthracène brut*. C'est un mélange d'un grand nombre de corps distincts, tant carbures que composés oxygénés. M. Anderson a retiré de ce mélange, il y a quelques années, par une série de cristallisations dans les huiles légères de houille, un carbure déterminé qu'il a désigné spécialement sous le nom d'*anthracène*. Ce nom avait été déjà employé par MM. Dumas et Laurent pour désigner un carbure analogue. D'après M. Fritzsche, le carbure précédent est encore un mélange; car ce savant a réussi à en séparer cinq ou six nouveaux principes définis, qu'il distingue par diverses propriétés, et spécialement à l'aide d'un nouveau réactif, l'oxanthracène binitré ([1]).

Dans un voyage que ce savant distingué a fait récemment à Paris, il a bien voulu me communiquer quelques-uns des produits qu'il a découverts et un échantillon de son réactif. Guidé par ces indications, j'ai repris l'étude des produits que j'avais obtenus précédemment, dans les actions réciproques des carbures d'hydrogène, et spécialement celle du carbure auquel j'avais attribué le nom d'*anthracène* : j'ai soumis tous ces corps à de nouvelles purifications, de façon à les amener au même état de pureté que les produits définis par M. Fritzsche. Ce sont ces nouveaux résultats que je vais développer ici, d'après mes expériences personnelles. J'exposerai d'abord la préparation de l'anthracène pur; j'établirai ses relations chimiques avec le toluène et avec la benzine, soit par analyse, soit par synthèse, relations entièrement conformes à celles que j'avais définies par mes expériences antérieures et qui

---

([1]) *Bulletin de l'Académie des Sciences de Saint-Pétersbourg*, 12 mars 1867. — *Comptes rendus*, t. LXIV, p. 1037; 1867. — *Voir* le présent Volume, plus loin.

.fixent la formule et la constitution de ce carbure ; enfin j'en décrirai les propriétés chimiques et physiques les plus générales.

1. *Préparation de l'anthracène pur.* — La préparation de l'anthracène pur est une opération longue et pénible. On peut la réaliser avec certitude en suivant la marche que voici :

1° On prend la matière solide qui passe après la naphtaline, dans la distillation du goudron de houille, c'est-à-dire l'anthracène brut, et l'on distille cette substance avec précaution. On recueille séparément ce qui passe depuis 340 degrés jusqu'au point d'ébullition du mercure, et l'on continue encore la distillation pendant quelque temps, après que ce point a été atteint. On reprend le produit distillé entre ces limites, et on le distille de nouveau, jusqu'à ce que le thermomètre placé dans la cornue marque 350 degrés. Ce qui reste alors *dans la cornue* est constitué en grande partie par de l'anthracène proprement dit.

2° On fait bouillir cette masse avec de l'huile légère de houille (portion volatile entre 120 et 150 degrés), et l'on filtre la liqueur bouillante. Par refroidissement, elle se prend en une masse cristalline. On exprime le tout sous la presse, et jusqu'à ce que la substance placée entre des papiers buvards cesse de les tacher. On répète quatre ou cinq fois ces opérations : dissolution, cristallisation, expression de la matière.

Le produit finalement obtenu est jaunâtre ; il fournit, avec le réactif anthracéno-nitré, de belles lamelles rhomboïdales, tantôt violettes, tantôt simplement bleues, mais que je regarde dans tous les cas comme produites par l'anthracène, souillé seulement par des traces de matière étrangère. Une ou deux nouvelles cristallisations dans les huiles légères de houille ne modifient que légèrement ce produit ; la teinte des lamelles fournies par le réactif se rapprochant peu à peu d'une teinte violette, sans parvenir encore à la belle couleur rose violacé qui caractérise l'anthracène pur.

3° A ce moment, c'est-à-dire après quatre ou cinq cristallisations dans l'huile de houille, il faut changer de dissolvant. L'alcool, qui aurait été peu efficace au début de la purification, devient au contraire très utile vers la fin. Une seule cristallisation dans l'alcool fournit alors l'anthracène à peu près pur, très nettement cristallisé en lamelles rhomboïdales à arêtes bien définies, et capable de produire avec le réactif anthracéno-nitré des lamelles rhomboïdales d'un rose violacé tout à fait caractéristique.

L'anthracène ainsi purifié peut être employé dans la plupart des réactions. Cependant il est encore teinté en jaune et il ne manifeste pas la fluorescence violette de l'anthracène absolument pur. Des cristallisations réitérées dans l'alcool permettent, à la rigueur, de compléter la purification. Mais pour obtenir alors du premier coup le corps tout à fait pur, il vaut mieux le soumettre à une sublimation ménagée.

4° A cet effet, on introduit le produit purifié par les opérations précédentes dans une cornue tubulée, de grandeur telle que la matière fondue en remplisse environ la dixième partie. On chauffe la matière sur un bec de gaz, de façon à la maintenir à une température un peu supérieure à celle de la fusion, sans atteindre cependant celle de l'ébullition. Dans ces conditions, l'anthracène se sublime lentement et vient se condenser dans le col de la cornue. Quand celui-ci est rempli par les lamelles minces et légères de l'anthracène, on éteint le bec de gaz et on laisse refroidir. On détache alors, à l'aide de douces secousses, le produit sublimé, et on le fait tomber dans un petit flacon à large ouverture; puis on recommence la sublimation.

Les premières parties d'anthracène ainsi obtenues sont absolument pures, en lamelles brillantes, incolores, douées d'une belle fluorescence violette. Elles fournissent avec l'oxanthracène binitré, des lamelles d'un rose violacé, sans aucun mélange.

Cependant, en répétant à plusieurs reprises la sublimation, on finit par obtenir des produits offrant une très légère nuance jaune, quoique constitués encore par de l'anthracène pur. On peut les blanchir par une nouvelle sublimation.

Dans tous les cas, on arrête alors l'opération et l'on fait redissoudre dans l'huile légère de houille le contenu fortement coloré de la cornue. Après une nouvelle cristallisation de ce résidu dans l'alcool, on recommence la purification par sublimation.

En suivant la marche qui vient d'être indiquée, on obtient à coup sûr et sans tâtonnement l'anthracène pur. Au contraire, ce résultat ne peut pas toujours être réalisé lorsqu'on se borne à traiter par les dissolvants les produits bruts extraits du goudron de houille. En effet, ces produits sont très compliqués, et il arrive souvent que les traitements réitérés que l'on en fait, au moyen d'un dissolvant, convergent vers des carbures fort différents de l'anthracène véritable.

Exposons maintenant les propriétés de l'anthracène préparé comme il vient d'être dit.

2. *Propriétés physiques.* — C'est un carbure cristallisé, d'un blanc éclatant, lamelleux, doué d'une fluorescence violette, laquelle se manifeste seulement lorsque le carbure est absolument pur. Lorsqu'il a été cristallisé uniquement dans l'alcool, l'anthracène conserve souvent une légère teinte jaune, qui fait disparaître la fluorescence violette. Il cristallise en tables rhomboïdales, souvent tronquées sur deux sommets, ce qui leur donne une apparence d'hexagone sous le foyer du microscope. Du reste, cette même apparence cristalline appartient à un grand nombre de carbures pyrogénés. Observée sur l'anthracène, elle n'est bien déterminée que lorsque le carbure est très pur ; autrement, il se présente en lamelles à faces courbes et contournées, mal définies.

3. *Action de la chaleur.* — Soumis à l'action de la chaleur, l'anthracène fond, un peu au-dessus de 200 degrés, en un liquide limpide, mais qui se colore assez rapidement sous l'influence prolongée de la chaleur. Ce liquide cristallise de nouveau pendant le refroidissement, et un thermomètre plongé dans la masse se maintient vers 210 degrés ([1]), pendant la solidification. Les points de fusion et de solidification de l'anthracène sont d'ailleurs difficiles à définir rigoureusement.

A 100 degrés, dans un tube plongé au sein d'un bain-marie bouillant, l'anthracène n'éprouve aucune volatilisation sensible. Mais le carbure maintenu en fusion, c'est-à-dire vers 210 à 220 degrés, se sublime très aisément, en répandant une odeur fétide et irritante et en fournissant de petits cristaux lamelleux, brillants et micacés. Si l'on porte la température jusque vers le point d'ébullition du mercure, l'anthracène entre en ébullition et distille sous la forme d'une masse d'un blanc jaunâtre à aspect cristallin. Cependant une portion notable s'altère toujours pendant cette opération. Aussi doit-on purifier l'anthracène par une sublimation opérée à une température inférieure à son point d'ébullition, si on veut l'obtenir incolore.

Le point d'ébullition de l'anthracène donne lieu à quelques remarques intéressantes. En effet, ce point est beaucoup plus élevé que celui qui semblerait devoir répondre à la formule $C^{14}H^{10}$, comme il résulte des rapprochements suivants, entre les carbures qui déri-

---

([1]) Température corrigée.

vent du toluène par une déshydrogénation progressive :.

Le ditolyle $(C^7 H^7)^2$ ou	$C^{14} H^{14}$,
carbure dont la formule répond à celle d'un hydrure d'anthracène, bout vers	280 degrés;
le stilbène ou ditoluylène, $(C^7 H^6)^2$ ou	$C^{14} H^{12}$,
bout vers....................................	292 degrés.
Il semble donc que l'anthracène, $(C^7 H^5)^2$ ou...	$C^{14} H^{10}$,
devrait bouillir vers................ 305 ou	310 degrés.

On pourrait encore calculer le point d'ébullition de l'anthracène par diverses autres analogies; on arriverait, dans tous les cas, à un point d'ébullition voisin de 310 ou 320 degrés. Or ce point est bien éloigné de la température de 360 degrés, au voisinage de laquelle distille l'anthracène. Aussi je suis porté à croire que l'anthracène éprouve, avant d'entrer en ébullition, quelque changement analogue à ceux que subissent le phosphore, le soufre ou le styrolène. Il semble qu'il soit ainsi transformé par la chaleur en un corps polymère, lequel reviendrait à l'état d'anthracène sous l'influence de la distillation.

Une telle transformation de l'anthracène en polymère s'accorde avec la constitution que j'attribue à ce carbure, puisqu'il représente un composé incomplet et dès lors susceptible de polymérie. Elle s'accorde également avec la métamorphose du même carbure en un corps beaucoup moins soluble, sous l'influence de la lumière, métamorphose observée par M. Fritzsche. Enfin je citerai à l'appui de cette opinion mes propres observations, relatives à l'action de l'iode et à celle de l'acide iodhydrique, lesquels fournissent avec l'anthracène des dérivés polymériques, comme je l'exposerai tout à l'heure.

4. *Dissolvants.* — L'anthracène est très peu soluble dans la plupart des dissolvants, à la température ordinaire. Mais l'alcool bouillant, et surtout les huiles légères de houille, à l'ébullition, le dissolvent en quantité plus grande. Il se dépose de nouveau et presque en totalité pendant le refroidissement.

5. *Action des réactifs généraux.* — Je citerai l'acide sulfurique fumant et l'acide sulfurique ordinaire, l'acide nitrique fumant, le brome, l'iode, le potassium.

1° L'anthracène pur, chauffé légèrement avec l'*acide sulfurique* fumant, s'y dissout peu à peu et complètement, en formant une solution verdâtre. Cette dissolution peut être étendue d'eau, sans fournir aucun précipité : elle renferme un acide anthracéno-sulfurique. L'acide sulfurique ordinaire donne lieu à une combinaison semblable.

La coloration verte qui se développe d'abord au contact de l'anthracène et de l'acide sulfurique paraît due à la présence d'une trace de composés nitreux. En effet, avec l'acide sulfurique pur, la couleur est simplement jaune; tandis que l'addition d'une trace d'acide nitrique donne aussitôt à toute la masse une teinte gris violacé fort intense.

Cette remarque ne s'applique pas d'ailleurs seulement à la dissolution sulfurique de l'anthracène, mais à celle d'une multitude d'autres carbures d'hydrogène. Les colorations vertes, bleues, violettes que présentent ces dissolutions sulfuriques sont dues à la présence d'une trace de composés nitreux : j'en citerai plus loin divers autres exemples.

2° L'anthracène est attaqué par l'*acide nitrique fumant* avec une extrême violence et avec le bruit d'un fer rouge plongé dans l'eau. Le carbure se dissout, avec formation de divers composés nitrés et oxygénés, dont plusieurs sont cristallisables. On sait que M. Anderson a fait une étude spéciale de ces composés (¹).

3° Le *brome* attaque violemment l'anthracène, avec formation d'acide bromhydrique et de corps bromés (²).

4° L'anthracène pur, chauffé à feu nu avec l'*iode*, est bientôt attaqué, avec dégagement d'acide iodhydrique et formation d'une matière charbonneuse.

A 100 degrés, l'iode agit déjà sur l'anthracène, en produisant une matière brune, insoluble, renfermant une certaine quantité d'iode en combinaison.

Il résulte de ces faits que l'anthracène, comme le styrolène, éprouve, sous l'influence de l'iode, une transformation qui donne naissance à des polymères du carbure et à leurs dérivés.

5° Le potassium, chauffé avec l'anthracène, forme un composé noir, analogue aux dérivés potassiques de la naphtaline et du cumolène (ce Volume, Livre III, Chap. XXXIII).

6. *Réactifs nitrés spéciaux.* — Un grand nombre de composés

(¹) *Annalen der Chemie und Pharmacie*, t. CXXII, p. 301; 1862.

(²) Je regarde les deux composés bromés étudiés par Anderson comme représentés par les formules $C^{14}H^8Br^2$. Br^4 et $C^{14}H^6Br^4$.

nitrés forment avec l'anthracène des combinaisons particulières. Je citerai seulement ici l'acide picrique et l'oxanthracène binitré.

Dissous dans l'alcool bouillant, en présence de l'acide picrique, et de façon à obtenir une liqueur à peu près saturée, l'anthracène fournit un picrate d'anthracène, cristallisé en belles aiguilles rouges, et qui sera décrit plus loin (Chap. XXXI). Un excès d'alcool dédouble avec une grande facilité cette combinaison.

Un autre composé, plus caractéristique encore pour l'anthracène absolument pur, est celui que l'anthracène forme avec l'oxanthracène binitré. Il suffit de verser une goutte de la dissolution de ce réactif dans le toluène sur une parcelle d'anthracène placée au foyer du microscope, pour voir apparaître, soit immédiatement, soit par évaporation spontanée, de belles lamelles rhomboïdales, d'une teinte rose violacé. Mais pour peu que l'anthracène ne soit pas absolument pur, il fournit en même temps, avec le réactif, un composé moins soluble, dérivé d'un autre carbure, et qui se précipite d'abord, sous la forme de minces lamelles prismatiques brunes : cependant les lamelles violettes anthracéniques proprement dites ne tardent pas à se déposer, par suite de l'évaporation spontanée de la liqueur.

A un degré de purification un peu moins avancé, l'anthracène du goudron de houille ne fournit plus de lamelles roses, mais seulement de belles lamelles bleues, semblables d'aspect aux lamelles roses, et qui me paraissent être, au moins dans certains cas, constituées par de l'anthracène associé à une très petite quantité de matières étrangères. Enfin, quand les matières étrangères sont plus abondantes, toute réaction spécifique de l'anthracène cesse de se manifester avec le réactif, bien que la masse principale puisse être encore formée par l'anthracène.

7. *Constitution de l'anthracène.* — Jusqu'ici j'ai décrit très minutieusement la préparation et les réactions du carbure que je désigne sous le nom d'*anthracène*. Il me reste maintenant à démontrer que ce carbure est bien identique avec le composé désigné sous cette dénomination dans les Chapitres précédents; lequel représente un dérivé normal du toluène (p. 47 et 49),

$$2\,C^7H^8 = C^{14}H^{10} + 3\,H^2,$$

et se forme également par la réaction de l'éthylène sur la benzine

(p. 76 et 81),

$$2\,C^6H^6 + C^2H^4 = C^{14}H^{10} + 2\,H^2,$$

par celle du styrolène sur la benzine (p. 88),

$$C^8H^8 + C^6H^6 = C^{14}H^{10} + 2\,H^2,$$

et par un grand nombre d'autres réactions pyrogénées exposées dans le présent Volume.

J'ai obtenu cette démonstration à la fois à l'aide des méthodes synthétiques et à l'aide des méthodes analytiques.

En effet, l'anthracène préparé synthétiquement, soit par l'action de la chaleur sur le toluène, soit par l'union du styrolène avec la benzine, offre les diverses propriétés physiques et chimiques de l'anthracène extrait du goudron de houille, à l'aide des procédés décrits précédemment.

La réaction de l'oxanthracène binitré, de même que toutes les autres, peut être reproduite sur le carbure que j'ai préparé, soit avec le toluène, soit avec le styrolène et la benzine. Mais en opérant sur le carbure obtenu dans ces circonstances, de même que sur le carbure obtenu dans les traitements du goudron de houille, la réaction précédente est délicate et demande quelques précautions pour être reproduite. Si l'on se bornait à purifier le carbure dérivé du styrolène et de la benzine par une distillation suivie d'une seule cristallisation dans les dissolvants, on obtiendrait seulement avec le réactif de belles lamelles bleues ; de même que si l'on opérait sur le carbure du goudron de houille incomplètement purifié. Ce n'est que par une suite méthodique de traitements, semblables à ceux qui ont été décrits pour le carbure du goudron de houille, que l'on amène l'anthracène formé dans les réactions pyrogénées à offrir les lamelles rose violacé, avec leur nuance spécifique.

Au contraire, j'ai vérifié qu'il est très facile d'obtenir du premier coup ces lamelles avec leur teinte propre et tous leurs caractères, lorsqu'on prépare l'anthracène au moyen du toluène chloré, décomposé par l'eau dans un tube scellé que l'on chauffe vers 200 degrés ([1]).

A ces preuves synthétiques on peut joindre des preuves analytiques, non moins décisives et exécutées sur le carbure même extrait du goudron de houille : je veux parler des réactions que l'anthracène éprouve sous l'influence de l'acide iodhydrique.

En effet, l'anthracène, chauffé à 280 degrés, avec 100 fois son

---

([1]) LIMPRICHT, *Annalen der Chemie und Pharmacie,* t. CXXXIX, p. 309.

poids d'acide iodhydrique, se transforme en donnant naissance à trois carbures nouveaux, tous trois appartenant à la série forménique, et que j'ai séparés à l'aide d'une double série de distillations fractionnées ([1]). Ce sont :

1° L'hydrure de tétradécylène, $C^{14}H^{30}$, produit principal, qui bout vers 240 degrés,

$$C^{14}H^{10} + 10\,H^2 = C^{14}H^{30};$$

2° L'hydrure d'heptylène, C^7H^{16}, vers 95 degrés, peu abondant,

$$C^{14}H^{10} + 11\,H^2 = 2\,C^7H^{16};$$

3° Et un carbure oléagineux, presque solide, assez abondant, qui ne distille pas encore à 360 degrés, qui semble dériver de la condensation de 2 molécules d'anthracène.

Les expériences qui précèdent avaient été exécutées d'abord avec de l'anthracène purifié par les procédés de M. Anderson; je les ai reproduites récemment avec l'anthracène absolument pur.

En opérant avec de l'anthracène purifié par les procédés de M. Anderson, et mis en présence de 20 parties seulement d'hydracide à 280 degrés, j'ai obtenu :

1° Une quantité considérable de toluène, produit principal, engendré par dédoublement,

$$\underbrace{C^{14}H^{10}}_{\text{Anthracène.}} + 3\,H^2 = \underbrace{2\,C^7H^8}_{\text{Toluène.}};$$

2° Une trace de benzine

$$\underbrace{C^{14}H^{10}}_{\text{Anthracène.}} + 4\,H^2 = \underbrace{2\,C^6H^6}_{\text{Benzine.}} + \underbrace{C^2H^6}_{\substack{\text{Hydrure}\\ \text{d'éthylène.}}};$$

3° Et une petite quantité d'un carbure liquide, offrant les propriétés d'un hydrure d'anthracène, $C^{14}H^{14}$.

Ces diverses expériences confirment, par voie d'analyse, les résultats relatifs à la formation de l'anthracène, soit au moyen du toluène décomposé par la chaleur, soit au moyen de la benzine et de l'éthylène, expériences que j'ai relatées plus haut. Elles

______

([1]) *D'après les observations ultérieures, il faut ajouter à ces corps des hydrures cycliques moins hydrogénés.

concourent ainsi à fixer d'une manière définitive la vraie formule et la constitution véritable de l'anthracène.

$$\underbrace{C^{14}H^{10}}_{\text{Anthracène.}} = \underbrace{C^2H^2[C^6H^4(C^6H^4)]}_{\text{Acétylodiphénylène.}}$$

Tels sont les résultats fournis par l'étude de l'anthracène. J'ai développé ces résultats avec le plus grand soin, parce que ce carbure me paraît être le point de départ de toute une série de nouveaux carbures qui en dérivent.

En effet, l'examen des produits successifs obtenus dans la distillation de l'anthracène brut montre que ladite substance est un mélange et qu'elle fournit toute une série de carbures, volatils depuis 300 jusqu'à 400 degrés et au-dessus. Les apparences de tous ces carbures sont à peu près les mêmes, ainsi que celles de leurs solutions alcooliques et de leurs combinaisons picriques. Traités par l'alcool, ces corps se séparent en divers produits, inégalement fusibles, solubles et volatils. Tous ces résultats concourent à indiquer l'existence de mélanges, sans doute fort complexes, et comparables à ceux qui constituent les homologues de la benzine dans les huiles légères de houille. Je suis porté à admettre de même l'existence des homologues de l'anthracène ([1]) dans le goudron de houille :

$$C^{14}H^{10} + n\,CH^2.$$

La paranaphtaline, étudiée autrefois par M. Dumas, corps fusible vers 180 degrés, et représenté par lui par une formule équivalente à

$$C^{15}H^{12},$$

formule que je propose d'écrire de la manière suivante :

$$C^{14}H^8(CH^4),$$

la paranaphtaline, dis-je, représenterait le second terme de la série (méthylanthracène).

Le rétène, corps fusible à 95 degrés et représenté par la formule

$$C^{18}H^{18} = C^{14}H^{10} + 4\,CH^2,$$

serait le cinquième terme de la série.

([1]) Ces prévisions ont été vérifiées depuis par la découverte des méthylanthracènes dans le goudron de houille.

On peut même préciser davantage la génération théorique de ces carbures et indiquer par quelles méthodes synthétiques leur formation pourra être obtenue : il suffit de se reporter à la génération de l'anthracène au moyen du toluène. Deux molécules de toluène se soudent en effet, en perdant de l'hydrogène, pour constituer l'anthracène :

$$\left. \begin{array}{l} C^7H^8 \\ C^7H^8 \end{array} \right\} - 3H^2 = C^{14}H^{10} = C^2H^2[C^6H^4(C^6H^4)].$$

De même 2 molécules de xylène doivent engendrer le carbure $C^{16}H^{14}$.

$$\left. \begin{array}{l} C^8H^{10} \\ C^8H^{10} \end{array} \right\} - 3H^2 = C^{16}H^{14} = C^2H^2[C^7H^6(C^7H^6)].$$

De même encore un carbure (rétène ou isomère)

$$C^{18}H^{18} = C^2H^2[C^8H^8(C^8H^8)]$$

dérivera de 2 molécules de cumolène (ou de ses isomères), C^9H^{12}, etc.

Enfin deux carbures distincts de la série benzénique doivent s'associer, pour constituer les termes homologues intermédiaires, tels que les suivants :

$$\left. \begin{array}{l} C^7H^8 \\ C^8H^{10} \end{array} \right\} - 3H^2 = C^{15}H^{12} = C^2H^2[C^6H^4(C^7H^6)],$$

$$\left. \begin{array}{l} C^7H^8 \\ C^9H^{12} \end{array} \right\} - 3H^2 = C^{16}H^{14} = C^2H^2[C^6H^4(C^8H^8)],$$

$$\left. \begin{array}{l} C^7H^8 \\ C^{10}H^{14} \end{array} \right\} - 3H^2 = C^{17}H^{16} = C^2H^2[C^7H^6(C^8H^8)].$$

Il faudrait encore joindre à cette liste les dérivés des métamères des carbures benzéniques (ortho, para, méta), ainsi que les dérivés de l'éthylbenzine, de l'éthyltoluène, etc.

On aperçoit ici l'existence d'une multitude de carbures pyrogénés, engendrés en vertu de certaines lois générales, qui sont celles de l'action réciproque des carbures d'hydrogène : tous ces carbures répondent au même type que l'anthracène, et, par une filiation plus éloignée, au même type que l'acétylène :

$$\left. \begin{array}{l} CH^4 \\ CH^4 \end{array} \right\} - 3H^2 = C^2H^2.$$

La complexité des carbures du goudron de houille est donc facile à concevoir.

Ce n'est pas tout : quelques-uns des carbures contenus dans l'anthracène brut représentent probablement des corps dérivés de la benzine, de l'anthracène lui-même et des autres corps pyrogénés déjà connus, par condensation et combinaison réciproque, accompagnée de fixation ou d'élimination d'hydrogène, mais suivant les rapports différents de ceux qui président à la formation de l'anthracène et des homologues. Plusieurs de ces corps seraient des hydrures de la série anthracénique. Il est facile de reconnaître qu'un certain nombre de ces carbures doivent offrir des relations de métamérie remarquables. Je me bornerai à en citer uu seul exemple : la formule $C^{18}H^{12}$ représente une série de métamères tels que :

1° Le *triphénylène*, dérivé de la benzine seule

$$C^6H^4[C^{16}H^4(C^6H^4)],$$

et dont j'ai décrit la formation ([1]) et les métamorphoses ([2]);

2° L'*acétylophénylonaphtène*, dérivé de l'acétylène, de la benzine et de la naphtaline

$$C^2H^2[C^6H^4(C^{10}H^6)];$$

3° La *diacétylanthracène*, dérivé de l'acétylène et de l'anthracène

$$C^2H^2[C^2H^2(C^{14}H^8)];$$

etc., etc.

L'existence de tous ces corps paraît d'ailleurs probable, et leur mode de formation est indiqué par leur formule même.

Sans insister davantage sur les nombreux carbures dont le point d'ébullition, supérieur à celui du mercure, et la faible solubilité dans les dissolvants rendent l'étude et la séparation fort difficiles, je vais maintenant parler de deux nouveaux carbures cristallisés, que j'ai découverts dans le goudron de houille, et dont la volatilité est comprise entre celle de la naphtaline et celle de l'anthracène : je veux dire le fluorène et l'acénaphtène. Le dernier de ces carbures est surtout remarquable; il peut être reproduit par synthèse, et son étude fournit de nouvelles preuves à l'appui de la théorie des actions réciproques entre les carbures d'hydrogène.

([1]) *Annales*, 4° série, t. IX, p. 457. — Ce Volume, p. 20.
([2]) *Voir* le présent Volume, p. 92, 94, 96, 98 et suivantes.

V. — **Fluorène** $C^{13}H^{10}$.

Le fluorène est un carbure cristallisé, contenu dans l'anthracène brut et dans les huiles lourdes du goudron de houille.

1. *Préparation.* — On peut extraire le fluorène de l'anthracène brut par des distillations fractionnées, dirigées de façon à isoler le produit définitivement volatil entre 300 et 310 degrés ; on fait ensuite recristalliser ce dernier corps à plusieurs reprises dans l'alcool. Au lieu d'opérer ainsi, j'ai trouvé préférable de retirer le fluorène des huiles lourdes, lesquelles jouent dans sa purification le rôle d'un premier dissolvant. Au surplus, voici la suite des diverses opérations qui conduisent à isoler le fluorène :

1° On opère sur les huiles lourdes, après les avoir séparées par essorage de la naphtaline et de l'anthracène bruts, et l'on distille ces huiles dans une cornue munie d'un thermomètre, en fractionnant les produits. On recueille séparément ce qui passe la première fois entre 300 et 350 degrés, et l'on soumet ce liquide à une nouvelle rectification, en recueillant ce qui passe cette fois entre 300 et 340 degrés. Le nouveau liquide, abandonné au repos, ne tarde pas à déposer une matière solide et cristalline.

2° Au bout de quelques jours, on jette le tout sur un filtre et on laisse égoutter la masse ; puis on la place entre des papiers buvards, renouvelés à plusieurs reprises, de façon à absorber le liquide, et l'on termine en comprimant la substance, jusqu'à ce que les papiers buvards ne soient plus tachés.

3° On introduit alors la substance solide dans une cornue et on la distille avec un thermomètre ; on recueille séparément ce qui passe entre 300 et 305 degrés.

4° On fait recristalliser le produit dans l'alcool bouillant : le fluorène se dépose sous la forme d'une substance blanche, lamelleuse, fusible à 112 degrés, très fluorescente. Cependant le fluorène ainsi obtenu n'est pas encore tout à fait pur : il renferme un corps oxygéné, dont la séparation complète est extrêmement difficile.

5° Pour réaliser cette séparation, on redistille le fluorène obtenu précédemment, et l'on recueille ce qui passe vers 300 degrés.

6° Enfin on fait recristalliser une dernière fois le produit dans l'alcool.

2. *Propriétés physiques.* — Le fluorène ainsi préparé est un beau

corps blanc, lamelleux ; il est doué d'une magnifique fluorescence violette, bien plus prononcée que celle de l'anthracène. Il possède une odeur pénétrante, fade et douceâtre, en même temps que pénible à respirer. Cette odeur est facile à discerner parmi celles des vapeurs exhalées par les chaudières dans lesquelles on refond le bitume destiné aux trottoirs.

Le fluorène fond à 113 degrés et bout vers 305 degrés (température corrigée). Ces deux nombres établissent une différence décisive entre le fluorène et tous les carbures connus.

Placé au fond d'une fiole que l'on chauffe au bain-marie, il se sublime très lentement, sous la forme de petites masses grenues ; caractère qui le distingue de l'anthracène. Il est assez soluble dans l'alcool bouillant, mais peu soluble dans l'alcool froid.

3. *Réactions générales.* — L'*acide sulfurique* fumant et même l'acide sulfurique ordinaire dissolvent le fluorène, avec le concours d'une douce chaleur, et en prenant une coloration verte. Cette solution peut être étendue d'eau sans rien précipiter ; elle renferme un acide fluorèno-sulfurique. La coloration verte paraît due à la présence d'une trace de composés nitreux ; car il suffit d'une petite quantité d'acide nitrique pour l'exalter et la faire passer à une belle nuance violacée.

L'*acide nitrique fumant* attaque violemment le fluorène et le dissout, en formant divers composés nitrés fort altérables et qui se précipitent par refroidissement. Ces composés, dissous dans l'huile légère de houille et mélangés avec l'anthracène sous le microscope, fournissent des aiguilles spécifiques, d'une teinte orangé marron.

Le fluorène, chauffé avec l'*iode* à feu nu, est attaqué avec dégagement d'acide iodhydrique et formation d'un produit charbonneux. Le même dérivé polymérique prend déjà naissance au bain-marie. Toutefois le fluorène est moins altérable dans ces conditions que l'anthracène.

Le *brome* attaque immédiatement le fluorène, avec dégagement d'acide bromhydrique et production de composés bromés.

Le fluorène fondu est attaqué par le *potassium*, avec formation d'un composé noir. Au contraire, le *sodium* paraît sans action sur lui. Toutefois, il est difficile d'obtenir un échantillon de fluorène absolument inaltérable par le sodium, en raison de la présence du corps oxygéné déjà signalé.

4. *Réactifs nitrés spéciaux.* — Le fluorène, dissous à chaud dans une solution alcoolique d'acide picrique saturée à froid, se dépose presque inaltéré pendant le refroidissement. Mais si l'on abandonne le tout à l'évaporation spontanée, il se forme peu à peu un picrate de fluorène, en belles aiguilles rouges. Ce picrate, une fois formé, est décomposé très facilement par un excès d'alcool en fluorène et acide picrique.

On obtient le même composé en dissolvant ensemble le fluorène et l'acide picrique dans une petite quantité d'huile légère de houille : la liqueur se colore aussitôt en rouge et laisse déposer les aiguilles de picrate, en se refroidissant. Ce picrate est fort soluble dans l'huile de houille, circonstance dont il faut tenir compte dans sa préparation.

L'oxanthracène binitré fournit avec le fluorène des lamelles rhomboïdales spécifiques, jaunes, avec une nuance brunâtre, mais qui présentent une teinte marron lorsqu'on les voit par la tranche. La même teinte s'observe à l'œil nu, lorsqu'on laisse la masse s'évaporer à sec sur une lame de verre. C'est là une réaction caractéristique du fluorène.

5. *Composition.* — Les analyses ont fourni pour le fluorène pur des nombres voisins de 94,0 de carbone et de 6,2 d'hydrogène ; ce qui répond à la formule $C^{13}H^{10}$. Je n'ai pas eu d'ailleurs ce carbure à ma disposition en quantité suffisante pour étudier convenablement ses dérivés ([1]).

Cependant le fluorène me semble être un carbure de quelque importance. Non seulement il existe dans le goudron de houille ; mais il se produit dans la décomposition du rétène par la chaleur (p. 59) et dans quelques autres réactions pyrogénées. Le fluorène doit être engendré par quelque réaction régulière, exécutée sur des carbures plus simples, et à la façon de l'acénaphtène et de l'anthracène. Mais je préfère m'abstenir de toute hypothèse prématurée sur sa constitution.

VI. — Acénaphtène ou acétylonaphtaline, $C^{12}H^{10}$.

L'acénaphtène est un magnifique carbure cristallisé, qui se trouve dans le goudron de houille et qui peut être formé synthé-

---

([1]) M. Barbier, l'un de mes élèves, en a repris depuis et approfondi l'étude : *Ann. de Chim. et de Phys.*, 3ᵉ série, t. VII, p. 479 ; 1876.

tiquement par la réaction de la naphtaline sur l'éthylène :

$$C^{10}H^8 \;+\; C^2H^4 \;=\; C^{12}H^{10} \;+\; H^2.$$

Naphtaline.   Éthylène.   Acénaphtène.

Il se produit aussi (p. 164) par la réaction directe de la naphtaline sur l'acétylène ([1]).

L'acénaphtène prend encore naissance, mais en vertu de réactions secondaires qui dérivent de la précédente, dans la réaction de la benzine sur l'éthylène (*voir* p. 75 et 80) et dans la réaction de la benzine sur l'acétylène ([2]).

J'exposerai d'abord la préparation de l'acénaphtène, puis ses propriétés physiques et chimiques ; j'examinerai ensuite les composés qui résultent de son action sur l'acide picrique, sur le brome, sur l'acide nitrique, etc.; enfin je développerai quelques considérations théoriques relatives à la constitution de l'acénaphtène.

1. *Préparation.* — Voici comment on prépare l'acénaphtène au moyen du goudron de houille :

1° On prend des huiles lourdes, après les avoir séparées par essorage de la naphtaline et de l'anthracène, et on les distille, en recueillant séparément ce qui passe entre 260 et 300 degrés, puis entre 300 et 340 degrés.

On reprend chacun de ces liquides et on le redistille, en mettant à part ce qui passe la seconde fois entre 270 et 290 degrés.

Ce nouveau liquide, abandonné au repos, ne tarde pas à déposer une grande quantité de cristaux, sous la forme de longs et gros prismes, durs et transparents, dont l'aspect ne saurait être confondu avec aucun autre carbure ou composé quelconque extrait du goudron de houille. On isole ces cristaux par décantation. Leur eau mère, soumise à une nouvelle distillation fractionnée, puis refroidie, en fournit une nouvelle proportion.

2° On réunit le tout, on met la masse à égoutter sur du papier buvard, sans la presser, mais en renouvelant le papier jusqu'à ce qu'il cesse absolument d'être taché.

3° A ce moment, on fait dissoudre le produit dans 10 ou 15 fois

---

([1]) *Ann. de Chim. et de Phys.*, 4ᵉ série, t. IX, p. 467; 1866. — Ce Volume, p. 29.

([2]) Je crois pouvoir identifier avec l'acénaphtène le carbure cristallisé en aiguilles que j'ai observé dans cette réaction (*Ann. de Chim. et de Phys.*, 4ᵉ série, t. IX, p. 467; 1866). — Ce Volume, p. 29.

son poids d'alcool bouillant, et on laisse refroidir lentement la liqueur, en l'entourant d'eau tiède qui se refroidit simultanément. Le lendemain, on trouve dans le vase une magnifique cristallisation d'acénaphtène, en prismes aplatis, brillants et longs de plusieurs centimètres.

Les cristaux, décantés et égouttés sur du papier buvard, sont déjà suffisamment purs. Cependant, lorsqu'on veut les soumettre à l'analyse, il est utile de les faire recristalliser une fois de plus dans l'alcool.

20 litres de l'huile lourde définie ci-dessus ont fourni 200 grammes environ d'acénaphtène pur.

L'acénaphtène est aussi contenu dans les carbures solides qui se déposent au sein des huiles lourdes volatiles entre 300 et 340 degrés. Ces carbures solides, étant soumis à la distillation, fournissent d'abord une certaine quantité d'acénaphtène, mêlé de fluorène. L'acénaphtène se retrouve jusque dans les parties qui distillent d'abord entre 310 et 340 degrés. En faisant recristalliser ce mélange de carbures solides dans les huiles légères de houille, l'acénaphtène reste dans les eaux mères. Si l'on évapore celles-ci avec ménagement et de façon à obtenir une suite de cristallisations, on voit reparaître dans les dernières opérations les cristaux aiguillés de l'acénaphtène, avec toutes leurs propriétés fondamentales.

On peut encore faire apparaître l'acénaphtène, en soumettant toute la masse des carbures solides mélangés à une sublimation, dans une fiole dont le fond est chauffé à 100 degrés. Les belles aiguilles de l'acénaphtène, plus volatiles que le fluorène et que l'anthracène, vont se déposer dans le col de la fiole.

Enfin, l'acénaphtène peut être manifesté sans aucun traitement dans les carbures solides qui passent entre 310 et 340 degrés. En effet, l'acénaphtène possède la singulière propriété de se séparer par efflorescence des produits pyrogénés plus ou moins pâteux, avec lesquels il peut se trouver mélangé. En raison de cette propriété, les carbures solides qui ont passé entre 310 et 340 degrés, lesquels renferment toujours quelques traces d'huiles lourdes, se couvrent, au bout de quelques jours, d'une efflorescence, formée par de longs prismes incolores, brillants, aplatis, aiguillés, tout semblables à l'acide benzoïque sublimé. Il est facile, avec un peu de patience, de trier à l'aide d'une pince un certain nombre de ces cristaux et de vérifier sur eux les propriétés physiques et les réactions de l'acénaphtène.

2. *Synthèse de l'acénaphtène.* — J'ai formé l'acénaphtène synthétiquement, en faisant passer dans un tube de porcelaine chauffé au rouge vif un mélange d'éthylène et de vapeur de naphtaline.

Voici comment on extrait l'acénaphtène obtenu daus cette circonstance :

On distille les produits de la réaction, dans une cornue tubulée munie d'un thermomètre, et l'on rejette d'abord tout ce qui passe jusqu'à 250 degrés : c'est de la naphtaline inaltérée. Entre 250 et 300 degrés, il passe un mélange de naphtaline et d'acénaphtène. Entre 300 et 360 degrés distille l'acénaphtène, mélangé avec quelques carbures plus condensés. On reprend séparément les deux derniers produits et on les redistille, en recueillant cette fois ce qui passe entre 270 et 300 degrés. C'est de l'acénaphtène, retenant encore un peu de produits étrangers.

On le fait recristalliser à une ou deux reprises dans l'alcool, jusqu'à ce qu'il se manifeste avec toutes ses propriétés.

Le produit demeuré dans la cornue à 300 degrés, lors de la deuxième distillation, fournit encore de l'acénaphtène, quand on le soumet à la sublimation, en le plaçant dans une fiole dont le fond est chauffé à 100 degrés. L'acénaphtène se manifeste également à froid dans ce produit par efflorescence spontanée, conformément à ce qui vient d'être dit tout à l'heure.

3. *Formule.* — La formule de l'acénaphtène peut être établie d'après son analyse et celle de son composé picrique.

L'acénaphtène a fourni à l'analyse les nombres que voici :

$$
\begin{array}{lr}
C\dotfill & 93,5 \\
H\dotfill & 6,6 \\
\hline
& 100,1
\end{array}
$$

La formule $C^{12}H^{10}$ exige :

$$
\begin{array}{lr}
C\dotfill & 93,5 \\
H\dotfill & 6,5 \\
\hline
& 100,0
\end{array}
$$

Ce carbure se combine avec l'acide picrique en formant un beau picrate cristallisé (*voir* p. 166). Ce composé a fourni à l'analyse :

$$
\begin{array}{lr}
C\dotfill & 56,9 \\
H\dotfill & 3,4
\end{array}
$$

La formule $C^{12}H^{10}.C^6H^3(AzO^2)^3O$ exige :

$$C\dots\dots\dots\dots\dots\dots\dots\dots\dots\dots\dots\dots\dots\dots\ 56,4$$
$$H\dots\dots\dots\dots\dots\dots\dots\dots\dots\dots\dots\dots\dots\dots\ 3,4$$

Le même picrate, dédoublé par l'ammoniaque aqueuse, a fourni :

$$\text{Carbure}\dots\dots\dots\dots\dots\dots\dots\dots\dots\dots\ 40,2$$
$$\text{Acide picrique}\dots\dots\dots\dots\dots\dots\dots\ 60,2$$
$$\overline{\phantom{\text{Acide picrique}\dots\dots}\ 100,4}$$

La formule exige :

$$\text{Carbure}\dots\dots\dots\dots\dots\dots\dots\dots\dots\ 40,2$$
$$\text{Acide picrique}\dots\dots\dots\dots\dots\dots\dots\ 59,8$$
$$\overline{\phantom{\text{Acide picrique}\dots\dots}\ 100,0}$$

La formule $C^{12}H^{10}$ est d'ailleurs corroborée par l'analyse de l'acénaphtène nitré et par celle du bromure d'acénaphtène (*voir* plus loin).

Cette même formule pourrait encore être conclue de la synthèse de l'acénaphtène au moyen de la naphtaline et de l'éthylène, synthèse que j'ai voulu rappeler par le nom d'*acétylonaphtaline* ou, pour abréger, *acénaphtène*.

Il résulte de cette formule que l'acénaphtène est un isomère du diphényle. Mais la constitution de ces deux carbures est bien différente, comme le prouvent leur synthèse et leurs réactions. Je montrerai plus loin que les constitutions comparées du diphényle et de l'acénaphtène peuvent être prévues et exprimées par la théorie des corps aromatiques, telle que je l'ai formulée dans le Tome I, p. 92.

4. *Propriétés physiques.* — L'acénaphtène affecte la forme de beaux prismes incolores, brillants, aiguillés et aplatis, terminés aux deux bouts par un double biseau. Telle est sa forme lorsqu'on l'obtient par cristallisation alcoolique, ou par sublimation. Dans les huiles lourdes, il se sépare également en beaux prismes incolores, mais durs et cassants à la manière du sulfate de soude, et beaucoup plus volumineux que lorsque le carbure cristallise dans l'alcool.

Son odeur est analogue à celle de la naphtaline, quoique plus faible et moins aromatique.

La densité de l'acénaphtène, soit solide, soit fondu, est plus grande que celle de l'eau à la même température.

L'acénaphtène fond un peu au-dessous de 100 degrés et se solidifie par le refroidissement en une masse cristalline et aciculaire. Un thermomètre plongé dans la masse fondue remonte à 93 degrés et s'y maintient stationnaire pendant toute la durée de la solidification.

L'acénaphtène bout et distille entre 284 et 285 degrés (température corrigée). Maintenu vers 280 degrés, dans un tube scellé, pendant une douzaine d'heures, il n'éprouve aucune altération.

Il est très soluble dans l'alcool ordinaire bouillant; mais la solution refroidie ne retient guère qu'un centième de son poids d'acénaphtène en dissolution.

5. *Réactions avec les composés nitrés.* — Les solutions alcooliques d'acénaphtène et d'acide picrique, saturées à la température de 20 à 25 degrés, laissent déposer par leur mélange le picrate d'acénaphtène en belles aiguilles rouge orangé. On obtient également ce composé en dissolvant à chaud dans l'alcool l'acide et le carbure à équivalents égaux et en laissant refroidir la liqueur.

Le picrate obtenu dans ces conditions se présente en grandes lamelles prismatiques, rouge orangé, mal terminées, semblables au composé bien connu que l'acide chromique forme avec le chlorure de potassium. Ce corps est décomposé immédiatement et à froid par l'ammoniaque aqueuse. On a donné plus haut l'analyse de ce composé.

L'oxanthracène binitré forme également avec l'acénaphtène un composé très caractéristique, qui se sépare sous la forme de jolies aiguilles rouges, vers la fin de l'évaporation du dissolvant.

6. *Réactions générales.* — *Acide sulfurique.* — L'acide sulfurique fumant et même l'acide sulfurique ordinaire dissolvent aisément l'acénaphtène, avec le concours d'une douce chaleur. La solution est presque incolore. Étendue d'eau, elle ne fournit aucun précipité. La liqueur renferme alors de l'acide acénaphténo-sulfonique. Saturée par du carbonate de baryte ou par du carbonate de plomb, elle fournit des acénaphténo-sulfonates, extrêmement solubles dans l'eau, et que je n'ai pas réussi à amener à cristalliser d'une manière définie. Le sel de cuivre est vert; il offre un aspect micacé et chatoyant fort agréable; mais il n'a pu être amené davantage à une cristallisation nette.

Si l'on ajoute une trace d'acide nitrique à la solution sulfurique d'acénaphtène, cette solution se colore en vert; par une dose un peu plus forte, mais toujours très faible, la liqueur devient d'un bleu intense. Un léger excès d'acide nitrique fait disparaître cette coloration.

7. *Acide nitrique.* — L'acide nitrique fumant attaque l'acénaphtène avec le bruissement d'un fer rouge plongé dans l'eau : la masse brunit, puis se décolore, en même temps que le carbure demeure en dissolution. Si l'on a soin de refroidir convenablement, il n'y a point dégagement de vapeur nitreuse dans cette réaction. En continuant alors à saturer l'acide avec le carbure et en broyant le mélange dans un mortier tant que le carbure se dissout, la matière abandonnée à elle-même ne tarde pas à se prendre en une masse cristalline d'un brun jaunâtre. J'ai égoutté cette masse sur une brique et je l'ai traitée par les dissolvants. Elle était presque insoluble dans l'alcool ordinaire, même bouillant, très peu soluble dans l'éther, assez soluble, au contraire, dans les huiles légères de houilles bouillantes. Par le refroidissement de cette dernière dissolution, il s'est déposé de fins cristaux jaunes, ou plutôt brun jaune, aciculaires, assemblés autour d'un centre commun.

Ces cristaux constituent l'acénaphtène binitré. Ils ont fourni à l'analyse :

$$
\begin{aligned}
&\text{C} \dots\dots\dots\dots\dots\dots\dots\dots\dots\dots\dots\ 58,0\\
&\text{H} \dots\dots\dots\dots\dots\dots\dots\dots\dots\dots\dots\ 3,6
\end{aligned}
$$

La formule $C^{12}H^8(AzO^2)^2$ exige :

$$
\begin{aligned}
&\text{C} \dots\dots\dots\dots\dots\dots\dots\dots\dots\dots\ 58,9\\
&\text{H} \dots\dots\dots\dots\dots\dots\dots\dots\dots\dots\ 3,3
\end{aligned}
$$

L'acénaphtène binitré, soumis à l'action de la chaleur, noircit et se détruit, sans se sublimer en proportion sensible, mais avec formation de charbon, de vapeur nitreuse, etc. Bouilli avec une solution alcaline, il brunit et est décomposé.

La solution d'acénaphtène binitré dans les huiles légères de houille, mélangée avec l'anthracène, sous le microscope, fournit des aiguilles jaunes en forme de fer de lance.

La même solution d'acénaphtène binitré produit aussi, avec l'acénaphtène lui-même, un composé jaune, grenu, d'apparence rhomboïdale, mais très soluble et qui se manifeste seulement vers la fin de l'opération; précisément comme les aiguilles rouges formées par la combinaison de l'acénaphtène avec le réactif anthra-céno-nitré.

Les eaux mères de l'acénaphtène binitré, abandonnées à l'évaporation spontanée, déposent d'abord des cristaux formés par ce même acénaphtène binitré; puis elles fournissent de nouveaux cristaux, d'un aspect tout différent, beaucoup plus bruns, formés de petites aiguilles assemblées en masses sphéroïdales, de la grosseur d'une tête d'épingle. Il est très facile de séparer ces petites masses de la dernière eau mère, par un triage convenable. Elles ont fourni à l'analyse les nombres suivants :

$$C \dotfill 54,1$$
$$H \dotfill 3,4$$

On peut représenter cette composition par une combinaison définie d'acénaphtène mononitré et d'acénaphtène binitré,

$$C^{12}H^8(AzO^2)^2 + C^{12}H^9(AzO^2),$$

laquelle exige :

$$C \dotfill 54,4$$
$$H \dotfill 2,9$$

Ce composé me paraît être du même genre que celui que l'acénaphtène binitré forme directement avec l'acénaphtène, comme il vient d'être dit.

8. *Métaux alcalins.* — Le sodium est sans action, dans les conditions ordinaires, sur l'acénaphtène : les globules de ce métal flottent et se promènent dans l'acénaphtène fondu et porté à l'ébullition, sans donner de signe d'attaque.

Au contraire, le potassium réagit vivement sur l'acénaphtène fondu, en dégageant de l'hydrogène pur et formant de l'acénaphtène potassé, $C^{12}H^9K$, sous l'aspect d'un composé noir, insoluble dans tous les dissolvants, décomposable par l'eau avec reproduction du carbure.

Les alcalis dissous soit dans l'eau, soit dans l'alcool, n'agissent pas sur l'acénaphtène.

9. *Brome.* — Le brome attaque violemment l'acénaphtène, avec bruissement et dégagement d'acide bromhydrique.

Pour modérer l'action, j'ai dissous le carbure dans l'éther et ajouté du brome peu à peu, jusqu'à coloration notable. Comme la liqueur ne déposait rien par simple refroidissement, je l'ai abandonnée à l'évaporation spontanée. Elle a laissé une huile épaisse, dans laquelle se sont développés peu à peu quelques cristaux lamelleux. Ces cristaux, égouttés et exprimés autant que possible, ont fourni des nombres voisins de la formule de l'acénaphtène monobromé, $C^{12}H^9Br$.

On obtient des résultats plus nets, en dissolvant l'acénaphtène dans les parties les plus volatiles de l'huile de pétrole américaine (hydrure d'hexyle et analogues). Le brome agit sur l'acénaphtène dissous dans ce liquide, avec vif dégagement de chaleur et production d'une certaine quantité d'acide bromhydrique. Cependant, en refroidissant la liqueur et en ajoutant peu à peu un excès de brome, c'est-à-dire 4 parties de brome environ pour 1 partie de carbure, on obtient un bromure d'acénaphtène proprement dit, $C^{12}H^{10}Br^6$.

Ce composé se décompose spontanément dans la liqueur, sous la forme de petits grains blancs, très peu solubles, tandis qu'il reste en dissolution un corps liquide, formé par substitution.

On isole par décantation les grains blancs. Ils sont presque insolubles dans l'alcool ordinaire, même bouillant; très solubles, au contraire, dans les huiles légères de houille. Le dissolvant le plus convenable est l'alcool absolu bouillant, lequel dépose le bromure pendant le refroidissement, sous la forme de fines aiguilles légères et incolores. Ces aiguilles renferment :

$$C\dots\dots\dots\dots\dots\dots\dots\dots 23,4$$
$$H\dots\dots\dots\dots\dots\dots\dots\dots 1,6$$

La formule $C^{12}H^{10}Br^6$ exige :

$$C\dots\dots\dots\dots\dots\dots\dots\dots 22,7$$
$$H\dots\dots\dots\dots\dots\dots\dots\dots 1,6$$

10. *Iode.* — L'acénaphtène, chauffé avec l'iode, à feu nu et jusqu'à l'ébullition, dégage de l'acide iodhydrique en abondance et laisse une matière charbonneuse.

Le mélange du carbure et de l'iode, chauffé au bain-marie pendant quelque temps, donne naissance à un composé brun, liquide, que l'acide sulfureux prive de l'excès d'iode libre qu'il renferme, sans cependant le décolorer. L'alcool bouillant enlève à la substance déjà traitée par l'acide sulfureux l'excès d'acénaphtène inaltéré qu'elle contient, et il reste une matière brune, visqueuse, presque insoluble dans l'alcool; laquelle représente soit un polymère de l'acénaphtène, soit tout au moins un dérivé polymérique dudit carbure.

Il résulte de ces faits que l'acénaphtène se comporte à l'égard de l'iode comme le styrolène (*voir* t. I, p. 112), c'est-à-dire qu'il offre une certaine tendance à être changé en polymère, sous l'influence de ce corps simple. Seulement, l'acénaphtène résiste bien mieux que le styrolène.

Le rôle d'agent modificateur, que l'iode manifeste à l'égard de l'acénaphtène et de divers autres carbures pyrogénés, rappelle les actions analogues que l'iode exerce à l'égard du phosphore et du soufre : en effet, ces éléments sont changés par l'iode, l'un en phosphore rouge, l'autre en soufre insoluble ([1]).

L'action de l'iode mérite d'autant plus d'être remarquée qu'elle ne saurait être rapprochée complètement de celle de l'acide sulfurique. A la vérité, le styrolène et le térébenthène sont également changés en polymères par ces deux agents. Mais il existe certains carbures modifiables par l'acide sulfurique et qui résistent à l'iode : tels sont l'amylène et ses homologues supérieurs. Au contraire, divers carbures pyrogénés, tels que l'acénaphtène, l'anthracène, le fluorène, modifiables par l'iode, se combinent purement et simplement avec l'acide sulfurique.

11. *Hydracides.* — L'acide chlorhydrique et l'acide bromhydrique, en solutions aqueuses saturées à froid, n'attaquent pas l'acénaphtène, en tubes scellés, chauffés à 100 degrés.

L'acide iodhydrique, en solution aqueuse saturée, est également sans action à froid, même avec le concours d'un contact prolongé pendant plusieurs semaines.

Mais l'acide iodhydrique se comporte tout autrement, dès que l'on élève la température. En effet, cet hydracide exerce déjà une action réductrice notable à 100 degrés sur le carbure, avec mise à nu d'iode et formation d'un hydrure liquide et volatil vers 270 degrés.

Il est probable que cet hydrure répond à la formule $C^{12}H^{12}$:

$$\underbrace{C^{12}H^{10}}_{\text{Acénaphtène.}} + H^2 = \underbrace{C^{12}H^{12}}_{\substack{\text{Hydrure}\\ \text{d'acénaphtène.}}}.$$

Mais il renferme un excès d'acénaphtène inaltéré, et quelque

([1]) *Ann. de Chim. et de Phys.*, 3ᵉ série, t. XLIX, p. 454; 1857.

peu d'un composé iodé, circonstances qui m'ont empêché d'en déterminer la formule avec certitude. Ce corps se dissout entièrement dans l'acide sulfurique fumant et dans l'acide nitrique fumant.

En même temps que l'hydrure d'acénaphtène prend ainsi naissance à 100 degrés, une proportion considérable du carbure primitif est changée en un polymère visqueux, presque solide, doué d'une fluorescence verte, et qui ne distille pas encore à 360 degrés. Ce dernier corps résulte sans doute de l'action modificatrice exercée sur l'acénaphtène par l'iode, mis à nu dans le cours de la réaction hydrogénante.

J'ai également étudié l'action de l'acide iodhydrique sur l'acénaphtène à une plus haute température. En opérant à 280 degrés, avec 1 partie de carbure et 20 parties d'une solution aqueuse d'acide iodhydrique saturée à froid, il se forme divers carbures plus hydrogénés. Le corps principal est l'hydrure de naphtaline, $C^{10}H^{10}$, qui bout vers 200 à 205 degrés, et dont j'ai vérifié la composition et les principaux caractères :

$$C^{12}H^{10} + 3H^2 = C^{12}H^{10} + C^2H^6.$$

Acénaphtène.   Hydrure   Hydrure
de naphtaline.   d'éthylène.

Les gaz recueillis renferment une grande quantité d'hydrure d'éthyle, d'après leur analyse et conformément à l'équation ci-dessus.

J'ai aussi observé dans cette réaction la production d'un carbure liquide, volatil vers 260 degrés, et qui semble être un mélange de deux hydrures d'acénaphtène, $C^{12}H^{12}$ et $C^{12}H^{14}$.

Ce dernier mélange se dissout dans l'acide sulfurique fumant, en formant un composé soluble dans l'eau. L'acide nitrique le dissout également, sans dégagement de vapeur nitreuse, et en formant un composé liquide. Le brome l'attaque avec dégagement d'acide bromhydrique. Enfin, le même liquide hydrocarboné, dissous dans une solution alcoolique d'acide picrique, fournit vers la fin de l'évaporation de fines aiguilles orangées, correspondantes à un composé spécial, distinct de celui de l'acénaphtène.

Tels sont les produits obtenus en présence de 20 parties d'acide iodhydrique en solution aqueuse saturée. Un peu de charbon prend aussi naissance, comme il arrive en général en présence de 20 parties d'hydracide. La quantité d'iode mise à nu a été dosée au moyen d'une dissolution titrée d'acide sulfureux. Elle répond à 5 équivalents d'hydrogène pour 1 équivalent de carbure, ce qui s'accorde avec la prédominance de l'hydrure de naphtaline et l'existence simultanée de carbures formés en vertu d'une hydrogénation moins avancée.

En présence d'un grand excès d'acide iodhydrique (80 parties d'hydracide en solution aqueuse saturée à froid pour 1 de carbure), et en opérant à 280 degrés, l'hydrogénation devient à peu près complète. Cependant on observe encore quelque trace de matière bitumineuse. Les gaz, beaucoup plus abondants cette fois que dans la réaction précédente, sont constitués par de l'hydrogène, mêlé avec une certaine quantité d'hydrure d'éthyle.

Deux séries de distillations fractionnées des carbures formés dans cette réaction m'ont permis d'obtenir :

1° L'hydrure de décyle, produit principal qui bout vers 160 degrés :

$$C^{12}H^{10} + 9H^2 = C^{10}H^{22} + C^2H^6 ;$$

Acénaphtène.   Hydrure de décyle.   Hydrure d'éthyle.

2° L'hydrure d'octyle, moins abondant, volatil entre 115 et 120 degrés :

$$C^{12}H^{10} + 10H^2 = C^8H^{18} + 2C^2H^6 ;$$

Acénaphtène.   Hydrure d'octyle.   Hydrure d'éthyle.

3° Une trace d'un carbure beaucoup plus volatil, sans doute l'hydrure d'hexyle, C^6H^{14} :

$$C^{12}H^{10} + 11H^2 = C^6H^{14} + 3C^2H^6 ;$$

Acénaphtène.   Hydrure d'hexyle.   Hydrure d'éthyle.

4° Un carbure forménique presque fixe, lequel ne distille pas encore à 360 degrés. Ce corps renferme quelques traces de carbures attaquables par les acides nitrique fumant et sulfurique fumant. Cependant la presque totalité de la matière résiste à ces réactifs. Ce corps représente sans doute un dérivé polymérique de l'acénaphtène, tel que le carbure $C^{24}H^{50}$.

Tels sont les résultats fournis par l'étude de l'acénaphtène. Discutons maintenant ces résultats, de façon à établir la constitution véritable de ce carbure.

La formation de l'acénaphtène en quantités considérables par la réaction directe de la naphthaline libre sur l'éthylène libre,

$$C^{10}H^8 + C^2H^4 = C^{12}H^{10} + H^2,$$

conduit à représenter ce carbure par la formule suivante :

$$C^2H^2(C^{10}H^8).$$

Acétylonaphtaline.

C'est donc un composé de naphtaline et d'acétylène.

Il joue à l'égard de la naphtaline le même rôle que le styrolène à l'égard de la benzine :

Styrolène.............................. $C^2H^2(C^6H^6)$
Acénaphtène........................... $C^2H^2(C^{10}H^8)$

La formule précédente s'accorde avec les dédoublements de l'acénaphtène. En effet, nous avons vu qu'il se dédouble en hydrure de naphtaline, $C^{10}H^{10}$, et en hydrure d'éthyle, C^2H^6, sous l'influence ménagée de l'acide iodhydrique. Sous une influence hydrogénante plus énergique, il reproduit les carbures saturés correspondants, $C^{10}H^{22}$ et C^2H^6, d'abord; puis, comme produits secondaires, l'hydrure d'octyle, C^8H^{18}, et les autres carbures forméniques qui résultent du dédoublement de la naphtaline [1].

La formule $C^2H^2(C^{10}H^8)$ permet de prévoir par analogie le point d'ébullition de l'acénaphtène. En effet, l'addition effective des éléments de l'acétylène, C^2H^2, élève en général le point d'ébullition d'un corps de 60 à 65 degrés, comme il résulte des exemples suivants :

La benzine...............	C^6H^6 bout à..............	80°	} 65 degrés.
Le styrolène.............	$C^8H^6 + C^4H^2$ bout à.......	145°	
Le styrolène.............	C^8H^8 bout à..............	145°	} 60 degrés.
L'hydrure de naphtaline...	$C^{10}H^8 + C^4H^2$ bout vers...	205°	
De même la naphtaline....	$C^{10}H^8$ bout à............	218°	} 66 degrés.
L'acénaphtène.............	$C^{10}H^8 + C^2H^2$ bout à......	284°	

Ces résultats précisent l'influence que l'addition des éléments acétyléniques exerce sur le point d'ébullition. Il est essentiel de

---

[1] *Comptes rendus*, t. LXIV, p. 788. — *En ménageant l'action, on obtiendrait sans doute toute une série d'hydrures intermédiaires entre les séries naphtalique, benzénique et forménique. *Voir* le Tome III du présent Ouvrage.

faire observer que de tels résultats s'appliquent seulement à une addition d'acétylène effective et réalisable par expérience, mais non à de simples relations de formules, indépendantes de la constitution des corps.

La formule $C^2H^2(C^{10}H^8)$ répond également aux réactions de l'acénaphtène. En effet, un tel carbure représente un composé incomplet, d'après la théorie générale déjà formulée (tome I, p. 93) :

$$
\begin{aligned}
&\text{Acétylène}\ldots\ldots\ldots\ldots\ldots\ldots\ldots\quad C^2H^2(-)(-)\\
&\text{Acénaphtène}\ldots\ldots\ldots\ldots\ldots\ldots\quad C^2H^2(C^{10}H^8)(-)
\end{aligned}
$$

Il doit donc jouer le rôle de composé incomplet du premier odre dans certaines réactions. Il jouera même le rôle de composé incomplet du troisième ordre, toutes les fois que les affinités propres de la naphtaline entreront en jeu, puisque la naphtaline représente un carbure incomplet du second ordre (*voir* tome I, p. 102). J'exprime cette constitution de l'acénaphtène par la formule suivante :

$$C^2H^2(C^{10}H^8 [-][-])(-).$$

Or, le caractère de composé incomplet qui appartient à l'acénaphtène se manifeste également dans la tendance à former des polymères que ce carbure présente sous l'influence de l'iode, tendance sur laquelle j'ai appelé plus haut l'attention.

Le même caractère se manifeste d'une manière plus précise dans la formation du bromure $C^{12}H^{10}Br^6$, composé dont la formule répond à celle d'un composé incomplet du troisième ordre, prévu par la théorie.

Ainsi donc les propriétés de l'acénaphtène conduisent à exprimer sa constitution par la formule rationnelle

$$C^2H^2(C^{10}H^8).$$

Une telle formule établit clairement la différence qui existe entre l'acénaphtène et le diphényle, carbure isomère, mais dérivé de 2 molécules de benzine, par substitution hydrogénée :

$$
\begin{aligned}
&\text{Benzine}\ldots\ldots\ldots\ldots\ldots\ldots\ldots\ldots\quad C^6H^4(H^2)\\
&\text{Diphényle}\ldots\ldots\ldots\ldots\ldots\ldots\ldots\ldots\quad C^6H^4(C^6H^6)
\end{aligned}
$$

Le diphényle, en effet, est un corps très différent de l'acénaphtène. Son point d'ébullition est moins élevé (vers 250 degrés), et le diphényle se dédouble tout autrement sous l'influence de l'acide iodhydrique ([1]). Le diphényle enfin, d'après la formule rationnelle qui précède, doit jouer en général le rôle de carbure relativement complet, caractère fort opposé à celui de l'acénaphtène.

Une remarque essentielle trouve ici sa place. Le diphényle et l'acénaphtène dérivent tous deux, en définitive, de 6 molécules d'acétylène, condensées avec perte d'hydrogène,

$$6\,C^2H^2 - H^2 = C^{12}H^{10}.$$

Mais la réunion des 6 molécules ne s'opère, dans aucun cas, d'un seul coup. En effet, la formation du diphényle résulte de la réunion préalable de 3 molécules d'acétylène en une seule, ce qui constitue la benzine; laquelle se soude ensuite avec le résidu d'une seconde molécule de benzine obtenue également d'un seul coup, et concourant à former le nouveau composé par la totalité de son carbone.

Au contraire, la formation de l'acénaphtène résulte de l'addition, par trois combinaisons échelonnées, du carbone de 3 molécules d'acétylène avec celui d'une première molécule de benzine. Ces trois nouvelles molécules sont ajoutées ainsi successivement à une molécule de benzine (styrolène-naphtaline-acénaphtène) et sans s'être combinées entre elles au préalable, contrairement à ce qui arrive dans le cas du diphényle. L'ordre relatif des combinaisons n'est donc pas le même dans la formation du diphényle et dans la formation de l'acénaphtène. C'est la connaissance de cet ordre relatif qui permet de prévoir avec précision la diversité des propriétés des corps résultants.

Au surplus, l'acénaphtène et le diphényle ne sont pas les seuls corps qui puissent répondre à la même formule, avec une constitution différente : les théories que je développe dans ce Volume sur la formation synthétique des carbures d'hydrogène permettent de concevoir l'existence d'une multitude de métamères de la même espèce. Il serait facile de les énumérer : mais je n'insiste pas.

Je me bornerai à faire observer que la présence de l'acénaphtène dans le goudron de houille et sa formation synthétique, au moyen de la naphtaline, fournissent de nouvelles preuves à l'appui des lois que j'ai énoncées comme présidant à l'action réciproque des carbures d'hydrogène. Joignons à ces faits la présence du styrolène, du cymène, de l'hydrure de naphtaline et celle des autres

---

([1]) *Comptes rendus,* t. LXIV, p. 787. — *Voir* le Tome III du présent Ouvrage.

carbures étudiés dans le présent Chapitre, et nous reconnaîtrons aussitôt que la grande complexité du goudron de houille est une conséquence nécessaire de la théorie générale des carbures pyro-génés.

Le goudron de houille a déjà fourni une multitude de corps intéressants, tant au point de vue de la théorie, qu'à celui des applications; je pense qu'il réserve encore bien des découvertes aux chimistes qui voudront l'étudier avec patience et en soumettant les produits qu'ils obtiendront au double contrôle des méthodes d'analyse par dédoublement et des méthodes de formation par synthèse. En effet, les réactions que j'ai décrites entre la benzine et l'éthylène sont évidemment le type d'une foule de réactions semblables, opérées d'abord entre ces mêmes carbures générateurs et les premiers produits de leurs transformations, tels que le sty-rolène, la naphtaline, le diphényle, l'anthracène, etc.; puis entre ces nouveaux carbures eux-mêmes, réagissant deux à deux, trois à trois, etc. Un nombre illimité de carbures définis prennent successivement naissance par cet enchaînement méthodique de réactions nécessaires.

CHAPITRE XIII.

TRANSFORMATION DE L'ÉTHYLNAPHTALINE EN ACÉNAPHTÈNE [1].

1. L'acénaphtène est un beau carbure cristallisé, obtenu synthétiquement [2], en faisant réagir au rouge l'éthylène et l'acétylène sur la naphtaline :

$$C^2H^2 + C^{10}H^8 = C^2H^2, C^{10}H^8;$$

il se rencontre aussi dans le goudron de houille. Il diffère par 2 équivalents d'hydrogène d'un autre carbure, l'éthylnaphtaline, préparé par MM. Fittig et Remsen, au moyen de la naphtaline bromée, de l'éther iodhydrique et du sodium. Ce dernier peut être représenté par l'association des éléments de l'éthylène avec ceux de la naphtaline

$$C^2H^4 . C^{10}H^8.$$

Nous avons pensé que l'éthylnaphtaline pourrait être changée en acénaphtène d'une manière directe, soit par voie humide, soit par voie pyrogénée, et nous avons réussi, en effet, à opérer cette transformation par les mêmes méthodes qui ont permis à l'un de nous d'opérer une transformation parallèle, celle de l'éthylbenzine en styrolène [3].

2. *Méthode pyrogénée.* — L'éthylnaphtaline, dirigée à travers un tube de porcelaine chauffé au rouge vif, s'y décompose entièrement,

---

[1] *Annales de Chimie et de Physique*, 4° série, t. XXIX, p. 570; 1873. — En collaboration avec M. BARDY.

[2] *Annales de Chimie et de Physique*, 4° série, t. XII, p. 226. — Ce Volume, p. 162 164.

[3] *Annales de Chimie et de Physique*, 4° série, t. XVI, p. 153. — Ce Volume, Chapitre suivant.

ou à peu près; tandis qu'elle traverse sans altération notable un tube chauffé au rouge sombre. Au rouge vif, elle donne naissance à une grande quantité de naphtaline, comme il était facile de le prévoir, et à une proportion notable d'acénaphtène. Ce dernier carbure a été isolé par des distillations fractionnées, suivies d'une sublimation lente à 100 degrés, qui l'a fourni tout à fait pur, sous la forme d'aiguilles brillantes, implantées obliquement sur les parois des vases. On l'a caractérisé par ses principales propriétés, et notamment par le composé spécifique, cristallisé en longues et belles aiguilles rouges très solubles, qu'il produit avec l'oxanthracène binitré ([1]).

La décomposition de l'éthylnaphtaline, qui forme l'acénaphtène, répond à l'équation

$$C^2H^4.\ C^{10}H^8 = C^2H^2.\ C^{10}H^8 + H^2.$$

3. *Voie humide.* — Nous avons traité l'éthylnaphtaline, chauffée vers 180 degrés, par 2 équivalents de brome, dans l'espérance d'obtenir l'éthylnaphtaline bromée, qui doit posséder les propriétés d'un éther. Le composé formé est liquide et ne peut être purifié par distillation.

Comme nous nous proposions d'obtenir l'acénaphtène, nous avons traité directement le produit brut par la potasse alcoolique à 100 degrés. Après douze heures de réaction, avec séparation de bromure de potassium, nous avons versé dans l'eau le contenu des matras, et isolé la couche pesante qui s'est précipitée. Elle a été soumise à une distillation fractionnée, laquelle n'a fourni que des corps liquides. Chacun de ceux-ci, spécialement les corps qui avaient passé vers 300 degrés, a été traité par une solution alcoolique d'acide picrique; il s'est formé, dans toutes les liqueurs, un abondant précipité, constitué par l'acide picrique associé aux corps hydrocarbonés. Le produit volatil vers 300 degrés a fourni un picrate, semblable au picrate d'acénaphtène. Ce picrate, décomposé par l'ammoniaque, a donné encore une substance liquide, qui a déposé des cristaux au bout de quelque temps.

Les cristaux isolés par expression, puis par sublimation, ont fourni, avec l'oxanthracène binitré, les belles aiguilles rouges qui caractérisent l'acénaphtène.

([1]) *Annales de Chimie et de Physique*, 4ᵉ série, t. XII, p. 181. — Ce Volume, p. 166.

Ce dernier carbure avait donc été régénéré de l'éthylnaphtaline bromée

$$C^2 H^3 Br . C^{10} H^8 + KHO = C^2 H^2 . C^{10} H^8 + KBr + H^2 O.$$

La proportion d'acénaphtène ainsi formée n'est pas très considérable.

Quoi qu'il en soit, sa formation prouve que l'éthylnaphtaline est un hydrure d'acénaphtène. Elle fournit une nouvelle preuve de la concordance qui règne entre la théorie des doubles décompositions opérées par voie humide et celle des réactions pyrogénées. On peut lire, dans le *Berichte* de la Société Chimique de Berlin, et dans les autres journaux allemands, les travaux, chaque jour plus nombreux, qui démontrent combien est féconde la nouvelle voie ouverte dans la Science par les travaux sur la synthèse directe de la benzine, de la naphtaline, de l'anthracène et des autres carbures pyrogénés.

CHAPITRE XIV.

SUR LES HYDRURES DES CARBURES D'HYDROGÈNE. — ÉTHYLBENZINE. SÉRIE STYROLÉNIQUE (¹).

Un grand nombre de carbures peuvent être combinés avec l'hydrogène lui-même. Deux ordres d'hydrures prennent ainsi naissance. Les uns, tels que l'hydrure d'éthyle et en général les hydrures $C^n H^{2n+2}$, sont des *hydrures absolument saturés*, incapables d'être unis intégralement avec une nouvelle proportion d'hydrogène. Les autres, au contraire, tels que les hydrures de styrolène, de naphtaline, etc., sont des *hydrures relativement saturés*. Ils se comportent d'ordinaire comme des carbures complets; mais ils sont susceptibles, dans certaines conditions, d'éprouver une hydrogénation nouvelle, qui les amène par degrés successifs jusqu'à l'état définitif de carbures absolument saturés.

J'ai montré dans le premier Volume (p. 93) comment les réactions de ces hydrures relatifs peuvent être prévues par une théorie générale, fondée sur la saturation successive des molécules incomplètes, dont la réunion concourt à former les hydrures.

Tous ces hydrures, soit relatifs, soit absolus, se préparent par la Méthode universelle d'hydrogénation qui sera exposée dans le Tome III.

Je vais m'attacher à développer ces relations entre le styrolène et l'hydrure de styrolène ou éthylbenzine.

Rappelons d'abord que j'ai formé le styrolène par synthèse directe, en faisant agir la benzine sur l'acétylène et sur l'éthylène :

$$C^6 H^6 + C^2 H^2 = C^8 H^8 = C^6 H^4 (C^2 H^4).$$

L'éthylbenzine est un autre carbure formé, comme on sait, par M. Fittig, en décomposant par le sodium un mélange de benzine bromée et d'éther bromhydrique : elle peut être envisagée comme

---

(¹) *Annales de Chimie et de Physique*, 4ᵉ série, t. XVI, p. 53; 1869.

produite en vertu de la substitution de l'hydrogène, H^2, par l'hydrure d'éthyle, C^2H^6, dans la benzine, $C^6H^4(H^2)$:

$$C^8H^{10} = C^6H^4(C^2H^6).$$

En comparant cette formule à celle du styrolène, on reconnaît à première vue que l'éthylbenzine peut être regardée comme un *hydrure de styrolène,* formé par l'addition de l'hydrogène aux éléments de l'éthylène, inclus dans le styrolène :

$$C^6H^4(C^2H^4[-]) + H^2 = C^6H^4(C^2H^6).$$

On comprend ainsi pourquoi l'éthylbenzine offre les caractère d'un hydrure relatif, au même titre que la benzine elle-même.

J'ai confirmé ces vues théoriques, dans une expérience synthétique, en transformant le styrolène, au moyen de l'acide iodhydrique (*voir* le Tome III), en hydrure, c'est-à-dire en éthylbenzine,

$$C^8H^8 + H^2 = C^8H^{10},$$

soit

$$C^6H^4(C^2H^4[-]) = C^6H^4[C^2H^6].$$

Pour compléter la démonstration, il reste à faire l'expérience inverse, c'est-à-dire à changer l'éthylbenzine en styrolène.

J'ai, en effet, exécuté ce changement par une double voie : tant par la méthode pyrogénée, dont les résultats sont plus directs, mais moins familiers aux chimistes d'aujourd'hui, que par la méthode des réactions indirectes et opérées à basse température.

Action de la chaleur sur l'éthylbenzine. — La vapeur d'éthylbenzine, dirigée très lentement à travers un tube de porcelaine, que l'on chauffe à une température rouge modérée, se décompose presque en totalité.

J'ai analysé les produits par la même méthode à laquelle j'ai déjà eu recours en étudiant l'action de la chaleur rouge sur le toluène et sur ses homologues ([1]). Pour éviter des redites, je crois inutile de la décrire ici de nouveau. Je signalerai seulement les produits obtenus, produits que j'ai caractérisés à la fois par leur analyse et par la détermination de leurs propriétés et réactions fondamentales.

1° Le produit le plus abondant de la réaction est le *styrolène :*

$$C^6H^4(C^2H^6) = C^6H^4(C^2H^4) + H^2.$$

([1]) *Annales de Chimie et de Physique,* 4ᵉ série, t. XII, p. 124. — Le présent Volume, p. 44.

Ce carbure, une fois isolé, est facile à caractériser par son point d'ébullition, par les réactions de l'acide sulfurique, du brome, de l'iode, et surtout par celle de l'iodure de potassium ioduré ([1]).

La formation du styrolène en grande quantité caractérise l'éthylbenzine et la distingue du xylène ou diméthylbenzine, carbure isomérique :

$$C^6H^4[CH^2(CH^4)].$$

En effet, le xylène, dans les mêmes conditions, fournit seulement des traces de styrolène ([2]).

Cette différence s'explique, parce que le styrolène dérive immédiatement de l'éthylbenzine, au même titre que l'éthylène de son hydrure :

$$\left\{ \begin{array}{ll} C^2H^6\dots\dots\dots\dots & C^2H^4 \\ C^6H^4(C^2H^6)\dots\dots\dots\dots & C^6H^4(C^2H^4). \end{array} \right.$$

Or, la transformation de la diméthylbenzine en styrolène exige la métamorphose, préalable ou simultanée, de deux résidus méthyliques en un résidu éthylénique.

A la rigueur, cette métamorphose est possible ; car j'ai prouvé qu'elle a lieu sur le formène naissant et même sur le formène libre ([3]), en engendrant l'éthylène et son hydrure :

$$\left\{ \begin{array}{ll} CH^4 + CH^4 - H^2 = C^2H^6\dots & C^2H^4 \\ C^6H^4[CH^2(CH^4)]\dots\dots\dots & C^6H^4(C^2H^4); \end{array} \right.$$

mais elle ne s'effectue, soit avec le formène libre, soit avec son dérivé benzénique, que sur une faible quantité de matière.

2° En même temps que le styrolène, quoiqu'en proportion un peu moindre, on obtient de la *benzine* :

$$C^6H^4(C^2H^6) = C^6H^6 + C^2H^4.$$

Je l'ai caractérisée par son point d'ébullition, et ses réactions ordinaires ([4]).

La formation de la benzine, dans cette circonstance, s'explique aisément. Rappelons, en effet, que le styrolène et l'hydrogène

---

([1]) *Ann. de Chim. et de Phys.*, 4ᵉ série, t. XII, p. 169. — Tome I, p. 113.

([2]) *Ann. de Chim. et de Phys.*, 4ᵉ série, t. XII, p. 136. — Le présent Volume, p. 54.

([3]) *Voir* Tome I, p. 216, et le présent Volume, p. 37 et 39.

([4]) *Annales de Chimie et de Physique*, 4ᵉ série, t. XII, p. 161. — Tome I, p. 106.

libres, chauffés au rouge, se changent en partie en benzine et éthylène, et réciproquement ([1]) : entre ces quatre corps, j'ai reconnu l'existence d'un équilibre comparable à celui des réactions éthérées.

Voilà les produits les plus abondants et en quelque sorte normaux de la décomposition de l'éthylbenzine. Mais, de même que dans la plupart des réactions organiques, il se forme aussi quelques produits secondaires, d'autant plus intéressants qu'ils répondent au changement pyrogéné de la molécule éthylique en molécule méthylique. Tels sont :

1° Le *toluène* ou *méthylbenzine*, C^7H^8 ou $C^6H^4(CH^4)$. La proportion de ce corps s'élevait au tiers environ de celle du styrolène dans mes expériences, autant qu'on peut en juger dans des séparations par distillations fractionnées. J'ai caractérisé le toluène par son point d'ébullition, les réactions des acides sulfurique ordinaire et fumant, nitrique fumant, celle du brome, la transformation spécifique du toluène en acide benzoïque, par l'acide chromique, etc.

La formation du toluène au moyen de l'éthylbenzine me paraît corrélative de celles de la naphtaline, $C^{10}H^8$, et de l'hydrure de naphtaline, $C^{10}H^{10}$, carbures que j'ai également reconnus dans la même réaction, et cela en proportions correspondantes :

$$3\,C^8H^{10} = 2\,C^7H^8 + C^{10}H^8 + 3\,H^2.$$
$$3\,C^8H^{10} = 2\,C^7H^8 + C^{10}H^{10} + 2\,H^2.$$

Pour comprendre le mécanisme de ces formations, il suffit de se rappeler, d'un côté, que l'hydrure d'éthyle au rouge se décompose partiellement en formène et acétylène ([2]) :

$$2\,C^2H^6 = 2\,CH^4 + C^2H^2 + H^2;$$

tandis que, d'un autre côté ([3]), la naphtaline et son hydrure résultent de la réaction directe de la benzine sur l'acétylène :

$$2\,C^2H^2 + C^6H^6 = C^6H^4[CH^2(C^2H^2)] + H^2.$$

Acétylène.   Benzine.   Naphtaline.

([1]) *Annales de Chimie et de Physique*, 4ᵉ série, t. IX, p. 464. — Le présent Volume, p. 25.

(²) *Ann. de Chim. et de Phys.*, 4ᵉ série, t. XII, p. 148. — Le présent Volume, p. 40, 65, 66.

(³) *Ann. de Chim. et de Phys.*, 4ᵉ série, t. XII, p. 5. — Le présent Volume, p. 28.

Ce sont les mêmes réactions qui ont lieu sur les carbures naissants, dans la métamorphose de l'éthylbenzine en toluène et en naphtaline :

$$2\,C^6H^4(C^2H^6) = 2\,C^6H^4(C^2H^4) + C^2H^2 + H^2,$$
$$C^6H^4(C^2H^6) = C^6H^6 \qquad\quad + C^2H^2 + H^2,$$
$$2\,C^2H^2 + C^6H^6 = C^6H^4[C^2H^2(C^2H^2)] \quad + H^2.$$

En faisant la somme des réactions ci-dessus, on trouve :

$$3\,C^6H^4(C^2H^6) = 2\,C^6H^4(C^2H^4) + C^6H^4[C^2H^2(C^2H^2)] + 3\,H^2.$$

Observons encore que le changement de l'éthylbenzine en méthylbenzine,

$$C^6H^4(CH^4),$$

est analogue au changement de l'éthylbenzine en acide benzoïque,

$$C^6H^4(CH^2O^2),$$

par oxydation.

2° Pour compléter la liste des carbures volatils au-dessous de 250 degrés que j'ai reconnus, je signalerai en dernier lieu une petite quantité (le tiers environ du poids du toluène) d'un carbure qui bout entre 135 et 140 degrés, et que j'ai isolé par trois séries de distillations systématiques, combinées avec l'emploi de l'acide sulfurique concentré.

Ce carbure offre tous les caractères des carbures benzéniques ; il renferme probablement de l'*éthylbenzine* inaltérée ; mais il contient certainement une forte proportion de *xylène* ou *diméthylbenzine*. En effet, son oxydation par l'acide chromique fournit de l'acide téréphtalique, composé qui caractérise le xylène et qui le distingue de son isomère, l'éthylbenzine.

L'action de la chaleur rouge transforme donc une petite portion de l'éthylbenzine ou diméthylbenzine, par une sorte de transposition moléculaire, laquelle résulte de la métamorphose d'un résidu éthylique, dédoublé en deux résidus méthyliques plus stables :

$$C^6H^4(C^2H^6 = C^6H^4[CH^2(CH^6)].$$

Éthylbenzine.   Diméthylbenzine.

Formation du styrolène à basse température. — On réalise cette formation au moyen de l'éther styrolbromhydrique, liquide volatil entre 200 et 210 degrés, qui se prépare par la réaction de la vapeur de brome sur l'éthylbenzine bouillante ([1]) :

$$C^6 H^4 (C^2 H^6) + Br^2 = C^6 H^4 (C^2 H^5 Br) + H Br.$$

Pour le changer en styrolène, il suffit de lui enlever les éléments de l'acide bromhydrique :

$$C^6 H^4 [C^2 H^4 (H Br)] - H Br = C^6 H^4 (C^2 H^4).$$

La formation du styrolène par cette voie est moins abondante que par voie pyrogénée et au moyen de l'éthylbenzine; mais elle rentre mieux dans les réactions que les chimistes ont coutume d'employer. Voici dans quelles conditions je l'ai observée :

1° En faisant agir à 180 degrés l'éther précédent sur les sels (acétate ou benzoate alcalin), on obtient une petite quantité de styrolène (et de métastyrolène), en même temps que les éthers styrolacétique ou benzoïque, produits principaux :

$$C^6 H^4 [C^2 H^4 (H Br)] + C^2 H^3 Na O^2 = C^6 H^4 [C^2 H^4 (C^2 H^4 O^2)] + Na Br.$$

Après réaction, on distille. Il passe d'abord un peu de styrolène, puis l'éther styrolacétique et enfin une nouvelle dose de styrolène régénéré de son polymère. On recueille séparément chacun de ces produits, l'un au-dessous de 200 degrés, l'autre entre 200 et 250 degrés; le dernier au-dessus de 300 degrés. On purifie le styrolène, par une nouvelle rectification opérée vers 145 degrés.

Cette réaction secondaire, qui fournit le carbure, se produit sur presque tous les éthers chlorhydriques et bromhydriques des alcools véritables, comme je l'ai observé il y a longtemps ([2]).

2° Le styrolène apparaît encore comme produit secondaire, en même temps que l'éthylbenzine, dans la réaction du sodium sur l'éther styrolbromhydrique :

$$2 C^6 H^4 (C^2 H^5 Br) + Na^2 = C^6 H^4 (C^2 H^4) + C^6 H^4 (C^2 H^6) + 2 Na Br,$$

réaction dont un carbure nouveau et volatil vers 300 degrés, le styrolyle $(C^8 H^7)^2$, représente le produit principal.

3° Mais c'est la réaction de la potasse aqueuse sur l'éther styrol

---

([1]) En même temps il se produit de l'éthylbenzine bromée, $C^{12} H^8 Br (C^4 H^6)$, corps isomère, bien plus stable et un peu plus volatil. Ces faits sont parallèles à ceux que l'on a observés dans la réaction du chlore et du brome sur le toluène.

([2]) *Comptes rendus des séances de l'Académie des Sciences,* t. LVI, p. 702.

bromhydrique, à 180 degrés, qui fournit la plus grande quantité de styrolène :

$$C^6H^4[C^2H^4(HBr)] + KHO = C^6H^4(C^2H^4) + KBr + H^2O.$$

Dans cette circonstance, le carbure est chargé d'abord, sous les influences simultanées de la chaleur et de l'alcali, en métastyrolène. En distillant le produit hydrocarboné, on obtient au-dessus de 300 degrés un mélange de styrolène, régénéré de son polymère, et d'un corps oxygéné (probablement l'éther styrolénique, $C^{16}H^{18}O$). On redistille et l'on obtient cette fois vers 145 dégrés le styrolène, avec tous ses caractères.

Les observations qui précèdent ne tarderont pas sans doute à être généralisées, par la préparation du méthylstyrolène et des autres homologues et dérivés du styrolène.

Elles établissent en même temps l'existence de toute une *série styrolénique*, correspondant terme pour terme aux dérivés de l'éthylène, et comprenant de même des carbures, un alcool et des éthers. J'ai formé cet alcool et ces éthers au moyen de l'éther styrolbromhydrique, obtenu lui-même par la réaction de la vapeur de brome sur l'éthylbenzine en ébullition. Cet éther fournit ensuite, par double décomposition, les éthers acétique et benzoïque correspondants, puis l'alcool styrolénique et ses dérivés. Voici la liste de ces composés :

Styrolène	$C^6H^4[C^2H^4(—)]$,
Bromure de styrolène	$C^6H^4[C^2H^4(Br^2)]$,
Hydrure de styrolène (éthylbenzine)	$C^6H^4[C^2H^4(H^2)]$,
Éther styrolbromhydrique	$C^6H^4[C^2H^4(HBr)]$,
Éther styroliodhydrique	$C^6H^4[C^2H^4(HI)]$,
Éther styrolacétique	$C^6H^4[C^2H^4(C^2H^4O^2)]$,
Éther styrolbenzoïque	$C^6H^4[C^2H^4(C^7H^6O^2)]$,
Styrolyle $[C^6H^4(C^2H^5)]^2$	$C^6H^4\{C^2H^4[C^6H^4(C^2H^6)]\}$,
Alcool styrolénique	$C^6H^4[C^2H^4(H^2O)]$.

Plusieurs corps de cette série semblent exister dans les baumes et produits résineux, comme l'attestent la présence du styrolène dans le styrax, sa formation dans la distillation du benjoin et de diverses substances analogues ([1]), et ses relations avec les composés cinnamiques. Ce carbure me paraît destiné à jouer un rôle essentiel dans la synthèse des principes aromatiques naturels.

([1]) *Voir* le Chapitre suivant.

CHAPITRE XV.

SUR LA FORMATION DU STYROLÈNE [1].

Le styrolène est un des produits les plus simples et les plus généraux qui prennent naissance à la température rouge; car il se développe toutes les fois que la benzine et l'éthylène, libres ou naissants, se trouvent en contact. Ce même carbure préexiste dans une substance végétale, le styrax, et il est en relation directe avec l'acide cinnamique et l'essence de cannelle : toutes circonstances qui font pressentir quelque relation entre les réactions pyrogénées et les réactions de la Chimie physiologique. Aussi l'étude des matières capables de fournir le styrolène par leur décomposition me paraît-elle offrir un intérêt particulier.

Tout principe défini, capable de fournir une quantité notable de styrolène, soit par l'action de la chaleur rouge, soit par la simple distillation sèche, doit en définitive dériver de la benzine et de l'éthylène; il doit pouvoir être reconstitué synthétiquement, en partant de ces deux générateurs.

Toute matière naturelle capable de fournir le même carbure en forte proportion, dans les mêmes circonstances, doit renfermer quelque principe défini, dérivé de la benzine et de l'éthylène.

C'est ce point de vue qui m'a guidé dans les essais que je vais décrire sommairement.

Distillation sèche des baumes et résines.

J'ai soumis à la distillation sèche, opérée dans une cornue de verre, les composés suivants: benjoin, styrax, baume de Tolu, assa fœtida, sagapenum, mastic, storax calamite et storax en pains, colophane, myrrhe, baume du Pérou, baume de la Mecque, succin, bitume de

[1] *Annales de Chimie et de Physique,* 4e série, t. XVI, p. 162; 1869.

Judée, sang-dragon, oliban, opoponax, galbanum, sandaraque, liquidambar.

Je me suis attaché seulement à rechercher le styrolène parmi les produits obtenus. J'en ai opéré la séparation à l'aide de trois et quatre séries de distillations fractionnées, en suivant la marche spéciale que j'ai déjà décrite à plusieurs reprises dans ce Volume. Je n'ai regardé la présence du styrolène comme démontrée que lorsque j'ai réussi à constater tous ces caractères (*Annales de Chimie,* 4e série, t. XII, p. 169. — Le présent Ouvrage, t. I, p. 112) et spécialement la formation de l'iodure de potassium ioduré.

1. Le benjoin en larmes (Sumatra) a fourni une grande quantité de styrolène (plus de 5 pour 100) facile à purifier. Un échantillon de benjoin en sorte en a fourni, au contraire, fort peu et mêlé avec divers carbures benzéniques, que j'ai cependant réussi à en séparer.

2. Le styrax liquide, privé à l'avance du styrolène préexistant et de l'acide cinnamique qu'il renferme, a fourni par distillation une nouvelle proportion de styrolène.

3. Le baume de Tolu a fourni également du styrolène. Ce carbure était accompagné par divers autres, dont l'un identique avec le toluène de M. Deville.

4. Le sang-dragon a fourni une grande quantité de styrolène, conformément aux expériences de MM. Glenard et Boudault d'une part (¹), Blyth et Hofmann d'autre part (²).

5. Le liquidambar, malgré son odeur analogue au styrolène, n'a fourni que des résultats douteux.

6. Le baume du Pérou a été signalé par M. Scharling (³) comme

---

(¹) *Journal de Pharmacie et de Chimie,* 2e série, t. VI, p. 257. — Ces savants ont obtenu le métastyrolène sous le nom de *draconyle;* MM. Blyth et Hofmann ont reconnu l'identité de ce corps avec le métastyrolène et la production du styrolène lui-même.

(²) *Rapport annuel présenté en* 1846..., par BERZELIUS, traduction française, p. 376.

(³) *Annalen der Chemie und Pharmacie,* t. XCVII, p. 184.

fournissant du styrolène. Les carbures et autres corps que j'ai obtenus constituaient un mélange si compliqué que je n'ai pas réussi à en extraire le styrolène avec certitude.

7. Le storax calamite a produit un carbure tout à fait analogue au styrolène, mais mélangé avec d'autres principes qui ont empêché la formation de l'iodure cristallisé au moyen de l'iodure de potassium ioduré.

Les autres matières n'ont fourni aucun résultat dans la recherche du styrolène.

CHAPITRE XVI.

SUR LA FORMATION PYROGÉNÉE DE L'ACÉTYLÈNE DE LA SÉRIE BENZÉNIQUE (PHÉNYLACÉTYLÈNE) [1].

M. Glaser vient de publier la découverte remarquable de l'acétylène de la série benzénique ou phénylacétylène [2], carbure qui diffère du styrolène ou phényléthylène par 2 équivalents d'hydrogène en moins :

Phényléthylène.......... C^8H^8 ou $C^6H^4(C^2H^4)$,
Phénylacétylène.......... C^8H^6 ou $C^6H^4(C^2H^2)$.

L'auteur le prépare soit au moyen du styrolène bromé, soit au moyen de l'acide phénylpropiolique. En terminant son Mémoire, il prévoit que le nouveau carbure pourra être formé par les mêmes méthodes de synthèse que j'ai appliquées aux dérivés de la benzine, et il indique les réactions propres à en constater la formation. Je soupçonnais depuis longtemps l'existence de ce carbure dans les réactions pyrogénées; mais je n'avais point réussi à trouver des caractères convenables pour l'isoler ou le mettre en évidence.

Grâce aux propriétés signalées par M. Glaser et aux produits que j'avais entre les mains, produits dont la préparation exigerait pour toute autre personne un temps considérable, j'ai pu vérifier immédiatement ces prévisions. J'avais, en effet, conservé les produits principaux de mes expériences antérieures, déjà séparés en vue de la recherche du styrolène par une suite de rectifications méthodiques, et parfaitement appropriés pour rechercher aussi le phénylacétylène sans coup férir.

Le phénylacétylène se rencontre en petite quantité dans tous les échantillons du styrolène qui ont été formés, ou éprouvés, par l'action de la température rouge. En effet, tous ces échantillons pro-

---

[1] *Annales de Chimie et de Physique,* 4° série, t. XVI, p. 169; 1869.
[2] *Comptes rendus des séances de l'Académie des Sciences,* t. LXVII, p. 906.

duisent, avec le chlorure cuivreux ammoniacal et avec le nitrate
d'argent ammoniacal, les précipités jaune et blanc découverts par
M. Glaser.

J'ai vérifié ce fait sur les corps suivants :

1° Styrolène qui a été chauffé au rouge dans un courant d'hydrogène ;

2° Styrolène formé par synthèse, au moyen de la benzine et de
l'éthylène (sur trois préparations différentes) ;

3° Styrolène formé par la décomposition pyrogénée de l'éthylbenzine ;

4° Styrolène formé de même au rouge par l'essence de cannelle.

Le styrolène chauffé au rouge avec l'hydrogène était celui qui
contenait le plus de phénylacétylène, tandis que celui qui dérive
de l'éthylbenzine en renfermait le moins ; mais ces proportions
doivent varier avec les conditions des expériences.

Au contraire, le styrolène naturel du styrax et le styrolène formé
par simple distillation sèche, soit au moyen des cinnamates, soit
au moyen du benjoin, ne contiennent pas la moindre trace de phénylacétylène.

La benzine pure, dirigée à travers un tube rouge, ne fournit
point de phénylacétylène, pas plus qu'elle ne fournit de styrolène
ou de naphtaline. C'est une nouvelle preuve des relations déterminées qui existent entre le styrolène, la naphtaline et le phénylacétylène : aucun de ces carbures ne prend naissance sans le
concours de l'éthylène ou de l'acétylène avec la benzine.

Je crois devoir rappeler encore que la benzine, après avoir subi
l'action de la chaleur rouge et été rectifiée à trois reprises à point
fixe, conserve une odeur pénétrante et aromatique, toute spéciale.
Elle renferme des traces d'un corps altérable par l'acide sulfurique
concentré, lequel n'existe pas dans la benzine récemment purifiée.
Ce corps pourrait être le phénylène, C^6H^4 ; mais je n'ai point découvert jusqu'ici de procédé propre à concentrer et à isoler ce carbure.

Les produits fournis par le toluène chauffé au rouge ne renferment point, non plus que ceux de la benzine, de phénylacétylène
en proportion appréciable.

Mais le xylène en développe quelques traces : ce qui n'est point
surprenant, attendu que le xylène donne aussi naissance à de
petites quantités de styrolène.

Enfin, j'ai recherché le phénylacétylène dans les huiles du goudron
de houille. J'ai opéré avec des échantillons qui avaient été extraits
de grande masses d'huiles légères, sans aucun traitement par

l'acide sulfurique concentré, et qui passaient (après quatre séries de rectifications) entre 144 et 146 degrés. C'était une portion des produits que j'avais préparés, il y a trois ans, dans le but spécial de rechercher au sein du goudron de houille le styrolène, que j'y ai en effet découvert [1]. Mais, contre mon attente, je n'ai point trouvé de phénylacétylène dans ces échantillons. Cette circonstance, après tout, est facile à expliquer : car le phénylacétylène n'est contenu qu'en faible proportion dans le styrolène éprouvé par la température rouge, et le styrolène lui-même ne formait qu'une fraction minime dans la masse des échantillons sur lesquels j'opérais. Je pense qu'une nouvelle recherche, dirigée méthodiquement en vue du phénylacétylène, aurait plus de chances de succès.

D'après l'ensemble de ces observations, il n'est pas douteux que le phénylacétylène n'intervienne, au même titre que le styrolène, dans l'équilibre mobile des réactions pyrogénées. C'est ce que montrent les formules suivantes :

Hydrogène H^2	Hydrure de phénylène (benzine)...	$C^6 H^4 (H^2)$.
Acétylène $C^2 H^2$	Phénylacétylène ...	$C^6 H^4 (C^2 H^2)$.
Éthylène $C^2 H^2 (H^2)$	Phényléthylène (styrolène)........	$C^6 H^4 [C^2 H^2 (H^2)]$.
Hydrure d'éthylène $C^2 H^2 (H^2)(H^2)$.	Hydrure de phényléthylène (éthylbenzine)	$C^6 H^4 [C^2 H^2 (H^2)(H^2)]$.

Un mot encore en terminant. Les vérifications que je viens d'exposer confirment pleinement les prévisions de M. Glaser : elles augmentent l'intérêt qui s'attache à la découverte de ce savant chimiste.

---

[1] *Annales de Chimie et de Physique*, 4ᵉ série, t. XII, p. 196. — Le présent Volume, p. 138.

CHAPITRE XVII.

ACTION DE LA CHALEUR ROUGE SUR DIVERS PRINCIPES.
ESSENCE DE TÉRÉBENTHINE. — CAMPHRE. — ESSENCE DE CANNELLE ([1]).

La formation du styrolène en grande quantité par l'action de la chaleur rouge est propre à mettre en évidence la constitution d'un principe organique, en tant que dérivé de la benzine et de l'éthylène : c'est ce que montrent mes expériences relatives à l'éthylbenzine. Or on a signalé la formation du styrolène au moyen du camphre et de l'essence de cannelle. J'ai répété ces expériences, et j'ai opéré également sur l'essence de térébenthine.

I. — Essence de térébenthine, $C^{10}H^{10}$.

L'essence de térébenthine a été dirigée à travers un tube de porcelaine maintenu à une température rouge très modérée ; elle s'est décomposée, avec formation de divers carbures pyrogénés.

J'ai d'abord recherché le styrolène parmi ces carbures ; mais je n'ai pas réussi à l'isoler avec certitude. Son existence est cependant probable, mais en proportion très faible et trop petite pour conduire à admettre quelque relation simple entre la constitution du styrolène et celle de l'essence de térébenthine.

Ce résultat négatif a été confirmé par la faible proportion des carbures éthyléniques absorbables par le brome (2 à 3 centièmes) qui sont contenus dans les gaz de la réaction.

J'ai examiné les carbures qui ont passé au-dessous de 250 degrés, lorsque j'ai redistillé les produits de la réaction. Ces carbures appartiennent à deux groupes distincts ; les uns sont altérables par l'acide sulfurique : je les ai détruits sans les examiner. Les autres résistent à cet agent : ce sont des carbures benzéniques, que j'ai

---

([1]) *Annales de Chimie et de Physique,* 4ᵉ série, t. XVI, p. 165 ; 1869.

séparés par trois séries de distillations fractionnées. J'ai obtenu les corps suivants :

Benzine, C^6H^6, en petite quantité;

Toluène, C^7H^8, produit principal : j'ai vérifié sa transformation en acide benzoïque par oxydation;

Xylène, C^8H^{10}, produit notable, mais moins abondant : j'ai vérifié sa transformation en acide téréphtalique;

Cumolène, C^9H^{12}, peu abondant : j'ai vérifié sa transformation en cumolénure de potassium ([1]);

Cymène, $C^{10}H^{14}$, en très petite quantité.

La naphtaline, $C^{10}H^8$, se forme aussi en quantité notable, comme il arrive toutes les fois que les homologues de la benzine éprouvent l'action de la température rouge ([2]).

II. — Camphre, $C^{10}H^{16}O$.

J'ai fait deux expériences avec le camphre, dont l'une à la température la plus basse possible et dans des conditions telles qu'une partie du camphre résistait à la réaction. Dans les deux cas, les produits ont été à peu près les mêmes, savoir : des carbures benzéniques, des carbures altérables par l'acide sulfurique et des composés oxygénés.

Les carbures benzéniques ont été trouvés identiques avec ceux qui dérivent de l'essence de térébenthine, et ils se sont formés à peu près dans les mêmes proportions relatives; le toluène était le plus abondant.

La recherche du styrolène a fourni des résultats douteux. Son existence était cependant probable; mais la proportion en est trop faible pour qu'il soit permis d'admettre quelque relation simple entre la constitution du camphre et celle du styrolène.

Ce résultat négatif est en contradiction avec un énoncé contenu dans presque tous les Traités de Chimie ([3]), et d'après lequel le camphre, dirigé à travers un tube rouge, fournirait du styrolène.

En remontant à l'origine de cet énoncé, j'ai trouvé qu'il résultait

---

([1]) *Annales de Chimie et de Physique*, 4ᵉ série, t. XII, p. 155. — Ce Volume, Livre III, Chap. XXXIII.

([2]) *Annales de Chimie et de Physique*, 4ᵉ série, t. XII, p. 152. — Ce Volume, p. 46, 51, 55, 57.

([3]) GERHARDT, *Précis de Chimie organique*, t. II, p. 46; 1845. — *Traité de Chimie organique*, t. III, p. 375. — GMELIN, *Handbuch der Chemie*, t. VI, p. 377.

de l'interprétation d'une expérience, brièvement relatée par F.
d'Arcet (¹).

D'après cet auteur, le camphre chauffé à la température rouge
fournit un produit goudronneux, lequel commence à bouillir vers
145 degrés. Le liquide qui distille d'abord, soumis à l'analyse, a
donné :

    Carbone................................... 92,35
    Hydrogène.................................   7,65

D'Arcet n'a tiré de ces chiffres aucune conclusion, et il n'a
indiqué aucun autre caractère du liquide qu'il avait obtenu. C'est
Gerhardt qui a interprété ces résultats comme se rapportant au
styrolène, sans doute d'après le point d'ébullition précité. Or il
est facile de voir que les résultats sont exacts et l'interprétation
peu fondée.

En effet, le produit goudronneux fourni par le camphre, dans ma
propre expérience, était un mélange très compliqué. Soumis à la
distillation, il a commencé à bouillir vers 160 degrés. J'ai recueilli
d'abord ce qui passait entre 160 et 250 degrés, et j'ai redistillé ce
produit : il a fourni en premier lieu de la benzine, mêlée avec beaucoup de toluène. Mais cette benzine même n'a commencé à passer
qu'à une température de 120 degrés, c'est-à-dire très supérieure au
point d'ébullition normal du carbure pur. S'il en était ainsi, c'est
parce que la benzine était retenue par les autres corps auxquels elle
se trouvait mélangée. De 120 degrés, le thermomètre a monté
presque aussitôt jusque vers 140 degrés; puis sa marche est devenue
plus lente. Il a fallu quatre distillations fractionnées et systématiques pour séparer les produits et amener chaque carbure défini à
son point d'ébullition normal.

Ces faits ne sont donc pas en désaccord avec l'observation incomplète de d'Arcet, qui parle d'une seule distillation. Le liquide qu'il
a analysé était évidemment un mélange voisin de la composition
de la benzine, laquelle est isomérique avec le styrolène, ces deux
carbures étant tous deux polymères de l'acétylène, $(C^2H^2)^3$ et
$(C^2H^2)^4$. C'est une preuve de l'insuffisance de l'analyse élémentaire
pour caractériser les carbures d'hydrogène.

Les détails qui précèdent montrent combien il est périlleux de
vouloir tirer parti, par voie de simple interprétation, des expériences exécutées sur les carbures pyrogénés, à une époque où l'on

---

(¹) *Annales de Chimie et de Physique*, 2ᵉ série, t. LXVI, p. 110; 1837 ne connaissait pas exactement les procédés propres à les séparer ou à en vérifier la pureté.

III. — Essence de cannelle, C^9H^8O.

On sait que cette essence est constituée principalement par l'aldéhyde cinnamique. D'après M. Mulder ([1]), elle fournit du styrolène sous l'influence de la température rouge.

J'ai répété cette expérience.

Les liquides obtenus au-dessous de 200 degrés, dans une première rectification, ont pu, en effet, être séparés par des distillations fractionnées en benzine et en styrolène : ce dernier constitue le produit principal.

Au-dessus de 200 degrés on trouve la naphtaline et toute une série d'autres carbures cristallisables.

Il résulte de ces faits que l'observation de M. Mulder est parfaitement exacte. Elle s'accorde d'ailleurs avec la constitution de l'aldéhyde cinnamique, puisque l'acide cinnamique résulte de l'union du styrolène et de l'acide carbonique.

Cette expérience est une nouvelle preuve de l'utilité de la méthode pyrogénée pour établir la constitution des composés organiques. Les résultats de cette méthode, quand la température n'est pas trop élevée, ne sont en réalité ni plus compliqués, ni moins décisifs que les résultats obtenus par la méthode d'oxydation.

([1]) *Voir* GERHARDT, *Traité de Chimie organique*, t. III, p. 374.

CHAPITRE XVIII.

SUR LES CARBURES PYROBENZÉNIQUES ET SUR LE TRIPHÉNYLÈNE ([1]).

Dans un Mémoire publié en 1866 (*Ann. de Chimie*, 4e série, t. IX, p. 454. — Le présent Volume, p. 17) et qui a été le point de départ de mes recherches sur la condensation directe et l'action réciproque des carbures d'hydrogène, j'ai établi que la benzine éprouve à la température rouge une décomposition partielle, avec perte d'hydrogène et réunion de deux molécules : ce qui constitue le *diphényle*, produit principal de la réaction : j'ai découvert ainsi le procédé le plus facile et le plus fructueux pour préparer ce carbure d'hydrogène. En même temps prennent naissance des produits secondaires, plus compliqués, et qui résultent de la condensation de 3, 4, etc., molécules de benzine, avec perte croissante d'hydrogène. J'ai isolé l'un de ces produits condensés, que j'avais désigné d'abord sous le nom de *triphénylène* (même recueil, t. XII, p. 7, 185 et 221); ce carbure est caractérisé par son point de fusion, vers 200°; son point d'ébullition, supérieur à 360°; sa faible solubilité dans les dissolvants, la formation d'un picrate doué de propriétés tout à fait spéciales (t. IX, p. 457, et t. XII, p. 185. — Le présent Volume, p. 20); enfin, par sa composition : il m'a fourni à l'analyse jusqu'à 94,4 centièmes de carbone, composition qui, jointe à son origine, m'a conduit à la formule $C^{18}H^{12} = (C^6H^4)^3$.

M. G. Schultz, dans un travail récent sur le diphényle, publié aux *Annalen der Chemie und Pharmacie*, t. CLXXIV, p. 201, a fait une étude nouvelle de l'action de la chaleur sur la benzine. Il confirme la formation du diphényle et le caractère général des transformations, comme il le déclare d'ailleurs avec bonne foi (p. 203), et il approfondit davantage un sujet intéressant, qui réserve de nouvelles découvertes à tous ceux qui s'en occuperont.

([1]) *Bulletin de la Société chimique*, 2e série, t. XXII, p. 437; 1876.

En ce qui touche les carbures moins volatils que le diphényle (p. 229), il décrit deux nouveaux carbures condensés, le *diphénylbenzol* $C^{18}H^{14}$, fusible à 205°, et un *isomère* fusible à 85°, *lesquels ne se combinent ni l'un ni l'autre avec l'acide picrique*, et il en signale deux autres, fusibles à 266° et à 196°; ce dernier, combinable avec l'acide picrique, mais dont il n'a pas fait l'analyse. Enfin il signale aussi, comme produit accessoire de la préparation du diphényle par la réaction du sodium sur la benzine bromée (Fittig), un carbure, fusible à 196° et répondant à la formule $C^{18}H^{12}$, qui est celle de mon triphénylène.

M. Schultz regarde son triphénylbenzol comme différent du chrysène du goudron de houille, comme identique avec le carbure que j'avais signalé sous le nom de *triphénylène*, mais avec deux équivalents d'hydrogène de plus : $C^{18}H^{14}$ au lieu de $C^{18}H^{12}$.

L'existence du diphénylbenzol m'avait échappé. Mais je crois pouvoir maintenir celle du triphénylène comme composé distinct.

Écartons d'abord le nom de *chrysène*, pour éviter tout malentendu. C'est un nom qui a déjà causé bien des confusions dans la Science. Appliqué d'abord par Laurent à un carbure du goudron de houille, fort impur et mêlé d'anthracène, — comme on ne pouvait guère l'éviter à une époque où les études des carbures étaient si peu avancées, — ce nom a été étendu depuis à toutes sortes de carbures pyrogénés (GMELIN, *Handbuch*, t. VII).

En rappelant cette confusion (*Annales de Chimie*, 4e série, t. IX, p. 458), j'avais pensé qu'on pouvait réserver ce nom sans inconvénient au triphénylène que j'avais découvert. J'avais remarqué d'ailleurs expressément que plusieurs isomères pouvaient présenter cette formule. Plus tard, M. Græbe a préféré maintenir le nom de *chrysène* à un carbure qu'il a extrait et purifié du goudron de houille et qui se rapproche peut-être davantage de l'ancienne description de Laurent. Il est clair aujourd'hui que mon carbure n'est pas identique avec celui-là, dont l'étude approfondie a été faite postérieurement. Mais il me paraît superflu d'insister plus longtemps sur une question de dénomination : j'appellerai désormais mon carbure *triphénylène*, nom que j'avais proposé dès le début.

Je maintiens, d'ailleurs, je le répète, l'existence du triphénylène comme carbure distinct : le nouveau diphénylbenzol en est l'hydrure :

$$C^{18}H^{12} + H^2 = C^{18}H^{14}.$$

Les deux carbures se produisent simultanément dans l'action de la chaleur sur la benzine, et ils concourent dans les équilibres complexes qui caractérisent cette réaction.

Je m'appuie, pour justifier cette opinion, sur les faits suivants :

1° L'analyse centésimale; j'ai obtenu jusqu'à 94,4 centièmes de carbone. Or la formule $C^{36}H^{12}$ exige...................... 94,7.
La formule $C^{16}H^{14}$ exige............................... 93,9.

M. Schultz lui-même (*voir* p. 231 de son Mémoire) a obtenu 94,2; ce qui me paraît indiquer que son carbure est un mélange de triphénylène et de diphénylbenzol. Car on n'obtient jamais un excès de carbone dans les analyses, mais d'ordinaire une légère perte.

2° Ce mélange s'explique, si l'on remarque que le point de fusion de mon triphénylène, 200°, comme celui du diphénylbenzol (205°) sont bien voisins de la valeur 196°, trouvée par M. Schultz, tant pour un carbure qu'il a extrait des produits pyrobenzéniques que pour un autre carbure qu'il a retiré des produits de la réaction du sodium sur la benzine bromée et qui offre précisément, d'après ses analyses, la composition du triphénylène, $C^{18}H^{12}$. Ce dernier rapprochement me paraît capital.

3° Le picrate de triphénylène est caractéristique. Je l'ai signalé et j'en ai décrit avec détail (*Annales de Chimie et de Physique,* 4ᵉ série, t. XII, p. 185. — Le présent Volume, p. 20) la préparation : Il ne saurait y avoir de méprise sur ce point. Il était, d'ailleurs, très abondant; tandis que M. Schultz dit n'avoir obtenu qu'en petite quantité un carbure combinable avec l'acide picrique; soit qu'il n'ait pas ménagé convenablement l'action des dissolvants, qui décomposent aisément les picrates de carbure, surtout ceux des carbures peu solubles; soit qu'il ait opéré dans des circonstances où le diphénylbenzol se produit plus abondamment que le triphénylène, en raison des conditions des équilibres pyrogénés. En effet de tels équilibres comportent à la fois les carbures $(C^6H^4)^nH^2$, analogues aux carbures forméniques, les carbures... $(C^6H^4)^n$ analogues aux carbures éthyléniques, et des carbures encore moins riches en hydrogène.

CHAPITRE XIX.

SUR LA MÉTANAPHTALINE ([1]).

MM. Pelletier et Walter ont désigné sous le nom de *métanaphta-line* un carbure qu'ils avaient obtenu en redistillant un goudron de résine. Grâce à l'obligeance de.M. Dumas, j'ai pu examiner un *échantillon provenant des auteurs eux-mêmes* et conservé dans les collections de la Sorbonne. Cet échantillon possédait d'ailleurs les propriétés décrites par les auteurs et fondait vers 67° ([2]), confor-mément à leurs indications. Cependant ce n'était pas une sub-stance homogène. Une première cristallisation dans l'alcool a porté le point de fusion à 80°; une seconde à 95°; une troisième à 105°; terme auquel je me suis arrêté, faute de matière.

La métanaphtaline n'est donc pas une substance homogène, malgré la beauté de ses cristaux lamelleux et satinés. C'est un mé-lange de divers carbures, qui peuvent être combinés, d'après mes essais, soit avec l'acide picrique, soit avec l'oxanthracène binitré. Les essais auxquels je me suis livré prouvent que ces carbures ne sont identiques avec aucun des carbures connus que l'on peut extraire du goudron de houille.

On voit combien l'identification des carbures préparés autrefois et désignés sous les noms de *paranaphtaline, métanaphtaline, pyrène, chrysène*, etc., avec les corps que nous savons aujourd'hui extraire, ou former synthétiquement, est incertaine et périlleuse; car la plupart de ces anciens carbures étaient constitués par des mélanges mal définis.

([1]) *Bulletin de la Société chimique*, 2ᵉ série, t. XIV, p. 119; 1870.
([2]) *Annales de Chimie et de Physique*, 2ᵉ série, t. LXVII, p. 298; 1838.

CHAPITRE XX.

ACTION DE LA CHALEUR ROUGE SUR L'ALCOOL ET SUR L'ACIDE ACÉTIQUE ([1]).

La distillation au rouge des matières organiques à équivalent élevé produit des substances de deux ordres : les unes spéciales à chaque espèce de matière décomposée, les autres communes au plus grand nombre. Les dernières se trouvent surtout en abondance dans le goudron de houille : ce sont la naphtaline, la benzine, l'acide phénique, etc. ; elles sont accompagnées par l'acide acétique et par divers carbures, isomères ou non du gaz oléfiant. J'ai pensé qu'il pouvait y avoir quelque importance à les rechercher dans les produits fournis au rouge par des vapeurs de formule simple, de poids atomique peu élevé. Cette recherche présente alors un intérêt tout particulier : en effet, les formules de ces matières pyrogénées sont des formules complexes; leur équivalent est assez élevé; il est donc curieux, ce me semble, de vérifier si la distillation de substances peu compliquées donne naissance à ces mêmes produits. Une loi directe de dérivation ne saurait dans ce cas en expliquer la formation.

J'ai choisi pour cette étude l'alcool et l'acide acétique.

Déjà la naphtaline, entrevue par Priestley et par Vauquelin dans la distillation de l'alcool, a été indiquée par Saussure d'une manière positive dans cette décomposition; M. Thenard s'est aussi occupé de l'étude du produit cristallin fourni par l'alcool. Reichenbach, le premier, a désigné la matière cristalline obtenue dans ces conditions comme identique avec la naphtaline. M. Regnault a signalé également ce corps dans la décomposition de la liqueur des Hollandais par la chaux.

([1]) *Annales de Chimie et de Physique*, 3e série, t. XXXIII, p. 195; 1851. — *Ce Mémoire est le premier travail de Chimie que j'aie publié; j'ai cru devoir le reproduire ici, à titre historique.

I. — Décomposition de l'alcool.

J'ai fait passer environ 150 grammes d'alcool à 40 degrés, à travers un tube de porcelaine, rempli de pierre ponce et chauffé au rouge vif, sur une longueur de 4 à 5 décimètres. Les produits étaient dirigés dans une série de flacons refroidis. L'un de ces vases, disposé de façon à éviter tout contact des vapeurs nitreuses avec les bouchons, contenait de l'acide nitrique fumant, les autres, de l'eau et divers réactifs.

L'opération terminée, j'ai constaté la production des corps suivants :

1° *Naphtaline.* — Dans le second flacon refroidi se sont condensées des lamelles minces, incolores, volatiles à la température ordinaire dans un tube fermé ; elles offrent au plus haut point l'odeur de la naphtaline et fondent entre 75 et 80 degrés. Ces caractères ne laissent, je crois, aucun doute sur la production de la naphtaline. Ce point d'ailleurs a déjà été constaté.

2° *Benzine.* — L'acide nitrique, devenu vert, précipite par l'eau ; il exhale, ainsi que les cinq ou six flacons laveurs consécutifs, une forte odeur d'amandes amères. Cette odeur est, on le sait, celle de la nitrobenzine.

Si telle est la nature du principe odorant, on doit pouvoir préparer de l'aniline avec ce principe. Voici la marche que j'ai suivie dans la production et la recherche de cet alcali : l'acide étendu de 3 à 4 fois son volume d'eau, je recueille sur un filtre mouillé la matière précipitée, je la redissous dans un peu d'éther, et j'évapore au bain-marie. J'obtiens ainsi un mélange d'une matière solide cristalline et d'un liquide rougeâtre, répandant une odeur prononcée d'amandes amères. Le tout est repris par un peu d'alcool, un fragment de zinc et quelques gouttes d'acide chlorhydrique, selon la méthode de M. Hoffmann. L'hydrogène naissant ainsi obtenu doit, on le sait, réduire les corps nitrés et les transformer en alcaloïdes correspondants. Le dégagement de gaz terminé, la liqueur est devenue très foncée ; je l'étends d'eau, et j'y ajoute un peu d'ammoniaque, jusqu'à apparition d'oxyde de zinc précipité. La liqueur filtrée est presque incolore et offre l'odeur de l'aniline ; très légèrement acidulée, elle présente, par l'addition du chlorure de chaux, la coloration violette caractéristique de l'aniline.

Ces faits, à savoir l'odeur et les propriétés de la nitrobenzine, puis la production de l'aniline, établissent la présence de la benzine dans les produits de décomposition de l'alcool.

La matière solide, qui accompagne la nitrobenzine, paraît être de la naphtaline nitrée; pour démontrer ce fait, il suffit de produire de la naphtylamine avec cette matière. A cette fin, on met à part une portion de la dissolution alcoolique des corps nitrés, et on l'attaque à l'ébullition par le sulfhydrate d'ammoniaque jusqu'à dépôt de soufre. Filtrée, saturée par un acide, elle possède l'odeur fétide de la naphtylamine. L'autre partie de la liqueur, celle que l'on traite par l'hydrogène naissant, offre d'ailleurs après ce traitement le dichroïsme particulier aux solutions étendues de cet alcalcïde. La teinte foncée acquise par la liqueur paraît due à ce corps, si promptement altérable à l'air. C'est sans doute en le précipitant en majeure partie que l'addition d'eau, puis d'ammoniaque, produit la décoloration.

On a une nouvelle preuve de l'existence de la naphtaline dans ces diverses indications (odeur, dichroïsme et coloration propres aux solutions de naphtylamine; présence d'une matière solide dans les produits nitrés).

3° *Acide phénique.* — La naphtaline, déposée dans les premiers flacons, est souillée d'une huile brunâtre et accompagnée d'une quantité notable d'un liquide aqueux. Ce liquide est décanté, et l'on dissout dans l'éther la naphtaline et son huile. Par l'évaporation spontanée de la solution dans une capsule, la naphtaline disparaît complètement. L'huile qui reste est reprise par l'éther et évaporée au bain-marie, après addition d'un très petit morceau de soude. Cette addition a pour but de fixer l'acide phénique. J'ai traité le résidu par l'acide nitrique fumant, afin de transformer l'acide phénique en acide picrique. Après avoir évaporé presque à sec, j'ai ajouté un peu d'eau, fait bouillir, puis filtré. Le liquide encore acide ainsi obtenu possède une saveur amère, et donne avec le nitrate de potasse un précipité jaune cristallin, presque insoluble dans l'eau, et augmentant par une addition d'alcool : c'est du picrate de potasse.

De plus, le liquide aqueux décanté des flacons attaque et dessèche la peau; il m'a paru présenter avec un copeau de sapin trempé dans l'acide chlorhydrique, puis séché, une coloration bleuâtre peut-être un peu douteuse. Ce même liquide fournit également par l'acide nitrique de l'acide picrique. Ce sont là trois réactions propres à l'acide phénique.

Il existe donc, d'après ces expériences, dans les produits de distillation de l'alcool, une huile volatile, de même volatilité qué la naphtaline qu'elle accompagne constamment, soluble dans l'éther et dans l'eau, attaquant l'épiderme, retenue par la soude, et donnant avec l'acide nitrique de l'acide picrique. Ces trois caractères me paraissent indiquer la présence de l'acide phénique.

4° *Acide acétique et aldéhyde.* — L'eau du premier flacon est fortement acide, sans doute par l'acide acétique. Saturée par un excès d'alcali, elle produit à l'air une résine à odeur de caramel; les premiers produits de la distillation du liquide alcalin, traités par l'acide nitrique bouillant, fournissent de l'acide acétique : ces deux caractères sont ceux de l'aldéhyde. De plus, à l'origine du tube de porcelaine, une forte odeur d'aldéhyde semble indiquer cette substance comme l'un des premiers produits de la décomposition.

5° *Matières diverses.* — D'autres substances moins connues prennent naissance dans cette distillation.

a. Ainsi les derniers fragments de pierre ponce, tout couverts de charbon, et l'allonge courbe consécutive au tube de porcelaine, retiennent une substance jaunâtre. Cette matière est soluble dans l'éther, qu'elle colore en jaune avec reflet dichroïque bleu. Ces propriétés se retrouvent dans les derniers produits volatils du goudron de houille.

b. Dans le traitement nitrique de l'huile adhérente à la naphtaline (acide phénique), se forme un produit brun rougeâtre, insoluble dans l'eau et doué d'une *odeur de musc* très marquée. Des matières possédant cette odeur (musc artificiel) ont été obtenues en attaquant l'huile de succin et diverses autres huiles empyreumatiques par l'acide nitrique.

c. Au sein d'une solution de potasse, placée avant l'acide nitrique dans l'appareil condensateur, s'est déposée en quantité très notable (plus de 1 gramme) une substance jaune rougeâtre, d'odeur fétide et comme alliacée. J'ai retrouvé cette odeur dans les huiles de l'esprit-de-bois. Cette matière paraît un mélange de deux produits, dont l'un est liquide. Par l'acide nitrique, elle donne un corps nitré fixe, inodore, cristallin, éprouvant à 60° une fusion incomplète : ce dernier fait indique encore un mélange.

6° *Gaz.* — Les gaz produits dans cette réaction ont une forte odeur de marée; ils tiennent en suspension une matière solide, d'abord blanche, puis jaune à la fin de l'opération. Ces gaz sont un mélange à peu près constant aux diverses époques de l'expérience. Ils renferment environ un tiers de gaz oléfiant, une petite quantité d'hydrogène et d'oxyde de carbone, et probablement du gaz des marais.

Pour constater la présence des deux premiers gaz, il suffit de sursaturer le mélange de chlore à la lumière diffuse, puis à la lumière solaire. On opère sur l'eau salée.

L'oxyde de carbone est le seul gaz combustible qui paraisse résister dans ces conditions. En effet, j'ai pu constater la solubilité du résidu dans le protochlorure de cuivre ammoniacal, et je n'ai pas trouvé qu'il y eût formation d'acide carbonique pendant l'action du chlore.

Dans cette dernière action il se produit, d'autre part, une grande quantité de sesquichlorure de carbone, ce qui caractérise encore le gaz oléfiant.

Telles sont les substances que j'ai pu observer dans cette décomposition. Quant à déterminer la quantité relative de chacune d'elles, c'est un problème que je ne saurais résoudre. En effet, malgré un système de quatorze flacons laveurs, dont plusieurs refroidis et contenant divers réactifs, le gaz qui se dégage a l'aspect d'une fumée. Recueilli dans des flacons, il n'y dépose qu'au bout de quelques minutes la matière solide qu'il tient en suspension.

II. — Décomposition de l'acide acétique.

J'ai introduit dans une cornue 330 grammes d'acétate de plomb cristallisé, puis une quantité suffisante d'acide sulfurique, et j'ai distillé au bain de sable, jusqu'à ce que la masse commençât à noircir. Durant cette opération, la plus grande partie de l'acide acétique traverse le tube de porcelaine sans altération. Ce fait a déjà été signalé par Trommsdorf.

1° La *naphtaline* ne s'est condensée que dans un tube en U refroidi, placé à l'extrémité de l'appareil : son aspect et son odeur ne permettent pas de la méconnaître.

2° Elle est salie par une huile brunâtre qui, soumise au même traitement que le produit analogue préparé avec l'alcool, a fourni des traces de picrate de potasse (précipité jaune, amer, engendré par le nitrate de potasse dans une liqueur faiblement acide). Ces caractères indiquent l'*acide phénique*. On le retrouve aussi en petite quantité dans le liquide condensé dans les deux premiers flacons.

3° *Benzine*. — L'acide nitrique de l'appareil condensateur précipite par l'eau : ce précipité, recueilli sur un filtre, présente une odeur marquée d'amandes amères. La coloration caractéristique de l'aniline s'est manifestée, quoique peu prononcée. Il y a donc de la benzine.

La naphtaline nitrée paraît encore accompagner la nitrobenzine ; car la solution alcoolique des corps nitrés, traitée par le zinc, s'était, comme dans le cas de l'alcool, fortement colorée, et, après décoloration par l'eau et l'ammoniaque, elle possédait le dichroïsme des liqueurs étendues contenant de la naphtylamine.

4° *Acétone.* — Le liquide des deux premiers flacons, liquide formé principalement d'acide acétique, a été distillé au bain-marie. La partie volatile est saturée par le carbonate de soude et redistillée au bain-marie. Elle fournit quelques grammes d'un liquide qui m'a paru être de l'acétone. La formation de ce corps, dans ces conditions, a été d'ailleurs établie par MM. Pelouze et Liebig. Ce liquide ne contient-pas de trace de benzine ; mais le traitement par l'acide nitrique y développe une *odeur de musc* prononcée.

5° *Matières diverses :*

a. L'allonge et l'extrémité du tube de porcelaine contiennent une matière solide, blanc jaunâtre, dont la solution éthérée ne m'a pas paru dichroïque ;

b. Produit musqué signalé plus haut ;

Etc.

6° Les gaz ont la même odeur de marée que ceux de l'alcool, mais cette odeur est plus nettement empyreumatique ; ils contiennent de l'acide carbonique.

La difficulté que l'on éprouve pour condenser les substances volatilisées dans un courant gazeux, se manifeste ici par un fait curieux : l'acide acétique se retrouve jusque dans le liquide condensé avec la naphtaline dans le tube en U. Il a cependant traversé un flacon refroidi et sept flacons laveurs, dont un à potasse : celle-ci était restée fortement alcaline à la fin de l'opération.

Il résulte de ces faits que, par la distillation à travers un tube rouge de substances à équivalent peu élevé, comme l'alcool et l'acide acétique, on obtient ces mêmes carbures d'hydrogène et ces mêmes substances si stables, si peu altérables par la chaleur, que nous obtenons dans la distillation des matières complexes, de la houille, ou des huiles grasses, par exemple. Ces substances paraissent donc être des produits constants essentiels, de toute distillation au rouge d'une substance organique non azotée. C'est en vertu d'une affinité particulière, d'une complication moléculaire spéciale, que se développent ces produits. Leur formule ne paraît pas liée d'ordinaire par une loi de dérivation immédiate avec la formule de la matière décomposée ([1]). Leur présence n'implique pas d'ailleurs l'identité, dans tous les cas, de ces distillations : c'est ainsi que la décomposition de l'acide acétique et celle de l'alcool nous offrent une physionomie toute différente. Ce sont des produits essentiels, mais non des produits dominants.

L'expérience relative à l'acide acétique comporte encore une conclusion toute particulière : c'est que la synthèse de ces mêmes substances, c'est-à-dire la reproduction théorique de la naphtaline, de la benzine et probablement de l'acide phénique, en partant des corps simples qui les constituent, doit être regardée comme un fait accompli. En effet, on les obtient au moyen de l'acide acétique, composé que l'on peut former de toutes pièces par plusieurs procédés.

([1]) *Voir* ce Volume, p. 107 et 108.

CHAPITRE XXI.

FORMATION DES CARBURES D'HYDROGÈNE PLUS CONDENSÉS QUE LEURS GÉNÉRATEURS DANS LA DISTILLATION SÈCHE DES ACÉTATES ET AUTRES SELS (¹).

La synthèse des carbures d'hydrogène les plus simples, tels que le gaz des marais, le gaz oléfiant et le propylène, est établie par les expériences exécutées sur les combinaisons binaires du carbone : oxyde, sulfure et chlorures (Tome I, Livre I, quatrième Section, p. 191 et suivantes). Pour s'élever à la formation de carbures d'hydrogène plus compliqués que les précédents, on va recourir non plus aux composés binaires du carbone eux-mêmes, mais aux carbures d'hydrogène auxquels ils ont donné naissance. Au moyen de ces carbures d'hydrogène, on peut former des alcools; au moyen de ces alcools, des acides correspondants. Par exemple, avec le gaz oléfiant, en opérant avec des échantillons préparés au moyen d'éléments minéraux, j'ai formé expérimentalement l'alcool ordinaire : or chacun sait avec quelle facilité, sous l'influence de l'oxygène, l'alcool se change en acide acétique. La synthèse du gaz oléfiant implique donc celle de l'alcool ordinaire et celle de l'acide acétique; et il est permis de prendre cet acide acétique pour nouveau point de départ de la synthèse des autres composés organiques.

Voici quelles idées ont déterminé le choix de cette base d'expérimentation.

L'acide acétique est extrêmement analogue à l'acide formique par ses propriétés physiques et chimiques; seulement il est plus riche en carbone et en hydrogène; moins riche en oxygène: il doit dès lors se prêter plus aisément à la formation des composés hydrocarbonés. On peut donc espérer réaliser cette formation en plaçant l'acide acétique dans les mêmes conditions où l'acide formique a

---

(¹) *Annales de Chimie et de Physique,* 3ᵉ série, t. LIII, p. 158; 1858.

fourni· des carbures d'hydrogène, c'est-à-dire en le distillant en présence d'un alcali, propre à retenir l'oxygène sous forme d'acide carbonique : le carbone et l'hydrogène excédant devront demeurer combinés. Et par le fait, c'est ainsi que tous les chimistes préparent le gaz des marais, depuis les expériences de M. Persoz et celles de M. Dumas. Cependant, comme le gaz dés marais, CH^4, présente une composition plus simple que l'acide acétique, $C^2H^4O^2$, sa formation au moyen des acétates n'est pas une synthèse, mais une analyse.

Or je vais établir qu'en même temps que ce gaz, et comme produits secondaires formés dans la même réaction, peuvent prendre naissance des carbures d'hydrogène plus condensés que le gaz des marais et notamment l'éthylène, C^2H^4, le propylène, C^3H^6, le butylène, C^4H^8, l'amylène, C^5H^{10}, etc., carbures caractérisés par une composition commune C^nH^{2n} sous une condensation différente.

Ces phénomènes ont été signalés plus haut dans la distillation du formiate de baryte (*voir* t. I, p. 236); ils ont donné naissance au gaz oléfiant, au propylène et à des carbures encore plus compliqués. J'ai reconnu qu'ils se manifestent avec plus d'intensité dans la distillation sèche des acétates, plus riches en carbone que les formiates; ils se retrouvent dans celle des butyrates plus riches encore en carbone, et même dans celle du sucre; bref, ils paraissent se rencontrer dans toute distillation sèche d'une matière organique riche en hydrogène, opérée en présence d'un excès d'alcali. Leur rôle analytique était déjà connu; les expériences contenues dans ce Chapitre démontrent leur caractère synthétique, relativement à la formation des carbures d'hydrogène.

L'intervention des alcalis dans ces formations n'est pas indispensable. La chaleur suffit dans certains cas pour réaliser cette même production de carbures d'hydrogène aux dépens des éléments de la substance organique. Mais les matières volatiles, telles que l'acide acétique ou butyrique, exigent en général pour se détruire, une température plus haute et fournissent des produits plus simples, quand elles sont isolées, que lorsqu'elles sont unies avec un alcali.

En effet, la présence d'un alcali détermine la décomposition de l'acide acétique à une température à peine supérieure à 400 degrés, et les produits peuvent être soustraits immédiatement à toute action ultérieure de la chaleur : circonstance très favorable à leur conservation; tandis que l'acide acétique libre peut traverser un tube chauffé au rouge sombre sans se décomposer. La température à laquelle il se détruit est si élevée et doit être prolongée de telle manière, qu'il ne peut guère en résulter que des composés peu variés et très stables.

Toutefois parmi ces derniers composés on rencontre certains carbures d'hydrogène, très stables et cependant remarquables par la complication de leur formule; telles sont la naphtaline et la benzine, obtenues en décomposant l'acide acétique et l'alcool sous l'influence d'une température rouge.

A mesure que l'on s'élève à la formation de carbures plus compliqués, on acquiert par là même des moyens de synthèse de plus en plus puissants; car on s'éloigne des composés simples et stables de la Chimie minérale, dont les conditions d'équilibre sont si étroites et si prépondérantes, et l'on arrive à la formation de ces composés délicats et mobiles, qui caractérisent la Chimie organique et qu'il est en général facile de transformer et de combiner les uns avec les autres. Des carbures d'hydrogène on passe aux composés oxygénés, aux alcools, et ce nouveau pas est décisif; il permet de disposer des réactions si diverses et si ingénieuses que les chimistes ont successivement imaginées.

Sans entrer dans le détail iufini des résultats que ces réactions permettent de pressentir ou de réaliser, on va se borner à établir que la formation de carbures d'hydrogène plus compliqués que ne l'est l'acide décomposé, telle que je l'ai observée d'abord dans la distillation des formiates et des acétates, se retrouve dans la distillation sèche des butyrates. Ce n'est point un phénomène particulier aux deux premiers genres de sels : mais il paraît s'étendre à tous les composés analogues. C'est donc là un procédé général de synthèse, car chaque carbure fournit un alcool, chaque alcool un acide correspondant. Si donc un acide peut former à son tour des carbures plus compliqués, analogues aux premiers et à ceux des alcools, puis des alcools et des acides correspondants, on voit que cette méthode de synthèse n'a pour ainsi dire aucune limite.

En résumé, ce Chapitre renferme l'exposition des expériences suivantes :

Première section. Distillation sèche des acétates : synthèse du propylène, du butylène, de l'amylène, etc.

Deuxième section. Distillation sèche des butyrates et de quelques autres substances.

I. — **Distillation sèche des acétates**.

On vient d'exposer d'une manière générale les principes en vertu desquels se forment des carbures d'hydrogène analogues au gaz oléfiant dans la distillation des acétates; il reste à développer le récit des expériences qui établissent cette formation.

Ces expériences ont été exécutées sur de l'acétate de soude pur, privé d'eau par la fusion, et dont le poids total, employé dans les diverses expériences, s'élevait à environ 10 kilogrammes. Tantôt on s'est borné à distiller l'acétate de soude isolément; tantôt on l'a mélangé avec son poids de limaille de fer, tantôt avec son poids de chaux sodée, tantôt enfin avec deux fois son poids de la même substance. Ces conditions si diverses n'ont pas paru exercer d'influence bien marquée sur la production des carbures d'hydrogène; bien qu'elles modifient extrêmement la nature et la proportion des autres liquides empyreumatiques.

Pour simplifier les résultats et diminuer la proportion de ces derniers liquides, on a opéré en général sur un mélange de 1 partie d'acétate de soude avec 1 partie de chaux sodée.

On introduit ce mélange dans une cornue de grès vernie, et l'on chauffe avec précaution. Les gaz formés traversent deux flacons refroidis, puis deux éprouvettes ovoïdes contenant du brome, un flacon laveur à lessive de soude, et ils se dégagent ensuite sur la cuve à eau. Le gaz recueilli sur la cuve à eau est formé par du gaz des marais sensiblement pur. Dans le brome se sont condensés le gaz éthylène et les carbures analogues : propylène, butylène, amylène, etc.

On dissout immédiatement l'excès de brome dans une lessive de soude moyennement concentrée, sans éviter le' dégagement de chaleur produit au moment de cette réaction. Dans ces conditions, l'alcali détruit non seulement l'excès de brome, mais aussi divers liquides bromurés, dérivés des liquides pyrogénés de l'acétate de soude : leur destruction est indispensable pour obtenir à l'état de pureté les bromures d'hydrogène carbonés. Si l'on n'emploie pas tout d'abord un grand excès d'alcali, la décomposition des liquides indiqués ci-dessus est accompagnée par un développement de vapeurs extrêmement irritantes et capables de provoquer l'inflammation des yeux : en même temps, la liqueur surnageante brunit fortement.

Quand la réaction de l'alcali sur le brome est terminée et avant tout refroidissement, on ajoute à la solution alcaline huit à dix fois son volume d'eau, afin d'éviter la précipitation du bromate de soude pulvérulent, et l'on décante à l'aide d'une pipette les bromures liquides neutres et incolores, formés par les hydrocarbures. On réunit les produits de plusieurs opérations et on les distille. On recueille séparément .

Les bromures volatils au-dessous de 140 degrés ;
Les bromures volatils de 140 à 155 degrés ;
Les bromures volatils de 155 à 170 degrés;
Les bromures volatils de 170 à 200 degrés.

A ce moment, il se dégage d'abondantes vapeurs d'acide bromhydrique, et le liquide contenu dans la cornue tubulée commence à noircir; on arrête la distillation. Elle pourrait être poussée plus loin, en opérant sous pression réduite.

On reprend alors les liquides distillés, et on les redistille séparément. Après trois séries de distillations systématiques, on parvient à obtenir :

1° Un liquide volatil vers 145 degrés, lequel est du bromure de propylène, $C^3H^6Br^2$: c'est le produit principal;

2° Un liquide volatil vers 160 degrés et un peu plus haut, lequel est du bromure de butylène, $C^4H^8Br^2$;

3° Un liquide volatil entre 175 et 180 degrés, lequel est du bromure d'amylène, $C^5H^{10}Br^2$. Ce corps est très peu abondant. A chaque distillation, il dégage un peu d'acide bromhydrique;

4° Quelques gouttes volatiles au-dessous de 140 degrés, lesquelles sont un mélange de bromure de propylène et de bromure d'éthylène;

5° Dans la cornue où s'opère la première distillation, restent divers liquides bromurés, qu'on ne peut volatiliser sous la pression normale, c'est-à-dire vers 200 degrés sans les décomposer. Ces liquides paraissent renfermer des bromures correspondants à des hydrogènes carbonés plus condensés que l'amylène.

On a régénéré séparément les carbures d'hydrogène contenus dans les divers bromures purifiés, en chauffant chacun de ceux-ci séparément, à 275 degrés, avec du cuivre, de l'eau et de l'iodure de potassium, et l'on a soumis ces carbures libres à l'analyse eudiométrique.

Voici le détail des résultats qui établissent la formation des carbures d'hydrogène signalés ci-dessus.

Gaz oléfiant ou éthylène, C^2H^4.

L'existence du gaz oléfiant a été établie par les preuves suivantes :

1° Formation d'un bromure volatil au-dessous de i4o degrés et régénération du gaz oléfiant contenu dans ce bromure.

Dans ces conditions, le gaz oléfiant obtenu est mélangé de propylène; mais son existence et sa composition peuvent être démontrées par les procédés analytiques développés plus haut et spécialement par l'action de l'acide sulfurique sur le gaz oléfiant qu'il absorbe d'une manière graduelle et continue, avec le concours d'une agitation prolongée pendant 3ooo secousses; ce qui est tout à fait caractéristique.

2° Formation d'un iodure, décomposable par la potasse à 100 degrés, avec régénération d'éthylène.

On va donner les résultats de cette expérience, plus nette que la précédente, parce qu'elle a permis d'isoler complètement l'éthylène.

Pour obtenir l'iodure d'éthylène, on a fait passer directement sur l'iode, fondu dans un ballon à long col, les gaz formés pendant la distillation de l'acétate de soude; puis on a dissous l'excès d'iode dans une lessive de soude, et l'on a isolé la matière à demi carbonisée qui demeurait inattaquée. C'est un mélange de l'iodure d'éthylène avec divers produits de décomposition par l'iode des autres gaz ou vapeurs pyrogénées. On a introduit cette masse dans un petit ballon rempli de potasse, et l'on a fait bouillir : l'iodure s'est détruit et a laissé dégager la plus grande partie de l'éthylène qu'il renfermait.

100	volumes de gaz combustible ainsi dégagés, puis brûlés dans l'eudiomètre, ont fourni
2o3	volumes d'acide carbonique; la diminution finale due à la disparition du gaz combustible et de l'oxygène employé à le brûler était égale à
4o8	volumes.

Ce gaz était entièrement absorbable par le brome.

Or

100	volumes d'éthylène doivent fournir
200	volumes d'acide carbonique, la diminution finale étant égale à
4oo	volumes.

Les nombres précédents s'accordent donc sensiblement avec la composition de l'éthylène : le léger écart qu'ils présentent est dû soit à la présence d'une petite quantité de carbures plus condensés, soii à quelque imperfection dans l'analyse, l'une des premières qui aient été exécutées dans cette longue série d'expériences.

La possibilité d'isoler l'éthylène des carbures analogues au moyen de l'iode est fort intéressante, car ces carbures sont également susceptibles de s'unir avec ce métalloïde. Mais il paraît résulter des présents essais que leurs iodures se forment avec plus de lenteur et se détruisent beaucoup plus facilement sous l'influence de la chaleur employée dans la réaction.

Du reste la proportion d'éthylène obtenu dans la distillation des acétates est extrêmement faible et fort inférieure à celle du carbure suivant.

Propylène, C^3H^6.

1. L'existence du propylène repose sur les preuves que voici :

I. On a obtenu un bromure neutre, liquide et volatil vers 140 degrés. Ce bromure renferme, d'après analyse de tous ses éléments :

$$C \dots \dots 17,2$$
$$H \dots \dots 2,9$$
$$Br \dots \dots \underline{79,4}$$
$$99,5$$

La formule

$$C^3H^6Br^2$$

exige :

$$C \dots \dots 17,8$$
$$H \dots \dots 3,0$$
$$Br \dots \dots \underline{79,2}$$
$$100,0$$

Ce bromure, décomposé à 275 degrés par le cuivre, l'eau et l'iodure de potassium, a régénéré des gaz, dont voici l'analyse :

1°   100   volumes du gaz privé d'acide carbonique puis brûlés dans l'eudiomètre ont fourni

  161,5 volumes d'acide carbonique ; la diminution finale était égale à

  367   volumes, et l'azote à

  5   volumes.

2°   67   volumes du gaz non absorbable par le brome ont fourni

  62   volumes d'acide carbonique ; la diminution finale était égale à

  185   volumes, et l'azote à

  5   volumes.

3° 100 volumes du gaz primitif, agités avec le brome, ont perdu
    33 volumes.

4° 100 volumes du même gaz, agités avec l'acide sulfurique concentré,
ont perdu immédiatement
    32,5 volumes. Une agitation très prolongée n'a pas augmenté l'absorption.

5° 67 volumes du gaz non absorbable par l'acide sulfurique, agités par
le protochlorure de cuivre, n'ont pas diminué sensiblement de
volume : ce qui exclut l'oxyde de carbone. On les a agités
ensuite avec de l'alcool absolu; puis on a enlevé la vapeur de
cet alcool avec de l'eau : le gaz était réduit à
    52 volumes. Il avait donc perdu par voie de dissolution
    16 volumes.

6° Ces 52 volumes, brûlés dans l'eudiomètre, ont fourni
    18 volumes d'acide carbonique, la diminution finale étant égale à
    97 volumes, et l'azote à
    5 volumes.

7° Enfin l'alcool qui avait agi sur le mélange gazeux a été étendu
avec son volume d'eau (purgée d'air) : il a dégagé un gaz dont
    5 volumes, brûlés dans l'eudiomètre, ont fourni
    15,5 volumes d'acide carbonique; la diminution finale étant égale à
    31 volumes.

L'ensemble des résultats précédents, qui se vérifient les uns les autres, peut se présenter de la manière suivante :

Propylène............................. 33
Hydrure de propyle.................... 21
Hydrogène............................. 41
Azote................................. 5
                                              —
                                              100

Le calcul de ces nombres peut s'exécuter par plusieurs méthodes indépendantes les unes des autres, s'appuyant sur des données numériques toutes différentes, et destinées à se fournir un contrôle réciproque. C'est pour obtenir ce contrôle que l'on a multiplié les mesures, plus qu'il n'était nécessaire pour déterminer les resultats.

Soient x le volume du propylène, C^3H^6, y celui de l'hydrure de propyle, C^3H^8, z celui de l'hydrogène.

On peut calculer la composition du gaz primitif d'après les trois premières données eudiométriques (1°) seulement :

$$100 - 5\,(\text{azote}) = 95 = x + y + z, \qquad 161,5 = 3x + 3y,$$
$$367 = 5\tfrac{1}{2}x + 6y + 1\tfrac{1}{2}z,$$

d'où
$$x = 35, \text{ propylène;}$$
$$y = 19, \text{ hydrure de propyle;}$$
$$z = 41, \text{ hydrogène.}$$

On peut calculer la composition du gaz non absorbable par le brome (2°) d'après les données eudiométriques qui lui correspondent :

$$67 - 5\,(\text{azote}) = 62 = y + z, \qquad 62 = 3y, \qquad 185 = 6y + 1\tfrac{1}{2}z,$$

d'où
$$y = 21, \text{ hydrure de propyle;} \qquad z = 41, \text{ hydrogène.}$$

On peut aussi calculer la composition du gaz non absorbable par l'acide sulfurique et non dissous par l'action d'une certaine quantité d'alcool (6°) d'après les données eudiométriques qui lui correspondent :

$$62 - 5\,(\text{azote}) = 47 = y' + z, \qquad 18 = 3y', \qquad 97 = 6y' + 1\tfrac{1}{2}z,$$

d'où
$$y' = 6, \text{ hydrure de propyle,} \qquad z = 41, \text{ hydrogène.}$$

Enfin, le gaz dissous par l'alcool et redégagé par l'eau de cette dissolution (7°) présente la composition de l'hydrure de propyle, C^3H^8, car

5   volumes d'hydrure de propyle doivent fournir
15   volumes d'acide carbonique, la diminution finale étant de
30   volumes.

On voit que ces données s'accordent sensiblement les unes avec les autres et conduisent à admettre l'existence des mêmes gaz combustibles.

Elles s'accordent également avec l'action dissolvante (3° et 4°).

En effet la proportion du propylène absorbé :

Par le brome s'élève à.............................. 33   centièmes;
Par l'acide sulfurique à........... 32,5   »
Si on la déduit par le calcul du premier système de données
eudiométriques, on la trouve égale à 35   »

Enfin on peut contrôler les résultats, en comparant les données eudiométriques aux mesures obtenues par absorption, de façon à en déduire la composition des gaz absorbés.

En effet,

33   volumes du gaz absorbable par le brome ont fourni $161,5 - 62 =$
99,5 volumes d'acide carbonique, la diminution finale correspondante
        étant égale à
367 — 185 = 182 volumes.

Or

33   volumes de propylène, C^3H^6, fournissent
99   volumes d'acide carbonique, la diminution finale étant égale à
181,5 volumes.

Le gaz absorbable par le brome présente donc la composition du
propylène.

D'autre part,

15   volumes du gaz dissous par l'alcool ont fourni $62 - 18 =$
44   volumes d'acide carbonique, la diminution finale étant égale à
        187 — 97 =
90   volumes.

Or

15   volumes d'hydrure de propyle, C^3H^8, fournissent
45   volumes d'acide carbonique, la diminution finale étant égale à
90   volumes.

Le gaz dissous par l'alcool présente donc la composition de l'hydrure de propyle, comme son analyse directe l'a démontré
d'ailleurs.

Ces analyses ont été répétées à plusieurs reprises sur le bromure
de propylène obtenu au moyen de l'acétate de soude, dans des
opérations différentes : on a toujours obtenu des résultats analogues aux précédents. Voici deux autres de ces analyses.

II. Autre analyse, dans laquelle le gaz régénéré provenait d'une
proportion de bromure beaucoup plus forte.

100   volumes du gaz combustible, privé d'acide carbonique, ont été
        brûlés dans l'eudiomètre et ont fourni
300   volumes d'acide carbonique, la diminution finale étant de
562   volumes.
100   volumes de ce gaz, traités par le brome, se sont réduits à
25   volumes.

Soient x le volume du propylène, y celui de l'hydrure de propyle :

$$x + y = 100, \qquad 3x + 3y = 300, \qquad 5,5x + 6y = 562,$$

d'où

$$z = \text{propylène} \qquad = 76,$$
$$y = \text{hydrure de propyle} = 24.$$

Ces nombres sont confirmés par le résultat obtenu dans l'action du brome, lequel a donné 75 volumes.

III. Autre analyse.

1° 100 volumes du gaz obtenu dans une autre préparation, et privé d'abord d'acide carbonique, ont fourni dans l'eudiomètre
198 volumes d'acide carbonique, la diminution finale étant de
410 volumes, et l'azote égal à
9 volumes.

2° 55 volumes de la portion non absorbable par le brome du gaz précédent ont fourni dans l'eudiomètre
62 volumes d'acide carbonique, la diminution finale étant de
161 volumes, et l'azote égal à
9 volumes.

3° Le gaz non absorbable par le brome a été agité avec un peu d'alcool absolu, puis lavé à l'acide sulfurique :

55 volumes de ce gaz avaient diminué de 7 volumes.

On a analysé le gaz non dissous :

48 volumes ont alors fourni
40,5 volumes d'acide carbonique, la diminution finale étant de
119,5 volumes, et l'azote égal à
9 volumes.

4° A l'alcool absolu qui avait dissous une portion du gaz, on a ajouté de l'eau bouillie, et analysé le gaz dégagé :

47 volumes de ce gaz ont fourni
140,5 volumes d'acide carbonique, la diminution finale étant de
282 volumes.

5° 100 volumes du gaz primitif, traités par le brome, ont perdu
45 volumes.

6° 100 volumes du même gaz, agités avec l'acide sulfurique concentré, ont perdu presque immédiatement
44 volumes.

L'ensemble des résultats précédents peut se représenter de la manière suivante :

$$
\begin{array}{ll}
\text{Propylène}\dots\dots\dots\dots\dots\dots\dots\dots\dots\dots & 45,0 \\
\text{Hydrure de propyle}\dots\dots\dots\dots\dots\dots & 20,5 \\
\text{Hydrogène}\dots\dots\dots\dots\dots\dots\dots\dots\dots & 25,5 \\
\text{Azote}\dots\dots\dots\dots\dots\dots\dots\dots\dots\dots\dots & \underline{9,0} \\
& 100,0
\end{array}
$$

Voici les calculs, lesquels peuvent s'exécuter par plusieurs méthodes indépendantes les unes des autres :

x propylène; y hydrure de propyle; z hydrogène.

D'après les trois premières données eudiométriques (1°) seulement, x, y, z sont déterminés, car

$$x + y + z = 100 - 9\,(\text{azote}) = 91,$$
$$3x + 3y = 198,$$
$$5\tfrac{1}{2}x + 6y + 1\tfrac{1}{2}z = 400,$$

d'où

$$x = 47, \text{ propylène},$$
$$y = 19, \text{ hydrure de propyle},$$
$$z = 25, \text{ hydrogène}.$$

De même la composition du gaz non absorbable (2°) par le brome peut être calculée isolément :

$$y + z = 55 - 9\,(\text{azote}) = 46,$$
$$5y = 62,$$
$$6y + 1\tfrac{1}{2}z = 161.$$
$$y = 20,5, \text{ hydrure de propyle};$$
$$z = 24,5, \text{ hydrogène}.$$

De même la composition du gaz non absorbable par le brome et non dissous par l'action d'une certaine quantité d'alcool (3°) :

$$y' + z = 48 - 9 = 39, \qquad 3y' = 40,5, \qquad 6y' + 1\tfrac{2}{1}z = 119,5.$$
$$y' = 13,5, \text{ hydrure de propyle},$$
$$z = 25,5, \text{ hydrogène}.$$

Le gaz dissous par l'alcool et dégagé par l'eau de cette dissolution (4°) présente la composition de l'hydrure de propyle, C^3H^8, car

    47   volumes d'hydrure de propyle doivent fournir
    141   volumes d'acide carbonique, la diminution finale étant égale à
    282   volumes.

L'action du brome et celle de l'acide sulturique (5° et 6°) s'accordent sensiblement avec les données eudiométriques; car :

Le propylène absorbé par le brome s'élève à........... 45 volumes
Le propylène absorbé par l'acide sulfurique s'élève à.... 44 volumes
Déduit par le calcul du premier système de données eudiométriques, il est égal à........................ 47 volumes

Enfin on peut contrôler les résultats, en comparant les données eudiométriques aux mesures obtenues par absorption, de façon à en déduire la composition du gaz absorbé. En effet,

    45   volumes de gaz absorbé par le brome ont fourni $198 - 62 =$
    136   volumes d'acide carbonique, la diminution finale correspondant à
        $410 - 161 =$
    249   volumes.

Or

    45   volumes de propylène, C^3H^6, fournissent
    135   volumes d'acide carbonique, en donnant lieu à une diminution finale de
    247,5 volumes.

Le gaz absorbable par le brome possède donc la composition du propylène.

D'autre part,

    7   volumes du gaz dissous par l'alcool ont fourni $62 - 40,5$
    21,5 volumes d'acide carbonique, la diminution finale étant égale à
        $161 - 119,5 =$
    41,5 volumes.

Or

    7   volumes d'hydrure de propyle, C^3H^8, fournissent
    21   volumes d'acide carbonique, la diminution finale étant de
    42   volumes.

Le gaz dissous par l'alcool présente donc la composition de l'hydrure de propyle, comme son analyse directe l'a d'ailleurs démontré.

La formation du propylène dans la distillation sèche de l'acétate de soude est établie rigoureusement par les analyses précédentes; elle peut être corroborée par diverses épreuves qui vont être indiquées.

2. D'après l'étude des bromures correspondants aux gaz carbonés, on est conduit à regarder le propylène comme beaucoup plus abondant que tous les autres carbures analogues dans la distillation de l'acétate de soude. Cette opinion est confirmée par l'analyse directe des gaz pyrogénés, recueillis sans leur faire subir l'action du brome. Voici l'une des plus caractéristiques parmi ces analyses; c'est celle de la partie gazeuse qui a fourni la plus forte proportion de carbures absorbables par le brome,

1° 100 volumes de gaz recueilli sur l'eau, et privé d'acide carbonique par la potasse, ont été brûlés dans l'eudiomètre; ils ont fourni
130,5 volumes d'acide carbonique, la diminution finale étant égale à
327 volumes. L'azote s'élève à
1 volume.

2° 100 volumes du même gaz, agités avec le brome, ont perdu
14 volumes.
100 volumes du même gaz, agités avec l'acide sulfurique concentré ont perdu immédiatement
14 volumes.

3° 86 volumes du gaz non absorbable par le brome, brûlés dans l'eudiomètre, ont fourni
85 volumes d'acide carbonique, la diminution finale étant égale à
25 volumes, et l'azote à
1 volume.

4° 86 volumes du gaz non absorbé par l'acide sulfurique, brûlés dans l'eudiomètre, ont fourni
85 volumes d'acide carbonique, la diminution finale étant égale à
253 volumes, et l'azote à
1 volume.

D'après ces résultats :

85 volumes du gaz combustible non absorbable par le brome, ou par l'acide sulfurique, sont formés par du gaz des marais sensiblement pur, et
14 volumes de gaz absorbable par le brome fournissent 130,5 — 85 =
45,5 volumes d'acide carbonique, la diminution finale correspondante étant égale à
327 — 254 = 73 volumes.

Or,

   14   volumes de propylène fournissent
   42   volumes d'acide carbonique, la diminution finale étant de
   77   volumes.

On voit que le mélange des carbures d'hydrogène absorbables par le brome et formés dans la distillation de l'acétate de soude, au moment où l'on a recueilli le gaz précédent, se rapproche beaucoup de la composition du propylène.

Du reste, la proportion de ces carbures varie extrêmement aux diverses époques de la distillation et suivant ses conditions.

Quant au gaz débarrassé de ce groupe de carbures par le brome, ou par l'acide sulfurique concentré, il présente d'ordinaire la composition du gaz des marais.

On voit encore par là que la dose de l'éthylène, c'est-à-dire du carbure absorbable immédiatement par le brome, mais non par l'acide sulfurique, ne saurait être que très faible.

3. En raison de la composition des carbures absorbables par le brome, on a cru pouvoir employer le gaz des acétates à la régénération de l'alcool isopropylique et de ses éthers, c'est-à-dire de composés propres à fournir une nouvelle vérification tout à fait caractéristique.

A cet effet, 20 litres du gaz des acétates recueilli sur l'eau ont été agités d'abord avec de l'acide sulfurique étendu de son volume d'eau, de façon à les priver des vapeurs empyreumatiques; puis on a agité le gaz, litre par litre, pendant quelques minutes avec de l'acide sulfurique concentré. Cet acide, après l'opération, présente l'odeur spéciale qui caractérise son action sur le propylène. Étendu d'eau avec précaution, saturé de carbonate de chaux, puis évaporé, il a fourni un sel calcaire très hygrométrique, jouissant des propriétés de l'isopropylsulfate de chaux. Ce sel a été mélangé avec du benzoate de potasse et distillé au bain d'huile; il a fourni, entre 220° et 240° seulement, un éther benzoïque dont l'odeur, le degré de volatilité et les propriétés se confondent avec ceux de l'éther isopropylbenzoïque.

4. *Transformation de l'acétone en propylène et hydrure de propylène.*

A cette même formation du propylène dans la distillation de l'acétate de soude, on peut rattacher diverses expériences exécutées sur les liquides pyrogénés de l'acétate de soude. En effet, ces liquides ont été soumis à plusieurs épreuves, destinées plus particulièrement à rechercher la production de l'alcool méthylique, ou de quelque éther dudit alcool. Or on n'a pu constater aucun phénomène qui permît de soupçonner une telle production.

Cependant l'un des essais a conduit à un résultat digne de quelque intérêt : la formation d'un carbure gazeux, qui paraît identique avec le propylène, produit dans la réaction de l'acide sulfurique sur l'acétone. Voici comment on a été conduit à essayer cette réaction. On sait que l'alcool méthylique et ses éthers, chauffés avec l'acide sulfurique concentré, dégagent de l'éther méthylique : gaz neutre, combustible, très soluble dans l'eau, etc., qu'il est facile d'isoler et de caractériser.

Dans l'espérance de l'obtenir, on a chauffé avec l'acide sulfurique concentré les divers liquides pyrogénés de l'acétate de soude, soit à l'état brut, soit après les avoir séparés les uns des autres, par la voie des distillations fractionnées.

On a opéré sur l'acétone tout à fait pur; et séparément, sur les liquides solubles et insolubles dans l'eau et volatils vers 65°, de 66° à 75°, de 75° à 90°, de 85° à 100°, de 100° à 150°, de 150° à 200°. Les quatre derniers n'ont fourni aucun gaz combustible particulier, autre que l'oxyde de carbone; tandis que les premiers ont fourni quelques bulles d'un gaz combustible spécial. La proportion de ce gaz, toujours très faible d'ailleurs, est la plus grande possible quand on opère avec l'acétone pur et avec les liquides de volatilité voisine. On peut le produire aisément avec l'acétone du commerce, mais on a préféré opérer avec un échantillon d'acétone préparé dans le laboratoire même au moyen de l'acétate de soude, puis ramené à un point d'ébullition fixe et purifié aussi complètement que possible. En agissant ainsi, on rattache la formation du gaz combustible à un composé d'origine et de composition bien définies.

On opère de la manière suivante : dans un ballon de 200 centimètres cubes, on introduit 40 à 50 grammes d'acide sulfurique concentré, et l'on y ajoute 15 à 20 grammes d'acétone, par petites portions, en refroidissant le mélange et en évitant toute élévation notable de température.

Cela fait, on adapte au ballon un bouchon percé de deux trous : l'un de ces trous sert à fixer un tube à dégagement, destiné à conduire les gaz sur la cuve à mercure. Dans l'autre trou, on adapte un tube qui amène un courant d'acide carbonique. On déplace par ce gaz l'air contenu dans le ballon, puis on détache le générateur d'acide carbonique et l'on bouche le tube qui l'amenait. On chauffe alors le ballon avec précaution et l'on enlève le feu dès que la réaction commence. Cette réaction est extrêmement vive, toute la masse se boursoufle et se carbonise, en dégageant un mélange d'acide sulfureux, d'acide carbonique, et d'une petite quantité de gaz combustible. On recueille le tout sur la cuve à mercure; on continue la réaction à l'aide de la chaleur, sans pourtant la prolonger trop longtemps, circonstance qui ne déterminerait plus à la fin que la formation de l'oxyde de carbone.

Au sein de l'éprouvette qui contient les gaz, on ajoute de la potasse solide et quelques gouttes d'eau; presque tout le volume gazeux se trouve aussitôt absorbé. Cependant il reste une petite quantité d'un gaz hydrocarboné combustible, lequel n'est pas sensiblement soluble dans l'eau.

On citera seulement les résultats de l'analyse de deux échantillons. Ces analyses ont été exécutées sur des volumes de gaz très petits : circonstance en raison de laquelle on ne présente pas la formation du propylène dans ces conditions comme absolument démontrée.

.1° Gaz combustible obtenu avec l'acétone pure.

> 15   volumes brûlés dans l'eudiomètre ont fourni
> 37,1 volumes d'acide carbonique, la diminution finale étant égale à
> 71,3 volumes.

15,0 volumes du gaz primitif, traités par le brome, ont perdu........................... 2,4 volumes;
par l'acide sulfurique............. 2,2 volumes immédiatement.

> 12,6 volumes du gaz non absorbable par le brome, brûlés dans l'eudiomètre, ont fourni
> 29,6 volumes d'acide carbonique, la diminution finale étant égale à
> 57,3 volumes.

D'où l'on déduit la composition du gaz absorbable par le brome :

> 2,1 volumes ont fourni 37,1 — 29,6 =
> 7,5 volumes d'acide carbonique, la diminution finale étant égale à
> 71,3 — 57,3 =
> 14   volumes,

c'est-à-dire

> 1   volume fournit
> 3,1 d'acide carbonique, la diminution finale étant de
> 5,8 volumes.

D'après ces nombres, le gaz absorbable par le bromé et par l'acide sulfurique peut être regardé, dans les limites d'erreur de cette expérience, comme du propylène, car

1   volume de propylène, C^6H^6, produit
3   volumes d'acide carbonique, la diminution finale étant égale à
5,5 volumes.

Les 12,6 volumes de gaz non absorbable par le brome peuvent être représentés par un mélange de

8,5 volumes d'hydrure de propyle, C^3H^8, et de
4,1 volumes d'oxyde de carbone, CO.

Car soient x l'hydrure de propyle et y l'oxyde de carbone,

$$x + y = 12,6,$$
$$3x + y = 29,6,$$
$$6x + 1\tfrac{1}{2}y = 57,3.$$

Les valeurs

$$x = 8,5,$$
$$y = 4,1,$$

satisfont sensiblement; elles indiquent, pour le volume de CO^2 29,6, et pour la diminution finale............................ 57,1.

En résumé, les 15,0 volumes de gaz analysé peuvent être représentés par

Propylène 2,4
Hydrure de propyle............. 8,5
Oxyde de carbone 4,1

2° Gaz combustible obtenu avec les produits acétoniques volatils entre 65 et 75 degrés.

15,0 volumes ont fourni
46,6 volumes d'acide carbonique, la diminution finale étant égale à
84,6 volumes.

15,0 volumes, traités par le brome, ont perdu
10,5 volumes.

4,5 volumes du gaz non absorbé par le brome ont fourni
13,1 volumes d'acide carbonique, la diminution finale étant égale à
25,7 volumes.

B. — II.   15

D'après ces nombres, le gaz absorbable par le brome fournit les résultats suivants :

>10,5 volumes produisent 46,6 — 13,1 =
>33,5 volumes d'acide carbonique, la diminution finale étant égale
>   à 84,6 — 25,7 =
>58,9 volumes,

c'est-à-dire

>1   volume produit
>3,2 volumes d'acide carbonique, la diminution finale étant égale à
>5,6 volumes.

Or

>1   volume de propylène, C^3H^6, produit
>3   volumes d'acide carbonique, la diminution finale étant de
>5,5 volumes.

Les 4,5 volumes de gaz non absorbable par le brome peuvent être regardés comme un mélange de

>4,3 volumes d'hydrure de propyle et de
>0,2 volume d'oxyde de carbone,

car ces nombres indiqueraient pour le gaz après combustion

>13,1 volumes d'acide carbonique et
>26,1 volumes de diminution finale.

Il est même possible que le gaz non absorbable par le brome soit formé par de l'hydrure de propyle pur ; les nombres trouvés ne s'écartent guère de cette composition.

En résumé, les 15,0 volumes du gaz analysé peuvent se représenter par

>Propylène   10,5
>Hydrure de propyle   4,3
>Oxyde de carbone   0,2

La formation du propylène et de l'hydrure de propyle, dans les conditions qui viennent d'être décrites, est un phénomène tout à fait imprévu ([1]).

Ces gaz résultent-ils de l'action directe de l'acide sulfurique sur l'a-

---

([1]) *En 1858.

cétone, ou bien sur quelques traces d'alcool isopropylique mélangées avec de l'acétone? L'alcool propylique et ses éthers sont, jusqu'à présent, les seuls composés qui, sous l'influence de l'acide sulfurique, puissent dégager du propylène et de l'hydrure de propyle.

La formation de cet alcool dans la distillation des acétates serait très digne d'intérêt. Malheureusement la proportion du gaz combustible s'élève tout au plus à quelques millièmes du poids de l'acétone, circonstance qui rend très difficile la détermination précise de son origine réelle. Dans tous les cas, le gaz dérive de quelqu'un des produits pyrogénés de l'acétate de soude.

Butylène, C^4H^8.

Le bromure de butylène, formé au moyen des gaz de la distillation des acétates, est volatil vers 160 degrés.

Décomposé à 275 degrés par l'eau, le cuivre et l'iodure de potassium, il régénère du butylène, comme le prouvent les analyses suivantes :

100   volumes du gaz régénéré au moyen du bromure de butylène, et privé d'acide carbonique par la potasse, ont été brûlés dans l'eudiomètre. Ils ont fourni

224   volumes d'acide carbonique, la diminution finale étant égale à

454   volumes, et l'azote à

6   volumes.

100 volumes du même gaz, traités par le brome, ont perdu 45 volumes.

100 volumes du même gaz, traités par l'acide sulfurique concentré, ont perdu presque immédiatement 44 volumes.

Le gaz non absorbé par l'acide sulfurique renferme une portion très soluble dans l'alcool.

56   volumes du gaz non absorbé par l'acide sulfurique ont fourni par combustion

49   volumes d'acide carbonique, la diminution finale étant égale à

147   volumes, et d'azote à

6.   volumes.

L'ensemble de ces résultats peut se représenter de la manière suivante :

Butylène, C^4H^8.................. 44
Hydrure de butyle, C^4H^{10}........ 12
Hydrogène..................... 38
Azote 6
                              —————
                              100

En effet, soit

$$x = \text{butylène},$$
$$y = \text{hydrure de butyle},$$
$$z = \text{hydrogène}.$$

D'après les trois premières données eudiométriques,

$$x + y + z = 100 - 6\,(\text{azote}) = 94,$$
$$4x + 4y = 224,$$
$$7x + 7\tfrac{1}{2}y + 1\tfrac{1}{2}z = 454,$$

d'où

$$x = 46, \text{ butylène},$$
$$y = 10, \text{ hydrure de butyle},$$
$$z = 38, \text{ hydrogène}.$$

D'après les trois dernières,

$$y + z = 56 - 6\,(\text{azote}) = 50,$$
$$4y = 49,$$
$$7\tfrac{1}{2}y + 1\tfrac{1}{2}z = 147,$$
$$y = 12, \quad z = 38,$$

dans les limites d'erreur de l'expérience.

Ainsi, d'après l'action de l'acide sulfurique, le volume du butylène est égal à.. 44 ;
d'après celle du brome à.. 45 ;
d'après les données eudiométriques seulement à............. 46.

Ces résultats sont suffisamment concordants.

La composition du gaz absorbable par l'acide sulfurique peut d'ailleurs se déduire directement, car

   44   volumes de ce gaz ont fourni dans l'eudiomètre $224 - 49 =$
175   volumes d'acide carbonique, la diminution finale étant égale à $454 -$
       147 $=$
307   volumes.

Or

   44   volumes de butylène, C^4H^8, doivent fournir
176   volumes d'acide carbonique, la diminution finale étant égale à
308   volumes.

Ce gaz est donc du butylène.

Amylène, C^5H^{10}.

Le bromure d'amylène, formé au moyen des gaz de la distillation des acétates, bout entre 175 et 180 degrés, non sans donner quelques signes de décomposition. Il est peu abondant.

Ce corps a donné à l'analyse

$$Br = 70,2.$$

La formule

$$C^5H^{10}Br^2$$

exige

$$Br = 69,6.$$

On a régénéré l'amylène, en chauffant ce bromure à 275 degrés avec du cuivre, de l'eau et de l'iodure de potassium. On a ainsi obtenu un liquide très volatil, dont l'odeur et les propriétés s'accordent avec celles de l'amylène. Comme ce liquide était trop peu abondant pour être isolé et analysé par les méthodes ordinaires, on a préféré l'analyser sous forme gazeuse, conformément à un artifice employé par Gay-Lussac et par Faraday dans des cas analogues.

Voici comment on opère :

On ouvre sur le mercure les tubes qui ont servi à régénérer l'amylène de son bromure; on évacue le gaz qu'ils renferment en le remplaçant par du mercure; puis on introduit dans ces tubes une certaine quantité d'air : l'amylène liquide se vaporise en partie dans cet air.

On introduit le tout dans une éprouvette et l'on analyse le mélange gazeux par deux méthodes distinctes.

D'une part, on procède à l'analyse eudiométrique par l'oxygène; d'autre part, on détermine le volume du carbure absorbable par le brome, ou par l'acide sulfurique; les résultats de cette dernière détermination servent de contrôle.

100   volumes du mélange gazeux, brûlés dans l'eudiomètre avec addition d'oxygène, ont fourni

52   volumes d'acide carbonique, la diminution finale étant égale à

88   volumes, l'azote à

71   volumes, et par conséquent l'oxygène primitif à

19   volumes, puisque le mélange gazeux renferme l'azote et l'oxygène dans les proportions de l'air.

100 volumes du mélange gazeux, traités par le brome, ont perdu .... 10 volumes.

100 volumes du mélange gazeux, traités par l'acide sulfurique concentré, ont perdu .... 10 volumes.

Les résidus de ces absorptions ne sont pas combustibles.

D'après les analyses eudiométriques précédentes, le mélange gazeux renferme :

$$
\begin{array}{lr}
\text{Air} \dots\dots\dots\dots\dots\dots\dots\dots\dots & 90 \\
\text{Amylène, } C^5H^{10} \dots\dots\dots\dots\dots & 10 \\
\hline
& 100
\end{array}
$$

Car les

10	volumes du gaz combustible ont fourni
52	volumes d'acide carbonique, la diminution finale étant égale à
88	volumes

Or

10	volumes de vapeur d'amylène, C^5H^{10}, doivent fournir
50	volumes d'acide carbonique, la diminution finale étant de
85	volumes.

Ces nombres s'accordent suffisamment pour établir la nature de l'amylène.

Il est probable qu'il se forme dans la distillation des acétates des carbures d'hydrogène analogues à l'amylène et plus condensés encore. En effet le mélange brut des bromures renferme une proportion sensible de produits moins volatils que le bromure d'amylène ; mais ces produits ne peuvent guère être distillés à feu nu sans s'altérer, et leur proportion était trop faible pour permettre d'en poursuivre l'étude.

———

La formation de l'éthylène, du propylène, du butylène et de l'amylène, aux dépens des éléments de l'acétate de soude, est établie par les expériences précédentes : ces carbures d'hydrogène ont été isolés en nature, à la suite d'une série méthodique de transformations définies.

On s'est demandé si ces carbures préexistent parmi les produits gazeux de la distillation de l'acétate de soude, ou bien si les bromures dont on peut les extraire auraient été formés par la réaction du brome sur les liquides pyrogénés, qui se développent dans cette distillation. Pour résoudre la question, on a mélangé avec le brome :

1° Une portion du produit liquide brut, formé dans la distillation de l'acétate de soude, en même temps que les bromures précédents ;

2° L'acétone pur, extrait d'une autre portion de ce même produit ;

3° Les produits insolubles dans l'eau, volatils de 60 à 80 degrés, et séparément les produits insolubles, volatils de 80 à 100, de 100 à 120, de 120 à 150, de 150 à 200 degrés ;

4° Enfin, les liquides aqueux séparés des substances précédentes, lesquels sont susceptibles de renfermer d'autres principes empyreumatiques.

La réaction du brome sur presque tous ces liquides est extrêmement vive. Quand elle est terminée, on laisse reposer les produits pendant une heure ou deux, puis on les traite par une lessive de soude étendue de son volume d'eau. La soude dissout l'excès de brome et détruit divers composés bromés, qui avaient pris naissance aux dépens de l'acétone et des autres liquides.

Cette destruction accomplie, il reste seulement quelques gouttelettes d'un composé bromé, neutre et liquide, lequel n'est point le bromure d'éthylène ou d'un carbure analogue, mais le bromoforme. C'est ce qui résulte de l'examen du composé bromé obtenu au moyen de l'acétone, le plus abondant de tous, quoique sa proportion soit très faible. Il distille presque en totalité vers 150 degrés et renferme

$$Br = 95,1.$$

Or le bromoforme bout à 152 degrés, et sa formule $CHBr^3$ exige

$$Br = 94,9.$$

Ce bromoforme, chauffé à 275 degrés avec du cuivre, de l'eau et de l'iodure de potassium, n'a régénéré ni éthylène, ni propylène, mais seulement du gaz des marais. Il en a été de même des composés bromés obtenus au moyen des divers liquides précédents.

Du reste, cette production du bromoforme aux dépens de l'acétone a été déjà signalée par M. Dumas ([1]).

([1]) *Ann. de Chim. et de Phys.*, 2ᵉ série, t. LVI, p. 120 ; 1834.

Il est possible qu'un peu de bromoforme, formé aux dépens des vapeurs d'acétone entraînées par les gaz des acétates, se trouve mélangé avec les bromures des carbures d'hydrogène produits simultanément; mais ce bromoforme est peu abondant, il est séparé en grande partie par les distillations fractionnées, et sa présence n'a pas troublé les résultats relatifs aux carbures fondamentaux.

Quoi qu'il en soit, les essais précédents établissent que les bromures d'éthylène, de propylène, de butylène et d'amylène résultent bien de l'action directe du brome sur les gaz des acétates; ils autorisent à y admettre la préexistence de ces carbures d'hydrogène.

Leur proportion varie suivant les circonstances : dans les conditions les plus favorables, elle peut être telle que le carbone contenu dans ces carbures s'élève au vingtième du carbone total contenu dans l'acétate de soude.

II. — Distillation des butyrates et de diverses autres substances en présence des alcalis.

La formation du gaz des marais, de l'éthylène, du propylène, etc., dans la distillation sèche du formiate de baryte et de l'acétate de soude, n'est pas un phénomène spécial aux formiates et aux acétates. Un grand nombre d'autres matières organiques, distillées en présence des alcalis, donnent naissance aux mêmes résultats : l'alcali détermine une production d'acide carbonique, et l'oxygène du composé se sépare sous cette forme; tandis que le carbone et l'hydrogène naissants demeurent combinés, et forment des carbures d'hydrogène.

Parmi ces carbures, les uns sont plus simples que la substance décomposée, comme on le sait depuis longtemps, et leur formation s'exprime par des phénomènes analytiques.

Les autres, au contraire, sont plus compliqués que la matière primitive : non seulement, ils peuvent la régénérer, mais encore produire des substances d'un ordre plus élevé. Leur formation est due à un phénomène de synthèse; elle résulte des expériences développées dans ce Chapitre.

Pour démontrer cette formation des carbures d'hydrogène d'une manière plus complète, on va exposer les résultats obtenus dans la distillation des butyrates, dans celle du sucre et dans celle de l'acide oléique. Celles-ci sont essentiellement analytiques; la dernière fournit même le meilleur procédé connu pour préparer les bromures du propylène et des carbures analogues. La première, au contraire, analogue aux deux autres quant à son résultat final, présente un caractère plus général ; car elle donne naissance non seulement à des carbures renfermant moins de carbone dans leur formule que l'acide butyrique, tels que l'éthylène, C^2H^4, et le propylène, C^3H^6, mais aussi à des carbures qui renferment une quantité de carbone égale ou même supérieure à celle de l'acide butyrique, tels que le butylène, C^4H^8, et l'amylène, C^5H^{10}.

Or, ces carbures peuvent former à leur tour des alcools et des acides plus compliqués que l'acide butyrique.

On voit ici comment la synthèse, partant des corps simples, s'élève par degrés successifs à la formation de combinaisons organiques d'un ordre toujours plus compliqué.

1. *Distillation des butyrates.*

On a soumis à la distillation sèche du butyrate de chaux et du butyrate de baryte purs, tantôt pris isolément, tantôt mélangés avec leur poids de fer métallique ou de chaux sodée. Les résultats obtenus sont les plus nets possible en présence de la chaux sodée ; mais ce ne sont pas les plus favorables à la formation du butylène et de l'amylène, c'est-à-dire des carbures propres à la synthèse de composés plus compliqués que l'acide butyrique. Pour atteindre ce but, l'expérience prouve qu'il est préférable de distiller le butyrate de baryte isolément, sans l'intervention d'aucune substance propre à simplifier sa décomposition, en la dirigeant dans un sens déterminé : cette dernière condition paraît donc défavorable aux complications moléculaires.

Les appareils employés dans ces expériences sont analogues à ceux qui ont servi à la distillation des formiates et des acétates.

Ils se composent de :

1° Une cornue de grès contenant un poids de butyrate de baryte variable de 5oo grammes à 1 kilogramme ;

2° Deux flacons refroidis destinés à condenser les liquides ;

3° Un flacon contenant de l'acide sulfurique étendu de son volume d'eau ;

4° Une éprouvette ovoïde contenant du brome, sous une couche d'eau ;

5° Un flacon laveur contenant de la soude ;

6° Un ballon rempli d'alcool absolu bouilli, lequel est destiné à dissoudre les carbures analogues au gaz des marais. On dispose ce ballon dès que l'air des appareils a été déplacé par les gaz pyrogénés. Quand l'alcool paraît saturé, on enlève le ballon ;

7° La cuve à eau.

La distillation terminée, on examine séparément les bromures formés et l'alcool saturé des carbures non absorbables par le brome.

1° *Carbures non absorbables par le brome et solubles dans l'alcool.*

On dégage ces carbures de leur dissolution alcoolique, soit au moyen de l'ébullition, soit en ajoutant à la liqueur deux à trois fois son volume d'eau bouillie, et l'on recueille les gaz.

On les agite avec un peu de brome, puis avec un peu de potasse, pour achever leur purification ; et l'on procède à l'analyse.

100	volumes du gaz ainsi obtenu, brûlés dans l'eudiomètre, ont fourni
148	volumes d'acide carbonique, la diminution finale étant égale à
370	volumes, et l'azote à
1	volume.

Ces résultats peuvent se représenter par un mélange de gaz des marais, CH^4, et d'hydrure d'éthyle, C^2H^6, à volumes sensiblement égaux :

Gaz des marais	50
Hydrure d'éthyle	49
Azote	1
	100

On pourrait admettre la présence de l'hydrure de propyle, C^3H^8 ; car ce gaz, mêlé avec son volume de gaz des marais, fournit les mêmes données eudiométriques que l'hydrure d'éthyle. L'emploi minutieux des dissolvants, combinés avec la méthode des combustions successives dont on a déjà développé l'application, permettrait d'élucider le doute qui précède.

Quoi qu'il en soit, ces résultats démontrent la formation de carbures analogues au gaz des marais, mais dont l'équivalent est plus élevé dans la distillation sèche : cette démonstration n'avait pas encore été donnée.

2° *Bromures d'hydrogènes carbonés.*

On enlève avec une lessive de soude l'excès de brome contenu dans l'éprouvette ovoïde, et l'on isole les bromures neutres, correspondant aux carbures d'hydrogène. Le poids de ces bromures est très notablement supérieur au poids réuni de tous les autres liquides pyrogénés du butyrate de baryte. On les distille et l'on obtient par une série systématique de distillations fractionnées :

1° Une trace d'un bromure mêlé d'eau, volatil au-dessous de 130 degrés;

2° Du bromure d'éthylène, $C^2H^4Br^2$, volatil à 130 degrés;

3° Du bromure de propylène, $C^3H^6Br^2$, volatil vers 145 degrés : ce produit est beaucoup plus abondant que tous les autres;

4° Du bromure de butylène, $C^4H^8Br^2$, volatil vers 160 degrés et un peu au-dessus;

5° Du bromure d'amylène, $C^5H^{10}Br^2$, volatil entre 175 et 180 degrés;

6° Un mélange de bromures non volatils, qui paraissait répondre à des hydrogènes carbonés plus compliqués que l'amylène. Le poids de ce dernier mélange peut s'élever au quart ou au cinquième du poids total des bromures réunis.

On a régénéré les carbures d'hydrogène contenus dans les divers bromures volatils, en les chauffant à 275 degrés avec du cuivre, de l'eau et de l'iodure de potassium.

Le bromure mêlé d'eau et volatil au-dessous de 130 degrés n'est pas distinct du bromure d'éthylène, car il renferme

$$Br = 85,4.$$

La formule

$$C^2H^4Br^2$$

exige

$$Br = 85,1.$$

De plus, il a régénéré du gaz oléfiant avec sa composition normale, C^2H^4.

Si ce bromure se volatilise au-dessous de 130 degrés, c'est en raison de la vapeur d'eau qui se forme simultanément.

Les bromures d'éthylène et de propylène ont régénéré les carbures correspondants, dont il est inutile de donner ici l'analyse.

Le bromure de butylène a régénéré du butylène, C^4H^8; car

100 volumes du gaz combustible régénéré par ce bromure et privé d'acide carbonique par la potasse ont fourni

263 volumes d'acide carbonique; la diminution finale (gaz combustible et oxygène employé à le brûler) était égale à

522 volumes.

100 volumes du gaz primitif traités par l'acide sulfurique ont perdu

39 volumes.

Traités par le brome ils perdent de même

40   volumes.

Le résidu non absorbable par le brome, agité avec l'alcool absolu, diminue immédiatement de plus d'un tiers ; ce qui indique l'existence en proportion notable d'un gaz très soluble dans l'alcool (hydrure de butyle).

60   volumes du gaz combustible non absorbable par le brome, brûlés dans l'eudiomètre, ont fourni
100   volumes d'acide carbonique, la diminution finale étant égale à
238   volumes.

L'ensemble de ces résultats peut se représenter par la composition suivante :

$$\begin{array}{ll} \text{Butylène, } C^4H^8 & 40 \\ \text{Hydrure de butyle, } C^4H^{10} & 25 \\ \text{Hydrogène} & 35 \\ \hline & 100 \end{array}$$

On peut calculer la composition du gaz primitif et celle du gaz non absorbable par le brome, à l'aide des seules données eudiométriques, par des procédés déjà exposés à plusieurs reprises. On peut également vérifier que la composition du gaz absorbable par le brome répond au butylène ; car

40   volumes de ce gaz ont fourni $263 - 100 =$
163   volumes d'acide carbonique, la diminution finale correspondant à $522 - 238 =$
284   volumes.

Or

40   volumes de butylène, C^8H^8 fournissent
160   volumes d'acide carbonique, la diminution finale étant de
280   volumes.

La formation du butylène peut être contrôlée par une expérience d'un autre genre, qui consiste à changer le bromure de butylène, $C^4H^8Br^2$, en butylène monobromé, C^4H^7Br, en le distillant avec une solution alcoolique de potasse.

On obtient ainsi un liquide bromé neutre, insoluble dans l'eau, volatil un peu au-dessous de 100 degrés et renfermant, d'après analyse,

$$Br = 59,5.$$

La formule
$$C^4H^7Br$$
exige
$$Br = 59,3.$$

Le bromure d'amylène préparé au moyen du butyrate de baryte, et séparé par la voie des distillations fractionnées, renferme, d'après analyse,
$$Br = 69,1.$$
La formule
$$C^5H^{10}Br^2$$
exige
$$Br = 69,6.$$

Distillé avec une solution alcoolique de potasse, il fournit un produit volatil un peu au-dessous de 120 degrés, lequel renferme, d'après analyse,
$$Br = 54,3.$$

La formule de l'amylène monobromé,
$$C^5H^9Br,$$
exige
$$Br = 53,7.$$

Enfin ce bromure régénère de l'amylène.

On a analysé la vapeur de ce dernier carbure mélangée d'air, par les procédés eudiométriques, conformément à l'artifice signalé plus haut (p. 229)

 100 volumes, brûlés dans l'eudiomètre, ont fourni
 57,5 volumes d'acide carbonique, la diminution finale étant de
 100 volumes ; l'azote était égal à
 70 volumes, et par conséquent l'oxygène égal à
 18,5 volumes.

D'où l'on déduit que : 100 volumes du gaz primitif sont formés de 88,5 volumes d'air et de 11,5 volumes d'une vapeur combustible. D'ailleurs 100 volumes traités par le brome ont perdu 11 volumes.

Dans la combustion précédente,

 11,5 volumes de vapeur combustible ont fourni
 52,5 volumes d'acide carbonique, la diminution finale étant égale à
 100 volumes,

c'est-à-dire que

1   volume fournit
5   volumes d'acide carbonique, la diminution finale étant égale à
.8,7 volumes.

Or

1   volume de vapeur d'amylène, C^5H^{10}, fournira
5   volumes d'acide carbonique, la diminution finale étant égale à
8,5 volumes.

On voit que la composition du carbure régénéré s'accorde avec celle de l'amylène.

Quant aux bromures moins volatils que le bromure d'amylène, leur décomposition par la chaleur ne permet pas de les isoler les uns des autres et de les purifier directement. Toutefois on peut poursuivre leur étude en les transformant en composés plus volatils qui correspondent à chacun d'eux, c'est-à-dire en composés monobromés, analogues au butylène monobromé et à l'amylène monobromé dont l'analyse a été donnée ci-dessus.

Le point d'ébullition des composés monobromés est situé 60 à 80 degrés plus bas que le point d'ébullition des bromures primitifs, circonstance qui permet de les séparer, sans les décomposer, par la voie des distillations. On les forme en mélangeant les bromures moins volatils que celui d'amylène avec l'alcool absolu, puis avec la potasse. On distille lentement, on cohobe les premiers produits, on précipite par l'eau le produit distillé et on le soumet à de nouvelles distillations fractionnées. On a pu préparer ainsi, à l'aide des bromures peu volatils, de l'amylène monobromé, et des dérivés monobromés correspondant à des carbures plus condensés que l'amylène, comme l'indique leur point d'ébullition plus élevé et leur moindre richesse en brome. Malheureusement ces derniers produits étaient trop peu abondants pour se prêter à une étude détaillée : on se borne à en signaler l'existence.

2. *Distillation de l'acide oléique.*

La formation des carbures d'hydrogène dans la distillation des substances organiques, en présence des alcalis, résulte de causes très générales et pour ainsi dire indépendantes de la nature de la substance décomposée. Aussi cette formation peut-elle s'observer dans les circonstances les plus multipliées et aux dépens des corps les plus divers.

On rentre ici dans des phénomènes bien connus des chimistes, mais dont le caractère avait été regardé jusqu'ici comme purement analytique et propre à former des carbures plus simples que la substance décomposée. Aux résultats de ce genre, déjà observés par un grand nombre de savants, on va en ajouter quelques autres, plus particulièrement destinés à fournir un moyen facile et sûr pour préparer en grande quantité les bromures de propylène, de butylène, d'amylène et les carbures d'hydrogène liquides analogues, dont l'équivalent est plus élevé.

Parmi les divers procédés de préparation relatifs à ces carbures, le plus simple et le plus expéditif paraît être le suivant :

On mélange 1 kilogramme d'acide oléique du commerce avec 300 grammes de chaux éteinte, puis l'oléate formé, avéc 300 grammes de chaux sodée; à défaut d'acide oléique, on peut employer le savon calcaire brut obtenu avec l'huile ordinaire. On introduit le tout dans une cornue de grès de 2 litres. A la cornue, on adapte :

1° Une série de deux ou trois flacons de 1 litre soigneusement refroidis;

2° Un flacon de 1 litre, contenant de l'acide sulfurique étendu de son volume d'eau;

3° Deux éprouvettes ovoïdes contenant, l'une 750 grammes de brome et 100 grammes d'eau, l'autre 250 grammes de brome et 100 grammes d'eau; il est bon d'entourer d'eau froide la première éprouvette;

4° Un flacon de 1 litre contenant une lessive de soude étendue de son volume d'eau.

On chauffe la cornue à feu nu, avec précaution; bientôt les liquides et les gaz commencent à se dégager. Au bout de deux heures environ, l'opération est terminée. On met à part les liquides condensés dans les premiers flacons et les bromures recueillis dans les éprouvettes ovoïdes : le brome contenu dans la première est complètement décoloré et transformé en bromures. On mélange le contenu des deux éprouvettes, et on l'agite avec une lessive de soude étendue de deux volumes d'eau. L'excès de brome et d'acide bromhydrique est transformé, ou détruit, par la soude, ainsi que divers composés bromés distincts des bromures d'hydrogènes carbonés. Les bromures mêmes se décolorent complètement ou à peu près. On les agite avec de l'eau à plusieurs reprises et on les met à part.

On répète encore deux fois la distillation de l'oléate de chaux, et l'on obtient définitivement, avec 3 kilogrammes d'acide oléique et 3 kilogrammes de brome, près de 2 kilogrammes de composés liquides, condensés dans les premiers flacons et plus de 1200 grammes de bromures d'hydrogènes carbonés.

Ces 1200 grammes, soumis à une série systématique de distillations fractionnées, ont fourni à l'état de pureté :

> 600 grammes de bromure de propylène ;
> 100 grammes environ de bromure d'éthylène ;
> 100 grammes de bromure de butylène ;
> 50 grammes de bromure d'amylène.

Et 200 à 300 grammes de bromures non volatils sans décomposition, sous la pression ordinaire et correspondant à des carbures d'un équivalent plus élevé.

Voici comment on dirige ces distillations, de façon à ne rejeter d'abord aucun produit, tout en commençant les séparations :

On distille le mélange des bromures contenus dans une cornue tubulée munie d'un thermomètre, et l'on recueille séparément :

1° Les produits volatils au-dessous de 135 degrés ;

2° Les produits volatils entre 135 et 155 degrés ;

3° Les produits volatils entre 155 et 170 degrés ;

4° Les produits volatils entre 170 et 190 degrés.

Les premiers consistent principalement en eau et bromure d'éthylène, les seconds en bromure de propylène, les troisièmes en bromure de butylène, les quatrièmes en bromure d'amylène. Mais tous ces produits sont très loin d'être purs : chacun d'eux renferme, à côté du bromure principal, tous les autres et surtout le bromure de propylène, mélangés en proportion notable.

On redistille d'abord le quatrième produit qui commence à bouillir, cette fois entre 140 et 150 degrés ; on réunit au deuxième produit ce qui distille jusqu'à 150 degrés ; au troisième, ce qui distille de 155 degrés à 170, et sans pousser plus loin on met la cornue en réserve : elle contient du bromure d'amylène impur.

On redistille alors le troisième produit primitif, qui commence à bouillir à 135 degrés. On réunit au premier produit primitif ce qui passe de 135 à 140 degrés, au deuxième produit ce qui passe de 140 à 155 degrés ; on met à part ce qui distille de 155 à 170 degrés : c'est du bromure de butylène impur, et le résidu de la cornue est réuni au bromure d'amylène impur.

On redistille de même le premier produit primitif ; il passe d'abord un peu d'eau et du bromure d'éthylène jusqu'à 135 degrés : on le met à part. On réunit au deuxième produit primitif ce qui passe de 135 à 155 degrés; au bromure de butylène impur, ce qui passe de 155 à 170 degrés : au bromure d'amylène impur le résidu de la cornue.

Enfin on termine cette série de distillations par le second produit primitif, le plus abondant de tous; on le redistille, on réunit au bromure d'éthylène ce qui passe au-dessous de 140 degrés; on met à part ce qui passe de 140 à 155 degrés : c'est du bromure de propylène impur; on réunit ce qui passe de 155 à 170 au bromure de butylène impur, et ce qui reste dans la cornue au bromure d'amylène impur.

La méthode précédente permet d'opérer une première séparation approximative des divers bromures, sans rejeter aucun produit : circonstance extrêmement avantageuse. Il serait facile de justifier cette méthode par les principes relatifs à la distillation d'un mélange de deux liquides.

Reste à compléter la purification.

On redistille le bromure de propylène impur, et l'on recueille seulement ce qui passe de 145 à 150 degrés : c'est du bromure de propylène presque pur. C'est à ce produit que se rapporte le poids indiqué ci-dessus. Une nouvelle distillation, opérée vers 148 degrés, le fournit tout à fait pur.

On redistille le bromure de butylène impur, et l'on recueille seulement ce qui passe de 160 à 165 degrés.

On redistille le bromure d'amylène impur, et l'on recueille seument ce qui passe vers 180 degrés.

Quant au bromure d'éthylène, on peut le purifier en recueillant seulement ce qui passe vers 130 degrés; mais la préparation de ce corps, dans les conditions précédentes, ne serait ni la plus facile ni la plus économique.

Au contraire, la préparation des bromures de propylène, de butylène et d'amylène, du premier surtout, au moyen de l'acide oléique, fournit des résultats plus avantageux que toute autre méthode, et notamment que la distillation des acides gras solides en présence des alcalis, ou la décomposition au rouge de l'alcool amylique.

· 3. *Distillation du sucre.*

La formation des mêmes carbures dans la distillation du sucre, en présence des alcalis, présente un intérêt tout particulier : en effet, le sucre s'éloigne extrêmement, par ses propriétés et par sa composition, des acides gras et des divers corps employés dans les expériences précédentes ; c'est un des produits les plus essentiels de l'organisation végétale, et cependant sa composition centésimale peut se représenter par du carbone uni aux éléments de l'eau, de même que celle de l'acide acétique. Or il donne naissance à des carbures analogues, mais en proportion beaucoup moindre.

Il suffit de mélanger 1 kilogramme de sucre, ou de glucose desséché, avec son poids de chaux sodée, et de distiller le tout dans une cornue, suivie d'appareils analogues à ceux qui ont été déjà décrits. Si l'on emploie le glucose, l'opération est beaucoup plus pénible, en raison d'une première réaction violente, que l'alcali exerce sur cette substance.

Quand l'opération est terminée, on trouve quelques grammes de bromures d'hydrogènes carbonés. En accumulant les produits de plusieurs opérations, on a pu séparer par distillation les bromures de gaz oléfiant, C^2H^4, de propylène, C^3H^6, et de butylène, C^4H^8. On a régénéré isolément les carbures contenus dans ces bromures, et l'on en a établi l'existence, par les mêmes méthodes d'analyse qui ont déjà été développées. On a recherché dans les liquides pyrogénés, obtenus durant ces mêmes expériences, la présence de l'alcool et de l'éther allyliques, mais inutilement.

La production de l'éthylène dans la distillation du sucre donne lieu à une remarque assez piquante : chacun sait que le sucre n'a pu être changé jusqu'ici en alcool que par la fermentation : or l'éthylène peut être aisément changé en alcool, c'est-à-dire que cet alcool peut maintenant être formé au moyen du sucre, sans recourir à la fermentation.

Résumé.

Jusqu'ici les carbures d'hydrogène ont toujours été formés par la destruction de combinaisons organiques préexistantes. Par le fait de cette destruction, opérée en général sous l'influence de la chaleur, les éléments de la combinaison se partagent en deux portions inégales ; une portion de son carbone et de son hydrogène se brûlent complètement aux dépens de son oxygène ; tandis que l'autre portion des éléments se sépare sous forme de principes plus combustibles que ne l'était la matière primitive. Ces principes sont généralement plus simples, non seulement par leur composition, mais encore par le nombre d'équivalents de carbone que leur formule renferme. Cependant un tel procédé est purement analytique ;

il ne permet pas de franchir le premier pas de la synthèse, c'est-
à-dire de former de toutes pièces les carbures d'hydrogène. En effet
il présuppose l'existence des combinaisons du carbone avec l'hydrogène ; or voilà précisément ce qu'il s'agit de réaliser.

C'est ce qu'il est facile d'établir, en rappelant par quels procédés
les chimistes préparent aujourd'hui (1857) les carbures d'hydrogène.

Ainsi le formène ou gaz des marais, CH^4, a été d'abord extrait
des produits de la décomposition spontanée des débris végétaux,
puis formé en décomposant par la chaleur les substances organiques, et plus particulièrement les acétates.

L'éthylène ou gaz oléfiant, C^2H^4, rencontré dans la distillation sèche
d'un grand nombre de matières organiques, se prépare en général
avec l'alcool ordinaire, produit de la fermentation du sucre.

Quant au propylène, C^3H^6, au butylène, C^4H^8, à l'amylène, C^5H^{10},
et aux carbures analogues, on les obtient soit au moyen des
alcools correspondants, soit par la distillation sèche d'un grand
nombre de sels, plus compliqués que les carbures résultants.
Tous ces carbures se rattachent à une même série, qui part de
l'éthylène : tous renferment le carbone et l'hydrogène unis à équivalents égaux, mais de plus en plus condensés.

On voit que, dans tous les cas fondamentaux, la formation des
carbures d'hydrogène résulte jusqu'ici d'un phénomène d'analyse,
d'un partage, en vertu duquel les éléments d'une substance organique complexe se groupent en composés plus simples.

Or les recherches que je viens de développer procèdent d'une
manière tout opposée et réalisent la synthèse expérimentale des
carbures d'hydrogène.

En effet, on vient d'exposer comment :

Le gaz des marais, CH^4, est engendré dans la distillation du formiate de baryte, je dis sur un échantillon même fabriqué avec de
l'oxyde de carbone extrait du carbonate de baryte (t. I, p. 239).

J'ai également réalisé le gaz des marais d'une façon régulière,
au moyen du sulfure de carbone (t. I, p. 194).

L'éthylène, C^2H^4, a été formé par expérience et en quantité
notable dans la distillation du formiate de baryte, je répète sur un
échantillon fabriqué avec de l'oxyde de carbone extrait du carbonate de baryte (t. I, p. 243).

On a également obtenu l'éthylène, comme produit secondaire
mais en dose considérable, au moyen du sulfure de carbone.

Le propylène, C^3H^6, a été formé encore dans la distillation du formiate de baryte, produit lui-même avec l'oxyde de carbone extrait du carbonate de baryte (t. I, p. 243).

Le butylène, C^4H^8, et l'amylène, C^5H^{10}, ont été préparés et isolés dans la distillation de l'acétate de soude, lequel dérive de l'alcool et j'ai formé l'alcool lui-même au moyen de l'éthylène, en opérant sur des échantillons préparés par les procédés qui précèdent.

CHAPITRE XXII.

SUR L'ORIGINE MINÉRALE DES CARBURES NATURELS ET DES COMBUSTIBLES (¹).

L'origine des combustibles minéraux ne donne lieu, dans la plupart des cas, à aucune contestation : ce sont les cas où les combustibles dérivent évidemment de matières organiques transformées. Mais en est-il de même dans toutes les circonstances? Ces carbures, ces pétroles, ces bitumes qui se dégagent de l'épaisseur de l'écorce terrestre, souvent en grande abondance, d'une manière continue et en sortant de profondeurs qui semblent dépasser les terrains stratifiés, ces combustibles, dis-je, résultent-ils toujours et d'une manière nécessaire de la décomposition d'une substance organique préexistante? En est-il ainsi des carbures si souvent observés dans les éruptions et émanations volcaniques, sur lesquels M. Ch. Sainte-Claire Deville a appelé l'attention dans ces dernières années? Enfin doit-on assigner une origine pareille aux matières charbonneuses et aux carbures d'hydrogène contenus dans certaines météorites, et qui paraissent avoir une origine étrangère à notre planète? Ce sont là des questions sur lesquelles l'opinion de plusieurs géologues distingués ne paraît pas encore fixée. Sans prétendre décider un débat qui exige le concours d'observations étrangères à la synthèse chimique, il m'a paru intéressant de montrer comment les carbures d'hydrogène naturels pourraient être formés synthétiquement, je veux dire par des réactions purement minérales, de l'ordre de celles que les géologues font intervenir entre les substances contenues dans l'intérieur du globe et des matériaux constitutifs de son enveloppe.

Admettons, d'après une hypothèse rappelée récemment par M. Daubrée, admettons que la masse terrestre renferme des métaux alcalins libres dans son intérieur : cette seule hypothèse,

---

(¹) *Annales de Chimie et de Physique*, 4ᵉ série, t. IX, p. 481; 1866.

jointe aux expériences que j'ai publiées dans ces derniers temps, conduit d'une manière presque nécessaire à expliquer la formation minérale des carbures d'hydrogène.

En effet, l'acide carbonique, partout infiltré dans l'écorce terrestre, arrivera en contact avec les métaux alcalins à une haute température et formera des acétylures, conformément à mes expériences. Ces mêmes acétylures résulteront encore du contact des carbonates terreux avec les métaux alcalins, même au-dessous du rouge sombre.

Or, les acétylures alcalins, une fois produits, pourront éprouver l'action de la vapeur d'eau : l'acétylène libre en résulterait, si les produits étaient soustraits immédiatement à l'influence de la chaleur, à celle de l'hydrogène (¹) et des autres corps qui se trouvent en présence. Mais, en raison de ces conditions diverses, l'acétylène ne subsistera pas, comme le prouvent mes récentes expériences. A sa place, on obtiendra soit les produits de sa condensation, lesquels se rapprochent des bitumes et des goudrons, soit les produits de la réaction de l'hydrogène sur ces mêmes corps déjà condensés, c'est-à-dire des carbures plus hydrogénés. Par exemple, l'hydrogène, réagissant sur l'acétylène, engendre en fait l'éthylène et l'hydrure d'éthylène. Une nouvelle réaction de l'hydrogène, soit sur les polymères de l'acétylène, soit sur ceux de l'éthylène, engendrerait les carbures forméniques, ceux-là même qui constituent les pétroles américains, etc. Une diversité presque illimitée dans les réactions est ici possible, selon la température et les corps mis en présence.

On peut donc concevoir la production, par voie purement minérale, de tous les carbures naturels. L'intervention de la chaleur, de l'eau et des métaux alcalins, enfin la tendance des carbures à s'unir entre eux pour former des matières plus condensées suffisent pour rendre compte de la formation de ces curieux composés. Cette formation pourra d'ailleurs s'effectuer d'une manière continue, parce que les réactions qui lui donnent naissance se renouvellent incessamment.

La génération des matières charbonneuses et des carbures contenus dans les météorites s'expliquera de la même manière, du moment où l'on admet que les météorites ont appartenu à l'origine à des masses planétaires.

_____

(¹) Produit au même moment par la réaction de l'eau sur les métaux libres.

Ces hypothèses pourraient être exposées avec plus de détails ([1]); mais je préfère demeurer dans les limites autorisées par mes expériences, sans prétendre d'ailleurs énoncer autre chose que des possibilités géologiques.

*Les vues qui précèdent, émises en 1866, ont été reprises et développées depuis par M. Mendeleef et par M. Moissan.

([1]) *Voir* Tome I, p. 399.

CHAPITRE XXIII.

THÉORIE DES CORPS PYROGÉNÉS [1].

D'après les faits que je viens d'exposer, la formation des carbures pyrogénés, et plus généralement celle des corps qui prennent naissance sous l'influence de la chaleur, peuvent être ramenées à un petit nombre de mécanismes généraux, savoir :

$1°$ La *condensation moléculaire* et la *décomposition inverse*.

En vertu de la condensation, un carbure engendre des polymères, et plus généralement des carbures nouveaux, formés par la réunion de plusieurs molécules du carbure primitif. Telle est la transformation de l'acétylène, C^2H^2, en benzine C^6H^6, et en styrolène C^8H^8 [2].

Les condensations ainsi produites sont réciproques avec la décomposition des carbures complexes en carbures plus simples : reproduction de l'acétylène avec le styrolène et avec la benzine [3]; reproduction de l'éthylène, C^2H^4 [4], avec l'amylène, C^5H^{10} et les carbures C^nH^{2n}.

$2°$ La *combinaison directe des carbures avec l'hydrogène* (formation de l'hydrure d'éthyle, C^2H^6, par l'union de l'éthylène avec l'hydrogène) [5];

Et la *décomposition inverse* des carbures en hydrogène et carbures moins hydrogénés (décomposition de l'hydrure d'éthyle en hydrogène et éthylène [6], de l'éthylène en acétylène et hydrogène) [7].

$3°$ La *combinaison directe des carbures les uns avec les autres*

---

[1] *Annales de Chimie et de Physique*, 4ᵉ série, t. IX, p. 469; 1866.

[2] Tome I, p. 81.

[3] *Voir* page 25 du présent Volume.

[4] Page 66 du présent Volume.

[5] Tome III du présent Ouvrage.

[6] Tome III.

[7] Expériences de 1862, t. I, p. 30 et *passim*.

[union de l'éthylène avec l'acétylène (¹), de la benzine avec l'acétylène (²)].

Et la *décomposition inverse* (styrolène décomposé en benzine et acétylène (³).

Les trois premiers mécanismes représentent la *synthèse pyrogénée;* les trois mécanismes inverses, *l'analyse pyrogénée.*

Ces mécanismes se réunissent souvent deux à deux pour produire des effets plus compliqués. Ainsi la condensation moléculaire peut être simultanée avec la décomposition en hydrogène et carbures moins hydrogénés [benzine changée en diphényle et hydrogène (⁴); formène changé en acétylène et hydrogène) (⁵); acétylène changé en naphtaline et hydrogène (⁶)]. C'est même là une des réactions pyrogénées les plus fréquentes. Elle est assimilable à la *substitution* d'une partie de l'hydrogène du carbure par une autre molécule du carbure lui-même.

Cette même élimination d'hydrogène peut également coïncider avec la combinaison réciproque des carbures (formation du styrolène par la réaction de la benzine sur l'éthylène (⁷); formation de la naphtaline par la réaction du styrolène sur l'éthylène) (³), phénomène qui représente la substitution d'un carbure à une partie de l'hydrogène d'un autre carbure.

La condensation moléculaire peut aussi s'accomplir en même temps qu'un carbure se dédouble en carbures plus simples [diphényle décomposé en benzine, hydrure de triphénylène et triphénylène (⁹), etc.].

Mais je n'insiste pas sur ces diverses réactions, dérivées des mécanismes généraux, et qu'il est facile d'énumérer.

J'insiste au contraire sur ce point, que la décomposition immédiate d'un carbure d'hydrogène ne répond pas à sa résolution en éléments, mais à sa transformation soit en polymères, soit en carbures plus condensés avec perte d'hydrogène. Cette transformation ne s'effectue point d'ailleurs à une température absolu-

---

(¹) *Voir* page 27 du présent Volume.
(²) Page 28 du présent Volume.
(³) Page 25 du présent Volume.
(⁴) Page 17 du présent Volume.
(⁵) Tome I, p. 76 et 216.
(⁶) Tome I, p. 88.
(⁷) Page 72 du présent Volume
(⁸) Page 82 du présent Volume.
(⁹) Pages 26 et 101 du présent Volume.

ment fixe et comparable à celle de l'ébullition d'un liquide. En fait elle s'opère pendant un vaste intervalle de température, compris entre le rouge sombre et le rouge blanc : durant cet intervalle, le carbure est décomposé en proportion d'autant plus forte et avec une vitesse d'autant plus grande que la température est plus élevée.

Entre chaque genre de réaction et la réaction réciproque, il s'établit fréquemment une sorte d'équilibre mobile, variable avec la température et les corps qui se trouvent en présence ; équilibre analogue à celui qui se produit au moment de la dissociation des composés binaires, quoique souvent plus complexes. En vertu de cet équilibre, les deux actions opposés se limitent l'une l'autre, en se manifestant simultanément.

Ajoutons enfin que ces réactions diverses ne sont pas en général intantanées en Chimie organique ; mais elles exigent pour se développer un certain temps, variable pour chacune d'elles. Ce rôle du temps, c'est-à-dire de la vitesse relative des réactions, n'avait guère été mis en évidence avant mes recherches sur les équilibres chimiques des éthers et des corps pyrogénés ; ce rôle, dis-je, est capital : car il explique comment certains corps peuvent subsister momentanément, voire même prendre naissance dans une réaction, à une température qui serait capable de les détruire complètement, si son influence se prolongeait.

Telles sont les conditions qui président à la formation des carbures pyrogénés et qui permettent de rendre compte de tous les phénomènes.

Des conditions analogues président à la formation des principes pyrogénés qui renferment de l'oxygène, ou de l'azote ; mais la présence d'un élément de plus complique les résultats, comme il était facile de le prévoir, en donnant lieu à des éliminations régulières d'eau, d'acide carbonique, d'ammoniaque, et aux réactions secondaires de ces composés mêmes sur les principes organiques produits simultanément.

Quoi qu'il en soit, on voit par les faits et les considérations qui précèdent, comment une variété de produits, pour ainsi dire illimitée, peut être engendrée par l'application méthodique de quelques lois très simples et très générales.

Tâchons de pénétrer plus avant dans le mécanisme de ces phénomènes.

Il s'agit des relations calorimétriques qui président aux trois ordres de réactions que je viens de signaler ; elles méritent quelque attention.

1° Dans la condensation polymérique, il y a, en général, dégagement de chaleur ([1]), c'est-à-dire que le travail de cette réaction est accompli par les forces chimiques proprement dites, inhérentes au système des corps mis en présence : l'élévation de température exigée pour provoquer la réaction effectue un travail préliminaire qui est la condition déterminante du phénomène, mais non sa cause efficiente.

Aussi les condensations moléculaires peuvent-elles être le plus souvent provoquées à une température moins haute, et parfois dès la température ordinaire, par le contact de divers agents (chlorure de zinc, acide sulfurique, etc.), qui déterminent la direction des phénomènes, sans exécuter en apparence pour leur propre compte aucun travail sensible ([2]).

La décomposition inverse, c'est-à-dire la régénération du corps non condensé au moyen de ses polymères, répond au contraire à une absorption de chaleur : ce sont alors les forces thermiques fournies par des agents extérieurs au système qui accomplissent le travail de la réaction.

Je ne connais aucun exemple d'une métamorphose de ce genre effectuée par des agents de contact.

Par contre, la régénération d'un corps condensé au moyen de ses polymères devant être accomplie avec absorption de chaleur, on conçoit qu'une réaction de cette nature puisse être déviée aisément, par des agents de contact ou d'une autre manière, toutes les fois qu'un état d'équilibre différent, tel que le retour aux éléments, ou la formation de composés caractérisés par un nouveau rapport entre ces mêmes éléments, sera possible avec une moindre absorption de chaleur, c'est-à-dire avec un moindre travail. L'acétylène, par exemple, pour être régénéré en partant de la benzine, son polymère, exige une absorption de chaleur plus grande que celle qui répond à la reproduction du carbone et de l'hydrogène : on conçoit donc pourquoi l'acétylène se reproduit si difficilement et en si petite quantité aux dépens de la benzine portée à une

---

([1]) *Recherches sur les quantités de chaleur dégagées dans la formation de composés organiques, etc.* (*Annales de Chimie et de Physique,* 4ᵉ série, t. VI, p. 350; 1865). — *Thermochimie : Données et lois numériques,* t. I; 1897.

([2]) Ces agents produisent, dans la plupart des cas, des combinaisons transitoires et instables, qui jouent le rôle d'intermédiaires, pour disparaître dans l'état final des systèmes. J'ai mis en évidence de semblables combinaisons dans les réactions de l'eau oxygénée et dans beaucoup d'autres (*Annales de Chimie et de Physique,* 4ᵉ série, t. XXI, p. 146 et suiv.; 1880).

haute température; mais on obtient à sa place, soit de l'hydrogène et du diphényle, corps plus condensé et plus riche en carbone que l'acétylène et la benzine, soit même du charbon et de l'hydrogène.

2° La combinaison directe des carbures avec l'hydrogène donne lieu à un dégagement de chaleur, comme je l'ai montré dans mes *Recherches sur les quantités de chaleur dégagées dans la formation des composés organiques* ([1]). La décomposition inverse répond dès lors à une absorption de chaleur. Dans cette circonstance, la combinaison est effectuée, en général, par les forces chimiques, inhérentes au système, et la décomposition par les forces thermiques fournies par les agens extérieurs; le tout conformément aux notions ordinaires.

Cependant, il est digne d'intérêt que l'élévation de température, nécessaire pour provoquer l'un ou l'autre des deux phénomènes réciproques sur les carbures d'hydrogène, soit à peu près la même : de telle façon que l'on ne saurait citer aucun exemple d'une fixation directe d'hydrogène libre sur un carbure qui soit complète : je veux dire totale et accomplie en dehors des limites de l'état de dissociation.

3° La combinaison directe des carbures les uns avec les autres et la décomposition inverse donnent lieu à des considérations toutes semblables et sur lesquelles je crois superflu d'insister.

Voilà ce qui arrive lorsqu'une réaction simple, comprise dans l'une des trois classes précédentes, donne naissance uniquement à un carbure d'hydrogène.

Les effets calorimétriques sont plus compliqués lorsque deux mécanismes fonctionnent à la fois. Par exemple, s'il y a formation d'un carbure condensé avec élimination d'hydrogène (acétylène produit avec le formène, diphényle avec la benzine, naphtaline avec l'acétylène);

Ou bien encore réunion de deux carbures avec perte d'hydrogène (styrolène produit avec la benzine et l'éthylène).

Deux phénomènes inverses peuvent se développer ainsi, savoir : la condensation moléculaire, donnant lieu à un dégagement de chaleur, et la séparation de l'hydrogène, donnant lieu à une absorption de chaleur. L'effet résultant est cependant une absorption considérable de chaleur, dans tous les cas où le calcul peut être exécuté au moyen des données actuelles. Par exemple, l'acétylène et l'hy-

---

([1]) Voir *Thermochimie : Données et lois numériques*, t. I; 1865.

drogène, en se produisant au moyen du formène, absorberaient environ -77^{Cal} :

$$2\,CH^4 = C^2H^2 + 3\,H^2;$$

le changement du formène en hydrure d'éthylène

$$2\,CH^4 = C^2H^6 + H^2$$

absorberait environ $-14^{Cal},5$, etc. Il paraît donc que ce sont ici les forces thermiques extérieures, plutôt que les forces chimiques intérieures au système, qui accomplissent le travail de la transformation.

Aussi les combinaisons de cette nature entre carbures d'hydrogène ne paraissent-elles pas pouvoir être réalisées en dehors des limites de température où l'un des carbures isolé, sinon tous les deux, commence à se dédoubler, avec séparation d'hydrogène et production d'un état comparable à la dissociation. Tous les faits que j'ai observés relativement aux actions réciproques entre les carbures, tels que éthylène, benzine, styrolène, naphtaline, concourent à cette conclusion. La production du diphényle avec la benzine rentre dans la même catégorie, attendu qu'elle dérive également de l'action réciproque entre deux molécules hydrocarbonées, lesquelles ont une composition identique dans ce cas particulier, au lieu d'être distinctes, comme dans le cas général.

La formation du carbone, comme produit final de ces condensations, opérées avec perte d'hydrogène, mérite une attention toute particulière. En effet, nous avons vu par l'exemple du formène ([1]) et de la benzine ([2]) comment l'influence d'une température très élevée engendre successivement des carbures de plus en plus riches en carbone, de moins en moins volatils, et dont le poids atomique va sans cesse en augmentant. Ces condensations successives finissent par développer des carbures goudronneux et bitumineux et elles aboutissent au charbon, produit encore hydrogéné et dans lequel la proportion d'hydrogène est même d'autant plus notable que le charbon s'est formé à une température moins haute.

En réalité, le charbon n'est pas comparable à un corps simple véritable ; mais il est, au contraire, assimilable à un carbure extrêmement condensé, extrêmement pauvre en hydrogène, à équivalent extrêmement élevé. Le carbone pur est en quelque sorte un

---

([1]) *Voir* page 36.
([2]) Page 17.

état limite et qui peut à peine être réalisé sous l'influence de la température la plus élevée que nous sachions produire. Tel qu'il nous est connu à l'état de liberté, il représente donc le terme extrême des condensations moléculaires, c'est-à-dire un état aussi éloigné que possible de celui de l'*élément carbone,* ramené à la condition de gaz parfait et comparable à l'hydrogène, dans l'arc électrique, par exemple. Ceci explique pourquoi le carbone ne se sépare jamais en nature dans les réactions opérées à basse température, contrairement à ce qui arrive pour l'hydrogène et la plupart des éléments chimiques.

Ces faits et ces remarques rendent bien compte des états isomériques multiples du carbone et des anomalies singulières que présente ce corps simple dans ses chaleurs spécifiques et dans ses propriétés, comparées à celles de ses combinaisons.

En effet, les états isomériques multiples du carbone s'expliquent aisément en partant de l'un quelconque d'entre eux, si l'on admet que le carbone, représentant limite des carbures d'hydrogène condensés, partage avec eux la propriété de se combiner avec les autres carbures [1] : par exemple avec l'acétylène, en éliminant de l'hydrogène

$$C^n + C^2H^2 = C^{n+2} + H^2,$$

c'est-à-dire que $C^n(H^2)$ engendre $C^m(C^2)$ par substitution. Cette séparation de l'hydrogène de l'acétylène au contact du charbon est un fait d'expérience, que l'on a exposé précédemment ; elle s'explique fort bien par la théorie actuelle. De là résulteront une suite d'états isomériques du carbone, en nombre pour ainsi dire illimité, et qui tendent, comme on sait, à se rapprocher de plus en plus des propriétés métalliques.

Les variations de la chaleur spécifique du carbone s'expliquent également par là. En effet, la chaleur spécifique d'un corps deux fois condensé diffère peu de celle du corps primitif, comme il est

---

[1] Ainsi la benzine s'unit à l'éthylène en éliminant de l'hydrogène pour former le styrolène :

$$C^6H^6 + C^2H^4 = C^8H^8 + H^2;$$

le styrolène, à son tour, réagit sur l'éthylène pour former la naphtaline, en séparant tout l'hydrogène de l'éthylène,

$$C^8H^8 + C^2H^4 = C^{10}H^8 + 2H^2,$$

etc.

facile d'en citer des exemples : cependant il y a une certaine diffé_
rence. Or cette différence doit s'accroître, à mesure que le degré
de la condensation s'élève, et l'exemple du carbone prouve que la
divergence, au bout d'un nombre considérable de condensations
successives, peut devenir extrêmement grande. On sait, en effet,
que la chaleur spécifique du carbone, sous ses divers états, peut
diminuer jusqu'au quart (et au-dessous) du nombre qui résulterait
de la loi de Dulong.

Enfin, la grande différence qui existe entre les propriétés du
carbone libre, sa volatilité spécialement, et les propriétés correspondantes des combinaisons carbonées, peut encore être expliquée
par la considération des états condensés de cet élément. En effet,
dans un grand nombre de combinaisons chimiques, il existe une
certaine corrélation entre les propriétés des éléments et celle des
composés : l'histoire des sulfures métalliques en offre de nombreux
exemples. En ce qui touche la volatilité particulièrement, les corps
composés sont d'ordinaire plus fixes que la moyenne de leurs éléments : comme le prouvent l'eau, comparée à l'hydrogène et à l'oxygène; l'ammoniaque, comparée à l'azote et à l'hydrogène; etc. Or,
les combinaisons les plus simples du carbone et de l'hydrogène,
celle du carbone avec le soufre, etc., font au plus haut degré exception à cette généralisation.

Ne pourrait-on pas rendre compte de cette anomalie, en remarquant que les analogies ordinaires se retrouvent, si l'on compare
le carbone, non plus aux carbures et aux composés peu condensés,
mais aux carbures et aux corps très condensés, tels que les carbures goudronneux et bitumineux, les composé ulmiques, etc.,
composés que leur état physique, la couleur, l'insolubilité,
l'absence de volatilité, etc., rapprochent de plus en plus des propriétés générales du carbone? En un mot, les analogies entre ce
corps simple et les combinaisons qui en dérivent sont surtout mar-
quées dans l'étude des composés très condensés, comme il convient
pour un élément qui est le produit limite des condensations.

Ces considérations ne me paraissent pas seulement applicables
au carbone, mais aussi à beaucoup d'autres éléments. Je crois superflu d'insister sur leur application aux états multiples du bore et
du silicium, états évidemment analogues à ceux du carbone; mais
je crois utile d'en montrer les conséquences dans l'étude des
métaux.

On sait, en effet, que les oxydes normaux d'un grand nombre de
métaux, le peroxyde de fer et le bioxyde de manganèse, par

exemple, soumis à l'action d'une température croissante, perdent peu à peu leur oxygène, en se changeant en sous-oxydes, de formule compliquée et dont la complication croît, à mesure que l'élévation de température détermine le départ d'une plus forte proportion d'oxygène. Ces sous-oxydes, de moins en moins oxydés, me semblent comparables aux carbures de moins en moins hydrogénés, qui prennent naissance sous l'influence d'une température croissante. En poursuivant les analogies, on est conduit à penser que certains métaux, dans leur état actuel, représenteraient, comme le carbone, les produits limites d'une suite de condensations moléculaires progressives.

Cette manière de voir est appuyée par la tendance du carbone fortement calciné à se rapprocher de l'état métallique, tendance dont on retrouve quelques indices dans l'étude des carbures condensés et spécialement dans l'action que ces corps exercent sur la lumière. Elle est corroborée par les variations correspondantes qu'une forte calcination apporte aux propriétés de la plupart des oxydes, et même de certains métaux. Il y a là tout un ordre d'idées nouvelles, qui rappellent involontairement les tentatives des alchimistes pour *fixer* les corps et changer la nature des métaux sous l'influence d'une calcination prolongée ([1]).

Résumons en quelques mots la théorie de la décomposition des corps, qui résulte des faits et des considérations précédentes.

On admet aujourd'hui que tout corps composé soumis à l'action d'une température indéfiniment croissante finit par se résoudre en ses éléments. Mais cette résolution s'opère suivant deux modes très généraux et essentiellement distincts, suivant que les éléments reparaissent sous la forme de gaz parfaits, ou bien sous la forme de corps solides.

1° Lorsque les éléments reparaissent à l'état de gaz parfaits, comme il arrive dans la décomposition de l'eau, du gaz chlorhydrique, etc., ils se séparent directement et du premier coup. La décomposition commence à une certaine température et elle est complète à une autre température, ordinairement plus élevée. Le plus souvent il existe un certain intervalle de température, pendant lequel il se produit un équilibre variable entre les forces thermiques qui tendent à résoudre le composé en éléments, et les forces chimiques qui tendent à recombiner ces mêmes éléments;

([1]) Macquer, *Dictionnaire de Chimie*, t. III, p. 75, article Métaux; 1878.

c'est ce que M. H. Sainte-Claire Deville appelle l'état de *dissociation*.

2° Lorsque les éléments, ou l'un d'entre eux, sont solides à la température de la décomposition, — ce qui arrive pour les carbures d'hydrogène et pour beaucoup d'oxydes métalliques, — alors la décomposition s'opère le plus souvent d'une manière médiate et par la voie des condensations successives. Une partie de l'un des éléments se trouve mise à nu; tandis qu'une autre partie demeure unie à l'autre élément, en formant un composé nouveau, plus condensé que le premier, c'est-à-dire dont la molécule renferme un plus grand nombre de fois celle de l'élément invariable. Cet accroissement du nombre de molécules se traduit par un accroissement correspondant de la densité de la vapeur, toutes les fois que le composé peut être amené à l'état gazeux.

Sous l'influence d'une température toujours plus élevée, le premier élément continue à se séparer en proportion croissante, tandis que la condensation du second élément va toujours en augmentant dans le composé résidu.

Enfin, lorsque la décomposition devient complète, l'élément solide se sépare dans un état extrêmement condensé et qui représente la limite des condensations qu'il peut affecter dans ses combinaisons.

L'équilibre qui s'établit entre les forces thermiques et les forces chimiques, dans le second mode général de décomposition, est d'une nature toute différente de celui qui caractérise le premier mode. Ce n'est pas que l'état de dissociation ne puisse exister également dans ce second mode de décomposition; mais un tel état ne se produit pas alors entre les éléments eux-mêmes. Quand il a lieu, c'est d'une part entre les composés condensés, — tels que les carbures d'hydrogène, ou les oxydes métalliques, — et l'élément qui devient libre, — tel que l'hydrogène dans le cas des carbures, ou l'oxygène dans le cas des oxydes, — et d'autre part entre les composés condensés eux-mêmes. Chacun de ces composés, tels que les carbures d'hydrogène, joue donc en réalité, dans ce second mode de décomposition, le même rôle que remplissent les éléments dans le premier mode de décomposition.

CHAPITRE XXIV.

SUR QUELQUES CONDITIONS THERMOCHIMIQUES QUI DÉTERMINENT LES RÉACTIONS PYROGÉNÉES (¹).

Un contraste singulier existe entre les réactions directes des divers carbures d'hydrogène, produites sous l'influence de la chaleur.

Tandis que certains carbures réagissent facilement entre eux, à la température rouge, comme il arrive, par exemple, à l'éthylène s'unissant soit avec l'hydrogène, soit avec la benzine; ou bien encore à l'acétylène, réagissant sur le plupart des autres carbures; au contraire d'autres carbures d'hydrogène, le formène, par exemple, ne réagissent sur la benzine et sur les autres composés hydrocarbonés qu'avec beaucoup de difficulté et à une température si haute, qu'elle est incompatible avec l'existence de la plupart des composés que l'on pourrait se proposer d'obtenir.

Cette résistance à entrer en réaction vis-à-vis de la benzine appartient également à d'autres corps, tels que l'eau, l'acide carbonique et même l'ammoniaque.

Au point de vue des actions réciproques, les corps que je viens d'énumérer peuvent donc être partagés en deux groupes. Les uns, tels que l'éthylène, l'acétylène et les carbures des mêmes séries, sont susceptibles d'entrer en réaction directe avec les autres carbures sous l'influence de la chaleur; les autres, au contraire, tels que le formène et ses homologues, l'acide carbonique, l'eau et l'ammoniaque, ne sont que peu ou point susceptibles d'exercer des réactions simples et directes.

Or, ce contraste dans les réactions peut être expliqué, attendu qu'il se trouve dans les conditions thermochimiques qui président à la formation des divers composés que je viens d'énumérer. Les corps

---

(¹) *Annales de Chimie et de Physique*, 4ᵉ série, t. XII, p. 94; 1867.

qui refusent d'agir directement sur les carbures d'hydrogène, à une température relativement modérée, sont des composés formés avec un dégagement de chaleur considérable, à partir des éléments qui les constituent; tandis que les composés qui entrent facilement en réaction directe sont des corps formés avec absorption de chaleur, ou tout au moins sans dégagement sensible de chaleur. Rappelons, en effet, quelques nombres, en commençant par la première catégorie.

La formation d'un équivalent d'eau, $H^2O = 18$ grammes, répond à un dégagement de 69 Calories.

Celle d'un équivalent d'acide carbonique, $CO^2 = 44$ grammes, répond à 94,3 Calories.

La formation du gaz des marais, par les éléments, répond à un dégagement de 18,9 Calories pour 1 molécule, $CH^4 = 16$ gr.;

Celle de l'ammoniaque gazeuse, par les éléments, répond à un dégagement plus faible d'un tiers, c'est-à-dire à 12,2 Calories, pour 1 molécule, $AzH^3 = 17$ grammes.

Au contraire, les carbures qui réagissent et se combinent facilement sont des carbures formés avec un dégagement de chaleur à peu près nul, et même avec absorption de chaleur.

Ainsi la formation de l'éthylène, par les éléments, répond à une absorption de $-14,6$ Calories pour 1 molécule, C^2H^4.

Celle de l'acétylène, pour $C^2H^2 = 26$ grammes, répond à une absorption de $-58,1$ Calories.

Dans ces derniers carbures, l'énergie calorifique des éléments subsiste, et même se trouve parfois accrue : ils sont en quelque sorte comparables à des corps simples; tandis que, dans les premiers carbures, elle a subi une diminution considérable. Les carbures, tels que l'éthylène et l'acétylène, pourront donc se combiner avec l'hydrogène, les carbures et les autres corps, en donnant lieu à un dégagement de chaleur; c'est-à-dire que la combinaison aura lieu avec accomplissement d'un travail positif, effectué par le seul jeu des affinités directes.

Au contraire, les composés dérivés du formène, de l'ammoniaque, de l'acide carbonique, par le fait de l'union de ces substances à d'autres principes et avec élimination d'hydrogène, se produisent plus difficilement, parce que leur formation exigerait en général une absorption de chaleur, correspondante à cette mise en liberté d'hydrogène; c'est-à-dire qu'elle répond à un travail négatif des affinités directes. Il faut donc faire intervenir simultanément d'autres forces, telles que les affinités propres de certains corps plus actifs, pour

effectuer un travail positif, capable de compenser et au delà le travail négatif qui répondrait au jeu direct des premières affinités.
C'est sur ce principe que repose toute l'efficacité des méthodes
indirectes, fondées sur les doubles décompositions et sur l'état réputé naissant ([1]).

Voici maintenant quelques indications plus spéciales, relatives à
la formation thermique des carbures pyrogénés ([2]).

J'ai démontré que la benzine est formée depuis l'acétylène avec
un dégagement de chaleur considérable :

$$3\,C^2H^2 = C^6H^6 \text{ gaz, dégage} \ldots\ldots\ldots \quad +185^{Cal},6$$

soit $+61^{Cal},9$ par molécule d'acétylène polymérisé.

Cela résulte de ce que l'acétylène est formé depuis les éléments
avec une absorption de chaleur ($-58,1$) bien plus grande que la
benzine ($-11,3$), d'après mes expériences.

Soit encore la chaleur de formation de la naphtaline solide
($-22^{Cal},8$) et celle de l'anthracène solide ($-42,4$). Ces carbures
étant engendrés également par la polymérisation de l'acétylène,
d'après mes expériences synthétiques, il m'a paru intéressant de
calculer la chaleur dégagée par la formation de semblables carbures, à partir de l'acétylène.

D'après ces nombres

$$5\,C^2H^2 = C^{10}H^8 \text{ solide} + H^2 \text{ dégage}.. \quad +267^{Cal},7$$

soit $+53^{Cal},5$ par molécule d'acétylène condensé ;

Ce chiffre doit être porté vers $+61^{Cal}$ pour l'hydrure de naphtaline, ou pentacétylène $C^{10}H^{10}$, d'après les chiffres que j'ai obtenus
pour la formation des hydrures d'éthylène et de propylène, au
moyen de l'éthylène et du propylène respectivement.

De même, l'hydrure d'anthracène ou heptacétylène, et l'anthracène ; ces deux corps résultent, d'après mes expériences synthétiques, de 7 molécules d'acétylène condensé. Or,

$$7\,C^2H^2 = C^{14}H^{10} \text{ (anthracène solide)} + 2\,H^2 \text{ dégage}\ldots \quad +364^{Cal},3$$

c'est-à-dire $52^{Cal},9$ par molécule d'acétylène condensé, et par conséquent $7\,C^2H^2 = C^{14}H^{14}$ solide, dégagerait $+60^{Cal},5$ environ par
molécule d'acétylène.

([1]) *Leçons sur les Méthodes générales de synthèse,* p. 399 et 403; 1864.

([2]) *Ann. de Chim. et de Phys.,* 5ᵉ série, t. XXIII, p. 241; 1881. — Les chiffres
relatifs aux quantités de chaleur ont été rectifiés d'après mes dernières déterminations.

Tous ces nombres sont fort voisins. Sans en garantir la valeur tout à fait rigoureuse, ils ne m'en ont pas moins paru intéressants à noter, comme expliquant la synthèse effective des carbures pyrogénés par l'acétylène, et comme montrant l'étroite parenté des carbures polyacétyléniques : c'est là ce qui autorise à regarder ces nombres comme susceptibles de se prêter à de nouvelles prévisions.

Pour mieux faire entendre combien est considérable le dégagement de chaleur développé par la condensation de l'acétylène, il suffira d'observer que chaque molécule d'acétylène, combinée dans la formation des carbures pyrogénés, développe une quantité de chaleur approchant de celle que produit l'union de l'oxygène avec l'hydrogène pour former l'eau gazeuse ($+ 58^{Cal}$ vers zéro). Une si grande perte d'énergie explique, je le répète, la synthèse directe, le caractère relativement saturé et la stabilité des carbures pyrogénés.

TROISIÈME SECTION.

CHAPITRE XXV.

SUR LA PRÉSENCE ET SUR LE ROLE DE L'ACÉTYLÈNE DANS LE GAZ DE L'ÉCLAIRAGE ([1]).

1. L'acétylène existe dans le gaz de l'éclairage. On peut l'en séparer sous forme d'acétylure, puis le régénérer ensuite à l'état de pureté. J'ai préparé ainsi plusieurs litres d'acétylène. Voici l'analyse du gaz régénéré :

21   volumes de ce gaz ont fourni dans l'eudiomètre
42,5   volumes d'acide carbonique, en absorbant
53   volumes d'oxygène.

Ses propriétés coïncident avec celles de l'acétylène obtenu par d'autres méthodes. La présence de l'acétylène dans le gaz de l'éclairage s'explique d'ailleurs facilement, attendu que ce gaz est produit sous l'influence d'une température rouge.

2. La proportion de l'acétylène dans le gaz de l'éclairage est très faible. Elle s'élève à peine à quelques dix-millièmes. Cependant son rôle n'est pas sans importance, tant au point de vue des propriétés éclairantes qu'au point de vue de l'odeur.

En effet, la composition de l'acétylène, C^2H^2, ne diffère pas en centièmes de celle de la benzine, C^6H^6; cela suffit pour prévoir que sa flamme en présence d'une quantité d'air insuffisante sera fuligineuse; mais qu'une faible proportion de ce gaz communiquera un pouvoir éclairant considérable à un gaz peu lumineux par lui-même. Pour un même volume, ce pouvoir est bien plus considérable dans l'acétylène que dans le gaz oléfiant, avec lequel il avait été jusqu'ici confondu dans le gaz de l'éclairage.

* Il est surtout accru en raison de l'élévation plus grande de la température de la combustion, élévation qui résulte du caractère endothermique de l'acétylène.

3. L'odeur de l'acétylène mérite également quelque attention, parmi les odeurs des composés multiples dont le mélange représente l'odeur définitive du gaz de l'éclairage. Plusieurs substances concourent à l'odeur du gaz de l'éclairage :

1° L'acétylène, dont l'odeur alliacée est spécifique.

Cependant cette odeur n'est pas très forte, lorsque l'acétylène est parfaitement pur. L'odeur fétide que possède souvent l'acétylène, extrait du gaz de l'éclairage par l'intermédiaire d'un composé cuivreux, est attribuable à un mélange avec les composés suivants :

2° L'hydrogène sulfuré;

3° L'hydrogène phosphoré, provenant de diverses impuretés;

4° Le sulfure de carbone, tant par lui-même que par les produits sulfurés qu'il fournit sous l'influence de l'humidité;

5° L'acide cyanhydrique, provenant de la combustion d'un mélange de gaz hydrocarbonés et d'ammoniaque, ou des vapeurs d'alcalis hydrocarbonés;

6° La benzine, dont l'odeur franche peut être manifestée en lavant le gaz d'éclairage dans le protochlorure de cuivre ammoniacal, puis dans une solution acide;

7° La naphtaline, dont l'odeur est surtout marquée dans les coudes des conduites et dans les infiltrations, là où ce corps se condense et s'accumule; mais elle est bien moins sensible dans le gaz en mouvement.

De là, la nécessité de purifier l'acétylène, pour faire disparaître la fétidité des composés sulfurés, phosphorés, azotés, auxquels il peut être mélangé.

CHAPITRE XXVI.

SUR LA PRÉSENCE DE LA BENZINE DANS LE GAZ DE L'ÉCLAIRAGE [1]

1. Le gaz de l'éclairage, préparé par l'action de la chaleur sur la houille, offre un intérêt tout particulier dans l'étude des carbures pyrogénés, parce qu'il renferme les produits des réactions diverses qui peuvent s'exercer entre ces corps à la température rouge : il en est surtout ainsi du gaz parisien, qui a éprouvé l'influence prolongée d'une chaleur très élevée. Les gaz obtenus par la simple distillation du *cannel coal,* des *résines* ou des *boghead,* contiennent à l'origine les carbures condensés en proportions différentes ; et ces corps y subsistant en grande quantité, parce que la température n'a pas été assez haute ou assez prolongée pour les détruire, ou pour déterminer leurs actions réciproques. Aussi je parlerai ici de préférence des gaz de la houille, préparés au moyen d'une chaleur très intense et longtemps soutenue.

Or la théorie des corps pyrogénés indique que presque tous les carbures d'hydrogène doivent prendre naissance, à cette température et dans ces conditions, du moment où l'acétylène et l'hydrogène se trouvent en présence ; tous ces carbures étant liés entre eux, d'après mes expériences, par des lois régulières de transformation et par des relations d'équilibre, telles que l'existence de l'un quelconque d'entre eux à la température rouge entraîne comme conséquence la formation succcessive de tous les autres.

L'étude approfondie du gaz de l'éclairage parisien fournit de nouvelles preuves à l'appui de cette théorie. En effet, je vais exposer

---

[1] *Annales de Chimie et de Physique,* 9ᵉ série, t. X, p. 169 ; 1877. — *A la suite des expériences décrites dans le présent Chapitre, la fabrication du gaz d'éclairage parisien a été modifiée, de façon à en extraire à l'avance la benzine qu'il renfermait. Aussi la proportion de la benzine y est-elle aujourd'hui bien plus faible qu'il y a un quart de siècle.

des faits qui tendent à établir dans ce gaz la présence de la benzine, C^6H^6, du propylène, C^3H^6, de l'allylène, C^3H^4, du crotonylène, C^4H^6, du térène, C^5H^8, et à fournir quelques notions sur leurs proportions relatives.

2. *Benzine.* — La présence de la benzine dans le gaz de l'éclairage est une conséquence nécessaire de l'existence de ce carbure dans les produits de distillation (Faraday, Mansfield), et de sa tension de vapeur (60 millimètres à 15 degrés, d'après M. Regnault, c'est-à-dire 9 centièmes du volume de l'air saturé par cette vapeur).

Quelque diminuée que cette tension puisse être par la présence des matières goudronneuses, on sait qu'on démontre aisément la benzine en dirigeant les gaz qui en renferment à travers l'acide nitrique fumant, lequel la change en nitrobenzine : 2 à 3 centimètres cubes de gaz d'éclairage et une gouttelette d'acide, que l'on dilue ensuite, suffisent pour en reconnaître l'odeur caractéristique. En dirigeant lentement 50 à 100 litres de gaz à travers 8 à 10 centimètres cubes d'acide, puis en précipitant par l'eau la nitrobenzine que l'on pèse, l'on peut même doser approximativement la benzine. J'ai trouvé en fait, dans divers essais, 2 à 3 volumes de vapeur de benzine sur 100 volumes du gaz parisien, c'est-à-dire 6 à 8 grammes par litre, nombres que le refroidissement préalable du gaz abaisserait considérablement. J'indique ces doses pour préciser les idées ; mais elles varient suivant les conditions dans lesquelles le gaz a été préparé, purifié ou conservé.

La nitrobenzine ainsi obtenue renferme d'ailleurs un peu de nitrotoluène et quelques produits accessoires.

En tous cas, ce procédé de dosage fournit des nombres un peu faibles, et il est d'une exécution assez lente.

En voici un autre plus prompt, quoique toujours approximatif, et qui permet d'opérer sur 15 à 20 centimètres cubes seulement de gaz d'éclairage. On prend un flacon de 15 à 20 centimètres cubes, à large ouverture, bouché à l'émeri ; on en jauge d'abord exactement la capacité, dans les conditions de l'analyse.

Jaugeage. — A cette fin, on le remplit d'eau, sous la cuve à eau, et l'on déplace cette eau à l'aide d'un courant d'air, le flacon renversé étant tenu sous l'eau et bien vertical.

Cela fait, on prend un très petit tube fermé par un bout, d'une capacité égale à un centimètre cube ou un centimètre cube et demi, on le remplit d'eau et on l'introduit dans le flacon renversé, en soulevant le petit tube à l'aide du bouchon que l'on enfonce ensuite lentement, de façon à déplacer un volume d'air exactement égal à celui du bouchon, sans comprimer ce gaz.

On retire aussitôt le bouchon et l'on fait passer l'air du flacon, à l'aide d'un entonnoir, dans un tube gradué, divisé en dixièmes de centimètre cube. On répète cinq à six fois ces opérations : les résultats partiels doivent concorder à $\frac{1}{10}$ de centimètre cube, et la moyenne à $\frac{1}{20}$. On obtient ainsi la capacité exacte du flacon, dans les conditions de l'analyse future, ou plus exactement le volume des gaz qu'il pourra contenir.

Analyse. — Pour exécuter celle-ci, on remplit exactement sur l'eau le petit flacon avec du gaz de l'éclairage (préalablement débarrassé d'acide carbonique). Puis on y introduit le même petit tube, rempli cette fois d'acide nitrique fumant et tenu verticalement, le bout fermé en bas. En opérant ainsi le mélange de l'acide avec l'eau n'a pas le temps de se faire sensiblement pendant que le tube traverse la cuve, si ce n'est à la surface. Le tube introduit, on bouche aussitôt.

On agite, ce qui change la vapeur de la benzine en nitrobenzine ; la réaction étant tempérée à la fois par le refroidissement extérieur, par la courte durée du contact, et par les gouttelettes d'eau qui mouillent les parois du flacon et diluent l'acide.

Après un moment, le col étant toujours tenu renversé et vertical, on débouche vivement : opération qui doit être faite avec dextérité, attendu que la tension de l'acide fumant accroît le volume du gaz, dans une proportion souvent supérieure au volume de la vapeur de benzine absorbée. Pour compenser cette augmentation on a pris soin de choisir un bouchon un peu volumineux ; mais il faut encore l'abaisser assez vite pour que les gaz intérieurs n'aient pas le temps de se dégager entre le col et la surface latérale du bouchon. A part ce petit tour de main, l'opération est facile.

Si l'on rencontrait quelque obstacle dans sa réalisation, on pourrait la rendre assurée par un nouvel artifice, qui consiste à opérer dans une cuve à eau un peu profonde, en retenant le flacon sous un large entonnoir renversé, qui recueille les bulles gazeuses échappées au moment de son ouverture et les rassemble par sa tubulure dans un tube gradué, destiné à la lecture finale.

On peut encore ajuster sur le col une large bague de caoutchouc extérieure, formant une sorte d'entonnoir très court autour de l'origine du bouchon. Dans ce cas, aussitôt après la réaction de l'acide nitrique fumant, et le flacon étant toujours renversé et immergé sous la cuve à eau, on saisit le bouchon avec les doigts, et on l'abaisse : les quelques bulles gazeuses qui pourraient sortir au premier moment entre le col et le bouchon sont retenues dans l'entonnoir de caoutchouc. Dès que le bouchon a été suffisamment abaissé, ces bulles se replacent d'elles-mêmes, ou par une légère secousse, dans le col du bouchon. La figure suivante (*fig.* 19) indique ce petit artifice.

Fig. 19.

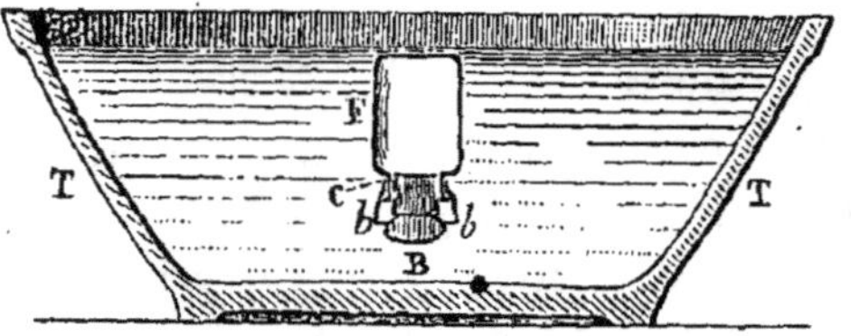

TT terrine qui sert de cuve à eau ;
F   flacon destiné à la réaction ;
B   son bouchon ;
C   son col ;
bb bague de caoutchouc en forme d'entonnoir.

Cela une fois exécuté, on introduit un fragment de potasse pour absorber la vapeur nitrique, puis on mesure le résidu. La diminution de volume représente la vapeur de benzine (et de toluène), seuls corps absorbables dans ces conditions en proportion notable, d'après mes essais sur le gaz parisien. En effet, l'acétylène et le gaz oléfiant se retrouvent après l'analyse faite dans les conditions de brève durée, de température et de concentration que j'ai décrites, pourvu que leur proportion ne surpasse pas quelques centièmes : je m'en suis spécialement assuré par des mesures.

En opérant comme il vient d'être dit j'ai obtenu pour la vapeur de benzine, contenue dans divers échantillons du gaz de l'éclairage parisien, des nombres compris entre 3 et 3,5 centièmes en volume, valeur maxima ([1]).

Je dois ajouter cependant que ces valeurs doivent comprendre quelque trace d'un autre carbure; car il se forme une petite quantité d'acide carbonique dans la réaction de l'acide nitrique. Mais

---

([1]) *Aujourd'hui (1901), le gaz parisien ne contient plus que des traces de benzine, la Compagnie opérant la condensation et l'extraction préalable de ce carbure dans son gaz.

c'était là un phénomène accessoire et négligeable, avec le gaz étudié et dans les conditions décrites ([1]).

Contrôles. — Comme contrôles, j'ai examiné l'action de l'acide sulfurique et celle du brome sur le gaz même des essais précédents. Le brome absorbait 3,7 centièmes du gaz primitif, chiffre un peu supérieur à celui de la vapeur de la benzine.

L'acide sulfurique bouilli, par une action *immédiate,* a absorbé 1,8 centième du gaz primitif et un peu de vapeur de benzine ([2]); mais il convient de déduire de ce chiffre la vapeur d'eau, dont la tension représentait 1,6 dans les conditions des expériences. Il resterait donc 0,2 centième au plus pour les carbures, quels qu'ils soient, absorbables immédiatement par l'acide sulfurique bouilli (propylène, allylène, crotonylène, etc.); on voit que ce chiffre est bien petit.

Le brome, agissant ensuite sur le résidu de cette réaction, a absorbé 3,5 centièmes; chiffre à peine différent du volume absorbable immédiatement par l'acide nitrique.

Il suit de ces essais que, dans le gaz d'éclairage parisien, les carbures qui ne sont absorbables *immédiatement* ni par l'acide nitrique fumant, ni par l'acide sulfurique bouilli, tout en étant absorbables par le brome, c'est-à-dire l'acétylène, l'éthylène, etc., n'existent qu'en très faible proportion, 2 à 3 millièmes au plus : ce résultat est conforme aux expériences déjà anciennes par lesquelles j'ai extrait directement, puis régénéré l'éthylène (sous forme d'iodure) en 1854 ([3]) et l'acétylène [sous forme d'acétylure cuivreux] du gaz de l'éclairage parisien.

En résumé, la benzine constitue (1877) le carbure le plus abondant, après le formène, dans le gaz de l'éclairage parisien. Elle s'y trouvait dans l'échantillon que j'ai examiné, sous la proportion de 3 pour 100 environ en volume, ou 100 grammes par mètre cube. La benzine représente dans un tel gaz le carbure éclairant par excellence ([4]); bien que ce gaz, dépouillé de vapeur de benzine, conserve encore un pouvoir éclairant sensible; sans doute à cause de la présence de

---

([1]) Il pourrait n'en être pas de même, si l'on faisait passer directement certains gaz très riches en carbures complexes, à travers l'acide nitrique fumant, sans refroidir celui-ci, et sans qu'il éprouvât quelque dilution, contrairement à ce qui arrive dans le procédé d'analyse que je décris ici. Un tel gaz devrait être débarrassé au préalable des carbures les plus altérables au moyen de l'acide sulfurique bouilli, suivant la méthode décrite plus loin.

([2]) Si l'action se prolonge, la vapeur de benzine est absorbée peu à peu.

([3]) *Annales de Chimie et de Physique,* 3ᵉ série, t. XLIII, p. 398.

([4]) En 1877.

quelque petite quantité des *carbures* saturés *de la série forménique*, $C^n H^{2n+2}$, plus condensés que le formène lui-même.

3. *Carbures forméniques.* — On peut s'assurer de l'existence
réelle de ce genre de carbures, en lavant le gaz d'éclairage successivement : dans l'acide nitrique fumant, dans la potasse, dans le
brome, dans un second flacon de potasse; ce qui le dépouille de tous
les carbures autres que les forméniques. Puis on le dirige à travers
quelques litres d'alcool concentré (que j'appellerai alcool n° 1).

Au bout d'un temps suffisant, on reprend cet alcool, on le place
dans un ballon, dont il doit remplir complètement la capacité et
les tubulures; on le fait bouillir lentement, de façon à en dégager
les gaz dissous, et l'on dirige immédiatement ceux-ci au sein d'un
flacon d'un litre, renversé sur le mercure et renfermant les deux
tiers de son volume de mercure et un tiers de son volume d'alcool
(alcool n° 2). Celui-ci doit avoir été au préalable soigneusement
purgé de tout gaz dissous, par une ébullition prolongée, précaution
qui n'était pas nécessaire pour la première opération. Après cette
ébullition, on doit laisser refroidir l'alcool; le tube à dégagement du
ballon demeurant immergé sous le mercure, de façon qu'il n'y rentre
aucune bulle d'air, mais seulement du mercure, pendant le refroidissement.

Après une ébullition suffisante de l'alcool n° 1, les gaz étant dirigés dans le flacon qui renferme l'alcool n° 2, on arrête l'expérience.
On agite vivement ce flacon, afin de saturer l'alcool n° 2 avec les
gaz solubles; puis on rejette les gaz non dissous au dehors, à l'aide
d'un siphon capillaire renversé.

Cela fait, on expulse le mercure du flacon, sur la cuve même et
sans aucun transvasement, à l'aide de gaz carbonique absolument
pur : une portion de l'acide carbonique se dissout dans l'alcool, et
le surplus forme à sa surface une atmosphère, occupant un volume
à peu près double de celui du liquide. Ces conditions étant réalisées, la majeure partie des gaz forméniques, ou autres, dissous
précédemment dans l'alcool, se dégagent dans l'atmosphère supérieure, formée d'acide carbonique.

On enlève cette atmosphère à l'aide d'une pipette à gaz et on la
transporte dans une éprouvette contenant de la potasse concentrée,
laquelle absorbe aussitôt tout l'acide carbonique ([1]).

([1]) Sur le procédé pour extraire les gaz dissous dans un liquide, voir *Annales
de Chimie et de Physique,* 3ᵉ série, t. LVIII, p. 442; 1860.

On élimine ensuite la vapeur d'alcool, en transvasant les gaz dans une autre éprouvette et en les traitant par une goutte d'acide sulfurique concentré.

Le résidu gazeux ainsi obtenu (avec le gaz parisien) est surtout un mélange de formène, avec des traces d'hydrogène, d'azote et d'oxyde de carbone. On y trouve aussi les petites proportions de carbures forméniques condensés, accumulées par le jeu successif des solubilités.(¹).

Dans ce mélange, on élimine encore l'oxyde de carbone, au moyen de deux traitements successifs par le chlorure de cuivre acide.

Cela fait, on brûle le gaz dans l'eudiomètre, en tenant compte de l'azote qu'il renferme. L'analyse de la portion combustible fournit en général un volume d'acide carbonique supérieur de quelques centièmes au volume du gaz primitif : ce qui prouve que cette portion contient des carbures plus condensés que le formène.

La marche que je viens de décrire est à peu près la même que j'ai employée pour constater la production de l'hydrure d'éthyle dans la décomposition pyrogénée du formène (²). Elle est d'une réalisation d'autant plus aisée avec le gaz d'éclairage, que l'on dispose de quantités illimitées de ce dernier ; mais les résultats en sont essentiellement qualitatifs.

S'il s'agissait, non plus de reconnaître qualitativement, mais de doser exactement des carbures forméniques condensés, dont la proportion ne s'élevât pas au delà de quelques millièmes, — ce qui est le cas du gaz parisien, — le problème serait à peu près inabordable dans la pratique.

On obtiendrait, au contraire, des résultats approchés avec certains gaz de boghead, ou analogues, beaucoup plus riches en carbures forméniques condensés; mais à la condition d'opérer sur un volume initial de gaz parfaitement précisé et sur un volume connu d'alcool bien purgé. On trouvera les conditions rigoureuses propres à cette méthode dans les *Annales de Chimie et de Physique,* 4ᵉ série, t. XX, p. 418 (*voir* aussi Tome III du présent Ouvrage). Dans tous les cas, je le répète, la solution qualitative du problème peut être réalisée assez facilement, et les essais n'exigent que quelques heures.

(¹) *Annales de Chimie et de Physique,* 4ᵉ série, t. XX; p. 418 et 421.

(²) *Annales de Chimie et de Physique,* 4ᵉ série, t. XVI, p. 151. — *Voir* aussi le présent Volume, p. 39.

Les faits et les méthodes d'analyse que je viens d'exposer ([1])
montrent comment et pourquoi les analyses eudiométriques par
combustion, seules employées naguère pour l'étude des gaz d'éclairage, fournissent des indications imparfaites. La traduction de
leurs résultats par les noms de carbures déterminés : éthylène,
butylène, etc., qui se rencontreraient à la dose de 4, 6 ou 8 centièmes, est absolument erronée, comme reposant sur un simple
jeu d'équations algébriques, calculées dans l'hypothèse de certaines
inconnues, qui ne sont pas conformes à la réalité.

([1]) *Voir* les méthodes plus complètes, applicables à un gaz pyrogéné quelconque, qui sont développées plus loin.

CHAPITRE XXVII.

NOUVELLES RECHERCHES SUR LA COMPOSITION DU GAZ DE L'ÉCLAIRAGE ET DES CARBURES PYROGÉNÉS [1].

. 1. L'existence et la proportion approximative de l'*éthylène*, de l'*acétylène* et de la *benzine* étant indiquées par les épreuves convenables [2], je passe aux autres gaz hydrocarbonés.

On pourrait isoler certains de ces gaz sous forme de bromures, séparer ceux-ci par des distillations fractionnées, combinées au besoin avec l'emploi de la potasse alcoolique, puis régénérer chaque carbure éthylénique, séparément, de son bromure au moyen de l'eau, du cuivre et de l'iodure de potassium : j'ai exposé cette méthode en détail, il y a vingt ans, dans mes *Recherches sur la synthèse des carbures d'hydrogène* (le présent Ouvrage, t. I, p. 244, 258; t. II, p. 211 et suivantes). Mais ce procédé, très efficace pour les carbures éthyléniques, $C^n H^{2n}$, n'est pas applicable aux carbures acétyléniques, $C^n H^{2n-2}$. On a préféré cette fois suivre une marche toute différente, fondée sur les réactions spéciales de l'acide sulfurique.

2. *Propylène, butylène, allylène, etc.* — J'ai cherché à caractériser ces gaz, en les unissant à l'acide sulfurique, qui polymérise les uns et change les autres en acides conjugués, que l'on transforme ensuite en hydrates.

A cet effet, je fais traverser le gaz d'éclairage (aspiré à l'aide d'une trompe), d'abord à travers l'eau acidulée (flacon A), puis à travers de l'acide sulfurique étendu de son volume d'eau (flacon B), enfin à travers une colonne C de pierre ponce, fortement imbibée d'acide sulfurique concentré.

---

[1] *Annales de Chimie et de Physique*, 5ᵉ série, t. X, p. 178; 1877.

[2] Chlorure cuivreux ammoniacal pour l'acétylène; acide nitrique fumant pour la benzine; brome et acide sulfurique concentré pour l'éthylène.

On donne ci-dessous (*fig.* 20) la figure de l'appareil employé.

Au bout d'un temps suffisant, j'ai examiné les produits.

Dans le second flacon (acide étendu) s'est condensée une matière goudronneuse (4 à 5 grammes pour 100 mètres cubes), laquelle ne fournit pas de produits volatils, avant d'avoir été chauffée vers 360 à 400 degrés. Je n'en ai pas poursuivi l'étude; mais je pense qu'elle dérive de la condensation polymérique de quelques carbures très altérables, tels que le diacétylène, ou des corps analogues.

Fig. 20.

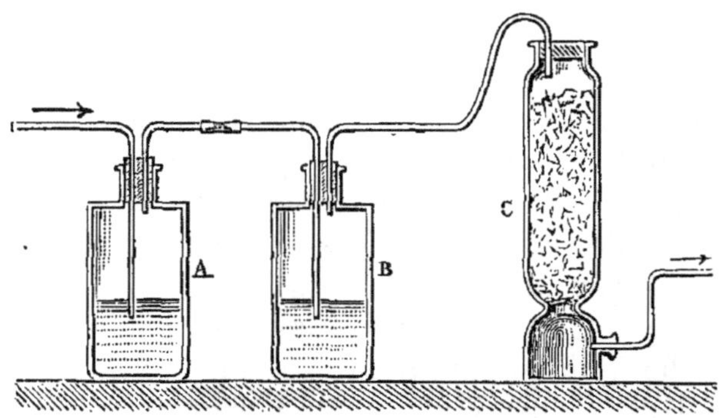

L'acide sulfurique lui-même, étendu de son volume d'eau, puis soumis à un système convenable de distillations fractionnées, a fourni finalement un peu d'*acétone,* soit $0^{gr},25$ environ pour 100 mètres cubes de gaz. Je regarde ce corps comme signalant l'existence de l'*allylène,* C^3H^4, dont il représente l'un des hydrates. Une portion de ce carbure a dû se changer d'ailleurs en *triallylène* (*mésitylène*) sous l'influence du même acide; cette portion, qui se retrouve en effet par l'analyse, sera évaluée plus loin à $1^{gr},25$ pour 100 mètres cubes de gaz.

Dans le vase en colonne qui contient la pierre ponce, l'acide sulfurique concentré s'est écoulé peu à peu, vers la partie inférieure laissée libre à dessein. On y trouve deux couches liquides, savoir un mélange d'hydrocarbures, qui surnage, et de l'acide sulfurique plus ou moins altéré, chargé de l'eau enlevée au gaz, et répandant une forte odeur d'acide sulfureux. Cette couche inférieure, isolée avec soin de l'autre couche et étendue d'eau, laisse précipiter une substance hydrocarbonée, visqueuse et volatile seulement au-dessus de 300 et 400 degrés : je n'ai réussi à en tirer aucun corps défini. Mais il n'est pas douteux qu'elle ne représente des produits polymérisés (25 grammes pour 100 mètres cubes).

L'acide, ayant été étendu avec 10 fois son volume d'eau, a été distillé, et le produit rectifié à plusieurs reprises : j'ai obtenu finalement de l'*alcool isopropylique,* mêlé avec quelque peu des hydrates analogues : en tout $0^{gr},5$ pour 100 mètres cubes de gaz. Ce composé signale l'existence du *propylène* et fournit quelque indice sur sa proportion, bien qu'une portion ait dû être polymérisée [1].

3. J'ai dit tout à l'heure comment le gaz d'éclairage, dirigé à travers une colonne de pierre ponce, imbibée d'acide sulfurique concentré, fournit un liquide qui se sépare en deux couches : l'une formée par l'acide sulfurique plus ou moins altéré, l'autre par un mélange d'hydrocarbures. C'est ce dernier mélange, isolé avec soin par décantation, dont je vais maintenant m'occuper. Il s'élevait à 25 grammes pour 100 mètres cubes de gaz. Soumis à trois séries méthodiques de distillations fractionnées [2], il a été résolu dans les produits suivants, soit pour 100 parties du mélange :

Benzine, mêlée avec un peu de toluène.	2	
Mésitylène (vers 160 à 190°) C^9H^{12}.	5	
Cymène (vers 180°) $C^{10}H^{14}$.	20	
Tricrotonylène (220°–240°) $C^{12}H^{18}$.	30	100
Colophène ou tritérène (300°–320°) $C^{15}H^{24}$.	32	
Résidu fixe à 320°.	5	
Produits intermédiaires et perte.	6	

Benzine. — Elle a été reconnue par ses réactions classiques. Elle tire son origine de la vapeur préexistante, dont une faible portion demeure dissoute dans les liquides condensés. La petitesse de cette portion, relativement à la masse totale de la benzine en vapeur, s'explique parce que le gaz d'éclairage, même après la réaction de l'acide sulfurique, n'est pas saturé de cette vapeur, qui n'y possède guère que le tiers de sa tension maximum. Cette observation, applicable *a fortiori* pour les autres vapeurs de carbures préexistants, dont la quantité relative dans le gaz d'éclairage est bien plus faible que celle de la benzine, montre que leur liquéfaction au contact des liquides condensés par l'acide sulfurique ne saurait donner lieu qu'à des proportions négligeables de matière. Les carbures suivants ne préexistent donc pas dans le gaz; mais ils ré-

---

[1] *Annales de Chimie et de Physique,* 5ᵉ série, t. IX, p. 366; 1876.
[2] Sur la méthode employée, *voir* ce Volume, p. 47.

sultent de carbures plus volatils, transformés par l'acide sulfurique concentré.

4. Le *mésitylène*, C^9H^{12}, extrait du gaz d'éclairage modifié par l'acide sulfurique, a donné à l'analyse :

	Trouvé.	Théorie.
C	89,7	90,0
H	10,3	10,0

Il bouillait vers 165 degrés, et offrait les propriétés et réactions connues du mésitylène de l'acétone.

J'attribue l'origine de ce carbure à la condensation de l'allylène,

$$3\,C^3H^4 = C^9H^{12},$$

sous l'influence de l'acide sulfurique. 100 mètres cubes de gaz en ont fourni $1^{gr},25$; ce poids, joint à celui de l'allylène changé en acétone, représenterait 8 millionièmes en volume d'allylène (au minimum) dans le gaz d'éclairage.

5. Le *cymène*, $C^{10}H^{14}$, extrait du gaz d'éclairage modifié par l'acide sulfurique, a donné à l'analyse :

	Trouvé.	Théorie.
C	89,3	89,5
H	10,7	10,5

Il bouillait vers 180 degrés. Les propriétés et réactions générales de ce corps étaient les mêmes que pour le cymène du camphre.

Je regarde le cymène précédent comme formé par l'action oxydante de l'acide sulfurique sur un térébène, $C^{10}H^{16}$, qui, lui-même, dériverait (¹) de la condensation d'un carbure C^5H^8 :

$$2\,C^5H^8 = C^{10}H^{16},$$

carbure beaucoup plus volatil, contenu dans le gaz d'éclairage. C'est un *térène* ou *acétylpropylène*, $C^3H^6.C^2H^2$, homologue de l'allylène (méthylacétylène) et du crotonylène (acétyléthy-lène).

(¹) *Voir* le présent Volume, Livre IV, Chap. VIII.

6. Le *tricrotonylène*, $C^{12}H^{18}$, extrait du gaz d'éclairage modifié par l'acide sulfurique, a donné à l'analyse :

	Trouvé.	Théorie.
C	88,8	88,9
H	11,2	11,1

Ce carbure bout aux environs de 230 degrés. L'acide nitrique fumant le dissout à la façon des carbures benzéniques, dont il possède les réactions générales.

Ce corps est isomère avec la triéthylbenzine, vis-à-vis de laquelle il offre les mêmes relations que le triallylène vis-à-vis de la triméthylbenzine. Le tricrotonylène ne diffère de l'acénapthène, $C^{12}H^{10}$ [formé également par l'union successive de six résidus éthyléniques ([1])], que par l'hydrogène, et je pense qu'il se retrouvera directement dans le goudron de houille.

Le tricrotonylène obtenu dans l'opération précédente me paraît dériver du crotonylène, $C^{4}H^{6}$, contenu dans le gaz et polymérisé par l'acide sulfurique

$$3\,C^{4}H^{6} = C^{12}H^{18}.$$

100 mètres cubes de gaz en ont fourni $7^{gr},5$, soit 31 millionièmes en volume de crotonylène gazeux, au minimum.

7. Le *colophène* ou *tritérène*, $C^{15}H^{24}$, extrait du gaz d'éclairage modifié par l'acide sulfurique, a donné à l'analyse :

	Trouvé.	Théorie.
C	88,4	88,2
H	11,3	11,8

Il distillait vers 300 degrés. Ses propriétés physiques et ses réactions étaient celles du colophène ordinaire ([2]). De même que pour ce dernier, l'analyse indique des chiffres un peu faibles pour l'hydrogène; peut-être à cause du mélange d'un carbure moins

---

([1]) *Voir* ce Volume, p. 161.

([2]) J'admets ici pour le colophène, volatil vers 300 degrés, la formule $C^{15}H^{24}$, qui en fait un sesquitérébène, au lieu de $C^{20}H^{32}$, qui est celle du ditérébène. J'ai été conduit à cette opinion, il y a longtemps, par l'examen de la réaction de l'acide iodhydrique (*Bulletin de la Société chimique de Paris*, 2ᵉ série, t. XI, p. 26; 1869) et surtout par la densité de vapeur du copahuvène (p. 31).

M. Riban a de même trouvé récemment, pour la densité de vapeur du colophène, le chiffre 8,3 qui n'est pas très éloigné de 7,14, exigé par la théorie.

hydrogéné, tel qu'un térécymène, $C^{15}H^{22}$ ou $C^5H^8.C^{10}H^{14}$; mais je n'insiste pas sur ce point.

Le colophène résulte sans doute de la polymérisation par l'acide sulfurique concentré du térène signalé plus haut :

$$3\,C^5H^8 = C^{15}H^{24}.$$

100 mètres cubes de gaz ont fourni 13 grammes de cymène et de colophène réunis ; lesquels représenteraient un poids à peu près égal du térène primitif, soit 42 millionièmes de térène gazeux en volume, au minimum et sans préjudice des polymères plus condensés, qui n'ont pu être dosés.

8. D'après ces résultats, la portion absorbable par le brome, qui constitue la plus grande fraction de la portion éclairante du gaz parisien, serait composée à peu près de la manière suivante, pour 1 million de volumes de l'échantillon sur lequel j'ai opéré :

Benzine en vapeur, C^6H^6	3000 à 3500
Acétylène, C^2H^2	1000 environ
Éthylène, C^2H^4	1000 à 2000
Propylène, C^3H^6	2,5
Allylène, C^3H^4	8
Butylène, C^4H^8 et analogues	traces
Crotonylène, C^4H^6	31
Térène, C^5H^8	42
Carbures identiques aux précédents ou dissemblables, mais transformés en polymères presque fixes, estimés (d'après le poids des polymères) à	83
Diacétylène et carbures analogues, estimés à	15

181 [1]

9. Les carbures contenus dans le gaz d'éclairage peuvent être regardés comme produits en partie par la distillation sèche, et en partie comme dérivant les uns des autres et du formène, suivant les réactions régulières que j'ai observées dans l'étude des carbures pyrogénés.

---

[1] Ces chiffres sont un minimum, une proportion inconnue des divers carbures ayant pu traverser l'acide sulfurique sans s'y modifier.

En effet :

1° J'ai signalé les métamorphoses réciproques et directes des quatre hydrures de carbone fondamentaux :

L'acétylène, CH (2 vol.) ou C^2H^2 (4 vol.);

L'éthylène, CH^2 (2 vol.) ou C^2H^4 (4 vol.);

Le méthyle, ou hydrure d'éthyle, CH^3 (2 vol.) ou C^2H^6 (4 vol.),

Et le formène, CH^4 (4 vol.).

Ils constituent, avec l'hydrogène, un système en équilibre : système tel que les quatre carbures fondamentaux se forment à la température rouge aux dépens de l'un quelconque d'entre eux pris comme point de départ. C'est là un fait d'expérience ([1]).

2° J'ai aussi montré, par expérience, comment le formène *libre* engendre directement, non seulement l'éthylène, $(CH^2)^2$, mais aussi le propylène, $(CH^2)^3$, et probablement toute la série des carbures polymères, $(CH^2)^n$.

3° L'acétylène libre engendre également, par synthèse directe, la benzine, $C^6H^6 = (C^2H^2)^3$, et toute une série de polymères, $(C^2H^2)^n$, entre lesquels la benzine prédomine, à cause de sa plus grande stabilité (*voir* t. I, p. 81).

Tous ces corps se retrouvent, en effet, simultanément dans le gaz d'éclairage parisien et dans le goudron de houille.

4° Non seulement les quatre carbures fondamentaux, CH, CH^2, CH^3, CH^4, et les polymères des deux premiers, $(CH)^{2n}$, $(CH^2)^n$, prennent naissance; mais tous ces corps se combinent deux à deux, toujours sous l'influence de la température rouge, pour constituer des carbures plus compliqués, en équilibre avec les carbures plus simples qui les engendrent ([2]).

C'est ainsi que j'ai réalisé, avec l'*acétylène* et la *benzine*, la synthèse immédiate du *styrolène*, C^8H^8;

Avec l'*acétylène* et le *styrolène*, la synthèse de la *naphtaline*, $C^{10}H^8$;

Avec l'*acétylène* et la *naphtaline*, la synthèse de l'*acénaphtène*, $C^{12}H^{10}$;

Avec le *styrolène* et la *benzine*, la synthèse de l'*anthracène*, $C^{12}H^{10}$;

Tous carbures qui existent dans le goudron de houille.

De même j'ai reconnu que l'*acétylène* et l'*éthylène* se combinent

---

([1]) Ce Volume, p. 36.
([2]) Ce Volume, p. 70.

à volumes égaux vers le rouge sombre,

$$C^2 H^2 + C^2 H^4 = C^4 H^6,$$

pour constituer l'*acétyléthylène,* carbure dont M. Prunier a établi l'identité avec l'un des crotonylènes et qui se retrouve dans le gaz d'éclairage.

10. J'ai également reconnu, dans des essais inédits (¹), que l'*acétylène* et le *propylène* s'unissent directement et dans les mêmes conditions,

$$C^2 H^2 + C^3 H^6 = C^5 H^8,$$

pour constituer l'*acétylpropylène,* carbure liquide très volatil et très altérable par l'acide sulfurique.

L'expérience est aussi facile à réaliser que la synthèse de l'éthyl-acétylène, quoiqu'un peu moins nette, à cause de la formation simultanée de produits secondaires. Cependant, en opérant dans une cloche courbe, une demi-heure de chauffe suffit pour combiner un tiers du propylène et de l'acétylène.

Cet acétylpropylène semble identique avec le térène du gaz d'éclairage et probablement aussi avec le carbure dérivé du caoutchouc, au moyen duquel M. Bouchardat a effectué la synthèse du terpilène et de divers autres carbures térébéniques.

Ces observations montrent quelles liaisons existent entre la formation des différents carbures du gaz d'éclairage. Dans toute opération de ce genre, accomplie à la température rouge, une première analyse, presque ultime, tend à ramener les principes originels à l'état des quatre carbures fondamentaux : acétylène, éthylène, éthane et formène, lesquels se recombinent aussitôt pour former par synthèse tout le système des carbures pyrogénés.

(¹) *Voir* ce Volume, Livre IV, Chapitre VIII.

CHAPITRE XXVIII.

SUR L'ANALYSE DES GAZ PYROGÉNÉS [1].

1. A l'occasion de mes derniers travaux sur le gaz de l'éclairage parisien et sur le rôle de la benzine, envisagée comme principal carburé éclairant de ce gaz, diverses personnes m'ont demandé des explications sur les procédés d'analyse que j'emploie dans l'étude des gaz hydrocarbonés. Ces procédés reposent sur l'emploi de quelques réactifs simples, tels que le brome, l'acide sulfurique bouilli et l'acide nitrique fumant. J'ai proposé et réalisé, en 1881, l'application à l'analyse gazeuse des deux premiers agents, brome et acide sulfurique bouilli [2] (c'est-à-dire concentré au maximum par ébullition), et ils m'ont rendu les plus grands services dans les nombreuses analyses de gaz que renferment més premières recherches sur la synthèse des carbures d'hydrogène [3].

2. Jusqu'alors on avait employé seulement le chlore et l'acide sulfurique fumant dans ce genre d'essais. Mais le chlore ne se prête

---

[1] *Ann. de Chim. et de Phys.*, 5ᵉ série, t. X, p. 187; 1877.

[2] *Ann. de Chim. et de Phys.*, 3ᵉ série, t. LI, p. 67; 1857. — Le présent Ouvrage, t. I, p. 244, 258; t. II, p. 211 et suivantes.

[3] Même Recueil, 3ᵉ série, t. LIII, p. 164 et suivantes. — Cet Ouvrage, t. I et t. II.

pas à des déterminations analytiques, parce que ses réactions ne sont pas nettes et qu'il décompose l'eau, en même temps que les carbures d'hydrogène, en formant de l'oxyde de carbone.

Aussi l'emploi du brome, qui ne donne pas lieu à ces complications, s'est-il répandu depuis 1857, dans les laboratoires d'analyse.

3. L'acide sulfurique bouilli doit être employé sur le mercure. Il se prête également à des applications analytiques plus variées que l'acide sulfurique fumant, seul absorbant des carburés qui figure dans les *Méthodes gazométriques* de M. Bunsen. En effet, l'acide sulfurique fumant absorbe les mêmes carbures que le b rome ; tandis que l'acide bouilli n'agit que lentement sur la benzine, et réagit sur l'éthylène et l'acétylène avec plus de lenteur encore, de façon à permettre de les séparer de leurs homologues plus condensés. Il ne produit d'acide sulfureux qu'avec plus de difficulté.

4. A ces réactifs j'ai proposé récemment d'ajouter l'acide nitrique fumant, employé sur l'eau, au moyen de certains artifices. Cet agent est éminemment propre à déceler et à doser approximativement la benzine. Il peut être employé du premier coup (après absorption de l'acide carbonique), si l'on a affaire à dés gaz ne renfermant que des traces de carbures absorbables par l'acide sulfurique bouilli : ce qui est le cas du gaz de l'éclairage parisien. Quelques centièmes d'éthylène et même d'acétylène ne sont pas un obstacle à l'emploi immédiat de l'acide nitrique fumant; du moins dans les proportions et les conditions que j'ai décrites (¹), conditions où l'acide ne se trouve en contact avec les gaz que pendant un temps fort court, à basse température, et où il est affaibli par son mélange avec les petites quantités d'eau, restées adhérentes aux parois du flacon dans lequel on opère. Mais il faudrait procéder avec plus de méthode, si l'on avait affaire à des gaz riches en carbures éthyléniques ou acétyléniques condensés, gaz parfois fort altérables et que l'acide nitrique pourrait oxyder : tels sont en effet les gaz obtenus par la distillation du cannel-coal ou des boghead, produits qui n'ont pas été ramenés par l'action prolongée d'une température rouge à la composition générale et relativement stable, vers laquelle tendent les équilibres pyrogénés.

Les renseignements qui m'ont été demandés de plusieurs côtés

(¹) *Voir* ce Volume, Chapitre XXVI, p. 266.

me font penser qu'il ne sera pas inutile de dire comment je procède dans les cas de ce genre, où la plupart des gaz carbonés se trouvent présents dans le mélange.

I. — Composés accessoires.

1° *Ammoniaque.* — Ce gaz ne saurait exister qu'en très petite quantité dans les gaz recueillis sur l'eau. On le dose en faisant passer un volume déterminé du gaz à travers l'acide sulfurique étendu, dont on détermine le titre alcalimétrique avant et après l'expérience.

2° et 3° *Acide carbonique et hydrogène sulfuré.* — On les absorbe par la potasse en bloc; ou bien successivement, par le sulfate de cuivre, puis par la potasse, suivant des procédés connus : on mesure le gaz avant et après ces absorptions.

4° On dose alors l'*oxygène,* s'il y a lieu, par le pyrogallate de potasse, ou par le phosphore.

5° La *vapeur d'eau* est enlevée au gaz primitif, au moyen du chlorure de calcium fondu.

6° La vapeur du *sulfure de carbone* est présente au sein de la plupart des gaz d'éclairage en petite quantité ([1]); elle apporte dans les analyses par combustion une perturbation dont on n'a presque jamais tenu compte. La potasse aqueuse ne l'absorbe qu'avec une lenteur excessive. Cependant on sépare aisément le sulfure de carbone en vapeur des autres gaz non acides, au moyen d'un fragment de potasse solide, trempé un instant dans l'alcool. La vapeur d'alcool (s'il en reste) doit être enlevée ensuite par le contact prolongé du gaz avec un fragment de chlorure de calcium fondu; ou bien avec une goutte d'acide sulfurique, s'il n'y a pas de carbure ou autre gaz altérable par cet agent.

7° L'*azote* se trouve comme résidu final, après une analyse par combustion et l'absorption de l'excès d'oxygène.

Les sept gaz et vapeurs précédents étant séparés et évalués, je ne m'occuperai plus dans ce qui suit que des composés hydrocarbonés.

([1]) L'oxysulfure de carbone accompagne probablement le sulfure ; il est également absorbé par la potasse alcoolique.

II. — Composés hydrocarbonés.

1° *Carbures éthyléniques et acétyléniques renfermant plus de 2 atomes de carbone.* — Le gaz sec, privé d'ammoniaque, d'acide carbonique, d'hydrogène sulfuré, d'oxygène, de sulfure et d'oxysulfure de carbone, enfin de vapeur d'eau, est traité, sur le mercure, par un vingtième de son volume d'acide sulfurique bouilli. Cet agent absorbe ou condense les carbures éthyléniques et acétyléniques dont il s'agit. Les carbures qui renferment plus de 2 atomes de carbone, c'est-à-dire le propylène, C^3H^6, l'allylène, C^3H^4, le butylène, C^4H^8, le crotonylène, C^4H^6, le diacétylène, C^4H^4, l'amylène, C^5H^{10}, le valérylène, C^5H^8, l'hexylène, C^6H^{12},..., sont immédiatement séparés du mélange gazeux, soit à l'état de combinaison éthérosulfurique, soit à l'état de polymère (quelque peu de l'acétylène est aussi modifié) [1]. Au bout d'une minute d'agitation, on mesure la diminution de volume. Il est nécessaire de vérifier si le gaz (transvasé dans une autre éprouvette) ne contient pas d'acide sulfureux, attribuable à l'action de l'acide sulfurique concentré : ce qui peut arriver avec un gaz très riche en carbures de cette espèce. Dans ce cas, on absorbe l'acide sulfureux par la potasse solide, légèrement humectée.

Si l'on désirait connaître la composition moyenne des gaz absorbés par l'acide sulfurique bouilli, on ferait l'analyse par combustion du mélange gazeux, avant et après cette réaction. La différence entre les deux systèmes d'équations eudiométriques donne la composition du gaz absorbé [2].

Quant à leur composition qualitative, elle ne peut être étudiée que sur des masses considérables et en employant un système d'épreuves analogues à celles que j'ai décrites dans les Chapitres sur la synthèse des carbures d'hydrogène (cet Ouvrage, t. I et t. II) et sur le gaz d'éclairage (ce Volume, p. 273).

2° *Éthylène et acétylène.* — On reprend le gaz, après l'avoir traité pendant une minute seulement par l'acide sulfurique bouilli,

---

[1] On suppose ici que le gaz analysé ne contient pas de vapeur de benzine. La benzine apporterait une certaine perturbation dans ce genre d'analyse, parce qu'elle est absorbée lentement par l'acide sulfurique; on a examiné les procédés propres à la séparer dans le Chapitre XXVI.

[2] *Ann. de Chim. et de Phys.*, 3ᵉ série, t. LI, p. 62 et 76. — Tome I du présent Ouvrage, p. 203 et suivantes.

et on l'introduit dans un petit flacon sec et bouché à l'émeri,
avec un dixième de son volume d'acide sulfurique bouilli : on
agite le tout d'une manière incessante et énergique *pendant trois
quarts d'heure*. Au bout de ce temps, l'éthylène et l'acétylène ont
disparu. On mesure le résidu.

L'existence de l'acétylène doit être vérifiée à l'avance, par une
épreuve spéciale. La proportion relative peut en être évaluée approximativement par l'emploi méthodique du chlorure cuivreux ammoniacal, comme je l'ai dit ailleurs ([1]).

Comme contrôle, on peut faire l'analyse par combustion du gaz,
avant et après l'absorption des deux gaz précédents, et retrancher
le second système d'équations eudiométriques du premier.

3° *Benzine et analogues.* — La présence de ces carbures soulève
certaines difficultés qui ont été examinées dans le Chapitre précédent. Bornons-nous à rappeler comment on la constate qualitativement. A cet effet, je fais agir sur les gaz initiaux l'acide nitrique
fumant, dans les conditions décrites (ce Volume, p. 266).

Comme contrôle de ces divers essais, on fait agir le brome sur un
échantillon du gaz initial (privé seulement de CO^2 et de H^2S). L'absorption qu'il produit au bout d'un temps suffisant ([2]); c'est-à-dire
de quelques minutes de réaction, doit être la somme des absorptions
relatives aux carbures éthyléniques, acétyléniques, à la benzine et
au sulfure de carbone. Il absorbe aussi le bioxyde d'azote.

4° *Oxyde de carbone.* — Le résidu final de la réaction prolongée
de l'acide sulfurique, ou du brome, est traité par le chlorure cuivreux acide, à deux reprises successives, en employant chaque fois
un volume du réactif liquide égal à la moitié du volume du gaz : ce
qui dissout la totalité de l'oxyde de carbone, ou plus exactement ce
qui n'en laisse pas dans le gaz une dose supérieure à la vingtième
partie de la proportion primitive (d'après les lois relatives aux
dissolvants proprement dits, confirmées dans le cas spécial de
l'oxyde de carbone par des expériences directes). On sépare le résidu
gazeux avec la pipette à gaz mobile ([3]); on le prive de vapeur

---

([1]) *Annales de Chimie et de Physique,* 4ᵉ série, t. IX, p. 440; 1868. —
Tome III du présent Ouvrage, Livre V, Chapitre II.

([2]) Je rappellerai que l'absorption de la vapeur de benzine par le brome n'est
pas instantanée, et que celle de l'acétylène n'est pas toujours immédiate (*voir*
Tome I, p. 329). — *Le triméthylène, isomère du propylène, est également absorbé
très lentement. — On examinera le cas qui le concerne dans le présent Volume.

([3]) Sur cette pipette, voir *Annales de Chimie et de Physique,* 4ᵉ série, t. XIII,
p. 137; 1868.

chlorhydrique et d'eau par la potasse solide, et on le mesure de nouveau : on a ainsi le volume de l'oxyde de carbone.

5° On analyse le résidu par combustion : ce qui donne le rapport des deux éléments, dans un mélange d'*hydrogène* et de *carbures forméniques*, $C^n H^{2n+2}$.

Si l'on se proposait de distinguer les uns des autres les carbures $C^n H^{2n+2}$, il faudrait recourir à l'emploi méthodique des dissolvants, suivant les règles que j'ai tracées ailleurs ([1]). Mais ce procédé n'est applicable qu'aux gaz très riches en carbures forméniques et dont on possède une grande quantité.

Une remarque essentielle trouve ici sa place. Le mélange gazeux peut renfermer les vapeurs de divers carbures $C^n H^{2n+2}$, $C^n H^{2n}$, benzine, etc ; mais *il ne doit pas être saturé* par aucune d'elles, *ni susceptible de le devenir,* après la diminution de volume produite par un réactif absorbant. Autrement l'action des absorbants déterminerait la condensation partielle de la vapeur hydrocarbonée ; ce qui troublerait les résultats.

Cette condition, indispensable pour la rectitude des analyses, peut être vérifiée après coup, si l'on connaît la tension maximum de la benzine et des autres vapeurs (constatées par l'analyse), à la température des expériences. Elle sera remplie, en général, quand le gaz analysé aura été soumis à une compression préalable, ou bien à un refroidissement ; ou bien encore, lorsqu'il aura subi pendant quelque temps l'action des goudrons ou autres liquides peu volatils, capables de diminuer la tension des hydrocarbures très volatils : toutes conditions dont certaines sont réalisées d'ordinaire dans la préparation industrielle des gaz pyrogénés.

([1]) *Ann. de Chim. et de Phys.*, 4ᵉ série, t. XX, p. 418. — *Voir* aussi le Tome III du présent Ouvrage.

CHAPITRE XXIX.

SUR LA BENZINE CONTENUE DANS LE GAZ D'ÉCLAIRAGE ET SUR L'ANALYSE DE CE PRODUIT ([1]).

1. Le pouvoir éclairant du gaz parisien employé jusqu'en 1877 était dû, en majeure partie, à la présence de la vapeur de benzine, les autres carbures condensés s'y trouvant en proportion beaucoup plus faible : tel est le résultat auquel je suis arrivé, dans des recherches présentées en 1876 à l'Académie ([2]). Cette conclusion était contraire à une opinion jusque-là très accréditée, d'après laquelle on calculait la composition du gaz d'éclairage en y admettant une proportion considérable d'éthylène. Dès 1854, lors de mes recherches sur la synthèse de l'alcool, j'avais déjà montré que la proportion ainsi évaluée était fort exagérée. La dose de la vapeur de benzine dans le gaz d'éclairage varie d'ailleurs suivant les conditions industrielles de la distillation de la houille, ainsi qu'on pouvait l'induire aisément de mes recherches sur les carbures pyrogénés et sur les lois de leur formation. La dose de benzine change en outre avec la température à laquelle les gaz ont été soumis dans les récipients et avec la nature des goudrons et autres produits formés simultanément, tels qu'on les observe à la pression normale. Ces résultats, je le répète, ont tout d'abord surpris les chimistes, accoutumés à calculer la composition du gaz d'éclairage d'après un système hypothétique d'équations eudiométriques, où la vapeur de benzine n'intervenait pas. Toutefois, la présence de doses considérables de benzine ayant été établie par des expériences directes de condensation à très basse température, mon opinion sur le rôle éclairant de sa vapeur est demeurée acquise, ainsi qu'il résulte, entre autres, d'un rapport officiel relatif à la Compagnie parisienne, par M. Le Chatelier.

([1]) *Annales de Chimie et de Physique*, 5ᵉ série, t. XII, p. 289; 1877.
([2]) *Annales de Chimie et de Physique*, 5ᵉ série, t. X, p. 169.

J'ajouterai que ces conclusions ne sont applicables en toute rigueur que pour un gaz d'éclairage préparé avec des houilles à benzine et sous l'influence d'une température rouge, très élevée et longtemps prolongée : dernières conditions qui tendent à ramener tous les mélanges de carbures d'hydrogène à certains états d'équilibre, déterminés par leurs actions réciproques. Les gaz tirés des boghead, des schistes, des résines, ou du cannel-coal, par une simple distillation opérée vers le rouge sombre, ont une composition différente; tant en raison de la richesse plus grande en hydrogène des matières premières, que de la dissociation moins avancée des carbures pyrogénés.

Il m'a paru utile de contrôler mes premiers résultats par de nouvelles analyses.

2. C'est au moyen de l'acide nitrique fumant que je suis parvenu à démontrer l'existence prépondérante de la benzine dans le gaz d'éclairage, soit 3 centièmes environ en volume dans les échantillons que j'ai étudiés. L'emploi qualitatif de ce réactif est déjà décisif; car il produit de la nitrobenzine, composé très caractéristique.

8 à 10 centimètres cubes de gaz d'éclairage suffisent à la rigueur pour préparer l'aniline et son dérivé bleu, comme je l'ai vérifié.

L'emploi quantitatif de l'acide nitrique fumant est plus délicat. En effet, cet agent est susceptible d'attaquer peu à peu non seulement la benzine, mais aussi la plupart des autres carbures d'hydrogène, avec formation d'acide oxalique et d'autres substances, signalés par divers observateurs. Ce qui en rend cependant l'emploi possible et légitime dans l'analyse actuelle, c'est cette double circonstance : d'une part que les carbures les plus altérables (propylène, allylène, etc.) n'existent qu'à l'état de traces dans le gaz parisien; et, d'autre part, que l'éthylène (qui n'y est guère plus abondant d'ailleurs) n'est pas attaqué d'une manière sensible par l'acide nitrique fumant, dans les conditions de courte durée (au plus une demi-minute), de basse température et de dilution aqueuse progressive (^{1}) où j'opère, et où la benzine est au contraire absorbée. En raison de ces faits, on peut analyser le gaz d'éclairage à $\frac{1}{200}$ près, par les procédés rappelés ici.

Il en serait autrement si on laissait à l'acide le temps de réagir en opérant, sans en diminuer la concentration, pendant sept, dix

---

(^{1}) En raison de l'eau qui mouille les parois du flacon.

ou vingt minutes, au lieu de la demi-minute que j'ai prescrite. *A fortiori* aurait-on à redouter l'action oxydante, avec un acide chargé d'acide nitreux; indépendamment du dégagement de bioxyde d'azote que ce dernier pourrait produire, lorsqu'on l'étend d'eau, avant d'opérer sur la masse finale. Cependant, en observant avec soin les précautions décrites à la page 266, et surtout en n'exagérant pas la durée du contact, on obtient des résultats suffisamment corrects. C'est ce que démontrent les données numériques qui suivent, lesquelles établissent, — pour le gaz soumis à mon analyse —, que la portion de ce gaz absorbée par l'acide nitrique fumant renfermait le carbone et l'hydrogène dans les mêmes proportions et rapports de condensation que la benzine. Rappelons d'ailleurs que les analyses eudiométriques de semblables gaz hydrocarbonés sont fort délicates : il convient d'y observer strictement les conditions et vérifications exigées.

J'ajouterai seulement que la pratique prolongée de ces analyses m'a conduit à préférer, pour le transvasement des gaz traités par l'acide nitrique, l'artifice qui consiste à ouvrir sous un large entonnoir le flacon renfermant ces gaz.

3. J'ai contrôlé ces résultats en brûlant les gaz dans l'eudiomètre, avant et après l'action de l'acide nitrique. Voici quelques-unes des vérifications :

(I). Hydrogène $= 89^{vol},5$; oxygène $= 60^{vol},5$.

On fait détoner : diminution totale $= 134^{vol},0$; ce qui répond à

$$H = 89,3; \qquad Az = 0,2.$$

(II). $H = 134^{vol},5$; on y ajoute quelques gouttes de benzine pure; ce qui porte le volume à $143,0$. On sépare par transvasement le gaz de l'excès de liquide, et l'on y ajoute de l'hydrogène, jusqu'à porter le volume total à $212^{vol},5$; ce qui fait en centièmes :

$$H = 95,8; \qquad C^6H^6 = 4,0; \qquad Az = 0,2.$$

(III). On brûle ce mélange dans l'eudiomètre. L'analyse indique :

$$H = 95,7; \qquad C^6H^6 = 4,1; \qquad Az = 0,2.$$

(IV). Ce mélange est introduit, sur l'eau, dans un petit flacon, qu'il remplit complètement et qui en renferme $13^{cc},85$. On le traite par 1 centimètre cube d'acide nitrique fumant (densité $= 1,46$) ([1]), en observant les précautions décrites plus haut. Au bout d'une demi-minute d'agitation, on transvase le gaz dans un tube gradué, et on le traite par la potasse. Il reste $13^{cc},3$. Ce qui fait pour 100 volumes :

C^6H^6 absorbée $= 4,0$ (gaz humide), ou $4,1$ (gaz sec).

(V). Comme contrôle, ce résidu a été transporté sur le mercure et brûlé dans l'eudiomètre. On a obtenu

$$H = 99,0; \qquad C^6H^6 \text{ ou } C^6H^5AzO^2 = 0,2; \qquad Az = 0,8$$

(ce dernier introduit en partie pendant les opérations).

Les résultats pourraient aussi être interprétés, sans erreur bien sensible, en admettant $1,2$ d'oxyde de carbone, formé dans la réaction. En somme, l'acide a absorbé en totalité, ou sensiblement, la benzine, sans agir sur l'hydrogène.

(VI). On mélange l'hydrogène et l'éthylène, dans les rapports

$$H = 93,8; \qquad C^2H^4 = 6,0; \qquad Az = 0,2.$$

(VII). On traite $138^{vol},5$ de ce mélange par l'acide nitrique -fumant. Le volume se réduit à $138,0$; on transporte ce résidu sur le mercure et on le brûle dans l'eudiomètre, ce qui fournit

$$H = 93,6; \qquad C^2H^4 = 5,9; \qquad Az = 0,5.$$

L'éthylène n'a donc été absorbé que dans une proportion négligeable.

(VIII). On traite $138^{vol},5$ d'éthylène pur par l'acide nitrique fumant, dans les mêmes conditions. Dans deux essais, on a trouvé le volume réduit à 132 et 131, c'est-à-dire une absorption de 5 centièmes, soit les deux tiers environ du volume de l'acide nitrique employé, soit encore un vingtième du volume total de l'éthylène. Cette faible absorption est-elle due à une action dissolvante proprement dite, ou à un commencement d'attaque? C'est ce que je ne saurais décider. En tout cas, on est autorisé à admettre, d'après les essais (VII) et (VIII), que la réaction lente produite par l'acide, dans les conditions désignées, est à peu près proportionnelle à la richesse des mélanges gazeux en éthylène, surtout quand cette

---

([1]) L'acide pesant $1,36$ n'absorbe pas nettement la benzine dans ces conditions, vers la température de 10 à 12 degrés. L'acide fumant employé ne doit renfermer que des proportions d'acide nitreux nulles ou très faibles.

richesse est minime; c'est-à-dire que le procédé est applicable sans erreur sensible à un mélange renfermant seulement quelques centièmes d'éthylène.

(IX). Pour achever de le démontrer, on a préparé le mélange

$$H = 91,3; \qquad C^2H^4 = 5,1; \qquad C^6H^6 = 3,4; \qquad Az = 0,2.$$

(X). $138^{vol},5$ de ce mélange ont été traités par l'acide nitrique fumant; le volume final a été réduit à $133,5$; soit

$$C^6H^6 \text{ absorbée} = 3,6 \text{ centièmes.}$$

(XI). On a transporté ce résidu sur le mercure et on l'a fait détoner. L'analyse a donné

$$H = 94,1; \qquad C^2H^4 = 5,4; \qquad Az = 0,5,$$

au lieu de

$$H = 94,5; \qquad C^2H^4 = 5,3; \qquad Az = 0,3.$$

(XII). L'action du brome sur l'eau a fourni

$$C^2H^4 \text{ absorbé} = 5,5;$$

ce qui concorde.

(XIII). On a fait encore quelques essais sur le propylène et sur l'acétylène. Ces gaz, pris dans l'état de pureté, sont trop solubles dans l'eau pour permettre des mesures exactes. Ils sont aussi plus altérables que l'éthylène par l'acide nitrique fumant. Cependant, quand ils existent dans un mélange à la dose de quelques millièmes seulement, on les retrouve presque intacts après un traitement par l'acide nitrique fumant, dans les conditions où j'opère. C'est ce qu'il est facile de vérifier, par exemple, pour l'acétylène contenu dans le gaz d'éclairage.

4. Avant d'appliquer ces résultats à l'analyse du gaz d'éclairage, je crois nécessaire de dire quelques mots de la réaction de l'acide sulfurique sur la vapeur de benzine. J'avais pensé d'abord que la vapeur de benzine n'était pas attaquée par l'acide sulfurique concentré, trompé par ces deux observations, à savoir : que la réaction des deux corps à froid ne donne pas lieu, pendant un temps très court, à une proportion sensible d'acide benzino-sulfurique; et, d'autre part, que les gaz renfermant de la benzine, après avoir été agités avec l'acide sulfurique pendant un temps très long, retiennent encore une dose appréciable de cette vapeur. Quelques remarques m'ayant été adressées à cet égard, j'ai reconnu en effet que la vapeur de la benzine, contenue dans un autre gaz, est absorbée

peu à peu par l'acide sulfurique monohydraté. Au bout de dix minutes, l'absorption est très sensible; quoique, après une heure et demie d'agitation, il reste encore près d'un demi-centième de benzine (en volume). Ce réactif ne saurait donc être employé dans des expériences précises, pour séparer la vapeur de benzine des autres carbures gazeux.

5. J'ai fait divers essais pour y substituer un acide plus dilué. Les acides SO^4H^2 et $SO^4H^2 + \frac{1}{4}H^2O$ absorbent l'un et l'autre la vapeur de benzine, et le gaz éthylène également, sous l'influence d'une très longue agitation.

Mais cette absorption n'a plus lieu, même au bout de quarante-huit minutes d'agitation violente, si l'on opère avec l'acide hydraté

$$SO^4H^2 + H^2O \ (\text{densité} = 1,781\text{-}14°),$$

ainsi qu'il résulte des chiffres que voici :

(XIV). L'hydrogène mêlé de benzine, dont j'ai donné plus haut l'analyse (III), a été agité pendant quarante-huit minutes avec l'acide bihydraté $SO^4H^2 + H^2O$, puis brûlé dans l'eudiomètre; il a fourni

$$H = 95,7; \qquad C^6H^6 = 4,0; \qquad Az = 0,3;$$

ce qui est sensiblement la composition primitive.

L'éthylène résiste également dans les mêmes conditions; 2 ou 3 centièmes seulement du gaz pur se trouvant absorbés.

Au contraire, le propylène est absorbé complètement par le même acide $SO^4H^2 + H^2O$, au bout de trois minutes d'agitation énergique.

L'acétylène l'est aussi, mais au bout de vingt-cinq minutes seulement.

Un acide plus étendu, tel que $SO^4H^2 + 2H^2O$, absorbe lentement le propylène, plus lentement encore l'acétylène; tandis qu'il agit immédiatement sur la vapeur d'éther ordinaire.

On voit par là que l'acide hydraté $SO^4H^2 + H^2O$ peut être employé à la rigueur pour séparer le propylène et les carbures analogues, lorsqu'ils sont mêlés avec l'éthylène et la vapeur de benzine. Au contraire, la séparation des deux derniers carbures l'un de l'autre réclame l'emploi de l'acide nitrique fumant.

6. En raison de ces observations la marche analytique proposée plus haut n'est applicable que pour les gaz exempts de vapeur de benzine.

Mais on peut opérer l'analyse par une voie analogue, en remplaçant au début l'acide sulfurique bouilli par l'acide hydraté précédent, $SO^4H^2 + H^2O$. A cet effet :

1° Le mélange gazeux (préparé pour l'analyse comme il est dit page 283) est traité sur le mercure par un vingtième de son volume d'acide sulfurique *hydraté;* lequel absorbe, après deux ou trois minutes d'agitation, le *propylène* et les *carbures analogues* plus condensés; et, après vingt-cinq minutes d'agitation, l'*acétylène;* sans agir notablement sur l'éthylène, ni sur la vapeur de benzine.

2° On reprend le résidu et on le traite par l'acide nitrique fumant, avec les précautions prescrites : ce qui absorbe la vapeur de *benzine* et des carbures analogues, sans agir notablement sur l'éthylène.

3° On reprend le gaz résidu, on le transporte sur le mercure, on le dessèche (par le chlorure de calcium fondu, ou l'hydrate de potasse), et on le traite cette fois par l'acide sulfurique bouilli, en agitant le mélange dans un flacon pendant trois quarts d'heure : ce qui absorbe l'*éthylène.*

On pourrait également traiter ce gaz résidu sur l'eau par le brome.

4° Vient alors l'emploi du chlorure cuivreux pour absorber l'*oxyde de carbone.*

Les contrôles de ces divers absorbants peuvent être tirés spécialement de l'analyse par combustion, avant et après l'action de chaque dissolvant. Fournissons une nouvelle application de cette méthode de contrôle.

7. Dans ce but, je vais établir que la portion du gaz d'éclairage parisien absorbable par l'acide nitrique fumant offre une composition voisine de celle de la benzine. On parvient à cette démonstration en suivant la méthode générale que j'ai proposée en 1857, laquelle consiste à comparer les équations eudiométriques avant et après l'action d'un dissolvant ([1]).

Voici les résultats observés :

		vol
(XV).	Gaz d'éclairage parisien, recueilli vers 2 heures de l'après-midi, et lavé à la potasse................	100,0
	Après combustion par l'oxygène, acide carbonique.	57,5
	Diminution totale du volume.....................	216,0

([1]) *Annales de Chimie et de Physique,* 3ᵉ série, t. LI, p. 62; 1857. — Le présent Ouvrage, t. I, p. 204 et *passim.*

(XVI). Le même gaz cède à l'acide nitrique fumant (benzine supposée)... 2,9

(XVII). Le résidu..................................... 97,1
Après combustion dans l'eudiomètre, acide carbo-
nique... 41,8
Diminution totale.................................... 190,0

D'où il suit que le gaz absorbé par l'acide nitrique,
soit... 2,9
A fourni : acide carbonique 57,5 — 41,8.......... 15,7
La diminution totale correspondante étant
216,0 — 190,0.............. 26,0

Les rapports entre le volume du gaz absorbé par l'acide nitrique,
le volume de l'acide carbonique correspondant et la diminution
totale, sont 1 : 5,4 : 8,9.

Tandis que l'équation

$$C^6H^6 + O^{15} = 6CO^2 + 3H^2O$$

indique les rapports 1 : 6 : 8,5.

La concordance, sans être absolue, est aussi approchée qu'on
peut l'espérer dans des essais de cette nature.

8. Les données quantitatives et qualitatives s'accordent donc
pour faire regarder la portion éclairante du gaz parisien, dans
les échantillons que j'ai analysés, comme constituée, en majeure partie, par la vapeur de benzine. Observons d'ailleurs
qu'une dose d'éthylène, équivalente en carbone, soit 9 centièmes, ne produirait pas un effet lumineux équivalent, le pouvoir éclairant d'une flamme paraissant dû, non seulement au
rapport numérique du carbone à l'hydrogène, seul invoqué dans
l'ancienne théorie de Davy, mais aussi à la condensation de ces
éléments contenus dans l'unité de volume, donnée que M. Frank-
land fait intervenir avec raison. La nature même des substances
combustibles joue un rôle important, attendu que les combinaisons
très stables et capables de subsister quelques instants, même aux
plus hautes températures développées dans l'intérieur de la flamme,
telles que la benzine, interviennent d'une manière spéciale dans
la composition de la lumière émise pendant la combustion.

*Enfin, la température de la flamme, laquelle dépend de la chaleur de formation du gaz hydrocarboné, joue un rôle très important, et longtemps méconnu, dans les propriétés éclairantes, comme le montrent les propriétés lumineuses exceptionnelles de l'acétylène découvertes dans ces derniers temps.

CHAPITRE XXX.

SUR L'EMPLOI DU BROME DANS L'ANALYSE DES GAZ (¹).

Voici quelques nouveaux détails relatifs à l'emploi du brome
dans l'analyse quantitative des gaz pyrogénés. A l'origine (*Annales
de Chimie et de Physique,* 3ᵉ série, t. LI, p. 67; 1857), j'employais
un petit flacon bouché à l'émeri, rempli avec le gaz à analyser, ce
dernier étant mesuré à l'avance et privé d'acide carbonique ; dans
ce flacon j'introduisais sous l'eau le brome contenu dans un très
petit tube. On ferme le flacon, on agite, puis on débouche pour
laisser rentrer l'eau ; on absorbe la vapeur de brome par la potasse ;
puis on transvase le résidu dans un tube gradué et on le mesure
de nouveau.

Depuis une dizaine d'années, j'ai modifié ce mode de procéder,
de façon à supprimer le transvasement et les variations brusques
de pression, susceptibles de déterminer le dégagement rapide des
gaz dissous dans l'eau.

J'opère maintenant de la façon suivante (*fig.* 21) :

1° Je prends un tube gradué, T, de 15 à 20 centimètres cubes,
divisé en dixièmes de centimètre cube. Je prépare un bouchon
de liège, susceptible de fermer exactement le tube gradué ; je perce
ce bouchon *b,* suivant son axe, et j'y adapte un fragment de tube
capillaire, *c,* suffisamment épais, rasé au niveau du bouchon, dans
la portion extérieure au tube gradué, mais dépassant de quelques
millimètres la portion du bouchon intérieure audit tube gradué.

2° Cela fait, on mesure sur l'eau le gaz contenu dans le tube gradué, en ayant soin de ne pas remplir ce dernier au delà des deux
tiers de sa capacité ; afin d'éviter que l'accroissement ultérieur de
volume, dû à la tension de la vapeur du brome, puisse déterminer quelque perte.

(¹) *Annales de Chimie et de Physique,* 5ᵉ série, t. XII, p. 297; 1877.

3° On remplit d'autre part un petit tube fermé par un bout, *t*, avec du brome ; ce tube jauge un tiers à un demi-centimètre cube. Pour prévenir l'action irritante du brome sur les yeux et les fosses nasales de l'opérateur, on a versé d'avance, et en dehors du laboratoire, 5 à 6 centimètres cubes de ce liquide dans un

Fig. 21.

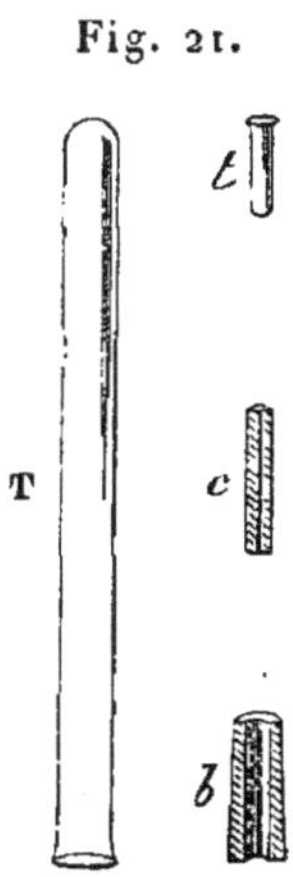

petit verre à pied renfermant de l'eau, de façon à placer le brome sous une couche d'eau, qui en prévient l'évaporation au contact de l'air. Ce verre est ensuite immergé dans une grande terrine, pleine d'eau et destinée à servir de cuve à gaz pour toutes les manipulations. On remplit d'eau le petit tube *t*, et on le plonge de la main gauche sous l'eau de la cuve, son orifice étant tenu en haut ; tandis que de la main droite on tient le verre à brome, enfoncé sous l'eau de la terrine. On appuie le bec du verre sur l'orifice du petit tube ; on verse ainsi le brome dans le petit tube, sous une couche d'eau, et sans être exposé à ses vapeurs. On remplit le petit tube à moitié environ de brome, on dépose le petit verre au fond de la terrine, et l'on reprend le tube à brome de la main droite.

4° Le tube gradué, T, sans son bouchon, mais renfermant déjà le gaz à analyser, est saisi de la main gauche. Ce tube gradué tenu verticalement, on y glisse de la main gauche le petit tube à brome, *t*, que l'on soutient avec l'index de la même main. Pendant ce temps, le bouchon de liège, *b*, muni de son tube capillaire *c*, flotte sur l'eau de la terrine ; on le saisit à son tour de la main droite. on vérifie si le tube capillaire, *c*, est bien exactement rempli d'eau, puis on glisse le bouchon sous le tube gradué, de façon à le substituer à l'index qui soutenait le tube à brome ; on enfonce enfin et l'on fixe solidement ce bouchon.

5° Il ne reste plus qu'à incliner le tube gradué et à l'agiter doucement, de façon à mettre le brome en contact avec le gaz. La vapeur bromée se mêle au gaz et la réaction a lieu.

Pendant toutes ces manipulations, l'index de la main droite est placé sur l'orifice du tube capillaire qui traverse le bouchon (*fig.* 22).

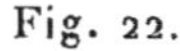

Fig. 22.

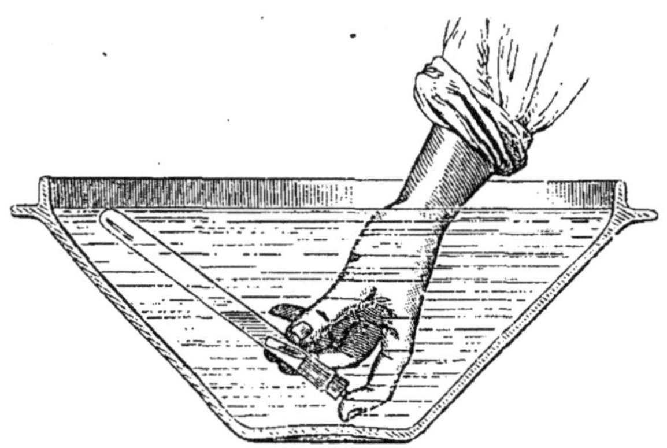

On cesse de temps à autre l'agitation et l'on débouche le tube capillaire, en abaissant le doigt, afin de permettre à l'eau soit de rentrer dans le tube gradué, dans le cas où il y a diminution de pression du gaz par suite de l'absorption: soit d'en sortir, dans le cas où la tension de la vapeur de brome détermine un accroissement de volume supérieur à l'absorption.

6° Au bout de deux ou trois minutes, le gaz étant rempli de vapeur de brome, on débouche le tube gradué, en en plaçant l'orifice au-dessus d'un petit verre à pied placé sous l'eau de la terrine; de façon à recueillir le brome liquide excédant et le petit tube qui le contenait précédemment. On glisse ensuite dans le tube gradué une pastille de potasse; on replace soit le bouchon, soit le doigt, de façon à boucher le tube gradué, et l'on agite jusqu'à disparition de la vapeur de brome.

7° Il ne reste plus qu'à mesurer le gaz résidu.

Les conditions de cette manipulation, que j'ai cru utile de décrire avec quelque minutie, sont faciles à réaliser. Sans empêcher absolument les échanges gazeux entre l'atmosphère du tube et l'eau, ils les restreignent autant que possible, attendu que le volume d'eau en contact avec le gaz est minime et la variation de pression faible et graduelle. Dès lors les dégagements des gaz dissous n'ont pas lieu avec ébullition, comme dans le cas où la pression change brusquement dans un espace absolument clos. Mais les échanges ont lieu seulement par diffusion, au contact du liquide et du gaz superposé. Enfin les proportions relatives des volumes liquides et gazeux sont telles que ces échanges ne sauraient introduire dans le gaz analysé plus d'un demi-centième d'air au maximum, et cela en dissolvant un volume des autres gaz à peu près équivalent : compensation qui n'altère pas sensiblement le rapport entre le volume absorbé par le brome et le volume total ([1]). Elle le modifie d'autant moins que les échanges gazeux par diffusion sont assez lents, et que le caractère modéré des agitations, ainsi que la courte durée des contacts, ne permettent pas d'atteindre leur limite.

Quoi qu'il en soit de cette cause d'erreur, inhérente à l'emploi des dissolvants, l'usage de ceux-ci donne toujours des résultats plus assurés qualitativement, et même quantitativement, que la combinaison de trois systèmes d'équations eudiométriques, calculées *a priori* dans l'hypothèse de l'existence de certains gaz, dont la nature qualitative elle-même est incertaine. Ce n'est pas que les analyses par combustion doivent être écartées, à mon avis : loin de là. Mais

---

([1]) Voici, pour préciser les idées, quelques exemples relatifs au calcul rigoureux de ces échanges, supposés poussés jusqu'à leur limite :

Soient 102^{div} de gaz renfermant

$$\text{Éthylène} = 2,0; \quad CH^4 = 33,3; \quad CO = 33,3; \quad H^2 = 33,3,$$

la capacité du tube gradué étant 150. Après l'absorption par le brome, l'éthylène aura disparu, et le tube renfermera à peu près 100^{div} de gaz et 50^{div} d'eau. Or celle-ci contenait, à 14 degrés, $0^{\text{div}},90$ d'air dissous, dont les deux tiers, soit $0^{\text{div}},60$, se seront dégagés dans le gaz. Mais celui-ci a cédé d'autre part à l'eau, d'après les cofficients de solubilité de M. Bunsen : $0^{\text{div}},04$ de gaz des marais, $0^{\text{div}},21$ d'hydrogène, $0^{\text{div}},27$ d'oxyde de carbone ; en tout $0^{\text{div}},52$. Le gaz a donc gagné, pour 100^{div} : $0^{\text{div}},60$ d'air et perdu $0^{\text{div}},52$ de gaz combustible : ce qui fait compensation approchée. On voit encore que le volume de l'air introduit ne surpasse guère un demi-centième.

Soient encore 100^{div} de gaz renfermant

$$\text{Éthylène} = 50; \quad CH^4 = 16,7; \quad CO = 16, \quad H^2 = 16,6.$$

Après l'absorption, le tube renfermera à peu près 50^{div} de gaz et 100^{div} d'eau. Celle-ci aura cédé au gaz $0^{\text{div}},60$ d'air et lui aura emprunté $0^{\text{div}},52$, précisément comme précédemment; l'air introduit n'étant qu'un demi-centième du gaz primitif, etc.

elles ne prennent leur véritable signification que si on les combine
avec la méthode des dissolvants, comme je le montre dans le
présent Chapitre et comme j'ai proposé de le faire il y a trente
ans (1), même depuis 1857.

---

(1) *Voir* aussi *Ann. de Chim. et de Phys.*, 4° série, t. XX, p. 418; 1870. — Le
Tome I du présent Ouvrage, *passim*.

CHAPITRE XXXI.

SUR LES COMBINAISONS DE L'ACIDE PICRIQUE AVEC LES CARBURES D'HYDROGÈNE, ET SUR LEUR EMPLOI DANS L'ANALYSE ([1]).

On sait que M. Fritzsche a découvert l'existence de composés particuliers, formés par l'union de l'acide picrique avec divers carbures d'hydrogène. Dans le cours de mes recherches sur les actions réciproques des carbures d'hydrogène, j'ai fait un grand usage de ces composés, en tant que moyens de reconnaissance et de séparation; c'est pourquoi, comme suite à la publication de ces recherches, je crois utile de donner avec détail mes observations sur les propriétés de ces combinaisons, sur leur mode de formation et sur les conditions, parfois très délicates, dans lesquelles je me suis placé pour rendre cette formation spécifique, et les essais d'analyse comparables entre eux.

Afin d'éviter toute confusion dans l'exposition de faits nombreux et minutieux, je partagerai ce Chapitre en quatre parties, savoir :

1° Description des procédés que j'ai employés pour préparer les composés d'acide picrique et de carbures ;

2° Caractères de ces composés ;

3° Marche suivie dans la reconnaissance des carbures d'hydrogène ;

4° Séparation des carbures au moyen de l'acide picrique.

Dans le cours de ces descriptions, et pour les compléter, je signalerai également quelques résultats fournis par un nouveau réactif très remarquable, que M. Fritzsche a obtenu au moyen de l'anthracène, l'oxanthracène binitré, dont il a bien voulu m'enseigner l'emploi et me communiquer un échantillon ([2]).

([1]) *Annales de Chimie et de Physique,* 4ᵉ série, t. XII, p. 173; 1867.

([2]) *Bulletin de l'Académie impériale des Sciences de Saint-Pétersbourg,* t. VII, 12 mars 1867. — *Comptes rendus de l'Académie des Sciences de Paris,* t. LXIV, p. 1035; 1867.

I. — Préparation des composés formés d'acide picrique
et d'hydrocarbures.

Ces composés peuvent être obtenus soit par réaction directe et sans intermédiaires, ou bien avec le concours de divers dissolvants. Dans l'intention de rendre tous les résultats comparables, je me suis restreint à l'emploi des solutions alcooliques et à l'étude des combinaisons qui se précipitent au sein de ce menstrue. J'ai même limité encore davantage le procédé, afin de lui donner plus de précision, et je me suis assujetti, dans la plupart des cas, à mettre en œuvre la *dissolution d'acide picrique dans l'alcool ordinaire, saturée vers la température de* 20 *à* 3o *degrés.*

La condition principale qui règle l'emploi de ce réactif est la suivante : il faut que la combinaison cherchée se sépare au sein d'une liqueur, primitivement saturée de ces deux corps : acide picrique et carbure, et qui finalement demeure à la fois saturée par leur combinaison, et presque saturée par l'acide picrique.

On observera d'ailleurs que les composés d'acide picrique et de carbure sont des corps peu stables, susceptibles d'être dédoublés par l'emploi d'un excès de dissolvant. C'est cette circonstance qui s'oppose à l'emploi d'une solution d'acide picrique saturée à trop basse température. Si l'on opère vers zéro, et même vers 1o degrés, l'alcool trop prédominant empêche, en tout ou en partie, la formation de la combinaison.

Au contraire, les solutions alcooliques saturées d'acide picrique à une haute température, à l'ébullition par exemple, offrent l'inconvénient de déposer des cristaux d'acide picrique par refroidissement, ce qui trouble les résultats.

J'ai fait agir les solutions alcooliques d'acide picrique sur les carbures dans cinq conditions différentes, et dont chacune est caractéristique pour certains corps.

1° On dissout séparément le carbure dans l'alcool ordinaire, ou absolu, de façon à obtenir une *solution alcoolique du carbure saturée à froid* (soit par agitation ou par refroidissement), on filtre et l'on mélange cette solution avec la solution picrique.

En opérant avec la *naphtaline* il se forme immédiatement, ou par l'agitation à l'aide d'une baguette, un précipité caractéristique, cristallisé en belles aiguilles jaunes.

L'*acénaphtène,* autre carbure cristallisé contenu dans le goudron de houille, lorsqu'on le dissout à saturation dans l'alcool froid et qu'on le mêle avec une solution alcoolique d'acide picrique, donne également lieu à un précipité, sous la forme d'aiguilles rouge orangé, analogues à celles du picrate de naphtaline, mais bien plus foncées.

Les carbures précédents sont, à ma connaissance, les seuls qui précipitent immédiatement l'acide picrique, dans les conditions précises que je viens de définir. Parmi les autres carbures cristallisés, ceux qui sont susceptibles de former des composés analogues avec l'acide picrique sont beaucoup moins solubles que la naphtaline dans l'alcool froid. C'est sans doute en raison de cette circonstance que leurs solutions alcooliques saturées à froid ne précipitent pas la solution d'acide picrique.

On peut cependant obtenir quelquefois sans autre précaution un précipité picrique, lorsque ces carbures sont dissous dans les liquides pyrogénés, qui les accompagnent souvent. En effet, les liquides pyrogénés, entraînant avec eux le carbure qu'ils renferment, se dissolvent souvent dans l'alcool froid beaucoup plus facilement que les carbures cristallisés eux-mêmes, pris à l'état de pureté. Dans ce cas, il faut profiter de la formation du précipité pour isoler le carbure, et étudier ensuite de nouveau la réaction du corps pur sur l'acide picrique, comme il sera dit tout à l'heure.

2° Sur le *corps cristallisé* on verse une *solution alcoolique froide* d'acide picrique.

Cette manière d'opérer donne des résultats analogues à la précédente avec les carbures très solubles dans l'alcool; mais elle est beaucoup moins convenable avec les corps peu solubles, ou presque insolubles. Ainsi M. Fritzsche distingue par ce procédé les carbures analogues à l'anthracène, lesquels ne se colorent pas sensiblement à froid et au contact de la solution alcoolique d'acide picrique, ainsi qu'un nouveau corps cristallisé, oxygéné, fusible vers 235 degrés, qu'il a réussi à en séparer : ce dernier se change immédiatement en un beau picrate rouge.

Les résultats ne sont pas tout à fait les mêmes, lorsqu'on abandonne le corps cristallisé en contact avec la solution picrique, au contact de l'air. A mesure que la solution se concentre par évaporation, on voit d'ordinaire apparaître le picrate rouge, en cristaux plus ou moins abondants. Ce phénomène est surtout prononcé avec le *fluorène,* nouveau carbure que j'ai extrait du goudron de houille.

On observe des phénomènes analogues à ceux que je viens de décrire, lorsqu'on délaye dans une goutte de la solution picrique, sous le foyer du microscope, le carbure préalablement pulvérisé.

Dans cette circonstance, si on laisse la liqueur s'évaporer spontanément et si l'on répète au besoin le traitement, on finit d'ordinaire par changer tout ou au moins partie du carbure en belles aiguilles rouges, orangées, ou jaunes, suivant les cas, lesquelles sont constituées par le picrate du carbure mis en expérience.

3° Une troisième condition consiste à *dissoudre à chaud le carbure dans l'alcool* et à *mêler la liqueur chaude avec une solution alcoolique d'acide picrique saturée à froid.* Cette manière d'opérer réussit avec la plupart des carbures. Cependant l'artifice suivant est préférable dans certains cas, comme plus général.

4° On *dissout à chaud le carbure dans une solution alcoolique d'acide picrique saturée à froid,* on fait bouillir pendant quelques instants, de façon à obtenir une solution alcoolique saturée du carbure, et on laisse refroidir : le composé picrique se dépose pendant le refroidissement, soit immédiatement, soit au bout de quelques heures.

5° Enfin on peut *dissoudre le carbure et l'acide picrique simultanément dans l'alcool bouillant,* de façon à saturer la liqueur avec les deux composés et laisser refroidir; procédé plus général encore que le précédent, mais qui fournit souvent un picrate mélangé avec des cristaux d'acide picrique, par refroidissement.

Toutefois cette dernière manière d'opérer est nécessaire avec l'anthracène, le fluorène et les carbures analogues, dont les picrates sont décomposés par un excès d'alcool.

Observons ici que l'acide picrique facilite souvent la dissolution du carbure dans l'alcool bouillant, c'est-à-dire, pour parler avec plus de précision, que le corps qui se dissout dans l'alcool chaud n'est pas le carbure même, mais son composé picrique. Aussi observe-t-on, dans les conditions décrites en dernier lieu, la formation de composés caractéristiques et fort abondants avec des carbures pour ainsi dire insolubles dans l'alcool bouillant lorsqu'ils sont isolés, tels que le benzérythrène ([1]).

Dans les conditions que je viens de définir, on peut obtenir des combinaisons picriques spécifiques avec les carbures suivants :

Naphtaline;

Acénaphtène;

Fluorène;

Rétène;

---

[1] Carbure dérivé de l'action de la chaleur sur la benzine et qui distille après le chrysène. (*Voir* le présent Volume, p. 21).

Anthracène et ses analogues ;

Triphénylène;

Benzérythrène.

Au contraire, on n'obtient de précipité ni avec le cumolène et les autres homologues de la benzine, ni avec le styrolène. Cependant les deux premiers carbures, d'après M. Fritzsche, et le dernier, d'après mes propres observations, sont susceptibles de fournir des composés picriques, lorsqu'on dissout l'acide directemment dans le carbure et que l'on abandonne le tout soit au refroidissement, soit à l'évaporation spontanée. Mais ces mêmes composés ne prennent point naissance dans une solution alcoolique. Le picrate de styrolène est même difficile à obtenir directement.

On n'observe pas davantage de combinaison picrique, en présence de l'alcool, soit avec le diphényle et les carbures de la même série, soit avec le térébenthène et ses isomères, soit avec les nombreux carbures forméniques, $C^n H^{2n+2}$, éthyléniques $C^n H^{2n}$, acétyléniques, $C^n H^{2n-2}$, que j'ai eu occasion d'examiner. Mes observations sur ce point concordent avec celles de M. Fritzsche.

La formation des composés picriques peut donc servir à distinguer et à séparer certaines classes de carbures les unes des autres. C'est ainsi que j'ai réussi à séparer le cymène véritable et l'hydrure de naphtaline contenus dans le goudron de houille — ce qui n'avait pas été fait jusqu'à présent, — et à les purifier de l'excès de naphtaline, avec lequel le cymène et l'hydrure de naphtaline se trouvent constamment mélangés.

D'après M. Fritzsche, les composés picriques peuvent, en outre, devenir le point de départ de nouvelles observations. A cet effet ces composés, une fois isolés, doivent être mis en contact avec un réactif découvert par ce savant (oxanthracène binitré), réactif qui dédouble un certain nombre d'entre eux, en donnant lieu à de nouvelles combinaisons, dont la cristallisation et la couleur sont caractéristiques.

II. — Caractères des composés d'acide picrique et d'hydrocarbures.

Entrons maintenant dans quelques développements sur les caractères des composés formés par l'acide picrique et les carbures, dans les conditions signalées ci-dessus.

1. *Naphtaline,* $C^{10}H^8$. — Le picrate de naphtaline se présente en belles aiguilles jaunes constellées, déjà visibles à l'œil nu, mais

mieux encore au microscope. Elles offrent alors l'aspect de longs prismes d'un jaune de soufre, qui traversent tout le champ du microscope.

Ces aiguilles, traitées par un excès d'alcool, se dissolvent rapidement en se décomposant. Leur formation permet de distinguer immédiatement la naphtaline du diphényle.

La naphtaline ne forme pas de combinaisons avec le réactif anthracéno-nitré.

2. *Diphényle*, $C^{12}H^{10}$· — Le diphényle ne fournit point de précipité avec une solution alcoolique d'acide picrique.

Au contraire, j'ai observé que la solution du diphényle dans la benzine, évaporée avec l'oxanthracène binitré, dépose de jolies lamelles jaune citron et rectangulaires.

Les caractères précédents sont d'autant plus utiles que les apparences du diphényle et de la naphtaline sont tout à fait les mêmes, soit que l'on sublime l'un ou l'autre de ces carbures, soit qu'on les obtienne par l'évaporation spontanée de leurs dissolutions. Dans un cas comme dans l'autre, le carbure se présente sous l'aspect de belles lames rhomboïdales, transparentes, coupées par des troncatures qui leur donnent l'apparence d'hexagones irréguliers.

A l'aide de ces divers caractères, j'ai constaté (1867) que le carbure cristallisé qui se forme en même temps que la benzine, dans la distillation sèche des benzoates, et qui avait été confondu autrefois avec la naphtaline, n'est autre que du diphényle.

3. *Rétène,* $C^{18}H^{18}$. — Le picrate de rétène se présente sous la forme de belles aiguilles, semblables de forme à la combinaison naphtalique. Leur aspect est le même soit à l'œil nu, soit sous le microscope; mais le picrate de rétène présente une teinte orangée notablement plus foncée que le picrate de naphtaline. D'ailleurs, le picrate de rétène ne prend pas naissance aussitôt, par l'emploi de la solution alcoolique du carbure saturée à froid; contrairement à ce que l'on observe avec la naphtaline et l'acénaphtène.

Le réactif anthracéno-nitré constitue avec le rétène de fines et belles aiguilles jaunes.

L'aspect du rétène pur et sa cristallisation, obtenue par l'évaporation des dissolvants, sont très analogues aux mêmes propriétés de la naphtaline et du diphényle. Au contraire le rétène se distingue immédiatement par son point de fusion plus élevé (95 degrés), et par sa grande fixité; car il ne bout et distille que vers 400 degrés; tandis

que la naphtaline, le diphényle et l'acénaphtène distillent entre
200 et 300 degrés. Aussi les trois derniers carbures peuvent-ils être
sublimés entièrement dans une fiole, maintenue à 100 degrés pendant quelques heures; tandis que le rétène demeure fixe dans ces
conditions.

Le rétène est même plus fixe que l'anthracène.

4. *Acénaphtène,* $C^{12}H^{10}$. — Je désigne sous ce nom un nouveau
carbure, que j'ai découvert dans le goudron de houille, parmi les
produits de volatilité intermédiaires entre la naphtaline et l'anthracène. Lorsqu'il est tout à fait pur, il se distingue à première vue
de tous les autres carbures du goudron de houille; car il cristallise soit par la sublimation, soit par l'évaporation de ses dissolutions, en aiguilles longues et brillantes, absolument distinctes
de la naphtaline et du diphényle.

L'acénaphtène, dissous dans l'alcool, à la température de l'été,
précipite immédiatement la solution alcoolique d'acide picrique.
En hiver, le précipité n'est pas toujours immédiat; mais il se manifeste dans tous les cas, au bout de quelque temps, et surtout avec
le concours de l'évaporation spontanée. Cette circonstance est due
à la faible solubilité du carbure.

On obtient également le picrate d'acénaphtène lorsqu'on dissout
à chaud le carbure dans une solution alcoolique d'acide picrique
saturée à froid : la liqueur refroidie laisse déposer au bout d'un
certain temps un composé pricrique, en grosses et belles aiguilles
rouge orangé, semblables au composé que l'acide chromique
forme avec le chlorure de potassium. L'aspect du picrate d'acénaphtène, sous le microscope, est le même que celui des composés analogues, naphtalique et anthracénique; sa teinte étant
intermédiaire. Le picrate d'acénaphtène est plus foncé que le
picrate de rétène. Les grandes aiguilles prismatiques, qui constituent ce composé, se hérissent parfois d'aiguilles courtes, plus
petites, qui se joignent au prisme principal sous des angles très
aigus; ces aiguilles secondaires peuvent même se hérisser, à leur
tour, d'aiguilles encore plus petites et disposées de la même manière. Le tout constitue un système branchu et ramifié, d'un aspect
particulier.

L'oxanthracène binitré permet d'établir une différence entre
l'acénaphtène et tous les autres carbures d'hydrogène. En effet, la
solution d'acénaphtène dans le nouveau réactif se colore d'abord
d'une teinte rouge : par l'évaporation spontanée, la teinte se con-

centre dans les dernières gouttelettes, placées aux limites du liquide volatilisé; chacune de ces dernières gouttelettes finit par se prendre en une masse cristalline, formée par un mélange d'acénaphtène et de sa combinaison spécifique. La forme en est d'ailleurs bien différente, car l'acénaphtène offre l'aspect de belle et longues aiguilles incolores, aplaties, prismatiques; tandis que sa combinaison spécifique cristallise en jolies aiguilles rouges, tantôt isolées et tendant à s'élargir en lamelles allongées; tantôt groupées, filiformes et incurvées; tantôt enfin ramifiées en éventail. L'aspect de ces cristaux sous le microscope et leur mode de formation sont extrêmement caractéristiques; aucun autre corps connu ne fournit de composé semblable.

5. *Fluorène,* $C^{13}H^{10}$. — Je désigne sous ce nom un nouveau carbure lamelleux et très fluorescent, que j'ai découvert dans le goudron de houille; il fond à 113 degrés et bout vers 3o5 degrés.

Le picrate de fluorène se forme principalement en dissolvant le carbure et l'acide picrique dans un très petit volume de toluène bouillant. La liqueur se colore aussitôt en rouge, et si elle est suffisamment concentrée, elle dépose des aiguilles rouge rubis, très éclatantes. Ces aiguilles se forment également lorsqu'on abandonne à l'évaporation spontanée une solution alcoolique d'acide picrique en présence du fluorène. Elles sont fort solubles dans les dissolvants. L'emploi de l'alcool bouillant les dédouble en carbure, qui se dépose par refroidissement sous forme lamelleuse, et en acide picrique, qui demeure dissous. La solution alcoolique conserve seulement la teinte d'une solution d'acide picrique; mais le picrate ne tarde pas à apparaître sur les bords de la liqueur, par suite d'une réaction qui s'opère peu à peu entre l'acide dissous et le carbure déjà déposé, pendant le cours de l'évaporation spontanée.

Dissous dans l'oxanthracène binitré, le fluorène dépose des lamelles rhomboïdales très nettes, jaunes, avec une légère nuance brune; vues par la tranche, c'est-à-dire sous une épaisseur plus grande, ces lamelles présentent une teinte marron clair. La même teinte se manifeste aussi à l'œil nu, lorsqu'on laisse évaporer la dissolution sur une lame de verre : elle est caractéristique du fluorène.

6. *Anthracène,* $C^{14}H^{10}$. — On obtient le picrate d'anthracène en dissolvant le carbure et l'acide picrique dans le toluène bouillant, ou dans une quantité convenablement ménagée d'alcool bouillant.

La forme des aiguilles du picrate d'anthracène est la même que celle des précédentes; mais leur teinte est toute différente des picrates de naphtaline, de rétène et d'acénaphtène. En effet, le picrate d'anthracène est d'un rouge rubis, très brillant, semblable d'ailleurs au picrate de fluorène. Cette teinte se manifeste avec une grande sensibilité sur tous les points où se produit quelque évaporation, à la surface des vases renfermant le mélange d'alcool, d'acide picrique et d'anthracène: on l'aperçoit même à la pointe des baguettes qui sont trempées dans ce mélange. Le même phénomène s'observe également avec le picrate de fluorène; mais ce dernier est beaucoup plus soluble dans le toluène que le picrate d'anthracène.

Lorsqu'on écrase sans précaution le picrate d'anthracène entre les lamelles du microscope, les longues aiguilles se divisent en une multitude de tronçons prismatiques, dont l'aspect est assez spécial.

Parmi les picrates de carbures, les picrates d'anthracène et de fluorène sont peut-être ceux que l'emploi d'un excès d'alcool dédouble le plus aisément. A la solution alcoolique rouge dans laquelle se forme le picrate, il suffit d'ajouter un peu d'alcool, pour voir la liqueur se décolorer aussitôt, en conservant seulement la teinte jaune des solutions picriques. Une telle liqueur, examinée au microscope, ne fournit guère que les lamelles incolores de l'anthracène (ou du fluorène), mêlées seulement avec quelques rares aiguilles rouges de picrate.

La formation des aiguilles rouges caractérise essentiellement l'anthracène pur. Cependant elle se produit également avec divers autres carbures contenus dans l'anthracène brut du goudron de houille. En effet, l'anthracène brut n'est pas un corps homogène, mais un mélange de plusieurs principes immédiats distincts. Sans doute, la masse principale est bien de l'anthracène, mais il s'y rencontre, en outre, de l'acénaphtène, du fluorène et divers autres carbures, très analogues à l'anthracène, et sur lesquels M. Fritzsche a publié, dans ces derniers temps, de nouveaux résultats fort intéressants ([1]). Les carbures cristallisés que l'on peut extraire du goudron de houille sont donc assez nombreux; plusieurs d'entre eux représentent, selon moi, les homologues de l'anthracène, $C^{14}H^{10} + C^n H^{2n}$. La plupart se rapprochent de l'anthracène par la propriété de former des combinaisons picriques toutes

---

([1]) *Bulletin de l'Académie des Sciences de Saint-Pétersbourg,* t. VII; 1867. — *Comptes rendus,* t. LXIV, p. 1035.

pareilles. C'est donc là, en réalité, un caractère de famille, plutôt qu'un caractère spécifique.

Ici intervient, de la manière la plus fructueuse, le nouveau réactif anthracéno-nitré de M. Fritzche; il fournit avec les divers carbures des composés jaunes, rose violacé, marron, brun violacé, bleus, rouges, verts, etc., très caractéristiques. Il ne m'appartient pas d'entrer dans ces détails, que l'on trouvera signalés dans les Notes publiées par le savant russe et cités plus haut; mais je dois décrire, pour compléter mon sujet, le composé fourni par l'anthracène.

En effet, l'anthracène pur forme, avec le nouveau réactif, de belles lamelles rhomboïdales, dont la coloration sous le microscope est rose violacé. Mais cette teinte ne s'observe dans toute sa netteté qu'avec l'anthracène très pur. Lorsqu'on extrait ce carbure du goudron de houille, par la méthode de M. Anderson, il retient obstinément de petites quantités d'impuretés, qui communiquent aux lamelles une teinte bleue plus ou moins foncée. Il s'y rencontre en outre un carbure lamelleux analogue, lequel précipite le réactif sous forme de lamelles prismatiques d'un brun violacé, fort distinctes des précédentes. Enfin, si la proportion des produits étrangers est considérable, la réaction de l'anthracène est complètement masquée. J'ai décrit à la page 147 du présent Volume une méthode régulière pour obtenir l'anthracène dans un état absolu de pureté.

7. *Triphénylène,* $C^{18}H^{12}$ ou $(C^6H^4)^3$. — Je désigne sous ce nom un carbure que j'ai obtenu par l'action de la chaleur rouge sur la benzine, et que j'ai déjà signalé dans le présent Volume (p. 21); il se rencontre également, en petite quantité, dans l'anthracène brut du goudron de houille. Je crois utile de préciser ici le corps dont je signale les réactions. A cet effet, je vais décrire sa combinaison picrique, laquelle est très caractéristique et fort différente de celles du rétène, de la naphtaline, de l'acénaphtène, du fluorène et de l'anthracène.

En mélangeant les solutions alcooliques de triphénylène et d'acide picrique saturés à froid, on n'obtient pas de précipité, pas plus qu'avec l'anthracène ou le rétène. Mais si l'on dissout le triphénylène à chaud dans une solution alcoolique d'acide picrique, saturée à froid, *avec la précaution de faire bouillir pendant quelque temps,* il se produit par refroidissement un précipité jaune et d'apparence grenue. Ce précipité, examiné sous le microscope, est parfaitement

homogène, pourvu que les proportions de triphénylène et d'acide
picrique aient été exactement ménagées. Dans cette circonstance, il
se présente sous la forme de très petites aiguilles jaunes, assemblées
en forme de houppes, lesquelles n'ont rien de commun ni avec les
grandes et belles aiguilles jaunes constellées de la combinaison
naphtalique, ni avec les belles et grandes aiguilles rouges qui forment la combinaison picrique de l'anthracène. Si le refroidissement est très lent, les houppes jaunes du picrate de triphénylène
tendent à se développer en masses sphéroïdales, hérissées de
petites aiguilles.

Tel est le picrate de triphénylène, observé dans toute sa netteté.
Mais la formation de ce composé peut donner lieu à deux complications. D'une part, si la solution alcoolique bouillante renferme
du triphénylène mélangé avec son hydrure, la diphénylbenzine $C^{18}H^{14}$, ou si elle est trop pauvre en acide picrique, le précipité formé pendant le refroidissement se trouve constitué
par deux espèces de cristaux, savoir : les petites aiguilles jaunes,
assemblées en houppes, du triphénylène, et les petites lamelles
blanches et transparentes, de la diphénylbenzine, associée avec
une portion de triphénylène non-combiné. Cette complication ne
modifie pas d'ailleurs l'apparence ordinaire du picrate de triphénylène.

Il en est autrement de la présence du benzérythrène, et lorsque
ce carbure est mélangé avec le triphénylène, comme il arrive soit
vers la fin de la distillation des carbures pyrogénés de la benzine
et soit vers la fin de la distillation de l'anthracène brut du goudron
de houille. Dans ces circonstances, les houppes jaunes du picrate de
triphénylène deviennent brunâtres et diminuent de plus en plus de
volume, jusqu'à dégénérer en masses arrondies, semblables à de
petites gouttelettes frangées sur les bords. Un grossissement plus
fort transforme ces franges en une masse de petites aiguilles
dont la pointe seule, dirigée suivant le rayon du sp l…
visible.

Peut-être existe-t-il, d'ailleurs, un carbure intermédi…
triphénylène et le benzérythrène, et dont le composé picr…
drait à l'aspect que je viens de décrire en dernier lieu…
point que je n'ose trancher, en l'absence de caractères su… …mer…
définis.

Je rapproche encore du picrate de triphénylène un composé particulier que j'ai observé en examinant les carbures orangés et résineux qui passent à la fin de la distillation du brai sec. Ces carbures

renferment du triphénylène et du benzérythène. Mais la solution alcoolique d'acide picrique qui a bouilli avec ces carbures dépose, en même temps que le picrate de triphénylène et le picrate de benzérythrène, des groupes d'aiguilles brunes, transparentes, petites, courtes et larges, assemblées autour d'un centre. Peut-être est-ce une forme particulière du picrate de triphénylène.

Le triphénylène préparé avec la benzine, lorsqu'on le traite par l'oxanthracène binitré, donne naissance à de fines aiguilles jaunes et à des granulations de même teinte.

8. *Benzérythrène.* — C'est le carbure orangé, solide et résineux qui distille après le triphénylène, dans le traitement des produits pyrogénés de la benzine (¹). Le benzérythrène se rencontre également dans les derniers produits volatils fournis par l'anthracène brut et par le brai sec. Le benzérythrène est presque insoluble dans l'alcool, même bouillant. Cependant, si on le fait bouillir avec une solution alcoolique d'acide picrique saturée à froid, il forme, pendant le refroidissement de la liqueur, un composé qui se sépare en flocons d'un jaune brunâtre. Ces flocons, examinés au microscope, apparaissent comme constitués par des granulations moléculaires, d'une extrême ténuité, et qui tendent à se rassembler en petits amas bruns.

Traité par l'oxanthracène binitré, le benzérythrène donne également naissance à de fines granulations jaunes, qui constituent probablement un composé spécial.

9. *Acide picrique.* — Pour compléter ce tableau, j'indiquerai les apparences sous lesquelles l'acide picrique se sépare de ses solutions alcooliques, soit par refroidissement, soit par évaporation spontanée; attendu que ces formes se présentent fréquemment dans l'emploi du réactif et peuvent se trouver associées avec celles des picrates d'hydrocarbures.

Lorsque la solution alcoolique d'acide picrique s'évapore rapidement sur la lame du porte-objet du microscope, cette lame se recouvre d'une multitude de cristaux jaunes et minces, disposés en feuilles de fougère. Au contraire lorsque l'acide picrique se sépare dans l'alcool par évaporation lente ou par refroidissement, il offre l'aspect de gros prismes jaunes, irréguliers, tronqués à un bout

---

(¹) *Annales de Chimie et de Physique*, 4ᵉ série, t. IX, p. 459. — Le présent Volume, p. 21.

par un plan normal à l'axe, et terminés à l'autre bout par des pointements inégaux. On sait que ces cristaux appartiennent au système du prisme rhomboïdal droit. Par suite du développement inégal de certaines faces, ils dégénèrent souvent en tables pentagonales, dont deux côtés sont perpendiculaires au troisième, tandis que les deux autres se coupent sous un angle voisin de 70 degrés. Quelquefois, au contraire, les gros prismes se raccourcissent, jusqu'à former des grains cristallins dont les trois dimensions sont comparables.

Tels sont les aspects sous lesquels se présentent les cristaux d'acide picrique pur. Mais, pour ne rien omettre, je dois signaler certaines formes que j'ai observées avec un acide picrique, vendu comme pur dans le commerce, et dont l'apparence extérieure était la même que celle du précédent. Les solutions alcooliques de cet acide fournissaient, par le refroidissement ou par l'évaporation spontanée, les mêmes cristaux que ci-dessus, avec l'apparence de feuilles de fougère, de gros prismes tronqués, de tables pentagonales; mais, en même temps, on y observait des cristaux d'une tout autre espèce. Tantôt ces derniers cristaux se séparent sous la forme d'aiguilles jaunes, analogues au picrate de naphtaline; tantôt ces aiguilles sont fines, courtes et droites, assemblées en petit nombre; tantôt enfin les cristaux se présentent comme formés de longues et nombreuses aiguilles linéaires, d'un jaune pur, assemblées en grands faisceaux. Vers le centre des faisceaux, les aiguilles sont resserrées en masses parallèles; mais leurs extrémités se recourbent en quart de cercle et divergent hors de l'axe du faisceau, vers lequel elles tournent leur convexité. L'aspect général, fort élégant, est celui d'un vaste X à extrémités ramifiées. Enfin, ces mêmes aiguilles dégénèrent parfois en filaments linéaires et contournés dans tous les sens.

Ces aspects appartiennent évidemment à un corps distinct de l'acide picrique et mélangé accidentellement, par suite des conditions de sa préparation. Comme ils pourraient devenir l'origine de graves illusions, j'ai cru utile de les signaler.

III. — Reconnaissance au moyen de l'acide picrique des carbures mélangés.

La réaction de l'acide picrique sur les carbures d'hydrogène ne constitue pas à elle seule un caractère suffisant pour les distinguer, pas plus qu'avec une autre propriété isolée. Avant d'avoir recours à cette réaction, il faut d'abord, autant que possible, obtenir le carbure à l'état isolé, pur ou à peu près pur. La connaissance de la température à laquelle il passe à la distillation, et mieux encore celle de son point d'ébullition, fourniront une première donnée, tout à fait capitale. Vient ensuite le point de fusion, lequel ne peut être obtenu exactement que sur un carbure purifié par plusieurs cristallisations. L'aspect, l'odeur et la cristallisation, observées à l'œil nu et au microscope, enfin la solubilité plus ou moins grande dans l'alcool et autres dissolvants fournissent des renseignements complémentaires. C'est alors qu'intervient l'emploi de l'acide picrique, dans les conditions définies ci-dessus. Dans tous les cas, il est indispensable de répéter les mêmes essais comparativement avec des corps absolument purs et d'origine certaine.

Non seulement l'acide picrique peut être employé pour reconnaître un carbure isolé, ou dissous dans un liquide pyrogéné, mais encore les réactions de l'acide picrique permettent de distinguer à première vue l'existence de certains carbures mélangés; sauf vérification et séparation ultérieure par la distillation, ou les dissolvants.

Ainsi, un mélange de diphényle et de naphtaline, carbures dont l'aspect est semblable et la volatilité voisine, — étant traité à l'ébullition par la solution alcoolique d'acide picrique —, laisse déposer par refroidissement deux espèces de cristaux : les uns sont du picrate de naphtaline, en belles aiguilles jaunes; les autres sont du diphényle, en larges lames blanches à bords nettement définis et qui offrent souvent l'apparence d'hexagones irréguliers. Le diphényle et la naphtaline, d'ailleurs, se rencontrent rarement ensemble en proportion comparable; les conditions de formation ordinaire de la naphtaline semblant peu compatibles avec la stabilité du diphényle.

Au contraire, rien n'est plus fréquent que le mélange d'anthracène et de naphtaline : un tel mélange n'offre pas une grande difficulté à l'analyse, parce que la différence entre les points d'ébullition de ces deux corps dépasse une centaine de degrés, ce qui permet une séparation facile. La solubilité dans l'alcool est également bien plus grande pour la naphtaline que pour l'anthracène. Or l'action d'une solution alcoolique d'acide picrique permet déjà de les distinguer, parce que la liqueur refroidie fournit à la fois et d'une manière très distincte (sous le microscope) les aiguilles jaunes du picrate de naphtaline et les aiguilles rouges du picrate d'anthracène.

On peut même apercevoir séparément les aiguilles rouges du picrate d'anthracène et les aiguilles jaune orangé du picrate de rétène, en opérant sur un mélange de ces deux carbures. Cependant cette dernière analyse est beaucoup plus délicate que celle d'un mélange de naphtaline et d'anthracène. D'ailleurs, dans le cas d'un mélange de rétène et d'anthracène, il n'est pas difficile d'opérer une séparation, soit par distillation, soit par dissolution.

L'emploi de l'acide picrique est surtout décisif pour discerner un mélange d'anthracène et de triphénylène (et de l'hydrure de ce dernier ou diphénylbenzine), tel que ce mélange se produit par l'action de la chaleur blanche sur un mélange de benzine et de gaz des marais, et dans diverses autres réactions. Ce n'est pas que les deux carbures, je veux parler de l'anthracène et du triphénylène, soient très difficiles à séparer par distillation, le triphénylène étant bien moins volatil que l'anthracène, comme on pouvait le prévoir en comparant la formule de l'anthracène, $C^{14}H^{10}$, à celle du triphénylène, $C^{18}H^{12}$. Mais on peut distinguer ces carbures, même à l'état de mélange, au moyen de l'acide picrique. En effet, la solution alcoolique de cet acide, bouillie avec le mélange d'anthracène et de triphénylène, laisse déposer par refroidissement deux espèces de cristaux extrêmement distincts, savoir : les longues aiguilles rouges du picrate d'anthracène et les houppes jaunes, hérissées de petites aiguilles, qui constituent le picrate de triphénylène.

Quant à la diphénylbenzine, elle fournit des cristaux incolores, de forme très différente des deux corps précédents.

Les mélanges d'anthracène et de benzérythrène peuvent être également distingués par l'acide picrique. Mais la volatilité des deux carbures est si différente, que leur séparation ne donne lieu à aucune difficulté.

En général, les combinaisons picriques des carbures mélangés cristallisent d'une manière distincte et simultanément. Cependant l'association de triphénylène et de benzérythrène fait exception à cet égard.

IV. — Séparation des carbures d'hydrogène au moyen de l'acide picrique.

Un carbure d'hydrogène, susceptible de former un composé picrique, peut être aisément séparé d'un autre carbure qui ne s'y combine pas. Il suffit, en effet, de dissoudre l'acide picrique et le mélange des carbures dans l'alcool bouillant, dans la benzine, ou dans tout autre dissolvant convenable. Par refroidissement, le picrate de l'un des carbures se sépare, tandis que l'autre carbure demeure dissous. On peut isoler le premier carbure, en exprimant son picrate entre des papiers buvards et en le décomposant par l'ammoniaque aqueuse, laquelle dissout l'acide picrique : le carbure se sépare et il peut être purifié par distillation, ou par cristallisation dans un dissolvant.

Quant à l'autre carbure, celui qui ne s'était pas uni à l'acide picrique, il reste tout d'abord dissous dans l'alcool, ou dans la benzine, mélangé avec une petite quantité de l'autre carbure et avec l'excès d'acide picrique.

On sursature ce dernier acide par l'ammoniaque dissoute dans l'eau et l'on porte la liqueur à un degré voisin de l'ébullition, ce qui chasse l'alcool : le second carbure se sépare de la liqueur aqueuse qui subsiste. On laisse refroidir cette liqueur et l'on décante le carbure. Il renferme encore quelque peu du premier carbure, combinable à l'acide picrique. Mais un nouveau traitement par l'acide picrique et l'alcool achève de précipiter le premier carbure, ou du moins le ramène à des proportions assez faibles pour ne pas empêcher la purification du second carbure au moyen des dissolvants.

En suivant cette marche, on peut séparer l'un de l'autre le diphényle et la naphtaline, par exemple, au sein des produits de la réaction de la benzine sur l'éthylène; ou bien encore le cymène et l'hydrure de naphtaline, au sein des huiles de goudron de houille, comme il sera dit tout à l'heure.

Un cas plus difficile est celui de deux carbures susceptibles de s'unir tous deux à l'acide picrique, comme le rétène et l'anthracène, par exemple; ou bien encore comme l'anthracène et ses homologues. Cependant, même dans cette circonstance, on obtient des résultats utiles en procédant par précipitations fractionnées, ou plutôt par cristallisations successives des picrates mélangés.

CHAPITRE XXXII.

SUR LES PROPRIÉTÉS OXYDANTES DU TOLUÈNE ET DES HOMOLOGUES DE LA BENZINE ([1]).

J'ai observé que plusieurs des carbures volatils de goudron de houille, au contact de l'air, ont la propriété de décolorer l'indigo, comme le fait l'essence de térébenthine. Cette propriété est surtout marquée dans le toluène, ainsi que je m'en suis assuré sur un échantillon très pur.

Il suffit d'agiter avec ce carbure une solution très étendue et tiède d'indigo, au contact de l'air, pour la voir bientôt se décolorer. L'action est sensiblement plus lente qu'avec l'essence de térébenthine.

La benzine possède la même propriété, mais à un degré très faible. Son action est lente, quoique facile à reconnaître dans des épreuves faites par comparaison avec des solutions très étendues et à peine teintées d'indigo, abandonnées à la lumière, dans des fioles ouvertes, et sous les mêmes conditions.

Le cumolène, le xylène, le styrolène se comportent comme des corps intermédiaires entre la benzine et le toluène.

Au contraire, la naphtaline ne m'a paru exercer absolument aucune action oxydante à l'égard de l'indigo.

*Ces résultats sont utilisables dans l'analyse des carbures pyrogénés. Ils ne sont pas sans importance, si l'on veut se rendre compte de l'action physiologique exercée par les huiles du goudron de houille, soit au simple contact, soit à l'état de vapeurs. Il en résulte par exemple cette conséquence que la naphtaline bien pure ne modifie guère les matières organiques en putréfaction c'est un antiseptique des plus médiocres.

([1]) *Annales de Chimie et de Physique*, 4ᵉ série, t. XII, p. 154; 1869.

CHAPITRE XXXIII.

ACTION DU POTASSIUM SUR LES CARBURES D'HYDROGÈNE ([1]).

On admet, en général, que les carbures d'hydrogène ne sont pas attaqués par les métaux alcalins, et l'on a même employé ceux-ci pour purifier les carbures, en raison de l'action propre que les métaux alcalins exercent sur les produits oxygénés.

Cependant, j'ai observé que l'acétylène est attaqué très énergiquement par le potassium et le sodium, avec formation d'acétylures alcalins, et j'ai rattaché par une même théorie la constitution de ces composés et celle des combinaisons que l'acétylène forme avec un grand nombre de solutions métalliques ([2]). Mon attention s'étant ainsi portée sur les actions réciproques des métaux alcalins et des carbures, je n'ai pas tardé à reconnaître qu'un grand nombre de carbures d'hydrogène sont attaqués par le potassium, avec formation de combinaisons particulières, qui peuvent jouer un rôle dans leur analyse. Tels sont :

1° Le cumolène, C^9H^{12}, contenu dans le goudron de houille ;

2° Le cymène $C^{10}H^{14}$, liquide de même origine, volatil vers 180 degrés ;

3° La naphtaline, $C^{10}H^8$;

4° Le diphényle, $C^{12}H^{10}$;

5° L'anthracène, $C^{14}H^{10}$;

6° Le rétène, $C^{18}H^{18}$;

7° L'acénaphtène, $C^{12}H^{10}$, etc.

8° Le styrolène donne lieu à des phénomènes spéciaux, savoir : un commencement d'attaque, suivi par le changement du carbure

---

([1]) *Annales de Chimie et de Physique,* 4ᵉ série, t. XII, p. 155 ; 1869.

([2]) *Annales de Chimie et de Physique,* 4ᵉ série, t. IX ; p. 403 et 410. — *Voir* le Tome I du présent Ouvrage, p. 347 et suivantes.

en métastyrolène (susceptible de reproduire le styrolène par distillation).

Tous ces corps sont des carbures pyrogénés, très riches en carbone et pauvres en hydrogène.

Les réactions que je viens d'énumérer sont surtout nettes avec le potassium. Le sodium agit plus faiblement et parfois seulement d'une manière équivoque sur les mêmes carbures. Cependant le styrolène est altéré sous l'influence du sodium, comme sous celle du potassium.

Les composés qui prennent naissance, dans la réaction du potassium sur les carbures pyrogénés, sont formés en vertu de deux phénomènes essentiellement distincts.

1° Tantôt ils sont obtenus *par addition*, et sans aucun dégagement gazeux; ce qui arrive notamment avec la naphtaline et le cumolène. Les nouveaux composés, traités par l'eau, se décomposent en reproduisant, au lieu et place du carbure primitif, un carbure nouveau qui en diffère par une addition d'hydrogène.

2° Tantôt, au contraire, les composés potassés sont obtenus *par substitution*, et avec dégagement d'hydrogène; ce qui arrive, par exemple, avec l'acétylène et avec l'acénaphtène. Les nouveaux composés, traités par l'eau, reproduisent alors le carbure primitif.

Je me bornerai à décrire aujourd'hui le composé naphtalique, tous les autres pouvant être préparés et purifiés de la même manière.

Dans un tube fermé par un bout, on introduit de la naphtaline et un fragment de potassium; on chauffe, de façon à fondre le tout. Aussitôt le potassium s'enveloppe d'une croûte noirâtre; on écrase cette croûte avec une baguette de verre, de façon à renouveler le contact. On parvient ainsi, peu à peu, à transformer presque entièrement le potassium.

La réaction s'opère, je le répète, sans qu'il y ait dégagement d'hydrogène, c'est-à-dire *par addition*. J'ai vérifié ce fait essentiel de la manière suivante : J'introduis le carbure et le métal alcalin dans un tube de verre fermé par un bout, puis j'effile l'autre bout et je recourbe l'effilure, de façon à l'engager dans une éprouvette remplie de mercure. Je fais bouillir la naphtaline pendant une heure environ, sans obtenir d'autres gaz que ceux qui étaient renfermés primitivement dans le tube : pas une trace d'hydrogène ne se dégage.

Quand on a transformé une certaine quantité de potassium dans le composé noir, en procédant comme il a été dit dans l'avant-dernier alinéa, on fait alors bouillir la masse avec de la benzine pour dissoudre l'excès de naphtaline, et l'on obtient à la fin une poudre noire, qui contient toujours une certaine proportion de potassium libre. En faisant, autant que possible, abstraction de ce dernier, la formule de la substance se rapproche de $C^{10}H^8K^2$.

L'eau la décompose (¹), avec production de potasse et d'un carbure liquide, l'hydrure de naphtaline, $C^{10}H^{10}$,

$$C^{10}H^8K^2 + 2H^2O = C^{10}H^{10} + 2KHO;$$

ce corps est mélangé avec un peu de naphtaline, retenue mécaniquement dans le composé potassique.

Dans le cas où l'action du potassium sur la naphtaline a été opérée sans ménagement et avec surchauffe partielle, on obtient un nouveau carbure, rouge brunâtre, presque fixe, extrêmement peu soluble dans les divers dissolvants (alcool, éther, benzine, toluène), auxquels il communique cependant une forte teinte orangée et une fluorescence excessivement caractérisée. Ce carbure rappelle à certains égards le *chrysogène* de M. Fritzsche. Cependant sa teinte est plus foncée; il ne m'a pas paru aussi sensible à l'action de la lumière et il ne cristallise pas d'une façon aussi nette. C'est évidemment un produit d'altération de la naphtaline.

Le cumolène est attaqué par le potassium, comme la naphtaline, avec formation d'un cumolénure alcalin, noir bleuâtre, toujours sans dégagement d'hydrogène: ce cumolénure répond probablement à la formule $C^9H^{12}K^2$.

Je ne m'étendrai pas davantage aujourd'hui sur ces curieuses combinaisons, qui partagent en général les propriétés explosives des composés acétylométalliques, ni sur le rôle qu'elles me paraissent appelées à jouer, comme intermédiaires dans les réactions. Cependant je signalerai leurs relations avec les composés bleus bien connus, qui se forment dans la réaction des métaux alcalins sur les corps chlorés et bromés. Les derniers composés ont été observés par un grand nombre de savants, et notamment par M. Bouis, dans ses recherches sur l'alcool caprylique. J'ai moi-même reconnu un composé du même genre dans la préparation de l'éthylbenzine. Ces corps renferment à la fois les éléments hydro-

---

(¹) Cette décomposition doit être effectuée sur de petites quantités et sous une forte couche de benzine, pour éviter les inflammations et explosions. On ajoute à l'avance du mercure dans les tubes, afin de transformer autant que possible le potassium libre en un amalgame, dont la réaction sur l'eau est plus tranquille.

carbonés et ceux des bromures ou des chlorures alcalins, associés aux métaux alcalins eux-mêmes. Traités par l'eau, s'ils sont exempts de métaux libres, ils s'y dissolvent sans dégagement gazeux, etc.

Le Tableau suivant montre l'étroite parenté qui existe entre ces substances :

Acétylène	C^2H^2	Hydrure d'acétylène..............	$C^2H^2 . H^2$
Acétylure	C^2HNa		
Naphtaline....	$C^{10}H^8$	Hydrure de naphtaline...........	$C^{10}H^8 . H^2$
		Kaliure de naphtaline...........	$C^{10}H^8 . K^2$
Cumolène.....	C^9H^{12}	Kaliure de cumolène.............	$C^9H^{12} . K^2$?
Éthylbenzine..	C^8H^{10}	Bromure de natronéthylbenzine..	$C^8H^9Na . NaBr$ ou $(C^8H^9Na^2)Br$

CHAPITRE XXXIV.

SUR LE POINT DE FUSION DES CORPS CIREUX ET RÉSINEUX ([1]).

En étudiant le point de fusion de l'anthracène et de quelques autres carbures pyrogénés, j'ai fait diverses observations qu'il paraît utile de consigner ici, au point de vue analytique.

Le mot *point de fusion* ne présente pas un sens précis et unique, lorsqu'on l'applique à des corps de cette nature. En effet, suivant les auteurs qui l'emploient, ce mot peut désigner trois choses, savoir :

1° Le degré thermométrique auquel un corps solide, soumis à l'influence d'une température lentement croissante, commence à fondre ;

2° Le degré thermométrique auquel le corps fondu, soumis à l'influence d'une température lentement décroissante, redevient solide ;

3° Le degré fixe auquel le thermomètre, plongé dans une masse considérable du corps fondu, remonte pendant la solidification.

Pour les liquides tels que l'eau, dans les conditions ordinaires, ces trois points sont identiques. Cependant le point de solidification de l'eau peut se trouver inférieur au point de fusion, dans certaines circonstances réputées anomales (surfusion).

Au contraire la surfusion représente un phénomène régulier et normal pour les corps gras, cireux et résineux ; la température de solidification de ces corps variant avec certaines conditions, telles que la surchauffe préalable, la vitesse du refroidissement, etc.

Le degré auquel le thermomètre remonte pendant la solidification d'un corps n'est pas toujours le même que le degré auquel la fusion s'est opérée. En effet, cette identité des deux points ne peut avoir lieu que si la chaleur de fusion du corps est plus grande que le

---

([1]) *Annales de Chimie et de Physique,* 4ᵉ série, t. XII, p. 193 ; 1867.

produit de sa chaleur spécifique (¹) par l'intervalle thermométrique qui sépare le degré de solidification du degré de fusion.

Quand la chaleur latente de fusion sera petite, la température pourra donc ne pas remonter jusqu'au point de fusion, même en opérant sur des masses considérables. A plus forte raison ne remontera-t-elle pas à ce degré, si l'on opère sur quelques grammes au plus, comme beaucoup de chimistes le font, en raison de la difficulté d'obtenir les corps purs en grande quantité. Dans ce cas, le refroidissement produit par le rayonnement abaissera le degré marqué par le thermomètre pendant la solidification.

Les phénomènes sont encore plus compliqués lorsque le degré auquel s'opère la fusion du corps n'est pas fixe, comme il arrive pour l'anthracène et les corps résineux. En effet, ce degré n'est défini pour de tels corps, que s'ils ont été conservés depuis assez longtemps pour avoir pris un arrangement définitif. L'exemple du soufre prouve même que l'état transitoire peut subsister parfois pendant des années. C'est pourquoi, lorsqu'un tel corps vient d'être fondu et solidifié, la température à laquelle il fond pour la deuxième fois varie avec la température, plus ou moins éloignée du point de fusion, à laquelle le corps, une fois solide, a été ramené; elle varie avec la rapidité plus ou moins grande du refroidissement qui a déterminé la solidification; enfin elle varie avec le temps qui s'est écoulé depuis la première fusion. Toutes ces conditions influent sur l'arrangement des particules des corps cireux et résineux, lesquels sont susceptibles d'un nombre illimité d'états d'équilibre transitoires. Pour passer de chacun de ces états à celui du corps fondu et complètement liquide, il faut dépenser un travail différent : ce que l'on exprimait autrefois en disant que la chaleur latente de fusion varie. Tout corps mis en fusion ne prend pas d'ailleurs un état stable et définitif, à la façon de l'eau et dès le moment où il est fondu; cependant, dans la plupart des cas, il y parvient lorsqu'il est porté à une température beaucoup plus haute.

(¹) J'entends la chaleur spécifique moyenne dans l'intervalle défini ici.

CINQUIÈME SECTION.

CHAPITRE XXXV.

ACTION DE LA CHALEUR SUR L'OXYDE DE CARBONE (¹).

L'oxyde de carbone subsiste jusqu'aux températures les plus élevées : en effet, sa densité gazeuse et sa chaleur spécifique demeurent sensiblement identiques à celles de l'azote, jusque vers 4000°, d'après nos expériences sur les mélanges gazeux explosifs (²). Cependant ce composé si stable donne lieu à des indices de décomposition, avec production de traces de charbon et d'acide carbonique, à des températures beaucoup plus basses, telles que le rouge vif, d'après Henri Sainte-Claire-Deville, et même le rouge sombre, suivant mes anciennes observations, faites il y a vingt-cinq ans. Ces phénomènes sont-ils dus à une dissociation véritable, comme on l'a pensé jusqu'ici, une quantité constante d'oxygène étant unie au carbone en deux proportions différentes et tendant à se séparer successivement, suivant l'équation de dissociation que voici

$$2\,CO = CO^2 + C\,?$$

Il paraît difficile de comprendre comment une semblable tension de dissociation, déjà sensible vers 600 à 700 degrés et même

---

(¹) *Annales de Chimie et de Physique*, 6ᵉ série, t. XXIV, p. 126; 1891.

(²) *Sur la chaleur spécifique des éléments gazeux à de très hautes températures*, par MM. BERTHELOT et VIEILLE (*Annales de Chimie et de Physique*, 6ᵉ série, t. IV, p. 67; 1885. — *Thermochimie : Données et lois numériques*, t. I.

au-dessous, au lieu de s'accroître rapidement avec la température, conformément à la loi générale de cet ordre de phénomènes, demeurerait toujours excessivement faible, jusque vers 3000° ou 4000°.

L'apparition directe du charbon, dans une dissociation supposée accomplie à une température relativement peu élevée, doit augmenter encore les doutes, si l'on se rappelle que le charbon n'est point le véritable élément carbone, mais seulement un polymère plus ou moins élevé de cet élément, ainsi que je l'ai montré ailleurs [1]; aussi le charbon n'apparaît-il presque jamais comme produit direct des décompositions accomplies à basse température.

Ce sont là des questions fort importantes pour la discussion des phénomènes thermodynamiques en Chimie.

Ces faits et ces considérations m'ont engagé à examiner de plus près l'action de la chaleur sur l'oxyde de carbone.

J'ai reconnu que si l'on soumet ce gaz à l'action de températures de plus en plus abaissées, on observe un degré tel que l'acide carbonique continue à se manifester, précisément comme il le fait à une température plus haute, mais sans qu'il apparaisse la moindre trace de charbon.

Le phénomène est très sensible en opérant avec des tubes de verre dur, desséchés rigoureusement, remplis d'oxyde de carbone tout à fait pur, scellés à la lampe, puis maintenus pendant une heure ou deux à une température voisine de 500 à 550°, c'est-à-dire voisine de celle du ramollissement du verre. J'ai répété un grand nombre de fois l'expérience avec des soins minutieux, afin d'exclure absolument la moindre trace d'air et d'humidité.

Voici quelques renseignements sur la marche de l'expérience :
Définissons d'abord le gaz sur lequel on opère.

L'oxyde de carbone était tiré par ébullition d'une solution saturée de ce gaz dans le chlorure cuivreux acide, solution préparée elle-même au moyen d'un premier échantillon d'oxyde de carbone, déjà dissous dans une précédente liqueur semblable. Cet oxyde de carbone, ainsi retiré par ébullition de ses solutions cuivreuses, était purifié d'abord par la potasse liquide, puis par la potasse solide, lavé ensuite dans le protochlorure de chrome, pour éliminer les dernières traces d'oxygène, enfin desséché rigoureusement, au moyen de l'acide sulfurique et de la potasse fondue.

---

[1] *Essai de Mécanique chimique*, t. II, p. 137. — *Annales de Chimie et de Physique*, 4ᵉ série, t. IX, p. 476; 1866. — Le présent Ouvrage, t. I, p. 44, 122; t. II, p. 253.

On faisait passer dans les tubes d'abord de l'azote pur, puis l'oxyde de carbone purifié ainsi qu'il vient d'être dit.

Parlons maintenant du tube destiné à renfermer le gaz. On prend un tube de verre très dur, soigneusement nettoyé à la température ordinaire, par des lavages à l'acide sulfurique concentré, à l'eau pure, à la potasse dissoute et de nouveau à l'eau pure, puis desséché à l'étuve dans un courant d'air sec. On l'étrangle à ses deux extrémités, de façon à obtenir deux parties effilées, comprises entre des portions plus larges, en forme d'entonnoir, et on le dessèche de nouveau, en le chauffant fortement et le laissant refroidir sous une cloche à côté de l'acide sulfurique. On l'en extrait, au moment même de la mise en œuvre.

Un tampon d'amiante sec, interposé à l'entrée du tube, arrête toute trace de poussière, ou de corps solide, susceptible d'être entraîné dans le courant gazeux.

On dispose, à la suite l'un de l'autre, deux tubes de ce genre, dont l'un est destiné à servir de témoin.

On les chauffe d'abord dans un courant d'azote pur et sec, vers 400° à 500°, pour les dessécher plus sûrement, et on laisse refroidir dans le courant d'azote.

Ensuite on fait passer l'oxyde de carbone pur et sec, et l'on recueille au delà des tubes les gaz dégagés, sur une petite cuve à mercure, desséchée avec soin.

On fait marcher à froid l'oxyde de carbone assez longtemps pour déplacer entièrement l'azote, avec lequel on avait préalablement déplacé l'air tout d'abord.

Dans les expériences qui suivent, on a pris soin de vérifier :

1° Que le gaz recueilli sur la cuve à mercure, après avoir traversé les tubes, mais avant tout chauffage et étant pris sous un volume de 50^{cc}, était entièrement absorbable par le chlorure cuivreux acide, sauf une bulle insensible ;

2° Qu'il n'exerçait aucune action sur l'eau de chaux ; même sur une seule gouttelette que l'on faisait arriver avec précaution vers le centre de la surface du mercure, dans l'intérieur de l'éprouvette. C'est là un caractère extrêmement sensible. Ce résultat démontre l'absence de l'acide carbonique et prouve la pureté de l'oxyde de carbone ;

3° Que ce gaz ne communiquait aucune teinte, même légère et momentanée, au réactif cuivreux : ce qui y démontre l'absence de toute trace d'oxygène ;

4° Qu'il ne diminuait pas de volume par l'action de l'acide sul-

furique concentré et qu'il ne développait pas de fumées sensibles
par l'action du fluorure de bore ; ce qui y démontre l'absence de
toute trace de vapeur d'eau.

Il résulte de ces vérifications que les tubes de verre, à extrémités étranglées en forme d'entonnoir, sur lesquels j'ai opéré, ont
été réellement remplis avec de l'oxyde de carbone pur, exempt de
toute trace d'acide carbonique et de vapeur d'eau.

Quand le gaz recueilli au delà a été ainsi reconnu pur, on scelle
les deux tubes consécutifs, en fondant à la lampe leurs extrémités
étranglées entre le gros du tube et l'entonnoir, et sans que le contenu de ces extrémités soit jamais en contact, même momentané,
avec l'air ambiant.

L'un des deux tubes est alors entouré d'une toile métallique,
déposé sur un lit d'amiante et chauffé sur une grille à gaz, aussi
fortement qu'il est possible sans le fondre. Avec un peu d'exercice,
on atteint ainsi le terme où le verre ramolli se moule sur la toile
métallique et prend l'empreinte de son réseau, sans cependant se
souffler, ni même adhérer trop fortement au métal. Ce terme est
voisin de 550°, d'après les mesures comparatives que j'ai prises
avec un thermomètre à air juxtaposé.

L'expérience terminée, le tube refroidi est transporté sur la cuve
à mercure. On en rompt les pointes sous une éprouvette, dans
laquelle on recueille le gaz intérieur. Le volume de ce gaz était de
50^{cc} à 60^{cc} dans mes essais. On l'a analysé comparativement avec
celui du second tube, pris comme témoin, qui précédait le tube ex-
périmenté ; ce tube avait été rempli exactement, dans les mêmes
circonstances, mais non chauffé.

En opérant dans ces conditions, l'oxyde de carbone m'a fourni
constamment de l'acide carbonique. La dose formée est faible,
trois à quatre millièmes environ, d'après dosages effectués au
moyen de l'eau de chaux. L'expérience a été répétée dix fois, en
variant légèrement les conditions, mais toujours avec un résultat
pareil.

Ce résultat est le même que celui que l'on observe en faisant
passer très lentement un courant d'oxyde de carbone pur, à travers
un tube de porcelaine chauffé au rouge. On a soin, dans ce dernier
cas, d'enrouler aux deux extrémités du tube de porcelaine un tube
de plomb de faible diamètre, en forme de spirale à tours serrés ; on
fait traverser ce dernier par un courant continu d'eau froide, pendant toute la durée de l'expérience : précaution qui a pour résultat
de préserver les bouchons de toute altération par la chaleur.

On obtient ainsi, en définitive, quelques millièmes d'acide carbonique, précisément comme dans les tubes de verre scellés et chauffés seulement au rouge sombre.

A ce point de vue, la réaction, je le répète, est la même; la proportion d'oxyde de carbone décomposé variant peu, soit vers 550°, soit au rouge sombre, soit au rouge vif, et même au rouge modéré. Deux anneaux de charbon très visibles se déposent vers les extrémités des tubes de porcelaine aussi chauffés au rouge vif.

Au contraire, vers 500° à 550°, en opérant dans des tubes de verre dur, une dose comparable d'acide carbonique étant formée, il a été impossible d'observer la moindre trace de charbon ([1]).

C'est là une circonstance fondamentale. En effet, elle exclut l'idée d'une dissociation directe de l'oxyde de carbone. L'acide carbonique ne saurait résulter ici que d'une décomposition proprement dite, c'est-à-dire d'une condensation moléculaire, avec formation d'un produit complémentaire, stable vers 550°, mais susceptible de se décomposer au rouge en déposant du charbon.

C'est en vertu du même mécanisme que l'acide carbonique est formé aux dépens de l'oxyde de carbone par l'action de l'effluve électrique; action comparable sous bien des rapports à celle de la chaleur, dont elle se distingue surtout par sa durée excessivement courte ([2]). Or l'effluve condense plusieurs molécules d'oxyde de carbone, en donnant lieu à la fois à de l'acide carbonique et à des sous-oxydes, par exemple

$$5\,CO = C^4O^3 + CO^2.$$

Ces sous-oxydes dérivent sans doute d'une polymérisation initiale de l'oxyde de carbone, qui est un anhydride formique, composé incomplet et dès lors très apte à éprouver de semblables condensations ([3]).

En opérant par l'action de la chaleur, vers 500° à 550°, la dose d'acide carbonique est faible, et il ne m'a pas été possible d'isoler le sous-oxyde complémentaire, soit en refroidissant les pointes des tubes, soit autrement; sans doute parce qu'il se trouve, à l'état de gaz ou de vapeur, noyé dans l'excès d'oxyde de carbone.

([1]) Le verre, d'ailleurs, n'était pas attaqué à l'intérieur des tubes.

([2]) *Essai de Mécanique chimique*, t. II, p. 381. — *Annales de Chimie et de Physique*, 5ᵉ série, t. XII, p. 72.

([3]) *Voir*, à cet égard, la théorie de la polymérie, dans ma *Leçon sur l'isomérie*, professée devant la Société chimique de Paris, le 27 avril 1863, p. 19.

Mais l'apparition même de l'acide carbonique, à dose comparable, soit au rouge, soit à 550°, tantôt avec production de charbon, tantôt sans dépôt de cet élément, ne laisse guère de doute sur le mécanisme même de la décomposition. Ce n'est pas une dissociation simple; mais la décomposition doit être précédée ici par une polymérisation, le produit condensé se séparant aussitôt en acide carbonique et sous-oxydes. Entre ces composés on conçoit d'ailleurs l'existence d'une dissociation complexe, où intervient l'oxyde de carbone et qui limite la transformation. On aurait, en général,

$$n\,CO = C^n O^n,$$
$$C^n O^n = C^{n-1} O^{n-2} + CO^2.$$

Le plus simple de ces sous-oxydes répondrait à l'acétylène, et à la formule $C^2 O$,

$$3\,CO = C^2 O + CO^2 \quad (^1);$$

il serait probablement gazeux.

Le mécanisme de cette transformation singulière rentrerait dès lors dans les mêmes lois que les polymérisations et décompositions pyrogénées des carbures d'hydrogène (^{2}).

(^{1}) *Voir* mes expériences relatives à l'action de l'oxyde de carbone sur l'argent et sur les métaux : *Annales de Chimie et de Physique,* 7ᵉ série, t. XXII, p. 300 et suivantes, 1901.

(^{2}) *Essai de Mécanique chimique,* t. II, p. 132.

SIXIÈME SECTION.

ACTIONS DE L'EFFLUVE ÉLECTRIQUE.

CHAPITRE XXXVI.

ACTIONS CHIMIQUES DE L'EFFLUVE ÉLECTRIQUE SUR L'OXYDE DE CARBONE PUR OU MÉLANGÉ ([1]).

Examinons l'action de l'effluve sur les composés oxygénés du carbone, seuls ou mis en présence de l'azote libre, afin de les comparer avec les carbures d'hydrogène. Dans un sujet aussi vaste que celui que j'ai entrepris, il est nécessaire d'établir d'abord les grandes lignes expérimentales, c'est-à-dire de déterminer les limites des phénomènes et les rapports suivant lesquels les éléments s'unissent pour former des composés condensés. Je me propose de revenir ensuite sur l'étude individuelle des plus intéressants. Nous commencerons par les composés binaires, tels que l'oxyde de carbone et l'acide carbonique ; puis nous étudierons les carbures d'hydrogène, ainsi que les composés ternaires doués de diverses fonctions, alcools et éthers, aldéhydes et acides ([2]).

([1]) *Annales de Chimie et de Physique*, 7ᵉ série, t. XVI, p. 21 ; 1899.

([2]) Malgré l'importance de cette portion de mes recherches sur l'effluve, comme elle est étrangère à l'objet du présent Livre, elle ne sera pas reproduite ici.

OXYDES DU CARBONE.

I. — Oxyde de carbone proprement dit.

(1). *Oxyde de carbone pur.* — Ce corps soumis à l'influence de l'effluve se transforme en un sous-oxyde, C^4O^3, d'après les expériences de Brodie et les miennes [1] :

$$5\,CO = C^4O^3 + CO^2.$$

Le sous-oxyde en question est solide, amorphe, brun, soluble dans l'eau et dans l'alcool absolu, en formant une liqueur à réaction acide; il est insoluble dans l'éther. Sa dissolution aqueuse produit avec l'azotate d'argent (sans le réduire), avec l'acétate de plomb, avec l'eau de baryte, des précipités bruns et amorphes. Ce composé rappelle le résidu brun que l'on obtient en oxydant, à basse température et par voie humide, les différentes espèces de charbons et le carbone amorphe pur qui en dérive (*Annales de Chimie et de Physique*, 4ᵉ série, t. XIX, p. 405 à 413).

Le sous-oxyde de carbone, chauffé vers 300 à 400° dans une atmosphère d'azote, se décompose, en produisant volumes égaux d'acide carbonique et d'oxyde de carbone (c'est-à-dire les éléments de l'acide oxalique anhydre C^2O^3) et un nouvel oxyde brun foncé C^8O^3

$$3\,C^4O^3 = 2\,(CO^2 + CO) + C^8O^3;$$

oxyde décomposable à son tour par une plus forte chaleur, avec formation d'un charbon brun, encore oxygéné.

Ce progrès graduel dans la décomposition des oxydes de carbone rappelle celui de la destruction pyrogénée des carbures d'hydrogène et des oxydes métalliques.

(2). *Oxyde de carbone et azote.* — Volumes égaux; douze heures d'effluve. Au bout de ce temps, on retrouve l'azote sans aucun changement; les deux tiers environ de l'oxyde de carbone étant changés en sous-oxyde et acide carbonique, par une action indépendante.

---

[1] *Annales de Chimie et de Physique*, 5ᵉ série, t. X, p. 72; 1877.

(3). *Oxyde de carbone et hydrogène. — Excès d'hydrogène :*

$$100\,CO + 244\,H^2.$$

Vingt-quatre heures d'effluve.

Dans toutes ces expériences, comme dans celles qui vont suivre, le volume du gaz, à la fin de l'expérience, a été ramené par le calcul très exactement à la température et à la pression initiale; en tenant lieu de la tension de la vapeur d'eau, quand elle prenait naissance. Ces calculs ayant lieu par des méthodes bien connues, il m'a paru inutile d'allonger le présent travail en en donnant le détail.

Tout l'oxyde de carbone a disparu dans l'essai (3), en même temps qu'un volume très sensiblement égal d'hydrogène; sans qu'il y ait production d'acide carbonique. Point d'acétylène. Le produit condensé brut répond dès lors à la formule d'un hydrate de carbone

$$(CH^2O)^n \quad \text{ou} \quad (CH^2O)^n - mH^2O.$$

Ce n'est pas l'aldéhyde méthylique ([1]), mais un polymère; ou plutôt un mélange de polymères, les uns insolubles dans l'eau, les autres solubles.

On peut isoler ces derniers par une évaporation ménagée. Une température plus élevée les carbonise, avec odeur de caramel. J'avais cru d'abord qu'ils ne réduisaient pas le tartrate cupropotassique. Depuis, j'ai reconnu que cette absence de réduction apparente tenait à l'emploi d'un trop grand excès du réactif. Si l'on en emploie seulement la quantité nécessaire pour colorer nettement en bleu la liqueur, avec une trace de potasse en excès, la liqueur est réduite à l'ébullition, avec précipitation d'oxyde cuivreux.

La dissolution aqueuse, qui renferme la portion soluble obtenue dans la réaction de l'oxyde de carbone sur l'hydrogène, réduit à froid l'azotate d'argent ammoniacal limite; j'entends par là le réactif préparé en ajoutant à une solution d'azotate d'argent *exactement* la dose d'ammoniaque nécessaire pour maintenir l'oxyde d'argent en dissolution; précisément comme lorsqu'on prépare ce réactif, tel qu'il convient pour accuser à froid des traces d'oxyde de carbone.

([1]) Il est possible que cet aldéhyde se forme aux débuts, pour disparaître par la suite.

Cf. LOSANITSCH et JOVITSCHITSCH, *Bull. de l'Ac. royale de Belgique*, 3ᵉ série, t. XXXIV, p. 269-277, et HEMPTINE, même Recueil. Leurs expériences répondent à des conditions différentes des miennes, la limite des phénomènes n'ayant pas été recherchée par ces savants.

Dans le cas présent, l'action n'est pas attribuable d'ailleurs à ce dernier composé, la dissolution aqueuse ayant été obtenue avec le produit solide, après l'avoir séparé totalement du gaz oxyde de carbone, puis maintenu au contact de l'air pendant plus d'une heure. Ce sont donc bien les produits fixes et solubles dans l'eau qui opèrent la réduction. Un excès d'ammoniaque ne l'empêche pas. Ces produits exercent même une action réductrice, peu marquée d'ailleurs, sur l'azotate d'argent neutre.

(4). *Oxyde de carbone et hydrogène. — Excès d'oxyde de carbone :*

$$100\,CO + 50,6\,H^2.$$

Vingt-quatre heures d'effluve.

Tout l'hydrogène a disparu. Il reste $23^{vol}3$ de CO. Pas d'acide carbonique.

Rapports des éléments condensés :

$$3\,CO : 2\,H^2 \quad ou \quad C^3 H^4 O^3.$$

Ces rapports sont ceux de l'acide pyruvique. Ils répondraient aussi à un hydrate de carbone, avec addition d'oxyde de carbone à ses éléments

$$2\,CH^2 O + CO^2,$$

ou bien encore à un hydrate de carbone suroxydé

$$C^6 H^8 O^4 + O^2,$$

comparable aux oxycelluloses.

Le produit offre une odeur alcoolique fugace, provenant d'une trace de matière. Sa dissolution aqueuse exerce des actions réductrices, peu prononcées d'ailleurs, sur le tartrate cupropotassique et sur le chlorure mercurique neutre. Elle réduit mieux l'azotate d'argent ammoniacal.

La matière soluble dans l'eau, isolée par évaporation ménagée, puis calcinée, se carbonise, en développant une odeur de caramel, avec nuance butyrique.

J'ai observé les mêmes rapports et produits, dans une expérience faite avec un mélange d'oxyde de carbone et d'hydrogène, en volumes strictement égaux.

Dans des conditions un peu différentes, il se forme en même temps que le produit brun condensé, de l'acide carbonique, une trace d'acétylène et d'un carbure forménique, $C^2 H^6$ probablement. Mais la réaction ne représente nullement une synthèse du formène; contrairement à ce qui a été dit quelquefois, sans une étude suffisante des produits.

(5). *Oxyde de carbone, hydrogène et azote*

environ ($1^v + 2^v + 1^v$), soit $100\,CO + 216,2\,H^2 + 113,2\,Az^2$.

Vingt-quatre heures d'effluve.
Il ne reste ni acide carbonique, ni oxyde de carbone, ni hydrocarbure, ni gaz ammoniac

$$H^2 \text{ disparu}............\quad 147,1 \atop Az^2 \text{ absorbé}............\quad 48,4} \text{ Rapport } 1 : 3,04$$

Rapports des éléments condensés :

$$CO : Az : H^3, \quad \text{soit} \quad CO + AzH^3.$$

Ainsi, en présence d'un excès notable d'hydrogène, nous observons dans le produit les rapports

$$CH^3AzO,$$

c'est-à-dire ceux du formamide, ou plutôt d'un amide tel que

$$(CHO.AzH^2)^n \quad \text{ou} \quad (CHAz)^n, \; mH^2O + (n - m)H^2O$$

dérivé sans doute de cet hydrate de carbone $(CH^2O)^n$, qui résulte de l'action effective et directe de l'hydrogène sur l'oxyde de carbone.

(6). *Oxyde de carbone, hydrogène et azote*

environ ($2^v + 3^v + 1^v$), soit $100\,CO + 158,3\,H^2 + 62,5\,Az^2$.

Les excès d'hydrogène et d'azote sont faibles.
Vingt-quatre heures d'effluve.
Il ne reste ni acide carbonique, ni oxyde de carbone, ni gaz hydrocarboné, ni gaz ammoniac :

$$H^2 \text{ disparu}............\quad 131 \atop Az^2 \text{ absorbé}............\quad 40} \text{ Rapport } 1 : 3,27$$

Rapports des éléments condensés :

$$CO : H^{3,6} : Az^{0,4}, \quad \text{soit} \quad CO + 0,8\,AzH^3 \quad \text{ou} \quad C^5H^4Az^4O + 4H^2O.$$

Ce serait la formule de la sarcine : mais il y a là sans doute une simple coïncidence. En effet, si l'on tient compte de la condensation simultanée d'un excès de CO, rendue possible par l'insuffisance de l'hydrogène, les rapports du produit principal pourraient répondre à la relation plus simple $(CO.AzH^3)^n$, signalée plus haut.

En réalité, il n'y a ici ni acide cyanhydrique, ni acide formique. Le produit est un mélange de matières solubles dans l'eau, lesquelles dégagent de l'ammoniaque par ébullition avec un alcali; et d'une matière insoluble, décomposable par calcination, avec odeur de corne brûlée et formation d'alcalis pyrogénés, de l'ordre de la quinoléine, autant qu'on peut en juger d'après leurs réactions générales et leur odeur.

D'après ces résultats, la réaction simultanée de l'oxyde de carbone et de l'hydrogène sur l'azote développe des composés azotés complexes et condensés. Mais les quantités de matière sur lesquelles j'opérais étaient trop petites pour que je pusse tenter la séparation de ces composés. En définitive, ils dérivent, par substitution amidée, des hydrates de carbone engendrés dans l'action de l'effluve sur un mélange d'oxyde de carbone et d'hydrogène.

Rappelons ici l'existence des alcalis exempts d'oxygène dérivés du glucose, que M. Tanret a obtenus par la réaction de l'ammoniaque. Les composés amidés dérivés de l'oxyde de carbone sont remarquables par leur plus grande richesse en azote; cet élément y étant contenu à atomes égaux avec le carbone, précisément comme dans l'acide cyanhydrique et ses dérivés.

On peut en rapprocher notamment les polymères de l'acide cyanhydrique, tels que le dérivé amidé connu du nitrile malonique,

$$C^3H(AzH^2)Az^2,$$

ou bien encore l'acétocyanamide,

$$C^4H^6Az^4O,$$

et certains corps congénères de la xanthine et de la série urique.

Toute cette famille de composés se rattache étroitement à l'acide formique et, par conséquent, à son anhydride, l'oxyde de carbone.

II. — Acide carbonique.

(1). *Acide carbonique pur.* — J'ai observé précédemment ([1]) que l'acide carbonique, soumis à l'action de l'effluve, pendant douze

---

([1]) *Ann. de Chim. et de Phys.*, 5ᵉ série, t. XVII, p. 143 et 144; 1879.

heures, se décompose, en produisant à la fois un gaz doué de propriétés très oxydantes (*acide percarbonique*), de l'oxyde de carbone, et le sous-oxyde de carbone solide précédemment signalé. Ce résultat s'observe en l'absence du mercure, et la réaction a lieu même en présence d'un excès d'oxygène.

Si l'on opère sur le mercure, l'excès d'oxygène est absorbé par ce métal; mais on continue à obtenir du sous-oxyde de carbone. J'ai répété récemment la dernière expérience.

(2). *Acide carbonique et hydrogène.* — Il convient d'opérer avec une dose d'hydrogène double de celle employée pour l'oxyde de carbone.

Soit $CO^2 + 2 H^2$ environ : six heures d'effluve.

Gaz initial.....	$CO^2 = 100$	Gaz final......	$CO^2 = 3$
»	$H^2 = 220$	»	$H^2 = 27$

Rapports des éléments condensés :

$$CH^4O^2 \quad \text{soit} \quad (CH^2O)^n + nH^2O.$$

Le produit est constitué par quelques gouttelettes d'un sirop aqueux, doué d'une odeur semblable à celle de l'acide acétique. Cette odeur disparaît presque aussitôt par évaporation et il reste une matière fixe, carbonisable par la chaleur, avec odeur de caramel.

Cette matière ne contenait pas d'aldéhyde méthylique, comme on l'a constaté, les réactions successives de l'ammoniaque et de l'eau bromée ayant donné des résultats négatifs.

C'est un hydrate de carbone, congénère des sucres, identique avec celui que fournit l'oxyde de carbone. D'après l'odeur, il ne renfermait sans doute qu'une trace d'acide acétique isomérique.

(3). Au début de la réaction développée par l'effluve, on constate la formation d'une certaine dose d'oxyde de carbone, qui disparaît lorsqu'on prolonge l'expérience.

Dans d'autres conditions j'ai observé une trace d'acide butyrique, et un peu d'acétylène, produit intermédiaire. Mais dans aucun cas il ne s'est produit une synthèse véritable et régulière de l'acide acétique dans ces conditions, contrairement à ce qui a été supposé quelquefois.

(4). *Acide carbonique, azote et hydrogène*

$$\text{environ } 1^v + 1^v = 3^v :$$

Gaz initial.....	$CO^2 = 100$	Gaz final.....	CO^2, CO nuls
	$Az^2 = 125$		$Az^2 = 46,8$
	$H^2 = 300$		$H^2 = 46,7$

Action prolongée. Le produit, traité par l'eau, forme une liqueur spontanément effervescente, contenant de l'azotite d'ammoniaque.
Rapports des éléments condensés :

$$CO^2 H^{5,03} Az^{1,57};$$

soit

$$CO\, Az\, H^3 + H^2 O + Az^{0,57}$$

ou

$$4(CHO.Az\, H^2) + Az\, O^2.Az\, H^4 + 2 H^2 O;$$

ce qui répond à un mélange du même composé amidé que forme l'oxyde de carbone, plus de l'azotite d'ammoniaque dissous dans 2 molécules d'eau. Peut-être s'agit-il ici d'une combinaison azoïque proprement dite, dissociable par l'eau.

En tous cas, l'addition de l'eau avec le produit récemment obtenu manifeste, à froid, les réactions de l'acide azoteux, celles de l'ammoniaque, ainsi que l'effervescense lente à froid des dissolution de l'azotite d'ammoniaque. J'ai retrouvé la même formation en faisant agir l'effluve sur d'autres corps, notamment sur les acides acétique et propionique.

(5). *Acide carbonique, azote et hydrogène*

$$\text{environ : } 1^v + 1^v + 2^v;$$

vingt-quatre heures d'effluve :

Gaz initial.....	$CO^2 = 100$	Gaz final.....	CO^2, CO nuls
	$H^2 = 200$		$H^3 = 13,5$
	$Az^2 = 114$		$Az^2 = 64,8$

Rapports des éléments condensés :

$$CH^{3,73} Az\, H^2; \quad \text{soit} \quad CH^{0,73} O^2 + Az\, H^3 \quad \text{ou} \quad CH^{1,73}(Az\, H^2)O^2$$

formule voisine de $CO\, Az\, H^2, H^2 O$; ou plutôt d'un composé amidé qui dériverait, par substitution, d'un générateur plus oxydé que l'oxyde de carbone, tel qu'un dérivé uréique complexe. Mais je n'insiste pas, de tels produits nécessitant une étude plus spéciale.

En résumé :

1° L'oxyde de carbone et l'acide carbonique, en réagissant sur un excès d'hydrogène, se condensent, sous l'influence de l'effluve électrique, en hydrate de carbone

$$\left.\begin{array}{l} n\,(CO\ +\ H^2) \\ n\,(CO^2 + 2\,H^2) \end{array}\right\} = C^n H^{2n} O^n - m\,H^2O.$$

Cette formation doit être rapprochée à la fois des réactions physiologiques qui condensent l'acide carbonique et l'eau, en formant également des hydrates de carbone dans les végétaux.

Et des réactions pyrogénées, qui ont pour point de départ la formation du résidu CH^2O, dans la distillation sèche des sels de l'acide formique (t. I, p. 239 et 262); je rappellerai que ces derniers dérivent pareillement de la réaction de l'oxyde de carbone et de l'eau.

En effet, qu'il me soit permis de rappeler que j'avais, dès l'origine de mes recherches sur la synthèse des carbures d'hydrogène en 1860 ([1]), insisté sur la genèse de ce résidu fondamental CH^2O

$$2\,CH\,MO^2 = CH^2O + CO^3M$$

et sur sa métamorphose pyrogénée, d'abord en formène

$$2\,CH^2O = CO^2 + CH^4,$$

et consécutivement, par perte d'hydrogène, en carbures condensés.. $C^n H^{2n}$.

J'ai découvert la production du formène et celle de l'éthylène et de ses homologues par cette méthode, en opérant avec l'acide formique préparé spécialement au moyen de l'oxyde de carbone; c'est-à-dire au moyen du même générateur que les produits dérivés de l'action de l'effluve. Ajoutons que j'ai particulièrement insisté, dans mes *Leçons sur les méthodes générales de synthèse en Chimie organique,* professées au Collège de France en 1864 ([2]), sur les relations suivantes : la formation de ce groupement CH^2O, dérivé expérimentalement de l'acide carbonique et de l'eau, — au même titre qu'en dérivent les principes immédiats des plantes, — conduit à rapprocher les mécanismes de condensation moléculaire,

---

([1]) *Chimie organique fondée sur la synthèse,* t. I, p. 13 et 24. Ce résidu était écrit en équivalents CHO.

([2]) Publiées la même année chez Gauthier-Villars. *Voir* p. 181.

qui règlent la synthèse physiologique des principes végétaux, des mécanismes qui déterminent la synthèse pyrogénée des carbures d'hydrogène.

Les expériences actuelles montrent que les synthèses électriques procèdent également du même groupement et des mêmes composés binaires. Elles sont dès lors en connexion étroite avec la première série de mes expériences de synthèse.

2° Dans la réaction des oxydes de carbone et de l'hydrogène, sous l'influence de l'effluve, dès que l'hydrogène commence à faire défaut, on obtient des composés condensés plus oxydés.

3° Ajoutons de l'azote aux mélanges de l'hydrogène avec les oxydes de carbone, nous obtenons, lorsque ces oxydes ne sont pas en excès, des composés très riches en azote, de la formule

$$(CO\,H^3\,Az)^n \quad \text{ou} \quad (CO\,H^3\,Az)^n - m\,H^2\,O,$$

composés dont la formule répondrait à celle des polymères de l'acide cyanhydrique et de leurs hydrates, et plus spécialement à celle des corps de la série urique, ou xanthinique.

Si les oxydes de carbone sont en excès, les composés azotés résultant de leur condensation se rattachent aux mêmes séries, ainsi qu'à la série des uréides.

4° Dans les cas où il se forme de l'eau libre au cours de ces réactions, — ce qui arrive particulièrement en partant de l'acide carbonique, — on voit apparaître l'azotite d'ammoniaque, produit normal de la fixation de l'azote sur les éléments de l'eau.

Tels sont les caractères fondamentaux des réactions de l'effluve, poussés à leur limite, sur les mélanges que les oxydes de carbone constituent avec l'hydrogène et l'azote.

CHAPITRE XXXVII.

ACTIONS CHIMIQUES EXERCÉES PAR L'EFFLUVE ÉLECTRIQUE SUR LES CARBURES D'HYDROGÈNE GAZEUX [1].

J'ai étudié les carbures gazeux les plus simples, générateurs de tous les autres, tels que le formène et l'hydrure d'éthyle, types des carbures saturés, $C^n H^{2n+2}$;

L'éthylène et le propylène, types des carbures incomplets du premier ordre, $C^n H^{2n}$;

L'acétylène et l'allylène, types des carbures incomplets du second ordre, $C^n H^{2n-2}$.

J'y ai joint le triméthylène, qui présente le·cas d'isomérie le plus simple qui soit connu parmi les gaz.

Je rappellerai que j'ai exposé ailleurs certaines réactions de l'effluve sur la benzine et sur les mélanges de sa vapeur, tant avec l'hydrogène qu'avec l'azote [2], la benzine étant le type des carbures cycliques, c'est-à-dire à saturation relative [3].

Je vais exposer les résultats obtenus par l'action propre de l'effluve sur ces carbures, envisagés isolément, et sur leur mélange avec l'azote libre.

I. — Formène : CH^4.

(1). *Formène* pur.

Vingt-quatre heures d'effluve.

Gaz initial........ $CH^4 = 100^{vol}$ Gaz final .... $H^2 = 105^{vol},2$

$$CH^4 = \quad 4^{vol},4$$

[1] *Annales de Chimie et de Physique*, 7ᵉ série, t. XVI, p. 31; 1899.

[2] *Essai de Méc. chim.*, t. II, p. 380 et 382; 1879.

[3] *Annales de Chimie et de Physique*, 7ᵉ série, t. XI, p. 36; 1897.

Le formène a perdu la moitié de son hydrogène et même un peu plus, sa décomposition étant presque accomplie.

Rapports exacts des éléments condensés : $C^8H^{14,4}$, ou $C^{10}H^{18}$.

Au début, le formène produit un peu d'acétylène, qui disparaît ensuite en se condensant.

Dans mes anciennes expériences (1877), le formène avait formé un carbure à odeur d'essence de térébenthine; tandis que le **térébenthène** avait fixé l'hydrogène suivant les rapports voisins des précédents, $C^{10}H^{16} + H^{2,5}$ ([1]), en se polymérisant.

(2). *Formène et azote :* $CH^4 + Az^2$.
Volumes égaux. Vingt-quatre heures d'effluve.

Gaz initial : $CH^4 = 100$ vol.   Gaz final : $H^2 = 115,7$
$Az^2 = 100$ $CH^4 = 3,4$
$Az = 74,1$
Az absorbé $= 25,9$

Rapport des éléments condensés :

$$C^2H^3Az \qquad \text{ou} \qquad [C^2H(AzH^2)]^n.$$

On peut regarder le produit comme une tétramine $C^8H^{12}Az^4$, se rattachant au précédent carbure C^8H^{14}; lequel dérive du formène, c'est-à-dire des résidus CH et CH^2 de ce dernier.

Ce corps est solide et bleuit le papier de tournesol humide. Il a la formule d'une acétylénamine polymérisée : on connaît, en effet, quelques dérivés appartenant à ce type (*voir* le Traité de Beilstein).

II. — Hydrure d'éthyle (éthane) : C^2H^6.

(1). *Hydrure d'éthyle pur :* C^2H^6.
Vingt-quatre heures d'effluve.

Gaz initial : $C^2H^6 = 100$ vol.   Gaz final : $H^2 = 107,8$
$CH^4 = 0,7$ (ou $C^2H^6 = 0,35$)

Le carbure a perdu un tiers de son hydrogène, et même un peu plus.

Rapports exacts des éléments condensés :

$$C^2H^{3,66} \quad \text{ou} \quad C^8H^{14,6} \quad \text{ou} \quad C^{10}H^{18}.$$

([1]) *Essai de Méc. chim.*, t. II, p. 379 et 382; 1879.

Ce sont les mêmes rapports sensiblement que pour le formène; quoique le produit ne semble pas identique. L'odeur rappelle également celle de l'essence de térébenthine et celle de certaines huiles dites de *vin,* obtenues par l'action de l'acide sulfurique sur les composés éthyliques. J'ai signalé ailleurs ([1]) la formation d'un produit analogue dans la réaction de l'effluve sur l'alcool *liquide.*

(2). *Hydrure d'éthyle et azote* : $C^2H^6 + Az^2$. — Volumes égaux, vingt-quatre heures d'effluve.

Gaz initial : $C^2H^6 = 100$ vol.	Gaz final : $H^2 = 98,2$
$Az^2 = 100$ vol.	$CH^4 = 3,0$
	$Az^2 = 73,5$
	Az absorbé $= 26,5$

Rapports exacts des éléments condensés :

$$C^2H^{3,96}Az^{0,535}.$$

Le produit est analogue à celui du formène.

Le carbure a perdu, comme plus haut, son excès d'hydrogène, par rapport à l'éthylène, et même un peu plus.

Ces rapports répondent à

$$C^{16}H^{32}Az^4 \qquad \text{ou} \qquad [C^8H^{12}(AzH^2)^2]^n,$$

tétramine dérivée du carbure C^8H^{14}; ou plutôt, comme ce carbure lui-même, de la soudure de résidus C^2H^3 et C^2H^5, dérivés de l'éthylène.

On remarquera que le rapport du carbone à l'azote, dans le dérivé de l'hydrure d'éthyle, est la moitié seulement du rapport observé pour le dérivé du formène : ce qui s'accorde avec l'origine de ces deux dérivés, comme avec la différence de constitution des carbures condensés générateurs C^8H^{14}.

III. — Éthylène : C^2H^4.

(1). *Éthylène pur :* C^2H^4.

Le gaz pur diminue rapidement sous l'influence de l'effluve, en formant d'abord un liquide, déjà observé par P. Thenard et par

---

([1]) *Annales de Chimie et de Physique,* 7ᵉ série, t. XVI, p. 14; 1899.

moi-même [1]. En même temps prennent naissance un peu d'acétylène et d'hydrure d'éthyle.

En prolongeant l'action vingt-quatre heures, on a obtenu

Gaz initial.... 100 volumes   Gaz final.... H^2 = 25,15
                                »   .... C^2H^6 = 4,35

Il ne restait pas d'acétylène.

Il en résulte pour les produits condensés les rapports $C^2H^{3,4}$, rapports voisins de $(C^8H^{14})^n$;

Ce sont les mêmes sensiblement que pour C^2H^6. Dans mes anciens essais, j'avais trouvé $C^{10}H^{16,6}$, très voisin de C^8H^{14}.

(2). *Éthylène et azote:* $C^2H^4 + Az^2$.
Volumes égaux. Vingt-quatre heures d'effluve.

Gaz initial...... C^2H^4 = 100   Gaz final..... H^2 = 28,6
                  Az^2 = 100   »   ..... C^2H^6 = 0,4
                                                     Az = 72,5
                                      Az absorbé ...   27,8

Ni acétylène, ni gaz ammoniac sensible. Produit condensé semblable aux précédents, alcalin et doué de même d'une odeur qui rappelle le cacao grillé et certains dérivés de la xanthine.

Rapports des éléments condensés : $C^{16}H^{32}Az^4$; les mêmes sensiblement que pour l'hydrure d'éthyle.

Le volume de l'azote fixé est sensiblement égal à celui de l'hydrogène éliminé.

IV. — Acétylène : C^2H^2.

(1). *Acétylène:* C^2H^2. — Ce gaz pur, soumis à l'action de l'effluve, se condense avec une grande rapidité, en donnant naissance à des produits d'abord liquides [2], puis solides, que j'ai examinés à diverses reprises [3]. Leur décomposition par la chaleur est explosive : ce qui atteste le caractère endothermique de ces polymères; elle développe, entre autres, du styrolène. Ces produits absorbent rapidement l'oxygène de l'air.

---

[1] *Essai sur la Mécanique chimique,* t. II, p. 379.
[2] Signalés par P. Thénard.
[3] *Ann. de Chim. et de Phys.,* 5ᵉ série, t. X, p. 67; 1877. — Le présent Ouvrage, t. I, p. 117.

Cette prompte condensation de l'acétylène s'opère, en laissant seulement subsister 2 centièmes d'un gaz, constitué par $1,8$ d'hydrogène; $0,8$ d'éthylène et $0,08$ de C^2H^6.

(2). *Acétylène et azote :* $C^2H^2 + Az^2$, à volumes égaux. — Condensation rapide de l'acétylène, comme s'il était libre. Mais si l'on maintient les produits en contact avec l'azote, ce dernier gaz est absorbé en proportion sensible.

100 volumes de C^2H^2 ont absorbé, après vingt-quatre heures, $11,4$ volumes d'azote. Il ne restait pas d'hydrogène sensible, ni de carbure gazeux.

Rapports des éléments dans le produit condensé

$$C^{18}H^{18}Az^2 \quad \text{ou} \quad C^{16}H^{16}Az^2.$$

La première formule est la même que pour le dérivé azoté de la benzine ([1]). En tout cas, ce dérivé de l'acétylène est très différent des dérivés de l'éthylène et de son hydrure.

V. — Propylène : C^3H^6.

(1). *Propylène :* C^3H^6 pur. Préparé avec l'iodure d'allyle et le mercure.

Sous l'influence de l'effluve, le carbure se condense rapidement en un liquide. Au bout de peu d'heures, la limite est atteinte. Cependant, j'ai cru devoir prolonger l'action, pour rendre les résultats comparatifs avec ceux fournis par les autres carbures.

Dans ces conditions, le volume gazeux, qui avait d'abord diminué, éprouve ensuite une augmentation sensible. En définitive, j'ai obtenu :

Gaz initial, C^3H^6... 100 vol.   Gaz final...... $H^2 = 34,2$

              » ...... $CH^4 = 0,7$

Rapports des éléments condensés : $C^3H^{5,3}$, soit $C^{15}H^{26}$: rapports fort voisins d'un polymère de l'allyle $(C^3H^5)^n$ et également voisins de la composition centésimale des carbures condensés qui dérivent du formène et de l'éthylène.

([1]) Ce dernier répondrait à un dérivé complexe de l'hydrure C^6H^8 et de la benzine C^6H^6, tel que
$$C^6H^5 — C^6H^4 — C^6H^5(Az\,H^2)^2$$

(*Ann. de Chim. et de Phys.*, 7ᵉ série, t. XI, p. 36).

La limite pondérale de stabilité est donc à peu près la même pour les trois séries, sous l'influence de l'effluve.

(2). *Propylène et azote* : $C^3H^6 + Az^2$.

Volumes égaux; vingt-quatre heures d'effluve.

Première réaction rapide, qui répond sans doute à la condensation du carbure, suivie de l'absorption plus lente de l'azote. A la fin, ni acétylène, ni gaz ammoniac; résine blanchâtre à réaction alcaline, de même odeur que le dérivé éthylénique.

Gaz initial...	$C^3H^6 = 100$ vol.	Gaz final........	$H^2 = 17,2$
	$Az^2 = 100$ vol.		$Az = 60,5$
		Azote absorbé...	39.5

Rapports des éléments condensés : $C^3H^{5,65}Az^{0,8}$.

Le rapport du carbone à l'hydrogène est à peu près le même que pour le propylène, sauf un excès sensible d'hydrogène. Le volume de l'azote absorbé est à peu près double de celui de l'hydrogène dégagé. Ces rapports répondent aux suivants, en nombres entiers :

$$C^{15}H^{28}Az^4 \quad \text{ou} \quad C^{15}H^{20}(AzH^2)^4,$$

tétramine qui se rattacherait à un carbure $C^{15}H^{24}$, résultant de la soudure de résidus C^3H^7 et C^3H^5, dérivés du propylène et de l'allylène.

VI — Triméthylène : C^3H^6.

Il existe deux carbures de la formule C^3H^6, le propylène normal et le triméthylène, dont l'existence a donné lieu à diverses théories : les unes le rattachent à la série cyclique, dont il n'offre, cependant, aucun des caractères chimiques ou physiques. Je préfère l'envisager comme le représentant d'une isomérie remarquable, l'isomérie dynamique, en raison de l'excès d'énergie emmagasinée lors de sa formation; excès que constate la détermination de sa chaleur de formation [1]. L'étude de l'action de l'effluve sur ces deux isomères et sur leur mélange avez l'azote offre dès lors un intérêt particulier, indépendamment même de la comparaison de la série propylique avec la série éthylique.

---

[1] *Thermochimie : Données et lois numériques,* t. I, p. 279 et 480. — Le présent Volume, plus loin.

(1). *Triméthylène :* C^2H^6.

Vingt-quatre heures d'effluve.

Réaction sensiblement plus lente qu'avec le propylène, et formation d'un liquide analogue :

Gaz initial...... 100 vol.   Gaz final...... $H^2 = 37,3$

          » ...... $CH^4 = 1,5$

Ce sont à peu près les mêmes chiffres que pour le propylène.

Rapport des éléments condensés : $C^3H^{5.25}$;

Il est sensiblement le même qu'avec le propylène et répond à $C^{15}H^{26}$.

Il semble donc que le polymère électrique soit identique (ou isomérique) pour le propylène et pour le triméthylène.

(2). *Triméthylène et azote :* $C^3H^6 + Az^2$.

Volumes égaux; vingt-quatre heures d'effluve.

Au bout de trois heures, le volume a diminué de moitié; sans doute par l'effet de la condensation du carbure; puis succède une action plus lente, répondant à l'absorption de l'azote :

Gaz initial... $C^3H^6 = 100$ vol.   Gaz final..... $H^2 = 41,4$

                                  » ..... $CH^4 = 1,6$

         $Az^2 = 100$ vol. $Az = 61,4$

                              Azote absorbé..   38,6

Le dégagement de l'hydrogène est le même sensiblement qu'avec le triméthylène pur, et le volume de l'azote absorbé à peu près égal à celui de l'hydrogène dégagé.

Rapports exacts des éléments condensés : $C^3H^{5,15}Az^{0,8}$;

Soit en nombres entiers : $C^{15}H^{26}Az^4$ ou $C^{15}H^{18}(AzH^2)^2$.

Ces rapports sont les mêmes que ceux observés avec le propylène; sauf pour l'hydrogène, la dose éliminée de cet élément étant double, comme s'il y avait un résidu C^3H^5 de plus, à la place de C^3H^7, dans la constitution de la tétramine.

VII. — Allylène : C^3H^4.

(1). *Allylène* pur, C^3H^4 (dérivé de l'acétone chlorhydrique).

Ce gaz se condense rapidement sous l'influence de l'effluve; il a laissé seulement 3,0 centièmes d'hydrogène pur, quantité qui répond à $\frac{1}{10}$ H. Le produit possède une odeur empyreumatique de fumée, tenace, âcre et pénétrante, fort distincte de celle du mésitylène. Il n'est guère volatil à la température ordinaire.

Ces rapports seraient voisins de $(C^{15}H^{19})^2$.

(2). *Allylène et azote* : $C^3H^4 + Az^2$.
Volumes égaux, vingt-quatre heures d'effluve.

100 volumes de C^3H^4 ne laissent ni hydrogène, ni carbure gazeux, ni gaz ammoniac sensibles.

$$\text{Az absorbé} \dots\dots\dots\dots\dots\dots\dots\dots\dots\dots \quad 17,8$$

Rapports des éléments dans le produit condensé : $C^3H^4Az^{0,38}$, voisins de $C^{15}H^{20}Az^2$.

On remarquera que le volume de l'azote absorbé par l'allylène est moitié plus faible que pour le propylène et le triméthylène. Il en est de même, ainsi qu'il a été dit, du dérivé azoté de l'acétylène, comparé avec celui de l'éthylène.

En résumé, sous l'influence de l'effluve :

1° Les carbures acétyléniques, C^nH^{2n-2}, se changent en polymères condensés, sans perte notable d'hydrogène ;

2° Les carbures éthyléniques, C^nH^{2n}, se polymérisent aussi, mais en perdant une dose d'hydrogène répondant à une fraction d'équivalent par molécule de carbure ; c'est-à-dire qu'il se forme des dérivés $(C^nH^{2n})^m - H^2$, m étant égal à 4 ou 5 (ou multiple) : ce qui rapproche ces derniers de la composition centésimale des camphènes. Ils représentent sans doute des carbures cycliques ;

3° Les carbures forméniques, C^nH^{2n+2}, perdent en plus 2 atomes d'hydrogène par molécule ; en formant des dérivés qui semblent identiques avec ceux des carbures éthyléniques, dont les carbures forméniques représentent les hydrures ;

4° Tous les carbures étudiés fixent de l'azote, en formant des composés alcalins de l'ordre des polyamines, probablement cycliques ;

5° Ces polyamines semblent : des tétramines, avec les carbures éthyléniques et forméniques ;

Des diamines, avec les carbures acétyléniques.

Elles dérivent de l'association de l'azote et des carbures polymérisés, d'ordinaire avec perte d'hydrogène, sous l'influence de l'effluve.

En raison de cette perte d'hydrogène, les polyamines peuvent être envisagées comme des composés cycliques, résultant de l'association du groupement amide, AzH^2, avec les résidus du carbure initial générateur; par exemple avec un résidu $C.CH$, dans le cas du formène :

$$CH^4 \quad \text{engendrant} \quad (C.CH.AzH^2)^n;$$

avec les résidus C^2H^3, dans le cas de l'hydrure d'éthyle et de l'éthylène :

$$C^2H^6 \quad \text{et} \quad C^2H^4$$

engendrant

$$[(C^2H^3.C^2H^3.AzH^2)^2]^n = C^{16}H^{32}Az^2;$$

avec le résidu C^3H^4, dans le cas du propylène :

$$C^3H^6 \quad \text{engendrant} \quad (C^3H^4)^5(AzH^2)^4 = C^{15}H^{28}Az^4$$

et avec les résidus C^3H^3, C^3H^4 dans le cas du triméthylène,

$$C^3H^6 \quad \text{engendrant} \quad (C^3H^4)^3(C^3H^3)^2(AzH^2)^4 = C^{15}H^{26}Az^4.$$

Les polyamines formées au moyen de l'acétylène et de l'allylène se rattachent à des types cycliques analogues, mais dans lesquels une diminution plus forte des capacités de saturation du carbone et de l'azote aboutit à des composés où la dose relative de l'azote, comparée à la formule des générateurs, est moitié moins élevée que dans les précédents. Soit, pour le cas de l'acétylène,

$$C^2H^2 \quad \text{engendre} \quad [(C^2H^2)^3C^2.AzH^2]^2;$$

pour le cas de l'allylène,

$$C^3H^4 \quad \text{engendre} \quad C^3H^4(C^3H^3)^4(AzH^2)^2.$$

C'est ici le lieu de déclarer nettement que les formules précédentes sont purement empiriques, et destinées seulement à rendre compte des rapports observés dans la condensation des éléments, les produits étant susceptibles de représenter des mélanges.

Cependant la constitution de ces produits ne comprend ni cyanhydrates, ni dérivés azoïques ou hydraziniques, ainsi qu'il a été dit plus haut et qu'il est établi par l'étude spéciale des réactions des composés organiques appartenant à ces dernières catégories. On comprendra dès lors que je n'essaye pas de transformer de semblables symboles en formules dites *rationnelles* et *systématiques*, aujourd'hui prématurées.

Quoi qu'il en soit, je le répète, il y a là toute une famille de composés nouveaux, très riches en azote, remarquables par leur origine, leur formation directe au moyen de l'azote libre et les mécanismes électriques de leur synthèse.

Terminons par quelques observations sur le caractère général des réactions de l'effluve sur les composés organiques.

Dans les expériences exécutées au moyen de l'effluve sur les composés organiques, l'équilibre final est déterminé par la formation de composés à molécule condensée, solides ou résineux, mauvais conducteurs de l'électricité et peu susceptibles de mobilité relative. Quand le composé initial est faiblement hydrogéné, tous les gaz peuvent demeurer absorbés ; tandis que s'il est plus riche en hydrogène, une portion plus ou moins notable de ce dernier devient libre. Les choses se passent ici comme dans la réaction de l'effluve sur les hydrures minéraux : hydrogène sulfuré, sélénié, phosphoré, arsénié, etc., d'après mes anciennes expériences (¹) : un hydrure condensé et solide demeurant fixé à la surface du verre dans toutes ces réactions, tandis que l'excès d'hydrogène se dégage.

Ainsi l'hydrogène étant envisagé dans les hydrures de métalloïdes : carbone, soufre, sélénium, phosphore, etc., comme jouant le rôle d'élément électropositif, cet élément tend à devenir libre ; tandis que l'élément antagoniste s'accumule au sein d'une molécule de plus en plus condensée.

Une accumulation semblable de l'élément électronégatif s'observe également d'après mes expériences sur la formation, sous l'influence de l'effluve, des acides persulfurique, perazotique (²), percarbonique (³), iodique, etc., comme de l'ozone lui-même. Ce sont là des phénomènes fondamentaux, dans les actions chimiques provoquées par l'effluve électrique.

Lorsque l'effluve agit sur des composés organiques ternaires, les effets sont plus complexes. Ainsi, dans le cas des composés riches en oxygène, il se forme d'abord de l'oxyde de carbone, de l'acide carbonique et de l'eau, composés susceptibles d'exercer certaines actions réciproques dont j'ai fait une étude spéciale (⁴).

Quant aux composés azotés, la plupart d'entre eux absorbent

(¹) *Essai de Mécanique chimique*, t. II, p. 377.
(²) *Ann. de Chim. et de Phys.*, 5ᵉ série, t. XXII, p. 432.
(³) *Ann. de Chim. et de Phys.*, 5ᵉ série, t. XVII, p. 144.
(⁴) *Annales de Chimie et de Physique*, 7ᵉ série, t. XVI; 1899.

l'azote, en engendrant des composés plus azotés. Cependant il en
est quelques-uns, fort rares à la vérité, qui, en raison de leur
richesse en azote, ou de leur constitution azoïque, sont susceptibles
de dégager de l'azote libre.

En général, l'azote fixé sous l'influence prolongée de l'effluve
paraît l'être à l'état de dérivé ammoniacal, c'est-à-dire amidé ou
aminé, spécialement à l'état de polyamine. Je n'ai pas observé de
dérivé azoïque ou nitrosé stable [1], ou de dérivé nitré, ou de dérivé
hydrazinique. Il n'apparaît pas davantage d'acide cyanhydrique
libre, ou de cyanhydrate d'ammoniaque, ou d'autre base, sous l'influence de l'effluve : ce qui contraste avec la formation de l'acide
cyanhydrique par l'action de l'étincelle [2].

Tels sont les résultats généraux que j'ai observés en étudiant les
réactions chimiques de l'effluve sur les gaz hydrocarbonés. Ils se
résument en un double mouvement :

L'un de décomposition des principes mis en expérience, tendant
à séparer l'hydrogène et les composés binaires les plus simples ;

L'autre de condensation ou polymérisation, avec formation de
composés complexes, de l'ordre le plus élevé.

Il est digne de remarque que ce double mouvement se retrouve
également au début des actions pyrogénées ; pourvu que les produits
soient soustraits, par un refroidissement brusque, aux décompositions totales qui résultent de l'action prolongée des hautes températures [3]. A un point de vue non moins général, peut-être est-il
permis de rapprocher les actions de l'effluve des transformations
chimiques accomplies dans le cours de la nutrition et de l'évolution
des êtres vivants : transformations pendant lesquelles les combinaisons venues du dehors, à titre d'aliments, tendent à se résoudre
d'abord en principes plus simples, qui se recombinent aussitôt,
pour constituer les principes immédiats, nécessaires à l'entretien
de la vie. L'action de l'effluve électrique mérite à cet égard une
attention toute particulière, surtout si l'on tient compte des phénomènes et courants électriques développés incessamment dans
les tissus des animaux vivants.

---

[1] Sauf dans certains cas, où l'azote en présence de l'eau produit de l'azotite
d'ammoniaque, ou des corps congénères.

[2] *Essai de Mécanique chimique,* t. II, p. 355 ; 1879. — Le présent Ouvrage,
t. I, p. 269.

[3] *Essai de Mécanique chimique,* t. II, p. 380 et 381 ; 1879.

LIVRE IV.

ÉTUDES SUR LES SÉRIES PROPYLIQUE, ALLYLIQUE, TERPÉNIQUE ET CAMPHÉNIQUE.

INTRODUCTION.

L'ensemble de mes recherches sur les carbures d'hydrogène comprend des études spéciales sur des séries très importantes qui n'appartiennent pas au groupe des carbures pyrogénés proprement dits, à savoir : la série propylique, la série allylique, qui en dérive, et la série térébenthénique ou terpénique, avec les séries camphénique et terpilénique qui en dérivent, lesquelles jouent un rôle capital dans la Chimie des végétaux. Les travaux que j'ai consacrés à ces études sont exposés dans les sections suivantes :

Première section : *Séries propylique et allylique,* comprenant trois Chapitres.

J'ai effectué la synthèse de ces deux séries, à partir du propylène libre et à partir d'un dérivé iodé, appelé aussi *iodure d'allyle,* que j'ai obtenu pour la première fois comme produit de réduction de la glycérine.

La série allylique comprend entre autres la synthèse de l'essence de moutarde et celle de l'essence d'ail.

A l'étude du propylène se rattache une isomérie remarquable : celle de ce gaz avec le triméthylène, type de l'isomérie dynamique, étudiée dans la Deuxième Section et comprenant cinq Chapitres.

Enfin, la Troisième Section est consacrée à la série terpénique et aux séries dérivées, c'est-à-dire aux carbures représentés par la formule $C^{10}H^{16}$, à leurs types fondamentaux, à leur synthèse et à celle du camphre, ainsi qu'aux phénomènes d'isomérie dynamique qui caractérisent l'essence de térébenthine, le tout comprenant dix Chapitres.

PREMIÈRE SECTION.

PROPYLÈNE ET PROPYLÈNE IODÉ.

CHAPITRE I.

ACTION DE L'IODURE DE PHOSPHORE SUR LA GLYCÉRINE ([1]).

Dans l'intention de préparer des combinaisons glycériques
analogues à l'éther iodhydrique, nous avons examiné l'action de
l'acide iodhydrique sur la glycérine : les résultats de cette recherche seront indiqués ailleurs; ils diffèrent jusqu'à un certain point de ceux auxquels les autres acides donnent naissance. Nous avons alors tenté d'obtenir des résultats plus nets et
plus réguliers en faisant intervenir l'acide iodhydrique naissant,
suivant un artifice communément employé dans la formation des
éthers iodhydriques. On sait que l'on produit d'ordinaire cet acide
en faisant réagir au sein des alcools l'iode et le phosphore. Après
quelques essais, entravés par la nature sirupeuse de la glycérine,
nous avons cru préférable de recourir à l'iodure de phosphore cristallisé, PI^2.

Cet iodure a donné naissance à des produits imprévus, mais,
peut-être aussi dignes d'intérêt que les substances que nous cher-
chions à préparer. En effet, l'iodure de phosphore, PI^2, ne corres-

---

([1]) En collaboration avec M. S. DE LUCA, *Annales de Chimie et de Physique,*
3ᵉ série, t. XLIII; 1854.

pond pas aux composés oxygénés du phosphore; par suite, il exerce sur la glycérine une action réductrice, et, sans changer le carbone renfermé dans la molécule de cette substance; il s'empare d'une partie de son oxygène, et détermine la séparation du reste à l'état d'eau. La glycérine, $C^3H^8O^3$, produit ainsi le propylène, C^3H^6, et ses composés.

On trouve par là un procédé facile pour reproduire à volonté et préparer en abondance ce nouveau carbure d'hydrogène gazeux, jusqu'ici inconnu dans les laboratoires. L'existence de ce corps a déjà été signalée par MM. Reynolds, Cahours et Hoffmann ([1]), comme provoquée dans la décomposition au rouge de l'huile de pomme de terre, de l'acide valérique, de l'acide pélargonique, etc. Elle a été conclue seulement de la formation des composés chlorés et bromés correspondants. Mais le gaz lui-même n'a jamais été isolé à l'état de pureté.

Nous n'avons pas besoin d'insister sur les réactions nombreuses auxquelles il peut donnner naissance; on sait combien est riche la classe des combinaisons formées par le gaz oléfiant, C^2H^4, homologue immédiat du propylène, C^3H^6.

En résumé le présent Chapitre comprend :

1° L'étude de la réaction qu'exerce l'iodure de phosphore sur la glycérine;

2° L'examen du propylène iodé, C^3H^5I, produit essentiel de cette réaction;

3° La préparation du gaz propylène, C^3H^6;

4° L'action de l'acide iodhydrique sur la glycérine.

I. — Réaction de l'iodure de phosphore sur la glycérine.

Si l'on mélange dans une cornue une partie d'iodure de phosphore cristallisé, PI^2 ou plutôt P^2I^4 ([2]), et une partie de glycérine sirupeuse, une réaction très vive ne tarde pas à se déclarer : un gaz se dégage; deux liquides distillent; une partie de la matière reste dans la cornue..

Le gaz est du propylène, C^3H^6.

Les deux liquides sont de l'eau et du propylène iodé, C^3H^5I.

([1]) *Jahresb.* von J. Liebig, für 1849, 426, et für 1850; 491 (Reynolds); 491 et 496 (Cahours); 396 (Hoffmann).

([2]) Sur la préparation de ce corps, *voir* p. 368.

La matière qui reste dans la cornue est formée de glycérine non décomposée, d'iode, d'une substance iodurée très peu abondante, d'acides oxygénés du phosphore et d'une trace de phosphore rouge.

La température développée dans cette réaction a été déterminée deux fois : elle n'a pas paru dépasser 80 à 100 degrés. Elle varie d'ailleurs avec la vivacité de la réaction ; celle-ci a parfois besoin d'être commencée, et surtout terminée à l'aide d'une douce chaleur. Elle doit être exécutée sur 50 à 100 grammes au plus, et dans une cornue un peu grande.

Après avoir reconnu par l'analyse la nature des substances formées, nous avons cherché dans quelles proportions relatives ces divers corps se produisent ; la connaissance de ces proportions nous a conduits à établir la nature réelle de la réaction.

1° *Iodure de phosphore, propylène iodé, eau.* — Pour 1 demi-molécule d'iodure de phosphore et des poids variables de glycérine, on obtient 1 molécule de propylène iodé, et environ 2 molécules d'eau. C'est ce qui résulte du Tableau suivant :

Substances employées.		Produits obtenus.		
Iodure de phosphore.	Gly-cérine.	Propylène iodé.	Eau.	Observations.
parties.				
100	200	58,8	9,2	Point de matière noire dans
100	100	59,6	10,4	la cornue.
100	100	59,6	10,8	Une matière noire se forme
100	64	61,2	11,6	dans la cornue.
100	57	64,0	15,0	
100	//	58,8	12,4	Selon le calcul.

Chacune de ces expériences a été faite avec 25 grammes d'iodure de phosphore.

On voit dans ce Tableau que pour un même poids, 100 d'iodure de phosphore, et des poids de glycérine compris entre 200 et 57, on obtient 59 à 64 parties de propylène iodé, et 9 à 15 parties d'eau, résultats qui conduisent en moyenne aux rapports atomiques indiqués.

Au-dessous de 57 parties de glycérine, le propylène iodé diminue rapidement et sa production devient irrégulière ; l'apparition des matières noires, même avant ce terme, indique d'ailleurs un changement dans la réaction. Nous y reviendrons tout à l'heure ;

nous donnons seulement ici la suite du Tableau qui précède, afin d'établir ce que nous venons d'annoncer :

Substances employées.		Produits obtenus.		
Iodure de phosphore.	Glycérine.	Propylène iodé.	Eau.	Observations.
parties.				
100	54,0	54,0	9,6	
100	48,0	48,4	11,2	
100	43,2	49,4	11,0	
100	33,3	39,3	"	
100	27,0	34,3	6,7	Le propylène iodé est mélangé avec une autre substance.
100	20,0	26,7	4,7	

2° *Propylène.* — Pour obtenir 1 équivalent de propylène gazeux, il faut employer de 5 à 9 molécules d'iodure de phosphore. C'est ce que montre le Tableau suivant :

Substances employées.		Propylène obtenu.
Iodure de phosphore.	Glycérine.	
gr	gr	cc
10	3,3	40
10	4,0	57
10	10,0	66
10	20,0	56
10	20,0	42
10	30,0	45
10	30,0	52
10	33,0	60
10	40,0	78
10	40,0	74
10	120,0	81

D'après ces nombres, le volume du propylène varie; il dépend surtout du poids de l'iodure de phosphore. Tandis que la glycérine change de 3gr,3 à 120 grammes, le propylène varie simplement de 40 à 81 centimètres cubes.

Pour préparer par cette voie 1 litre de propylène, il faut de 125 à 250 grammes d'iodure de phosphore.

Dans tous les cas, la production du propylène est un phénomène secondaire et limité. Elle résulte sans doute de quelque réaction accessoire, agissant dans le même sens que la réaction principale (formation du propylène iodé).

3° *Glycérine.* — La matière restée dans la cornue varie de nature avec les proportions relatives d'iodure de phosphore et de glycérine. Si l'on fait réagir sur 100 parties d'iodure 100 parties ou plus de glycérine, les produits sont en général ceux indiqués plus haut : la glycérine avec ses caractères et sa composition en forme la plus grande masse. Vient-on à employer, pour 100 parties d'iodure, 64 parties de glycérine ou moins, la substance restée dans la cornue est noire, fixe, insoluble dans les divers dissolvants. Cette substance noire peut même quelquefois se produire quand le poids de la glycérine est égal à celui de l'iodure de phosphore. Aussi la proportion précise de glycérine nécessaire pour en éviter la formation ne saurait être cherchée. Toutefois, le point vers lequel s'opère ce changement paraît compris entre 100 et 64 parties de glycérine : alors même que la glycérine est réduite à 57 parties, la réaction fournit encore la même quantité d'eau et de propylène iodé. Aussi avons-nous cru pouvoir adopter comme limite théorique de la réaction les rapports suivants : 2 molécules de glycérine (64 parties) pour 1 demi-molécule (100 parties) d'iodure de phosphore.

Nous avons dit que, si l'on fait réagir poids égaux de glycérine et d'iodure de phosphore, la substance restée dans la cornue est surtout formée par de la glycérine. Cette glycérine est en partie libre et en partie unie à des acides oxygénés du phosphore. Nous n'avons pu l'en dégager assez complètement pour la doser, malgré des traitements réitérés par l'oxyde de plomb. Les sels ainsi constitués par cet oxyde n'ont paru contenir aucun principe organique nouveau. Quant à la glycérine, nous l'avons retirée de ce mélange en proportion considérable. Purifiée par l'hydrogène sulfuré et analysée, elle a fourni, dans deux opérations distinctes :

	I.	II.
C	38,6	39,5
H	8,7	8,3

La formule, $C^3H^8O^3$, exige :

C	39,1
H	8,7

Cette glycérine présentait les propriétés ordinaires : état, saveur, fixité relative, solubilité dans l'eau et dans l'alcool absolu, précipitation partielle de la dernière solution par son volume d'éther, etc. Seulement elle produisait, en quantité notable, des cendres iodurées, lesquelles ont été déduites.

Les analyses qui précèdent étaient essentielles pour établir que la réaction ne donne pas lieu à une quantité notable de quelque principe carboné, autre que ceux indiqués plus haut.

4° *Iode.* — Pour évaluer l'iode resté dans la cornue sous diverses formes, nous avons fait une opération spéciale sur 25 grammes d'iodure de phosphore et 25 grammes de glycérine. Nous avons ainsi trouvé :

Dans la partie volatile....	Iode contenu dans le propylène iodé	11,2
Dans la partie fixe.......	Iode resté en solution dans la glycérine et précipitable par le nitrate d'argent, après un traitement par l'acide sulfureux 5,8	
	Iode contenu dans une substance iodurée noirâtre et insoluble, mais destructible à froid par SO² 5,4	11,4
	Iode contenu dans un composé stable mêlé à la glycérine et non précipitable par le nitrate d'argent........ 0,2	

$$\text{Total de l'iode dosé.............. } 22,6$$

Or, d'après le calcul, 25 grammes d'iodure de phosphore renferment en iode... 22,3

Ainsi la moitié de l'iode est restée dans la cornue.

D'après le volume d'acide sulfureux employé dans l'expérience précédente, cet iode peut être considéré comme se trouvant à l'état libre, ou sous une forme très voisine de cet état ([1]).

5° *Phosphore rouge.* — En ce qui touche les composés du phosphore, nous nous sommes bornés à vérifier que la quantité de ce

---

[1] Une petite partie de l'iode forme un composé stable spécial, indiqué plus haut. Ce composé a été extrait par la potasse et l'éther. C'est un liquide sucré, sirupeux, fixe, semblable à l'hémi-iodhydrine ; sa densité est égale à 1,54 ; il laisse 1 pour 100 de cendres, et renferme :

$$C = 33,8, \quad H = 6,1, \quad I = 43,8.$$

métalloïde mise à nu sous forme de phosphore rouge était très minime et négligeable. Elle croît avec la glycérine. La nature du phosphore rouge a d'ailleurs été vérifiée. Voici les nombres trouvés :

Substances employées.		
Iodure de phosphore.	Glycérine.	Phosphore rouge obtenu.
10	10	trace.
10	20	0,007
10	30	0,017
10	40	0,038
10	120	0,120
10	120	0,140

Si l'iodure est mélangé incomplètement avec la glycérine, le phosphore rouge est plus abondant.

D'après ces diverses déterminations, la réaction principale qu'exerce l'iodure de phosphore sur la glycérine paraît devoir se représenter par l'équation suivante :

$$\tfrac{1}{2}P^2I^4 + 2C^3H^8O^3 = C^3H^5I + 2H^2O + I + (C^3H^8O^3 + \tfrac{1}{2}P^2O^3 - \tfrac{1}{2}H^2O)\ (1).$$

Ainsi la production du propylène iodé est due à une action réductrice, exercée directement par l'iodure de phosphore sur la glycérine. De telles réductions sont rares en Chimie organique : aussi avons-nous cru devoir multiplier les expériences pour expliquer nettement la nature réelle du phénomène.

On remarquera que le propylène iodé renferme tout le carbone de la glycérine disparue : or il contient 3 atomes de carbone, comme la glycérine.

En raison de ce rapprochement, la formation du propylène iodé, et consécutivement du propylène, constitue une réaction caractéristique de la glycérine. Elle permettra de constater avec certitude la nature de cette substance, parfois difficile à distinguer d'autres matières fixes, sucrées et sirupeuses, fort communes dans les produits naturels. Nous avons fait quelques expériences relatives à ce caractère spécial de la glycérine : le sucre, l'amidon, la mannite réagissent sur l'iodure de phosphore sans former de propylène iodé. Toutefois la glycérine doit être à peu près

---

(1) La parenthèse représente les composés oxygénés du phosphore, mélangés et combinés avec l'excès de glycérine.

pure pour donner lieu à ce composé : mélangée avec neuf fois son poids de sucre, elle n'a fourni aucun résultat. Quand elle est pure, 1 gramme ou même beaucoup moins de glycérine suffisent pour obtenir du propylène iodé ; puis, à l'aide de ce corps, du propylène gazeux, parfaitement caractérisé.

II. — Du propylène iodé [1].

Nous avons fait une étude spéciale du propylène iodé, produit essentiel de la réaction que nous venons de décrire.

Le propylène iodé, C^3H^5I, forme la presque totalité du composé volatil. Pour l'obtenir pur, on distille ce composé, et l'on recueille séparément ce qui passe à 101 degrés.

La substance ainsi obtenue donne à l'analyse, sur 100 parties :

$$
\begin{aligned}
&C\dots\dots\dots\dots\dots\dots\dots\dots\dots\quad 21,5\\
&H\dots\dots\dots\dots\dots\dots\dots\dots\dots\quad 3,2\\
&I\dots\dots\dots\dots\dots\dots\dots\dots\dots\quad 75,7\\
&\overline{\hphantom{xxxxxxxxxxxxxxxxxxxxxxxxxxxxxx}100,4}
\end{aligned}
$$

La formule C^3H^5I exige :

$$
\begin{aligned}
&C\dots\dots\dots\dots\dots\dots\dots\dots\dots\quad 21,4\\
&H\dots\dots\dots\dots\dots\dots\dots\dots\dots\quad 3,0\\
&I\dots\dots\dots\dots\dots\dots\dots\dots\dots\quad 75,6\\
&\overline{\hphantom{xxxxxxxxxxxxxxxxxxxxxxxxxxxxxx}100,0}
\end{aligned}
$$

C'est un liquide insoluble dans l'eau, soluble dans l'alcool et dans l'éther, d'une odeur éthérée, puis alliacée. Sa saveur présente d'abord un goût sucré, puis elle irrite les gencives. Incolore au moment de sa préparation et demeurant tel dans l'obscurité, il se colore et rougit rapidement par l'action de l'air et de la lumière ; il répand alors des vapeurs extrêmement irritantes, dont les propriétés rappellent celles de la moutarde.

Sa densité est égale à 1,789 à 16 degrés.

Ce corps présente diverses réactions intéressantes, dont nous poursuivons l'étude. Nous indiquerons dès à présent avec détails l'action qu'exerce sur lui l'ammoniaque, et nous terminerons en montrant comment le propylène iodé fournit le moyen d'obtenir en abondance le propylène.

---

[1] Synthèse. Iodure d'allyle ; éther allyliodhydrique.

1. L'ammoniaque décompose le propylène iodé et forme de l'iodhydrate de propylammine (ou d'un alcali isomère). En effet, le propylène iodé se dissout au bout de 40 heures de contact à 100 degrés dans l'ammoniaque aqueuse; une pellicule huileuse différente du propylène iodé, mais non examinée, nage à la surface de cette solution.

Nous avons ajouté de la potasse au liquide aqueux, et nous l'avons distillé, en condensant les vapeurs dans l'acide chlorhydrique. L'acide évaporé à sec, nous avons traité le résidu fixe par l'alcool ordinaire, évaporé à sec de nouveau, et repris par l'alcool absolu. Cet alcool, évaporé de rechef, a laissé un chlorhydrate fusible et déliquescent.

Nous avons redissous cette substance dans une petite quantité d'eau, nous avons ajouté du bichlorure de platine concentré, et nous avons fait recristalliser dans l'eau bouillante le précipité formé. Des aiguilles jaunes se sont déposées, et ont été analysées, après lavage et dessiccation dans le vide. Nous avons trouvé :

	1re préparation. I.	2° Préparation.		
		I.	II.	III (1).
C	13,2	13,0	»	13,1
H	3,9	3,8	»	3,8
Pt	»	37,5	37,9	37,6

Ces analyses conduisent à la formule suivante :

$$C^3 H^9 Az. HCl. PtCl^2,$$

laquelle exige :

C	13,6
H	3,8
Pt	37,3

---

(1) Cette dernière analyse a été exécutée de la manière suivante : On a chauffé au rouge de l'oxyde de cuivre, dans un long tube ouvert par les deux bouts. Par un des bouts était dirigé un courant d'oxygène pur et sec. Un certain espace séparait de l'oxyde de cuivre l'orifice d'entrée de l'oxygène. Après un temps suffisant, on adapta à l'extrémité opposée les vases ordinaires, destinés à recueillir l'eau et l'acide carbonique, et l'on glissa par l'autre bout une nacelle de platine, renfermant le sel pesé. Puis on a chauffé au rouge cette nacelle, sans interrompre le courant d'oxygène. Ce mode d'opérer permet de doser l'hydrogène avec une grande exactitude; il fournit d'ailleurs sur un même échantillon le carbone, l'hydrogène et le platine; il s'applique fort bien aux substances fixes et pas trop carburées.

Le sel de platine qui précède, chauffé légèrement avec de la potasse, se décompose tout à coup. On obtient par là :

1° Un gaz, formé de l'air des appareils et d'une vapeur inflammable, dont l'odeur rappelle l'ammoniaque et la marée, vapeur très soluble dans l'eau, et s'en dégageant par l'ébullition.

2° Un liquide; liquide constitué par une solution aqueuse très alcaline, d'une odeur analogue à la précédente, entrant en ébullition, soit qu'on le porte à 5o ou 6o degrés, soit qu'on y ajoute des morceaux de potasse. Il dégage par là une vapeur ammoniacale inflammable.

D'après ces faits, l'ammoniaque, en réagissant sur le propylène iodé, produit un alcali particulier très volatil. Cet alcali se représente par la formule

$$C^3H^9Az.$$

Son analyse, ses propriétés et son origine conduisent à le regarder comme de la *propylamine*.

Cette formation de l'alcali C^3H^9Az, par le propylène iodé et l'ammoniaque, semble exiger que le premier corps subisse une décomposition spéciale et donne naissance, à côté de l'alcali précédent, à des composés moins hydrogénés qu'il ne l'est lui-même.

Nous n'avons pas fait une étude complète de cette réaction; toutefois nous avons observé un autre composé, très particulier, et dont la formation pourrait peut-être servir à l'expliquer. Voici comment s'isole ce composé :

A la solution aqueuse de potasse, employée pour mettre en liberté l'alcali C^3H^9Az, nous ajoutons peu à peu de l'acide chlorhydrique en très léger excès, puis nous évaporons au bain-marie. Il se sépare par là de longues aiguilles d'un noir violacé, semblables au permanganate de potasse.

Ces cristaux, étant chauffés, fondent et se décomposent, en dégageant de l'iode et des vapeurs inflammables; ils laissent un charbon combustible sans résidu. Ils sont insolubles dans l'eau, très légèrement solubles dans une solution chaude d'iodure de potassium, peu ou point solubles dans le sulfure de carbone. L'alcool absolu et l'éther les dissolvent en petite quantité. Nous les avons fait recristalliser dans l'éther, puis analysés. Mais deux préparations ont donné des nombres fort différents, malgré l'apparence identique du composé.

Voici ces nombres :

	I.	II.
C	26,0	23,0
H	4,1	2,4
Az	1,5	0,3
I	61,6	69,8
O	6,8	4,5 (1)
	100,0	100,0

2. L'acide nitrique fumant détruit instantanément le propylène iodé, en précipitant l'iode.

3. L'acide sulfurique, sans action à froid sur le propylène iodé, le charbonne à chaud, en développant une petite quantité de gaz. 1 volume de ce gaz, recueilli sur l'eau, brûle en formant 3 volumes d'acide carbonique, et en absorbant $4\frac{1}{2}$ volumes d'oxygène; il est facilement absorbable par l'acide sulfurique ordinaire. C'est donc du propylène, C^3H^6.

La transformation du propylène iodé en propylène se produit d'une manière plus simple et plus régulière par l'action de l'hydrogène naissant. En effet, si l'on introduit du propylène iodé dans une fiole, contenant un peu de zinc et d'acide sulfurique dilué, et si l'on chauffe légèrement, le propylène iodé est décomposé, et le gaz qui se dégage renferme un quart de propylène. Voici la formule de cette réaction :

$$2\,C^3H^5I + 2\,Zn + H^2O = 2\,C^3H^6 + Zn\,I^2 + Zn\,O.$$

Ce procédé permet d'obtenir le propylène au moyen du propylène iodé, c'est-à-dire de substituer l'hydrogène à l'iode.

4. Une telle substitution inverse peut être réalisée d'une manière plus avantageuse, en faisant intervenir les affinités toutes spéciales du mercure pour l'iode. En effet, si l'on place dans une éprouvette,

---

(1) La formule dont ce dernier composé, presque exempt d'azote, se rapproche le plus est la suivante : $C^6H^8I^2O$.
Elle exige :
$$C = 20,6; \quad H = 2,3; \quad I = 72,6; \quad O = 4,5.$$

On aurait d'ailleurs :
$$4\,C^3H^5I + Az\,H^3 + H^2O = 2\,C^3H^9Az.HI + C^6H^8I^2O.$$

Ce qui expliquerait la formation de la propylamine.

sur le mercure, un peu de propylène iodé, d'eau et d'acide sulfurique, ou mieux d'acide chlorhydrique (¹), le mercure est attaqué, et un gaz ne tarde pas à se dégager. Ce gaz est du propylène pur, C^6H^6. La réaction continue d'elle-même, jusqu'à destruction complète du propylène iodé.

On peut ainsi transformer en propylène jusqu'aux $\frac{9}{10}$ du propylène iodé pur. La réaction est la suivante :

$$C^3H^5I + HCl + 2Hg = C^3H^6 + HgI + HgCl.$$

Elle permet d'obtenir en abondance le gaz propylène inconnu jusqu'à ce jour à l'état de liberté.

D'après cette formule, 100 grammes de propylène iodé doivent faire disparaître 238 grammes de mercure. L'expérience a été faite avec 100 grammes de propylène iodé et 500 grammes de mercure. Après réaction, 250 grammes de mercure inattaqués ont pu être isolés, une petite quantité demeurant mêlée à l'iodure formé.

On voit que ces nombres confirment sensiblement l'équation qui précède.

III. — Du propylène.

1. Le propylène peut être préparé à l'état de pureté, soit en recueillant le gaz dégagé au moyen de la glycérine et de l'iodure de phosphore, soit en faisant réagir le mercure sur le propylène iodé et l'acide chlorhydrique.

Ce gaz nous paraissant destiné à être étudié dans les cours et dans les laboratoires, en raison de la facilité de sa production, nous croyons devoir en résumer rapidement la préparation.

On prépare l'iodure de phosphore, en dissolvant dans le sulfure de carbone 25 grammes de phosphore et 200 grammes d'iode, et évaporant le dissolvant dans un courant d'acide carbonique sec. On prend alors 50 grammes de cet iodure, et 50 grammes de glycérine sirupeuse; on mêle le tout dans une cornue tubulée, ajustée avec un récipient refroidi. On commence la réaction à l'aide d'une légère chaleur. Dans le récipient refroidi se condensent environ 30 grammes du propylène iodé.

Le produit brut, introduit dans un petit ballon avec 150 grammes de mercure et 50 à 60 grammes d'acide chlorhydrique fumant, ne tarde pas à dégager du propylène; surtout avec le concours

---

(¹) L'eau pure ou mêlée d'acide acétique nous a paru n'exercer aucune action tranchée.

initial d'une très légère chaleur. On obtient par là 3 litres environ du gaz propylène.

Voici les précautions à prendre pour isoler ce gaz parfaitement pur, pureté que l'on constate en l'absorbant par l'acide sulfurique concentré. Si l'on prépare le propylène au moyen de la glycérine et de l'iodure de phosphore, les premières portions renferment quelques bulles d'hydrogène phosphoré; le gaz qui se dégage ensuite n'en contient plus.

Le propylène obtenu au moyen du propylène iodé renferme un peu d'acide chlorhydrique gazeux, corps facile à éliminer. Il retient de plus une trace d'un composé volatil, chloré ou iodé. On condense aisément et complètement ce composé, en dirigeant le propylène à travers un tube refroidi à — 40 degrés (mélange de glace et de chlorure de calcium). La densité du gaz (*voir* plus loin) a été déterminée avec cette précaution.

2. La formule que nous attribuons au gaz préparé par nous repose sur les données suivantes :

I. 10,0 volumes de ce gaz, analysé par détonation, ont fourni
   30,4 volumes d'acide carbonique, en absorbant
   45,2 volumes d'oxygène.

D'après la formule C^3H^6 (4 volumes) :

   10,0 volumes de propylène doivent fournir
   30,0 volumes d'acide carbonique en absorbant
   45,0 volumes d'oxygène.

II. La densité de notre gaz a été trouvée égale à 1,498.

$$\text{Or} \quad \frac{1,498}{0,0693} = \frac{\text{densité de ce gaz}}{\text{densité de l'hydrogène}} = 21,7.$$

$$\text{D'ailleurs} \quad \frac{42}{2} = \frac{C^3H^6}{H^2} = 21,0 \ (^1).$$

Le poids du litre est égal à 1^{gr},937.

(^{1}) Si l'on rapportait tout à l'oxygène, on aurait :

$$\frac{1,498}{1,1056} = 1,35 = \text{rapport des densités};$$

$$\frac{525}{100} : 4 = 1,32 = \text{rapport des équivalents}.$$

La densité, calculée par les hypothèses ordinaires, serait égale à 1,478 :

Densité du carbone   = 0,4234 × 6 = 2,540
Densité de l'hydrogène = 0,0693 × 6 = 0,416
$$\overline{2,956} : 2 = 1,478.$$

Voici les données de cette détermination, faite par la méthode de
M. Dumas. Le ballon était muni de deux pointes ; par l'une d'elles
arrivait le courant gazeux :

$$
\begin{aligned}
&\text{Température de l'air}\ldots\ldots\ldots\ldots\ldots\ldots\quad 6^{\circ}\\
&\text{Température du gaz}\ldots\ldots\ldots\ldots\ldots\ldots\quad 0^{\circ}\\
&\text{Baromètre}\ldots\ldots\ldots\ldots\ldots\ldots\ldots\ldots\quad 0^{m},7555\\
&\text{Excès de poids du ballon plein de gaz}\ldots\quad 0^{gr},261\\
&\text{Excès de poids du ballon plein d'eau}\ldots\quad 390^{gr},5
\end{aligned}
$$

III. Les deux données qui précèdent suffisent pour établir la formule

$$C^3 H^6.$$

Elles sont confirmées : 1° par la formation directe du gaz au moyen
du propylène iodé $C^3 H^5 I$; 2° par l'analyse de l'iodure de propylène,
$C^3 H^6 I^2$ (*voir* plus loin).

Les analyses eudiométriques ci-dessus ont été exécutées : d'une
part sur le gaz préparé directement par la glycérine et l'iodure
de phosphore ; de l'autre sur le gaz obtenu au moyen du prop-
pylène iodé.

La densité a été déterminée sur le gaz préparé par le dernier
procédé.

3. Voici quelles propriétés nous avons observées dans l'étude du
propylène.

Ce gaz, à l'état de pureté, possède une odeur particulière, comme
phosphorée, et analogue à certains égards à celle des grèves ma-
rines. Cette odeur se confond avec celle du gaz oléfiant purifié. La
saveur de ce gaz est douceâtre et suffocante.

Refroidi à — 40 degrés, le propylène ne change pas d'état. Il
s'est liquéfié dans le tube de compression, imaginé par l'un de
nous et décrit dans les *Annales de Chimie et de Physique*, 3ᵉ série,
t. XXX, p. 237 (1850). Nous rappellerons que le gaz examiné est
contenu dans la pointe effilée d'un tube de verre épais, rempli de
mercure et fermé à la lampe : c'est la dilatation du mercure échauffé
qui comprime le gaz. Quelques centimètres cubes d'un gaz suffisent
pour en examiner sans aucun danger la liquéfaction. Nous avons
observé que, dans un tube de ce genre, rempli complètement de
mercure à 100 degrés, le propylène introduit dans la pointe, puis

clos par le scellement de celle-ci, s'est liquéfié lorsque le mercure a été porté à 103 degrés ([1]). La pression nécessaire pour produire cette liquéfaction nous paraît comprise entre celle qu'exige le gaz ammoniac et celle qui condense l'acide carbonique. En effet, en opérant dans les mêmes circonstances que ci-dessus, le gaz ammoniac se liquéfie quand le bain atteint 100 degrés, et l'acide carbonique, quand le même bain est porté à 106 ou 107 degrés.

Nous avons étudié l'action de divers dissolvants sur le propylène. Bornous-nous à dire que le fait essentiel, résultant de nos études à cet égard, c'est la grande solubilité du propylène dans les liquides organiques employés. Le gaz oléfiant est déjà plus soluble dans de tels liquides que ne le sont la plupart des gaz neutres; mais le propylène l'est incomparablement davantage. Il se rapproche sous ce rapport de la nature des vapeurs facilement condensables. Cet accroissement de solubilité se manifeste d'une manière curieuse et assez régulière, le propylène étant environ six à huit fois aussi soluble que le gaz oléfiant dans la plupart des liquides organiques examinés.

4. Les analogies entre le propylène et le gaz oléfiant s'observent non seulement dans la composition et les propriétés physiques de ces gaz, mais aussi dans la formation des composés variés, auxquels ils donnent naissance.

Ainsi le propylène est facilement absorbé par le brome; il s'unit à l'iode; il se combine aisément avec l'acide sulfurique fumant et même concentré. L'acide sulfurique mêlé de 2 volumes d'eau absorbe aussitôt, par une agitation médiocre, $\frac{1}{7}$ de son volume de propylène. L'acide chlorhydrique ordinaire, l'acide phosphorique sirupeux, dans les mêmes conditions, ne l'absorbent que faiblement.

Les composés chlorés et bromés du propylène ayant été annoncés par MM. Reynolds et Cahours, nous n'avons pas cru devoir en aborder l'étude; nous nous sommes bornés à préparer l'iodure de propylène.

Si l'on introduit un peu d'iode dans un flacon rempli de propylène, et si l'on expose le mélange au soleil pendant une heure, il

---

([1]) C'est la température du bain d'eau salée, dans lequel la partie principale du tube était chauffée. La température même de la pointe renfermant le propylène et maintenue au sein de l'atmosphère ambiante était égale à 10 ou 15 degrés.

s'y forme rapidement un liquide très lourd, que l'on purifie en l'agitant avec de la potasse : c'est l'iodure de propylène, $C^3H^6I^2$. Ce liquide renferme

$$
\begin{array}{lr}
C\dotfill & 12,4 \\
H\dotfill & 1,9 \\
I\dotfill & 85,8 \\
\hline
& 100,1
\end{array}
$$

La formule $C^3H^6I^2$ exige :

$$
\begin{array}{lr}
C\dotfill & 12,2 \\
H\dotfill & 2,0 \\
I\dotfill & 85,8 \\
\hline
& 1000,0
\end{array}
$$

Cette composition confirme la formule assignée au propylène gazeux.

L'iodure de propylène s'obtient également en chauffant dans un flacon au bain-marie, vers 50 à 60 degrés, le propylène avec l'iode.

L'état liquide de ce composé, ainsi que son odeur, le distinguent de l'iodure cristallisé formé par le gaz oléfiant, et fournissent un nouveau caractère, propre à différencier ces deux gaz.

Récemment préparé, l'iodure de propylène est incolore, et possède une odeur éthérée, analogue au bromure d'éthylène. Mais l'action de l'air et surtout celle de la lumière le colorent rapidement ; il exerce alors sur les yeux une action extrêmement irritante. Il forme sur le papier des taches permanentes, qui se colorent bientôt et ne tardent pas à brunir. Son goût est sucré, puis piquant.

Sa densité est égale à 2,490 à 18°,5.

Refroidi à — 10°, il demeure liquide.

La chaleur le décompose avec mise à nu d'iode.

Chauffé avec de la potasse et de l'alcool, il se décompose, en reproduisant en abondance du propylène, facilement absorbable par le brome et l'acide sulfurique concentré, formant avec l'iode un composé liquide, etc. On obtient en même temps quelques gouttes d'un liquide volatil, différent du propylène iodé et probablement oxygéné.

Cette régénération du carbure, au moyen de son iodure, s'observe également, comme on le sait, avec l'iodure du gaz oléfiant. Elle fournit le moyen d'isoler l'un de ces deux carbures renfermé dans un mélange gazeux. Il suffit, pour cela, de traiter le mélange par l'iode, à une douce chaleur, ou bien au soleil; d'agiter à froid les produits avec un peu de potasse, puis de les faire bouillir avec cette même potasse : le carbure se dégage à l'état de pureté.

CHAPITRE II.

ALLYLE ET ÉTHERS ALLYLIQUES ([1]).

Dans un Mémoire présenté à l'Académie des Sciences le 16 octobre 1854, nous avons montré que la glycérine, traitée par l'iodure de phosphore, donne naissance au propylène iodé, substance remarquable par son activité chimique. En effet, le propylène iodé cède aisément l'iode qu'il renferme aux divers agents avec lesquels on le met en contact, et produit ainsi, tant par substitution que par décomposition simple ou double, une grande variété de composés nouveaux. Il se rapproche par là des éthers iodhydriques, et se prête en général aux mêmes réactions. C'est ainsi que nous avons, d'une part, substitué l'hydrogène à l'iode du propylène iodé et formé du propylène; d'autre part, transformé le propylène iodé en essence de moutarde (ou éther allylsulfocyanique) ([2]).

Cette synthèse de l'essence de moutarde établit des relations extrêmement curieuses entre le propylène iodé et toute une série de composés naturels. En effet, les essences des Crucifères, et notamment les essences d'ail, de raifort, de moutarde, etc., présentent entre elles les mêmes rapports qui existent entre les éthers sulfhydrique, hydrique, sulfocyanique, etc., de l'alcool ordinaire.

Essence d'ail...............	$C^6H^{10}S$;		Éther sulfhydrique.........	$C^4H^{10}S$;
Oxyde d'allyle (Wertheim)..	$C^6H^{10}O$;		Éther hydrique	$C^4H^{10}O$;
Essence de moutarde.......	C^4H^5AzS.		Éther sulfocyanique........	C^3H^5AzS.

Ces rapports ont été surtout établis par les expériences de MM. Wertheim et Will; ces savants les ont étendus aux divers dérivés chimiques de l'essence de moutarde, et ils ont assimilé la théorie de ces dérivés à la théorie des éthers composés.

([1]) En collaboration avec M. DE LUCA, *Annales de Chimie et de Physique,* 3e série, t. XLVIII; 1856.

([2]) Sur la production artificielle de l'essence de moutarde (*Annales de Chimie et de Physique,* 3e série, t. XLIV, p. 496; 1855). Le présent Volume, Chapitre suivant.

La découverte du propylène iodé nous a fourni le moyen de reproduire artificiellement ces diverses essences naturelles : il a suffi, pour atteindre ce but, de former l'essence de moutarde, à l'aide de laquelle toutes les autres avaient déjà pu être préparées. En poursuivant, comme nous l'avions· annoncé dès l'origine ([1]), l'étude des réactions du propylène iodé, nous avons obtenu la série générale des éthers allyliques, dont les essences de Crucifères constituaient seulement des cas particuliers.

En effet, le propylène iodé peut être envisagé comme un éther allyliodhydrique. Traité par les sels d'argent, ou de mercure, selon le procédé appliqué par M. Wurtz à la préparation des éthers butyliques, le propylène iodé forme, par double décomposition, de l'iodure d'argent, ou de mercure, et des composés conjugués, analogues aux éthers.

Tandis que nous poursuivions ces recherches, dont nous avions fait part à un grand nombre de chimistes tant français qu'étrangers ([2]), d'autres savants ont jugé à propos de s'occuper de la même . question, en prenant de même le propylène iodé pour point de départ. Grâce à ce concours inattendu, mais auquel la science ne saurait que gagner, l'histoire des composés allyliques a pris en peu de temps un développement considérable, et cette série est aujourd'hui l'une des mieux connues de la Chimie organique. Nous en indiquerons ici très sommairement l'histoire, d'après nos recherches et celles des diverses personnes qui sont entrées dans la même voie, de façon à résumer la monographie des composés allyliques ; puis nous exposerons avec détail les faits relatifs à l'allyle, l'un des carbures d'hydrogène fondamentaux de la série allylique, et nous terminerons ce Chapitre par quelques considérations générales sur la constitution des corps de cette série.

I. — Éthers allyliques.

Les éthers allyliques sont extrêmement analogues aux éthers éthyliques par l'ensemble de leurs propriétés : ils peuvent être formés et dédoublés par des procédés semblables. Leur odeur est plus pénétrante et plus désagréable. Leur point d'ébullition est en

---

([1]) *Comptes rendus,* t. XXXIX, p. 746, et *Annales de Chimie et de Physique,* 3ᵉ série, t. XLIV, p. 501; 1885.

([2]) Notamment à M Balard, à M. Wurtz, à M. Piria, à M. Cannizzaro, etc.

général supérieur de 20 à 30 degrés à celui des éthers éthyliques correspondants : un éther allylique bout d'ordinaire 15 à 20 degrés plus bas que l'acide, ou le corps oxygéné, qui a concouru à le former.

On prépare les éthers allyliques en faisant réagir à équivalents égaux le propylène iodé (éther allyliodhydrique) et un sel d'argent sec. On opère le mélange à froid. Souvent une première réaction ne tarde pas à se déclarer. Si elle est trop vive, on la modère en refroidissant le mélange, puis on le chauffe légèrement, pour compléter l'action.

Dans le cas où l'éther est volatil, on distille le tout avec précaution, en chauffant au bain d'huile. On traite le produit distillé par un peu d'oxyde d'argent, puis par le chlorure de calcium, et l'on redistille. Dans le cas où le composé allylique est fixe, on l'extrait au moyen de l'éther ; on le purifie par l'oxyde d'argent, ou même par la chaux éteinte, puis on le redissout dans l'éther, etc.

Les éthers mixtes, analogues à ceux de M. Williamson, se préparent en faisant agir simultanément sur l'éther allyliodhydrique la potasse et l'alcool, ou l'alcool amylique, ou la glycérine, etc.

Il est fort difficile d'obtenir les éthers allyliques dans un état de pureté parfaite. En effet, au moment de la formation de ces éthers, se produisent constamment du propylène et divers produits accessoires, tant fixes que volatils.

Les éthers allyliques peuvent être représentés soit au moyen du propylène iodé, uni à l'acide générateur avec élimination d'acide iodhydrique,

$$\underbrace{C^7 H^{12} O^2}_{\substack{\text{Éther} \\ \text{allylbutyrique.}}} = C^3 H^5 I + C^4 H^8 O^2 - HI,$$

soit au moyen de l'alcool allylique, $C^3 H^6 O$, uni à l'acide générateur, avec élimination de 2 équivalents d'eau,

$$C^7 H^{12} O^2 = C^3 H^6 O + C^4 H^8 O^4 - HO^2.$$

Nous avons cru convenable de conserver dans la nomenclature de ces éthers le nom de l'allyle, assigné depuis longtemps aux composés naturels de cette série. Ce nom est consacré par les travaux de MM. Wertheim et Will, et conserve le souvenir des faits établis dans la science avant la découverte du propylène iodé ; il se prête d'ailleurs facilement à la formation des noms composés, et il rappelle les relations des éthers allyliques avec les essences sulfurées naturelles, relations qui donnent à cette série un intérêt tout particulier.

Voici la liste des composés allyliques : nous indiquons la formule de chacun de ces composés, le nom des chimistes qui l'ont découvert ([1]), son point d'ébullition, sa préparation, ses propriétés et réactions particulières.

Allyle ou diallyle C^6H^{10}, B. et L. — Liquide, bout à 59 degrés. Action du sodium sur l'éther allyliodhydrique. *Voir* plus loin.

Bromure de diallyle $C^6H^{10}Br^4$, B. et L. — Solide. Action du brome sur l'allyle.

Iodure de diallyle $C^6H^{10}I^4$, B. et L. — Solide. Action de l'iode sur l'allyle.

Éther allylique $C^6H^{10}O$, B. et L., C. et H. — Liquide, bout entre 85 et 87 degrés. Action de l'oxyde de mercure sur l'éther allyliodhydrique; action de l'éther allyliodhydrique sur l'alcool allylique potassé. Plus léger que l'eau, presque insoluble dans ce liquide; doué d'une odeur analogue au raifort. Forme avec l'acide sulfurique un acide dont le sel de baryte est soluble. Si l'on opère le mélange sans précaution, il se carbonise avec explosion. L'acide nitrique change l'éther allylique en un corps nitré, plus lourd que l'eau. L'iodure de phosphore le transforme en éther allyliodhydrique. Chauffé avec l'acide butyrique à 250 degrés, l'éther allylique se décompose, avec formation d'une petite quantité d'éther butyrique neutre. L'éther allylique présente la même composition que l'oxyde d'allyle de M. Wertheim ([2]); mais l'identité de ces deux corps n'a pas pu être établie.

Éther allylsulfhydrique $C^6H^{10}S$. — Essence d'ail naturelle. Wertheim ([3]).

Éther allyliodhydrique C^3H^5I (propylène iodé), B. et L. — Liquide, bout à 101 degrés. Action de P^2I^4 sur la glycérine. (*Voir* plus haut.) Densité 1,789. Nous avons montré que ce corps peut se changer en propylène C^6H^6.

Éther allylbromhydrique C^3H^5Br, Reynolds ([4]), C. — Liquide,

---

([1]) B. et L. (Berthelot et de Luca), *Annales de Chimie et de Physique,* 3ᵉ série, t. XLIII, p, 257, et t. XLIV, p. 495. et *Comptes rendus,* t. XLII, p. 233. — Z. (Zinin), *Annalen der Chemie und Pharmacie,* t. XCV, p. 128, et t. XCVI, p. 361. — C. et H. (Cahours et Hoffmann), *Comptes rendus,* t. XLII, p. 217.

([2]) GERHARDT, *Traité de Chimie organique,* t. II, p. 394; 1854.

([3]) *Idem,* t. II, p. 396; 1854.

([4]) *Jahrebs. von Liebig für* 1850, p. 495, 496.

bout à 62 degrés. Bromure de propylène et potasse alcoolique. Odeur de poisson pourri. Densité $1,472$.

Alcool allylique. — C^3H^6O, C. et H., Z. — Liquide, bout à 103 degrés. Décomposition de l'éther allyloxalique par l'ammoniaque, ou de l'éther allylbenzoïque par la potasse. Se mêle à l'eau. Odeur piquante ; flamme lumineuse. Le potassium l'attaque comme l'alcool ordinaire, avec formation d'une substance gélatineuse. Les chlorures, bromures, iodures de phosphore le changent en éthers allylchlorhydrique, bromhydrique, iodhydrique. L'acide sulfurique produit de l'acide allylsulfurique, dont le sel de baryte est cristallisable. La potasse et le sulfure de carbone donnent de l'allylxanthate cristallisé. L'acide phosphorique en dégage un gaz combustible. Un mélange d'acide sulfurique et de bichromate de potasse produit de l'acroléine C^3H^4O, et de l'acide acrylique $C^3H^4O^2$.

Éther allyléthylique $C^5H^{10}O = C^3H^6O + C^2H^6O — H^2O$, B. et L., C. et H. — Liquide, bout à $62°,5$. Action de la potasse dissoute dans l'alcool sur l'éther allyliodhydrique ; action de l'éther iodhydrique sur l'alcool allylique potassé. Odeur analogue à l'éther allylique. Insoluble dans l'eau.

Éther allylamylique $C^8H^{16}O = C^3H^6O + C^5H^{12}O — H^2O$, B. et L. — Liquide, volatil aux environs de 120 degrés. Action de la potasse dissoute dans l'alcool amylique sur l'éther allyliodhydrique. Odeur analogue à l'alcool amylique, avec une nuance spéciale.

Triallyline $C^{12}H^{20}O^3 = 3C^3H^6O + C^3H^8O^3 — 3H^2O$, B. et L. — Liquide, bout à 232 degrés. Action de la potasse sur un mélange de glycérine et d'éther allyliodhydrique. Odeur vireuse et désagréable, analogue à celle de certaines Ombellifères. Soluble dans l'éther.

Éther allylphénique, C. et H. — Phénol potassé et C^3H^5I.

Éther allylbenzoïque $C^{10}H^{10}O^2 = C^3H^6O + C^7H^6O^2 — H^2O$, Z., B. et L., C. et H. — Liquide, bout à 230 degrés (B. et L. — 252, Z. — 220°, C. et H.). Benzoate d'argent et C^3H^5I ; alcool allylique et chlorure de benzoïle. Odeur analogue à l'éther benzoïque ; neutre, plus dense que l'eau : insoluble dans ce liquide, soluble dans l'éther.

Éther allylbutyrique $C^7H^{12}O^2 = C^3H^6O + C^4H^8O^2 — H^2O$, B. et L. — Liquide, bout vers 145 degrés. Butyrate d'argent et C^6H^5I. Odeur analogue à l'éther butyrique, mais plus pénétrante. Soluble dans l'éther.

Éther allylacétique $C^5H^8O^2 = C^3H^6O + C^2H^4O^2 — H^2O$, Z., C. et H. — Liquide, bout à 105 degrés. Acétate d'argent et C^6H^5I. Odeur et goût analogues à l'éther acétique, mais plus piquants. Corps plus léger que l'eau; un peu soluble dans ce liquide; miscible avec l'alcool et l'éther.

Éther allyltartrique, B. et L. — Liquide fixe. Tartrate d'argent et C^3H^5I. Sirupeux, neutre, soluble dans l'éther, rapidement décomposé par les alcalis.

Éther allyloxalique $C^8H^{10}O^4 = 2 C^3H^6O + C^2H^2O^4 - 2 H^2O$, C. et H. — Liquide, bout à 207 degrés. Oxalate d'argent et C^3H^5I. Plus lourd que l'eau; odeur analogue à l'éther éthyloxalique. L'ammoniaque le décompose avec formation d'oxamide et d'alcool allylique.

Éther allyloxamique $C^5H^7AzO^3 = C^3H^5O + AzH^3 + C^2H^2O^4 - 2H^2O$, C. et H. — Cristallisé. Éther allyloxalique et AzH^3 ajoutée jusqu'à ce qu'il commence à se former de l'oxamide. Soluble dans l'alcool. .

Éther allylcarbonique $C^7H^{10}O^3 = 2 C^3H^6O + CO^2 - H^2O$, Z., C. et H. — Liquide. Carbonate d'argent et C^3H^5I éther allyloxalique et sodium. Plus léger que l'eau; insoluble dans ce menstrue.

Éther allylcyanique $C^4H^5AzO = C^3H^6O + CHAzO - H^2O$, C. et H. — Liquide, bout à 82 degrés. Cyanate d'argent et C^6H^5I. Odeur pénétrante, excite le larmoiement. Forme avec l'ammoniaque l'urée allylique $C^4H^8Az^2O$, substance cristallisée. L'aniline produit un corps cristallisé analogue. Chauffé avec l'eau, forme de la diallylurée ou *sinapoline* $C^7H^{12}Az^2O$, substance cristallisée déjà obtenue avec l'essence de moutarde ([1]). La potasse bouillante décompose à la longue l'éther allylcyanique avec formation de sinapoline, de méthylamine, de propylamine et d'allylamine. Cette dernière est volatile entre 180 et 190 degrés.

Iodure d'hydrargyrallyle C^3H^5HgI, Z. — Cristallisé. Mercure et C^3H^5I.

Allylsulfate de baryte $(C^3H^5)^2 Ba (SO^4)^2$, C. et H. *Voir* plus haut.

Allylxanthate de potasse $(3 H^5KO.CS)^2$, C. et H. *Voir* plus haut.

Éther allylsulfocyanique $C^4H^5AzS = C^3H^6O + CAzHS - H^2O$, B. et L., Z. — Essence de moutarde et $C^4H^8Az^2S$, thiosinamine ou urée allylique sulfurée. *Voir* plus haut.

([1]) GERHARDT, *Traité de Chimie organique*, t. II, p. 406.

II. — Allyle.

L'allyle se prépare en faisant réagir le sodium sur l'éther allyliodhydrique; il se forme de l'iodure de sodium et un carbure d'hydrogène.

$$2\,C^3H^5I + Na^2 = C^6H^{10} + 2\,NaI.$$

L'opération s'exécute dans un petit ballon; on y introduit 100 grammes d'éther allyliodhydrique et 40 à 50 grammes de sodium, bien purgé d'huile de naphte; on adapte au ballon un réfrigérant, disposé de façon à faire retomber les vapeurs dans le ballon. Puis on chauffe légèrement : le sodium fond et s'attaque très régulièrement. Au bout d'une heure ou deux, l'action est terminée [1]. On laisse digérer pendant douze heures, puis on adapte au ballon un tube convenable et un récipient. On distille à l'aide de quelques charbons; 15 à 20 grammes d'allyle environ se condensent dans le récipient. On les redistille dans une cornue munie d'un thermomètre; presque tout passe à 59 degrés.

Durant la première distillation, il faut se garder de chauffer trop fortement, parce que le sodium forme avec une portion de la matière organique un composé particulier, destructible par la chaleur.

L'allyle est un liquide très volatil, doué d'une odeur propre, éthérée et pénétrante, analogue à celle du raifort. Il brûle avec une flamme très éclairante. Il bout à 59 degrés. Sa densité liquide est égale à 0,684 à 14 degrés.

D'après l'analyse, ce corps renferme :

C	87,2
H	12,5
	99,7

La formule C^6H^{10} exige :

C	87,8
H	12,2

La densité de vapeur de l'allyle a été trouvée égale à 2,92. Le

---

[1] Durant cette réaction il se dégage une très petite quantité d'un gaz permanent. 2 grammes de C^3H^5I ont fourni dans une expérience 7 centimètres cubes d'un gaz presque entièrement absorbable par l'acide sulfurique (propylène probablement).

litre pèse $3^{gr},78$.

$$\frac{2,92}{0,69} = \frac{\text{Densité de vap. de l'allyle}}{\text{Densité de l'hydrogène.}} = 42,3 . \text{ Or } \frac{C^6 H^{10}}{H^3} = 41 \quad (^1)$$

Voici les données de cette détermination :

Température de l'air............	$14°$;
Température de la vapeur........	$100°$;
Baromètre......................	$0^m,763$;
Excès de poids du ballon........	$0^{gr},238$;
Capacité......................	154^{cc} ;
Air restant....................	1^{cc}.

On voit que la formule de l'allyle exprimée par la formule $C^3 H^5$ représenterait 2 volumes de vapeur, de même que celles de l'éthyle, du méthyle, etc. ; c'est-à-dire que c'est en réalité du diallyle.

L'allyle se mélange avec l'acide sulfurique, en dégageant de la chaleur. Si l'on évite toute élévation de température, la masse se colore à peine : toutefois, au bout de quelques heures, une grande partie du carbure modifié se sépare et surnage.

L'acide nitrique fumant change l'allyle en un composé nitré, liquide; neutre, soluble dans l'éther, décomposable par la chaleur.

Le gaz chlorhydrique n'est pas absorbé sensiblement par l'allyle, même au bout de plusieurs jours.

L'action des corps halogènes est surtout remarquable. L'allyle s'unit au chlore, avec dégagement d'acide chlorhydrique et formation d'un composé liquide, plus dense que l'eau.

Il se combine instantanément au brome, avec dégagement de chaleur, et forme un tétrabromure cristallisé. Pour obtenir ce corps, on modère la réaction et on l'arrête au moment où le liquide commence à se colorer sous l'influence d'un excès de brome et à dégager un peu d'acide bromhydrique. A ce moment, on traite

---

(^{1}) Si l'on prend l'oxygène pour unité on a

$$\frac{2,92}{1,056} = 2,64, \quad \text{rapport des densités;}$$

et

$$\frac{C^6 H^{6\cdot}}{O} : 2 = 2,56, \text{ rapport des équivalents.}$$

D'après les hypothèses ordinaires :

C^6....................	$0,4234 \times 6 = 2,54$
H^5....................	$0,0693 \times 5 = 0,35$
	Densité théorique $= 2,89$

par la potasse ; bientôt le liquide se prend en une masse cristalline. On la comprime fortement, on la redissout dans l'éther, et l'on abandonne la dissolution à l'évaporation spontanée. Il se forme des cristaux de bromure de diallyle ; on les comprime et on les fait recristalliser dans l'éther.

Ces cristaux renferment :

$$C \dots\dots\dots\dots\dots\dots\dots\dots 18,4$$
$$H \dots\dots\dots\dots \dots\dots\dots\dots 2,4$$
$$Br \dots\dots\dots\dots\dots\dots\dots 78,9$$
$$\overline{ 99,7}$$

La formule $C^6 H^{10} Br^4$ exige

$$C \dots\dots\dots\dots\dots\dots\dots\dots 17,9$$
$$H \dots\dots\dots\dots\dots\dots\dots\dots 2,5$$
$$Br \dots\dots\dots\dots\dots\dots \dots 79,6$$

Le tétrabromure de diallyle est un corps blanc et cristallisé, doué d'une odeur analogue au bromure d'éthylène, mais plus faible. Il est fort soluble dans l'éther, mais insoluble dans l'eau. Chauffé, il fond à 37 degrés, et si la fusion a été incomplète il se solidifie à cette même température. Mais si la fusion est totale, le bromure de diallyle ne se solidifie de nouveau qu'à une température beaucoup plus basse. Il peut demeurer liquide à 6 degrés. Au moment où il se solidifie, la température du thermomètre, plongé dans le liquide, s'élève subitement. Le tétrabromure de diallyle est volatil sans décomposition.

Chauffé avec du sodium, le tétrabromure de diallyle se décompose et régénère l'allyle [1]. L'allyle ainsi reproduit possède la même odeur, le même point d'ébullition, les mêmes propriétés que l'allyle primitif : il forme, avec l'iode, le même tétraiodure cristallisé.

Le tétraiodure de diallyle se prépare en dissolvant dans l'allyle légèrement chauffé six à sept fois son poids d'iode ; le mélange se liquéfie d'abord, puis, au bout de deux à trois minutes, il redevient solide. On broie la masse avec une solution aqueuse de potasse, pour enlever l'excès d'iode, puis on fait cristalliser dans l'éther bouillant l'iodure de diallyle. Ce corps renferme :

$$C \dots\dots\dots\dots\dots\dots\dots\dots 12,2$$
$$H \dots\dots\dots\dots\dots\dots\dots\dots 1,7$$
$$I \dots\dots\dots\dots\dots\dots\dots\dots 85,5$$
$$\overline{ 99,5}$$

[1] Mélangé avec quelques traces d'un composé bromuré.

La formule $C^6H^{10}I^4$ exige :

$$
\begin{array}{lr}
C\ldots\ldots\ldots\ldots\ldots\ldots\ldots\ldots\ldots & 12,2 \\
H\ldots\ldots\ldots\ldots\ldots\ldots\ldots\ldots\ldots & 1,7 \\
I\ldots\ldots\ldots\ldots\ldots\ldots\ldots\ldots\ldots & 86,1
\end{array}
$$

Le tétraiodure de diallyle est un corps solide, cristallisé. Incolore au moment de sa préparation, il se colore rapidement sous l'influence de la lumière. Son odeur est analogue à celle de l'iodure d'éthylène. Il est presque insoluble dans l'éther froid, peu soluble même dans l'éther bouillant.

Chauffé, il fond à une température supérieure à 100 degrés, et fournit un liquide pesant, que décompose une chaleur plus forte. Cette décomposition donne naissance à de l'iode, à une matière charbonneuse et à un liquide volatil, très dense, neutre et insoluble dans la potasse. Ce liquide n'est pas du propylène iodé; en effet, traité par le mercure et l'acide chlorhydrique, il ne fournit pas de propylène.

Si l'on chauffe le tétraiodure de diallyle avec le sodium, la décomposition s'opère fort irrégulièrement; probablement en raison du point de fusion élevé de l'iodure. Les deux corps ne réagissent qu'à l'état fondu, c'est-à-dire à une température trop élevée pour donner lieu à une transformation nette.

Bouilli avec une solution aqueuse de potasse, le tétraiodure de diallyle ne subit qu'une décomposition insensible, en dégageant des traces de gaz inflammable. Mais la potasse en solution alcoolique le décompose à chaud, avec formation d'un produit dont l'odeur est analogue à celle de l'allyle.

Enfin le tétraiodure de diallyle, chauffé avec un mélange d'acide chlorhydrique fumant et de mercure, est à peine attaqué et ne dégage pas de gaz en proportion appréciable.

Ce dernier fait établit une différence marquée entre l'état moléculaire du propylène iodé, C^3H^5I, et celui du tétraiodure de diallyle, $C^6H^{10}I^4$, composés dont la formule, rapportée au même nombre d'atomes de carbone, ne diffère que par des poids d'iode variant du simple au double. Aussi avons-nous cherché, soit à transformer ces deux corps l'un dans l'autre, soit à préparer le propylène iodé au moyen de l'allyle; mais aucune de ces expériences n'a réussi. En effet :

1° Si l'on fait réagir sur 1 partie d'allyle (1 équivalent), 3 parties d'iode (1 équivalent), il se forme du tétraiodure de diallyle cristallisé $C^6H^{10}I^4$, et le mélange conserve l'odeur de l'allyle. Chauffé avec du mercure et de l'acide chlorhydrique fumant, il ne dégage aucun gaz, mais seulement l'excès d'allyle liquide qu'il renferme.

2° Le propylène iodé dissout à chaud une grande quantité d'iode. Mais un traitement à froid par la potasse aqueuse enlève cet iode et fait reparaître le propylène iodé, avec tous ses caractères. D'ailleurs, dans les conditions où il prend naissance, le propylène iodé se trouve en présence d'un excès d'iode libre, auquel il ne se combine pas.

3° Le propylène iodé, traité par le brome, se change en un composé particulier, tout à fait distinct du tétrabromure de diallyle. C'est un dérivé bromé du bromure de propylène.

4° L'iodure de diallyle distillé fournit de l'iode et un liquide distinct du propylène iodé.

5° L'acide chlorhydrique fumant et le mercure transforment le propylène iodé en propylène; tandis qu'ils n'agissent pas sur le tétraiodure de diallyle.

Ainsi le carbure mis à nu par le sodium, agissant sur le propylène iodé, ne présente pas vis-à-vis du propylène iodé les mêmes relations que présente un radical réel vis-à-vis de son iodure; la synthèse ne vient pas ici confirmer les résultats de l'analyse.

Au contraire, l'allyle présente ces mêmes relations vis-à-vis du tétrabromure de diallyle et, sans doute aussi, vis-à-vis du tétraiodure d'allyle. En effet le tétrabromure de diallyle, traité par le sodium, régénère l'allyle avec toutes ses propriétés.

Cet accord entre le résultat analytique et le résultat synthétique prouve que le carbure uni au brome dans le tétrabromure de diallyle s'y trouve dans un état moléculaire semblable à celui de l'allyle lui-même.

III. — Sur la constitution des composés allyliques.

1. Les distinctions qui précèdent sont d'autant plus importantes qu'il existe tout un groupe de composés dont les formules, rapportées au même nombre d'atomes de carbone, ne diffèrent que par le nombre variable des équivalents d'iode, de brome ou d'oxygène qu'elles renferment. Ainsi nous venons de signaler l'existence de

L'éther allyliodhydrique (propylène iodé). $(C^3H^5I)^2$,
Et celle de l'iodure de diallyle......... $C^6H^{10}I^4$.

On connaît également

      L'éther allylbromhydrique .... $(C^6H^5Br)^2$;
      Le bromure de diallyle .... $C^6H^{10}Br^4$;
      La tribomhydrine .... $C^3H^5Br^3$;
      Le bromure de propylène bromé .... $C^3H^5Br^3$.

Des relations analogues existent entre

      L'éther allylique .... $C^6H^{10}O$ ([1]) ;
      L'éther glycérique .... $C^6H^{10}O^3$;
      Et l'acide propionique anhydre .... $C^6H^{10}O^3$.

Enfin, on peut rapprocher les uns des autres, d'une part ;

      L'éther allylchlorhydrique .... C^3H^5Cl ;
      L'épichlorhydrine .... C^3H^5ClO ;
      Et le chlorure propionique .... C^3H^5ClO ;

d'autre part :

      L'éther allylbromhydrique .... C^3H^5Br ;
      L'épibromhydrine .... C^3H^5BrO ;
      Et le bromure propionique .... C^3H^5BrO .

Les corps qui précèdent ont été formés au moyen du propylène C^6H^6 ; à l'exception des composés glycériques, lesquels pourront sans doute bientôt être rattachés par synthèse à ce même propylène ([2]).

2. Des réflexions semblables s'appliquent à l'alcool allylique lui-même : ce corps présente la même composition et le même équivalent que l'acétone et l'aldéhyde propionique ; mais son rôle chimique et ses propriétés physiques sont bien différentes. En réalité l'alcool allylique et ses éthers sont les analogues de l'alcool et des éthers éthyliques ; conformément à des relations bien connues, ils constituent le premier exemple d'une série nouvelle d'alcools monoatomiques, très remarquables par leur génération et par les rapports qu'ils présentent avec les alcools polyatomiques.

3. En effet, l'alcool allylique et ses éthers diffèrent seulement par

---

([1]) L'éther mésitique de Kane et la métacétone de M. Fremy sont isomères et non identiques avec l'éther allylique.
([2]) Cette indication a été confirmée depuis par M. Friedel.

une molécule d'eau du glycol propylique et de ses éthers monoatomiques, composés homologues du glycol récemment découvert par
M. Wurtz :

Alcool allylique...... C^3H^6O ;   Propylglycol .... $C^3H^8\,O^2$,
Éther allylacétique... $C^5H^8O^2$;   Id. monacétique ... $C^5H^{10}O^4$.

C'est la même relation qui rattache entre elles la monochlorhy-
drine, $C^3H^7ClO^2$, et l'épichlorhydrine, C^3H^5ClO, la monobromhy-
drine, $C^3H^7BrO^3$, et l'épibromhydrine, C^3H^5BrO, tous composés
neutres et éthérés dérivés de la glycérine,

Des rapports analogues existent entre l'iodure et le bromure de
propylène, d'une part, et les éthers allyliodhydrique et allylbromhydrique, d'autre part :

$$C^3H^6Br^2 - HBr = C^3H^5Br\,;$$
$$C^3H^6I^2 - HI = C^3H^5I.$$

Ces corps diffèrent les uns des autres par 1 molécule d'acide
iodhydrique ou bromhydrique, lequel correspond à 1 molécule
d'eau ; c'est la différence qui existe entre la dibromhydrine et
l'épibromhydrine :

$$C^3H^6Br^2O - HBr = C^3H^5BrO.$$

Ainsi s'explique comment l'iodure d'éthylène peut à volonté
fournir soit du glycol diatomique

$$C^2H^6O^2 = C^2H^3I^2 + 4H^2O - 2HI,$$

soit de l'éthylène iodé, monoatomique (éther vinyliodhydrique)

$$C^2H^3I = C^2H^4I^2 - HI.$$

Le fait suivant, connu depuis longtemps, vient encore confirmer
les idées qui précèdent et établit le passage entre la série allylique
et la série du propylglycol. D'après M. Will, l'essence de moutarde
(éther allylsulfocyanique) peut s'unir à 1 molécule d'acide sulfhydrique H^2S, et donner naissance à un composé double particulier.
Or ce composé se rattache très simplement à la série du propylglycol : c'est un éther double, formé par les acides sulfhydrique et
sulfocyanique soit propylglycol sulfhydrosulfocyanique :

$$C^5H^7AzS^2 = C^3H^8O^3 + CHAzS + H^2S - 2H^2O.$$

Ajoutons, pour compléter ces analogies, que les points d'ébullition de l'alcool allylique et de ses éthers peuvent être calculés approximativement, en s'appuyant sur les considérations qui précèdent.

En résumé, le propylglycol, composé diatomique, pourrait, en perdant une molécule d'eau, se changer en alcool allylique monoatomique : la série allylique se rattacherait dès lors, comme série secondaire, aux dérivés des alcools diatomiques, au même titre que l'épibromhydrine et ses analogues aux dérivés de la glycérine triatomique. Ce sont les mêmes rapports qui lient les nitriles aux amides.

Par ces relations, aussi bien que par sa formation au moyen du propylène iodé, l'alcool allylique se rattache de la façon la plus directe aux carbures d'hydrogène.

4. En définitive, l'alcool allylique dérive d'un carbure d'hydrogène modifié par substitution : 1 atome d'hydrogène du carbure a été remplacé par 1 atome d'un corps halogène, c'est-à-dire par une molécule active; puis on élimine cette molécule active par double décomposition, sous forme d'un sel haloïde (équivalant à un hydracide); en même temps 1 molécule d'un nouvel acide, ou 1 molécule d'eau, se combinent à la place de l'hydracide éliminé. Ainsi un carbure d'hydrogène, modifié par substitution, fournit un alcool et des éthers composés : cette réaction est l'une des plus générales et des plus fécondes de la chimie organique.

Déjà les éthers butyliques, benzoïques et allyliques ont pu être obtenus par double décomposition; M. Wurtz vient de préparer le premier des alcools diatomiques simples, le glycol, par cette même méthode. Elle permettra sans doute de réaliser bientôt la formation d'un grand nombre de nouvelles séries alcooliques. Elle s'applique aux composés qui renferment 2 et sans doute 3 ou un plus grand nombre d'atomes de chlore, de brome, etc.; elle permet dès lors de produire artificiellement des alcools nouveaux, susceptibles de s'unir, tantôt à 1, tantôt à 2, bientôt sans doute à 3 et à un plus grand nombre de molécules d'acide. On obtiendra ainsi les analogues des alcools polyatomiques naturels, dont j'ai déjà développé ailleurs la théorie. Ces réactions ne paraissent avoir d'autres limites que celles de la stabilité des composés organiques eux-mêmes, et elles jettent un jour tout nouveau sur la théorie des substitutions. On ne peut s'empêcher de remarquer l'analogie de ces résultats avec une partie des idées si longtemps soutenues par

Berzelius (¹). Quoi qu'il en soit, ces procédés permettent de transformer les carbures d'hydrogène en corps oxygénés de nature alcoolique; ils groupent autour de ces carbures le plus grand nombre des composés organiques.

Les carbures d'hydrogène sont donc les véritables radicaux de la plupart des principes carbonés, et la synthèse des substances organiques paraît devoir résulter de la synthèse des carbures d'hydrogène.

(¹) Berzelius (*Jahresb.*, t. XVIII, p. 439; 1838) propose déjà de faire agir les sels d'argent sur la liqueur des Hollandais, et indique la formule des corps qui en résulteront. Nous citons ceci pour caractériser l'un des points de vue sous lesquels Berzelius envisageait certains composés chlorés; mais il serait fort injuste d'y voir autre chose. Le nombre des prévisions, c'est-à-dire des possibles, est infini; mais en général la réalisation expérimentale présente seule une valeur vraiment scientifique. D'ailleurs Berzelius ne soupçonnait par l'existence des alcools diatomiques, cé qui est le point essentiel.

CHAPITRE III.

PRODUCTION ARTIFICIELLE DE L'ESSENCE DE MOUTARDE (¹).

L'essence de moutarde a été depuis trente ans l'objet de travaux nombreux et importants : la composition remarquable de cette essence, formée de carbone, d'hydrogène, de soufre et d'azote ; la variété des composés auxquels elle donne naissance ; sa formation et celle d'une essence analogue, l'essence d'ail, au moyen d'un grand nombre de crucifères ; son action physiologique enfin, toutes ces propriétés ont contribué à attirer l'attention et les recherches des chimistes.

Sans rappeler ici les expériences relatives à la préparation de l'essence de moutarde et aux curieuses conditions dans lesquelles elle prend naissance (²) ; sans parler davantage soit des composés divers, pour la plupart alcalins, qui en dérivent (³), soit des essences analogues ou identiques extraites de divers végétaux (⁴) ; il suffira de dire que MM. Dumas et Pelouze ont fait en 1833 l'analyse de l'essence de moutarde et déterminé sa densité de vapeur et ses principales propriétés (⁵). C'est à ces savants que l'on doit la découverte de la thiosinamine, beau corps cristallisé, produit par l'action de l'ammoniaque sur l'essence de moutarde et propre à caractériser par sa formation la présence de cette essence dans les mélanges qui peuvent la renfermer.

(¹) *Ann. de Chim. et de Phys.*, 3ᵉ série, t. XLIV, p. 495 ; 1855. — En collaboration avec M. S. DE LUCAS.

(²) MM. Thibierge, Boutron et Robiquet, Fauré, Guibourt, Simon, Bussy, Boutron et Fremy, Wittstock, Aschoff, Hesse, Winckler, Lepage, Hoffman, etc.

(³) MM. Lœwig et Weidmann, Will, Simon, Hornemann, Robiquet et Bussy, Wöhler et Frerichs, Hinterberger, Zinin, etc.

(⁴) MM. Einhoff, Hubatka, Reybaud, Bucholz, Pless, Hlasiwetz, Henry et Garot, Babo et Hirschbrunn, etc.

(⁵) *Ann. de Chim. et de Phys.*, 2ᵉ série, t. LIII, p. 181.

Depuis, de nouvelles études sur la constitution de l'essence de moutarde ont été exécutées par MM. Lœwig et Weidmann, Will, Wertheim, Gerhardt, etc. Ces travaux, ceux de M. Wertheim surtout, ont jeté le jour le plus vif sur la nature intime de cette substance.

En effet, M. Wertheim a montré que l'essence de moutarde, C^4H^6AzS, pouvait être regardée comme une combinaison d'essence d'ail, $(C^3H^5)S$; et d'acide sulfocyanique :

$$C^4H^5AzS = C^3H^5(CAzS).$$

Il a établi cette constitution et rattaché entre elles l'essence d'ail et l'essence de moutarde par de remarquables expériences d'analyse et de synthèse.

Les données qui précèdent nous ont servi de base pour obtenir l'essence de moutarde, sans faire intervenir aucun principe analogue extrait des crucifères; c'est-à-dire en prenant la glycérine pour point de départ. Nous avons été conduits à ce résultat en poursuivant l'étude du propylène iodé, composé auquel donne naissance la glycérine traitée par l'iodure de phosphore, comme nous l'avons montré dans l'un des Chapitres précédents.

En effet, la formule de l'essence d'ail, $(C^3H^5)^2S$, ne diffère de celle du propylène iodé, C^3H^5I, que par la substitution du soufre à l'iode. Il suffit donc, d'après ces formules, d'opérer cette substitution, puis de combiner le produit avec l'acide sulfocyanique pour obtenir l'essence de moutarde.

Nous avons réalisé dans une seule opération cette double réaction, en traitant le propylène iodé par le sulfocyanure de potassium :

$$C^3H^5I + CAzKS = C^4H^5AzS + KI.$$

La réaction s'exécute à 100 degrés, dans des matras fermés à la lampe. On emploie les deux substances à peu près en proportions atomiques, avec addition d'un peu d'eau. Au bout de quelques heures, la décomposition est complète; on ouvre les matras, on y verse de l'eau, et l'on obtient une huile jaunâtre, qui surnage une solution aqueuse concentrée d'iodure de potassium. On isole cette huile au moyen d'un entonnoir à robinet, puis on la distille. Elle entre en ébullition un peu au-dessus de 100 degrés, puis la température s'élève peu à peu; la majeure partie distille vers 150 degrés.

Le produit le plus volatil paraît renfermer un peu d'essence d'ail, résultat de quelque réaction secondaire. Mais le produit principal, celui qui distille vers 150 degrés, possède les propriétés physiques et chimiques connues de l'essence de moutarde. Disons d'abord qu'il exerce la même action sur les yeux et sur la peau. Sa composition est la même, car

$0^{gr},215$ ont fourni $0,506$ de sulfate de baryte.

Ce qui fait sur 100 parties $S = 32,3$.
La formule exige $S = 32,3$.
Le dosage du carbone a donné des nombres un peu faibles.
Traité par l'ammoniaque, ce liquide se dissout lentement et fournit de la thiosinamine, de la même manière que l'essence de moutarde naturelle :

$$C^4H^5AzS + AzH^3 = C^4H^8Az^2S.$$

La thiosinamine ainsi préparée renferme :

$$
\begin{array}{lr}
C & 40,9 \\
H & 7,0 \\
Az & 23,0 \\
S & 28,0 \\
\end{array}
$$

La formule $CH^8Az^2S^4$ exige :

$$
\begin{array}{lr}
C & 41,4 \\
H & 6,9 \\
Az & 24,1 \\
S & 27,6 \\
\end{array}
$$

Cette thiosinamine ne présente pas seulement la composition et les propriétés générales de la thiosinamine obtenue avec l'essence naturelle; mais encore la forme cristalline de ces deux substances est tout à fait identique.

La thiosinamine cristallise en prismes rhomboïdaux obliques, dont la base est souvent très développée. On observe une modification tangente sur l'arête obtuse des faces rhomboïdales et plusieurs plans disposés parallèlement à la diagonale de la base qui joint les arêtes aiguës du prisme rhomboïdal.

Ces cristaux se présentent sous deux apparences distinctes, dont l'une simule à première vue la symétrie d'un prisme droit à base rhombe.

Les faces M sont souvent dépolies, tandis que les faces P sont extrêmement brillantes. La modification tangente D est terne et peu développée. Les superpositions de lamelles sont assez fréquentes, ce qui apporte quelque entrave à la détermination précise des angles. Enfin les cristaux de thiosinamine sont parfois hémitropes et s'associent parallèlement à la face B.

Fig. 23.

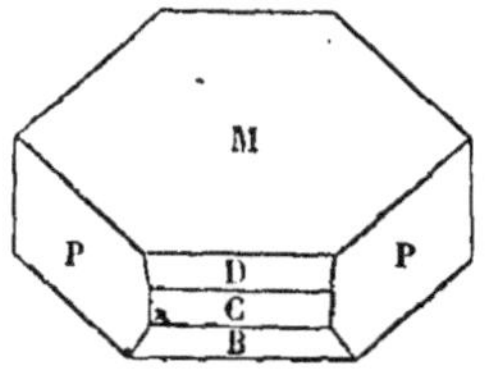 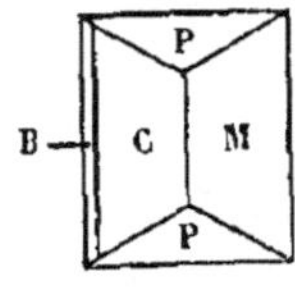

Voici les symboles qui représentent ces cristaux :

$$\text{axes } a : b : c = 1 : 0,886 : 0,939,$$
$$\text{angle } o = 53^\circ,26';$$

$$P = a : b : \infty c;$$
$$M = \infty a : \infty b : c;$$
$$D = a : \infty b : \infty c;$$
$$B = a : \infty b : c;$$
$$C = a : \infty b : 2c.$$

Mesures :

(n) Thiosinamine préparée avec l'essence naturelle.
(a) Thiosinamine préparée avec l'essence artificielle.
(m) Angles adoptés.
(c) Angles calculés.

	(n)	(a)	(m)	(c)
PP =	95°,27'	95,43	95,35	
PM = PM =	116,14	116,09	116,11	»
MB =	59,42	59,40	59,41	»
PB = PB =	107,06	»	»	107,03
PD =	137,02 env.	»	»	137,47
MD =	127,18	126,56	»	126,34
PC = PC =	129,42	129,18	»	129,05
MC =	95,08	95,05	»	94,30

L'identité de la thiosinamine, quelle qu'en soit l'origine, est le plus sûr garant de l'identité de l'essence de moutarde artificielle avec l'essence naturelle.

En faisant cristalliser dans l'eau la thiosinamine préparée avec l'essence naturelle, nous avons observé quelques phénomènes de sursaturation qui méritent d'être notés. Si l'on dissout cette substance dans l'eau bouillante, la dissolution ne cristallise que rarement par refroidissement; on peut la conserver dans des capsules exposées à l'air libre, sans qu'elle dépose des cristaux; mais si on l'agite vivement avec une baguette, la liqueur se prend en masse. Bien plus, si l'on fond la thiosinamine dans un peu d'eau, la substance refroidie forme, sous l'eau, une couche visqueuse qui conserve très longtemps l'état liquide; l'agitation la solidifie immédiatement. Ces phénomènes sont assez marqués pour entraver la cristallisation régulière de la thiosinamine. Aussi est-il bon d'introduire dans la liqueur tiède une baguette de verre chargée de cristaux déjà formés; ces cristaux doivent être disposés à la surface supérieure de la dissolution, et même un peu au-dessus.

L'essence de moutarde peut être obtenue non seulement au moyen du sulfocyanure de potassium, mais, mieux encore, au moyen du sulfocyanure d'argent. Si l'on introduit dans un tube du sulfocyanure d'argent et du propylène iodé, ces deux substances, même à froid, ne tardent pas à réagir : le propylène iodé disparaît, et est remplacé par de l'essence de moutarde; il se forme en même temps de l'iodure d'argent. Opère-t-on à 100 degrés, du sulfure d'argent prend naissance simultanément.

D'après les observations qui précèdent, le propylène iodé, dérivé de la glycérine, peut donner naissance à l'essence de moutarde. Une telle origine rattache de la manière la plus directe cette essence, ainsi que l'essence d'ail, aux séries générales de la chimie organique. Elle montre en effet que l'essence d'ail peut se déduire du propylène, C^3H^6, l'un des carbures correspondant aux alcools; l'essence d'ail, c'est du propylène sulfuré, c'est-à-dire dans lequel 1 équivalent d'hydrogène a été substitué par un équivalent (ou demi-atome) de soufre; quant à l'essence de moutarde, c'est du sulfocyanure de sulfopropylène.

Ce résultat généralisé permettra sans doute d'obtenir des résultats semblables avec les carbures homologues du propylène, avec le gaz oléfiant notamment. Nous avons l'intention de faire quelques essais dans cette direction.

Qu'il nous soit permis d'ajouter quelques remarques sur les relations que notre expérience établit entre la glycérine et l'essence de moutarde : il en résulte que cette essence peut être formée au moyen des substances grasses neutres, si abondantes dans les végétaux et notamment dans les crucifères; rapprochement qui permettra peut-être de jeter quelque jour sur l'origine physiologique de cette essence naturelle.

DEUXIÈME SECTION.

ISOMÉRIE DU PROPYLÈNE ET DU TRIMÉTHYLÈNE.

CHAPITRE IV.

CHALEURS DE FORMATION COMPARÉES DU PROPYLÈNE ET DU TRIMÉTHYLÈNE ([1]).

I. — Propylène : $C^3H^6 = 42$.

Nous l'avons préparé avec l'iodure d'allyle (propylène iodé), le mercure et l'acide chlorhydrique par notre méthode ordinaire.

Il a été brûlé par l'oxygène comprimé à 25 atmosphères, dans la bombe calorimétrique :

$$C^3H^6 + O^9 = 3CO^2 + 3H^2O \text{ liquide.}$$

Trois combustions vers 15°.
Calculées d'après le volume du gaz mesuré : 498,2 ; 497,5 ; 497,5.
Moyenne : $497^{Cal},7$ à volume constant.
Calculées d'après le poids de CO^2 recueilli : 498,3 ; ... ; 498,0.
Moyenne : $498^{Cal},15$ à volume constant.
La moyenne générale est : $497^{Cal},9$ à volume constant et $499^{Cal},3$ à pression constante.

([1]) *Annales de Chimie et de Physique,* 6ᵉ série, t. XXX, p. 560 ; 1893. — En collaboration avec M. MATIGNON.

De là résulte :

Formation du propylène par les éléments :

$$C^3 \text{ (diamant)} + H^6 = C^3H^6 : -9^{Cal},4.$$

II. — Triméthylène : $C^3H^6 = 42$.

$$C^3H^6 + O^9 = 3\,Co^2 + 3\,H^2O \text{ liquide.}$$

Il a été préparé par le procédé de M. Gustavson, avec le bromure de triméthylène (10 grammes), la poudre de zinc (12 grammes) et l'alcool ordinaire à 75 centièmes (20 grammes environ); le tout chauffé vers 60°. Le gaz est lavé dans l'eau, puis refroidi à —18° dans un serpentin et séché sur une longue colonne de potasse solide. Ce gaz était entièrement absorbable par SO^3H^2 concentré.

Trois combustions vers 16°, dont la dernière faite avec une nouvelle préparation, ont fourni :

Les résultats étant calculés d'après le volume du gaz mesuré,

$$508^{Cal},1 ; \quad 509,5 ; \quad 509,0.$$

Moyenne : $508^{Cal},9$ à volume constant.

Les résultats étant calculés d'après le poids de CO^2 recueilli :

$$505^{Cal},3 ; \quad 504,9 ; \quad 506,9.$$

Moyenne : $505^{Cal},6$ à volume constant.

Observons ici que l'on peut déduire de la comparaison de ces deux ordres de données la densité du triméthylène. Or la concordance très approchée des deux résultats montre que la densité du triméthylène répond bien au poids moléculaire C^3H^6. Elle semble d'ailleurs un peu plus forte, dans une proportion voisine d'un demi-centième : nous n'insisterons pas. Mais, en raison de ce léger écart, nous avons préféré adopter le nombre déduit du poids de l'acide carbonique, soit :

$505^{Cal},6$ à volume constant et $507^{Cal},0$ à pression constante. Il en résulte pour la formation du triméthylène par les éléments :

$$C^3 \text{ (diamant)} + H^6 = C^3H^6 : -17^{Cal},1.$$

Le triméthylène, d'après ses propriétés et le point d'ébullition de son bromure, n'appartient pas à la série homologue de l'éthylène.

Aussi beaucoup de chimistes ont-ils cru devoir le regarder comme répondant au type cyclique

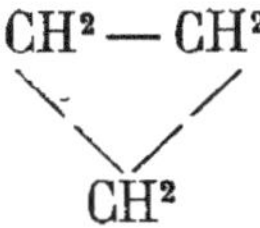

prévu par les formules atomiques. Mais la constitution véritable du triméthylène ne paraît pas d'accord avec une semblable formule.

D'après cette formule, en effet, le triméthylène devrait être un carbure relativement saturé, comparable au triacétylène, c'est-à-dire à la benzine, sauf les doubles liaisons de cette dernière.

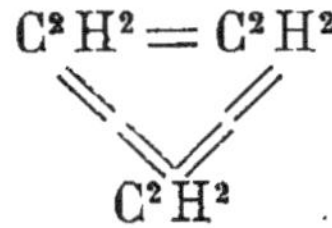

Or, en général, les saturations internes, qui répondent aux liaisons de la benzine et à la polymérisation expérimentale de l'acétylène, ont pour effet de diminuer l'énergie intérieure du système, en proportion considérable; de façon à en réduire la chaleur de combustion, ainsi qu'il a été démontré par l'un de nous, dans son étude thermique comparative de la benzine, du dipropargyle et de l'acétylène.

Le triméthylène, au contraire, possède une chaleur de combustion supérieure de $7^{Cal},7$ à son isomère, le propylène normal; c'est-à-dire qu'il possède une énergie interne supérieure. Sa transformation directe en éthers propyliques normaux est également imprévue et peu compatible avec la théorie cyclique. Nous comptons revenir sur l'examen de ce corps.

Mais nous croyons utile de signaler une confirmation indirecte de la chaleur de formation du triméthylène, d'après celle de son dérivé bichloré : nous répondons ainsi à une demande qui nous a été faite l'an dernier par M. Bruhl, lorsqu'il nous adressa un échantillon du triméthylène bichloré de M. Gustavson. D'après nos mesures (*Annales de Chimie et de Physique*, 6e série, t. XXVIII, p. 571) :

$$C^3 \text{ diamant} + H^4 + Cl^2 = C^3 H^4 Cl^2 \text{ liq. dégage } + 4^{Cal},3.$$

Pour le corps gazeux, on aurait un chiffre voisin de $- 3^{Cal}$. On déduit de là que la substitution de Cl^2 à H^2, dans le carbure régénérateur, dégagerait, tous corps gazeux, par équivalent de chlore substitué, environ

$$-3,0 + 17,1 = 14,1 ;$$

soit :

$$+ 7,05 \times 2.$$

Ce nombre est du même ordre de grandeur que les substitutions opérées, soit dans le formène, soit dans l'acide acétique ([1]).

Par exemple, les substitutions chlorées dans le formène, tous corps gazeux, dégagent :

Pour Cl substitué à H................. $+10,3$
Cl^2 à H^2............................... $+ 7,1 \times 2$
Cl^3 à H^3............................... $+ 9,3 \times 3$
Cl^4 substitué à H^4................... $+12,5 \times 4$

La substitution dans le triméthylène a donc lieu avec la perte d'énergie normale à la série méthylique; la constitution singulière du triméthylène subsiste dès lors dans ses dérivés.

([1]) *Annales de Chimie et de Physique*, 6ᵉ série, t. XXIII, p. 570. — *Thermochimie : Données et lois numériques*, t. I.

CHAPITRE V.

SUR LES GAZ ISOMÉRIQUES AVEC LE PROPYLÈNE ET SUR LEURS SULFATES (¹).

On sait qu'il existe deux corps répondant à la formule C^3H^6, lesquels représentent le cas d'isomérie le plus simple qui soit connu jusqu'ici parmi les corps gazeux; circonstance qui en fait un objet d'étude remarquable.

L'un d'eux est le propylène ordinaire, isolé pour la première fois en 1855, dans le cours de mes recherches sur la synthèse des alcools, et qui a fourni les éthers et l'alcool isopropyliques; l'autre est le triméthylène, obtenu par M. Freund dans ces dernières années, et qui fournit, suivant ce savant, les éthers et l'alcool propyliques normaux. D'après les mesures de chaleur de combustion (²), le propylène ordinaire serait le véritable homologue de l'éthylène, étant formé, à partir de ce corps, par addition de carbone et d'hydrogène, avec un dégagement normal de $+5^{Cal},2$; tandis que le triméthylène serait formé, au contraire, à partir de l'éthylène, avec une absorption de $-2^{Cal},5$: il renferme donc par rapport au propylène un excès d'énergie, s'élevant à $+7^{Cal},7$: excès qui paraît incompatible avec la constitution cyclique attribuée au triméthylène.

Étant donnée la formation de l'alcool et des éthers propyliques normaux, au moyen du triméthylène, il semble cependant que ce dernier carbure serait le vrai homologue de l'éthylène. Mais il est possible que l'excès d'énergie du triméthylène, comparé à ses isomères, soit attribuable à une cause analogue à celle que nous avons signalée pour le térébenthène, comparé à ses isomères, le

---

(¹) *Annales de Chimie et de Physique*, 7ᵉ série, t. IV, p. 100; 1895.
. (²) *Voir* le Chapitre précédent.

camphène et le terpilène, c'est-à-dire à l'existence de types à constitution mobile ([1]), transformables avec dégagement de chaleur
en ces types fixes, les seuls que les formules atomiques actuelles
puissent représenter.

Mais, avant de discuter cette dernière question, il est nécessaire
de définir d'abord les composés nouveaux qui pourront servir
à l'examiner. Ce sont les sulfates neutres des carbures d'hydrogène.

En effet, le propylène et le triméthylène sont tous deux absorbables à froid et immédiatement par l'acide sulfurique concentré. Pour définir la limite de l'absorption, j'emploie un poids
connu : $0^{gr},5oo$ par exemple (ou un poids voisin bien déterminé)
d'acide sulfurique pur, SO^4H^2, contenu dans une ampoule de verre
mince, presque complètement remplie. On glisse l'ampoule dans
une éprouvette séchée avec soin, puis remplie de mercure, dis-
posée sur la cuve et assez longue pour donner lieu au phénomène
dit *du marteau de mercure*. En secouant méthodiquement l'éprouvette, on finit par écraser l'ampoule entre le mercure et la paroi,
ce qui répartit l'acide sulfurique sur une large surface de verre.

Cela réalisé, on fait arriver peu à peu le carbure d'hydrogène sec
dans l'éprouvette : il s'absorbe d'abord immédiatement, puis de
plus en plus lentement. On doit attendre vingt-quatre heures, pour
arriver à une saturation complète de l'acide, degré auquel l'absorption s'arrête complètement. Toute l'opération s'accomplit d'ailleurs
sans élévation sensible de température, le poids d'acide étant très
petit et la chaleur dégagée étant absorbée à mesure par le mercure :
ce point est essentiel, si l'on veut éviter toute polymérisation du
carbure.

Sulfate de triméthylène. — Dans ces conditions, j'ai observé
avec le triméthylène une absorption de $48o^{cc}$ (gaz non réduit),
vers $18°$, pour un gramme d'acide sulfurique : soit 88o volumes
environ pour 1 volume de cet acide. Le gaz étant réduit à $0°$ et
$0^m,76o$, on en calcule le poids exact.

Voici les données d'une expérience :

$1°$ $0^{gr},5273$ d'acide sulfurique pur et bouilli ont été dissous dans
l'eau et titrés par la baryte, ce qui a indiqué $0^{gr},52o$ d'acide réel,
SO^4H^2 ; cet acide étant mêlé avec 0,0073 d'eau excédante, soit
1,4 centième ;

([1]) *Annales de Chimie et de Physique*, 6ᵉ série, t. XXIII, p. 544 et 562; 1891.

2° 0^{gr},5112 du même acide, c'est-à-dire 0,5041 d'acide réel, ont absorbé 246^{cc} de triméthylène (volume brut).

Toute réduction faite, et en admettant pour le gaz la densité théorique qui répond aux rapports $\dfrac{C^3H^6}{H^2}$, le poids absorbé s'élevait à 0^{gr},434.

Entre le poids de triméthylène et le poids de l'acide réel, on trouve donc le rapport $\frac{434}{504,1}$.

En divisant le premier nombre par le poids moléculaire 42 et le second par 98, on obtient, pour le rapport inverse, la valeur $\frac{514}{1033}$, soit 1:2, c'est-à-dire

$$SO^4H^2 : 2\,C^3H^6.$$

L'absorption opérée au bout de quelques minutes seulement s'élevait à 227^{cc}. Les 19 autres centimètres cubes ont exigé plusieurs heures. D'autres essais ont conduit aux mêmes rapports.

On refroidit dans la glace la combinaison, puis on y ajoute de l'eau refroidie à l'avance vers zéro, soit 20 parties en poids pour 1 partie de l'acide initial; le produit se sépare alors sous la forme d'une huile pesante, éthérée, neutre, sans que l'eau dissolve une proportion notable de matière. Elle demeure à peu près neutre, au moins dans les premiers moments.

Le produit est le *sulfate neutre de triméthylène* : $SO^4(C^3H^7)^2$, ainsi qu'il résulte à la fois de la synthèse précédente et de la décomposition quantitative par la potasse, signalée plus loin.

Ce composé se forme, au moins partiellement, dès la première période de l'absorption : ce que j'ai constaté dans une expérience où 1 gramme d'acide sulfurique avait absorbé 234^{cc} de triméthylène, rapports voisins de

$$SO^4H^2 : C^3H^6,$$

c'est-à-dire voisins de la composition de l'acide triméthylsulfurique. Or, les deux composés, l'un neutre, l'autre acide, se forment simultanément dans ces conditions : je l'ai reconnu, d'une part, en précipitant le sulfate neutre de triméthylène par l'eau, et, d'autre part, en dosant le titre acide de la solution aqueuse correspondante, par l'eau de baryte.

Il résulte encore de ce dernier essai, comparé au premier, que l'acide triméthylsulfurique absorbe le triméthylène, en se changeant en sulfate neutre.

L'eau, employée dans la proportion de 500 parties pour 1 de sulfate de triméthylène, ne le dissout qu'en partie, et devient alors lentement acide. Elle forme d'abord l'acide propylsulfurique; lequel ne précipite pas les sels de baryum, si ce n'est qu'au bout d'un quart d'heure, ou davantage. Un contact de plusieurs semaines entre le sulfate de triméthylène et l'eau ne l'altère que faiblement. C'est donc un corps relativement stable.

Cependant, si l'on ne prévient pas toute élévation de température, soit pendant l'absorption initiale, soit lorsqu'on ajoute de l'eau au sulfate de triméthylène, mélangé avec un excès notable d'acide sulfurique, ce sulfate est détruit plus ou moins complètement et fournit des carbures polymères liquides. Ces observations sont essentielles dans la préparation des sulfates de carbures d'hydrogène.

Le sulfate de triméthylène distille avec la vapeur d'eau. Mais, si on le chauffe à l'état isolé, il se décompose, avec production d'acide sulfureux, de matière charbonneuse et de liquides volatils, analogues aux huiles de vin.

La potasse le décompose lentement à 100°, en tube scellé : opération qui exige une dizaine d'heures pour être complète. Il se régénère ainsi uniquement de l'acide sulfurique et de l'alcool propylique. Le premier a été dosé sous la forme ordinaire (sulfate de baryte); le second, approximativement, en concentrant les liqueurs, par des distillations fractionnées successives, et les précipitant au moyen du carbonate de potasse cristallisé, suivant la méthode que j'ai coutume d'employer pour l'alcool éthylique. Les quantités obtenues ont répondu sensiblement aux rapports

$$SO^4 H^2 : 2\, C^3 H^8 O.$$

Sulfate de propylène. — Le propylène ordinaire, sec, a été absorbé par l'acide sulfurique pur, avec des circonstances similaires au triméthylène, et suivant les mêmes rapports de poids. On a pris le plus grand soin pour éviter toute élévation de température pendant cette absorption. Elle s'opère plus vite qu'avec le triméthylène. En fait, j'ai observé que, vers 18°, un gramme d'acide réel absorbe 470 volumes de propylène ; soit, pour 1 volume d'acide, 860 volumes environ. L'expérience a été faite sur $0^{gr},1109$ d'acide sulfurique pur, renfermant $0^{gr},1095$ d'acide réel. Les rapports de poids trouvés ont été les suivants : $\frac{96}{109,5}$; ce qui donne, pour les rapports moléculaires inverses, la valeur $\frac{112}{228}$, répondant à

$$SO^4 (C^3 H^7)^2.$$

Le sulfate de propylène se sépare par l'addition d'eau, sous la forme d'une huile pesante, semblable au sulfate de triméthylène. Mais il est beaucoup moins stable. En présence de l'eau, même à froid, il se dissout et disparaît au bout de quelques jours, en laissant surnager une partie du carbure polymérisé. Si l'on opère la dilution avec un acide saturé seulement à moitié ou au tiers, il faut refroidir à l'avance l'acide et l'eau, avant de les mélanger, et verser goutte à goutte l'acide dans un grand excès d'eau, maintenue à zéro, en évitant toute élévation sensible de température. Autrement il se produit un dédoublement partiel, avec régénération d'acide sulfurique, d'alcool isopropylique et formation simultanée des polymères du propylène, qui surnagent.

On retrouve ici la moindre stabilité qui distingue les dérivés des alcools secondaires.

Sulfate d'isobutylène. — L'isobutylène, préparé au moyen de la réaction du chlorure de zinc sur l'alcool isobutylique, est absorbé par l'acide sulfurique pur, de la même manière que les propylènes. L'absorption est d'abord rapide; mais elle exige vingt-quatre heures pour devenir complète. Le rapport en poids entre le butylène absorbé à saturation et l'acide employé a été trouvé par expérience : 115,6, au lieu de 114,4; ce qui répond bien à $SO^4(C^4H^9)^2$. L'addition d'eau en excès précipite le sulfate, sous forme huileuse, et il se décompose en peu de jours, avec polymérisation fort avancée du carbure.

Il est probable que les isomères du butylène se comporteraient de la même manière.

Je rappellerai ici que l'amylène ordinaire se dissout immédiatement dans l'acide sulfurique concentré; mais, sous l'influence de l'élévation de température ainsi développée, la masse se transforme presque aussitôt en deux couches : l'une constituée par de l'acide sulfurique régénéré; l'autre, par du diamylène, la condensation polymérique du carbure dégageant, d'après mes mesures, plus de chaleur que son union primitive avec l'acide sulfurique. Ainsi les deux phénomènes consécutifs sont tous deux exothermiques, comme il arrive en général dans les métamorphoses attribuées autrefois aux actions dites *de présence.*

Ces résultats établissent nettement la constitution des sulfates de triméthylène et de propylène. Ils complètent à cet égard mes anciennes expériences sur la synthèse de l'alcool ordinaire, au moyen de l'éthylène, et de l'alcool isopropylique, au moyen du propylène ordinaire.

Rappelons que l'absorption de l'éthylène pur par l'acide sulfurique s'exécute dans des conditions toutes différentes, cette absorption n'ayant lieu, comme je l'ai montré, que sous l'influence de chocs entre l'acide, le gaz et le mercure, joints à une agitation extrêmement prolongée. Au contraire, elle est sensiblement nulle, ou plus exactement de l'ordre de celle de l'eau, lors du contact immédiat. Cette absence de réaction apparente entre l'éthylène pur et l'acide sulfurique concentré avait été constatée par Liebig, il y a soixante ans, et il avait montré l'inexactitude des affirmations antérieures à cet égard. Si, dans les expériences faites avant lui, on avait cru observer une absorption rapide de l'éthylène par l'acide sulfurique concentré, c'est en raison du mélange des vapeurs d'éther ordinaire, que l'on ne savait pas alors en séparer. Aussi ces observations erronées avaient-elles été éliminées dans les Traités classiques de Liebig et de Gerhardt. Mais il est difficile de se débarrasser des inexactitudes des livres élémentaires : aussi celles-ci n'ont-elles guère tardé à reparaître. Quand les faits inexacts ont été rayés par des auteurs bien renseignés, souvent il arrive que les erreurs ne tardent pas à être reproduites, soit dans des éditions nouvelles des auteurs plus anciens, qui oublient de se rectifier ; soit dans les compilations, qui regardent ces suppressions comme des omissions et reproduisent les erreurs d'autrefois, en croyant se compléter. Dans le cas de l'éthylène, l'affirmation des faits inexacts a été compliquée, en raison des confusions faites entre les réactions de l'acide sulfurique ordinaire et celles de l'acide fumant, lequel agit immédiatement sur l'éthylène, parce qu'il forme des composés d'un tout autre ordre, tels que l'acide iséthionique, corps incapables de reproduire l'alcool. De là, dans l'histoire de la synthèse de l'alcool, bien des erreurs, qui ont été reproduites par mégarde dans plusieurs Dictionnaires et autres Ouvrages modernes.

CHAPITRE VI.

RECHERCHES SUR LE TRIMÉTHYLÈNE ET SUR LE PROPYLÈNE
ET SUR UNE NOUVELLE CLASSE D'ISOMÉRIE;
L'ISOMÉRIE DYNAMIQUE ([1]).

Le triméthylène et le propylène, gaz isomériques répondant à la formule C^3H^6, diffèrent par leur chaleur de formation depuis les éléments, carbone (diamant) et hydrogène, soit $— 9^{Cal},4$ pour le propylène et $—17^{Cal},1$ pour le triméthylène ([2]) : ce qui représente un excès d'énergie de $+ 7^{Cal},7$ en faveur de ce dernier. Ils fournissent d'ailleurs des composés isomériques : bromures, sulfates, alcools, etc. Mais la chaleur de formation de ces derniers, depuis les éléments, est au contraire bien plus voisine et presque la même, conformément à une loi générale que j'ai signalée pour les corps isomères de même fonction chimique; tandis qu'il en est autrement des deux carbures isomères générateurs. Avant de discuter ces résultats généraux, donnons le détail des expériences qui constatent les relations précédentes

Formation du bromure de propylène. — On dirige un courant régulier de propylène pur, dans un tube long et étroit, contenant du brome, sous une couche d'eau; le tout a été pesé à l'avance, puis immergé dans un calorimètre. Un petit tube également pesé, renfermant de la potasse solide, mouillée à sa partie inférieure, est placé à la suite, en dehors du calorimètre, de façon à recueillir les vapeurs de brome entraînées.

Dans ces conditions, le propylène est absorbé complètement, ou à peu près, par le brome. Son poids est donné par la pesée finale du tube à brome. Il convient d'y ajouter les quelques milligrammes

---

([1]) *Annales de Chimie et de Physique,* 7ᵉ série, t. IV, p. 107; 1895.
([2]) *Annales de Chimie et de Physique,* 6ᵉ série, t. XXX, p. 560-564. — Le présent Volume, plus loin.

d'augmentation de poids du tube à potasse solide consécutif, représentant la vapeur de brome entraînée, dont la vaporisation introduit une légère correction dans le calcul thermique.

Nous obtenons ainsi la quantité de chaleur dégagée par l'union du propylène avec le brome. Cette chaleur elle-même se compose de deux parties, savoir : la chaleur de formation du bromure de propylène, quantité principale, et la chaleur dégagée par l'union de ce bromure avec l'excès de brome, quantité secondaire.

On évalue cette dernière et on la déduit, d'après des expériences directes, exécutées en mélangeant le bromure de propylène pur avec diverses proportions de brome pur ; je donnerai tout à l'heure ces dernières mesures.

En définitive, j'obtiens, à $15°,3$,

$$C^3H^6 \text{ (propylène)} + Br^2 \text{ liquide} = C^3H^6Br^2 \text{ liquide}\ldots\ldots \quad + 29^{Cal},1.$$

Ce nombre se rapporte entièrement à la combinaison ; les phénomènes de substitution étant insignifiants dans ces conditions, comme je l'établirai plus loin.

Le nombre obtenu est presque identique avec celui que j'avais observé, il y a quelques années (*Ann. de Chim. et de Phys.*, 5ᵉ série, t. IX, p. 296 ; 1876), pour l'éthylène

$$C^2H^4 \text{ (éthylène)} + Br^2 \text{ liquide} = C^2H^4Br^2 \text{ liquide}\ldots\ldots \quad + 29^{Cal},8 ;$$

ce qui montre que le propylène est bien l'homologue de l'éthylène ; ainsi qu'il résulte d'ailleurs des chaleurs de formation de ces deux gaz, offrant la différence normale de $+ 5^{Cal},2$, et de l'ensemble de leurs propriétés.

Formation du bromure de triméthylène. — L'expérience a été conduite de la même manière. Elle est beaucoup plus délicate, l'absorption du triméthylène par le brome n'étant pas instantanée ; de telle façon que, dans le même temps et les mêmes conditions, le poids de triméthylène absorbé était à peu près le quart de celui du propylène. Un volume notable échappait à la réaction, en entraînant du brome, qui était d'ailleurs absorbé aussitôt par la potasse et pesé ([1]). Le poids exact du triméthylène combiné était dès lors

---

([1]) Ce poids est, en somme, assez faible, et j'ai vérifié, en dissolvant la potasse dans l'eau, que le poids du bromure de triméthylène formé en dehors du calorimètre ne pouvait pas être estimé, d'après le volume de la gouttelette visible, à plus d'un milligramme : ce qui s'explique en raison de la lenteur de sa formation. Ce poids est donc négligeable.

connu avec exactitude. L'expérience avait une durée plus considérable que la précédente.

La chaleur de vaporisation du brome volatilisé et la chaleur dégagée par l'union du brome en excès avec le bromure de triméthylène ont été, l'une calculée, l'autre mesurée, comme plus haut, et déduites.

En définitive, j'obtiens, à $14°,6$:

$$C^3H^6(\text{triméthylène}) + Br^2 \text{ liquide} = C^3H^6Br^2 \text{ liquide} \ldots\ldots + 38^{Cal},5 \,;$$

valeur qui l'emporte de $+9^{Cal},4$ sur la chaleur de formation du bromure de propylène, et de $+9^{Cal},2$ sur celle du bromure d'éthylène.

On reviendra sur ce grand excès thermique.

Perbromures de propylène et de triméthylène. — On a mesuré dans le calorimètre la chaleur dégagée, lorsqu'on ajoute le brome pur, par équivalents successifs, avec le bromure de propylène et avec le bromure de triméthylène pur; ce qui n'offre point de difficulté.

Voici les résultats observés :

Propylène.

				c
$C^3H^6Br^2$ liquide $+ Br$ liquide....................				$+0,522$
On ajoute.....	$+2^eBr + 0,350$	c'est-à-dire......	$Br^2 +$	$0,872$
»	$+ Br^2 + 0,525$	»	$Br^4 +$	$1,397$
»	$+ Br^2 + 0,254$	»	$Br^6 +$	$1,661$

Triméthylène.

				c
$C^3H^6Br^2$ liquide $+ Br$ liquide....................				$+0,592$
On ajoute.....	$+ Br \; + 0,418$	c'est-à-dire......	$Br^2 +$	$1,012$
»	$+ Br^2 + 0,557$	»	$Br^4 +$	$1,567$
»	$+ Br^2 + 0,485$	»	$Br^5 +$	$2,052$

J'opérais chaque fois sur une trentaine de grammes de ces bromures, exactement pesés et contenus dans un petit ballon.

Il résulte de ces chiffres que l'union du brome avec les bromures de propylène et de triméthylène dégage de la chaleur. Aussi importe-t-il, dans ce genre d'expériences, soit d'opérer à équivalents strictement égaux, soit de tenir un compte exact de l'action exercée par un excès de l'un des corps mis en présence. *A fortiori*, si l'on avait recours à un dissolvant commun, tel que chlorure de carbone, composé bromé, ou autre.

J'ai déjà observé ce dégagement de chaleur avec l'éther bromhydrique ou bromure d'éthyle (*Ann. de Chim. et de Phys.*, 5e série, t. XXIII, p. 223) :

Par exemple, $C^2H^5Br + Br^2$ dégage : $+ 3^{cal},0$.

Ces phénomènes ne sont pas dus à des substitutions. En effet, après avoir fait agir Br^6 sur les deux $C^3H^6Br^2$, à froid, j'ai séparé le brome libre, au moyen d'une solution aqueuse d'acide sulfureux et j'ai retrouvé, en opérant sur la totalité :

> Bromure de triméthylène... $31^{gr},6$ au lieu de $31^{gr},7$ initial.
> Bromure de propylène..... $30^{gr},6$ au lieu de $31^{gr},0$ »

Le poids de ces bromures n'avait donc pas varié sensiblement ; sauf une légère perte, attribuable au transvasement et à l'action dissolvante de l'eau. S'il y avait eu substitution, il y aurait eu, au contraire, une augmentation de poids plus ou moins considérable.

Les effets observés sont donc bien attribuables à la formation de perbromures d'éthyle, de propylène, de triméthylène, comparables aux perbromures d'hydrogène ou de potassium, ainsi qu'au periodure cristallisé de potassium, composés analogues dont j'ai signalé à plusieurs reprises l'existence et mesuré la chaleur de formation. Tous ces composés sont d'ailleurs en partie dissociés et ils doivent encore être rapprochés du bromure d'oxyde d'éthyle, combinaison cristallisée bien connue, et formée de même par addition directe.

En ce qui touche l'action du brome sur les bromures de propylène et de triméthylène, on remarquera que la chaleur dégagée est très voisine, avec ces deux corps, pour une même addition de brome. Le bromure de triméthylène dégage toutefois un peu plus de chaleur que le bromure de propylène : circonstance qui tient peut-être à ce que la tension de vapeur du mélange est diminuée davantage, en raison du point d'ébullition plus élevé du bromure de triméthylène ($+ 165°$ au lieu de $141°,5$). Mais c'est assez parler de cet ordre de composés secondaires.

Formation du sulfate de propylène. — J'ai préparé ce corps en faisant absorber le propylène par l'acide sulfurique concentré, placé au fond d'un tube immergé dans le calorimètre. Une petite toile de platine enroulée et plongée dans l'acide sulfurique le répartissait sur une surface plus grande, afin de faciliter l'absorption. J'opérais sur des poids d'acide voisins de 1^{gr}, dans le but de me rapprocher autant que possible de la saturation.

Malgré ces précautions, l'absorption s'effectue moins bien dans ces conditions que dans une éprouvette sur le mercure, et il n'a pas été possible de saturer entièrement l'acide, ni même de dépasser pratiquement une demi-saturation : $C^3H^6 + SO^4H^2$; ce qui répond à un mélange de sulfate neutre (précipitable par l'eau) et d'acide propylsulfurique, avec un excès d'acide sulfurique non saturé.

Ces conditions peuvent conduire à des conclusions valables pour la comparaison des deux carbures, pourvu que l'on observe des rapports de poids identiques entre l'acide et le carbure d'hydrogène. La différence entre la chaleur dégagée par des proportions fort inégales d'acide et de propylène n'est pas, d'ailleurs, bien considérable, ainsi qu'il résulte des nombres ci-dessous :

$$C^3H^6 + SO^4H^2 \text{ liquide, a dégagé} \dots\dots\dots \quad + 16^{Cal},5$$
$$2\,C^3H^6 + 3\,SO^4H^2 \text{ liquide} \dots\dots\dots \quad + 16^{Cal},7 \times 2 = 33^{Cal},4$$

Dans mes anciennes expériences, faites en 1876, *avec un grand excès* d'acide sulfurique (*Ann. de Chim. et de Phys.*, 5ᵉ série, t. IX, p. 336) j'avais trouvé pour C^3H^6 absorbé : $+17^{Cal},0$.

J'avais également reconnu que, cette absorption étant rapportée par le calcul à l'acide étendu d'eau (lequel n'absorbe pas le propylène directement),

$$C^3H^6 + SO^4H^2 \text{ étendu, dégage, par sa combinaison} \dots\dots \quad + 16^{Cal},7$$

nombre presque identique à celui qui répond à l'éthylène ; car, d'après mes mesures :

$$C^2H^4 + SO^4H^2 \text{ étendu, dégage, par sa combinaison} \dots\dots \quad + 16^{Cal},9$$

Il prouve encore que la chaleur dégagée par la dilution et la dissolution, dans un excès d'eau, des produits de la réaction du propylène sur l'acide sulfurique pur, doit être faible ou nulle (abstraction faite de l'action de l'eau sur l'excès d'acide sulfurique non combiné) ; ce qu'a confirmé, en effet, une expérience exécutée sur l'acide pur, entièrement saturé de propylène.

Formation du sulfate de triméthylène. — J'ai fait absorber le triméthylène par l'acide sulfurique pur, dans les mêmes conditions que le propylène, et en opérant également au sein du calorimètre. L'absorption est plus lente qu'avec le propylène ; moitié plus lente, à peu près, autant qu'il est possible de comparer les phénomènes. Aussi a-t-il été impossible d'arriver à la limite de neutralisation. J'ai obtenu

$$2\,C^3H^6 + 3\,SO^4H^2 \text{ liquide} \dots\dots \quad +25,5 \times 2 = 51,0$$
$$C^3H^6 + 3\,SO^4H^2 \text{ liquide} \dots\dots \quad +26,2$$

On voit que le nombre observé, pour un même poids de carbure, ne varie pas beaucoup avec les proportions d'acide employées.

On peut comparer les chiffres mesurés pour les deux gaz, pour les mêmes proportions relatives, telles que

$$2\,C^3H^6 + 3\,SO^4H^2.$$

J'ai trouvé, pour C^3H^6 absorbé :

Propylène.	Triméthylène.
+16,7	+25,5

Le triméthylène l'emporte encore sur le propylène, et cela de $+8^{Cal},8$.

En résumé, j'ai obtenu les chiffres suivants :

	Triméthylène.	Propylène.	Différence.
	Cal	Cal	Cal
Chaleur de formation par les éléments.........	— 17,1	— 9,4	+ 7,7
Union avec Br^2 liquide....	+ 38,5	+29,1	+ 9,4
Union avec SO^4H^2 liquide.	+ 25,5	+16,7	+ 8,8
Union avec H^2O.........	+ 26,7 [1]	+16,5 [2]	+10,2

On voit par ces chiffres que la transformation du triméthylène et du propylène, en combinaisons isomériques, donne lieu à des dégagements de chaleur très inégaux et qui diffèrent deux à deux de 8^{Cal} à 10^{Cal}; c'est-à-dire sensiblement comme valeurs numériques, quoique en sens inverse, de la même quantité de chaleur que la formation du triméthylène et du propylène eux-mêmes, au moyen des éléments.

L'excès d'énergie du triméthylène, comparé au propylène, ne subsiste donc pas dans les combinaisons parallèles de ces deux carbures; cet excès se perd dans l'acte de la combinaison, sans

---

[1] D'après la chaleur de combustion de l'alcool propylique normal donnée par M. Louguinine (*Ann. de Chim. et de Phys.*, 5ᵉ série, t. XXI; p. 140).

[2] D'après mes propres données sur la formation de l'alcool isopropylique (*Ann. de Chim. et de Phys.*, 5ᵉ série, t. IX, p. 336).

La chaleur de formation de l'alcool éthylique liquide, avec l'éthylène gazeux et l'eau liquide, serait :

D'après les données déduites de la formation de l'acide iséthionique (même Recueil, p. 328) : $+16^{Cal},9$;

D'après mes déterminations les plus récentes des chaleurs de combustion : $+15^{Cal},7$.

Ces valeurs sont voisines de celles observées pour l'hydratation du propylène.

que les produits cependant deviennent identiques. Dès lors les produits isomériques possèdent des chaleurs de formation presque égales, à partir des éléments.

En effet, soient les bromures, on a :

$$C^3 \text{ (diamant)} + H^6 + Br^2 \text{ (liq.)} = C^3 H^6 Br^2 \text{ (liq.)}.$$

Triméthylène.................... $+21^{Cal},7$
Propylène...................... $+19^{Cal},4$

Soient les sulfates (dissous dans l'acide sulfurique) :

$$2\,(C^3 + H^6) + 3\,SO^4 H^2 \text{ liq.} = 2\,SO^4 (C^3 H^7)^2 + SO^4 H^2.$$

Triméthylène........ $+8,4 \times 2 = 16^{Cal},8$
Propylène.......... $+7,3 \times 2 = 14^{Cal},6$

Soient enfin les alcools

$$C^3 + H^8 + O = C^3 H^8 O \text{ liquide}.$$

Alcool normal (dérivé du triméthylène)............ $+78^{Cal},6$
Alcool isopropylique (dérivé du propylène) d'après la
  chaleur de combustion de M. Louguinine........ $+80^{Cal},6$ ⎞ moyenne :
Le même, d'après la transformation du propylène en   ⎟ 77,6
  acide isopropylsulfurique (¹).................. $+76^{Cal},5$ ⎠

Si l'on ajoute que la formation des combinaisons similaires dégage à peu près les mêmes quantités de chaleur, soit avec le propylène, soit avec l'éthylène, on voit que le triméthylène offre quelque chose de tout spécial dans sa constitution. Il est placé en dehors des séries homologues étudiées jusqu'à ce jour, dont le distingue l'énergie toute spéciale emmagasinée dans sa formation.

J'ai signalé, dans un travail exécuté avec M. Matignon (²), des relations analogues entre le térébenthène et ses isomères, le camphène, le citrène, tous carbures représentés par la formule

$$C^{10} H^{16}.$$

La chaleur de formation du térébenthène liquide par les éléments est, en effet, égale à................................ $+ 4^{Cal},2$;

Tandis que celle du citrène liquide s'élève à.......... $+ 21^{Cal},7$,

Et celle du camphène cristallisé à.................. $+ 27^{Cal},2$,

soit, à l'état liquide, vers........................ $+ 25^{Cal}$.

(¹) *Ann. de Chim. et de Phys.*, 5ᵉ série, t. IX, p. 312 et 336.
(²) *Ann. de Chim. et de Phys.*, 6ᵉ série. t. XXIII, p. 538. — *Voir* le présent Volume, plus loin.

Le térébenthène renferme donc, par rapport à ses isomères, un excès d'énergie équivalent à $+18^{Cal}$ ou à $+20^{Cal}$.

Or, cet excès, circonstance remarquable, se perd dans la combinaison parallèle des trois corps avec le gaz chlorhydrique.

$$
\begin{array}{llll}
 & & & \text{Cal} \\
\text{Térébenthène....} & C^{10}H^{16}\,\text{liq.} + & HCl\ \text{gaz} = C^{10}H^{17}Cl\ \text{solide..} & +38,9 \\
\text{Camphène.......} & C^{10}H^{16}\,\text{liq.} + & HCl \quad\ = D^{10}H^{17}Cl\ \text{sol. env.} & +19,0 \\
\text{Citrène.........} & C^{10}H^{16}\,\text{liq.} + & HCl \quad\ = C^{10}H^{17}Cl\ \text{liq.....} & +18,7 \\
\text{»}\ \ .... & \text{»} \quad + 2\,HCl & = C^{10}H^{18}Cl^2\ \text{crist...} & +20,1\times2
\end{array}
$$

Ainsi le térébenthène dégage, en s'unissant à un équivalent d'acide chlorhydrique pour former un chlorhydrate, 17^{Cal} à 20^{Cal} de plus que les carbures isomères; et ce chiffre est fort voisin de l'excès d'énergie qui le distingue de ces carbures.

Il en résulte que la chaleur de formation des chlorhydrates isomériques par les éléments

$$C^{10}\,(\text{diamant}) + H^{17} + Cl = C^{10}H^{17}Cl$$

est à peu près la même :

$$
\begin{array}{ll}
 & \text{Cal} \\
\text{Soit pour le térébenthène (composé cristallisé)...} & +65,1 \\
\text{pour le camphène} \quad (\qquad \text{id.} \qquad)... & +64,5 \\
\text{pour le citrène (composé liquide)..........} & +62,4
\end{array}
$$

Le térébenthène possède donc une constitution essentiellement différente de celle de ses isomères. Son excès d'énergie, aussi bien que celui du triméthylène, se dissipe dans la formation des combinaisons et autres dérivés; c'est-à-dire, remarquons-le bien, dans la formation des corps sur lesquels les chimistes ont coutume de s'appuyer pour construire leurs formules actuelles, dites *de constitution,* soit dans le plan, soit dans l'espace.

En raison de cette circonstance, je crois qu'il est permis de regarder le triméthylène et le térébenthène comme répondant à des types tout nouveaux, caractérisés par leur mobilité et leurs réserves d'énergie : ce sont des *isomères dynamiques.*

Leur constitution est précisément inverse de celle des carbures cycliques, auxquels on a assimilé à tort le triméthylène. En effet, un carbure cyclique possède une capacité de saturation moindre que ses isomères, phénomène qui équivaut à la formation d'une combinaison, c'est-à-dire à une perte d'énergie. Pour rompre l'anneau cyclique, il faut restituer cette énergie. Par conséquent, le carbure cyclique doit posséder une chaleur de combustion moindre que son isomère, c'est-à-dire une chaleur de formation par les éléments plus considérable.

J'ai établi cette relation en fait par diverses expériences, notamment par l'étude des chaleurs de formation de la benzine, comparée au dipropargyle ([1]). Or, c'est la relation contraire qui caractérise le triméthylène, comparé au propylène. Mais il est remarquable de voir que cet excès d'énergie disparaît dans la formation des combinaisons parallèles.

Peut-être doit-on rapprocher encore certains carbures, tels que les polymères liquides de l'acétylène, formés sous l'influence de l'effluve électrique, et qui se décomposent d'une façon explosive par un léger échauffement. Il y a là toute une classe de composés, susceptibles d'exister même dans l'état gazeux, et qui jouent un certain rôle dans la Physiologie végétale : une étude approfondie en multipliera, sans doute, le nombre et l'importance.

([1]) *Thermochimie : Données et lois numériques,* t. II.

CHAPITRE VII.

ÉTUDES SUR LE TRIMÉTHYLÈNE ([1]).

Le triméthylène et le propylène fournissent l'exemple rare de deux corps isomères gazeux à la température ordinaire : leur condensation et leurs réactions chimiques sont semblables ; mais leur chaleur de formation par les éléments est fort inégale ([2]) :

— $9^{Cal},4$ pour le propylène ;

— $17^{Cal},1$ pour le triméthylène.

Il en est de même de la chaleur dégagée par la combinaison de ces deux gaz, tant avec le brome sec :

$+ 29^{Cal},1$ pour le propylène :

$+ 38^{Cal}.5$ pour le triméthylène ;

Qu'avec l'acide sulfurique :

$+ 16,7$ pour $1\frac{1}{2}SO^4H^2$ avec le propylène ;

$+ 25,5$ avec le triméthylène ;

Et avec l'eau :

$+ 16,5$ alcool du propylène ;

$+ 26,5$ alcool du triméthylène.

Ces trois dernières inégalités, de signe contraire avec la première, ont pour effet de ramener les dérivés isomériques de même fonction à des chaleurs de formation par les éléments presque identiques.

J'ai traduit ces phénomènes et caractérisé la relation thermique qui existe entre le propylène et le triméthylène, en les regardant comme représentant un genre nouveau d'isomérie, l'*isomérie dynamique*, isomérie qui existe aussi avec des caractères similaires pour le térébenthène([3]). On voit par là quel intérêt présente l'étude

---

([1]) *Ann. de Chim. et de Phys.*, 7ᵉ série, t. XX, p. 27; 1900.

([2]) *Thermochimie : Données numériques*, t. II, p. 407. — *Voir* le présent Volume, Chapitre précédent.

([3]) BERTHELOT et MATIGNON, *Ann. de Chim. et de Phys.*, 6ᵉ série, t. XXIII, p. 541, 544, 556. — *Voir* ce Volume, plus loin.

de ces deux carbures d'hydrogène. Leur différence apparente, la plus saillante à première vue, est celle de la vitesse avec laquelle ils entrent en combinaison; cette vitesse étant notablement moindre pour le triméthylène que pour le propylène, malgré la relation contraire entre les quantités de chaleur dégagées. Rappelons d'ailleurs que, en général, il n'existe aucun rapport *nécessaire* entre la chaleur dégagée et la vitesse de combinaison.

Au contraire, on peut dire que la transformation du triméthylène en propylène, devant être accomplie avec dégagement de chaleur ($+7^{Cal},7$), est possible directement; tandis que la transformation inverse ne le sera que par quelque cycle de réactions, comportant une absorption d'énergie.

En raison de l'intérêt qui s'attache à ces problèmes, il m'a semblé utile de soumettre à un nouvel examen les questions suivantes:

Pureté du triméthylène et réaction comparée du brome sur ce carbure et sur le propylène;

Action du chlorure de zinc sur l'alcool propylique normal et sur l'alcool isopropylique, d'une part, et d'autre part sur le triméthylène;

Action de l'acide sulfurique sur les alcools propyliques;

Réactions comparées du zinc sur les deux bromures isomères;

Action comparée d'une température voisine de 500° sur le propylène et sur le triméthylène.

Plusieurs de ces questions ont donné lieu, dans ces derniers temps, à une discussion entre des chimistes distingués, MM. Tanatar d'un côté ([1]) et Gustavon ([2]), Wolkoff et Menschutkine ([3]) d'un autre côté: les faits même observés de part et d'autre ne me paraissent pas inconciliables, quoique les conclusions soient différentes. Je me bornerai à exposer mes propres observations.

I. — Propriétés du triméthylène.

1. La première question qui se présente est relative à la pureté du triméthylène, c'est-à-dire à son mélange avec une certaine proportion du propylène, dans le cours de sa préparation.

Ce fait, signalé en passant par M. Wagner ([4]), a été établi d'une

([1]) *Berliner Berichte*, t. XXIX, p. 1297; 1896; t. XXXII, p. 702; 1899.
([2]) *Journal für prak. Ch., N. F.*, t. LIX, p. 302; 1899.
([3]) *Berliner Berichte*, t. XXXI, p. 3067; 1898.
([4]) *Berliner Berichte*, t. XXXI, p. 1236; 1888.

façon plus complète par MM. Wolkoff et Menschutkine. D'après ces savants, la dose de propylène dans le mélange varierait de 13 à 39,5 pour 100 : en moyenne 20 à 25.

D'après M. Gustavson, le bromure de triméthylène pur ne fournirait pas de propylène sous l'influence du zinc et de l'alcool ; mais le propylène se produirait (à l'état de bromure) dans la réaction même du triméthylène sur le brome.

Sans me prononcer sur ce point, je me bornerai à dire que j'ai également observé la régénération du propylène au moyen du bromure de triméthylène. J'ai fait réagir 50^{gr} de bromure de triméthylène, rectifié expressément à point fixe, sur 65^{gr} de zinc en poudre, et 100^{cc} alcool à 75 degrés. Le tout a été chauffé au bain-marie entre 65° et 70°. Ayant pris soin de récolter dans des vases successifs, sur le mercure, la totalité des gaz dégagés, j'ai reconnu que le propylène était surtout concentré dans les premiers produits de l'opération. Il s'y trouve presque pur, tandis que sa dose dans les produits moyens et finaux devient faible, et même presque nulle : le triméthylène s'y trouve, au contraire, de plus en plus pur.

2. Cette observation s'applique également à mes expériences thermochimiques, faites en 1894, ainsi que je m'en suis assuré expressément, en étudiant les flacons, datés et numérotés chacun suivant l'ordre du dégagement des gaz, qui renfermaient les portions de triméthylène non utilisées dans mes expériences antérieures ; flacons que j'avais conservés depuis 1894. J'ai l'usage de dater et de numéroter ainsi les produits de toutes mes opérations, spécialement en ce qui concerne les gaz.

En fait, sur seize flacons de 250^{cc} chacun, j'avais mis de côté les huit premiers et utilisé seulement les suivants.

Or, à partir du n° 5 de ces flacons eux-mêmes, j'ai vérifié récemment qu'il n'y avait pour ainsi dire plus de propylène.

Toute dose de ce dernier augmenterait d'ailleurs les écarts thermiques signalés plus haut, un dixième d'impuretés répondant à 1^{Cal} environ. Les conséquences thermochimiques de mes expériences subsistent donc intégralement.

Stabilité du triméthylène. — J'ai vérifié en même temps la stabilité du triméthylène, conservé à la température ordinaire pendant six et sept années, sur plusieurs échantillons distincts.

3. On sait que c'est par la réaction immédiate du brome que l'on

peut constater qualitativement, et même d'une façon quantitative approchée, en opérant avec précaution, la présence d'une proportion notable de propylène dans le triméthylène.

Cette réaction a été proposée (ce qui est trop absolu, à mon avis) pour séparer rigoureusement les deux gaz; le brome étant réputé absorber seulement le propylène, tandis que le triméthylène serait respecté. En réalité, il n'y a là qu'une différence de vitesse dans les réactions, laquelle ne permet guère que des conclusions approximatives.

Avant d'entrer dans plus de détails sur ce point, rappellons que le propylène forme un bromure qui bout à 142°, et le triméthylène un bromure isomère, qui bout à 165°. Il est clair que la distillation fractionnée d'un mélange de ces deux bromures, — à moins d'opérer sur des poids considérables —, ne fournit, elle aussi, que des indications approximatives. Quant au produit obtenu en faisant agir le mélange des deux gaz sur le brome, sa composition, par rapport aux deux bromures, dépendra de la durée et des conditions du contact : le propylène ayant été beaucoup plus vite absorbé.

4. Avant de fournir quelques données nouvelles à cet égard, je rappellerai que j'emploie, pour absorber quantitativement les carbures d'hydrogène gazeux au sein d'un mélange, le brome liquide en présence de l'eau. Je suis cette marche depuis 1857, époque où j'ai proposé et pratiqué cette méthode analytique, depuis si souvent adoptée. L'absorption des carbures se fait dans des conditions dont le détail précis est donné aux *Annales de Chimie et de Physique,* 5e série, t. XII, p. 297; 1877 ([1]). C'est à ces conditions que se rapportent les indications suivantes.

J'ajouterai que j'opère sur 15^{cc} à 20^{cc} de gaz, mesurés à $\frac{1}{10}$ de centimètre cube près, dans un tube gradué dont le diamètre est voisin de 8^{mm} à 10^{mm}. Le volume du brome liquide employé est voisin de $0^{cc},15$ à $0^{cc},20$ au plus; c'est-à-dire capable d'absorber 25^{cc} à 30^{cc} d'éthylène pur, 35^{cc} à 40^{cc} de propylène pur, etc.

L'emploi du brome liquide est indispensable pour une absorption immédiate de ces gaz.

5. L'eau bromée, que l'on a parfois employée, est insuffisante; car elle ne donnerait une action complète, — sur le propylène notam-

---

([1]) Le présent Volume, Livre III, Chap. XXX, p. 296.

ment, — que par une action prolongée et en présence d'un volume d'eau considérable. Or cette eau exerce, d'une part, une action dissolvante propre, très marquée, sur les gaz résiduels et, d'autre part, elle cède en sens inverse aux gaz résiduels une partie de l'air qu'elle renfermait auparavant, à l'état de dissolution.

Par exemple 13^{cc} de propylène pur, agités pendant quelques minutes avec 25^{cc} d'eau bromée saturée, né lui ont cédé que $1^{cc},5$, et cela sans la décolorer. 200^{cc} d'eau bromée n'ont absorbé de même que 5^{cc} de propylène.

Une dissolution de brome dans le bromure de potassium n'a pas été plus efficace.

6. Il convient donc d'opérer avec le brome liquide, placé sous une petite couche d'eau, le tout étant contenu dans un petit tube étroit, dont la capacité ne surpasse pas un demi-centimètre cube. On introduit ce petit tube au sein de l'éprouvette graduée qui sert pour l'analyse. On la bouche ensuite, en opérant sur l'eau, par un tour de main décrit dans le Chapitre précité. Sous ces conditions, l'absorption immédiate du propylène est assurée et rapide. Les vapeurs de brome qui arrivent tout d'abord au contact de ce gaz disparaissent et le mélange *se décolore* aussitôt.

Ce caractère, joint à une absorption immédiate sous l'influence de deux ou trois secousses énergiques et dans la durée de quelques secondes, permet de constater à l'instant l'existence du propylène dans le triméthylène.

7. Le triméthylène, au contraire, traité de la même manière, laisse d'abord subsister un excès de brome gazeux; le mélange ne se décolorant qu'après un certain temps.

8. D'après ces signes, on peut aisément constater la présence d'une faible dose, voisine par exemple d'un dixième, de propylène dans le triméthylène.

Cette constatation étant faite en une fraction de minute, on retire le bouchon, toujours en opérant sur l'eau, et on laisse retomber le petit tube à brome hors de l'éprouvette graduée; puis on absorbe avec une petite pastille de potasse l'excès de brome, contenu tant dans l'eau que dans l'atmosphère graduée.

Le résidu gazeux peut être regardé comme du triméthylène, privé de propylène. On le transporte, s'il y a lieu, sur la cuve à mercure; on sépare l'eau demeurée dans l'éprouvette, enfin on dessèche le gaz par le contact prolongé d'une pastille de potasse fondue.

9. Cependant, on doit se garder d'attribuer au propylène seul la mesure totale du volume absorbé par le brome. En effet, ce dernier absorbe toujours une certaine dose de triméthylène : en partie par une réaction chimique (formation du bromure); en partie aussi par une action chimico-physique de dissolution, le brome exerçant une telle action dissolvante (et même relativement considerable) sur une multitude de vapeurs et gaz organiques.

Le triméthylène, ainsi dissous d'abord simplement par le brome, entre ensuite peu à peu en combinaison avec lui.

10. Présentons d'abord quelques données numériques, relatives à ces actions dissolvantes complexes du brome sur le triméthylène.

$13^{cc},9$ de triméthylène obtenu à la fin d'une préparation, c'est-à-dire pur où sensiblement, ont été agités une seule fois au sein d'une éprouvette graduée avec $0^{cc},15$ de brome liquide, en présence de l'eau, dans les conditions qui viennent d'être signalées.

Aussitôt, on a séparé le petit tube à brome, éliminé l'excès de sa vapeur par la potasse, et mesuré l'absorption. Elle s'élevait à $1^{cc},9$. Toutes ces opérations n'ont pas duré une minute.

Or la dose de brome employée aurait dû en absorber vingt fois autant, si elle avait été changée en bromure de triméthylène aux dépens de la totalité de ce gaz mise en œuvre dans cet essai.

Une seconde opération consécutive, faite sur les 12^{cc} restants, avec $0^{cc},15$ de brome liquide, dans les mêmes conditions, a laissé 10^{cc} de triméthylène, soit 2^{cc} absorbés dans cette seconde opération.

10^{cc} du second résidu ont été mis une troisième fois, dans les mêmes conditions, en présence d'un volume de brome liquide beaucoup plus petit que les précédents, soit $0^{cc},05$. Cette fois, en opérant toujours de même, l'absorption a été $0^{cc},8$.

Les $9^{cc},2$ restants ont été mis, une quatrième fois, dans les mêmes conditions, en présence de $0^{cc},15$ de brome liquide. On a secoué deux fois, au lieu d'une. L'absorption finale a été cette fois de $2^{cc},2$.

A aucun moment de ces opérations successives, l'atmosphère gazeuse ne s'est décolorée, si ce n'est spontanément, par l'addition de potasse qui précède chaque mesure.

On voit combien l'absorption du triméthylène est lente et comment elle est progressive.

11. Voici un autre essai, dirigé en vue de constater la possibilité de l'absorption totale d'un volume donné de triméthylène. Si l'on

agite 250^{cc} de triméthylène dans un flacon avec quelques grammes de brome liquide, en entr'ouvrant le flacon sur l'eau de temps en temps, on constate également cette absorption progressive. Au bout d'un temps *considérable* d'agitation continue, elle devient *totale;* comme je l'ai vérifié expressément sur quatre échantillons distincts de triméthylène.

Observons ici qu'un semblable genre d'absorption rappelle les conditions efficaces que j'ai découvertes en 1854 pour l'absorption de l'éthylène par l'acide sulfurique concentré; conditions qui contrastent pareillement avec l'absorption immédiate du propylène par le même acide. Cependant, d'après mes mesures, la chaleur totale dégagée dans les deux cas est à peu près la même. Malgré cette diversité d'action et vitesse inégale de combinaison de l'acide sulfurique, la constitution du propylène et celle de l'éthylène sont réputées semblables.

Ces détails peuvent sembler minutieux; mais ils m'ont paru nécessaires pour bien établir la caractéristique du triméthylène obtenu vers la fin de la préparation.

En résumé, un tel gaz semble à peu près pur, en raison du caractère lent des réactions, et surtout en raison de la similitude des absorptions successives constatées plus haut.

Ajoutons que le flacon de triméthylène, qui avait fourni l'échantillon sur lequel ont été faites les analyses précédentes, est celui que j'ai mis en œuvre dans les expériences qui vont suivre.

II. — Action du chlorure de zinc sur l'alcool propylique normal et sur l'alcool isopropylique.

Le chlorure de zinc anhydre étant placé dans une cornue tubulée et chauffé sur une flamme avec précaution, j'ai fait tomber sur lui peu à peu de l'*alcool propylique normal.*

En opérant ainsi, 16^{gr} de ce liquide ont fourni :

Carbures gazeux, 3^{lit},25; soit, en les calculant comme C^3H^6	5,1^{gr}
Carbures liquides et corps analogues	3,0
Alcool inaltéré	2,9
Eau	4,1
	15,1
Perte	0,9

Les gaz étaient constitués en majeure partie par du propylène, exempt de triméthylène, mais mélangés avec une certaine proportion d'hydrogène et d'hydrure de propyle; proportion qui a varié entre 40 et 17 centièmes.

Vers la fin, les gaz renfermaient en outre 4 centièmes d'éthylène.

Les gaz condensés par le brome, pendant la durée totale de cette opération, ont fourni du bromure de propylène, bouillant à 142° et non plus haut.

J'ai fait les mêmes observations en décomposant l'*alcool isopropylique* par le chlorure de zinc; ce qui a fourni du propylène exempt de triméthylène, et le bromure correspondant.

III. — Analyse des gaz.

L'analyse des mélanges gazeux contenant du propylène, du triméthylène et même de l'éthylène, s'exécute de la manière suivante :

D'une part, on dessèche les gaz préalablement, par leur contact prolongé avec la potasse solide KOH, en opérant sur le mercure.

Puis on les traite par l'acide sulfurique concentré, qui absorbe le propylène (et le triméthylène, s'il y en avait).

Le résidu est transporté sur l'eau, avec les précautions que j'ai décrites dans les *Annales* (5e série, t. XII, p. 299) et il est traité par le brome, qui absorbe l'éthylène, s'il y a lieu.

Le second résidu est ramené sur le mercure, desséché, et soumis à l'analyse eudiométrique par détonation avec l'oxygène : le résultat indique les carbures forméniques et l'hydrogène.

Si les gaz contenaient de l'oxyde de carbone, l'analyse l'indiquera également. Il est bon de vérifier la présence réelle de l'oxyde de carbone, en traitant le mélange gazeux (après les actions successives de l'acide sulfurique et du brome) par le chlorure cuivreux en solution acide.

D'autre part, le gaz initial est traité rapidement sur l'eau par le brome, qui absorbe le propylène et, s'il y a lieu, l'éthylène (ainsi qu'un peu de triméthylène). Le résidu est ramené sur la cuve à mercure, desséché et traité par l'acide sulfurique concentré; qui absorbe le triméthylène (ou, du moins, la portion non absorbée par le brome). Puis on fait sur le mercure l'analyse eudiométrique du résidu, laquelle doit fournir d'ailleurs le même résultat que plus haut.

Je me suis assuré par des essais synthétiques que cette marche permet de reconnaître avec certitude la présence du triméthylène, mélangé expressément à la dose de quelques centièmes avec le propylène. A la vérité, le dosage même du premier gaz n'est qu'approximatif, étant subordonné à la durée du contact avec le brome, comme je l'ai montré plus haut.

IV. — Action de l'acide sulfurique sur les alcools propyliques.

L'*alcool propylique normal,* mélangé avec deux fois et demie son poids d'acide sulfurique concentré, ne tarde pas à s'échauffer et à donner lieu à une action très vive. Parfois il est nécessaire de la provoquer par un léger échauffement initial. Cependant le volume des gaz dégagés (après séparation de SO^2) est peu considérable : 10^{cc} par gramme d'alcool environ, dans mes essais.

En opérant avec le concours du gaz carbonique, c'est-à-dire en en remplissant à l'avance tout l'appareil et en balayant à mesure celui-ci par un courant lent du même gaz, pendant toute la durée de la réaction, on peut en recueillir séparément les premières parties gazeuses et les dernières, ainsi que la portion principale.

Dans les trois fractions, après absorption de CO^2 et de SO^2, j'ai trouvé du propylène, exempt de triméthylène.

Les gaz renferment en outre, surtout à la fin, un peu d'oxyde de carbone et d'hydrure de propyle.

L'*alcool isopropylique,* dans les mêmes conditions, a fourni également du propylène exempt de triméthylène, comme on pouvait s'y attendre.

Ainsi, l'alcool propylique normal, susceptible d'être engendré, d'après les auteurs, par le triméthylène, ne le régénère pas sous les influences déshydratantes du chlorure de zinc, ou de l'acide sulfurique.

V. — Action de l'acide borique sur l'alcool propylique.

J'ai fait une autre tentative de régénération, en faisant digérer dans une cornue de l'alcool propylique normal avec un grand excès d'acide borique anhydre, finement pulvérisé, pendant une semaine. Puis on a déplacé l'air par un courant de gaz carbonique et l'on a chauffé doucement la masse.

Le rendement gazeux est beaucoup plus fort qu'avec l'acide sulfurique, s'élevant au tiers environ de la quantité théorique. Mais les gaz étaient formés principalement par du propylène, sans triméthylène. Il se produit en outre des polymères liquides.

VI. — **Action du chlorure de zinc sur le triméthylène.**

Dans la partie supérieure d'une cloche courbe de verre dur, on a introduit du chlorure de zinc anhydre et on l'y a fondu, puis laissé se solidifier.

Cela fait, la cloche a été remplie exactement de mercure; puis on y a introduit $16^{cc},5$ de triméthylène sec, aussi pur et exempt de propylène que possible.

On a chauffé ensuite le chlorure de zinc très doucement, de façon à le fondre, mais sans en élever la température jusqu'au point de distillation.

Au bout d'une demi-heure de chauffe, on a fait l'analyse des gaz.

Le volume total des gaz n'avait pas changé. Ils renfermaient à ce moment :

40 centièmes de propylène, immédiatement absorbable par le brome, avec décoloration de la vapeur (dosage approximatif) ;

60 centièmes de triméthylène (absorbable par SO^4H^2) subsistaient, sans doute parce que la réaction n'avait pas été assez prolongée.

On voit que le chlorure de zinc transforme lentement le triméthylène en propylène, à une température élevée.

M. Gustavon a constaté une action semblable du bromure d'aluminium à froid sur le bromure de triméthylène : mais, dans cette circonstance, la transformation paraît précédée par la combinaison du bromure d'aluminium avec le bromure du carbure mis en œuvre.

On conçoit, d'après mon expérience, pourquoi l'on n'obtient pas de triméthylène dans l'action exercée à chaud par le chlorure de zinc sur l'alcool propylique normal.

VII. — **Action du chlorure cuivreux sur le triméthylène.**

Le triméthylène est également modifié à froid par une solution chlorhydrique de chlorure cuivreux. J'ai employé une liqueur telle que 10^{cc} pesaient $13^{gr},373$. Elle répondait à la composition atomique suivante : $CuCl + 3,42\,HCl + 17,5\,H^2O$. Cette solution, mise en présence du triméthylène sur le mercure, ne l'absorbe d'abord qu'en proportion minime : $0^{vol},5$, c'est-à-dire un demi-volume de gaz environ pour un volume de liquide, à $7°$ et $0^m,772$; deux jours après, $0^{vol},7$.

Cependant peu à peu le gaz est absorbé, et si l'on en introduit à mesure de nouvelles proportions la dose absorbée finit par devenir considérable.

$$
\begin{array}{ll}
\text{Après 9 jours} & 3,6 \\
\text{» 19 »} & 5,1 \\
\text{» 33 »} & 8,2 \\
\text{» 38 »} & 10,4 \\
\text{» 45 ».} & 13,2 \\
\text{» 50 »} & 14,7 \\
\end{array}
$$

et l'absorption n'avait pas atteint son terme. Elle répondait alors les rapports $CuCl + 0,25\,C^3H^6$. Cette absorption a pour effet de donner naissance à un composé spécial, doué d'une faible tension de vapeur, sorte d'éther chlorhydrique combiné avec le chlorure cuivreux.

Cependant le résidu gazeux non absorbé renferme maintenant une dose considérable de propylène régénéré, à côté du triméthylène non modifié. Voici des chiffres : Au bout de 19 jours, le gaz non absorbé représentait la moitié du volume introduit au début dans l'éprouvette, et il contenait 60 centièmes de son volume de propylène. Ce résidu gazeux ayant été enlevé, on introduit dans l'éprouvette un nouveau volume de triméthylène. Au bout de 10 jours, un peu plus du tiers avait été absorbé, et le résidu gazeux renfermait 35 centièmes de propylène.

Ce résultat est d'autant plus net que le propylène, mis en présence d'une solution chlorhydrique de chlorure cuivreux, éprouve d'abord une absorption par simple solubilité, plus forte que le triméthylène : soit 2 volumes de gaz pour 1 volume de liquide à 7° et $0^m,772$. Il se combine ensuite peu à peu avec le chlorure cuivreux et l'acide :

$$
\begin{array}{ll}
\text{Après 8 jours} & 3,6 \\
\text{» 38 »} & 7,8 \\
\text{» 50 »} & 10,8 \\
\end{array}
$$

Le propylène forme également un composé éthéré spécial, isomère ou identique avec celui que donne le triméthylène.

Ces faits mettent en évidence l'aptitude des chlorures métalliques à transformer le triméthylène en propylène, même à froid.

VIII. — Réactions comparées du zinc en poudre sur les bromures de triméthylène et de propylène.

Cette réaction, opérée en présence de l'alcool, régénère, comme on sait, les carbures précédents : le propylène à l'état pur, le triméthylène étant changé en partie en propylène.

. J'ai vérifié que la réaction s'effectue avec une facilité très inégale sur les deux bromures. Aux dépens du bromure de triméthylène, le triméthylène se dégage régulièrement vers 60°-70°; tandis que le bromure de propylène est attaqué dès la température ordinaire (20°).

L'attaque de ce dernier est si rapide que, en opérant sur 50^{gr} de bromure, la masse s'échauffe de plus en plus et donne lieu à une évolution presque explosive de propylène.

Une semblable résistance, plus marquée pour le bromure de triméthylène, surprend à première vue; surtout si l'on attribue au triméthylène une formule cyclique, hypothèse qui semblerait impliquer une stabilité relative moindre dans les combinaisons du carbure avec le brome et avec les autres corps qui s'y unissent au delà des limites de la saturation supposée.

On s'en rend compte, au contraire, si l'on observe que la séparation entre le brome et le carbure exige 9^{Cal},4 de plus pour le triméthylène que pour le propylène. L'énergie nécessaire est empruntée à la chaleur de formation du bromure de zinc.

$$C^3H^6Br^2 + Zn + eau = C^3H^6 + ZnBr^2 \text{ dissous,}$$

dégage $+62^{Cal},3$ pour le propylène; $+52^{Cal},9$ pour le triméthylène.

IX. — Action comparée de la chaleur sur le triméthylène et sur le propylène.

Dans une cloche courbe en verre dur, on a introduit sur le mercure 19^{cc} de *triméthylène,* aussi pur que possible.

La cloche n'était d'ailleurs remplie qu'à moitié de gaz, sa partie inférieure contenant du mercure. La cloche a été bouchée dans cette partie inférieure avec un bouchon de liège, dans le but d'éviter les oscillations brusques produites par le chauffage en cloche ouverte à la partie inférieure sur la cuve à mercure. On opère ainsi à volume constant.

La partie supérieure de la cloche, seule susceptible d'être ainsi chauffée, représentait la moitié environ de la capacité totale remplie de gaz. Elle a été entourée de clinquant, puis celui-ci d'une toile métallique et le tout chauffé sur un bec de gaz avec précaution, à une température qui peut être estimée comme voisine de 550° (¹): cela pendant vingt minutes.

(¹) D'après les expériences similaires que j'ai eu l'occasion de faire avec le concours d'un thermomètre à gaz.

Après l'expérience, le volume du gaz a été trouvé égal à 19^{cc},2. On a fait l'analyse par les actions successives :

1° De l'acide sulfurique et du brome ;
2° Du brome et de l'acide sulfurique.

On a trouvé ainsi, en rapportant les résultats à

100 volumes de gaz initial :

101 gaz après échauffement, c'est-à-dire :
4 triméthylène inaltéré (approximatif).
76 propylène.
7 éthylène.
14 hydrures $C^n H^{2n+2}$ et hydrogène.

On voit que le triméthylène a été changé presque entièrement en propylène : une petite quantité subsistant encore après vingt minutes et une autre ayant été décomposée.

D'autre part, 16^{cc},7 de *propylène* (préparé avec son bromure, le zinc et l'alcool) ont été chauffés en cloche courbe, dans des conditions aussi semblables que possible aux précédentes. Le volume n'a pas changé sensiblement et le propylène est demeuré complètement et immédiatement absorbable par le brome : ce qui exclut sa transformation en triméthylène et indique en même temps une stabilité plus grande.

Observons que ces résultats confirment la transformation du triméthylène en propylène par la chaleur, annoncée par M. Tanatar, lequel a opéré, d'ailleurs, en faisant passer les gaz dans un tube rouge sombre, c'est-à-dire dans des conditions différentes de temps et de température.

Il est clair qu'en opérant plus vite et à une température moindre, le triméthylène pourrait rester inaltéré.

Au contraire, à une température portée au rouge vif et prolongée, le triméthylène se détruit, comme le fait d'ailleurs également le propylène.

A cet égard, les conditions de mon expérience, exécutée vers une température déterminée et prolongée pendant un certain temps sur les mêmes molécules gazeuses, sont fort différentes et plus sûres que celles qui président à la simple traversée d'un gaz, dont les bulles successives circulent chacune en quelques secondes dans un tube de verre chauffé à la même température. En effet, la plupart des réactions pyrogénées et notamment les transformations isomériques ne sont pas instantanées.

En résumé, le triméthylène est moins stable que le propylène et il se transforme en son isomère, soit par la chaleur,

Soit par les agents dits *de contact,*

Soit même (plus ou moins partiellement) par l'influence des réactifs employés, pour former son bromure, ou pour le régénérer de son bromure.

Ce sont là des résultats que les données thermochimiques permettaient de prévoir.

CHAPITRE VIII.

SUR LA SYNTHÈSE TOTALE, PAR LE PROPYLÈNE, DE L'ACÉTYLPROPYLÈNE ET DES CARBURES TERPÉNIQUES [1].

Dans le cours de mes recherches sur la combinaison directe des carbures d'hydrogène les uns avec les autres, j'ai étudié la réaction de l'acétylène sur l'éthylène et la formation d'un acétyléthylène [2] par la réunion des deux gaz à volumes égaux,

$$C^2H^2 + C^2H^4 = C^4H^6.$$

J'ai signalé depuis, en quelques lignes, la combinaison analogue du propylène avec l'acétylène

$$C^2H^2 + C^3H^6 = C^5H^8.$$

C'est cette combinaison sur laquelle je me propose de revenir aujourd'hui, en raison de l'intérêt qu'elle présente pour la synthèse des carbures terpiléniques, et plus généralement des carbures représentés par la formule $C^{10}H^{16}$, dont l'importance est si grande dans les végétaux. Ces derniers carbures, en effet, ainsi que les carbures de l'ordre du copahuvène $C^{15}H^{24}$ et du colophène $C^{20}H^{32}$ sont des polymères (dimères, trimères, tétramères, etc.) des carbures monomères de la formule C^5H^8 [3]. Le terpilène en particulier a été obtenu par M. Bouchardat [4]. L'action de l'acide sul-

---

[1] *Comptes rendus de l'Académie des Sciences*, t. CXXXII, p. 597; 1901.

[2] *Annales de Chimie et de Physique*, 4e série, t. IX, p. 466; 1869. — *Voir* aussi les expériences ultérieures de M. Prunier, mon élève, sur ces carbures, *Annales de Chimie et de Physique*, 5e série, t. XVII, p. 17; 1879. — Le présent Volume, p. 27 et 112.

[3] Voir *Bulletin de la Société chimique*, 2e série, t. XI; 1868. — *Annales de Chimie et de Physique*, 6e série, t. V, p. 136, 1885. — Mon *Traité de Chimie organique*, 1re édition, p. 127 (1872); 2e édition, t. I, p. 171. — Le présent Volume, plus loin, Livre IV, Chap. XIII.

[4] *Comptes rendus*, t. LXXXVII, p. 654; 1878.

fúrique, du fluorure de bore et des agents analogues sur le térébenthène, fournit des tétramères et des produits de condensation encore plus avancés $(C^5H^8)^n$; conformément à ces idées, par la condensation d'un carbure (valérylène) C^5H^8 dérivé de l'amylène.

Réciproquement le térébenthène, le camphène, leur hydrure $C^{10}H^{20}$, leurs monochlorhydrates $C^{10}H^{16}$. HCl et dichlorhydrate $C^{10}H^{16}$. 2 HCl, le bornéol $C^{10}H^{18}O$, le camphre $C^{10}H^{16}O$, etc., soumis à 280° à l'action hydrogénante de l'acide iodhydrique, en solution aqueuse saturée, reproduisent de l'hydrure d'amyle ou pentane C^5H^{12}, d'après mes expériences ([1]).

La synthèse de l'acétylpropylène permet de remonter plus haut dans cette genèse, c'est-à-dire de l'accomplir à partir de carbures formés eux-mêmes par la combinaison élémentaire du carbone et de l'hydrogène.

On réalise la combinaison du propylène avec l'acétylène par la même méthode que celle de l'éthylène, mais en opérant dans des conditions encore plus ménagées. La réaction s'effectue en exécutant le mélange des deux gaz, à volumes égaux, dans une cloche courbe sur le mercure. On la bouche, de façon à opérer à volume constant. La partie inférieure est immergée dans le mercure, afin de prévenir toute perte ou rentrée de gaz. La cloche est enveloppée d'une double toile métallique et la flamme du gaz répartie, de façon à obtenir un chauffage aussi régulier que possible. On ne doit pas atteindre la température rouge, mais se maintenir autant que possible au voisinage de 500°.

Au bout de quelque temps, on voit apparaître un liquide presque incolore, qui se condense dans les parties froides, à la surface du mercure laissé dans la courbure basse et presque verticale de la cloche.

L'expérience ayant duré une heure, on éteint, on laisse refroidir. En observant ces conditions, il ne se dépose pas de carbone, mais seulement une petite quantité de matière goudronneuse, dans les régions supérieures de la cloche.

Après refroidissement, on transvase le gaz restant, toujours sur la cuve à mercure; on le mesure exactement, ce qui indique la contraction; puis on l'analyse, comme il va être dit.

D'autre part, on introduit dans la cloche, remplie de mercure par l'effet de ce transvasement, un volume d'air exactement mesuré :

([1]) *Bulletin de la Société chimique*, 2ᵉ série, t. XI, p. 16, 98 et 187; janvier 1869. — Tome III du présent Ouvrage, ainsi, par exemple, le tiers du volume initial des gaz avant le chauffage. Le carbure très volatil, condensé sur les parois de la cloche, se vaporise dans cette atmosphère. On transvase le tout dans une éprouvette graduée et on le mesure : l'accroissement de volume indique la proportion du carbure volatilisé dans l'atmosphère intérieure. On le soumet ensuite à une analyse eudiométrique.

Il reste encore dans la cloche un peu de carbure liquide,.distinct du précédent et n'ayant qu'une faible tension de vapeur ; ce que l'on vérifie en introduisant dans cette cloche un nouveau volume d'air mesuré ; le volume en varie à peine cette fois. Après ces deux épreuves, le poids du liquide peu volatil resté adhérent aux parois de la cloche est trop minime pour se prêter à une analyse : je me suis borné à traiter ce corps par l'acide nitrique fumant, lequel n'a pas amené une formation appréciable de nitrobenzine, mais seulement celle de dérivés nitrés, de l'ordre de ceux que fournissent les carbures terpiléniques.

Cette réaction prouve que l'acétylène disparu ne s'est pas polymérisé pour son propre compte, à l'état de benzine, mais qu'il est entré dans des combinaisons spéciales.

Dans le cas où le mélange gazeux aurait été chauffé plus fortement, par exemple porté au rouge sombre, la réaction est plus rapide ; mais la benzine apparaît au sein des liquides condensés.

Venons maintenant à l'analyse des gaz, en commençant par le carbure liquide gazéifié dans une atmosphère d'air.

I. Son volume s'élevait aux 9 centièmes de celui de l'air employé. Sans tarder, ni laisser le carbure exposé à une oxydation lente, on ajoute à cet air un certain volume d'oxygène, par exemple sept à huit fois le volume du carbure gazeux, quantité qui, jointe à l'oxygène déjà contenu dans l'air, constitue un excès du comburant, exactement mesuré d'ailleurs. On introduit ce mélange dans un eudiomètre et on le fait détoner. On mesure la contraction, le volume d'acide carbonique absorbable par une goutte de potasse concentrée ; puis, comme contrôle, on détermine le volume d'oxygène excédant. Cette analyse eudiométrique par combustion a fourni :

Pour 10 volumes de gaz combustible,
  52 volumes d'acide carbonique.

La diminution totale (c'est-à-dire le carbure disparu et l'oxygène consommé) s'élevait à

78 volumes.

Ces rapports conduisent à la formule C^5H^8, laquelle exigerait 50 volumes d'acide carbonique et 80 volumes de diminution totale.

Cette formule répond à une combinaison du propylène et de l'acétylène à volumes gazeux égaux ; soit l'*acétylpropylène* :

$$C^3H^6 + C^2H^2 = C^5H^8.$$

C'est celle d'un dérivé penténique ou amylénique, par perte d'hydrogène

$$C^5H^{10} - H^2 = C^5H^8 ;$$

elle répond à plusieurs isomères ; j'y reviendrai tout à l'heure.

Ce carbure pourra être préparé en quantités plus considérables, mais d'une façon moins nette, en faisant passer à travers un tube de porcelaine, chauffé avec ménagement, un mélange des deux gaz générateurs, employés en proportion plus grande ; c'est-à-dire par le procédé que M. Prunier a employé pour l'acétyléthylène, l'un des isomères du crotonylène.

La formation de l'acétylpropylène, pas plus que celle de l'acétyléthylène, dans les conditions ménagées que j'ai décrites, n'est pas accompagnée par celle de la benzine, ou d'autres polymères de l'acétylène, en proportion sensible.

II. Revenons maintenant à l'étude des gaz demeurés dans la cloche courbe, afin de définir complètement la réaction. Dans ce qui suit, tous les volumes gazeux sont, comme d'ordinaire, réduits par le calcul à la même température et pression et ramenés à une unité commune, 100 volumes. On avait pris d'abord

Acétylène : C^2H^2 . . . . 50 volumes ⎱ 100
Propylène : C^3H^6 . . . . 50 volumes ⎰

Après chauffage, on a retrouvé 63,9

(1) Contraction 36,1

(2) Une partie du mélange a été traitée par du chlorure de cuivre ammoniacal, en proportions successives, de façon à absorber exactement, c'est-à-dire sans excès notable du réactif, l'acétylène, soit 23,0

(3) Le gaz résiduel (purifié d'ammoniaque) a été traité par une *petite quantité* d'acide sulfurique bouilli ; ce qui absorbe le propylène restant et la vapeur d'acétylpropylène, soit . . 32,0

(4) Le gaz résiduel s'élevait à 8,9

D'autre part, on a soumis à l'analyse, par combustion eudiomé-trique, le mélange gazeux initial (après chauffage, bien entendu) et le gaz résiduel (après réaction du chlorure cuivreux ammonia-cal et de l'acide sulfurique concentré).

III. 10 volumes de gaz résiduel ont fourni 10^{vol},5 d'acide carbo-nique, la diminution finale étant de 31 volumes.

Ces rapports sont sensiblement ceux du formène CH^4; soit

Pour 10 volumes gaz,
10 volumes CO^2; la diminution totale étant
30 volumes.

Ce résidu est donc constitué par du formène, ou par un mélange équivalent de carbures forméniques et d'hydrogène

$$\frac{1}{n}\left[C^n H^{2n+2} + (n-1) H^2\right] (^1).$$

Soit enfin l'analyse eudiométrique du mélange gazeux, obtenu immédiatement après chauffage : elle a fourni

Pour 10 volumes du mélange,
27 volumes d'acide carbonique; la diminution totale étant
48 volumes.

Ces valeurs permettent de contrôler les résultats obtenus dans l'analyse par absorption (II), en y joignant, bien entendu, ceux de l'analyse (I) de la vapeur $C^5 H^8$, et du résidu gazeux non absor-bable par le chlorure cuivreux et l'acide sulfurique (III). Tout calcul fait, on trouve pour 100 volumes de gaz initial :

Gaz après réaction 63^{vol},9

$C^2 H^2$ inaltéré......................	23
$C^3 H^6$ inaltéré......................	23
$C^5 H^8$ gazéifié......................	9
CH^4 final...........................	8,9
	63,9

(¹) Par exemple,

$$\tfrac{1}{3}(C^3 H^8 + 2H^2) \quad\text{ou}\quad \tfrac{1}{2}(C^2 H^6 + H^2),$$

ou bien encore

$$\tfrac{1}{6}(C^3 H^8 + 2H^2) + \tfrac{1}{4}(C^2 H^6 + H^2),$$

ces divers mélanges fournissant les mêmes résultats à l'analyse eudiométrique.

L'acétylène disparu n'ayant fourni ni benzine, ni polymères propres, nous admettrons qu'il a réagi à volumes égaux sur le propylène, ce qui porte le propylène inaltéré à 23 volumes. Ce nombre, retranché des 32 volumes absorbés par l'acide sulfurique, indique 9 volumes pour C^3H^8 gazéifié. Dès lors CH^4 final (ou les gaz équivalents) répondra à $8^{vol},9$, d'après la contraction ([1]).

Ainsi il a disparu

$$C^2H^2 \ldots \ldots \ldots \ldots \quad 27 \;\left.\right\} \; \text{qui répondraient à } 27\,C^5H^8, \text{ tant}$$
$$C^3H^6 \ldots \ldots \ldots \ldots \quad 27 \;\left.\right\} \quad \text{gazeux que liquide.}$$

Une fraction ayant été changée en formène et carbone, il reste les deux tiers sur 18,1 transformés en acétylpropylène et polymères.

Or ces rapports concordent avec l'analyse eudiométrique (IV); car ils donnent :

Pour 10   volumes de gaz combustible,
   26,7 d'acide carbonique et
   47,3 de diminution totale.

Ce calcul fournit la vérification des données mesurées.

Bref la moitié environ du carbure volatil C^5H^8 a été isolée réellement sous forme gazeuse dans le cours des analyses : une autre partie ayant été changée, sans doute, en polymère $C^{10}H^{16}$, retrouvé sous la forme de carbure moins volatil. En outre une fraction des gaz initiaux, un sixième environ, a éprouvé une destruction plus avancée, qui se traduit par l'apparition du formène (ou des carbures équivalents).

La moitié environ de l'acétylène et du propylène n'avait encore subi aucune réaction quand j'ai mis fin à mon expérience; soit en raison du temps nécessaire pour l'accomplissement de la combinaison des carbures d'hydrogène, soit à cause des phénomènes d'équilibre réversible qui accompagnent celle-ci : équilibre établi par mes recherches sur les actions réciproques des carbures d'hydrogène, entre eux et avec l'hydrogène.

Voici deux autres expériences analogues, effectuées à une température un peu plus élevée, mais de durée beaucoup plus courte

---

([1]) Ceci revient à admettre que CH^4 résulte à la fois de C^2H^2 et C^3H^6, d'après une équation telle que

$$C^2H^2 + C^3H^6 = 2\,CH^4 + 3\,C,$$

hypothèses qui trouvent leur contrôle dans l'analyse eudiométrique du mélange gazeux résultant de la réaction (IV).

(dix minutes), dans le but de comparer les réactions que l'acétylène exerce sur le propylène et sur son isomère le triméthylène;
les conditions des expériences étaient rendues aussi semblables
que possible.

	$50^v\ C^2H^2 + 50^v\ C^3H^6$ propylène.	$50^v\ C^2H^2 + 50^v\ C^3H^6$ triméthylène.
Contraction.......	19^v	18^v
C^2H^2 restant..............	34	33
C^3H^6 restant..............	34	33
C^5H^8 gazeux..............	8	10
CH^4 ou équivalent.........	5	6
	81	82

On voit que les deux carbures isomères se sont comportés sensiblement de la même façon, probablement parce que le triméthylène se changerait d'abord en propylène, avant d'entrer en
combinaison. Ce changement a lieu, en effet, d'après mes expériences ([1]), sous la seule influence d'une température voisine du
rouge sombre.

La réaction n'avait d'ailleurs atteint que la moitié du degré
d'avancement réalisé dans la première expérience : ce qui résulte
à la fois d'une température plus élevée et d'une vitesse initiale plus
grande avec les corps purs, la formation des produits de la réaction
amenant un ralentissement progressif.

J'ai fait quelques expériences, dans le même ordre d'idées, avec
d'autres carbures d'hydrogène; je vais les résumer brièvement.

1. En opérant avec un mélange à volumes égaux d'*allylène* et
d'*éthylène*, $C^3H^4 + C^2H^4$, mélange équivalent à celui d'acétylène et
de propylène, on observe également une réaction, mais plus lente
qu'avec le précédent. Il se condense encore un liquide, dans la partie froide de la cloche. Il n'y a d'ailleurs ni charbons, ni goudron
dans la partie chauffée, du moins lorsqu'on la maintient avec soin
au-dessous du rouge. La contraction s'élevait à 29 centièmes.

C^3H^4 restant (par CuCl ammoniacal)....	32
C^2H^4 restant (par Br)................	30
C^5H^8 (?) par SO^4H^2	4
Gaz restant..........................	5

([1]) Ce Volume, Chapitre précédent.

Le carbure volatil, demeuré sous forme liquide dans la cloche, ne s'est volatilisé dans l'air qu'en proportion trop faible pour comporter une analyse eudiométrique rigoureuse : ce qui n'a pas permis d'en préciser la formule. C'était probablement un *allyléthylène,* isomère avec l'acétylpropylène. Il était mêlé en majeure partie avec un carbure doué d'une tension beaucoup plus faible.

2. Le mélange d'*allylène* et d'*acétylène,* à volumes égaux,

$$C^3 H^4 + C^2 H^2,$$

chauffé de même, a réagi au contraire beaucoup plus vite et moins régulièrement : Au bout d'une demi-heure, la contraction s'élevait à 60 centièmes. Il s'est formé en abondance des goudrons noirs et épais, presque fixes, et un liquide riche en benzine ; ce qui montre que l'altération de l'acétylène a marché plus vite que celle de l'éthylène : peut-être parce que le carbure condensé, résultant d'abord de leur combinaison, tel que $C^5 H^6$, se serait aussitôt changé en polymères, décomposables par la chaleur avec régénération de benzine. La prompte apparition des goudrons semble favorable à cette dernière conjecture.

3. Par opposition, un mélange de *propylène* et d'*éthylène,* $C^3 H^6 + C^2 H^4$, à volumes égaux, chauffé de même pendant une heure et demie, réagit à peine. La contraction a été trouvée seulement de 10 centièmes. Le gaz restant était formé principalement de propylène et d'éthylène, à volumes égaux ; d'après les mesures obtenues par les réactions successives de l'acide sulfurique et du brome. Il s'était condensé une trace de liquide, dont la vaporisation a accru seulement de 1,5 centième le volume de l'air ajouté dans la cloche, après évacuation des gaz ; proportion trop faible pour permettre une analyse eudiométrique. Ces résultats montrent la stabilité relative de l'éthylène et du propylène.

Il résulte de ces observations que l'acétylène et le propylène s'unissent à volumes égaux, de façon à constituer un carbure complexe $C^5 H^8$, obtenu ainsi par synthèse totale, comme ses générateurs.

L'allylène et l'éthylène réagissent également, probablement avec formation d'un carbure isomère.

La théorie indique, d'ailleurs, l'existence d'un certain nombre de carbures de la même formule.

C'est à la polymérisation de ces carbures, et, sans doute, aussi à leurs combinaisons réciproques qu'il paraît nécessaire de recourir pour expliquer les isoméries des carbures camphénique et terpilénique, et pour réaliser la synthèse totale de ces carbures et de leurs dérivés. J'ai effectué précédemment la synthèse de l'alcool campholique (bornéol) et celle du camphre ordinaire, au moyen des camphènes (*voir* la troisième Section); dès lors, on est ramené au problème de la synthèse totale de ces derniers carbures.

TROISIÈME SECTION.

LES CARBURES $C^{10}H^{16}$.

CHAPITRE IX.

LES TÉRÉBENTHÈNES, CARBURES NATURELS $C^{10}H^{16}$ ET QUELQUES-UNES DE LEURS TRANSFORMATIONS ([1]).

Nous allons comparer deux carbures naturels isomères appartenant à la série térébenthénique, savoir : le térébenthène proprement dit et l'australène. Nous chercherons :

1° Comment chacun de ces carbures peut être réduit à un état isomérique caractéristique, et susceptible de reparaître après avoir traversé une combinaison ;

2° Comment ces deux nouveaux états définis peuvent être ramenés à un seul, lequel représente un type commun, dérivé des deux carbures naturels précédents.

Définissons d'abord les carbures naturels dont il s'agit et leur état moléculaire.

Térébenthène proprement dit. — L'essence de térébenthine française est extraite de la résine du pin maritime, dont elle forme le quart ou le tiers environ. Cette essence est constituée principalement par un carbure d'hydrogène défini, le *térébenthène proprement dit,*

$$C^{10}H^{16}.$$

([1]) *Leçon sur l'Isomérie,* professée devant la Société chimique de Paris le 27 avril 1863, p. 241 à 253.

* Ce Chapitre résume les résultats que j'ai obtenus dans une longue série de recherches sur ce groupe de carbures d'hydrogène.

On obtient le térébenthène, dans un état défini et physiquement homogène, en distillant dans le vide, au bain-marie, la térébenthine ou résine naturelle; après avoir saturé les acides qu'elle renferme, en incorporant à la masse résineuse brute un carbonate alcalin (¹).

Voici quelles sont les propriétés du térébenthène : c'est un carbure liquide. Il bout à 161°. Sa densité est égale à 0,864, à la température ordinaire. Son pouvoir rotatoire, qui constitue l'un de ses caractères les plus nets, est égal à $-42°,3$ (rapporté au rayon jaune moyen).

En opérant comme il a été dit, on obtient un carbure défini, dont le point d'ébullition est fixe, la densité constante et le pouvoir rotatoire invariable, dans les portions diverses recueillies séparément pendant le cours d'une distillation fractionnée.

Le procédé exposé ci-dessus est le seul qui fournisse le térébenthène pur, homogène, et dans l'état même sous lequel il préexiste dans la résine naturelle. Les précautions que je viens d'indiquer sont d'ailleurs indispensables, si l'on veut obtenir le térébenthène avec la fixité de propriétés définie précédemment. En effet, le térébenthène s'altère avec une extrême facilité, et passe à des états isomériques nouveaux sous des influences très diverses, parmi lesquelles je citerai les suivantes :

1° Le térébenthène est modifié, lorsqu'il éprouve l'influence d'une température supérieure à 250° (²); température qui peut être réellement atteinte pendant la distillation de la térébenthine brute.

2° Le térébenthène est modifié, lorsqu'il est maintenu en contact avec des acides, même très faibles (³). L'altération s'opère lentement à 100°; elle est d'autant plus active, que la température s'élève davantage.

3° Le térébenthène est modifié lorsqu'il est maintenu en contact, vers 200°, avec les chlorures terreux, et notamment avec le chlorure de calcium (⁴).

De là la nécessité de distiller à basse température, — ce que le vide facilite, — et de saturer les acides résineux avant la distillation.

(¹) *Annales de Chimie et de Physique*, 3ᵉ série, t. XL, p. 11; 1854.

(²) *Annales de Chimie et de Physique*, 3ᵉ série, t. XXXIX, p. 5; 1853. — *Voir* ce Volume, plus loin.

(³) Même Recueil, 3ᵉ série, t. XXXVIII, p. 43; 1853.

(⁴) Même Recueil, 3ᵉ série, t. XXXVIII, p. 48 et 50; 1853.

Examinons maintenant quelques réactions du térébenthène.

Le térébenthène se combine avec l'acide chlorhydrique, et donne naissance à des combinaisons multiples, dont la nature varie suivant les conditions.

Entrons dans les détails ([1]) :

1° et 2° Le carbure, saturé directement par le gaz chlorhydrique, produit un monochlorhydrate solide,

$$C^{10}H^{16}.HCl,$$

et un monochlorhydrate liquide, isomérique avec le précédent.

Le monochlorhydrate solide ressemble au camphre par ses propriétés physiques : d'où le nom peu exact de *camphre artificiel*, qui lui avait d'abord été donné.

En opérant dans d'autres conditions la réaction de l'acide chlorhydrique sur le térébenthène, c'est-à-dire en ayant recours à un menstrue capable de dissoudre soit le gaz acide (eau), soit le gaz acide et le carbure (alcool, éther, acide acétique, etc.), on peut obtenir d'autres combinaisons.

3° Ainsi j'ai préparé un dichlorhydrate cristallisé,

$$C^{10}H^{16}.2HCl,$$

par la réaction lente d'une solution aqueuse saturée d'acide chlorhydrique sur le térébenthène.

Il existe encore divers autres composés définis, formés par l'union réciproque des deux chlorhydrates fondamentaux. Tels sont :

4° Un composé produit par l'union du monochlorhydrate liquide et du dichlorhydrate cristallisé :

$$C^{10}H^{16}.2HCl + 2(C^{10}H^{16}.HCl).$$

Ce corps se forme en dissolvant le carbure et l'hydracide dans l'alcool et saturant le mélange de gaz chlorhydrique.

5° Un composé isomérique au précédent, mais formé par le dichlorhydrate uni au monochlorhydrate cristallisé, peut être préparé : soit par la synthèse directe du mélange des deux chlorhydrates, soit en dissolvant le carbure dans l'acide acétique cristallisable, et en saturant le mélange de gaz chlorhydrique.

J'ai cru devoir m'étendre sur ces phénomènes, non seulement

([1]) *Annales de Chimie et de Physique*, 3ᵉ série, t. XXXVII, p. 223; 1853.

parce qu'ils donnent une idée de la mobilité de cette molécule térébenthénique,

$$C^{10}H^{16},$$

et de la facilité avec laquelle on peut en modifier les réactions;
mais aussi, et surtout, parce que nous voyons intervenir ici des
phénomènes chimiques que nous invoquerons bientôt pour caractériser les états isomériques divers des carbures $C^{10}H^{16}$.

En résumé, nous venons de tracer quelques-uns des caractères
les plus essentiels du térébenthène, carbure défini correspondant à
la formule

$$C^{10}H^{16},$$

produit par le *pinus maritima* et type de la série térébenthénique.

Australène. — Le *pinus australis,* de la Caroline du Sud, produit
un autre carbure isomérique ([1]), distinct du précédent, mais appartenant à la même série. En effet, la résine du *pinus australis*
peut être distillée dans les mêmes conditions que celle du *pinus
maritima,* c'est-à-dire dans le vide, et après saturation des acides
résineux, à l'aide d'un carbonate alcalin incorporé dans la masse.
Elle donne ainsi naissance à un carbure défini et homogène,
l'*australène,* représenté également par la formule $C^{10}H^{16}$. C'est le
carbure principal de cette variété d'essence de térébenthine qui se
vendait en Angleterre avant la guerre d'Amérique.

L'australène est liquide; il bout à 161°, c'est-à-dire au même
degré que le térébenthène; sa densité est égale à 0,864, c'est-à-dire
la même que celle du térébenthène. Enfin son odeur s'écarte à
peine de celle du térébenthène.

Mais une différence essentielle s'observe dans l'étude des pouvoirs rotatoires. L'australène, en effet, possède un pouvoir rotatoire
dirigé à droite, c'est-à-dire dans un sens opposé à celui du térébenthène, et égal à

$$+21°,5.$$

Les propriétés chimiques des deux carbures sont parallèles de
tout point. L'australène fournit également, sous l'influence de
l'acide chlorhydrique :

1° Un monochlorhydrate cristallisé, doué de propriétés camphrées,

$$C^{10}H^{16}.HCl;$$

([1]) *Annales de Chimie et de Physique,* 3ᵉ série, t. XL, p. 31; 1854.

2° Un monochlorhydrate liquide isomère;

3° Un dichlorhydrate cristallisé,

$$C^{10}H^{16}.2HCl;$$

4° Deux combinaisons formées par l'union de chacun des monochlorhydrates précédents avec le dichlorhydrate.

Tous ces corps peuvent être obtenus précisément dans les mêmes circonstances que les composés isomériques du térébenthène.

Malgré cette grande analogie des réactions des deux corps, l'isomérie entre le térébenthène et l'australène n'est pas purement physique. En effet, elle persiste, avec des caractères analogues, dans un certain nombre de combinaisons.

Soit, par exemple, le monochlorhydrate solide, pour me borner au composé le plus caractéristique. S'il est formé par le térébenthène, il possède un pouvoir rotatoire dirigé vers la gauche et égal à —31° [1].

Tandis que le monochlorhydrate, dérivé de l'australène, possède son pouvoir rotatoire dirigé vers la droite et égal à —12° [2].

Ce n'est pas tout: l'étude approfondie des deux monochlorhydrates cristallisés va montrer que la différence isomérique des carbures persiste bien au delà de la formation de ces chlorhydrates, et même après le passage desdits carbures à travers toute une série de décompositions et de recompositions. La diversité entre les deux corps isomères ne disparaît qu'avec le pouvoir rotatoire lui-même.

Voici les faits qui démontrent qu'il en est ainsi : ces faits jettent un grand jour sur la question de l'état des corps dans leurs combinaisons. Ils résultent de l'étude précise que j'ai faite des relations qui existent entre le térébenthène et son monochlorhydrate cristallisé. L'australène donne lieu à des résultats tout à fait parallèles.

La première question qu'il s'agit de résoudre dans cette nouvelle étude est la suivante :

L'état moléculaire du monochlorhydrate cristallisé est-il le même que celui du carbure primitif? ou bien le fait de la combinaison entraîne-t-il quelque modification permanente dans l'état moléculaire de ce carbure?

Pour résoudre cette question, conformément à la méthode géné-

---

[1] Rapporté au rayon jaune moyen. — *Annales de Chimie et de Physique,* 3ᵉ série, t. XL, p. 27; 1854.

[2] Même remarque. — Même Recueil, même Volume, p. 34.

rale que j'ai exposée dans mes *Leçons sur l'Isomérie* [1] (p. 89 et 134), il faut former un cercle de réactions, de façon à produire une combinaison, puis à régénérer le corps que l'on avait engagé d'abord dans la combinaison. En un mot, l'état moléculaire du corps dans ses combinaisons ne peut être constaté que par une double épreuve et un cercle complet d'analyse et de synthèse.

Décomposition du monochlorhydrate de térébenthène. — Prenons donc le monochlorhydrate de térébenthène, et cherchons à extraire le carbure d'hydrogène qui s'y trouve contenu.

La chose paraît facile, tant qu'on n'envisage que les formules des deux corps. En effet, il suffit d'éliminer l'hydracide par l'action d'une base alcaline, telle que la chaux, agissant vers 200° ou 250°. En faisant passer lentement la vapeur du monochlorhydrate à travers un long tube de verre, rempli de chaux et chauffé vers 250°, et en répétant à deux ou trois reprises la distillation, on réussit en effet, comme l'ont montré MM. Oppermann et Soubeiran, à enlever l'acide chlorhydrique. Le carbure ainsi obtenu est liquide : il présente la même densité, le même point d'ébullition, la même composition et la même formule que le térébenthène,

$$C^{10}H^{16}.$$

Cependant il en diffère : car son odeur est très distincte et surtout il est privé de la propriété la plus caractéristique du carbure primitif, à savoir du pouvoir rotatoire.

Ces premières différences ne sont que l'indication d'une diversité notable, et même plus profonde que celle à laquelle on aurait pu s'attendre. En effet, d'après les recherches que j'ai faites sur le carbure régénéré du monochlorhydrate solide sous l'influence de la chaux [2], ce carbure n'est pas un corps homogène, contrairement à ce que l'on avait admis jusqu'ici, mais un mélange de plusieurs corps : les uns sont isomères, les autres polymères avec le térébenthène. En voici la liste :

1° Le *camphène inactif*, carbure cristallisé, volatil vers 160° et représenté par la formule

$$C^{10}H^{16};$$

il est capable de reproduire un monochlorhydrate cristallisé, également inactif.

---

[1] Leçons professées devant la Société chimique de Paris en 1863; publiées chez Hachette.

[2] *Comptes rendus*, t. LV, p. 498; 1862.

2° Le térébène, carbure liquide, inactif, volatil vers 160°, mais qui ne forme pas la même combinaison chlorhydrique que le précédent.

On sépare le térébène et le camphène des autres carbures par une distillation fractionnée; laquelle ne permet pas d'ailleurs de les séparer l'un de l'autre, attendu qu'ils possèdent à peu près le même point d'ébullition. Mais, en soumettant le produit volatil vers 160° à l'action d'un mélange réfrigérant, on détermine la cristallisation du camphène.

3° Un liquide inactif, volatil vers 250°, qui paraît être un sesquitérébène,

$$C^{15}H^{24}.$$

4° Le ditérébène

$$C^{20}H^{32},$$

liquide inactif, volatil vers 320°.

5° Toute une série de polytérébènes,

$$C^{10n}H^{16n},$$

de plus en plus visqueux, et dont le point d'ébullition est compris entre 360° et le rouge sombre.

La complexité de ces résultats, jointe à l'absence du pouvoir rotatoire, suffit pour établir que nous n'avons pas atteint le but poursuivi, c'est-à-dire la régénération du carbure originel, en décomposant le monochlorhydrate par la chaux. Dans cette dernière réaction, nous avons évidemment changé l'état moléculaire du corps que nous voulions isoler; nous avons altéré le carbure par les agents mêmes que nous avons fait intervenir pour le régénérer.

J'insiste sur ce point, parce qu'il est essentiel d'en tenir compte, dans toutes les études relatives à l'isomérie et à l'état moléculaire des corps. En cherchant à l'éclaircir, je me suis trouvé engagé dans une recherche suivie sur les causes qui avaient pu altérer le carbure originel

$$C^{10}H^{16},$$

et sur la manière d'en prévenir les altérations.

Ce sont :

1° L'action de la chaleur, surtout à partir de 250°;

2° L'action de l'acide chlorhydrique libre, dont une partie est toujours mise à nu momentanément, pendant la décomposition du chlorhydrate par la chaux;

3° Enfin l'action modificatrice du chlorure de calcium, laquelle était plus difficile à soupçonner.

Sans entrer ici dans le détail des essais très divers auxquels j'ai eu recours pour opérer la séparation du carbure et de l'acide chlorhydrique ([1]), il me suffira de dire comment j'ai réussi à obtenir un carbure défini et doué du pouvoir rotatoire. On y parvient en effet en décomposant le monochlorhydrate solide de térébenthène par le stéarate de potasse sec, entre 200° et 220°. En opérant dans un ballon à long col et ouvert, chauffé au bain d'huile, avec la précaution d'entretenir dans le ballon une atmosphère d'hydrogène, la réaction exige 15 ou 20 heures au moins pour s'accomplir.

Térécamphène. — On prépare ainsi un carbure d'hydrogène, formé dans les conditions les plus ménagées possible. Ce carbure s'obtient avec des propriétés toujours identiques, par diverses méthodes. Il est d'ailleurs physiquement homogène, c'est-à-dire que les diverses portions que l'on peut isoler par distillation fractionnée, ou autrement, sont douées du même pouvoir rotatoire ([2]). Cependant, chose remarquable, ce carbure n'est pas identique avec le térébenthène; il en diffère par certaines propriétés que je vais signaler.

Je désignerai ce nouveau carbure sous le nom de *térécamphène.* Il possède la même formule,

$$C^{10}H^{16},$$

le même point d'ébullition, 160°, et le même poids moléculaire que le térébenthène.

Mais son état physique est bien différent : car le térécamphène est cristallisé à la température ordinaire, tandis que le térébenthène est cristallisé. L'aspect et la consistance du térécamphène rappellent d'une manière frappante ceux du camphre ordinaire. Il se sublime dans les vases, à la température ordinaire, avec la même facilité et les mêmes apparences.

Ses cristaux sont octaédriques, d'une forme voisine de celle de l'octaèdre régulier, mais qui n'a pu être mesurée, en raison de leur flexibilité et plasticité.

Le térécamphène fond à 45°.

([1]) *Comptes rendus de l'Académie des Sciences*, t. LV, p. 498 et 544; 1862. — Le présent Volume, plus loin.

([2]) Pourvu que l'action de la chaleur n'ait pas été trop prolongée; sinon il est mélangé de camphène inactif.

Enfin il se distingue nettement par son pouvoir rotatoire,

$$\alpha_j = -63° :$$

c'est un nombre moitié plus grand que celui qui répond au térébenthène.

Les propriétés chimiques du térébenthène et du térécamphène diffèrent également. Ce dernier résiste mieux à l'action des agents oxydants. Pour me borner à une seule réaction, il me suffira de dire que l'action de l'acide chlorhydrique change *entièrement* le térécamphène en un monochlorhydrate solide et cristallisé; ce qui n'arrive jamais avec le térébenthène, qui donne constamment un mélange de deux chlorhydrates, l'un solide, l'autre liquide. Enfin, le chlorhydrate de térécamphène prend *seul* naissance, dans les circonstances diverses et multiples où le térébenthène forme les quatre combinaisons chlorhydriques différentes que j'ai signalées plus haut.

Ces faits prouvent que le carbure dégagé de la combinaison n'est point identique avec le térébenthène. Nous n'avons donc pas encore réussi, dans cette circonstance, à former le cercle d'analyse et de synthèse dont j'ai signalé tout à l'heure la nécessité, pour établir l'état moléculaire des corps dans leurs combinaisons.

Reprenons la question et tâchons de la pousser plus loin, par de nouvelles expériences. Le premier problème qui se présente est celui-ci : le monochlorhydrate cristallisé répond-il au térébenthène, c'est-à-dire au carbure primitif? ou bien au térécamphène, c'est-à-dire au carbure dérivé?

A l'origine, M. Biot avait pensé que l'état moléculaire du monochlorhydrate cristallisé était le même que celui du térébenthène. Il se fondait uniquement sur les valeurs numériques des pouvoirs rotatoires de ces deux composés. En effet, si l'on calcule le pouvoir rotatoire du chlorhydrate, en supposant que celui du térébenthène subsiste dans la combinaison, c'est-à-dire en multipliant le pouvoir du térébenthène par le rapport des équivalents,

$$\frac{C^{10}H^{16}}{C^{10}H^{17}Cl} = \frac{136}{172,5},$$

on trouve un nombre presque identique avec le pouvoir observé pour le chlorhydrate.

Mais c'est là une nouvelle preuve des illusions qui peuvent résulter des rapprochements numériques. Il y a simplement coïncidence. En effet, le monochlorhydrate solide d'australène, dont les relations sont précisément les mêmes à l'égard du carbure générateur, n'offre aucun rapprochement numérique analogue entre son pouvoir rotatoire (+ 12°) et celui de l'australène (+ 21°,5). Il n'existe non plus aucun rapprochement entre le pouvoir rotatoire de l'australpyrolène, autre carbure isomère, dérivé de l'australène par l'action de la chaleur et qui forme également un monochlorhydrate analogue ([1]). Enfin je vais établir tout à l'heure, par l'étude de deux autres carbures isomères, qui offrent des relations réelles d'analyse et de synthèse à l'égard de leurs chlorhydrates, qu'il n'existe en réalité aucune relation numérique simple, soit entre les valeurs, soit même entre les signes du pouvoir rotatoire du carbure et du pouvoir rotatoire de son chlorhydrate. — Ces faits prouvent que l'induction de M. Biot doit être regardée aujourd'hui comme dénuée de fondement véritable.

En résumé, nous pouvons admettre comme établi ce premier point : à savoir que l'état moléculaire du monochlorhydrate cristallisé diffère de celui du térébenthène, puisqu'il ne reproduit pas le térébenthène.

Il semble à première vue que l'état moléculaire du monochlorhydrate solide doit, au contraire, être le même que celui du térécamphène. En effet, non seulement le térécamphène participe de l'état camphré, qui caractérise si spécialement le chlorhydrate; mais lorsqu'on essaie d'unir le térécamphène avec l'acide chlorhydrique, on obtient toujours un monochlorhydrate cristallisé, unique et défini. Ce chlorhydrate présente l'aspect, les propriétés générales, la composition du monochlorhydrate cristallisé, dérivé du térébenthène. Aussi, au début de mes expériences, avais-je cru pouvoir identifier les deux corps. L'état moléculaire du térécamphène eût été alors le même que celui du monochlorhydrate, qui dérive immédiatement du térébenthène. — C'était là encore une conclusion prématurée.

En réalité, le chlorhydrate de térécamphène n'est pas identique avec le chlorhydrate de térébenthène, mais seulement isomérique. C'est le pouvoir rotatoire qui établit la différence. Tandis que le monochlorhydrate de térébenthène est *lévogyre,* comme le térébenthène, et possède un pouvoir rotatoire

$$\alpha_j = -31°;$$

([1]) Voyez *Chimie organique fondée sur la synthèse,* t. II, p. 725 et 727.

le chlorhydrate de térécamphène est *dextrogyre*, c'est-à-dire de signe contraire à son générateur. Son pouvoir rotatoire

$$\alpha_j = + 32°.$$

Ces faits prouvent que l'état moléculaire du monochlorhydrate solide, tel qu'il est obtenu avec le térébenthène, n'est pas le même que l'état moléculaire du térécamphène.

Ainsi l'état du carbure naturel a changé une première fois, au moment où on l'a combiné à l'acide chlorhydrique : il change une seconde fois, au moment où il en est séparé.

Poursuivons donc nos recherches, et examinons maintenant la relation qui existe entre le térécamphène et le chlorhydrate unique qui en dérive.

Pour éclaircir ce point, voyons quel carbure ce second chlorhydrate régénère, lorsqu'il est décomposé par les mêmes moyens ménagés que nous avons employés à l'égard du premier. J'ai fait l'expérience et j'ai obtenu cette fois un carbure cristallisé, qui possède exactement les mêmes propriétés et le même pouvoir rotatoire que le térécamphène générateur.

Pour pousser l'épreuve jusqu'au bout, j'ai repris ce térécamphène de seconde formation et je l'ai combiné encore une fois avec l'acide chlorhydrique : il se transforme alors entièrement en monochlorhydrate solide, exactement comme la première fois.

En outre, et cette circonstance est capitale, le monochlorhydrate de térécamphène ainsi obtenu dans une seconde formation, est identique avec le monochlorhydrate de première formation, par toutes ses propriétés et surtout par son pouvoir rotatoire.

Chose digne de remarque, l'opposition singulière que j'ai signalée tout à l'heure entre le signe du pouvoir rotatoire du chlorhydrate de térécamphène et celui du carbure qui l'a engendré, se vérifie dans cette seconde épreuve.

Nous voici donc arrivés au terme des métamorphoses, c'est-à-dire à un carbure dont l'état moléculaire, attesté par des épreuves concordantes d'analyse, de synthèse, ne change plus par le fait de son passage réitéré à travers une combinaison.

Arrêtons-nous ici un moment pour faire observer que ce terme fixe n'a pas été atteint du premier coup, mais après avoir traversé trois états successifs, savoir :

1° Le térébenthène, carbure naturel;

2° Le monochlorhydrate cristallisé qui en dérive;

3° Enfin le térécamphène.

Les relations isomériques que je viens d'exposer, avec des détails rendus nécessaires par la délicatesse même des phénomènes qu'il s'agissait de décrire, ne sont pas un cas isolé et unique en Chimie organique. Pour rester dans le même ordre de composés, il suffira de dire que l'australène donne naissance à toute une série de transformations, parallèles à celles du térébenthène. Je dis d'ailleurs parallèles et non identiques : ce qui fournit une nouvelle preuve du caractère vraiment chimique de l'isomérie qui distingue entre eux l'australène et le térébenthène.

Précisons les faits.

Austracamphène. — L'australène, comme nous l'avons dit, possède un pouvoir rotatoire égal à $+ 21°$. Traité par le gaz chlorhydrique, il donne un monochlorhydrate cristallisé, dont le pouvoir rotatoire

$$\alpha_j = + 12°.$$

Ce chlorhydrate, décomposé de la même manière que le composé correspondant du térébenthène, fournit l'*austracamphène,* carbure cristallisé, doué de propriétés camphrées, en tout pareil au térécamphène. Mais il s'en distingue par la valeur de son pouvoir rotatoire

$$\alpha_j = + 22°.$$

L'austracamphène, traité par l'acide chlorhydrique, donne également un monochlorhydrate unique et cristallisé, dont le pouvoir rotatoire est bien différent de celui du chlorhydrate formé directement par l'australène.

Le signe du pouvoir rotatoire de ce nouveau chlorhydrate est même contraire à celui de l'austracamphène

$$\alpha_j = - 5°.$$

C'est précisément la même opposition qui existe entre les pouvoirs rotatoires du térécamphène et de son chlorhydrate.

Enfin, le chlorhydrate d'austracamphène reproduit le carbure générateur, c'est-à-dire l'austracamphène, avec ses propriétés et son pouvoir rotatoire primitif : ce qui complète le cercle des réactions d'analyse et de synthèse.

Nous voyons ici clairement comment, à chacun des carbures naturels térébenthéniques représentés par la formule

$$C^{10} H^{16}$$

et contenu dans les essences, répond toute une série caractéristique de composés. Sur chacun de ces carbures, on pourra sans doute réaliser un cycle de métamorphoses, pareilles à celles que je viens d'exposer.

Au carbure naturel, mobile et altérable, on substitue ainsi, en traversant certaines combinaisons, un carbure isomère plus stable, capable de passer d'une combinaison à une autre sans être modifié. Cette dernière propriété permet d'établir avec rigueur l'identité de l'état moléculaire du carbure nouveau, soit à l'état libre, soit dans ses différentes combinaisons.

Toutes les séries que l'on obtient par cette voie sont spéciales et en quelque sorte individuelles.

Mais on peut entrer dans un ordre de modifications plus générales, en soumettant chacun des carbures, qui servent de pivot aux séries particulières, à l'influence d'agents un peu plus énergiques : on finit ainsi par aboutir à certains états moléculaires communs, et qui constituent en quelque sorte le lien générique de tout un groupe de séries particulières.

Ainsi nous pouvons, en décomposant les monochlorhydrates solides des térébenthènes par des actions un peu moins ménagées, obtenir un nouveau carbure, toujours représenté par la formule

$$C^{10}H^{16},$$

cristallisé comme le térécamphène et l'austracamphène, fusible vers 45°, volatil à 160°, comme eux, mais qui se distingue, parce qu'il est privé du pouvoir rotatoire. On l'obtient, par exemple, en décomposant le monochlorhydrate de térébenthène par le benzoate de soude : l'acide benzoïque, mis à nu, exerce ici son influence pour anéantir le pouvoir rotatoire.

Or le camphène inactif, traité par l'acide chlorhydrique, se change entièrement en un monochlorhydrate cristallisé,

$$C^{10}H^{16}.HCl,$$

comparable par la plupart de ses propriétés aux chlorhydrates de térébenthène, d'australène, de térécamphène et d'austracamphène, mais qui s'en distingue, parce qu'il ne possède pas de pouvoir rotatoire.

Il résulte de ces faits que le camphène inactif représente un état moléculaire plus général que ceux du térécamphène et de l'austracamphène, puisqu'il reproduit les propriétés communes de ces deux isomères, dépouillés du pouvoir rotatoire qui faisait leur diversité.

———⸺◦⸺———

CHAPITRE X.

ACTION DE LA CHALEUR SUR L'ESSENCE DE TÉRÉBENTHINE ([1]).

D'après les observations de M. Regnault et celles de M. Bouchardat, la chaleur, entre certaines limites de température, paraît agir sur l'essence de térébenthine et la modifier dans sa constitution, sans en altérer tout d'abord la composition.

M. Regnault, en effet, a vu l'essence maintenue en ébullition en vase clos, sous une pression de plusieurs atmosphères, se modifier, et se transformer, au moins partiellement, en un liquide à point d'ébullition voisin de 300 degrés.

M. Bouchardat a reconnu que l'essence distillée sur de la brique pilée, c'est-à-dire dans des conditions de surchauffe, s'altère profondément : son odeur et sa densité changent ; son pouvoir rotatoire subit une diminution considérable.

Ces divers phénomènes paraissent. dus à une transformation isomérique du carbure. Des faits analogues ont été signalés dans l'étude des matières organiques : souvent une substance soumise à l'action de la chaleur se modifie, soit par surchauffe, soit par distillation, et cela tout en conservant sa composition primitive. C'est ainsi que la surchauffe transforme le phosphore blanc en phosphore rouge, le styrolène en métastyrolène. Tandis que la distillation du phosphore rouge et de ses sulfures reproduit le phosphore blanc et ses sulfures, la distillation du métastyrolène reproduit le styrolène. Ainsi encore, par distillation, on revient du chloral insoluble au chloral ordinaire, de l'acide cyanurique à l'acide cyanique, etc. Dans ces divers cas, la transformation présente un caractère remarquable : la matière se modifie intégralement ; elle passe dans sa totalité à un état nouveau et souvent à un type chimique différent du premier. On le voit en comparant, au

---

([1]) *Ann. de Chim. et de Phys.*, 3ᵉ série, t. XXXIX, p. 5 ; 1853.

phosphore blanc, le phosphore rouge et ses sulfures ; au styrolène, le métastyrolène et son dérivé nitré ; aux cyanates, les cyanurates, etc. D'ailleurs le produit modifié par surchauffe revient en général, par distillation, au type primordial: parfois même, ce retour se fait spontanément dès la température ordinaire.

Enfin, dans d'autres cas, plus obscurs jusqu'ici, la transformation paraît être seulement partielle et elle ne comporte pas toujours le retour à la molécule primitive.

Auquel de ces divers ordres de faits appartient la transformation de l'essence de térébenthine? A quelle température, avec quelle intensité la chaleur agit-elle sur ce carbure? L'essence subit-elle une transformation isomérique, par le seul fait de la distillation?

Ces questions, la dernière surtout, ne sont pas sans importance dans l'étude de ce corps. L'essence, en effet, si la distillation l'altère, doit se présenter constamment comme un produit modifié plus ou moins profondément, par les opérations mêmes à l'aide desquelles on l'obtient et on la purifie. Il y a plus : dans cette hypothèse, l'action de la chaleur pourrait s'exercer jusque sur les affinités du carbure naturel ; elle pourrait en dénaturer plus ou moins les réactions.

Les expériences que j'ai faites pour résoudre ces diverses questions sont de deux ordres : d'une part, j'ai soumis l'essence de térébenthine à une ébullition, à une distillation prolongées ; de l'autre, je l'ai chauffée en vase clos à diverses températures.

I. — Expériences d'ébullition.

Les produits successifs fournis par la distillation de l'essence de térébenthine possèdent, d'après M. Bouchardat, des pouvoirs rotatoires différents. Ce phénomène peut être dû soit à la préexistence de plusieurs principes, soit à l'influence modificatrice de la distillation.

Pour résoudre cette question, j'ai maintenu l'essence en ébullition pendant un grand nombre d'heures, puis je l'ai comparée à l'essence primitive ([1]).

Cette opération exige des précautions nombreuses : il faut condenser continuellement les vapeurs et les faire retomber en totalité

([1]) M. Biot a, dès l'origine de ses recherches sur les pouvoirs rotatoires, déterminé l'influence exercée sur l'essence par quelques minutes d'ébullition à l'air libre : il a trouvé que cette influence est sensiblement nulle.

dans l'essence en ébullition. On pourra ainsi continuer l'ébullition aussi longtemps qu'on le voudra et vérifier la permanence, ou la variation, du pouvoir rotatoire sur l'essence maintenue simplement en ébullition, sans qu'aucune séparation s'opère à ses dépens. La vaporisation doit d'ailleurs se produire à l'abri du contact de l'air, qui déterminerait à la longue l'oxydation de l'essence.

J'ai cherché à remplir ces exigences au moyen d'un appareil particulier ; cet appareil se compose :

1° D'un ballon contenant 250 à 300 grammes d'essence ;

2° Au col de ce ballon se trouve adapté un réfrigérant, disposé de façon à faire retomber incessamment dans le ballon les vapeurs condensées. Le tube qui traverse le réfrigérant ne communique pas directement avec l'air extérieur ; mais il est adapté par son extrémité la plus élevée à un petit ballon, muni lui-même d'un tube qui plonge dans l'eau d'une éprouvette.

3° D'autre part, on fait arriver, au moyen d'un gazomètre, un courant d'acide carbonique sec dans le ballon qui renferme l'essence. Quand l'appareil est plein d'acide carbonique, on règle le courant gazeux et on le rend très lent, puis on fait bouillir l'essence ; on continue le courant gazeux pendant tout le temps de l'ébullition.

Voici les résultats obtenus au moyen de cet appareil :

Substance employée.	Durée de l'ébullition.	Déviation imprimée au rayon rouge, sous la longueur de 100 millimètres.
Essence française....	0 heure.	— 27°,7
Essence française....	30 heures.	— 27°,9
Essence française....	60 heures.	— 27°,9

D'après ces nombres, le pouvoir rotatoire de l'essence est demeuré constant : le produit total n'a pas été modifié par une ébullition de soixante heures, dans une atmosphère d'acide carbonique.

Il résulte de cette expérience que le fait seul de la distillation, sous la pression ordinaire, n'exerce aucune influence sur l'essence de térébenthine. La variabilité qu'on observe dans sa constitution doit être expliquée par d'autres considérations.

Je suis également arrivé à un résultat négatif en étudiant l'influence d'un autre agent sur l'essence de térébenthine, celle d'une *très forte compression, exercée à froid* et maintenue d'une façon prolongée sur ce liquide. J'ai opéré tant à l'aide d'une compression médiocre, mais de longue durée (3o à 4o atmosphères pendant cinq cent soixante-seize heures), qu'à l'aide d'une compression de quelques heures et très énergique (plusieurs centaines d'atmosphères). Ces pressions étaient développées en comprimant le liquide au moyen de sa propre dilatation.

L'influence de la lumière solaire exercée pendant un mois sur l'essence isolée, pendant huit jours sur l'essence en solution acétique, ne la modifie pas davantage.

L'oxydation spontanée de l'essence à l'air semble également sans influence sur la partie dont elle ne change pas la composition.

II. — Expériences de surchauffe.

Ces expériences se font en chauffant au bain d'huile l'essence contenue dans des tubes fermés. J'ai soumis à ces épreuves quatre essences différentes : l'essence de citron, l'essence de térébenthine de France, celle d'Angleterre, et celle de la tébérenthine suisse. Les trois premières sont constituées par un carbure de la formule $C^{10}H^{16}$ presque pur ; la quatrième renferme simultanément, en forte proportion, des principes oxygénés de même volatilité que le carbure.

J'ai d'abord constaté d'une manière générale l'influence de la chaleur sur les propriétés physiques et chimiques de ces essences, puis j'ai examiné de plus près la nature intime des produits dus à ce genre d'action.

A. — ACTION DE LA CHALEUR EN GÉNÉRAL.

L'action modificatrice de la chaleur se développe seulement à partir d'une certaine température ; elle s'exerce sur les diverses propriétés de ces essences : elle en altère le pouvoir rotatoire, la densité, le point d'ébullition, et, jusqu'à un certain point, les propriétés chimiques. Je l'ai poussée seulement jusqu'au terme où elle commence à déterminer la décomposition de l'essence.

Pouvoir rotatoire et densité des produits surchauffés. (Les observations ont été faites avec un tube de 213 millimètres.)

Substances examinées.	Température du bain.	Durée de l'expérience.	Densité.	Déviation imprimée à la teinte de passage sous la longueur de 100 millimètres.	Déviation imprimée au rayon rouge sous la longueur de 100 millimètres.	Observations.
I. Essence française..........	Non surchauf.	"	0,8654 à 15°	—35,4	—27,7	
Id.....................	Vers 200° Puis vers 240	16^h 10	0,8643 à 25	»	—27,0	
Id.....................	Vers 250	7 à 8	"	—32,45	"	
Id.....................	360	1	"	»	—8,75	L'essence a pris une odeur citronnée.
Id. en dissolution dans l'alcool.	360	1,30	"	—12,0	"	id.
Id.....................	Ent. 250 et 300 Et vers 360	37 5	0,9154 à 15	»	—9,9	Elle commence à dégager des gaz.
II. Essence anglaise..........	Non surchauf.	"	0,8665 à 15	—18,6	+14,6	
Id.....................	100	77	"	+18,2	"	
Id.....................	200 à 220	7 à 8	"	+18,5	"	
Id.....................	Vers 250	7 à 8	"	+18,1	"	Cette essence a été chauffée en même temps que l'essence française indiquée plus haut.
Id.....................	250	4	0,8657 à 15	+15,3	"	
Id.....................	250 à 260	4	"	+11,8	"	
Id.....................	250 à 260	60	"	+8,55	"	Cette essence a pris une odeur citronnée.

Pouvoir rotatoire et densité ꝑes produits surchauffés. (Les observations ont été faites avec un tube de 2?5 millimètres.(Suite.)

Substances examinées.	Température du bain.	Durée de l'expé- rience.	Densité.	Déviation imprimée à la teinte de passage sous la longueur de 100 millimètres.	Déviation imprimée au rayon rouge sous la longueur de 100 millimètres.	Observations.
II. Essence anglaise......	300°	2ʰ	//	— 9,9	//	Cette essence a pris une odeur citronnée.
Id.................................	Ent. 250 et 300 Et vers 360	37 5	0,9072 à 11°	— 5,6	— 3,6	Commence à dégager des gaz.
III. Essence de la térébenthine suisse.	Non surchauf.	//	0,8618 à 15	— 11,2	//	
Id...........................'.....	100	30	//	— 11,2	//	
Id......	240	4	//	— 9,6	//	
Id......	Vers 200 Puis vers 240	16 10	//	— 2,0	//	
Id. ....'.......	Vers 300	40	0,8690 à 14	— 2,55	— 1,55	A pris une odeur citron- née.
Id.....	300	74	0,8906 à 14	— 1,55	//	Commence à dégager des gaz.
IV. Essence de citron	Non surchauf.	1	0,8506 à 15	+72,5	//	
Id...................	200-240	34	//	+72,7	//	
Id	300	//	//	+73,0	//	
Id...	360	1	//	+69,3	//	
Id........	360	3	//	+65,1	//	Commence à dégager des gaz.

Il résulte de mes expériences que la surchauffe tend à augmenter la densité des essences examinées et à en diminuer le pouvoir rotatoire. Dans un cas même, celui de l'essence anglaise, le pouvoir rotatoire change complètement de signe et passe de droite à gauche.

Cette modification s'opère en vase clos, sans absorption ni dégagement gazeux, au moins au-dessous de 360 degrés, et sans séparation de produits nouveaux. Elle porte sur des corps constitués presque uniquement (sauf l'essence suisse) par un même carbure d'hydrogène: c'est donc une transformation isomérique pure et simple des corps étudiés. Je vais indiquer successivement les caractères généraux qu'elle présente à l'observation :

1° La transformation paraît constituer un nouvel état permanent de la substance modifiée : en effet, l'essence anglaise, maintenue pendant soixante heures entre 250 et 260 degrés, possède le même pouvoir rotatoire quelques heures après la surchauffe et six mois après. Cet état semble aussi stable que celui qui l'a précédé ; du moins, seize heures de surchauffe à 100 degrés n'ont pas changé le pouvoir rotatoire de la même essence ainsi modifiée. La déviation qu'elle exerce sous une certaine longueur est, en effet, égale à —21°,0 ↖ avant et à 21°,1 ↖ après cette expérience.

2° Elle s'opère avec une rapidité croissante, en raison directe de la température et de la durée de la surchauffe. C'est ce que prouve toute la série des déterminations que je viens de transcrire. Ces déterminations indiquent bien d'ailleurs la marche du phénomène, mais aucune n'en montre le terme. Dans aucune on ne paraît arriver à un état final immuable, et cependant la durée et l'intensité de la surchauffe ont été portées aussi loin que possible. Il est probable que la chaleur donne d'abord naissance à certains produits transitoires, qui se modifient à leur tour et constituent, tant entre eux qu'avec l'essence inaltérée, des mélanges sans cesse variables.

3° La température à laquelle elle se développe varie avec chacune des essences employées. L'essence suisse se modifie la première et probablement dès la température de sa distillation. L'essence de citron, au contraire, semble offrir à l'influence de la chaleur une résistance toute particulière. Elle se modifie seulement alors qu'elle commence à dégager des gaz, à se décomposer spontanément (¹).

(¹) Ces gaz paraissent être, avec l'essence de térébenthine, de l'hydrogène pur. Avec l'essence de citron ils sont formés par un mélange de 2 parties d'hydrogène

Cette résistance, elle l'offre également vis-à-vis des acides faibles. Ces corps agissent à 100 degrés sur l'essence de térébenthine; mais tous ne modifient pas, dans les mêmes conditions de temps, l'essence de citron. Les deux autres essences de térébenthine, l'essence française et l'essence anglaise, subissent l'action de la chaleur d'une façon tout à fait comparable et commencent toutes deux à se modifier vers 250 degrés ([1]).

4° La distillation des produits surchauffés y indique un caractère essentiel : l'essence modifiée est convertie en partie en polymères, dont le point d'ébullition atteint et dépasse 360 degrés; en partie en isomères de même point d'ébullition que l'essence primitive. C'est ce que j'ai observé sur les trois essences de conifères. Je reviendrai sur ces faits.

Ce phénomène est semblable à celui que l'on observe en traitant l'essence par l'acide sulfurique. J'ai recherché si les produits de la dernière action se comportent comme l'essence primitive relativement à la chaleur. Le térébène de M. Deville, chauffé pendant deux heures à 300 degrés, ne paraît pas se modifier; il conserve intégralement son point d'ébullition primitif. Quant au colophène, une surchauffe prolongée, soit isolément, soit en présence de la chaux sodée et au-dessus de 370 degrés, ne paraît ni l'altérer, ni le ramener au type du térébène.

---

et de 1 partie d'oxyde de carbone, d'après l'analyse eudiométrique. L'oxyde de carbone provient des principes oxydés, contenus en petite quantité dans l'essence de citron. Les derniers produits obtenus en distillant la térébenthine suisse avec de l'eau, chauffés en vase clos à 100 degrés pendant trente heures, commencent déjà à dégager des gaz.

([1]) L'aptitude à subir l'action de la chaleur dans l'essence de térébenthine et dans l'essence de citron est assez différente pour permettre de reconnaître si la seconde renferme quelques centièmes de la première, introduite frauduleusement. Il suffit, pour cela, de déterminer le pouvoir rotatoire du mélange suspect, de le chauffer à 300 degrés pendant une heure ou deux et d'en déterminer de nouveau le pouvoir rotatoire après cette opération. Ce pouvoir ne change que si l'essence est falsifiée. Si elle renferme de l'essence de térébenthine française, la variation est tout à fait caractéristique ; elle consiste dans une augmentation du pouvoir rotatoire, effet que la chaleur ne produit jamais sur une essence non mélangée.

J'ai vérifié l'exactitude de ce procédé par une expérience directe. Ainsi un mélange, renfermant 91 parties d'essence de citron rectifiée et 8 parties d'essence de térébenthine française, exerçait, sous la longueur de 100 millimètres, une déviation de $+64°$ (teinte de passage). Après une heure de surchauffe à 300 degrés, la déviation s'est trouvée portée à $+68°,1$ dans les mêmes conditions.

5° Les propriétés chimiques ont également subi certaines altérations. Le fait le plus saillant à cet égard, c'est l'augmentation survenue dans l'oxydabilité des produits surchauffés. Cette augmentation se manifeste à l'observation par divers signes non équivoques. Elle est établie d'une manière certaine par les résultats numériques qui suivent :

Substances employées.	Poids de l'essence.	Durée de l'expérience.	Poids de l'oxygène absorbé.	Poids de CO_2 formé.	Poids d'oxygène absorbé par 100 parties d'essence.	Poids de CO_2 formé par 100 parties d'essence.
I. Essence française	0,999 gr	du 21 oct. au 21 nov. 1851.	0,034 gr	1,031 gr	3,4	0,1
La même après 42 heures de surchauffe, vers 300 degrés	0,561	Id.	0,08	»	5,0	»
II. Essence anglaise	0,256	Id.	0,012	»	4,7	»
La même après 42 heures de surchauffe, vers 300 degrés	0,353	Id.	0,034	»	9,7	»
III. Essence de la térébenthine suisse	0,631	Id.	0,031	»	4,9	»
La même après 40 heures de surchauffe, vers 300 degrés	0,630	Id.	0,104	0,004	16,4	0,6
La même après 74 heures, vers 300 degrés	0,624	Id.	0,078	0,006	12,5	0,9

Ces expériences ont été faites en cassant une ampoule pesée d'essence dans une éprouvette remplie d'oxygène, sur le mercure, et en mesurant les volumes gazeux.

La surchauffe, on le voit, rend certaines essences plus oxydables. Des faits du même ordre sont déjà connus et utilisés depuis longtemps dans l'industrie. On sait, par exemple, que certains vernis ne deviennent siccatifs, c'est-à-dire promptement oxydables, que si les résines qui les composent ont été soumises d'abord à la fusion ignée.

B. — SUR LA NATURE DES PRODUITS DÉVELOPPÉS PAR LA CHALEUR.

D'après les expériences relatives à la distillation des essences surchauffées, elles paraissent changées en un mélange de divers carbures de même composition : les uns jouissent d'un point d'ébullition voisin de celui de l'essence primitive, les autres d'un point d'ébullition beaucoup plus élevé. L'individualité propre des premiers est établie par le sens de la déviation qu'exercent ces liquides préparés avec l'essence anglaise : cette déviation est de signe contraire à la déviation de l'essence primitive. C'est là un fait qui ne saurait s'expliquer par l'hypothèse d'une essence incomplètement modifiée. Aussi l'existence de ce dernier groupement, comme substance caractérisée, me paraît-elle assez nettement démontrée, et par ce fait, et par ceux qui vont suivre, pour m'autoriser à lui donner un nom particulier : je le désignerai sous le nom d'*isotérébenthène* ([1]).

Quant au groupe polymère, il semble constitué par des éléments plus nombreux : c'est là un caractère qui lui est commun avec les produits analogues auxquels l'acide sulfurique donne naissance. On pourrait provisoirement désigner le principal des éléments dont il se compose sous le nom de *métatérébenthène*.

1. — *Sur l'isotérébenthène.*

J'ai préparé ce corps de la manière suivante : L'essence anglaise a été chauffée à 3oo degrés pendant deux heures, et le produit soumis à la distillation. J'ai recueilli les liquides volatils au-dessous de 25o degrés. Ces liquides ont été redistillés. Pendant toute la durée de cette seconde opération, le point d'ébullition s'est maintenu entre 176 et 178 degrés. C'est le produit distillé à cette température que j'appelle *isotérébenthène*.

Sa composition répond à la formule

$$C^{10}H^{16},$$

0,2035 de matière analysée sans autre purification ont fourni 0,657 d'acide carbonique et 0,2145 d'eau, ce qui fait, en centièmes :

$$
\begin{aligned}
&C \dots\dots\dots\dots\dots\dots\dots\dots\dots\dots\dots\dots\dots\dots\ 88,1\\
&H \dots\dots\dots\dots\dots\dots\dots\dots\dots\dots\dots\dots\dots\ 11,7\\
&\overline{\hphantom{C \dots\dots\dots\dots\dots\dots\dots\dots\dots\dots\dots\dots\dots} 99,8}
\end{aligned}
$$

La formule

$$C^{10}H^{16}$$

([1]) La nomenclature des carbures de la formule $C^{10}H^{16}$ a subi de nombreuses variations depuis une vingtaine d'années. Le nom de *térébenthène* proposé, je crois, par M. Regnault, paraît rester acquis au carbure fondamental de l'essence de térébenthine ; aussi ai-je cru devoir le prendre comme base du nom du carbure modifié.

exige :

$$
\begin{aligned}
\text{C} &\dots\dots\dots\dots\dots\dots\dots\dots\dots\dots\dots\quad 88,2 \\
\text{H} &\dots\dots\dots\dots\dots\dots\dots\dots\dots\dots\dots\quad 11,8 \\
&\hphantom{\dots\dots\dots\dots\dots\dots\dots\dots\dots\dots\dots\quad} \overline{100,0}
\end{aligned}
$$

C'est un liquide mobile, incolore, réfractant fortement la lumière, doué d'une odeur analogue à celle des vieilles écorces de citron. Sa densité à 22 degrés est égale à 0,8432. Il bout entre 176 et 178 degrés. Son pouvoir rotatoire $\left(\dfrac{\alpha_r}{ld}\right)$ est dirigé vers la gauche. Il paraît varier en valeur absolue, tant avec la durée et l'intensité de la sur-chauffe, qu'avec la nature des essences modifiées. Celui de l'échantillon sur lequel j'ai fait les déterminations ci-dessus est égale à $-10°,0$ à 22 degrés.

Ce liquide donne naissance aux mêmes composés que l'essence primitive, savoir : à l'hydrate et aux deux chlorhydrates, tous corps cristallisés.

I. Quatre parties d'isotérébenthène, mêlées avec 3 parties d'alcool et une partie d'acide nitrique, ont été abandonnées à l'air libre sur une large surface. Au bout de huit jours, ce mélange a commencé à fournir les cristaux de Wiggers (hydrate d'essence); il a pris en même temps l'odeur caractéristique de cette réaction. La forme de ces cristaux est sensiblement la même que celle de l'hydrate ordidaire. C'est un prisme droit, à base rhombe, de 78 degrés environ.

II. $0^{gr},240$ d'isotérébenthène absorbent, à 24 degrés, 55 centimètres cubes d'acide chlorhydrique gazeux, ou $0^{gr},0814$, c'est-à-dire 34 pour 100. Cette détermination a été faite en introduisant, dans une éprouvette pleine de ce gaz, une ampoule contenant un poids connu d'essence. On casse l'ampoule et l'on agite. Au bout d'un quart d'heure environ, l'absorption est arrivée à son terme.

Le composé liquide, ainsi produit, répondrait à la formule

$$3\,C^{10}H^8.\,2\,HCl = 2\,(C^{10}H^{16}.\,HCl) + C^{10}H^{16}.\,2\,HCl,$$

combinaison de deux chlorhydrates, que j'ai obtenue par divers procédés avec l'essence de térébenthine. Ce liquide paraît également, dans le cas présent, renfermer à la fois les deux chlorhydrates. En effet :

1° Traité par l'acide nitrique fumant, il fournit du monochlorhydrate cristallisé (prétendu camphre artificiel);

2° Si l'on sature l'isotérébenthène d'acide chlorhydrique gazeux, et si l'on fait suivre le flacon où s'opère la saturation, d'un second vase, il s'y condense des cristaux de bichlorhydrate.

J'ai examiné le monochlorhydrate cristallisé, après l'avoir isolé par l'action ménagée de l'acide nitrique fumant, et j'en ai déterminé le pouvoir rotatoire :

Substance.	p Poids de la matière active.	V Volume total de la dissolution qui renferme p.	$\dfrac{V}{p}$	l Longueur du tube d'observation.	n Nombre des couples de lectures alternées.	α_r Déviation imprimée au rayon rouge.	$[\alpha]_r = \alpha_r \dfrac{V}{p.l}$ Pouvoir rotatoire.
Monochlorhydrate cristallisé d'isotérébenthène....	$2^{gr},09$	$7^{cc},3$	$3,49$	213^{mm}	6	$-6°,8$	$-11°,2$

Le dissolvant était formé par un mélange de 1056 parties en volume d'alcool à 40 degrés, et de 405 parties d'éther ordinaire.

Ce monochlorhydrate est donc lévogyre, comme le carbure modifié qui lui donne naissance. Son pouvoir rotatoire est de $-11°,2$.

De même que l'essence primitive, l'isotérébenthène, mis en contact avec l'acide chlorhydrique fumant pendant un mois, se change en une masse cristalline de bichlorhydrate, imprégné d'un peu de liquide. Il en fournit autant, par ce procédé, que l'essence de citron.

Ainsi l'isotérébenthène paraît, au boint de vue de ses composés chlorhydriques, se comporter comme un carbure intermédiaire entre l'essence de térébenthine et l'essence de citron. Par saturation directe, la première fournit du monochlorhydrate cristallisé, la seconde du bichlorhydrate, l'isotérébenthène une combinaison des deux. Son point d'ébullition un peu plus élevé que 160 degrés, sa densité plus faible que 0,86 le rapprochent également de l'essence de citron.

III. L'isotérébenthène est modifié par les acides de la même manière que les autres carbures isomères. Ainsi un échantillon déviait la teinte de passage, sous la longueur de 100 millimètres, de $-8°,8$. Après trente heures de contact à 100 degrés avec l'acide oxalique, la déviation s'est trouvée égale à $-7°,0$. Le pouvoir rotatoire avait donc diminué.

L'isotérébenthène absorbe également le fluorure de bore, en s'épaississant et se colorant fortement.

$0^{gr},3615$ de ce corps ont absorbé $0^{gr},052$ de fluorure à 23 degrés, c'est-à-dire 14,3 pour 100.

2. — *Sur le métatérébenthène.*

Le liquide qui reste, après la séparation de l'isotérébenthène, renferme un mélange de plusieurs corps à point d'ébullition variable. Distille-t-on ce mélange jusqu'à ce que la température du thermomètre dépasse 360 degrés, on trouve dans la cornue un liquide particulier. Ce liquide constitue le métatérébenthène. Sa proportion relative varie avec la durée et l'intensité de la surchauffe. Elle n'a jamais été inférieure au tiers du produit modifié (deux heures à 300 degrés), ni supérieure aux trois quarts (quarante-deux heures vers 300 degrés) dans mes expériences.

C'est un corps jaunâtre et visqueux; il possède une odeur forte et désagréable, mais peu prononcée à froid. Sa densité est égale à 0,913 à 20 degrés. Il est volatil sans décomposition sensible ([1]), bien qu'il ne bouille pas encore à 360 degrés. Il est lévogyre : le pouvoir de l'échantillon que j'ai surtout étudié était égal à $-3°,3$.

Ce liquide paraît éminemment oxydable : il acquiert, en s'oxydant, la consistance de la colophane. J'ai déterminé la proportion d'oxygène qu'il absorbe, comparativement avec l'isotérébenthène.

Substance.	Poids de substance.	Durée de l'expérience.	Poids d'oxygène absorbé.	Poids de CO^2 formé.	Poids d'oxygène absorbé par 100 parties d'essence.	Poids de CO^2 formé par 100 parties d'essence.
Isotérébenthène...	$0^{gr},1865$	Du 25 mai au 27 juin 1853.	$0^{gr},0313$	0,0018	16,8	1,0
Métatérébenthène.	$0^{gr},2335$	Du 25 mai au 27 juin 1853.	$0^{gr},0226$	0,0007	9,7	0,3

$0^{gr},305$ de métatérébenthène absorbent $35^{cc},5$ d'acide chlorhydrique à 24 degrés, c'est-à-dire 17,7 pour 100. C'est la moitié de la quantité absorbée par l'isotérébenthène (34,0). Cette absorption ré-

---

([1]) J'ai vérifié ce fait en faisant bouillir le métatérébenthène dans une cloche courbe sur le mercure, sous pression réduite. Après sept à huit distillations, la vapeur formée s'est condensée chaque fois entièrement; sauf quelques petites bulles, dues plutôt au dégagement de l'air dissous dans le liquide qu'à sa décomposition même.

pondrait donc à la formule

$$3\ C^{10}H^{16}.\ 2\ H\ Cl\ ;$$

mais il n'existe pas ici de moyen de contrôle. Cette absorption est très forte, eu égard au point d'ébullition élevé du métatérébenthène. En effet, le liquide qui paraît lui correspondre, comme volatilité, dans les produits modifiés par l'acide sulfurique, absorbe seulement 4,2 pour 100 d'acide chlorhydrique, ou le quart environ de la quantité absorbée par le métatérébenthène.

En résumé : l'essence de térébenthine n'est pas modifiée sous la seule influence de la distillation. Chauffée en vase clos, elle commence à s'altérer vers 250 degrés ; cette altération acquiert une grande intensité vers 300 degrés. C'est une modification purement isomérique, qui donne naissance simultanément à deux groupes stables de composés, l'un polymère, l'autre isomère avec l'essence primitive. Ce dernier, l'isotérébenthène, se présente à nous comme un carbure intermédiaire, à certains égards, entre l'essence de térébenthine et l'essence de citron. Comme les divers carbures de la formule

$$C^{10}H^{16},$$

il donne naissance à un hydrate, à plusieurs combinaisons chlorhydriques cristallisées ; comme eux, il jouit du pouvoir rotatoire, et est altérable par l'action des acides. C'est, en un mot, une véritable essence, tout à fait analogue, par ses propriétés, aux essences naturelles dont elle dérive.

La chaleur produit ici le même effet, à certains égards, que l'acide sulfurique. Elle provoque le dédoublement de l'essence en deux groupes, l'un isomère, l'autre polymère, avec l'essence primitive. Seulement, et cette différence est essentielle, le térébène et le colophène produits par l'acide sulfurique ne jouissent plus du pouvoir rotatoire ; ils ne donnent naissance ni à l'hydrate cristallisé, ni au monochlorhydrate cristallisé, tandis que les deux groupes obtenus par l'action de la chaleur possèdent tous deux le pouvoir rotatoire : le groupe isomère a même conservé d'une façon complète les aptitudes du carbure primitif. Ce dédoublement n'implique pas la préexistence de deux groupes distincts dans l'essence ; il s'explique aussi bien par la simultanéité de deux actions différentes : l'une modifie isomériquement, l'autre complique la molécule.

CHAPITRE XI.

SUR LE BICHLORHYDRATE D'ESSENCE DE TÉRÉBENTHINE [1].

L'essence de térébenthine et l'essence de citron possèdent la
même composition ; elles se ressemblent à la fois par la plupart de
leurs propriétés physiques et par leurs affinités chimiques. Toutes
deux donnent naissance à un hydrate cristallisé, toutes deux fournissent des combinaisons chlorhydriques cristallisées. Seulement,
et c'est là jusqu'ici, au point de vue chimique, la différence fondamentale de ces deux carbures, le composé produit par l'essence de
térébenthine, directement saturée par l'acide chlorhydrique
gazeux, renferme 1 équivalent d'acide pour 1 équivalent d'essence,
c'est un monochlorhydrate, $C^{10}H^{16}.2HCl$. D'où l'on a conclu que
l'essence de citron possède une capacité de saturation double de
celle de l'essence de térébenthine.

Cette différence n'est pas essentielle : j'ai reconnu que, si l'on
change les conditions de la saturation de l'essence de térébenthine,
on obtient le plus souvent le bichlorhydrate cristallisé, $C^{10}H^{16}.2HCl$,
en tout semblable à celui de l'essence de citron et à celui que
M. Deville a préparé avec l'hydrate d'essence de térébenthine.

Le procédé qui fournit ces cristaux en plus grande abondance est
le suivant : On prépare une solution aqueuse saturée d'acide chlorhydrique ; on dépose à sa surface une couche d'essence de térébenthine de quelques millimètres d'épaisseur, et l'on abandonne le
tout dans un flacon fermé. Après une semaine, on agite vivement
et l'on répète de temps à autre cette agitation. Au bout d'un mois
environ, l'essence s'est remplie de cristaux minces et nacrés. Ces
cristaux possèdent l'aspect, l'odeur, la fusibilité de 42 à 44 degrés,
et en un mot, les diverses propriétés physiques du bichlorhydrate
d'essence de citron. Ils n'ont pas non plus de pouvoir rotatoire.
Après les avoir égouttés et fortement comprimés, je les ai analysés.

[1] *Ann. de Chim. et de Phys.*, 3ᵉ série, t. XXXVII ; 1852.

Leur composition répond à la formule

$$C^{10}H^{16}.2HCl$$

Le liquide au sein duquel ces cristaux se sont formés, abandonné à l'air libre dans une capsule, en fournit une nouvelle proportion. Ce liquide contient d'ailleurs simultanément du monochlorhydrate cristallisé, que l'on peut isoler par l'acide nitrique fumant [1].

L'essence de citron, soumise au même traitement, se change en une masse cristalline de bichlorhydrate, imprégné d'un peu de liquide.

On peut encore préparer autrement le bichlorhydrate d'essence de térébenthine. Il suffit, pour cela, de dissoudre l'essence dans l'alcool, l'éther ou l'acide acétique cristallisable, et de saturer cette dissolution par l'acide chlorhydrique gazeux. L'opération terminée, on précipite par l'eau. Dans les trois cas, on obtient un composé liquide. Ce liquide, abandonné dans une capsule à l'air libre, donne naissance, en quelques heures, à des cristaux de bichlorhydrate; au bout d'une semaine, ce composé reste seul et sec dans la capsule.

Après avoir préparé avec l'essence de térébenthine du bichlorhydrate, j'ai cherché à obtenir avec l'essence de citron du monochlorhydrate cristallisé. Ce composé semble se rencontrer souvent en petite quantité dans les liquides qui accompagnent le bichlorhydrate d'essence de citron, après la saturation. Ces liquides, en effet, contiennent un peu moins de chlore que ce composé, d'après toutes les analyses.

J'ai observé de plus que l'acide nitrique fumant y accuse quelquefois des traces d'une matière cristalline, semblable au monochlorhydrate. En saturant par le gaz chlorhydrique l'essence de citron, dissoute soit dans l'acide acétique, soit dans l'alcool mêlé d'acide sulfurique, puis en traitant les produits par l'acide nitrique, j'ai obtenu parfois quelques décigrammes d'une substance chlorée cristalline, volatile sans décomposition, fusible au-dessus de 100 degrés, possédant l'odeur, la ténacité, la cristallisation, les divers caractères du monochlorhydrate. Cette substance se combine de même avec le bichlorhydrate en le liquéfiant. Sa prépa-

---

[1] J'ai souvent eu recours à l'acide nitrique fumant pour isoler le monochlorhydrate cristallisé contenu dans un liquide. Ce composé, en effet, est à peine attaqué par l'acide nitrique qui détruit complètement tous les autres chlorhydrates. On opère dans une cornue tubulée; l'attaque est très vive; le monochlorhydrate se sublime dans le col et dans le récipient.

ration est difficile, car elle paraît se produire seulement en faible proportion et d'une manière accidentelle; de plus, les vapeurs nitreuses entraînent presque en totalité ces cristaux éminemment sublimables. Je n'ai pu les obtenir d'une manière régulière, ni en quantité suffisante pour les analyser.

Si l'essence de citron paraît éminemment apte à produire du bichlorhydrate, et donne presque constamment naissance à ce composé, il existe un carbure isomère qui produit, au contraire, du monochlorhydrate dans presque toutes les circonstances. Ce corps, c'est le camphène, carbure obtenu en décomposant par la chaux le monochlorhydrate solide d'essence de térébenthine. Tandis que l'action de l'acide chlorhydrique fumant transforme l'essence de térébenthine en bichlorhydrate au bout de quelques semaines, le camphène, par cette action, se change en moins d'une heure en camphre artificiel imprégné d'un peu de liquide. Le camphène semble donc avoir retenu quelque chose du groupement dont il dérive, et tendre de préférence à reformer un groupement pareil, au moins en tant que composé chimique (^{1}).

Les deux composés, $C^{10}H^{16}.HCl$ et $C^{10}H^{16}.2HCl$, ne sont pas les seules combinaisons d'essence de térébenthine et d'acide chlorhydrique que l'on puisse obtenir. En effet, le liquide formé en saturant l'essence, préalablement dissoute soit dans l'acide acétique, soit dans l'alcool, ce liquide, dis-je, présente une composition définie : c'est un chlorhydrate sesquicarburé, $3C^{10}H^8.2HCl$. Diverses préparations le fournissent avec cette composition constante.

I. Liquide fourni par l'essence de térébenthine française dissoute dans l'alcool, puis saturée par l'acide chlorhydrique.

$1^{gr},082$ de matière ont donné   1,21 de chlorure d'argent.

II. Liquide fourni par l'essence de térébenthine anglaise dissoute dans l'alcool, etc.

$0^{gr},6175$ de matière ont donné   0,6415 de chlorure d'argent.

III. Liquide fourni par l'essence de térébenthine française dissoute dans l'acide acétique cristallisable, etc.

$0^{gr},384$ de matière ont donné   0,3775 de chlorure d'argent.

(^{1}) Je n'ai pu réussir à obtenir ce carbure à froid au moyen de la pile. J'ai agi avec 40 éléments sur une solution alcoolique de monochlorhydrate, rendue conductrice par la potasse. Après quinze à seize heures de courant, la décomposition était tout à fait nulle.

Ce qui fait, en centièmes :

	I.	II.	III.
Cl	25,6	25,7	24,3

La formule

$$3\,C^{10}H^8.\,2\,HCl$$

exige :

Cl 25,5

Ces divers liquides sont-ils des composés uniques, d'une seule pièce, $3\,C^{10}H^8.\,2\,HCl$, semblables au chlorhydrate d'essence de cubèbe; ou bien résultent-ils de l'union des deux chlorhydrates fondamentaux :

$$2\,(3\,C^{10}H^8.\;2\,HCl) = C^{10}H^{16}.\;2\,HCl + 2\,(C^{10}H^{16}.\;HCl)\,?$$

Divers faits me paraissent rendre la dernière hypothèse très probable.

1° Abandonnés à l'air libre, ces liquides déposent du bichlorhydrate, $C^{10}H^{16}.\,2\,HCl$, qui finit par rester seul et sec dans la capsule. Il est probable qu'il préexiste, et que le monochlorhydrate de la formule ci-dessus, plus volatil que l'autre partie du composé, a disparu le premier.

2° La potasse alcoolique, chauffée à 100 degrés avec ces liquides, les attaque rapidement. Mais, même après un contact de trente à quarante heures en vase clos, elle n'en a décomposé qu'une partie. Or le bichlorhydrate pur est complètement décomposé en quelques heures; tandis que le monochlorhydrate cristallisé et son isomère, le monochlorhydrate liquide, pris isolément, restent à peu près indécomposés dans ces conditions. Nous trouvons donc ici deux périodes distinctes dans l'action de la potasse, signe probable de la dualité du composé.

3° Le monochlorhydrate cristallisé se combine avec le bichlorhydrate en le liquéfiant, ce qui démontre l'existence de composés de l'ordre de ceux que nous discutons.

4° Le liquide obtenu par l'intermédiaire de l'acide acétique cristallisable, traité par l'acide nitrique fumant, abandonne du monochlorhydrate cristallisé en abondance. On peut donc en extraire à volonté les deux chlorhydrates, l'un par exposition à l'air, l'autre par l'acide nitrique. Ce liquide me semble identique avec la combinaison de bichlorhydrate et de monochlorhydrate cristallisé, que l'on peut obtenir par synthèse. Il cristallise vers o degré.

Les deux autres liquides ne se solidifient pas à — 12 degrés; ils ne renferment pas de monochlorhydrate cristallisé, mais, sans doute, du monochlorhydrate liquide. Tous deux sont lévogyres.

On le voit, d'après ces expériences, la quantité d'acide chlorhydrique absorbée par l'essence de térébenthine varie avec la manière dont cette absorption se fait. Plus elle est ralentie, plus l'essence absorbe d'acide chlorhydrique. Opère-t-on avec l'essence et le gaz directement, c'est le monochlorhydrate qui se produit. Interpose-t-on un dissolvant mixte, l'essence se partage entre les deux chlorhydrates : un tiers absorbe jusqu'à 2 équivalents d'acide. Enfin la saturation a-t-elle lieu en quelques semaines, au moyen d'une solution aqueuse saturée d'acide, solution qui ne dissout ni l'essence ni ses chlorhydrates; alors la plus grande partie de l'essence passe à l'état de bichlorhydrate.

Cette transformation se fait de prime abord; car le monochlorhydrate, une fois produit, n'est plus susceptible d'absorber un nouvel équivalent d'acide. Pour vérifier ce fait, j'ai abandonné pendant plusieurs mois, au contact de l'acide chlorhydrique en solution aqueuse saturée, le monochlorhydrate soit cristallisé, soit liquide. Le second ne s'est pas solidifié et n'est pas devenu apte à fournir du bichlorhydrate par évaporation spontanée. Le premier ne s'est pas liquéfié et n'a subi aucune variation dans son pouvoir rotatoire.

Ces faits montrent que l'essence de térébenthine et l'essence de citron peuvent absorber toutes deux 2 équivalents d'acide chlorhydrique. Seulement le terme ultime de la saturation est atteint du premier coup avec l'essence de citron, tandis qu'il faut passer par un détour avec l'essence de térébenthine. Cette différence paraît liée à la stabilité relative des molécules de ces deux essences. En effet, l'essence de citron, comme je l'ai observé, n'est pas modifiée par une surchauffe de quelques heures à 300 degrés. Les acides organiques faibles, tels que l'acide tartrique, l'acide citrique, n'agissent pas sur elle après trente heures de contact à 100 degrés. Au contraire, dans ces conditions, l'essence de térébenthine s'altère isomériquement; c'est donc une molécule moins stable. Peut-être a-t-elle plus de tendance à se modifier isomériquement qu'à entrer en combinaison directe. Dans le cas présent, il semble que, saturée par l'acide chlorhydrique, elle arrive à des états permanents plutôt que l'essence de citron ; elle s'arrête tout d'abord à des combinaisons moins intimes et moins complètes. Je dis moins intimes, parce

que, dans le monochlorhydrate cristallisé, les propriétés de l'essence
de térébenthine n'ont pas aussi complètement disparu que dans le
bichlorhydrate. Le monochlorhydrate, en effet, a conservé un pouvoir rotatoire analogue à celui de l'essence qui l'a formé; dans le
bichlorhydrate, au contraire, ce caractère s'est évanoui.

CHAPITRE XII.

SUR LES HYDRATES D'ESSENCE DE TÉRÉBENTHINE ([1]).

L'essence de térébenthine possède la propriété de s'unir aux éléments de l'eau, de façon à former un hydrate cristallisé. Ce composé se produit spontanément dans les essences humides; on peut souvent le mettre en évidence, soit par cristallisation, en refroidissant fortement ces liquides; soit par sublimation, en les soumettant à l'action prolongée d'une température de 50°; soit par distillation, en recueillant séparément les portions volatiles à un certain moment de l'expérience. Geoffroy, puis Cluzel, Büchner et Hafner, MM. Boissenot et Persoz ont examiné l'hydrate obtenu accidentellement dans les conditions qui précèdent; sa proportion est toujours très faible. MM. Blanchet et Sell, Dumas et Péligot en ont fait l'analyse, déterminé la formule et les propriétés ([2]). Quelques années après, M. Wiggers ([3]) a découvert un procédé très simple pour préparer à volonté cet hydrate; il suffit d'abandonner l'essence avec un mélange d'acide nitrique et d'alcool : les cristaux d'hydrate s'y forment en abondance au bout de quelques jours. MM. Wiggers, Deville et List ([4]) ont étudié avec détails la composition, les propriétés et les réactions de cette substance; ils ont reconnu qu'elle peut former un bichlorhydrate analogue à celui de l'essence de citron (et de térébenthine) et un nouvel hydrate liquide (terpinol).

([1]) *Journal de Pharmacie*, 3ᵉ série, t. XXIX, p. 28; 1855.

([2]) BLANCHET et SELL, *Journ. de Pharm.*, 2ᵉ série, t. XX, p. 228; 1834. — DUMAS et PÉLIGOT, *Ann. de Chim. et de Phys.*, 2ᵉ série, t. LVII, p. 334; 1834. — L'hydrate analysé par les premiers savants répond à la formule $C^{20}H^{16},4HO$; par les deuxièmes à la formule $C^{20}H^{16},6HO$. C'est le même corps, avec ou sans eau de cristallisation, comme l'a prouvé l'étude de l'hydrate préparé par Wiggers.

([3]) WIGGERS, *Ann. der Chem. und Pharm.*, t. XXIII, p. 358, et t. LVII, p. 247.

([4]) DEVILLE, *Ann. de Chim. et de Phys.*, 3ᵉ série, t. XXVII, p. 80. — LIST, *Ann. der Chem. und Pharm.*, t. LXVII, p. 362.

Dans le cours des recherches que j'avais entreprises il y a quelques années sur l'essence de térébenthine, j'ai fait sur les hydrates de cette essence un certain nombre d'expériences ; elles présentent plus d'un phénomène curieux, au point de vue des actions moléculaires. J'en vais donner ici le résumé.

Ces expériences sont relatives :

1° A la formation de l'hydrate cristallisé ;

2° A deux nouveaux hydrates liquides ;

3° Aux rapports de transformation qui existent entre l'hydrate cristallisé, le dichlorhydrate et le monohydrate ou terpinol.

I. — Formation de l'hydrate cristallisé.

1. On obtient cet hydrate rapidement et en abondance, en abandonnant dans des assiettes 4 volumes d'essence récemment distillée, 3 volumes d'alcool et 1 volume d'acide nitrique. — Ces proportions sont celles indiquées par M. Deville ; l'avantage qu'elles présentent sur celles de M. Wiggers (4 vol. essence ; 1 vol. acide nitrique ; $\frac{1}{2}$ vol. d'alcool) résulte immédiatement des nombres suivants :

100 parties d'essence de térébenthine ont fourni à M. Wiggers
au maximum... 8,3 hydrate.
100 parties d'essence de templine ont fourni à M. Flückiger, qui emploie les mêmes proportions,............. 15,0 hydrate.
Or M. Deville avait obtenu avec 100 parties d'essence de
térébenthine, environ................................. 30 hydrate.

Voici les rendements maximum que j'ai observés :

100 parties d'essence française ont donné
en 3 mois............................. 27,0 ; en 2 ans, 40,0 hydrate.
100 parties d'essence américaine ont donné
en 2 mois jusqu'à................... 45,5 hydrate.

Ces rendements varient un peu ; mais dans tous les cas la proportion d'alcool indiquée par M. Wiggers est insuffisante. Elle ne doit point d'ailleurs être exagérée, non plus que celle de l'acide nitrique. Ce dernier peut être étendu de son volume d'eau, sans que les cristaux cessent de se former ; mais si l'on y ajoute 4 volumes d'eau, la production des cristaux est extrêmement diminuée et ralentie.

La forme des vases n'est pas indifférente ; elle influe principale-

ment sur la formation rapide de l'hydrate. Dans des vases étroits
et profonds, cette formation est lente et dure des années. Au contraire, dans des vases à fond plat et à large surface, les cristaux
apparaissent souvent au bout de quarante-huit heures, d'une
semaine au plus; au bout de quelques semaines, leur formation est
terminée.

Quant à l'influence de la lumière solaire et à quelques autres qui
ont été signalées, mes observations me portent à les regarder
comme purement accidentelles.

2. Quel est le rôle que jouent dans la formation de l'hydrate
l'acide et l'alcool employés? Les divers savants qui ont étudié cette
formation l'attribuent à une action de contact, exercée par l'acide
nitrique : l'alcool joue simplement le rôle de dissolvant commun.
Mes expériences confirment cette manière de voir.

En effet l'alcool peut être remplacé par tout liquide susceptible
de dissoudre à la fois l'essence et l'acide (esprit-de-bois, acétone ([1]),
éther acétique, éther, acide butyrique), ou même l'essence seule
(benzine, alcool amylique) ([2]). Bien plus, on peut supprimer tout
à fait l'alcool : les cristaux se sont montrés au bout de quinze jours
dans ce dernier cas, et j'en ai obtenu 8,7 pour 100.

3. Au contraire, l'acide nitrique joue un rôle essentiel. Aucun
liquide ne peut le remplacer. Si des traces de cristaux se manifestent parfois en employant d'autres substances, on ne saurait
distinguer ce phénomène de leur formation spontanée au sein de
l'essence humide ([3]). Seul, l'éther nitrique, substitué au mélange
d'alcool et d'acide nitrique, a fourni de l'hydrate en proportion
sensible, quoique faible. Mais cette action ne paraît pas différer de
celle de l'acide nitrique mélangé d'alcool; car l'éther nitrique, au
contact de l'humidité atmosphérique, développe précisément ces
deux substances.

Certains corps mélangés avec l'acide nitrique empêchent la for-

---

([1]) L'acétone a produit le rendement le plus fort que j'aie observé avec l'essence
française, 43 pour 100.

([2]) Ces deux liquides abaissent le rendement à 8 pour 100.

([3]) La formation spontanée des cristaux dans l'essence humide se réalise
presque toujours, mais en proportion excessivement faible. J'ai constaté que ces
cristaux, traités par le gaz chlorhydrique, se changent en bichlorhydrate, comme
l'hydrate de Wiggers.

mation des cristaux : c'est ce qui m'est arrivé, lors d'un essai dans lequel j'avais remplacé l'alcool par la glycérine.

L'acide nitrique employé à la formation de l'hydrate se conserve. comme M. Wiggers l'a déjà signalé. J'ai vérifié ce fait par une ex-. périence numérique. Ayant préparé de l'hydrate avec un poids d'acide susceptible de neutraliser 26 parties d'alcali, les cristaux se sont bientôt formés en abondance. Au bout d'une semaine l'acide, isolé par l'action de l'eau, neutralisait encore 26 parties d'alcali; il s'était donc conservé intégralement. Au bout de quelques mois de contact, j'ai trouvé que la moitié de l'acide avait disparu, soit par volatilisation, soit par réaction secondaire.

Enfin, l'acide nitrique qui a servi à préparer l'hydrate, conserve la propriété de provoquer de nouveau la même formation. En effet, ayant enlevé cet acide au bout d'une semaine, alors que les cristaux se formaient en abondance, je l'ai étendu de son volume d'eau, pour en séparer les matières étrangères; puis je l'ai employé, sans autre traitement, à une nouvelle préparation, laquelle a réussi.

4. En résumé, comme je l'ai dit en commençant, la formation. de l'hydrate est provoquée par le simple contact de l'acide nitrique et de l'essence de térébenthine ; le premier ne subit d'abord aucune altération et se conserve intégralement; l'alcool peut être supprimé. Tout le changement porte sur l'essence qui fixe lentement les éléments de l'eau.

II. — Hydrates liquides.

Cette transformation de l'essence en hydrate cristallisé est toujours partielle : dans l'expérience qui m'a fourni les cristaux en plus grande quantité (45,4 pour 100 d'essence), un tiers seulement du poids de cette essence a été transformé en un hydrate solide. Que deviennent les deux autres tiers? c'est ce que j'ai cherché à éclaircir par l'expérience. Voici ce qu'elle indique :

En même temps que l'hydrate cristallisé prend naissance, deux cas peuvent se présenter : ou bien les liquides qui l'accompagnent disparaissent entièrement et ne laissent dans les assiettes que des cristaux souillés par quelques traces de matières résineuses ; ou bien les cristaux demeurent accompagnés par divers composés liquides.

J'ai observé le premier phénomène, en opérant avec un mélange d'essence, d'acide nitrique et d'acétone, ou d'acide butyrique. Il n'est bien tranché que si l'on opère sur de petites quantités d'essence, 10 grammes par exemple. Ce résultat ne coïncide pas avec une transformation complète, ou même beaucoup plus notable qu'à l'ordinaire de l'essence en hydrate solide : il est dû à la volatilisation spontanée de la majeure partie de l'essence employée.

Le second phénomène (formation d'un composé liquide peu volatil), s'est manifesté dans toutes les autres circonstances ; particulièrement en opérant par l'intermédiaire de l'alcool.

Quel que soit le temps pendant lequel on abandonne un mélange d'essence, d'acide et d'alcool, jamais ces liquides ne se changent en cristaux ; seulement ils finissent par se résinifier.

Il est très difficile d'extraire de ces liquides des produits définis ; en effet, au bout de quelques semaines, ils sont encore mélangés avec l'essence non modifiée ; au bout de quelques mois, ils sont en partie résinifiés.

Toutefois la nature générale de ces liquides, avant leur altération finale, peut être établie par les observations suivantes :

1° Si on les isole au bout de quelques semaines, en les séparant par l'eau et les distillant, ces liquides, traités par le gaz chlorhydrique, se transforment presque intégralement en bichlorhydrate cristallisé, avec production d'eau. Ceci prouve qu'ils peuvent se représenter par le carbure $C^{10}H^{16}$, uni aux éléments de l'eau.

2° Distillés, ces mêmes produits fournissent, entre 200 et 250°, divers produits, dont la composition oscille entre les deux formules suivantes : $C^{10}H^{16}.2H^2O$ et $C^{10}H^{16}.H^2O$. Celui de ces produits liquides qui se rapprochait le plus d'une composition définie, renfermait :

$$C = 70,7$$
$$H = 11,7$$

La formule $C^{10}H^{16}.2H^2O$ exige :

$$C = 69,8$$
$$H = 11,6$$

Cette formule est la même que celle de l'hydrate solide, privé de son eau de cristallisation. L'hydrate liquide et l'hydrate solide auraient donc, dans certains cas, la même composition ; et le passage du premier au deuxième pourrait s'opérer par une simple transformation isomérique.

Ces liquides possèdent un pouvoir rotatoire. Préparés avec l'essence française, ils sont lévogyres ($\alpha_j = -23,0$ dans une expérience).

3° Les hydrates dont les observations précédentes établissent l'existence peuvent se changer spontanément en hydrate cristallisé, même sans le concours de l'acide nitrique. En effet, si l'on neutralise par la chaux l'acide nitrique d'un mélange qui a déjà fourni une grande quantité d'hydrate, la formation de l'hydrate continue. Ce phénomène peut s'observer soit avec un mélange récent, soit avec un mélange qui fournit de l'hydrate depuis trois années.

4° Les modifications graduelles qu'éprouve l'essence de la part de l'acide nitrique, sont caractérisées très nettement dans les expériences qui suivent.

L'essence, l'alcool et l'acide, employés dans les proportions ordinaires, ont été introduits dans un flacon que le mélange remplissait entièrement, puis le flacon a été fermé hermétiquement. Au bout de trois mois il ne renfermait pas trace de cristaux ([1]); je l'ai ouvert, et j'ai placé une portion du mélange dans une soucoupe; en une heure, l'hydrate cristallisé s'était formé en abondance.

Une autre portion du même mélange avait été introduite dans une éprouvette sur le mercure et l'acide saturé par un alcali; les cristaux s'y sont produits également.

Une troisième portion du mélange a été de même introduite sur le mercure dans une éprouvette renfermant de l'oxygène; l'acide a été neutralisé; les cristaux se sont produits de la même manière, sans que le gaz fût absorbé.

Enfin, une portion du mélange, contenant quelques cristaux formés au contact de l'air, a été renfermée de nouveau dans un flacon clos hermétiquement; les cristaux ont continué à s'y développer ([2]).

Ces diverses observations sont très propres à montrer comment l'essence se transforme en hydrate cristallisé. En effet, elles manifestent deux phases successives dans cette transformation :

Dans la première phase, déterminée par le contact de l'acide nitrique, l'essence se modifie et forme avec l'eau une combinaison liquide. Cette combinaison conserve quelque chose de commun avec le groupement primitif, comme le manifeste la conservation du pouvoir rotatoire dans ce liquide.

([1]) Cette expérience ne réussit pas toujours; parfois les cristaux se développent dans le flacon demeuré clos.

([2]) L'analogie de ces expériences avec les phénomènes de sursaturation est frappante. Toutefois ce n'est pas là une sursaturation pure et simple, capable de cesser instantanément au contact de l'air. La formation des cristaux est lente et graduelle, comme il convient lors du passage d'un état moléculaire à un autre qui en diffère notablement.

Dans la deuxième phase, l'hydrate liquide subit une transformation plus profonde et se change en hydrate cristallisé, dénué de toute action sur la lumière polarisée. Cette transformation est susceptible d'être opérée sans le concours de l'acide nitrique et sans que les produits paraissent éprouver aucun autre changement chimique.

Certaines circonstances exceptionnelles peuvent s'opposer au développement de la deuxième phase du phénomène : alors tout demeure liquide et les cristaux ne se forment plus. M. Wiggers a observé une fois ce résultat, mais sans en examiner les produits.

J'ai également fait une fois la même observation, dans les circonstances suivantes : Un flacon rempli complètement avec le mélange ordinaire d'essence, d'acide et d'alcool, puis hermétiquement clos, a refusé de fournir des cristaux. Au bout de trois mois je l'ai ouvert; mais je n'ai pu dans aucune condition développer des cristaux au sein du mélange qui le remplissait. J'ai isolé la portion de ce liquide insoluble dans l'eau et je l'ai distillée : c'est un nouvel hydrate, liquide et défini, $C^{10}H^{16}.H^2O$. En effet, ce liquide forme avec l'acide chlorhydrique un bichlorhydrate cristallisé; et il renferme :

$$C = 78,2,$$
$$H = 12,1.$$

La formule $C^{10}H^{16}.H^2O$ exige

$$C = 77,9,$$
$$H = 11,7.$$

Ce liquide possède un pouvoir rotatoire considérable; il dévie la teinte de passage de $-42°,4$ sous la longueur de 100 millimètres; déviation beaucoup plus grande que celle observée avec l'hydrate liquide ordinaire $(-23,0)$, plus grande même que celle exercée par l'essence primitive $(-36,0)$.

L'existence de ce nouvel hydrate vient confirmer encore les considérations que j'ai développées relativement à l'action modificatrice de l'acide nitrique sur l'essence. Dans toutes les circonstances, cette action, exercée à froid, provoque la fixation des éléments de l'eau sur le carbure. Mais tantôt le composé liquide formé d'abord est apte à se changer ultérieurement en hydrate cristallisé; tantôt ce composé liquide présente un état moléculaire particulier et n'éprouve pas cette transformation.

Les nouvelles combinaisons liquides que j'ai décrites portent à

quatre le nombre des hydrates connus d'essence de térébenthine :
tous ces hydrates sont analogues entre eux, tant par leur origine,
leurs réactions et leurs transformations réciproques, que par leur
composition : tous se représentent, à ce double point de vue, par un
même carbure d'hydrogène uni aux éléments de l'eau ; c'est là un
fait capital que doit exprimer leur nomenclature. Aussi je propo-
serai de les désigner de la manière suivante :

Tétrahydrate...	$C^{10}H^{16}, 2H^2O$	Hydrate solide [1] et hydrate liquide iso-mère.
Bihydrate......	$C^{10}H^{16}, H^2O$	Hydrate liquide décrit plus haut.
Monohydrate...	$(C^{10}H^{16})^2, H^2O$	Hydrate liquide obtenu, en modifiant le tétrahydrate solide par les acides.

III. — Sur les rapports qui existent entre l'hydrate cristallisé, le monohydrate et le dichlorhydrate d'essence de térébenthine.

1. Les divers hydrates d'essence de térébenthine possèdent une
propriété commune et caractéristique : traités par le gaz chlorhydrique, ils se changent tous en dichlorhydrate cristallisé. Si l'on
opère avec l'hydrate solide dissous dans l'alcool, ce corps peut se
changer entièrement en dichlorhydrate : ce qui établit une correspondance directe entre ces deux composés [2].

On sait que le dichlorhydrate peut s'obtenir également avec
l'essence de citron, l'essence de bergamote et même, comme je l'ai
montré [3], avec l'essence de térébenthine.

Ainsi la formation du dichlorhydrate établit un lien commun
entre ces divers carbures isomères et les hydrates variés auxquels
ils donnent naissance.

2. Quelle que soit l'origine du dichlorhydrate préparé avec les
carbures précédents, sa composition et ses réactions sont les
mêmes, et ses propriétés physiques sont ou identiques, ou du
moins extrêmement analogues. Il ne possède pas de pouvoir rotatoire, non plus que l'hydrate solide. Je ne discuterai pas ici s'il

---

[1] Ce corps prend de plus en cristallisant 1 molécule d'eau, qu'il perd à 100°.
* Aujourd'hui on le désigne sous le nom de *terpine*.

[2] C'est donc à tort que l'on a voulu faire correspondre l'hydrate au monochlorhydrate solide.

[3] *Annales de Chimie et de Physique*, 3ᵉ série, t. XXXVII, p. 222. — Ce Volume, Livre IV, troisième Section, Chapitre XI.

existe plusieurs dichlorhydrates isomères, obtenus avec les corps précédents ; je ferai seulement observer que les réactions chimiques de ces composés ne m'ont jamais offert aucune différence.

L'une de ces réactions est caractéristique ; la potasse dissoute dans l'alcool décompose rapidement à 100° le dichlorhydrate. Il suffit même de le faire bouillir longtemps avec de l'eau pour lui faire perdre tout son acide chlorhydrique (List). Décomposé par la potasse ou par l'eau, il donne naissance à un monohydrate liquide, doué d'une odeur agréable, $(C^{10}H^{16})^2.H^2O$. M. List avait également préparé ce monohydrate en faisant bouillir l'hydrate solide avec les acides dilués.

Le monohydrate se produit de la même manière, soit avec le dichlorhydrate formé par l'hydrate, soit avec celui que forme l'essence de citron. Cette dernière réaction n'avait pas encore été étudiée dans les mêmes conditions. Voici la composition du monohydrate que j'ai obtenu en décomposant le dichlorhydrate d'essence de citron par la potasse et l'alcool :

$$C = 82,5,$$
$$H = 11,9.$$

La formule $(C^{10}H^{16})^2.H^2O$ exige :

$$C = 82,7,$$
$$H = 11,7.$$

On voit que le dichlorhydrate, décomposé par la potasse à une basse température, ne produit ni un hydrate de composition équivalente, ni un carbure d'hydrogène, mais un monohydrate qui le caractérise.

3. Le monohydrate liquide, quelle qu'en soit l'origine, présente les mêmes réactions chimiques. Il est apte à régénérer soit le dichlorhydrate, comme M. List l'a montré ; soit l'hydrate cristallisé, ce que l'on n'avait pas encore pu réaliser.

En effet, le dichlorhydrate s'obtient en traitant le monohydrate liquide par le gaz chlorhydrique. L'hydrate cristallisé se prépare en abandonnant le monohydrate avec le mélange ordinaire d'acide nitrique et d'alcool.

J'ai reproduit ces deux combinaisons avec chacun des monohydrates liquides, préparés dans les conditions suivantes : dichlorhydrate d'essence de citron décomposé par la potasse ; dichlorhydrate

d'essence de térébenthine décomposé par la potasse; hydrate cristallisé, modifié par l'ébullition avec l'acide nitrique dilué.

4. Ainsi ces trois corps, hydrate cristallisé, monohydrate liquide
et dichlorhydrate cristallisé, présentent entre eux des relations
telles que l'un quelconque de ces composés peut donner naissance
aux deux autres : c'est un nouvel exemple des réactions dans lesquelles on peut revenir des produits transformés aux produits primitifs. Ces trois composés s'obtiennent avec les carbures isomères
de la formule $C^{10}H^{16}$ les mieux étudiés et leur existence établit
entre ces carbures un nouveau rapprochement. Mais en même
temps que ces carbures se changent en dichlorhydrate, monohydrate, ou hydrate cristallisé, ils perdent leur pouvoir rotatoire et
presque toutes leurs propriétés individuelles; ils se trouvent donc
ainsi ramenés à certains états moléculaires, les mêmes pour tous,
au moins au point de vue chimique.

CHAPITRE XIII.

LES DIVERSES ESSENCES DE TÉRÉBENTHINE (¹),
AUTREMENT DITES *TÉRÉBENTHÈNES*.

1. L'essence de térébenthine est constituée par un carbure de la formule

$$C^{10}H^{16}.$$

Ce carbure donne naissance à un hydrate cristallisé ; il s'unit directement à 1 équivalent d'acide chlorhydrique pour former un composé tantôt liquide, tantôt solide (appelé autrefois du nom impropre de *camphre artificiel*). Ces caractères sont communs à plusieurs essences de conifères et établissent entre elles un lien fort étroit.

2. Ces essences ne sont cependant pas complètement identiques. Leurs propriétés physiques, et surtout leur action sur la lumière polarisée, paraissent varier avec la nature des arbres dont elles proviennent. Ainsi l'essence française, extraite du pin maritime, est lévogyre ; tandis que, d'après les observations de MM. Bouchardat et Pereira, l'essence anglaise, extraite du pin austral, est dextrogyre. Ainsi encore, le pouvoir rotatoire de plusieurs essences lévogyres, examinées par M. Bouchardat, varie avec l'espèce de conifères qui les produit.

Ces essences sont donc moléculairement distinctes ; bien que semblables sous le rapport de leur composition et, jusqu'à un certain point, de leur constitution chimique. On peut se demander si cette distinction persiste entre les combinaisons pareilles auxquelles elles donnent naissance. C'est la même question que Berzelius a résolue pour le phosphore blanc et le phosphore rouge ; c'est celle

---

(¹) *Annales de Chimie et de Physique,* 3ᵉ série, t. XL, p. 5; 1854.

que présentent assez souvent les acides organiques (acides tartrique et paratartrique, maléique et fumarique, etc.).

3. La complexité des essences de térébenthine paraît plus grande encore que les faits précédents pourraient le faire supposer. Non seulement chaque arbre fournit une essence distincte par certaines propriétés de celle des autres arbres; mais même l'essence extraite d'une seule espèce de pin ne paraît pas homogène, formée par un carbure unique. Son point d'ébullition n'est pas fixe, et l'essence recueillie aux diverses époques de la distillation ne présente pas cette constance de propriétés qui caractérise l'unité tant physique que chimique d'une substance.

C'est ce que l'on peut vérifier, en rapprochant les déterminations nombreuses faites par divers observateurs des constantes physiques relatives à l'essence de térébenthine. Je citerai particulièrement à cet égard les observations de M. Bouchardat, relativement au pouvoir rotatoire de l'essence française soumise à une distillation fractionnée. Le pouvoir rotatoire des premiers produits, obtenus à feu nu, était égal à $-33°$ ↖ ; celui des suivants, obtenus par distillation avec de l'eau, était de $-32°$ ↖ ; celui des derniers, de $-22°$ ↖ . Ces différences résultent-elles d'une altération subie par l'essence durant sa distillation, comme M. Bouchardat l'a pensé; ou bien indiquent-elles la préexistence de plusieurs carbures isomères dans l'essence étudiée, telle qu'elle se trouve dans les sucs naturels? Enfin, ces carbures multiples se conservent-ils distincts jusque dans leurs combinaisons?

4. La présence de plusieurs carbures dans l'essence française a déjà été mise en question par M. Thenard. Voici à quel propos : Cette essence saturée par l'acide chlorhydrique gazeux se transforme en monochlorhydrate; or ce dernier composé s'obtient à la fois sous deux états différents : une partie se trouve à l'état de combinaison solide, cristallisée, c'est le prétendu camphre artificiel; une autre reste liquide, tout en possédant la même composition. Les deux composés isomères correspondent-ils à deux huiles préexistantes dans l'essence? Telle est la question indiquée par M. Thenard.

5. En résumé, l'étude des essences de térébenthine présente les deux problèmes suivants, problèmes analogues et connexes :

1° Les essences produites par les diverses espèces de pins constituent-elles des variétés radicales et permanentes, susceptibles de se conserver dans les combinaisons dans lesquelles on les engage?

2° L'essence contenue dans le suc résineux d'une même espèce de pin est-elle formée par un carbure unique, ou par un mélange de carbures isomères? Dans cette dernière hypothèse, les carbures se conservent-ils distincts dans les combinaisons dans lesquelles on les engage?

La seconde question doit être examinée d'abord. En effet, il faut chercher à attribuer un caractère défini au carbure, unique ou multiple, fourni par une même essence, avant de pouvoir comparer entre elles les essences fournies par les différents pins.

6. L'essence de térébenthine est extraite des sucs résineux de divers conifères; d'ordinaire, chaque essence provient d'une espèce végétale unique. Le commerce fournit cette essence; après une ou plusieurs rectifications, on la considère comme un composé chimique purifié.

Cependant le liquide ainsi obtenu varie comme densité et comme pouvoir rotatoire aux diverses époques de sa distillation. Sa complexité paraît alors évidente. On doit se demander si cette complexité est initiale, ou consécutive; si l'essence du commerce est identique avec l'essence contenue dans le suc résineux. S'il en était ainsi, il suffirait de prendre pour point de départ l'essence du commerce elle-même.

Cette essence subit-elle, tandis qu'on la prépare, quelque altération? A-t-elle été soumise à l'action de causes susceptibles de la modifier? Pour répondre à ceci, il est nécessaire de rappeler la série des opérations au moyen desquelles s'opère l'extraction de l'essence.

7. De longues entailles verticales faites à l'arbre, découle le suc résineux ou térébenthine. Il se rassemble dans un trou creusé au pied du pin. On le recueille tous les mois, ou même plus souvent, et on le conserve dans de grands réservoirs. Ainsi obtenu, il est souillé de terre, d'écorce, de feuilles, etc. Quand on l'a amassé en quantité suffisante, on le chauffe soit au soleil, soit à feu nu, sur une grande plaque de métal, afin de le liquéfier, et on le jette sur des filtres de paille. C'est seulement après cette opération qu'on le livre au commerce.

Si l'on veut en extraire l'essence, la térébenthine ainsi purifiée est distillée avec un peu d'eau. Cette opération s'exécute d'ordinaire sur place. On chauffe la matière à feu nu, dans un grand alambic. L'essence distille. Quand la séparation est accomplie, on arrête l'opération et l'on met de côté pour d'autres usages la térëbenthine épuisée (¹). L'essence du commerce est toujours plus ou moins colorée et mêlée de produits oxydés; on a l'habitude de la rectifier de nouveau pour l'obtenir pure et incolore.

8. Durant cette suite d'opérations, l'essence peut subir, d'une part, l'action des matières diverses (acides acétique, formique, acides résineux fixes, etc.) auxquelles elle se trouve associée dans la térébenthine: de l'autre et simultanément, l'action de la chaleur.

J'ai soumis ces deux causes d'altération à une étude spéciale, dont je rappellerai ici les résultats; ces résultats ont été obtenus avec l'essence du commerce purifiée et rectifiée à plusieurs reprises.

1° La chaleur agit sur l'essence chauffée en vase clos à 250 degrés et au-dessus: elle la modifie isomériquement, avec une énergie croissant en raison de la température et de la durée de la surchauffe. Jusqu'à 250 degrés, cette action paraît tout à fait nulle. L'ébullition, la distillation de l'essence, même prolongées à feu nu pendant soixante heures, ne font pas varier son pouvoir rotatoire.

2° Les acides agissent sur l'essence et la modifient par contact, soit à la température ordinaire (acides minéraux énergiques); soit vers 100 degrés seulement (acides faibles et acides organiques). Les acides, les chlorures métalliques et les sels analogues, sont particulièrement susceptibles d'agir ainsi sur l'essence, soit vers 100 degrés, soit notablement au-dessus.

Or l'essence du commerce a subi les deux genres d'altération que nous venons de définir : d'une part, elle paraît avoir subi l'action de la chaleur vers la fin de la distillation de la térébenthine. En effet, pour épuiser la térébenthine, même en distillant dans le vide, à l'aide d'un bain d'huile, il faut atteindre une température voisine de 200 degrés. Dès lors, lorsqu'on opère sous la pression

---

(¹) Je dois en partie ces détails à l'obligeance de M. de Mainville, propriétaire à Alose (Loiret). Il a bien voulu, lors d'un voyage que j'ai fait en Sologne, à cet objet, m'accueillir et me montrer sur place, avec beaucoup de bienveillance, les diverses opérations relatives à la culture des pins et à la préparation de l'essence. Il a mis à ma disposition des échantillons des divers produits soit naturels, soit artificiels, relatifs à cette exploitation. C'est à l'aide de ces produits que j'ai pu expérimenter sur des substances aussi rapprochées que possible de l'état naturel. Je dois encore remercier M. de Tristan père, propriétaire en Sologne, des renseignements qu'il a bien voulu me donner sur la culture des pins.

atmosphérique et à feu nu, cette température doit être plus haute, atteindre ou dépasser 250 degrés. D'autre part et surtout, l'essence a subi l'action des acides pendant la distillation de la térébenthine, et pendant les rectifications successives (les acides volatils ayant accompagné l'essence distillée) et même pendant la filtration initiale du suc résineux, filtration faite à chaud.

9. L'essence du commerce est donc une substance modifiée. Pour résoudre les problèmes posés, il faut obtenir l'essence telle qu'elle existe dans le produit naturel, sans l'altérer, sans la modifier en aucune façon. Voici quel procédé j'ai employé à cette fin :

10. J'ai été chercher en Sologne la térébenthine du pin maritime, telle qu'elle découle des arbres, avant toute filtration, toute manipulation. Cette térébenthine, j'en ai saturé à froid les acides en la malaxant avec des carbonates alcalins, et je l'ai distillée dans le vide, en opérant au bain-marie, à 100 degrés. J'ai ainsi prévenu toute espèce d'action, soit de la chaleur, soit des acides. Les derniers, en effet, sont saturés ; la seconde n'agit qu'à des températures bien supérieures à 100 degrés et n'altère pas l'essence par le seul fait de la distillation. Il résulte de là que j'obtiens bien l'essence telle qu'elle préexiste dans le suc résineux naturel.

Ceci établi, passons à l'étude des diverses essences. J'ai examiné comparativement l'essence de térébenthine française et l'essence anglaise, essences distinguées spécialement par l'opposition de signe de leur pouvoir rotatoire. A cette étude j'ai joint celle de l'essence de citron.

I. — Essence de térébenthine française.

1. L'essence de térébenthine française est extraite d'une espèce végétale unique, du pin maritime. Cette extraction se fait soit dans les Landes, soit, depuis quelques années, au Mans et en Sologne.

2. C'est de la térébenthine de Sologne que j'ai extrait cette essence, avec les précautions indiquées plus haut. Voici quelques détails sur cette extraction. L'échantillon sur lequel j'ai opéré n'avait subi aucune manipulation préalable, c'était le suc résineux lui-même tel qu'il découle de l'arbre. Cet échantillon pesait environ 3 kilogrammes ; il a été incorporé intimement avec un mélange de carbonate de potasse et de carbonate de chaux, réduit en bou-

-lettes et introduit dans un flacon de 4 litres, à parois très épaisses.

Le mélange a été abandonné un jour entier à lui-même, afin de permettre à la saturation de s'accomplir. Puis, j'ai muni le flacon d'un gros tube de verre recourbé, et je l'ai adapté à un ballon tubulé ; le tout était joint par des bouchons de liège, puis réuni à l'aide d'un tube de plomb flexible au récipient d'une machine pneumatique.

Le flacon étant placé dans un bain d'eau et le ballon entouré de glace, j'ai fait le vide et chauffé le bain-marie. La distillation n'a commencé que vers 80 degrés. Au bout d'un certain temps, il ne passait plus rien, même à 100 degrés. J'ai remplacé alors le bain-marie par un bain d'huile et épuisé la térébenthine de 150 à 180 degrés. Cet épuisement paraît alors complet.

Les divers liquides obtenus aux époques successives de l'opération semblent renfermer des carbures différents. Je parlerai d'abord de l'essence obtenue au bain d'eau.

3. Cette essence est formée par le carbure lui-même, comme le prouve l'analyse suivante (^{1}) :

$0^{gr},290$ de matière ont fourni $0,936$ d'acide carbonique et $0,322$ d'eau.

(^{1}) Toutes les combustions indiquées dans ce Chapitre ont été terminées dans un courant d'oxygène. Voici avec quelles précautions j'obtenais le produit propre à l'analyse dans chaque cas particulier : l'essence à analyser était agitée avec un mélange de chaux vive et de chlorure de calcium, laissée en contact avec ces matières pendant une heure ou deux, puis filtrée et distillée un moment avant la combustion. Les premières gouttes étaient rejetées, ainsi que les dernières. Quant au produit moyen, je l'introduisais immédiatement dans un bout de tube, je le pesais et je le jetais aussitôt dans le tube à analyse. En l'enfermant dans une ampoule, la combustion de l'essence est rarement complète, la chaleur le transformant en polymères à peu près fixes. J'ai pris ces précautions pour toutes mes analyses. J'ai dû vérifier si, même en opérant aussi vite, l'essence pouvait s'oxyder, et j'ai constaté que cette oxydation est bien moins active qu'on serait porté à l'admettre. En effet :

I. $0^{gr},603$ d'essence française préparée dans les mêmes conditions que pour une analyse, ont été pesés dans une ampoule et introduits dans une éprouvette remplie d'oxygène. Le volume, la pression et la température du gaz avaient été déterminés. L'ampoule fut cassée. Huit jours après (avril), dans un lieu bien éclairé, l'absorption n'était que de 2 centimètres cubes, soit 4 millièmes du poids de l'essence.

II. $0^{gr},837$ d'essence anglaise dans les mêmes conditions ont absorbé 6 centimètres cubes d'oxygène, ou 10 millièmes.

III. $0^{gr},750$ d'essence de citron ont absorbé 3 centimètres cubes d'oxygène ou 5 millièmes.

Ce qui fait :

Carbone....................	0,2553
Hydrogène	0,0358
	0,1911

ou, en centièmes :

C................	88,0
H................	12,3
	100,3

La formule $C^{10}H^{16}$ exige :

C................	88,0
H................	11,8
	100,0

Ce carbure est-il un corps unique ou bien un mélange d'isomères? Ses propriétés physiques présentent-elles cette fixité qui caractérise l'unité d'une substance?

Pour répondre à cette question, j'avais, au préalable, durant la distillation de la térébenthine, j'avais, dis-je, fractionné l'essence obtenue au bain d'eau en cinq produits successifs : le premier obtenu à 80 degrés dès le début, le dernier à 100 degrés, alors que la matière ne fournissait presque plus rien. Or, ce premier et ce cinquième produits, portions minimes du liquide total, possèdent le même pouvoir rotatoire, comme il résulte des nombres suivants :

Substances examinées.	Déviat. imprimée à la teinte de passage sous la longueur de 100 millimètres.	Densité.	Pouv. rotatoire $\frac{\alpha_r}{l\delta}$
1er produit. Essence obtenue à 100 degrés.............	— 36°,6	0,864 à 15°	— 32°,4
5e produit. Essence obtenue à 100 degrés.............	— 36°,5	0,864 à 15°	— 32°,3

Ces déviations ont été observées à l'aide d'un tube de 200 millimètres, avec l'appareil de M. Biot et les diverses précautions qu'il prescrit. Chacun des nombres précédents est conclu de 6 couples d'observations alternées.

L'identité des pouvoirs rotatoires du premier produit et du produit final, obtenus au bain d'eau, prouve l'unité physique du carbure.[1].

4. J'ai préparé, avec ce carbure, du chlorhydrate, $C^{10}H^{16}.HCl$. La partie solide de ce composé (prétendu camphre artificiel) paraît jouir de l'unité physique, comme l'essence dont elle dérive. Je reviendrai sur ce point à l'occasion des monochlorhydrates cristallisés fournis par l'essence du commerce. Ce monochlorhydrate cristallé sert de base à la comparaison des divers carbures que j'ai étudiés; aussi donnerai-je quelques détails sur son pouvoir rotatoire.

Je l'ai dissous dans un mélange de 405 parties en volume d'éther, et de 1056 parties d'alcool à 40 degrés. J'ai employé ce dissolvant en proportion telle que le poids en grammes du monochlorhydrate employé fût à peu près égal, comme valeur numérique, au tiers du volume en centimètres cubes de la dissolution. Dans ces conditions le pouvoir rotatoire du monochlorhydrate est égal à $-23°,9$.

Voici les détails numériques de cette détermination :

Substance.	p.	V.	$\dfrac{V}{p}$.	l.	n.	α_r.	Pouvoir rotatoire $[\alpha]_r$.
Camphre artificiel......	$5^{gr},78$	$17^{cc},35$	$3,002$	213^{mm}	12	$-16°,9$	$-23°,9$

p est le poids de la matière active contenue dans la dissolution;

V le volume total de la dissolution qui renferme p;

l la longueur du tube d'observation;

n le nombre de couples de lectures alternées;

α_r la déviation du rayon rouge observée directement à la température de 20 degrés environ;

$[\alpha]_r = \alpha_r \dfrac{V}{l.p}$ le pouvoir rotatoire du monochlorhydrate cristallisé.

5. Durant la préparation du monochlorhydrate solide se produit simultanément un chlorhydrate liquide, que l'on obtient aussi avec l'essence du commerce. Ce fait résout la question posée par M. Thenard : le chlorhydrate liquide et le chlorhydrate solide correspondent-ils

---

[1] S'il se sépare de la térébenthine à des températures variables de 80 a 100 degrés, cela tient à l'affinité avec laquelle l'essence est retenue par les matières fixes : cette affinité croît à mesure que la quantité du dissolvant volatil diminue.

à deux huiles distinctes, préexistantes dans l'essence de térébenthine? Pour l'essence du commerce, il y a doute, parce qu'elle est complexe. Mais le carbure que j'ai saturé d'acide chlorhydrique jouissait de l'unité physique ; il fournit à la fois les deux composés ; il faut donc, si le monochlorhydrate cristallisé résulte de l'union de l'acide chlorhydrique avec le carbure même, admettre que le chlorhydrate liquide résulte de l'altération du carbure par l'acide, altération produite au moment de la combinaison. C'est l'opinion émise par M. Deville dans ses *Recherches sur le térébène.*

M. Deville avait pensé, de plus, que ce composé liquide pouvait être un bichlorhydrate de térébène, c'est-à-dire une combinaison de l'acide chlorhydrique avec le carbure inactif, auquel l'acide sulfurique donne naissance en modifiant l'essence. Dans cette hypothèse, ce liquide ne doit posséder aucun pouvoir rotatoire ; s'il jouit de cette propriété, elle doit être purement apparente et appartenir au monochlorhydrate cristallisé que ce liquide retient en dissolution, et que la distillation y démontre. L'échantillon examiné par M. Deville aurait dû, par l'hypothèse, contenir 58 pour 100 de monochlorhydrate solide ; j'en ai même rencontré $(\alpha_r = -10°\searrow)$ où il suffirait d'admettre 42 pour 100 de ce composé.

Mais cette hypothèse est inadmissible pour le chlorhydrate liquide fourni par le carbure obtenu précédemment. En effet, le pouvoir rotatoire de ce liquide est égal à $-28°\searrow$, c'est-à-dire qu'il est supérieur à celui du monochlorhydrate solide lui-même $(-24°\searrow)$. Il faut donc admettre dans le chlorhydrate liquide un pouvoir rotatoire propre, variable d'ailleurs avec les échantillons. Le carbure qui entre dans sa constitution se distingue par là du térébène, tout en étant de même un carbure modifié.

6. Les questions relatives à l'origine et à la nature du chlorhydrate liquide peuvent encore être étudiées expérimentalement, à un point de vue différent de celui que je viens d'indiquer. Si le chlorhydrate liquide résulte d'une altération de l'essence par l'acide qui s'unit avec elle, ce composé doit varier à la fois et dans sa proportion relative et dans ses propriétés physiques, suivant les conditions dans lesquelles on se place. Il y a plus, il doit être possible de l'obtenir seul, sans mélange de monochlorhydrate cristallisé.

D'après le conseil de M. Thenard, j'ai fait cette étude en saturant par l'acide gazeux l'essence maintenue à diverses températures.

L'essence sur laquelle j'ai opéré (essence du commerce) a été agitée avec de la chaux vive en poudre, puis, au moment d'opérer, distillée en rejetant le dernier quart. J'ai saturé chaque fois 5o grammes d'essence.

1° Saturée à —3o degrés, elle fournit seulement un composé liquide, en absorbant une quantité d'acide beaucoup plus faible qu'à la température ordinaire, les $\frac{3}{4}$ environ. Le courant gazeux a été prolongé très longtemps. Ce liquide, retiré du mélange réfrigérant, ne tarde pas à s'échauffer spontanément jusque vers 4o à 5o degrés.

Il semble que l'affinité de l'essence ait été diminuée par le froid, de telle façon qu'elle ait d'abord simplement dissous l'acide chlorhydrique gazeux sans s'y combiner; une fois reportée à la température ordinaire, la combinaison s'effectuerait avec dégagement de chaleur. Ce phénomène ne détermine pas la formation d'un composé solide. Cependant, après qu'il s'est produit, le liquide traité par l'acide nitrique fumant abandonne du monochlorhydrate cristallisé en quantité sensible. Ce composé s'y trouvait donc en dissolution, quoiqu'en proportion trop faible pour cristalliser.

2° En opérant la saturation de l'essence pure par le gaz chlorhydrique, à o degré, on obtient un composé liquide qui ne tarde pas à cristalliser. Ce composé abandonne ainsi 51 pour 100 de son poids de monochlorhydrate cristallisé.

3° En opérant à + 35 degrés, les mêmes phénomènes se produisent; seulement le composé laisse déposer 67 pour 100 de son poids de monochlorhydrate cristallisé.

4° A + 6o degrés, on obtient seulement un composé liquide, qui ne cristallise pas. Traité par l'acide nitrique fumant, il abandonne des traces de monochlorhydrate cristallisé.

5° En opérant à +1oo degrés, tout reste liquide, et l'acide nitrique fumant n'accuse plus trace de monochlorhydrate cristallisé dans ce liquide.

Ainsi, la proportion relative du monochlorhydrate cristallisé produit varie avec la température. Elle augmente d'abord de —3o degrés à +35 degrés; puis, elle va diminuant et paraît tout à fait nulle à 1oo degrés.

A 1oo degrés, d'ailleurs, le monochlorhydrate cristallisé préparé à l'avance et pris isolément est parfaitement stable.

Ces faits semblent démontrer l'influence modificatrice exercée par l'acide sur l'essence au moment de la combinaison; influence activée de plus en plus par la température, jusqu'à s'opposer à la production du composé normal, le monochlorhydrate cristallisé.

Rappelons encore que l'essence de térébenthine dissoute dans l'alcool, puis saturée d'acide chlorhydrique, se transforme intégralement en un composé liquide, $3\,C^{10}H^8.\,2\,HCl$, *qui ne renferme pas de monochlorhydrate cristallisé* (accusable par l'action de l'acide nitrique fumant).

Je crois devoir ajouter ici l'indication des densités et des pouvoirs rotatoires, propres aux divers liquides obtenus en saturant l'essence par le gaz chlorhydrique à des températures croissantes. Ces indications établissent l'existence d'un pouvoir rotatoire spécial dans ces liquides; ce qui confirme la conclusion indiquée précédemment : que le chlorhydrate liquide n'est pas un composé dérivé du térébène.

Substances.	Densité.	Déviation imprimée au rayon rouge sous la longueur de 100 millimètres.	Pouvoir rotatoire $[\alpha]_r$.
Essence primitive employée.	0,8719 à 9°	"	—33,0
Essence saturée par le gaz chlorhydrique.			
Liquide obtenu à 30°.......	0,9876 9	—31,4	—31,7
Liquide obtenu à 0° (après séparation du monochlorhydrate solide).........	0,9784 9	—30,5	—31,1
Liquide obtenu à +35°(même observation)...........	1,0002 9	—25,5	—25,5
Liquide obtenu à +60°.....	0,9455 9	—24,4	—25,8
Liquide obtenu à +100°....	0,8988 9	—33,2	—36,9

7. Le liquide obtenu par la distillation de la térébenthine au bain d'eau est formé, nous l'avons établi, par un carbure unique; mais ce carbure est-il le seul que renferme l'essence naturelle? C'est ce que nous allons chercher à éclaircir par l'étude de l'essence obtenue en continuant la distillation au bain d'huile, de 150 à 180 degrés.

J'ai fractionné, pendant la distillation même, cette essence en trois produits successifs. Ces produits ne sont identiques, ni entre eux, ni avec les précédents. C'est ce que montrent leur analyse et l'étude de leur pouvoir rotatoire.

En effet, d'une part, le premier de ces produits dévie la teinte de passage dans les mêmes conditions que ci-dessus, de —33°,7 : le second de —33°,3 : le dernier de —32°,25.

Or la déviation exercée par le carbure pur obtenu au bain-marie
était de $-36°,6$.

D'autre part,

I. $0^{gr},267$ du premier produit ont fourni $0,834$ d'acide carbonique
et $0,2765$ d'eau.

Ce qui fait, en centièmes :

C. 85,1
H. 11,5
O. 3,4

II. $0^{gr},342$ du dernier produit ont fourni $1,005$ d'acide carbonique et $0,3695$ d'eau.

Ce qui fait, en centièmes :

C. 80,1
H. 12,0
O. 7,9

Un froid de -14 degrés ne paraît pas modifier, en une heure, la
fluidité de ce dernier liquide. J'en ai déterminé le point d'ébullition : il distille entre 161 et 164 degrés sous une pression de $0^m,754$.
Or l'essence de térébenthine bout, comme je l'ai observé, de $159°,5$
à 163 degrés.

Ainsi, les derniers produits obtenus en distillant la térébenthine
dans le vide sont constitués, en tout ou en partie, par des principes
oxygénés. Leur volatilité est presque identique avec celle de
l'essence même, sous la pression atmosphérique. Cependant la distillation dans le vide a permis d'isoler le carbure des matières
oxydées.

8. Une telle séparation a préoccupé la plupart des chimistes qui
ont étudié les essences, surtout depuis la fixation du nouveau poids
atomique du carbone par M. Dumas. Calculées avec ce nouvel équivalent, les anciennes analyses de l'essence de térébenthine et de
l'essence de citron présentent d'ordinaire une perte de 1 à 2 centièmes sur le carbone, indice de la présence d'une substance
oxydée dans l'essence.

L'élimination de cette substance a été poursuivie par des procédés
divers. Ainsi on a eu recours soit à l'emploi de la potasse fondue,
qui la retient souvent en l'acidifiant; soit à l'emploi du potassium ;
soit à l'emploi des corps déshydratants, ou prétendus tels, acide sul-

furique, acide phosphorique anhydre, etc. On arrive ainsi à des produits exempts d'oxygène. Mais le carbure primitif doit souvent être altéré, tant en raison de l'action propre des agents prétendus purificateurs, que de la température plus ou moins élevée qu'exige leur emploi. On risque, d'ailleurs, ainsi de substituer au mélange primitif, mélange accusé par la présence de l'oxygène, un mélange nouveau formé uniquement par des carbures.

La distillation dans le vide atteint le même résultat, sans être exposée aux mêmes craintes. Elle est éminemment propre à séparer des liquides de volatilité voisine sous la pression atmosphérique. En effet, elle établit, entre les tensions de vapeur des liquides mélangés, une différence d'autant plus grande que l'on opère à une température plus basse. Or, les volumes des diverses vapeurs qui distillent ensemble sont, jusqu'à un certain point, en raison de leurs tensions.

9. Les liquides oxygénés dont je viens de donner l'analyse ne paraissent pas être des composés définis. Ils renferment tous, étudiés séparément, un carbure susceptible de fournir tant de l'hydrate cristallisé ($C^{10}H^{16}.3H^2O$), que du monochlorhydrate cristallisé ($C^{10}H^{16}.HCl$).

J'ai cherché si ce carbure était identique avec le carbure défini obtenu au bain d'eau; ou bien s'il renfermait d'autres isomères. A cette fin, j'en ai formé le monochlorhydrate cristallisé en saturant, par l'acide chlorhydrique, l'ensemble des liquides obtenus au bain d'huile, et j'ai déterminé le pouvoir rotatoire du composé solide dans les mêmes conditions que précédemment :

Substance.	$p.$	$V.$	$\dfrac{V}{p}.$	$l.$	$n.$	$\alpha_r.$	Pouvoir rotatoire $[\alpha]_r.$
Monochlorhydrate cristallisé......	$15^{gr},295$	$46^{cc},1$	$3,015$	304^{mm}	6	$-22°,55$	$-22°,3$

Ce pouvoir, dans ces conditions, est égal à $-22°,3$.

Celui du monochlorhydrate cristallisé qui a été examiné ci-dessus est égal à $-23°,9$ dans les mêmes conditions.

Ces deux composés semblent donc avoir entre eux une différence sensible, différence correspondante à celle des carbures dont ils dérivent.

10. Ainsi, l'essence de térébenthine naturelle semble renfermer

au moins deux carbures isomères, carbures très voisins quant à leurs points d'ébullition ; carbures caractérisés par la différence des monochlorhydrates cristallisés auxquels ils donnent naissance.

11. A cette cause de complexité joignons la présence des substances oxygénées volatiles ; ajoutons-y l'action modificatrice des acides et celle de la chaleur durant l'extraction, et nous pourrons aisément prévoir et expliquer les variations que présente l'essence du commerce dans ses diverses propriétés.

Ce défaut d'homogénéité est tel qu'il m'a été impossible d'arriver à des produits absolument définis en distillant à feu nu l'essence du commerce. J'en ai fait jusqu'à dix distillations fractionnées, en rejetant chaque fois les premières parties et les dernières. Toujours le produit moyen ainsi obtenu s'est dédoublé par une nouvelle distillation, en plusieurs liquides distincts, par le pouvoir rotatoire et par la densité. C'est également en vain que j'ai cherché à extraire un produit défini des parties les plus volatiles de l'essence.

Voici quelques-uns de ces nombres. Leurs variations, plus tranchées que celles d'aucune autre propriété physique, me paraissent bien propres à montrer la marche et la difficulté des séparations opérées par de simples distillations à feu nu.

Substances.	Densité.	Déviation imprimée à la teinte de passage sous la longueur de 100 millimètres.	Déviation du rayon rouge.
§ I. Essence brute.........	0,8705 à 15°	//	—25,8

Première distillation.

Substances.	Densité.	Déviation imprimée à la teinte de passage sous la longueur de 100 millimètres.	Déviation du rayon rouge.
Produit principal..........	0,8654 à 15	—35,4	—27,1
Partie restée dans la cornue.	0,9197 15	//	— 1,6

Deuxième distillation (produit principal de la première).

Substances.	Densité.	Déviation imprimée à la teinte de passage sous la longueur de 100 millimètres.	Déviation du rayon rouge.
Premier produit...........	0,8617 à 15	—37,5	//
Produit moyen...........	0,8666 12,5	—35,5	//
Résidu..............	0,915 15	—16,9	//

Substances.	Densité.	Déviation imprimée à la teinte de passage sous la longueur de 100 millimètres.	Déviation du rayon rouge.

Quatrième distillation (produit moyen de la troisième).

Substances.	Densité.	Déviation	Rayon rouge
Premier produit.........	0,8655 à 12,5	—37,45	//
Produit moyen...........	0,8666 12,5	—36,1	//
Résidu.................	0,8744 12,5	—28,7	//

Huitième distillation (produit moyen de la septième).

Premier produit.........	0,8611 à 15	—38,1	//
Produit moyen..........	0,8636 15	—37,6	//
Résidu................	0,8678 12,5	—34,7	//

Dixième distillation (produit moyen de la neuvième).

Produit principal........	//	—38,4	//
Résidu.................	//	—37,0	//
§ II. Premier produit de la quatrième distillation...	0,8655 à 12,5	—37,45	//

Cinquième distillation de ce produit.

| Produit principal........ | 0,8636 à 20,4 | —38,9 | // |
| Résidu................. | 0,8740   20,4 | —35,6 | // |

Sixième distillation (produit principal précédent).

| Produit principal........ | 0,8620 à 12,5 | —39,35 | // |
| § III. Produit de la huitième distillation........... | 0,8678   12,5 | —34,7 | // |

Neuvième distillation de ce résidu.

| Produit principal........ | // | —35,9 | // |
| Résidu................. | // | —32,1 | // |

Ces observations ont été faites avec un tube de 200 millimètres.

12. La variabilité des divers principes que renferme l'essence du commerce peut être démontrée à froid et sans distillation par la méthode des dissolvants, employée selon les règles tracées par M. Chevreul dans ses *Recherches sur les corps gras.*

200 grammes d'essence rectifiée ont été agités avec leur volume d'alcool à 40 degrés. Le liquide s'est séparé en deux couches, l'une d'essence, l'autre d'alcool saturé d'essence. Celle-ci décantée, j'ai répété l'opération une deuxième, puis une troisième fois. Cela fait, j'ai précipité par l'eau les diverses solutions alcooliques. J'ai soumis à un traitement semblable l'essence dissoute dans l'alcool ajouté en premier lieu, et l'essence demeurée non dissoute après le troisième traitement. Voici le pouvoir rotatoire et la densité des diverses parties d'essence ainsi isolées, puis lavées à grande eau :

Substances (¹).	Densité.	Déviation de la teinte de passage sous la longueur de 100 millimètres.	Substances.	Densité.	Déviation de la teinte de passage sous la longueur de 100 millimètres.
N° 1. Essence dissoute dans l'alcool ajouté en premier lieu........	"	—34,25	Essence n° 1. Partie re-dissoute dans l'alcool.	0,8624 à 17,0	—33,7
			Partie non redissoute..	0,8616 17,0	—34,7
N° 2. Essence dissoute dans l'alcool ajouté en deuxième lieu.......	0,8622 à 16,5	—34,4	»	0,8622 16,5	—34,4
N° 3. Essence dissoute dans l'alcool ajouté en troisième lieu.......	0,8632 16,5	—34,5	»	0,8632 16,5	—34,5
N° 4. Essence non dis-soute lors du troisième traitement.........	"	"	Essence n° 4. Partie re-dissoute dans l'alcool.	0,8630 17,0	—35,4
			Partie non redissoute..	"	—35,6

(¹) Ces observations ont été faites avec un tube de 200 millimètres.

L'essence, on le voit, cède d'abord à l'alcool ses parties les moins actives relativement à la lumière polarisée. Des premiers aux derniers liquides, la densité varie de 0,8616 à 0,8630, et le pouvoir rotatoire de —33°,7 à 35°,6.

13. Des variations analogues se retrouvent entre les points d'ébullition : si l'on distille l'essence du commerce dans le vide,

1° Les premiers produits obtenus bouillent ensuite de 159°,5 à 160 degrés, sous une pression de $0^m,750$ (densité $= 0,8603$ à 20 degrés; déviation de la teinte de passage, etc., $= -78,5$);

2° Les produits moyens bouillent à feu nu de 161 à 163 degrés : densité $= 0,8506$ à 20 degrés; déviation, etc., $= -35,9$.

Analyse de ces produits.

C............................ 87,1
H............................ 11,9
                             ─────
                              99,0

Ces déterminations ont été faites avec un appareil semblable à celui qu'emploient les physiciens pour mesurer les points d'ébullition.

Ainsi, tout nous l'indique, l'essence de térébenthine du commerce est un produit complexe. Sa densité, son point d'ébullition, son pouvoir rotatoire varient aux diverses époques de sa distillation, et ces variations ont lieu dans des limites telles qu'il paraît impossible d'isoler à feu nu un produit unique et défini au point de vue physique. Un tel résultat n'a pu être atteint qu'en distillant dans le vide la térébenthine neutralisée.

14. Cette complexité, l'essence du commerce la transporte jusque dans les combinaisons dans lesquelles on l'engage. Le composé cristallisé qu'elle fournit en s'unissant à l'acide chlorhydrique, le monochlorhydrate, ce corps si nettement défini au point de vue chimique, ce corps auquel son état cristallisé semblerait garantir l'unité physique, le monochlorhydrate cristallisé, dis-je, n'est pas un corps homogène. C'est un mélange de corps isomères, fort analogues sur tous les points, sauf à l'égard de leur pouvoir rotatoire. Voici comment ce fait peut être démontré :

Cinq cents grammes de monochlorhydrate cristallisé ont été dissous dans un mélange d'alcool et d'éther, et le tout abandonné à

une évaporation spontanée très lente. Au bout de quelques semaines, le liquide a paru se partager en une série de couches super-
posées; à la surface de séparation de ces couches, des cristaux ont
commencé à se former. Quelques mois après, j'ai trouvé dans le vase
une série de couches horizontales de monochlorhydrate. Je les ai
isolées autant que possible, ce qui n'a pu se faire qu'imparfaitement
pour les couches centrales. Puis, je les ai comprimées et fondues,
pour les débarrasser complètement d'alcool. Chacune de ces couches,
pour le reste en tout semblable aux autres, se distingue par son
pouvoir rotatoire.

Voici le Tableau de ces pouvoirs, déterminés dans les mêmes conditions pour tous. Ces conditions sont celles où je me suis déjà
placé en étudiant les monochlorhydrates cristallisés fournis par
l'essence naturelle :

Substance.	$p.$	V.	$\dfrac{V}{p}$	$l.$	$n.$	$\alpha_r.$	Pouvoir rotatoire. $[\alpha]_r.$
	gr	cc		mm		o	o
Monochlorhydrate cristal- lisé .... Première couche (couche supérieure)	15,98	48,2	3,016	304	6	— 20,7	— 20,5
Deuxième couche.........	16,04	48,4	3,017	304	6	— 22,5	— 22,4
Troisième couche........	17,00	51,0	3,000	304	6	— 25,2	— 24,8
Quatrième couche........	16,00	49,0	3,062	304	6	— 22,9	— 23,1
Cinquième couche........	17,00	51,0	3,000	304	6	— 22,4	— 22,1
Sixième couche..........	17,00	50,4	2,965	304	6	— 24,6	— 24,6

On le voit, le pouvoir rotatoire $[\alpha]_r$ des diverses couches de
monochlorhydrate fourni par l'essence du commerce varie de
— 20°,5 à — 24°,8. Ce sont là des résultats tranchés; ils
décèlent dans le composé la présence de plusieurs corps isomères,
jouissant de pouvoirs rotatoires différents.

15. Ces monochlorhydrates cristallisés répondent-ils à des carbures multiples, préexistants dans l'essence dont ils dérivent;
ou bien leur variété résulte-t-elle d'une influence modificatrice
exercée par l'acide chlorhydrique, au moment de la combinaison?
C'est exactement la question posée plus haut à l'occasion du
chlorhydrate liquide. Pour y répondre, il faut de même posséder
un carbure unique, non mélangé de carbures isomères.

Or ce carbure, on a vu plus haut comment je l'ai obtenu, en distillant, dans le vide, à 100 degrés la térébenthine neutralisée. J'ai préparé avec ce corps une certaine quantité de monochlorhydrate cristallisé; j'ai dissous ce dernier composé dans un mélange d'alcool et d'éther, et j'ai abandonné, comme précédemment, la dissolution à une évaporation spontanée très lente. Le liquide ne s'est pas séparé en plusieurs couches, et le monochlorhydrate cristallisé s'est déposé en une masse homogène. J'ai, néanmoins, isolé les parties supérieures du dépôt des parties inférieures, et j'ai déterminé le pouvoir rotatoire des deux fractions ainsi obtenues :

Substances.	$p.$	V.	$\dfrac{V}{p}$	$l.$	$n.$	$x_r.$	Pouvoir rotatoire. $[\alpha]_r.$
Monochlorhydrate cristallisé .... Partie supérieure du dépôt.............	$1^{gr},78$	$5^{cc},45$	$3,062$	213^{mm}	12	$-16°,5$	$-23°,8$
Partie inférieure..........	$5^{gr},78$	$17^{cc},35$	$3,002$	213^{mm}	12	$-19°,9$	$-23°,9$

Le pouvoir rotatoire de ces deux parties est exactement le même. D'où il paraît suivre qu'un carbure unique fournit un monochlorhydrate cristallisé également unique. On est donc autorisé à conclure réciproquement de la multiplicité des monochlorhydrates cristallisés, fournis par une essence du commerce, à la multiplicité des carbures qui la constituent.

Cette conclusion peut encore être appuyée indirectement par d'autres expériences, propres à établir que le monochlorhydrate cristallisé n'est pas susceptible, après sa production, et dans les conditions mêmes où elle a eu lieu, de se modifier ultérieurement par l'action des acides. Ainsi, j'ai constaté que le monochlorhydrate cristallisé, maintenu en contact avec l'acide chlorhydrique fumant, pendant plusieurs mois, n'est pas modifié dans son pouvoir rotatoire. Il n'est pas modifié davantage, si on le dissout dans l'acide acétique cristallisable, et si l'on maintient à 100 degrés, pendant trente heures, la dissolution.

Le monochlorhydrate cristallisé obtenu en saturant la même essence, soit à 0 degré, soit à +35 degrés, paraît identique dans les deux cas; ce qui exclut encore l'idée d'une action modificatrice exercée par l'acide chlorhydrique sur ce composé, dans les conditions mêmes où il se produit. C'est ce qui résulte des nombres suivants :

Substances.	p.	Volume du dissolvant éthéro-alcoolique.	l.	n.	Déviation imprimée la teinte de passage
Monochlorhydrate obtenu en saturant l'essence à o degré.............	$8^{gr},31$	$16^{cc},5$	213	8	— 20°,6 ↘
Monochlorhydrate obtenu en saturant la même essence à +35 degrés...	$13^{gr},89$	$27^{cc},7$	213	6	— 20°,5 ↘

16. En résumé, l'essence de térébenthine du commerce renferme plusieurs carbures isomères, fort analogues par leurs diverses propriétés. A ces carbures, soit préexistants, soit produits par voie d'altération, correspondent des monochlorhydrates cristallisés, distincts par leur pouvoir rotatoire, et dont la multiplicité atteste celle des carbures dont ils dérivent (¹).

(¹) On peut se demander si le pin maritime des Landes fournit la même essence que le pin maritime de Sologne. Le climat, en d'autres termes, influe-t-il sur la nature de cette essence? La complexité de ce liquide ne permet pas une réponse absolument rigoureuse; seulement les différences, si elles existent, sont insignifiantes. L'essence des Landes m'a paru pourtant contenir des carbures un peu plus lévogyres que l'essence de Sologne.

Le temps influe-t-il sur l'essence de térébenthine? C'est là une autre question que j'ai pu également examiner, ayant à ma disposition des essences conservées depuis plus de dix ans dans les collections du Collège de France. Ces essences m'ont paru tout à fait analogues, et comme valeurs numériques des pouvoirs rotatoires, et comme complexité, à l'essence de l'année.

Rappelons ici que l'essence exposée au soleil, soit isolément pendant un mois, soit en solution acétique pendant huit jours, n'est pas modifiée. L'oxydation spontanée de l'essence à l'air semble également sans influence sur la partie dont elle ne change pas la composition.

Pour compléter ces indications relatives à l'étude botanique de l'essence de térébenthine, je dois parler de quelques produits que M. Biot a bien voulu demander à M. Renou, à la Flèche. Ces produits (térébenthines) provenaient d'arbres gemmés les uns pour la première fois, les autres pour la deuxième, la troisième et la quatrième année. Les déviations imprimées à la teinte de passage par les trois premiers ($l = 100$ millimètres) ont offert des valeurs assez voisines et varié de — 19° ↘ à — 24° ↘. Celle imprimée par le quatrième produit présente seule un écart notable : elle est égale à — 9°,7 ↘. Cet écart m'a engagé à en extraire l'essence et à la comparer à celle fournie par un des autres produits, le deuxième. La première déviait la teinte de passage de — 36° ↘, l'autre de — 34° ↘, nombres assez voisins et compris dans les limites ordinaires. Ainsi l'essence ne varie pas notablement de la deuxième année du gemmage à la quatrième.

17. Ces carbures analogues ne paraissent pas les seuls isomères contenus dans l'essence du commerce; il semble s'y trouver, en outre, d'autres carbures moins volatils, non susceptibles de fournir des hydrates ou des chlorhydrates cristallisés.

En effet, si l'on distille l'essence du commerce, un dixième environ bout au-dessus de 200 degrés. J'ai fractionné la distillation de ce résidu.

Les liquides qui distillent jusqu'à 240 degrés fournissent encore de l'hydrate cristallisé, signe de la présence de carbures du type ordinaire. Ils sont également lévogyres.

De 240 à 280 degrés, il distille un liquide lévogyre, qui présente une anomalie singulière. La déviation de la teinte de passage ($\alpha_j = -6°,5$ $\searrow$, $l = 500$ millimètres) est plus petite que celle du rayon rouge ($\alpha_r = -9°,05$ $\searrow$, $l = 500$ millimètres). Il en résulte un phénomène observé jusqu'ici seulement dans des cas exceptionnels, l'*inversion des teintes*. Or, d'après les recherches de M. Biot, ce phénomène indique souvent un mélange de produits actifs. C'est le cas actuel; car le liquide précédent, redistillé dans le vide, s'est dédoublé en deux liquides d'inégale volatilité :

Le premier, lévogyre ($\alpha_r = -11°,9$ $\searrow$, $l = 100$ millimètres);

Le second, dextrogyre ($\alpha_r = +2°,5$ $\nearrow$, $l = 100$ millimètres). Ce dernier paraît constitué par un carbure de la formule

$$C^{20}H^{24}$$

presque pur. En effet,

0^{gr},382 de matière ont fourni 1,214 d'acide carbonique et 0,401 d'eau.

Ce qui fait, en centièmes :

C 87,0
H 11,7
$$\overline{98,7}$$

Il ne fournit ni hydrate ni monochlorhydrate cristallisé, non plus que le suivant.

Cependant, en poursuivant la distillation primitive, de 280 à 290 degrés, on a obtenu un liquide dextrogyre

$$(\alpha = +7°,0 \searrow,$$

$l = 100$ millimètres; densité $= 0,9203$ à 16 degrés)

Une fois isolé, ce liquide bout entre 248 et 252 degrés. Il se rapproche également de la composition d'un carbure $C^{25}H^{24}$:

0^{gr},287 de matière ont fourni 0,907 d'acide carbonique et 0,304 d'eau.

Ce qui fait, en centièmes :

$$
\begin{array}{lr}
C & 86,3 \\
H & 11,8 \\
\hline
 & 98,1
\end{array}
$$

D'après ces derniers faits, l'essence du commerce paraît renfermer à la fois des carbures lévogyres et des carbures dextrogyres. Les premiers sont multiples : ils en constituent la partie principale ; ils bouillent vers 160 degrés ; c'est à eux que se rapportent les propriétés connues de l'essence. Les seconds, très peu abondants et volatils vers 250 degrés, n'ont pas encore été signalés.

II. — Essence de térébenthine anglaise.

1. J'ai soumis l'essence de térébenthine anglaise dextrogyre à une étude semblable à celle dont l'essence française lévogyre vient d'être l'objet. Cette essence est originaire des États-Unis du Sud. La térébenthine dont elle est extraite provient uniquement du *Pinus australis*, d'après M. Michaux qui a fait, dans ce pays, un séjour de plusieurs années, et a observé à loisir l'exploitation des forêts de résineux. Ce savant a bien voulu me confirmer sur ce point les renseignements précis que renferme son Ouvrage sur les plantes d'Amérique ([1]). Au point de vue qui nous occupe, l'unité d'origine botanique de ce produit donne seule quelque intérêt à la discussion relative à la pluralité des carbures isomères dans l'essence.

J'ai rapporté de Londres ces divers produits. L'essence est facile

---

([1]) Les savants anglais ne sont pas d'accord avec M. Michaux sur ce point. D'après M. Pereira, qui a fait connaître cette essence en France, quelques autres espèces de pins, telles que le *Pinus tæda* par exemple, concourraient également à fournir la térébenthine américaine. M. Redwood, professeur de Botanique à l'Institut pharmaceutique, partage cette opinion. J'ai cru devoir préférer celle de M. Michaux, témoin oculaire. Je dois remercier ici MM. Pereira et Redwood de l'extrême obligeance avec laquelle ils ont bien voulu me renseigner sur les diverses questions relatives, tant à l'origine de cette térébenthine qu'à la recherche de produits purs et de provenance aussi certaine que possible dans le commerce anglais.

à trouver; c'est le *camphene spirit*, de la fabrique de MM. Price et Cie, Milwall, Poplar. Ce liquide est une essence très pure et rectifiée à plusieurs reprises; on l'emploie pour l'éclairage. Quant à la térébenthine, je m'en suis procuré un échantillon très pur (*virgin turpentine*) à la fabrique de MM. Flockton, Spa Road, Rotherhithe. Si je donne ces détails un peu minutieux, c'est qu'on paraît exploiter à Londres au moins trois espèces distinctes de térébenthine : la térébenthine française (pin maritime), celle du Nord (pin sylvestre), et celle d'Amérique (pin austral). Cette dernière est la plus répandue.

Avant toute étude, j'ai dû vérifier si l'essence anglaise était bien constituée par un carbure de la formule

$$C^{10}H^{16}$$

pur ou à peu près.

$0^{gr},4205$ de matière (camphene spirit) ont fourni $1,843$ d'acide carbonique et $0,449$ d'eau.

Ce qui fait, en centièmes :

C	87,1
H	11,8
	99,0

Ce sont des nombres semblables à ceux que fournit l'essence française rectifiée. L'essence anglaise produit, d'ailleurs, de même de l'hydrate et du monochlorhydrate cristallisés.

2. J'ai cherché à isoler cette essence à l'état de pureté en distillant dans le vide la térébenthine du pin austral elle-même. Le produit sur lequel j'opérais était un produit du commerce, c'est-à-dire un produit filtré à chaud; aussi ai-je cru inutile d'en saturer les acides, leur action ayant dû s'exercer déjà pendant cette opération.

A cette fin, 2 kilogrammes de térébenthine anglaise ont été distillés, dans le vide, à 100 degrés, avec les précautions indiquées plus haut. J'ai fractionné la distillation en quatre produits successifs. Ces divers produits offrent la composition du carbure. En effet :

I. *Premier produit.* — $0^{gr},231$ de matière ont fourni $0,744$ d'acide carbonique et $0,2565$ d'eau.

C'est-à-dire :

Carbone....................................	0,2029
Hydrogène	0,0285
	0,2314

d'où, pour 100 :

C..	87,8
H..	12,3
	100,1

II. *Quatrième et dernier produit.* — $0^{gr},2555$ de matière ont fourni 0,828 d'acide carbonique et 0,276 d'eau.

C'est-à-dire :

Carbone....................................	0,2258
Hydrogène..................................	0,0307
	0,2565

d'où, pour 100 :

C..	88,4
H..	12,0
	100,4

La formule

$$C^{10}H^{16}$$

exige :

C..	88,2
H..	11,8
	100,0

Les produits obtenus à 100 degrés sont donc, comme avec la térébenthine du pin maritime, le carbure lui-même.

3. Ce carbure est multiple, car ces divers produits possèdent des pouvoirs rotatoires différents.

Le premier dévie la teinte de passage de $+18°,9$, sous la longueur de 100 millimètres (tube de 200 millimètres) ;

Le deuxième, de $+18°,8$;

Le troisième, de $+16°,4$;

Le quatrième, de $+17°,2$.

La préexistence de ces carbures multiples dans l'essence naturelle ne saurait être démontrée rigoureusement, en raison des circonstances qui président à la préparation de la térébenthine en son lieu d'extraction. Seulement, l'identité du pouvoir rotatoire dans les deux premiers liquides indique que ces deux liquides sont constitués par un carbure défini.

4. J'ai préparé, avec ce carbure défini, du monochlorhydrate cristallisé, et j'en ai déterminé le pouvoir rotatoire. :

Substance.	$p.$	V.	$\dfrac{V}{p}.$	$l.$	$n.$	$\alpha_r.$	$[\alpha]_r.$
Monochlorhydrate, etc.....	$8^{gr},67$	$25^{cc},8$	$2,976$	213^{mm}	6	$+6°,4$	$+9°,0$

Ce monochlorhydrate cristallisé est dextrogyre, comme l'essence dont il provient.

5. L'essence du commerce est encore plus complexe. Distillée à feu nu, elle donne naissance à des produits dont aucun n'est homogène, même après trois distillations fractionnées. La densité de ces liquides varie de $0,866$ à $0,878$; leur action sur la teinte de passage ($l = 100$ millimètres) de $+22°,1$ à $+12°,0$.

6. Ces produits divers engendrent des monochlorhydrates cristallisés, doués de pouvoirs rotatoires inégaux.

Celui du monochlorhydrate fourni par la partie la plus volatile et la plus active ($\alpha_j = +22°,1$) est égal à $=9°,9$.

Celui du monochlorhydrate préparé avec les liquides les moins actifs ($\alpha_j = +12°,0$) et les moins volatils est de $+4°,2$.

Voici les nombres des expériences :

Substance.	$p.$	V.	$\dfrac{V}{p}.$	$l.$	$n.$	$\alpha_r.$	$[\alpha]_r.$
Monochlorhydrate de la partie la plus volatile...	$7^{gr},05$	$21^{cc},4$	$3,036$	213^{mm}	6	$+7°,2$	$+9°,9$
Monochlorhydrate de la partie la moins volatile.	$6^{gr},25$	$15^{cc},5$	$2,954$	213^{mm}	6	$+3°,0$	$+4°,2$

III.

J'avais pensé à joindre, à l'étude des deux essences précédentes, celle de l'essence extraite de la térébenthine suisse. Cette essence est lévogyre; elle fournit du monochlorhydrate et de l'hydrate cristallisés. Mais son origine botanique ne m'a pas paru suffisamment connue pour en permettre l'étude. Je me bornerai à signaler le fait suivant, relatif à cette essence : Tandis que les principes oxydés volatils contenus dans les deux précédentes (essences du commerce) n'en masquent pas sensiblement la composition, ceux que renferme l'essence de la térébenthine suisse sont assez abondants pour en dénaturer l'analyse. En effet, la partie la plus volatile de cette essence (160 degrés) renferme déjà 5 centièmes d'oxygène, d'après l'analyse suivante :

$0^{gr},2515$ de matière ont fourni $0,766$ d'acide carbonique et $0,265$ d'eau.

Ce qui fait, en centièmes :

$$
\begin{array}{lr}
C\dots\dots\dots\dots\dots\dots\dots\dots\dots\dots\dots\dots & 83,1 \\
H\dots\dots\dots\dots\dots\dots\dots\dots\dots\dots\dots\dots & 11,7 \\
\hline
 & 5,2
\end{array}
$$

Un fait analogue a été observé dans l'étude comparée de l'essence de citron et de l'essence de bergamote.

IV. — Essence de citron.

1. L'essence de citron est extraite des fruits du *Citrus medica* (Sicile). On opère cette extraction par simple pression, et l'on achève d'épuiser l'écorce en la distillant avec de l'eau. Les deux essences ainsi obtenues ne sont pas mélangées l'une avec l'autre. L'essence préparée par pression est la plus fine et la plus chère; celle que j'ai employée provenait de chez M. Chardin, parfumeur. Elle avait été extraite par pression.

2. L'essence du commerce a-t-elle été modifiée durant son extraction? La réponse paraît, cette fois, négative. En effet, l'essence extraite par pression n'a évidemment subi aucune altération présumable (¹).

On peut en dire autant de l'essence extraite par distillation avec l'eau. En effet, pendant cette opération, l'essence subit une température de 100 degrés, et elle se trouve en contact avec l'acide citrique. Or, d'après mes expériences, la chaleur n'agit sur elle

---

(¹) Je rappellerai ici que, d'après mes expériences exposées plus haut, une pression, soit très énergique, soit très prolongée, ne modifie pas les essences de térébenthine.

qu'au-dessus de 3oo degrés, et l'acide citrique ne la modifie pas à 100 degrés, même après trente heures de contact. La stabilité de cette essence est, on le voit bien, plus grande que celle de l'essence de térébenthine.

3. J'ai distillé dans le vide l'essence de citron, en fractionnant la distillation.

Le premier produit, obtenu vers 55 degrés, est le carbure lui-même.

En effet :

0^{gr},267 de matière ont fourni 0,862 d'acide carbonique et 0,273 d'eau.

Ce qui fait, en centièmes :

$$C\ldots\ldots\ldots\ldots\ldots\ldots\ldots\quad 88,1$$
$$H\ldots\ldots\ldots\ldots\ldots\ldots\ldots\quad 11,4$$
$$\overline{99,5}$$

La formule

$$C^{10}H^{16}$$

exige :

$$C\ldots\ldots\ldots\ldots\ldots\ldots\ldots\quad 88,2$$
$$H\ldots\ldots\ldots\ldots\ldots\ldots\ldots\quad 11.8$$
$$\overline{100,0}$$

Saturé par l'acide chlorhydrique, ce carbure donne à la fois deux composés, l'un cristallisé (dichlorhydrate), l'autre liquide, absolument comme l'essence rectifiée à feu nu.

La densité du carbure est de 0,8514 à 15 degrés. La déviation qu'il imprime à la teinte de passage est de + 56°,4 ($l = $ 100 millimètres).

4. Le second produit, obtenu vers 8o degrés, dévie de + 72°,5 la teinte de passage ($l = $ 100 millimètres). Sa densité est de 0,85o6 à 15 degrés. Il se transforme presque complètement en dichlorhydrate cristallisé ([1]). Son analyse y indique des principes oxydés en proportion sensible.

([1]) Ce dichlorhydrate est inactif, ainsi que celui auquel le carbure précédent donne naissance. L'absence de pouvoir rotatoire dans le dichlorhydrate d'essence de citron a été signalée par MM. Soubeiran et Capitaine.

I. $0^{gr},2795$ de matière ont fourni $0,8785$ d'acide carbonique et $0,280$ d'eau.

II. $0^{gr},291$ de matière ont fourni $0,904$ d'acide carbonique et $0,299$ d'eau.

Ce qui fait, en centièmes : ·

	I.	II.
C	85,7	84,8
H	11,1	11,5
O	3,2	3,7

Ce second liquide est encore constitué en majeure partie par un carbure, puisqu'il fournit du dichlorhydrate. Ce carbure est-il distinct du précédent?

La chose est probable, car les pouvoirs rotatoires varient de $+56°,4$ à $+72°,5$, et cette différence est trop forte pour pouvoir être expliquée par la présence d'une petite quantité de principes oxydés.

5. Après l'extraction de ce second liquide, le résidu de la cornue, refroidi, laisse cristalliser une matière particulière. Cette matière, constitue l'un des principes oxydés dont je viens de parler. En effet :

$0^{gr},1065$ de matière purifiée ont fourni $0,2265$ d'acide carbonique et $0,072$ d'eau.

Ce qui fait, en centièmes :

C	58,0
H	7,5
O	34,5

La potasse n'en dégage pas d'ammoniaque.

Ces cristaux sont incolores, volatils, ils ne fondent qu'au-dessus de 100 degrés; ce qui achève de les distinguer du citroptène de Ohm, fusible à 45 degrés, lequel présente d'ailleurs la composition suivante :

C	54,2
H	9,2

Ils sont presque absolument insolubles dans l'eau; à laquelle ils communiquent cependant un dichroïsme prononcé, analogue à celui des solutions de quinine et de naphtylamine. L'alcool en dissout des traces à chaud et se prend en gelée par le refroidissement.

Ils sont un peu solubles dans une eau acide et s'en précipitent par neutralisation.

6. Ainsi, l'essence de citron, de même que l'essence de térébenthine, n'est pas un corps homogène ; la distillation dans le vide en isole d'abord un carbure. Puis viennent des carbures, probablement distincts des premiers, mais mêlés de matières oxygénées, dont l'une est cristallisable.

7. Ces résultats, j'ai cru devoir les confirmer en préparant moi-même l'essence de citron, afin de lever toute espèce de doute relativement à l'origine botanique de cette essence. M. Monthiers, confiseur, a eu l'obligeance de me procurer 7 à 800 écorces de citron, et de les distiller à 100 degrés dans ses alambics. J'ai ainsi obtenu 15 à 20 grammes d'essence, que j'ai redistillés, dans le vide, à 100 degrés. Les résultats observés par cette voie ont été semblables aux précédents.

L'étude des diverses essences examinées dans ce travail conduit à la conclusion suivante : Les essences naturelles de la formule

$$C^{10}H^{16}$$

sont, au moins dans les cas précédents, un mélange de plusieurs carbures isomères. Ces carbures constituent des variétés permanentes, produites par un même arbre, et susceptibles de se conserver dans les combinaisons dans lesquelles on les engage.

La seconde des questions que j'ai indiquées est celle-ci : L'essence de térébenthine varie-t-elle avec la nature de l'arbre qui la fournit? Elle peut également se résoudre par les faits qui précèdent. En effet, j'ai isolé les carbures contenus dans l'essence du pin maritime et dans celle du pin austral. Or, ces carbures se distinguent par le sens et la valeur de leur pouvoir rotatoire propre et de celui de leurs monochlorhydrates cristallisés. Je crois devoir reproduire ici les nombres relatifs aux pouvoirs rotatoires des deux carbures définis obtenus dans le vide, et des deux monochlorhydrates cristallisés qu'ils fournissent :

$$\begin{cases} \text{Essence du pin maritime.} \dots\dots\dots\dots & \alpha_j = -36,6° \\ \text{Son monochlorhydrate cristallisé} \dots\dots & [\alpha]_r = -23,9 \end{cases}$$

$$\begin{cases} \text{Essence du pin austral.} \dots\dots\dots\dots & \alpha_j = +18,9 \\ \text{Son monochlorhydrate cristallisé} \dots\dots & [\alpha]_r = +9,0 \end{cases}$$

A ces nombres j'ajouterai, comme terme de comparaison, les nombres relatifs à l'essence du pin austral modifiée isomériquement par la chaleur, et à son monochlorhydrate cristallisé :.

Essence du pin austral modifiée par la chaleur......	$\alpha_j = -11°,0$

Son monochlorhydrate cristallisé	$[\alpha]_r = -11°,2$

Cette dernière essence est un produit artificiel, un produit modifié, lequel a conservé les caractères fondamentaux du type moléculaire de l'essence de térébenthine, tout en acquérant une individualité propre.

Non seulement le monochlorhydrate cristallisé de chaque essence diffère de celui des autres essences, mais il en est de même de leurs hydrates. Ces derniers composés se distinguent entre eux par leur solubilité dans l'eau.

Voici comment je l'ai déterminée :

Chaque hydrate a été purifié par deux nouvelles cristallisations dans l'eau distillée, suivies chacune d'un lavage. Puis, j'ai préparé des solutions saturées de ces divers corps, et je les ai abandonnées dans des verres à pied, en présence d'un excès de cristaux, pendant une semaine, afin de permettre à la saturation de devenir normale. J'ai pris alors 10 centimètres cubes de cette dissolution au moyen d'une pipette, et je les ai placés dans une capsule. Deux capsules distinctes ont été ainsi remplies avec chacune des dissolutions saturées à la température de 15 degrés. Cette opération a été faite simultanément pour toutes.

Les capsules ont été disposées toutes ensemble et évaporées dans le vide, sans ébullition.

Après dessiccation prolongée dans le vide, je les ai abandonnées pendant vingt-quatre heures sous une cloche, dans un air saturé d'humidité. Cette précaution est nécessaire, l'hydrate perdant, dans le vide, 2 équivalents d'eau qu'il reprend avidement à l'air.

Alors j'ai pesé les capsules. Chaque hydrate, se trouvant simultanément dans deux capsules, fournit par là un moyen de vérification. Ces soins minutieux sont inévitables, l'hydrate étant très peu soluble et volatil dès 100 degrés avec la vapeur d'eau.

J'ai fait cette détermination avec l'essence de citron, l'essence de la térébenthine suisse et l'essence du pin maritime. Avec cette dernière, j'ai fait trois couples simultanés de déterminations : l'un avec les couches d'hydrate formées les premières dans une préparation, l'autre avec les couches ultérieures ; le troisième avec les couches formées en dernier lieu plusieurs mois après les premières.

Les 10 centimètres cubes de dissolution renferment :

	^{gr}
Avec l'hydrate d'essence de citron, première capsule........	$0,038\frac{1}{2}$;
Seconde capsule.......................................	$0,038\frac{1}{2}$;
Avec l'hydrate de l'essence de la térébenthine suisse, première capsule...	$0,036\frac{1}{2}$;
Seconde capsule......................................	$0,036\frac{1}{2}$;
Avec l'hydrate de l'essence française (couche supérieure formée en dernier lieu).......................................	$0,040$;
Idem. Couches moyennes, { première capsule..............	$0,041\frac{1}{4}$;
{ seconde capsule	$0,041\frac{1}{4}$;
Idem. Couches inférieures { première capsule..............	$0,040\frac{3}{4}$;
les plus anciennes, { seconde capsule................	$0,041$.

De ces nombres ressort la différence qui existe entre la solubilité des hydrates fournis par les diverses essences. Quant à l'hydrate formé à des époques successives par une même essence, il ne présente que des différences à peu près insensibles.

Ainsi, le cachet individuel propre à chaque essence se maintient non seulement dans le monochlorhydrate cristallisé, mais même dans l'hydrate. On sait que le pouvoir rotatoire conservé dans le monochlorhydrate cristallisé ne subsiste plus dans l'hydrate, d'après les observations de M. Deville.

L'isomérie des diverses essences de térébenthine ne paraît pas impliquer, entre les pouvoirs rotatoires de ces carbures, des relations de symétrie aussi étroites que celles qui existent entre les divers acides tartriques.

CHAPITRE XIV.

THÉORIE DE LA SÉRIE CAMPHÉNIQUE (¹).

J'ai exposé dans le tome I (p. 92) une théorie nouvelle de la série aromatique, fondée sur la saturation graduelle des carbures plus simples, dont la réunion engendre les carbures pyrogénés complexes. Chaque molécule de ces carbures simples est successivement envisagée comme fondamentale, et comme accomplissant sa saturation en s'unissant avec les autres carbures et avec l'hydrogène. Un premier carbure simple engendre ainsi un ou plusieurs *hydrures relatifs*, plus stables que le carbure primitif, et qui se comportent à leur tour comme des corps saturés, dans un certain nombre de réactions. Un nouveau degré dans sa saturation est réalisé ensuite sur un second carbure, subordonné au premier, mais dominant par rapport à un troisième, lequel se sature à son tour et en dernier lieu.

Ce n'est pas là une conception vague ou arbitraire, mais une théorie précise, qui conduit à des conséquences parfaitement déterminées. Rappelons quelques-unes de ces conséquences.

Ainsi se comporte le styrolène, dérivé de la benzine et de l'éthylène,

$$C^6H^4(C^2H^4[-]).$$

L'éthylène, inclus dans le styrolène, se sature d'abord et engendre un hydrure relatif, l'hydrure de styrolène ou éthylbenzine

$$C^6H^4(C^2H^4[H^2]).$$

Pour aller plus loin, il faut saturer le résidu benzénique lui-même, ce qui engendre d'abord plusieurs hydrures cycliques et finalement

---

(¹) *Bulletin de la Société chimique*, 2ᵉ série, t. XI, p. 187; 1869.

un hydrure absolu ([1]) :

$$C^6H^{12}(C^2H^6).$$

De même, la naphtaline, dérivée d'une molécule de benzine et de deux molécules d'acétylène :

$$C^6H^4(C^2H^2[CH^2]),$$

c'est-à-dire, en mettant en évidence les carbures non saturés,

$$C^6H^4(C^2H^2|C^2H^2[-][-]||-|).$$

L'une des molécules d'acétylène se sature d'abord en partie, en engendrant un premier hydrure relatif :

$$C^6H^4(C^2H^2|C^2H^2[H^2][-]||-|)$$

La saturation complète de la même molécule d'acétylène engendre ensuite le second hydrure relatif :

$$C^6H^4(C^2H^2|C^2H^2[H^2][H^2]|-|).$$

Ce corps appartient encore à la série de la naphtaline.

Alors intervient la saturation de la seconde molécule d'acétylène ; elle produit un nouvel hydrure, d'un caractère différent des premiers et beaucoup plus stable, la diéthylbenzine :

$$C^6H^4(C^2H^2|C^2H^2[H^2][H^2|H^2|]) \quad \text{ou} \quad C^6H^4(C^2H^4|C^2H^6|).$$

La diéthylbenzine n'appartient plus à la série naphtalique, mais à la série benzénique.

Cependant le résidu benzénique C^6H^4 subsiste intact dans ces trois hydrures ; mais, par une action plus énergique, on parvient à l'attaquer à son tour et à le changer d'abord en hydrures cycliques et dans des conditions extrêmes en un résidu hexylénique, ce qui a fourni l'hydrure absolu et définitif ([2]) :

$$C^6H^{12}(^2H^4[C^2H^6]).$$

([1]) *Voir* le Tome III.

([2]) D'après cette théorie, qui est la traduction immédiate des faits observés, *la naphtaline ne dérive point de deux molécules de benzine,* contrairement à ce que divers auteurs ont admis dans ces derniers temps. En effet, les deux molécules d'acétylène, associées avec un résidu de benzine d'après ma formule, se comportent comme distinctes dans les réactions.

J'ai en effet réalisé par expérience toutes ces hydrogénations consécutives de la naphtaline.

J'ai même appliqué cette théorie à la benzine, envisagée comme analogue à l'hydrure d'éthyle, en tant que résultant de la saturation d'une molécule fondamentale d'acétylène par deux autres molécules de ce même acétylène :

$$\left\{ \begin{array}{l} C^2R^2(-)(-) \\ C^2H^2(C^2H^2)(C^2H^2) = C^6H^6. \end{array} \right.$$

Toute la théorie des dérivés benzéniques et celle des nombreuses isoméries qu'ils présentent peuvent être déduites de cette formule rationnelle de la benzine.

Le *principe des saturations relatives*, comme on peut le voir par ces exemples, paraît offrir plus de clarté et surtout plus de géné ralité et de précision que les hypothèses sur la nature du carbone. Il m'a déjà conduit à prévoir l'existence des hydrures de styrolène, de naphtaline, et à en réaliser la synthèse. Je me propose de chercher jusqu'à quel point la même théorie peut s'appliquer à une série plus compliquée que la série aromatique, je veux parler de la série camphénique. Je comprends sous ce nom générique les carbures $C^{10}H^6$, leurs polymères et leurs dérivés, carbures qui se subdivisent en séries plus spéciales, telles que la série térébenthénique, la série camphénique proprement dite et la série terpilénique. .

I. Le premier fait fondamental sur lequel je veux appeler l'attention, c'est la formation d'une certaine proportion d'hydrure d'amyle, C^5H^{12}; par hydrogénation, formation caractéristique des carbures $C^{10}H^{16}$. Je l'ai observée avec les divers carbures isomères. tels que le térébenthène, le camphène proprement dit, le térébène ;

Avec les carbures polymères, tels que le sesquitérébène, le cubébène, le copahuvène et le ditérébène ;

Avec les dérivés de ces divers carbures, tels que le monochlorhydrate cristallisé et le dichlorhydrate de l'essence de térébenthine;

Avec le camphre; enfin avec l'hydrure de terpilène.

Cette formation caractérise donc la série camphénique. Elle indique que le carbure $C^{10}H^{16}$ résulte de la condensation d'un carbure fondamental C^5H^8,

$$2\,C^5H^8 = C^{10}H^{16}.$$

Ce carbure, dans le cas de l'essence de térébenthine, est identique ou isomère avec l'isoprène, obtenu par M. Greville Williams [1] dans la distillation du caoutchouc; M. Hlasiwetz a obtenu cette année (1869) un carbure de même formule, en faisant agir la chaleur rouge sur l'essence de térébenthine [2].

Ce corps a la même formule que le valérylène de M. Reboul [3]; mais sa constitution paraît être différente; car je suis conduit à l'envisager comme un acétylméthyléthylène, au moins dans le cas du térébenthène. (*Voir* aussi le Volume actuel, p. 428.)

Mais, avant de discuter la constitution intime du carbure C^5H^8, déduisons les conséquences qui résultent simplement de sa formule générale.

Cette formule indique un carbure non saturé, et plus spécialement un carbure incomplet du deuxième ordre,

$$C^5H^8(-)(-),$$

c'est-à-dire un corps analogue à l'acétylène, composé capable de fixer H^2 et $2H^2$, HCl et 2HCl, H^2O et $2H^2O$, etc.

Le carbure *monomère*, C^5H^8, étant un carbure incomplet, donnera naissance à des polymères, suivant la théorie générale que j'ai proposée pour la polymérie [4].

Tels sont les carbures :

(A) $C^5H^8(C^5H^8)(-) = C^{10}H^{16}$

      $C^5H^8(C^5H^8)(C^5H^8)$, ou $C^5H^8(C^{10}H^{16})(-) = C^{15}H^{24}$

      $C^5H^8(C^{10}H^{16})(C^5H^8)$, ou $C^5H^8(C^{15}H^{24})(-) = C^{20}H^{32}$.

Nous aurons ainsi la série suivante :

Carbure monomère : C^5H^8 ;

Carbures dimères : $(C^5H^8)^2$, térébenthène et ses isomères ;

Carbures trimères : $(C^5H^8)^3$, sesquitérébène, copahuvène, cubébène, etc. ;

Carbures tétramères : $(C^5H^8)^4$, ditérébène, métatérébenthène, etc.

Les relations de polymérie qui existent entre ces divers carbures sont donc expliquées, et l'on comprend comment le térébenthène

---

[1] *Quarterly Journal of the Chemical Society*, t. XV, p. 110; 1862.

[2] *Voir* aussi les expériences plus récentes de M. Tilden (*Ann. de Ch. et de Phys.*, 6ᵉ série, t. V, p. 136; 1885). — Le présent Volume, p. 536.

[3] *Comptes rendus*, t. LVIII, p. 214.

[4] *Leçons professées devant la Société chimique en* 1863, p. 19.

peut fournir par ses modifications, non seulement des carbures $C^{20}H^{32}$, mais aussi des carbures $C^{15}H^{24}$.

On peut également déduire des mêmes considérations l'existence de diverses isoméries. Par exemple, nous venons de montrer que les trimères $C^{15}H^{24}$ peuvent répondre à deux formules rationnelles distinctes, suivant l'ordre relatif des combinaisons.

Il y a plus, les cas d'isomérie se multiplient singulièrement, si l'on remonte jusqu'au carbure C^5H^8. En effet, ce carbure lui-même est un carbure complexe : il peut résulter de l'union de plusieurs carbures simples différents, tels que les suivants :

$$(B) \quad C^2H^2(C^2H^4[CH^2]),$$
$$C^2H^2(CH^2[CH^2\{CH^2\}]),$$
$$C^2H^2(C^2H^2[CH^4]),$$
$$C^2H^2(C^3H^6),$$
$$C^2H^4(C^3H^4),$$
$$C^3H^2(C^3H^6),$$
$$C^4H^4(CH^4), \text{ etc.}$$

Ce n'est pas tout encore : les carbures ci-dessus sont envisagés ici comme produits *par substitution*, c'est-à-dire par l'union successive de 2 carbures distincts, avec perte d'hydrogène. Mais on peut concevoir aussi des carbures isomères, engendrés simplement par *addition*, sans élimination d'hydrogène. On obtiendra leurs formules en envisageant les carbures inscrits dans le tableau précédent, non comme des résidus de substitution, mais comme les corps générateurs eux-mêmes. Les carbures complexes C^5H^8 qui en résultent auront ainsi des générateurs différents des carbures formés par substitution : ils peuvent donc en être distincts. Je ne prétends pas que toutes ces métaméries soient effectivement réalisées ; mais il suffit qu'elles soient possibles a *priori*.

Chacun des monomères métamériques représentés par la formule C^5H^8 engendrera en général des polymères distincts, conformément aux types du tableau (A).

En outre, si l'on associe deux à deux ces monomères différents, on obtiendra de nouveaux métamères, correspondant à la formule des corps polymériques.

On aperçoit déjà ici quelques-unes des causes qui déterminent l'existence des nombreux isomères correspondant à la formule $C^{10}H^{16}$. Cependant, si variés que soient les corps qui résultent de semblables arrangements, on peut encore en concevoir d'autres : c'est ainsi que j'ai établi précédemment ([1]) que l'isomérie du camphène et du terpilène tient à des conditions différentes, de l'ordre de celles que j'ai définies par le mot *kénomérie* ([2]). On peut aussi déduire ces dernières isoméries du principe des saturations relatives, comme je le montrerai tout à l'heure.

Tels sont les principes généraux qui expliquent les nombreuses métaméries et polyméries des carbures $C^{10}H^{16}$. Mais cette idée générale des phénomènes ne suffit pas : il faut préciser et entrer dans les détails.

A cet effet, recherchons les conséquences qui résultent des formules précédentes et spécialement de la formule des carburés dimères $C^{10}H^{16}$, au point de vue de la formation et des propriétés de leurs dérivés. Nous signalerons d'abord les relations les plus générales, communes à tous les carbures métamères C^5H^8, quelle qu'en soit la constitution intime ; puis nous ferons intervenir celle-ci, quand il s'agira d'expliquer les décompositions.

II. *Relations générales communes à tous les carbures* C^5H^8. Examinons les dérivés camphéniques, en commençant par les hydrures, qui sont les types de tous les autres.

1. *Hydrures.* — Une molécule C^5H^8 peut s'unir, avons-nous dit, soit avec 2, soit avec 4 équivalents d'hydrogène, H^2 et $2H^2$. Au même titre elle s'unit encore avec le même carbure C^5H^8, en engendrant le carbure dimère $C^{10}H^{16}$; ce dernier doit donc être un carbure incomplet du troisième ordre, capable de fixer H^2, $2H^2$ et $3H^2$:

$$C^5H^8(-)(-) + C^5H^8(-)(-) = C^5H^8(C^5H^8[-][-])(-).$$

Ces prévisions sont conformes à l'expérience, car j'ai obtenu avec le térébenthène les trois hydrures prévus par la théorie :

Camphène et isomères	$C^5H^8(C^5H^8[-][-])(-)$
Hydrure de camphène	$C^5H^8(C^5H^8[-][-])(H^2)$
Hydrure de terpilène	$C^5H^8(C^5H^8[H^2][-])(H^2)$
Hydrure de décylène	$C^5H^8(C^6H^8[H^2][H^2])(H^2)$

([1]) *Leçons professées devant la Société chimique de Paris en* 1863, p. 113 et 115.

([2]) *Ann. de Chim. et de Phys.*, 4ᵉ série, t. V, p. 266; 1865. — T. VI, p. 353; 1865. — *C'est à peu près la même notion que l'on a désignée depuis par le mot de *composés cycliques*.

On peut même concevoir l'existence de deux hydrures de camphène distincts, selon que l'hydrogène se porte sur la molécule dominante du carbure C^5H^8,

$$C^5H^8(C^5H^8[-][-])(H^2),$$

ou sur la molécule subordonnée,

$$C^5H^8(C^5H^8[H^2][-])(-).$$

Le premier de ces hydrures de camphène devra jouer un rôle de corps relativement saturé, à un degré plus marqué que le second. Une prévision analogue trouvera tout à l'heure son application dans l'étude des faits connus sur les chlorhydrates.

Il est possible que l'*hydrure de camphène*, fourni par l'essence de térébenthine, réponde à la première formule ; tandis que le *menthène*, dérivé de l'alcool mentholique, et capable de former plus aisément un chlorhydrate, réponde à la deuxième formule.

De même on peut concevoir deux hydrures de terpilène métamères, selon que l'hydrogène sature un seul carbure,

$$C^5H^8(C^5H^8[H^2][H^2])(-),$$

ou bien qu'il se porte sur l'un et l'autre des deux carbures,

$$C^5H^8(C^5H^8[H^2][-])(H^2).$$

Le dernier hydrure sera le plus stable des deux, c'est-à-dire qu'il offre les caractères d'un corps relativement saturé.

Or nous avons signalé précisément certains faits qui tendraient à faire penser que l'*hydrure de terpilène*, dérivé du térébenthène, est moins stable que celui qui dérive du menthol. Ce dernier devrait alors être spécialement désigné sous le nom d'*hydrure de menthène* et représenté par la dernière formule.

2. *Chlorhydrates.* — La théorie des hydrures s'applique de point en point aux chlorhydrates.

En effet, l'essence de térébenthine, saturée de gaz chlorhydrique, fournit à la fois deux monochlorhydrates,

$$C^{10}H^{16}.HCl,$$

l'un cristallisé et fort stable, l'autre liquide et moins stable. J'ai démontré ailleurs que ces deux chlorhydrates ne répondent pas à des carbures isomères préexistants(^{1}), mais qu'ils se forment dans l'acte de la combinaison.

Le monochlorhydrate cristallisé répond à l'hydrure de camphène proprement dit :

$$C^5H^8(C^5H^8[-][-])(HCl).$$

Le monochlorhydrate liquide semble répondre au menthène (ou à un isomère de même constitution) :

$$C^5H^8(C^5H^8[HCl][-])(-),$$

formule distincte de la précédente, d'après le principe des saturations relatives.

En traitant l'essence de térébenthine froide par une solution aqueuse très concentrée d'acide chlorhydrique, j'ai obtenu un dichlorhydrate cristallisé $C^{10}H^{16}.2HCl$, identique à celui que fournissent soit l'hydrate de térébenthène, soit l'essence de citron saturée par le gaz chlorhydrique.

Ce dichlorhydrate cristallisé doit répondre à la formule suivante, qui exprime un corps relativement saturé :

$$C^5H^8(C^5H^8[HCl][-])(HCl).$$

Mais on pourrait attribuer la formule :

$$C^5H^8(C^5H^8[HCl][HCl])(-)$$

au dichlorhydrate liquide, qui accompagne souvent le dichlorhydrate solide, surtout lorsqu'on opère avec l'essence de citron.

En décomposant par des actions ménagées le monochlorhydrate solide, on obtient un carbure nouveau, le *camphène,* spécialement apte à reproduire un monochlorhydrate cristallisé, sans donner naissance aux composés multiples que forme l'essence de térébenthine dans la réaction de l'acide chlorhydrique. J'explique la constitution de ce carbure, en admettant que les deux vides intérieurs qui existaient dans la molécule du térébenthène,

$$C^5H^8(C^5H^8[-][-])(-),$$

(^{1}) *Ann. de Chim. et de Phys.*, 3ᵉ série, t. XL, p. 15; pour le chlorhydrate liquide; et *Leçons professées devant la Société chimique de Paris en* 1863, p. 245 : pour le chlorhydrate solide. — Le présent Volume, p. 488.

vides qui n'avaient joué aucun rôle lors de la formation du monochlorhydrate cristallisé,

$$C^5H^8(C^5H^8[-][-])(HCl),$$

se sont effacés par une sorte de contraction moléculaire (kénomérie) dans le camphène :

$$C^5H^8(C^5H^8)(-).$$

Celui-ci ne présentera donc plus, dans ses réactions ordinaires,
qu'une seule tendance, celle à former un monochlorhydrate solide
et comparable à un corps saturé ([1]) :

$$C^5H^8(C^5H^8)(HCl).$$

Il est probable d'ailleurs que cette contraction a commencé à
s'opérer lors de la formation du premier monochlorhydrate solide,
au moyen du térébenthène : ce qui expliquerait la suite singulière
des changements de propriétés physiques qui accompagnent chacune des combinaisons ou décompositions successives ([2]).

Au même titre le dichlorhydrate solide engendre le *terpilène*,
carbure spécialement apte à reproduire un dichlorhydrate solide.
On peut également rapporter cette aptitude à une contraction intérieure, qui effacerait seulement l'un des vides de la molécule du
térébenthène :

Carbure primitif..........	$C^5H^8(C^5H^8[--][-])(-)$;
Dichlorhydrate...........	$C^5H^8(C^5H^8[HCl][-])(HCl)$;
ou................	$C^5H^8(C^5H^8[HCl])(HCl)$ ([3]);
Terpilène..............	$C^5H^8(C^5H^8[-])(-)$.

On voit que ces formules donnent un sens plus précis à la notion
de kénomérie.

Chacun des quatre chlorhydrates qui précèdent se comporte
comme un corps relativement saturé : il ne peut plus être uni avec
un nouvel équivalent d'hydracide. Cependant leur caractère
incomplet se manifeste encore dans certaines réactions. Ainsi, par
exemple, en saturant par l'acide chlorhydrique l'essence de téré-

---

([1]) A constitution cyclique.

([2]) *Voir* les faits cités dans mes *Leçons professées devant la Société chimique
en* 1863, p. 245. — *Voir* aussi le Chapitre XVII du présent Livre.

([3]) A constitution cyclique.

benthine dissoute dans l'acide acétique cristallisable, j'ai obtenu ([1]) un composé de la formule suivante :

$$3\,C^{10}H^{16}.\,4\,HCl.$$

Or ce composé se dédouble spontanément en dichlorhydrate cristallisé et monochlorhydrate cristallisé, et il peut être reproduit synthétiquement par l'union directe de ces deux chlorhydrates. Sa formule est donc la suivante :

$$C^{10}H^{16}.\,2\,HCl + 2\,(C^{10}H^{16}.\,HCl).$$

En saturant par l'acide chlorhydrique l'essence dissoute dans l'alcool, on obtient un composé de même formule, mais qui résulte de l'union du dichlorhydrate cristallisé et du monochlorhydrate liquide.

Ces deux composés, peu stables d'ailleurs, accusent jusqu'à un certain point le caractère encore incomplet des monochlorhydrates. En effet, dans leur formation, on peut concevoir qu'une molécule de monochlorhydrate s'unisse et se sature à la fois avec une molécule de dichlorhydrate et avec une seconde molécule de monochlorhydrate.

Le monochlorhydrate solide

$$C^{5}H^{8}\,(C^{5}H^{8}[-][-])\,(HCl)$$

engendre ainsi le composé

$$C^{5}H^{8}\,(C^{5}H^{8}[C^{10}H^{16}.\,2\,HCl][C^{10}H^{16}.\,HCl])\,(HCl)$$

dans lequel la molécule fondamentale est complètement saturée.

De même le monochlorhydrate liquide

$$C^{5}H^{8}\,(C^{5}H^{8}[HCl][-])\,(-)$$

engendre le composé métamère

$$C^{5}H^{8}\,(C^{5}H^{8}[HCl][C^{10}H^{16}.\,2\,HCl])\,(C^{10}H^{16}.\,HCl).$$

Les faits qui précèdent comprennent la théorie complète des chlorhydrates connus, qui sont engendrés par le térébenthène et ses isomères. On expliquerait de même la constitution des chlor-

---

([1]) *Ann. de Chim. et de Phys.*, 3ᵉ série, t. XXXVII, p. 227; 1853. — Le présent Volume, p. 439.

hydrates cristallisés

$$C^{15}H^{24}.2\,HCl \quad \text{et} \quad C^{15}H^{24}.3\,HCl$$

engendrés par le cubébène et le copahuvène. Mais il me paraît superflu de parler ici de ces carbures, plus complexes encore que les précédents.

3. *Hydrates.* — J'arrive aux hydrates de térébenthène. D'après les formules :

$$C^5H^8(C^5H^8[-][-])(-),$$

1° Il doit exister deux hydrates, l'un

$$C^5H^8(C^5H^8[-][-])(H^2O)$$

ou plutôt

$$C^5H^8(C^5H^8(H^2O),$$

correspondant au monochlorhydrate solide, et l'autre

$$C^5H^8(C^5H^8[H^2O][-])(-)$$

ou plutôt

$$C^5H^8(C^5H^8)(H^2O),$$

correspondant au monochlorhydrate liquide.

L'un de ces hydrates au moins est connu. En effet, la décomposition ménagée du monochlorhydrate solide par le stéarate de soude fournit, en même temps que le camphène, produit principal, une petite proportion d'un éther stéarique. Or la saponification de cet éther, au moyen de la chaux éteinte, produit un corps cristallisé, doué de propriétés camphrées, qui représente probablement le premier des hydrates ci-dessus.

D'autre part, on obtient parfois (¹), dans la préparation du tétrahydrate, un hydrate liquide, $C^{10}H^{16}(H^2O)$, qui paraît répondre réellement et sans contraction à la formule métamérique

$$C^5H^8(C^5H^8[H^2O][-])(-).$$

En effet la saturation chlorhydrique le change en dichlorhydrate cristallisé.

Ce n'est pas tout. A chacun de ces hydrates, formés par addition,

---

(¹) *Journal de Pharmacie*, 3ᵉ série, t. XXIX, p. 35. — Le présent Volume, p. 473.

doit répondre un alcool isomère, monoatomique et dérivé par substitution de l'un des deux hydrures isomères $C^{10}H^{18}$. Or l'alcool
campholique, ou camphre de Bornéo, représente précisément l'un
de ces alcools, $C^{10}H^{16}(H^2O)$. Ce nouveau type, de même que celui du
carbure $C^{10}H^{16}$, dont il dérive, comprend divers isomères (camphre
de Bornéo, camphre de succin, camphre de garance, etc.).

A chaque alcool normal et à chaque hydrate défini ci-dessus
répondent des éthers et toute une série de dérivés.

On voit par ces développements que nous connaissons les
dihydrates prévus par la théorie.

2° D'après cette même théorie, il doit exister deux tétrahydrates,
correspondant aux deux dichlorhydrates.

Or on connaît, en effet, deux tétrahydrates, $C^{10}H^{16}(H^2O^2)(H^2O^2)$:

L'un est cristallisé et désigné parfois sous le nom de *terpine*.

L'acide chlorhydrique le change en dichlorhydrate. Sa formule
est donc, d'après ce qui précède (je parle du corps qui a perdu une
molécule d'eau de cristallisation en étant fondu par l'action de la
chaleur) :

$$C^5H^8(C^5H^8[H^2O][-])(H^2O)$$

ou plutôt

$$C^5H^8(C^5H^8[H^2O])(H^2O).$$

Il existe aussi un tétrahydrate liquide [1], lequel répond peut-
être à la seconde formule rationnelle

$$C^5H^8(C^5H^8[H^2O][H^2O])(-).$$

A ces tétrahydrates, formés par addition, doivent correspondre
des alcools diatomiques proprement dits, isomériques avec les
tétrahydrates, mais formés par substitution au moyen des hydrures
de terpilène.

Ces quatre alcools et hydrates doivent également fournir des
séries des dérivés correspondants, parmi lesquels je noterai seulement les composés obtenus par M. Oppenheim et l'éther du tétrahydrate cristallisé, connu sous le nom de *terpinol,* $C^{20}H^{34}O$, composé que sa stabilité me paraît devoir faire rapporter à un type
relativement complet

$$C^5H^8(C^5H^8[-][-])(C^{10}H^{18}O),$$

ou plutôt

$$C^5H^8(C^5H^8)(C^{10}H^{18}O).$$

---

[1] *Journal de Pharmacie*, 3e série, t. XXIX, p. 33. — Ce Volume, p. 474.

3° On ne connaît pas de corps absolument complets, formés par l'addition de $3H^2O$; à moins que l'on ne veuille rapporter à ce type la terpine préparée à basse température, laquelle retient une molécule d'eau H^2O; cette eau se dégage facilement, à la manière de l'eau de cristallisation. Si l'on voulait la regarder comme un indice de la tendance à former un hydrate complètement saturé, on représenterait la terpine cristallisée par la formule

$$C^5H^8(C^5H^8[H^2O][H^2O])(H^2O).$$

Mais cette interprétation me paraît plus spécieuse que réelle.

4. *Dérivés mixtes.* — Les carbures $C^{10}H^{16}$ peuvent encore fournir des dérivés mixtes, par la superposition de deux réactions successives ou simultanées.

Par exemple, en saturant le carbure par l'hydrogène et par l'eau simultanément, on obtient la formule de l'alcool mentholique,

$$C^{10}H^{20}O,$$
$$C^5H^8(C^5H^8[H^2][—])H^2O).$$

Mais il faudrait vérifier cette relation par des expériences.

Il y aurait encore de nombreux dérivés mixtes prévus par la théorie; je ne les signalerai point, parce qu'ils n'ont pas été préparés jusqu'ici.

5. *Dérivés oxydés.* — On peut combiner le carbure fondamental avec l'oxygène, ce qui engendre un grand nombre de dérivés. Je me bornerai à ceux qui sont connus.

$C^{10}H^{16}O$.....	Camphre.
$C^{10}H^{16}O^2$....	Acide camphique et oxycamphre.
$C^{10}H^{16}O^3$....	Acide oxycamphique.
$C^{10}H^{16}O^4$..	Acide camphorique.
$C^{10}H^{14}O^7$....	Acide camphorésinique, etc.

Voici la théorie de ces divers dérivés :

1° Le camphre ordinaire, ou plutôt un corps isomère, peut être obtenu en oxydant le camphène par le noir de platine. On réussit mieux encore avec l'acide chromique pur et légèrement chauffé.

Cette formation directe d'un corps oxygéné, par simple addition d'oxygène, a semblé pendant longtemps exceptionnelle. Mais je viens de constater que le phénomène présente, au contraire, un certain degré de généralité. En effet, le propylène, maintenu à une douce chaleur avec une solution concentrée d'acide chromique pur, se change en acétone :

$$C^3H^6 + O = C^3H^6O.$$

L'éthylène fournit aussi, vers 120°, de l'aldéhyde

$$C^2H^4 + O = C^2H^4O.$$

Tous ces faits concourent à faire envisager le camphre comme un aldéhyde [1] : ce qui s'accorde d'ailleurs avec la production du camphre par l'oxydation de l'alcool campholique, et avec la reproduction dudit alcool campholique par l'hydrogénation du camphre.

2° Si l'on représente l'alcool campholique par la formule rationnelle

$$C^5H^8(C^5H^8[-][-])(H^2O),$$

laquelle exprime un corps relativement saturé; le camphre répondra à la formule

$$C^5H^8(C^5H^8[-][-])(O[-]).$$

En fixant de l'hydrogène, H^2, il produira l'acide campholique,

$$C^5H^8(C^5H^8[-][-])(H^2O).$$

En fixant de l'oxygène, O, il produira l'acide camphique,

$$C^5H^8|C^5H^8[-][-]||O^2|.$$

Ces deux additions ont lieu, sans sortir du type de l'alcool campholique.

3° Mais on peut aussi faire intervenir le caractère incomplet du carbure subordonné. Si l'on ajoute ainsi les éléments de l'eau au camphre, on obtiendra un alcool aldéhyde

$$C^5H^8(C^5H^8[H^2O][-])(O[-]),$$

dont l'oxydation produira un aldéhyde diatomique

$$C^5H^8|C^5H^8[O(-)][-]||O^2[-]|.$$

Telle paraît être la constitution de l'oxycamphre, corps obtenu par M. Wheeler [2], $C^{10}H^{16}O^2$, lequel dérive du camphre

---

[1] Je comprends en outre dans cette classe générale les aldéhydes proprement dits et les acétones.

[2] *Bulletin de la Société chimique*, t. X, p. 289.

monochloré : il répond à l'un des alcools diatomiques $C^{10}H^{20}O^2$, prévus par la théorie :

$$C^5H^8(C^5H^8[H^2O][-])(H^2O).$$

L'isomérie de l'oxycamphre avec l'acide camphique devient ainsi facile à expliquer.

4° L'acide campholique, $C^{10}H^{18}O^2$, obtenu comme on sait par l'hydratation du camphre sous l'influence des hydrates alcalins, résulte nécessairement d'une transposition dans l'alcool-aldéhyde cité plus haut, transposition qui change la fonction :

$$C^5H^8(C^5H^8[H^2O][-])(O[-])$$

devient ainsi

$$C^5H^8(C^5H^8[H^2][-])(O^2).$$

Cette transposition des éléments de l'eau dans le composé organique n'est point un fait exceptionnel; car c'est précisément celle qui s'effectue dans l'hydrate alcalin lui-même, lorsqu'il oxyde les composés organiques et les change en acides.

5° L'acide oxycamphique, $C^{10}H^{16}O^2$, a été obtenu par M. Wheeler ([1]), en unissant d'abord le térébenthène avec l'acide hypochloreux,

$$C^{10}H^{16}, 2HClO.$$

Le composé ainsi obtenu, traité par le sodium, fournit l'acide oxycamphique. Ces réactions ne sont pas suffisantes pour en établir la constitution. Cependant il est permis de regarder ledit acide comme se rattachant encore à un type dérivé des précédents, par suite de la fixation de O^2 sur le camphre; cette fixation porterait sur le carbure subordonné :

$$C^5H^8(C^5H^8[O^2][-])(O^2[-]).$$

6° La formule de l'acide camphorique a été expliquée plus haut, en partant du caractère incomplet du carbure $C^{10}H^{16}$ et de ses dérivés. Dans le système de formules que je développe en ce moment, celle de l'acide camphorique serait

$$C^5H^8(C^5H^8[O^2][-])(O^2).$$

7° Il ne reste plus qu'à établir la constitution de l'acide camphorésinique, $C^{10}H^{14}O^7$, acide tribasique et produit d'oxydation commun

---

([1]) *Loco citato.*

à la plupart des composés camphéniques. Cet acide étant tribasique, nous mettrons en évidence $3O^2$ dans sa formule, ce qui conduit à la représentation rationnelle :

$$C^{10}H^{12}(H^2O)(O^2)(O^2)(O^2).$$

L'un des groupes (O^2) est substitué à H^2 du carbure $C^{10}H^{16}$, tandis que les deux autres sont ajoutés, précisément comme ceux de l'acide camphorique. En déduisant la formule de l'acide camphorésinique de celle de l'acide camphorique, on aura donc :

$$C^5H^8(C^5H^4[H^2O][O^2][O^2][-])(O^2).$$

Les développements qui précédent comprennent tous les composés connus (en 1870) des séries camphénique et terpilénique renfermant 10 atomes de carbone. Il serait facile de retracer le tableau complet de tous les dérivés possibles, dérivés dont le nombre est immense; mais il me suffira d'avoir expliqué la constitution de tous les corps actuellement connus. On voit que la théorie complète et rigoureuse de tous ces composés peut être déduite d'une seule hypothèse, à savoir que les carbures $C^{10}H^{16}$ sont en réalité des carbures dimères, engendrés par un générateur monomère C^5H^8.

La même hypothèse explique encore la formation d'un certain nombre de dérivés renfermant moins de carbone, à savoir ceux qui appartiennent à la série grasse. En effet, on a signalé les substances suivantes dans cette série, comme engendrées par l'oxydation des composés camphéniques et terpiléniques :

1° L'acide pimélique, $C^7H^{12}O^4$ ([1]), engendré par la réaction de la potasse fondante sur l'acide camphorique.

2° Les acides valérique, $C^5H^{10}O^2$, et butyrique, $C^5H^8O^2$, se produisent simultanément.

3° Les acides butyrique, $C^4H^8O^2$, et acétique, $C^2H^4O^2$, se forment aussi dans certaines oxydations de l'essence de térébenthine.

Or, les acides acétique et butyrique dérivent normalement par oxydation du carbure C^5H^8.

L'acide valérique peut prendre naissance aux dépens de ce même carbure, dans une réaction à la fois oxydante et hydrogénante, telle que celle de l'hydrate de potasse.

Quant à l'acide pimélique, il résulte de la fixation de l'acide car-

---

[1] Hlasiwetz.

bonique naissant sur un noyau fondamental C^5H^{12} :

$$C^7H^{12}O^4 = C^5H^{12}.2CO^2.$$

Sa formation est donc encore possible, dans une réaction capable de fixer de l'hydrogène sur l'une des molécules C^5H^8 du carbure $C^{10}H^{16}$, en même temps que ladite réaction oxyde les résidus de la seconde molécule C^5H^8.

Toutes ces conséquences sont déduites des propriétés générales du carbure C^5H^8. Elles subsistent, quelle que soit la constitution intime de ce carbure.

Mais ce ne sont pas là les seules réactions des carbures et composés camphéniques et terpiléniques. Ils donnent aussi naissance, dans d'autres réactions, à deux groupes de dérivés spéciaux, à savoir certains dérivés communs à la série du camphène et à celle de l'acétone, et certains dérivés qui appartiennent sans contestation à la série benzénique.

Signalons ces réactions; puis nous chercherons à quelles nouvelles hypothèses elles conduisent pour représenter la constitution intime des carbures $C^{10}H^{16}$.

III. *Relations avec la série benzénique.* — En oxydant l'essence de térébenthine· par l'acide nitrique étendu, M. Cailliot a obtenu ([1]) l'acide téréphtalique, $C^8H^6O^4$, et un autre acide cristallisable, qu'il avait appelé *térébenzique,* mais qui paraît devoir être identifié avec l'acide toluique, $C^8H^8O^2$. Or, ces deux acides sont caractéristiques de l'oxydation du xylène, C^8H^{10}, ou diméthylbenzine, $C^6H^4(CH^2[CH^4])$ ainsi que de celle du cymène (de l'essence de cumin), $C^{10}H^{14}$. Ils se produisent aussi dans l'oxydation de la diéthylbenzine et des divers carbures benzéniques, qui renferment au moins 2 résidus méthyliques ou éthyliques distincts. Ce sont là des données très dignes d'intérêt.

D'autre part, l'hydrate de terpilène, $C^{10}H^{20}O^2$, dirigé en vapeur sur la chaux sodée, a fourni à M. Personne ([2]) un acide, $C^8H^{10}O^2$, plus fusible que l'acide toluique, mais qui en représente peut-être un hydrure.

Enfin, les résines que l'on obtient en oxydant l'essence de térébenthine par l'acide nitrique produisent, d'après M. Chautard ([3]), de la toluidine, C^7H^9Az, lorsqu'on les distille avec la potasse.

([1]) *Annales de Chim. et de Phys.,* 3ᵉ série, t. XXI, p. 28; 1847.
([2]) *Comptes rendus,* t. LXIII, p. 553; 1856.
([3]) *Journal de Pharmacie,* 3ᵉ série, t. XXIV, p. 166; 1853.

L'oxydation des composés camphéniques et terpiléniques engendre donc un certain nombre de dérivés qui appartiennent à la série benzénique.

Les actions réductrices conduisent à un résultat semblable. En effet, nous signalerons dans le Tome III la formation de certains carbures benzéniques, qui paraissent être le toluène, C^7H^8, et le xylène, C^8H^{10} (ou des isomères) dans des conditions spéciales, lorsqu'on traite l'essence de térébenthine par l'acide iodhydrique.

L'action de la chaleur rouge (^{1}) sur l'essence de térébenthine et sur le camphre produit également les carbures benzéniques, et spécialement le toluène, C^7H^8, et le xylène, C^8H^{10}.

Les carbures benzéniques, depuis la benzine, C^6H^6, jusqu'au cymène, $C^{10}H^{14}$ (^{2}), se produisent aussi, d'après M. Fittig, lorsqu'on traite le camphre, $C^{10}H^{16}O^2$, par le chlorure de zinc. Il est probable que le produit normal de la réaction est le cymène (ou un isomère); mais le chlorure de zinc développerait en même temps des corps polymérisés, que la chaleur décompose ensuite, en fournissant les homologues inférieurs.

L'ensemble de ces faits indique une constitution toute spéciale dans les carbures térébenthéniques et camphéniques. Ces carbures, en effet, passent si facilement à la série benzénique qu'il y là une relation susceptible d'être traduite dans leur formule. Or, les carbures benzéniques ont pour noyau fondamental la benzine, C^6H^6, laquelle ne semble tout d'abord offrir aucun rapprochement avec le carbure C^5H^8, noyau fondamental de la série camphénique. Cependant on peut remonter plus haut et jusqu'à des composants plus simples, en remarquant que la benzine dérive de 3 molécules d'acétylène : $3C^2H^2$. Le problème consiste dès lors à retrouver dans 2 molécules de C^5H^8, soit les trois molécules d'acétylène, soit 3 molécules de carbures capables d'engendrer l'acétylène. Il faut donc que le carbure C^5H^8 dérive de 2 molécules d'acétylène ou d'éthylène.

Plusieurs formules satisfont à cette condition. En me limitant parmi les formules à composants pairs, et sans radicaux fictifs, conformément à la convention que j'observe depuis plusieurs années dans mes formules, j'ai préféré la suivante qui me paraît sa-

---

(^{1}) *Bulletin de la Société chimique*, 2ᵉ série, t. X, p. 350. — Ce Volume, p. 193.
(^{2}) *Annalen der Chemie und Pharmacie*, t. CXLV, p. 129.

tisfaire à toutes les réactions :

$$C^5 H^8 = C^2 H^2 (C^2 H^4 [C H^2]).$$

Le carbure générateur de térébenthène serait donc un *acétyl-méthyléthylène*.

Le térébenthène lui-même répondrait à la formule

$$C^3 H^2 (C^2 H^4 [CH^2 \{ C^2 H^2 (C^2 H^4 [CH^2]) \}]),$$

formule qui deviendra plus claire sous la forme suivante :

$$(C) \quad \begin{aligned} C^2 \dot{H}^2 (C^2 H^4 \, [CH^2 \} \\ C^2 H^2 (C^2 H^4 \, [CH^2 \} \end{aligned}.$$

La relation fondamentale entre la série benzénique et la série camphénique serait encore satisfaite, en admettant que le carbure $C^{10} H^{16}$ résulte de l'union de deux carbures isomères $C^5 H^8$, l'acétylméthyléthylène et l'acétyltriméthylène :

$$(D) \quad \begin{aligned} C^2 H^2 (C^2 H^4 \qquad [CH^2 \} \\ C^2 H^2 (C \ H^2 \{ C H^2 [CH^2 \} \end{aligned}'$$

relation que je signale, parce qu'elle peut exprimer un carbure iso-mère du précédent.

Développons les conséquences de ces formules.

Soit d'abord le passage de la série camphénique à la série ben-zénique. Si nous enlevons à l'une des molécules d'éthylène 2 équi-valents d'hydrogène, par oxydation, par dédoublement, ou par la chaleur, le système total sera ramené à la formule $C^{10} H^{14}$. Mais en même temps il sera ramené à contenir 3 molécules d'acétylène, $C^2 H^2$. On comprend donc qu'il puisse s'établir dans la molécule résultante un nouveau genre de symétrie, par rapport à ces 3 molé-cules d'acétylène qui se trouveraient réunies en un même noyau fondamental, à savoir le noyau de la série benzénique.

Le carbure qui résultera de cette nouvelle symétrie, produite par transposition moléculaire, sera, d'après la formule (C) :

$$C^2 H^4 (CH^2 [CH^2 \{ C^6 H^6 \}])$$

ou plutôt

$$\left(\begin{aligned} C^2 H^2 \} \\ CH^2 \ \} \end{aligned} \right) \left(\begin{aligned} C^2 H^2 \} \\ CH^2 \ \} \end{aligned} \right) \left(\begin{aligned} C^2 H^2 \ \} \\ C^2 H^4 \} \end{aligned} \right).$$

c'est-à-dire : soit l'éthylxylène, soit le méthyléthyltoluène, soit un isomère. Je dis un isomère : en effet, le genre de symétrie de la dernière formule n'est pas exactement celui de la série benzénique ;

je reviendrai sur cette remarque en parlant des relations de la série camphénique avec l'acétone.

D'après la formule (D) du carbure $C^{10}H^{16}$, le carbure $C^{10}H^{14}$ serait représenté par une formule semblable à la précédente; sauf la substitution de C^2H^4 par $CH^2(CH^2)$. Ce serait donc une tétraméthylbenzine, ou plutôt un isomère.

Ceci posé, on voit aisément : que le xylène et le toluène, formés par l'action de la chaleur ou par celle de l'acide iodhydrique;

Que les homologues de la benzine, produits sous l'influence du chlorure de zinc;

Que les acides téréphtalique et phtalique, ainsi que la toluidine, produits par oxydation;

Peuvent être tous dérivés de ce carbure $C^{10}H^{14}$. Leur formation est donc expliquée.

Réciproquement, on doit pouvoir remonter de la série benzénique aux séries camphénique et terpilénique, sous la seule condition d'attaquer le noyau fondamental C^6H^6 par hydrogénation, ou par toute autre réaction équivalente.

Or, je puis déjà signaler une réaction de ce genre, qui me paraît devoir conduire à la synthèse de la série camphénique. C'est l'action du potassium. J'ai reconnu, en effet, que le potassium attaque divers carbures d'hydrogène, tels que l'acétylène, la naphtaline, le cumolène, le cymène du goudron de houille, etc. ([1]). Avec le cumolène et le cymène en particulier, il se combine sans dégagement d'hydrogène et en formant un kaliure de cumolène

$$C^9H^{12}K^2$$

et un kaliure de cymène

$$C^{10}H^{14}K^2.$$

Ce dernier kaliure, décomposé par l'eau, devra fournir un carbure camphénique, $C^{10}H^{16}$. Mais j'ai été jusqu'ici arrêté dans la réalisation de cette expérience par la difficulté de préparer ces kaliures en quantités un peu notables, et par les dangers que présente l'emploi du potassium et de ses dérivés.

Insistons cependant sur la formation de semblables composés, car ils dépassent le cercle ordinaire de la série benzénique. En effet le cumolène et le cymène jouent dans la plupart des réactions, au même titre que les autres carbures benzéniques, le rôle de carbure réla-

---

([1]) *Bulletin de la Société chimique*, 2ᵉ série, t. VII, p. 110; 1867. — Ce Volume, p. 318.

tivement saturés. Dès lors on ne saurait guère douter que l'action du potassium, en formant un composé par addition, n'attaque le noyau fondamental de la benzine, de façon à transformer en éthylène l'une des trois molécules d'acétylène qui le constituent. Mais c'est là précisément la réaction voulue pour passer d'un carbure benzénique à un carbure camphénique. En détruisant le noyau benzénique (ou terpilénique), elle change la symétrie de la molécule, laquelle ne subsiste plus que par rapport aux 2 molécules d'acétylène conservées, comme il convient à un polymère de C^5H^8.

IV. *Relations avec l'acétone.* — Ce n'est pas tout : la discussion de la série camphénique comporte encore d'autres données fort curieuses et que je ne dois pas passer sous silence. Ce sont les relations entre les dérivés camphéniques et ceux de l'acétone.

En effet, l'acide camphorique se décompose (sous forme de sel calcaire) en acide carbonique, eau et phorone (ou corps isomère),

$$C^{10}H^{16}O^4 = C^9H^{14}O + CO^2 + H^2O.$$

Or, la phorone peut être également obtenue par la réunion de 3 molécules d'acétone

$$3\,C^3H^6O - 2\,H^2O = C^9H^{14}O.$$

D'autre part, le camphre, traité par le chlorure de zinc, fournit, d'après M. Fittig ([1]), une quantité notable de mésitylène, C^9H^{12}. Or le mésitylène lui-même dérive de l'acétone par condensation moléculaire :

$$3\,C^3H^6O - 3\,H^2O = C^9H^{12};$$

je le regarde comme un triallylène,

$$C^3H^4(C^3H^4[C^3H^4]),$$

comparable au triacétylène

$$C^2H^2(C^2H^2[C^2H^2]),$$

c'est-à-dire à la benzine.

Citons encore le fait suivant :

L'hydrure de camphène, $C^{10}H^{18}$, lequel répond à une saturation du carbure, inférieure d'un degré à celle de l'acide camphorique, fournirait, d'après M. Weyl, l'acide uvitique, $C^9H^8O^4$, par son oxy-

---

([1]) *Bulletin de la Société chimique,* nouvelle série, t. XI, p. 79.

dation. Or, l'acide uvitique est à la fois un dérivé de l'acide pyruvique, $C^3H^4O^3$, et un produit d'oxydation normal du mésitylène,

$$C^9H^{12} \; (^1).$$

Il s'agit d'expliquer ces diverses relations entre les dérivés acétoniques et la série camphénique. Je vais montrer qu'on y parvient aisément à l'aide de mes formules rationnelles.

Rappelons d'abord que l'allylène est un homologue de l'acétylène, c'est-à-dire un méthylacétylène,

$$C^2H^2(CH^2).$$

Le mésitylène ou triallylène répond donc à la formule :

$$\left(\begin{matrix} C^2H^2 \} \\ C\ H^2 \} \end{matrix} \right) \left(\begin{matrix} C^2H^2 \} \\ C\ H^2 \} \end{matrix} \right) \left(\begin{matrix} C^2H^2 \} \\ C\ H^2 \} \end{matrix} \right),$$

laquelle comporte une triple symétrie, analogue à celle de la benzine, mais qui n'est pas exactement la même que celle de la triméthylbenzine. En effet, dans le mésitylène, chaque résidu méthylique est uni avec un résidu acétylénique distinct; tandis que dans la triméthylbenzine les trois résidus acétyléniques sont rassemblés en un groupe unique, sur lequel viennent s'ajouter successivement trois résidus méthyliques. On comprend dès lors aisément l'isomérie des deux carbures et celle de leurs dérivés oxydés. Soit en effet le mésitylène.

Il engendre par oxydation trois acides :

$$C^9H^{10}O^2, \qquad C^9H^8O^4, \qquad C^9H^6O^6,$$

acides que je regarde comme engendrés par l'oxydation successive des résidus méthyliques :

$$C^9H^{10}O^2 = \left(\begin{matrix} C^2H^2 \} \\ C\ O^2 \} \end{matrix} \right) \left(\begin{matrix} C^2H^2 \} \\ C\ H^2 \} \end{matrix} \right) \left(\begin{matrix} C^2H^2 \} \\ C\ H^2 \} \end{matrix} \right).$$

$$C^9H^8O^4 = \left(\begin{matrix} C^2H^2 \} \\ C\ O^2 \} \end{matrix} \right) \left(\begin{matrix} C^2H^2 \} \\ C\ O^2 \} \end{matrix} \right) \left(\begin{matrix} C^2H^2 \} \\ C\ H^2 \} \end{matrix} \right).$$

$$C^9H^6O^6 = \left(\begin{matrix} C^2H^2 \} \\ C\ O^2 \} \end{matrix} \right) \left(\begin{matrix} C^2H^2 \} \\ C\ O^2 \} \end{matrix} \right) \left(\begin{matrix} C^2H^2 \} \\ C\ O^2 \} \end{matrix} \right).$$

Le kaliure de mésitylène, $C^9H^{12}K^2$, composé dont l'existence est

---

(¹) FITTIG, *Bulletin de la Société chimique*, nouvelle série, t. X, p. 41.

probable, serait un dérivé engendré par l'attaque d'une des trois molécules d'acétylène ; ce qui détruirait la symétrie de la molécule

$$\left(\begin{matrix} C^2H^2.K^2 \\ C\ H^2 \end{matrix}\right) \left(\begin{matrix} C^2H^2 \\ C\ H^2 \end{matrix}\right) \left(\begin{matrix} C^2H^2 \\ C\ H^2 \end{matrix}\right).$$

La même théorie s'applique à la phorone, laquelle diffère du mésitylène par les éléments de l'eau.

Elle répond à la formule :

$$\left(\begin{matrix} C^2H^4O \\ C\ H^2 \end{matrix}\right) \left(\begin{matrix} C^2H^2 \\ C\ H^2 \end{matrix}\right) \left(\begin{matrix} C^2H^2 \\ C\ H^2 \end{matrix}\right)$$

ou plutôt

$$\left(\begin{matrix} C^2H^2 \\ C\ H^2 \end{matrix}\right) \left(\begin{matrix} C^2H^2 \\ C\ H^2 \end{matrix}\right) \left(C^3H^6O\right),$$

laquelle ne rentre pas dans la série benzénique.

Ces formules expriment les relations déterminées qui existent entre l'acétone, le mésitylène, l'acide uvitique, le kaliure de mésitylène et la phorone.

Montrons maintenant que les mêmes relations peuvent être exprimées sans difficulté à l'aide de la formule rationnelle des carbures camphéniques.

Nous avons dit comment le carbure doublement symétrique

$$C^2H^2(C^2H^4[CH^2)$$
$$C^2H^2(C^2H^4[CH^2]$$

pouvait, par simple perte d'hydrogène, se changer en un carbure triplement symétrique,

$$\left(\begin{matrix} C^2H^2 \\ C\ H^2 \end{matrix}\right) \left(\begin{matrix} C^2H^2 \\ C\ H^2 \end{matrix}\right) \left(\begin{matrix} C^2H^2 \\ C^2H^4 \end{matrix}\right).$$

Ce carbure diffère du mésitylène par la substitution de C^2H^4 à CH^2 ; c'est la relation qui existe entre la benzine et la méthylbenzine. On pourrait l'exprimer plus simplement encore en regardant notre carbure comme une combinaison d'acétyléthylène $C^2H^2(C^2H^4)$, et de diallylène, $C^3H^4(C^3H^4)$. On comprend dès lors facilement comment l'oxydation des carbures camphéniques peut fournir les mêmes produits que l'oxydation du mésitylène.

Les mêmes conclusions pourraient être tirées d'ailleurs en remplaçant C^3H^4 par $CH^2(CH^2)$ dans le carbure précédent. La même remarque s'applique au tableau ci-après.

Le tableau suivant résume les formules rationnelles des composés camphéniques, telles qu'elles résultent des théories précédentes.

Types fondamentaux :

1. $C^2H^2(-)(C^2H^4[CH^2(-)])$. Acétylméthyléthylène.

2. $\begin{array}{l} C^2H^2(-)(C^2H^4[CH^2(-) \\ C^2H^2(-)(C^2H^4[CH^2 \end{array}\Big\}\cdot = C^{10}H^{16}$. Térébenthène et isomères.

3. $\begin{array}{l} C^2H^2(H^2)(C^2H^4[CH^2 \\ C^2H^2(-)(C^2H^4[CH^2(-) \end{array}\Big\}\cdot$ Premier hydrure de camphène.

(H^2) remplacé par (HCl), (HO^2), $(O[-])$, (O^2) : type du monochlorhydrate cristallisé, de l'hydrate de camphène, d'un camphre, d'un acide isomère avec l'acide camphique, etc.

4. $\begin{array}{l} C^2H^2(-)(C^2H^4[CH^4 \\ C^2H^2(H^2)(C^2H^4[CH^2(-) \end{array}\Big\}\cdot$ Hydrure de camphène isomérique.

Type du monochlorhydrate liquide, etc.

5. $\begin{array}{l} C^2H^2(-)(C^2H^4[CH^2 \\ C^2H^2(-)(C^2H^4[CH^2(H^2) \end{array}\Big\}\cdot$ Troisième hydrure isomérique.

Type de l'alcool campholique, de ses éthers, du camphre, de l'acide camphique, etc.

6. $\begin{array}{l} C^2H^2(H^2)(C^2H^4[CH^2 \\ C^2H^2(H^2)(C^2H^4[CH^2(-) \end{array}\Big\}\cdot$ Hydrure de terpilène.

Type du chlorhydrate, de l'hydrate cristallisé, etc.

7. $\begin{array}{l} C^2H^2(H^2)(C^2H^4[CH^2 \\ C^2H^2(-)(C^2H^4[CH^2(H^2) \end{array}\Big\}\cdot$ Hydrure isomérique.

Type de l'alcool mentholique et de ses éthers.

8. $\begin{array}{l} C^2H^2(-)(C^2H^4[CH^2 \\ C^2H^2(H^2)(C^2H^4[CH^2(H^2) \end{array}\Big\}\cdot$ Troisième hydrure isomérique.

Type de l'acide camphorique, $2H^2$, étant substitués par $2O^2$.

9. $\begin{array}{l} C^2H^2(H^2)(C^2H^4[C^2H^2 \\ C^2H^2(H^2)(C^2H^4[C^2H^2(H^2) \end{array}\Big\}$ Hydrure de décylène. (Tétréthyldiméthylène.)

Type d'un alcool et de ses dérivés.

CHAPITRE XV.

SUR LA SYNTHÈSE DES CARBURES CAMPHÉNIQUES ([1]).

Les expériences de M. Tilden sont fort importantes pour la théorie des carbures isomères de l'essence de térébenthine. Elles confirment l'opinion que ces carbures n'appartiennent pas à la série aromatique, opinion que je soutiens depuis longtemps. J'ai montré en 1867 ([2]) que tous ces carbures fournissent un hydrure d'amylène, C^5H^{12}, lorsqu'on les traite par l'acide iodhydrique; j'en ai conclu ([3]) qu'ils résultent d'un carbure C^5H^8, doublé par polymérisation, et j'en ai déduit ([4]) les limites de la capacité de saturation relative, ou valence, du camphène et du terpilène.

J'ai développé depuis quinze ans toute cette théorie dans mes cours et dans mon *Traité de Chimie organique,* t. I, p. 171 de la 2me édition ([5]). J'ai proposé à cette occasion le mot *monomère* pour désigner le générateur primitif des corps polymérisés. M. Bouchardat, l'un de mes élèves, a reproduit synthétiquement le terpilène avec un carbure de ce type, identique ou isomère. J'ai même formé synthétiquement un carbure C^5H^8, par la combinaison directe, opérée entre 400° et 500°, des deux carbures gazeux fondamentaux, le propylène et l'acétylène libres ([6]) :

$$C^3H^6 + C^2H^2 = C^5H^8.$$

Cette réaction est homologue de la synthèse que j'ai également réalisée du crotonylène, par la combinaison directe au rouge sombre

---

[1] *Ann. de Chim. et de Phys.*, 6ᵉ série, t. V, p. 136; 1885.

[2] *Bulletin de la Société chimique,* 2ᵉ série, t. XI, p. 16, 22, 24, 25, 29, 31, 32, 100, 102, 104. — *Voir* le Tome III du présent Ouvrage.

[3] Même Recueil, t. XI, p. 33.

[4] Même Recueil, t. XI, p. 189.

[5] Dans la 1ʳᵉ édition, p. 127; 1872.

[6] *Voir* surtout ce Volume, p. 428.

de l'éthylène et de l'acétylène libres

$$C^2H^4 + C^2H^2 = C^4H^6.$$

Quant aux liens entre la série terpilénique et la série aromatique, ils résultent de certaines décompositions et ils sont établis :

1º Par la transformation de l'essence de térébenthine en cymène par perte d'hydrogène, laquelle commence vers 400º à 450º, comme je l'ai observé en 1853 ;

2º Et par sa métamorphose en carbures benzéniques à la chaleur rouge, réaction que j'ai étudiée en 1867 ([1]). En réalité, la série terpénique ou camphénique constitue une série aussi distincte de la série aromatique que de la série grasse. Elle dérive des carbures $(C^5H^8)^n$ et spécialement du carbure $(C^5H^8)^2$, au même titre que la série grasse dérive des carbures $(CH^2)^n$, et que la série aromatique dérive de l'acétylène $(C^2H^2)^n$, et plus spécialement de la benzine $(C^2H^2)^3$.

C'est par une même loi de polymérisation que prennent naissance les termes fondamentaux qui servent de pivot à chacune des séries dominantes des carbures d'hydrogène et à leurs dérivés.

([1]) Ce Volume, p. 193.

CHAPITRE XVI.

SUR LA SYNTHÈSE DU CAMPHRE PAR L'OXYDATION DU CAMPHÈNE ([1]).

Voici bien des années que j'ai décrit et réalisé la suite méthodique des transformations, par lesquelles l'essence de térébenthine est changée en un camphre isomérique avec le camphre des Laurinées. Ces idées et ces faits ont reçu un développement nouveau par les expériences de M. Riban, à qui j'avais signalé ce sujet d'études.

Rappelons en peu de mots l'état de la question. La relation numérique entre la formule de l'essence de térébenthine, $C^{10}H^{16}$, et celle du camphre, $C^{10}H^{16}O$, a été précisée tout d'abord par M. Dumas, le jour où il a établi la composition de ces deux corps dans son remarquable Mémoire sur les huiles essentielles (1832). Mais la relation des formules ne résout pas le problème des métamorphoses et des synthèses effectives : or celui-ci était plus compliqué que l'état de la Science ne permettait de le soupçonner à cette époque. En effet, le camphogène ne préexiste pas dans l'essence de térébenthine, ni même dans le monochlorhydrate solide de térébenthène, comme je l'ai reconnu depuis (ce Volume, p. 441. Il s'agissait donc de changer deux fois l'état isomérique propre de l'essence de térébenthine par des opérations successives, pour parvenir enfin à cet arrangement définitif, caractérisé par la permanence de l'état moléculaire à travers les combinaisons, et par cette constitution spéciale, qui appartient aux composés camphéniques proprement dits ([2]).

Après avoir reconnu les difficultés du problème dans une longue série de recherches sur les essences, recherches poursuivies depuis 1850, je l'ai résolu expérimentalement par la chaîne méthodique

---

([1]) *Bulletin de la Société chimique*, t. II, p. 65; 1875.

([2]) *Voir* ma *Leçon sur l'isomérie*, professée devant la Société chimique en 1863, p. 241, 253. — Le présent Volume, p. 444 et suivantes.

des réactions que voici (*Comptes rendus,* t. XLVII, p. 265; 1858) :

1° Synthèse du camphre de Bornéo, par hydrogénation, au moyen du camphre ordinaire,

$$C^{10}H^{16}O + H^2 = C^{10}H^{18}O;$$

2° Découverte de la fonction alcoolique du camphre de Bornéo et formation de ses éthers (¹); le camphre devient dès lors l'aldéhyde de cet alcool;

3° Formation en particulier de son éther chlorhydrique,

$$C^{10}H^{16}.HCl,$$

qui offre la composition, l'aspect et la plupart des propriétés du monochlorhydrate cristallisé du térébenthène;

4° Transformation de ce monochlorhydrate et de ses isomères, par des actions systématiquement ménagées, en carbures cristallisés, auxquels je réservai le nom de *camphènes,* à cause de leur état physique et de leur constitution chimique, analogues au camphre ordinaire (²). Ces carbures peuvent être unis à l'acide chlorhydrique, puis régénérés de leurs chlorhydrates, avec toutes leurs propriétés primitives, y compris le pouvoir rotatoire, qui est la plus délicate;

5° Synthèse enfin du camphre par l'oxydation du camphène :

$$C^{10}H^{10} + O = C^{10}H^{16}O.$$

Telle était la suite de mes expériences; telle est aussi la suite de celles que M. Riban vient de publier (1875), et qui les confirment point par point, non sans y ajouter plus d'un fait nouveau.

Arrêtons-nous à la synthèse du camphre. Cette synthèse, que j'avais réalisée dès 1858 par le moyen du noir de platine, était pénible et d'un faible rendement; aussi l'annonçai-je d'abord avec quelque réserve.

(¹) Pelouze, qui avait obtenu le camphre en sens inverse (1840) par l'oxydation du camphre de Bornéo, refusait nettement au camphre de Bornéo tout caractère d'alcool (*Comptes rendus,* t. XI, p. 367); Gerhardt, dans son grand *Traité* (t. III, p. 690; 1854), assimile le camphre de Bornéo à l'aldéhyde de l'acide campholique, $C^{20}H^{18}O^4$.

(²) *Comptes rendus,* t. XLVII, p. 267; 1858: t. LV, p. 496 et 544; 1862. — *Leçon sur l'isomérie,* professée en 1863, p. 241. — *Théorie de la série camphénique* (*Bulletin de la Société chimique,* t. XI, p. 194, 198; 1869). — Le présent Volume. Livre IV, Chapitre XIV.

Mais, en 1869, je trouvai un autre procédé d'oxydation, fondé sur l'emploi de l'acide chromique pur, qui me permit d'isoler, en plus grande quantité et dans un plus grand état de pureté, le camphre fourni par l'oxydation des camphènes. J'ai pu en vérifier les principales propriétés physiques : cristallisation, odeur et aspect tout spéciaux, sublimation lente dès la température ordinaire, avec formation de ces petits cristaux nets et brillants que chacun connaît; volatilisation qui s'opère brusquement et avec ébullition un peu au-dessus de 200°; point de fusion voisin de 180°, etc. J'en ai vérifié également les caractères chimiques : présence de l'oxygène et absence du chlore parmi les éléments du corps; résistance complète à une action de courte durée exercée par les agents oxydants, tels que l'acide nitrique, l'acide chromique, et même par la plupart des réactifs chimiques; résistance complète à 100° à l'action prolongée de la potasse et à celle de l'acide chlorhydrique fumant, etc., etc. Ces propriétés sont les unes et les autres trop fortement caractérisées pour permettre de confondre le camphre avec aucune autre substance, surtout si l'on tient compte de son origine.

Enfin j'ai répété mes expériences de synthèse sur les trois camphènes que je possédais : camphène inactif, térécamphène et austracamphène.

Tout doute ayant disparu, j'annonçai désormais, dans mes publications ultérieures, la transformation du camphène en camphre par le nouvel agent, d'une manière absolue et sans reproduire les réserves originelles (*Annales de Chimie et de Physique,* 4° série, t. XIX, p. 428, 1870; t. XXIII, p. 214, 1871; *Comptes rendus,* t. LXXIX, p. 1094, 1874, etc.).

La démonstration était d'autant plus nette, que la nouvelle méthode est générale ([1]) et s'applique à l'oxydation directe d'un grand nombre de carbures d'hydrogène, tels que l'éthylène, le propylène, l'allylène, etc., tous carbures que la méthode permet de changer en aldéhydes et en corps congénères :

$$\text{Éthylène} \dots\dots C^2 H^4 + O = C^2 H^4 O \text{ aldéhyde,}$$
$$\text{Propylène} \dots\dots C^3 H^6 + O = C^3 H^6 O \text{ acétone,}$$
$$\text{Allylène} \dots\dots C^3 H^4 + O = C^3 H^4 O \text{ oxyde d'allylène,}$$
$$\text{Camphène} \dots\dots C^{10} H^{16} + O = C^{10} H^{16} O \text{ camphre.}$$

([1]) *Bulletin de la Société chimique,* t. XI, p. 374; avril 1869. — *Annales de Chimie et de Physique, locis citatis.*

Voilà l'état de mes publications sur la question, et les dernières, encore toutes récentes, me donnaient le droit de me réserver la suite de cette recherche, lorsque, détourné par d'autres études, je signalai moi-même à M. Riban l'intérêt qu'il y aurait à soumettre à un nouvel examen les camphres obtenus par l'oxydation des camphènes, de façon à en fixer plus nettement la préparation et les propriétés individuelles, le pouvoir rotatoire en particulier.

C'est ce travail que M. Riban vient d'exécuter avec beaucoup de soin et de succès sur le camphre qui dérive du térécamphène, et qu'il a préparé par un procédé (bichromate de potasse et acide sulfurique) plus régulier peut-être, mais qui ne diffère pas en principe de celui que j'avais publié (acide chromique).

CHAPITRE XVII.

RECHERCHES THERMOCHIMIQUES SUR LES SÉRIES TÉRÉBENTHÉNIQUE, TERPILÉNIQUE ET CAMPHÉNIQUE ([1]).

Les séries térébenthénique, terpilénique et camphénique, c'est-à-dire les séries des carbures isomères de l'essence de térébenthine et générateurs du camphre et du bornéol, sont des plus intéressantes en Chimie organique : non seulement parce qu'elles comprennent un grand nombre d'essences et de principes naturels, mais en raison de la multitude des cas d'isomérie qu'elles manifestent et à cause de leurs relations avec la série grasse, dont elles dérivent directement par synthèse et condensation des carbures amyléniques

$$2\,C^5H^8 = C^{10}H^{16},$$

ainsi qu'avec la série aromatique, dans laquelle elles se transforment aisément par perte d'hydrogène :

$$C^{10}H^{16} - H^2 = C^{10}H^{14}.$$

Parmi leurs caractères, l'un des plus remarquables réside dans l'existence de trois ordres de carbures fondamentaux, dérivés du premier ordre, celui des *térébenthènes;* tous sont représentés par une formule semblable $C^{10}H^{16}$, mais distincts par leur capacité de saturation relative :

Les uns, les *camphènes* proprement dits, sont monovalents, fournissent des monochlorhydrates, des hydrates (camphols ou bornéols) et des hydrures correspondants

$$C^{10}H^{16}.HCl; \quad C^{10}H^{16}.H^2O; \quad C^{10}H^{16}.H^2;$$

les autres, les *terpilènes,* divalents, engendrent des dichlorhy-

---

([1]) En collaboration avec M. MATIGNON, *Annales de Chimie et de Physique* 6ᵉ série, t. XXIII, p. 538; 1891.

drates, des hydrates (terpines) et des hydrures congénères

$$C^{10}H^{16}.2HCl; \quad C^{10}H^{16}.2H^2O; \quad C^{10}H^{16}.2H^2.$$

Cette double série a été l'objet, entre autres, de nombreux travaux de l'un de nous, qui a découvert les deux hydrures de camphène et de terpilène [1], réalisé la synthèse du camphre [2] et du bornéol [3], établi la fonction véritable de ces deux corps, fonction alcoolique pour le dernier, aldéhydique pour le premier; enfin il a caractérisé les carbures fondamentaux typiques de chaque série, c'est-à-dire le camphène cristallisé [4], générateur du groupe monovalent, et le terpilène, générateur du groupe divalent.

Les relations entre ces deux carbures et les essences naturelles de même composition méritent une attention particulière. Certaines essences naturelles, en effet, telles que l'essence de citron, appartiennent nettement au type du terpilène et elles engendrent immédiatement le dichlorhydrate. Au contraire, l'essence de térébenthine et ses congénères fournissent à volonté, et suivant les conditions spéciales du traitement, soit le monochlorhydrate, soit le dichlorhydrate [5] : sa valence véritable est donc équivoque.

Le térébenthène peut d'ailleurs, par des traitements convenables, être transformé en isomères d'un type tout à fait déterminé : soit monovalent, comme le camphène; soit bivalent, comme l'isotérébenthène.

D'après ces faits, il semble que le type moléculaire de ce carbure naturel ne soit pas encore fixé dans son état actuel, mais qu'il le devienne seulement par l'acte même de la combinaison, alors que se forme soit le monochlorhydrate, soit le dichlorhydrate. Les formules dites *atomiques* actuelles, fondées sur des représentations purement statiques, soit dans le plan, soit dans l'espace, sont impuissantes à exprimer une semblable constitution. Il est facile cependant de la concevoir *a priori,* et elle pourrait répondre à un certain

---

[1] Ce Recueil, 4ᵉ série, t. XX, p. 521, et, avec plus de détails : *Bulletin de la Société chimique,* t. XI, p. 15, 98, 187; 1869.

[2] Ce Recueil, 4ᵉ série, t. XIX, p. 427; le résultat était déjà annoncé dans ma *Chimie organique fondée sur la synthèse,* t. I, p. 155; 1860.

[3] Ce Recueil, 3ᵉ série, t. LVI, p. 79; 1859. *Chimie organique fondée sur la synthèse,* t. I, p. 147; 1860.

[4] *Chimie organique fondée sur la synthèse,* t. I, p. 153; 1860. — Ce Volume, plus haut.

[5] Ce Recueil, 3ᵉ série, t. XXXVII, p. 223. — *Leçons sur l'isomérie, professées devant la Société chimique de Paris en* 1863.

état de mobilité relative des atomes ou molécules élémentaires; ces molécules n'étant pas assujetties à des liaisons constantes, comme dans les types à constitution définie. Une telle mobilité implique une réserve exceptionnelle d'énergie actuelle, ou de force vive.

Nous avons cru intéressant de soumettre ces vues au contrôle des méthodes thermochimiques, plus propres qu'aucune autre à manifester et à mesurer les travaux moléculaires et les variations d'énergie des systèmes. Nous avons trouvé, en effet, que l'essence de térébenthine renferme notablement plus d'énergie que ses isomères à type déterminé, tant du type monovalent que du type divalent, lesquels diffèrent, au contraire, peu sous ce rapport. Les deux isomères à type fixe suivent, à cet égard, la relation ordinaire des isomères de même fonction; tandis que léur générateur commun, à type non fixé, s'en écarte d'une façon considérable. Ce n'est pas tout : la formation des deux chlorhydrates, à partir des types fixés, se fait avec des dégagements de chaleur proportionnels; tandis que la transformation du térébenthène en chlorhydrates répond à une perte d'énergie bien plus forte, parce qu'elle en renferme une dose supplémentaire, répondant précisément au changement du carbure initial, à constitution mobile, en types nouveaux, à constitution désormais invariable. La comparaison des données thermiques observées dans la combinaison confirme donc les données qui résultent de l'étude des carbures libres. Nous résumerons brièvement les faits sur lesquels repose la théorie précédente, théorie dont le principe a été signalé par l'un de nous il y a trente ans et plus ([1]).

I. Térébenthène : $C^{10}H^{16} = 136^{gr}$.

On a préparé par rectification méthodique du térébenthène aussi pur que possible; puis on en a mesuré la chaleur de combustion dans la bombe calorimérique.

Chaleur de combustion :

$$C^{10}H^{16} \text{ liq.} + 28\,O + 10\,CO^2 + 8\,H^2O \dots \left\{ \begin{array}{l} +1488^{Cal},6 \text{ à v. c.} \\ +1490^{Cal},8 \text{ à p. c.} \end{array} \right.$$

([1]) *Chimie organique fondée sur la synthèse*, t. II, p. 725 et suivantes; 1860. — *Leçons sur l'isomérie, professées devant la Société chimique de Paris* en 1863.

Chaleur de formation :

C^{10} (diamant) $+ H^{16} = C^{10}H^{16}$ liquide...... $+4^{Cal},2$; gaz $-5^{Cal},2$

II. — Citrène : $C^{10}H^{16} = 136^{gr}$.

Récemment purifié par M. Bouchardat à notre intention.

Chaleur de combustion :

$C^{10}H^{16}$ liq. $+28\,O = 10\,CO^2 + 8\,H^2O$........ $\begin{cases} +1471^{Cal},1 \text{ à v. c.;} \\ +1473^{Cal},3 \text{ à p. c.} \end{cases}$

Chaleur de formation :

C^{10}(diamant) $+ H^{16} = C^{10}H^{16}$ liquide... $+21^{Cal},7$; gaz $+12^{Cal},2$

La chaleur de combustion du citrène est sensiblement la somme de celle du cymène, déterminée par M. Stohmann ($+1401^{Cal},6$), et de celle de l'hydrogène ($+69$) : d'où il résulte que l'union du cymène avec l'hydrogène, pour former le citrène, ne dégagerait pas de chaleur sensible. Cette réaction est donc très différente de la formation de l'hydrure d'éthyle (et hydrures analogues) au moyen de l'éthylène et de l'hydrogène, laquelle constitue une véritable combinaison exothermique et réalisable par synthèse directe, d'après les expériences de l'un de nous ([1]).

Ainsi le citrène et ses isomères ne sont pas, en réalité, les hydrures des cymènes, et ils n'appartiennent pas à la série aromatique, dont on leur attribue souvent, mais à tort, les formules développées. Mais ils se transforment, dans cette série, comme les corps de la série grasse en général, et cela d'autant plus aisément que le changement répond à un phénomène thermique à peu près nul dans le cas présent, et que cette décomposition donne même lieu à un dégagement de $+18^{Cal}$, dans le cas du térébenthène, ainsi qu'il va être dit.

III. — Camphène.

Rappelons ici les mesures de MM. Berthelot et Vieille ([2]) sur ce carbure d'hydrogène cristallisé.

([1]) *Annales de Chimie et de Physique*, 4ᵉ série, t. IX, p. 431 ; 1866, et 5ᵉ série, t. XXX, p. 539 ; 1883. La chaleur dégagée est considérable et voisine de $+39^{Cal}$, d'après les meilleures déterminations. — *Thermochimie : Données et lois numériques*, t. II, p. 398 et 405.

([2]) *Annales de Chimie et de Physique*, 6ᵉ série, t. X, p. 454 ; 1887.

Chaleur de combustion :

$$+ 1466^{Cal}, 9 \text{ à v. c.}; \qquad + 1467^{Cal}, 8 \text{ à p. c.}$$

Chaleur de formation :

$$C^{10}(\text{diamant}) + H^{16} = C^{10}H^{16} \text{ cristallisé} \ldots \qquad + 27^{Cal}, 2$$

Dans l'état liquide, ce chiffre serait diminué de la chaleur de fusion, laquelle s'élève probablement, d'après les analogies, à 3 à 4^{Cal}; ce qui le ramènerait vers 23 à 24^{Cal}.

Il résulte de ces données que le citrène et le camphène, dans l'état liquide, ont des chaleurs de formation depuis les éléments voisines de $+ 22^{Cal}$ et peu différentes l'une de l'autre; comme il arrive en général pour les isomères de constitution voisine. Tandis que le térébenthène est formé à l'état liquide avec un dégagement de $+ 4^{Cal}, 2$; au lieu de $+ 22^{Cal}$ à 24^{Cal}.

Sa transformation dans le type du citrène dégage $+ 17^{Cal}, 5$, et dans le type du camphène, supposé liquéfié, à peu près le même chiffre. Cette perte d'énergie est très considérable; car elle surpasse celle qui répond à la réunion de 2 molécules en une seule par polymérisation, dans le cas de l'amylène, par exemple, changé en diamylène ($+ 11^{Cal}, 8$ état liquide).

Un si grand dégagement de chaleur ne répond cependant ni à une polymérisation, ni à un changement de fonction chimique, mais à un accroissement de stabilité du système : le poids moléculaire demeure identique, tandis que les liaisons des parties deviennent plus étroites et mieux déterminées. Bref, cette chaleur représente surtout une réserve d'énergie, accumulée dans le térébenthène et qui se dissipe, au moment où il passe soit à l'état de citrène, soit à l'état de camphène.

Nous allons manifester cette dissipation d'énergie d'une façon plus décisive encore, en étudiant les chlorhydrates, dont la formation la détermine.

IV. — **Chlorhydrate de camphène** : $C^{10}H^{16}.HCl$: $172^{gr}, 5$.

Ce chlorhydrate a été préparé au moyen du camphène cristallisé, par M. Bouchardat, à notre intention. Il a été brûlé dans la bombe avec les précautions que nous avons décrites pour les composés chlorés.

Chaleur de combustion par molécule $= 172^{gr},5$.

$$C^{10}H^{16}.HCl + 28O + eau = 10CO^2 + 8H^2O \begin{cases} +1467^{Cal},6 \text{ à v. c.,} \\ +HCl \text{ étendu.} \end{cases} +1469^{Cal},8 \text{ à p. c.}$$

Formation par les éléments :

C^{10}(diamant) $+ H^{17} +$ Cl $= C^{10}H^{17}Cl$ cristallisé. $+64^{Cal},5$

C^{10}(diamant) $+ H^{16} + HCl$ gaz $= C^{10}H^{17}Cl$ cristallisé. $+42^{Cal},5$

Formation par le camphène cristallisé :

$C^{10}H^{16}$ crist. $+ HCl$ gaz $= C^{10}H^{16}.HCl$ cristallisé..... $+15^{Cal},3$

Si le camphène était liquéfié, cette valeur serait portée vers 19^{Cal}.

Cette valeur est analogue à celle qui caractérise la formation du chlorhydrate d'amylène :

$C^{5}H^{10}$ liquide $+ HCl$ gaz $= C^{5}H^{10}.HCl$ liquide......... $+17^{Cal},6$

V. — Dichlorhydrate de terpilène : $C^{10}H^{16}.2HCl = 209^{gr}$.

Ce dichlorhydrate a été préparé avec le citrène; il est, comme on sait, privé du pouvoir rotatoire.

Chaleur de combustion :

$$C^{10}H^{16}.2HCl + 28O + eau = 10CO^2 + 8H^2O \begin{cases} +1465^{Cal},7 \text{ à v. c.,} \\ +2HCl \text{ étendu.} \end{cases} +1467^{Cal},7 \text{ à p. c.}$$

Formation par les éléments :

C^{10} (diamant) $+ H^{18} +$ Cl^2 $= C^{10}H^{18}Cl^2$ cristal.. $+105^{Cal},9$

C^{10} (diamant) $+ H^{16} + 2HCl$ gaz $= C^{10}H^{18}Cl^2$ cristal.. $+61^{Cal},9$

Formation avec le citrène liquide :

$C^{10}H^{16}$ liquide $+ 2HCl$ gaz $= C^{10}H^{16}.2HCl$ cristal..... $+40^{Cal},2$

La moitié de ce chiffre, soit $+20^{Cal},1$, répond à la fixation d'un équivalent d'acide chlorhydrique. Cette valeur est voisine de la chaleur de formation du monochlorhydrate de camphène, laquelle est environ 19^{Cal} pour le carbure liquéfié. Ainsi la chaleur dégagée avec les deux carbures monovalent et bivalent est à peu près proportionnelle à l'acide chlorhydrique fixé, comme il arrive en général pour les réactions comparables.

VI. — Chlorhydrate de térébenthène cristallisé :
$$C^{10}H^{16}.HCl = 172^{gr},5.$$

Ce chlorhydrate avait été préparé autrefois par l'action directe du gaz chlorhydrique sur le térébenthène : il est resté incolore et remarquablement pur. Sa combustion s'opère directement, comme celle des chlorhydrates précédents.

Pour une molécule $= 172^{gr}$, 5.

Chaleur de combustion :

$$C^{10}H^{16}.HCl + 28O + eau = 10\,CO^2 + 8H^2O \quad \left\{ \begin{array}{l} + 1467^{Cal},0 \text{ à v. c.} \\ + HCl \text{ étendu}\ldots \quad + 1469^{Cal},2 \text{ à p. c.} \end{array} \right.$$

Formation par les éléments :

$$C^{10} \text{ (diamant)} + H^{17} + Cl = C^{10}H^{17}Cl \text{ cristallisé}\ldots + 65^{Cal},1$$
$$C^{10} \text{ (diamant)} + H^{16} + HCl = C^{10}H^{17}Cl \text{ cristallisé}\ldots + 43^{Cal},1$$

C'est sensiblement la même chaleur de formation que celle du chlorhydrate de camphène, isomère de même type.

Formation par le térébenthène liquide :

$$C^{10}H^{16}\text{liq.} + HCl \text{ gaz} = C^{10}H^{16}.HCl \text{ cristallisé} \ldots\ldots + 38^{Cal},9$$

La chaleur dégagée ici est presque double de la chaleur de formation du même type de chlorhydrate, à partir du camphène : soit $+ 19^{Cal}$ environ pour le carbure liquéfié.

Mais, dans le cas du térébenthène, elle se compose de deux parties :

L'une répond au changement du type qui amène le térébenthène à la constitution du camphène : soit $+18^{Cal},6$, d'après la chaleur de combustion ;

L'autre répond à la formation même du chlorhydrate, soit

$$+ 38^{Cal},9 - 18^{Cal},6 = + 20^{Cal},3.$$

La concordance approchée de cette dernière valeur avec la chaleur de combinaison du camphène et du gaz chlorhydrique, mesurée plus haut, vérifie notre hypothèse.

Nous avons cru utile de pousser plus loin cette discussion, en étudiant la réaction du gaz chlorhydrique sur le citrène et sur le térébenthène.

. L'étude thermique de cette réaction est plus difficile et plus compliquée que celle des chaleurs de combustion des chlorhydrates tout formés. En effet, la combinaison du gaz chlorhydrique avec les carbures liquides, tels que le citrène et le térébenthène, n'est pas instantanée. Rapide au début, elle se ralentit de plus en plus, de façon à rendre plus difficile l'observation calorimétrique de sa terminaison. En outre, les chlorhydrates formés ne sont pas uniques, comme avec le camphène; mais il se forme plusieurs isomères simultanément, dont certains liquides; de telle sorte que l'apparition des chlorhydrates cristallisés a lieu seulement vers la fin des opérations et demeure toujours partielle.

Ces faits ont été étudiés par l'un de nous, il y a près de quarante ans [1]; ils ont donné lieu à des observations curieuses sur le changement des types moléculaires de combinaison, et particulièrement à la découverte de la formation directe du dichlorhydrate avec le térébenthène [2].

Malgré ces complications, l'étude thermique de la saturation progressive du citrène et du tébérenthène par le gaz chlorhydrique n'en offre pas moins un grand intérêt pour la discussion des phénomènes généraux de la combinaison chimique.

VII. — Saturation du citrène par le gaz chlorhydrique.

Cette saturation est lente; la combinaison, d'abord rapide, exigeant, pour être poursuivie, un temps de plus en plus considérable; de telle façon que, vers la fin, la chaleur observée résulte à la fois d'une simple dissolution gazeuse et d'une combinaison proprement dite, surtout lorsqu'on dépasse 1 équivalent d'acide chlorhydrique.

A la fin de chaque période de mesures calorimétriques, on a pris soin de déterminer, par pesée, la quantité d'acide chlorhydrique absorbée.

En raison de la durée des expériences, elles comportent des corrections notables, lesquelles se font par la méthode absolue décrite par l'un de nous (*Essai de Mécanique chimique*, t. I, p. 208). A cet effet, aussitôt après l'expérience, on réalise un système identique,

---

[1] *Journal de Pharmacie*, 5ᵉ série, t. XXXVIII, p. 450, et t. XXIX, p. 28; 1855. Voir *Leçons sur l'isomérie, professées devant la Société chimique de Paris en 1863.* — Ce Volume, plus haut.

[2] *Annales de Chimie et de Physique*, 3ᵉ série, t. XXXVII, p. 223; 1853. — Ce Volume, p. 464.

avec un calorimètre où ne se produit aucune réaction chimique, mais qui présente, vis-à-vis du milieu ambiant, un excès de température d'abord égal au maximum de l'expérience précédente; puis, dans des périodes consécutives, un ou deux autres excès, intermédiaires, convenablement distancés. On détermine ainsi la courbe empirique du refroidissement, applicable aux conditions mêmes de l'expérience.

Le détail des données numériques a paru inutile à reproduire, parce que le calcul n'en offre aucune difficulté. On en signalera seulement les données fondamentales.

Les expériences ont été faites vers 11° à 12°.

Première expérience (saturation successive).

On a opéré sur $15^{gr},3026$ de citrène, renfermé dans une petite fiole immergée au sein du calorimètre, au centre de laquelle on dirigeait un courant régulier de gaz chlorhydrique. On rapportera les résultats à une molécule de citrène et à l'équivalent de l'acide chlorhydrique.

Chaleur
rapportée
à 1 équiv.
H Cl fixé.

Première action (48 minutes). $C^{10}H^{16}$ . . . . $+ 0,489$ H Cl fixé : $+ 19,8$ ^{Cal}
   $\Delta t = 2°,336.$ Correction $= 0°,247$ ([1]).

Suit un intervalle de 40 minutes, pendant lequel ont lieu les pesées et divers détails d'expérience. Ensuite la fiole a été ramenée avec soin a la température ambiante, avant de poursuivre l'action du gaz chlorhydrique dans le calorimètre.

Deuxième action (43^{min}). De nouveau . . . . $+ 0,379$ H Cl fixé : $+ 18,2$
   $\Delta t = 1°,656.$ Correction $= 0°,086.$
   Suit un intervalle de 3^h pour les pesées, etc.

Troisième action (48^{min}). De nouveau . . . . $+ 0,129$ H Cl fixé : $+ 15,9$
   $\Delta t = 0°,492.$ Correction $= 0°,058.$

Total . . . . $+ 0,997$ H Cl $+ 18,7$

([1]) Le calcul calorimétrique a été fait en admettant pour la chaleur spécifique du liquide la somme de celles du citrène et du gaz chlorhydrique. La portion à laquelle s'applique cette correction n'est qu'une petite fraction du système total, dont la partie principale est constituée par l'eau du calorimètre, soit 400^{cc}.

Le tout a été laissé en repos pendant un intervalle de 3 jours.

Puis on a reproduit le courant gazeux.

.Chaleur
rapportée
à 1 équiv.
H Cl fixé.

Quatrième action (31^{min}). De nouveau......... $+ 0,143$ HCl fixé : $+ 11,2$ Cal

$\Delta t = 0°,382$. Correction $= 0°,090$.

On voit que la combinaison se ralentit et qu'au delà de 1 équivalent elle devient trop lente pour permettre d'en discerner complètement les effets; attendu qu'ils semblent tendre à se confondre avec ceux de la dissolution proprement dite.

Seconde expérience (saturation immédiate).

Dans une autre expérience, on a poussé la saturation immédiate jusqu'au point où l'absorption est devenue trop lente, pour permettre des mesures calorimétriques exactes.

On a opéré cette fois sur $14^{gr},4409$ de citrène.

Pour
H Cl $= 36^{gr}$
fixé.

Durée 72^{min}.$C^{10}H^{16}$.................... $+ 0,849$ H Cl fixé : $+ 18^{Cal},8$

$\Delta t = 4°,057$. Correction $= 0°,488$.

Ce résultat, concordant avec celui de l'expérience précédente pour la même limite de réaction, montre que, jusque vers le premier équivalent de HCl, la combinaison est à peu près immédiate. Il prouve qu'aucun dégagement de chaleur sensible n'a eu lieu pendant les quelques heures de conservation du premier système, au moins jusqu'à ce terme.

Tout demeure ainsi liquide et ce n'est que par un courant très prolongé que l'on parvient au dichlorhydrate.

Pour pouvoir comparer la chaleur de formation de ce dernier avec celle du monochlorhydrate de citrène, nous avons mesuré la *chaleur de dissolution du dichlorhydrate cristallisé dans le citrène.*

On a dissous d'abord 5^{gr} de dichlorhydrate dans 56^{gr} de citrène, à $12°,5$, ce qui a absorbé : pour une molécule, $C^{10}H^{16}.2HCl : - 4^{Cal},7$.

Puis dans cette liqueur, on a dissous encore 10^{gr} de dichlorhydrate; d'où, toujours pour une molécule : $- 4^{Cal},6$.

On voit que la chaleur de dissolution du chlorhydrate de citrène dans son carbure est très notable, mais qu'elle varie peu avec la dilution.

Si l'on observe que, d'après nos déterminations par combustion,

$$C^{10}H^{16} \text{ liq.} + 2\,HCl \text{ gaz} = C^{10}H^{26}.2\,HCl \text{ cristallisé dégage...} \quad +40^{Cal},2$$

on voit que la formation du dichlorhydrate dissous dans le citrène dégagerait,

$$+ 40^{Cal},2 - 4,6 = + 35^{Cal},6.$$

L'union du deuxième équivalent de HCl avec le monochlorhydrate de citrène qui se serait formé d'abord, d'après les expériences précédentes, dans l'état liquide, ou plus exactement dissous, dégage donc, en définitive,

$$+ 35^{Cal},6 - 18,7 = + 16^{Cal},9,$$

c'est-à-dire un chiffre voisin du premier, mais un peu plus faible. Dans l'état cristallisé, on a obtenu, d'après la chaleur de combustion, $+ 21^{Cal},5$; chiffre un peu supérieur; ce qui est attribuable en raison du changement d'état, c'est-à-dire à la séparation du corps cristallisé.

Ces valeurs concordent donc suffisamment avec celles qui sont déduites des chaleurs de combustion, malgré la grande diversité des méthodes.

VIII. — Saturation du térébenthène par le gaz chlorhydrique.

On a opéré comme avec le citrène.

Première expérience (saturation successive).

On a employé $81^{gr},4240$ de térébenthène. On a ramené tout par le calcul au poids moléculaire du carbure.

Pour
H Cl $= 35^{gr},5$
fixé.

Première action (37 minutes). $C^{10}H^{16}$............. $+ 0,15\,HCl : + 19,7^{Cal}$
$\Delta t = 2°,323$. Correction $= 0°,103$.
Suit un intervalle de 2^h30, pendant lequel on a fait les pesées, puis ramené la fiole à la température ambiante par des affusions extérieures d'eau froide.

Deuxième action (35^{min}), on ajoute............... $+ 0,23\,HCl : + 18,0$
$\Delta t = 3°,266$. Correction $= 0°,278$.
Suit un intervalle de 21^h pour les pesées, etc.

Pour
H Cl $= 35^{gr},5$
fixé.

Troisième action (51^{min}), on ajoute................ $+ 0,29\,H\,Cl : + 23,2$ [Cal]
$\Delta t = 5°,344$. Correction $= 0°,382$. Tout demeure dissous.
Suit un intervalle de 4^h pour les pesées, etc.

Quatrième action (53^{min}), on ajoute............... $+ 0,21\,H\,Cl : + 36,7$
$\Delta t = 6°,004$. Correction $= 0°,381$.
La liqueur est prise en masse : l'absorption du gaz est devenue extrêmement lente.

$$\text{Total}........... \quad + 0,88\,H\,Cl : + 24,3$$

Dans l'état final ainsi réalisé, on obtient à la fois un chlorhydrate cristallisé et un chlorhydrate liquide, en proportions. comparables. Le chiffre $+ 24^{Cal},3$, pour $H\,Cl = 36^{gr},5$ fixé, répond à l'ensemble de ces deux composés.

Seconde expérience (saturation immédiate).

On a opéré sur $17^{gr},6369$ de térébenthène.

Première action (37 minutes). $C^{10}H^{16}$............... $+ 0,68\,H\,Cl : + 23,7$ [Cal]
$\Delta t = 4°,475$. Correction $= 0°,390$.
Suit un intervalle de 20^{min}, temps nécessaire pour faire les pesées, etc. On ramène ensuite le liquide à la température ambiante.

Deuxième action (48^{min}), on ajoute............... $+ 0,24\,H\,Cl : + 41,2$
$\Delta t = 2°,747$. Correction $= 0°,193$.
La matière est prise en masse et l'absorption du gaz a cessé à peu près complètement.

$$\text{Total}........... \quad + 0,92\,H\,Cl : + 28,3$$

Si le dernier chiffre $+ 8^{Cal},3$ (pour $H\,Cl = 36^{gr},5$ fixé) est supérieur à $+ 24^{Cal},3$, obtenu dans la première expérience, l'écart est dû probablement à la chaleur perdue par le calorimètre dans le premier cas; chaleur qui a continué à se dégager durant les intervalles de vingt-cinq heures qui ont séparé les saturations successives de la première expérience.

Pour compléter ces comparaisons, nous avons mesuré la chaleur de dissolution du monochlorhydrate de térébenthène cristallisé dans le térébenthène.

Nous avons trouvé :

$56^{gr},8$ dans 150^{gr} de carbure, vers $12°$: pour 1 molécule
$C^{10}H^{16}.HCl$ .... $— 0^{Cal},7$
15^{gr} dans 130^{gr} de carbure ; pour une molécule .... $— 0^{Cal},8$

La variation avec la dilution est minime. En tous cas, cette chaleur de dissolution est faible et elle montre que le grand dégagement de chaleur qui a lieu au moment de la cristallisation ne résulte pas essentiellement de celle-ci ; même en tenant compte de ce fait qu'elle pourrait s'étendre non seulement au chlorhydrate formé actuellement, mais, en outre, à une portion du chlorhydrate formé pendant les saturations précédentes.

En raison de la grandeur de la chaleur dégagée, on est forcé de faire intervenir un changement d'état moléculaire particulier, pour expliquer l'excès de

$$+ 28^{Cal},3 — 19^{Cal} = + 9^{Cal},3$$

sur la formation du chlorhydrate de camphène, mesurée d'autre part au moyen du camphène préexistant (liquéfié).

Cet excès résulte précisément de la transformation du térébenthène en camphène. Si elle était totale, l'excès pourrait monter jusqu'à $+ 18^{Cal}$; mais une partie seulement du térébenthène se change en chlorhydrate de camphène : le surplus formant des chlorhydrates isomériques, d'un type différent.

Le moment où la production du chlorhydrate de camphène commence à se développer est d'ailleurs manifesté très nettement dans les expériences ci-dessus : il répond au dernier quart de la combinaison, et à un dégagement de $+ 36^{Cal},7$ dans la première série ; de $+ 41^{Cal},2$ dans la seconde, pour chaque équivalent d'hydracide fixé. La proportion transformée s'accroît d'ailleurs avec le temps ; mais son accroissement tombe alors en dehors des mesures calorimétriques. Quoi qu'il en soit, ces chiffres sont voisins des $+ 38^{Cal},9$ obtenues par l'étude de la chaleur de combustion du chlorhydrate déjà formé.

L'ensemble de ces observations jette un jour nouveau sur la combinaison chimique, et sur cette vérité fondamentale, que la valence ou atomicité ne préexiste pas d'une façon absolue dans les éléments ou composants d'une combinaison ; mais la valence se manifeste surtout dans la combinaison accomplie et dans le type déterminé qu'elle réalise.

FIN DU TOME II.

TABLE DES MATIÈRES

DU TOME II.

LIVRE III.

CARBURES PYROGÉNÉS.

TROISIÈME SECTION. — ÉTUDES SUR LE GAZ DE L'ÉCLAIRAGE.

QUATRIÈME SECTION. — PROCÉDÉS ANALYTIQUES.

FIN DE LA TABLE DES MATIÈRES DU DEUXIÈME VOLUME.

29882   Paris. — Imprimerie GAUTHIER VILLARS, quai des Grands-Augustins, 55.